机器学习从入门到入行
24个项目实践 AI

[俄] 德米特里·索什尼科夫（Dmitry Soshnikov）/ 著
冯　磊　周慧梅 / 译

清華大學出版社
北　京

内 容 简 介

本书是微软推出的 AI for Beginners 系列课程的中文版，专门为希望进入 AI 领域的初学者设计。本书提供为期 12 周、共 24 堂课的系统学习路径，每堂课配有 Jupyter Notebook 实践笔记本，附带测验与练习，中文版还在 Gitee 上托管了课程相关的 Notebook，便于读者在实践中掌握人工智能的核心概念和应用。

书中涵盖如下内容：AI 历史与发展，探索人工智能从符号到深度学习的演变；神经网络与深度学习，使用 TensorFlow 和 PyTorch 框架讲解神经网络的基本原理及应用；计算机视觉与自然语言处理，学习图像识别和文本分析技术；其他 AI 技术，如遗传算法和多智能体系统等。

本书适合 AI 爱好者、初学者，以及相关专业的学生、老师阅读，不需要复杂数学背景即可轻松入门，通过实战项目提升操作能力。

图书在版编目（CIP）数据

机器学习从入门到入行 ： 24 个项目实践 AI /
（俄罗斯）德米特里·索什尼科夫著 ； 冯磊，周慧梅译．
北京 ： 清华大学出版社， 2025. 5. -- ISBN 978-7-302
-68619-4

Ⅰ. TP181

中国国家版本馆 CIP 数据核字第 2025XU6334 号

责任编辑： 王中英
封面设计： 孟依卉
责任校对： 胡伟民
责任印制： 沈　露

出版发行： 清华大学出版社
网　　　址：https://www.tup.com.cn，https://www.wqxuetang.com
地　　　址：北京清华大学学研大厦A座　　　邮　编：100084
社　总　机：010-83470000　　　邮　购：010-62786544
投稿与读者服务：010-62776969，c-service@tup.tsinghua.edu.cn
质 量 反 馈：010-62772015，zhiliang@tup.tsinghua.edu.cn

印 装 者：三河市铭诚印务有限公司
经　　销：全国新华书店
开　　本：185mm × 260mm　　印　张：28.5　　字　数：980千字
版　　次：2025年5月第1版　　印　次：2025年5月第1次印刷
定　　价：188.00元

产品编号：104451-01

推荐序一

宇宙斗转星移，时间呼啸向前，信息科技正在深刻改变着这个世界。

自 20 世纪末以来，信息科技一直是引领社会变革、产业变革和科技革命的重要力量。它在重塑知识发现，并不断与其他学科交叉融合，推动了各个学科的进步与发展，正在对人类社会产生重大、广泛的影响。

技术发展对社会变革有着深远的影响。它可以改变人们的生活方式、经济结构、社会关系和文化观念，推动社会的发展和进步。如果说互联网的出现促进了信息交流，推动了全球化和数字化的发展，那么大数据、云计算、机器人等核心技术的出现，则改变了生产和服务的方式。作为引领新一轮科技革命和产业变革的重要驱动力，人工智能则催生了大批新产品、新技术、新业态和新模式。

自 1956 年美国达特茅斯会议上“人工智能(AI)”概念的诞生，一直到 2022 年 11 月 30 日 ChatGPT 发布，人工智能经历了 4 次浪潮，ChatGPT 的出现是又一次标志性事件。ChatGPT 上线两个月，活跃用户即过亿，成为互联网用户增长最快的应用之一，是人工智能发展史上的一个重大转折点，随后国内国际各种语言大模型、多模态大模型等 AI 大模型如雨后春笋般冒出来，一时大有风起云涌之势。

AI 大模型是指具有巨大规模和强大计算能力的人工智能模型，能够模拟人类的认知过程和智能表现。认知大模型在多个领域具有很好的表现，如自然语言处理、图像识别、机器翻译等。这些模型的性能超越了传统方法，取得了重大的突破，引发了人们对其潜力的广泛兴趣。

AI 大模型对教育提出了全新的挑战，因为它有潜力在许多传统的专业性工作领域取代人类，在某些领域可以替代一些重复性和烦琐的任务，从而减少人力需求，可能导致一些传统的职业面临失业风险。

各类 AI 大模型的出现会不会是人类迈向通用人工智能的奇点？由 ChatGPT 和认知大模型掀起的热潮带来了许多积极的影响，推动了人工智能技术的进步和创新，为各种应用场景提供了更强大的解决方案。当然，它也引发了公众对人工智能的关注和思考，推动了有关伦理、隐私和安全等问题的讨论与研究。

比尔·盖茨断言：“ChatGPT 表明人工智能的历史意义不亚于 PC 和互联网。”他认为，人工智能将从根本上改变工作、医疗保健和教育领域，预言人工智能未来将彻底改变我们使用计算机的方式并颠覆软件行业，带来计算机领域最大的革命。

从自动驾驶汽车到智能家居，从语音助手到机器翻译，人工智能正在逐步渗透我们生活的方方面面，人类正在进入智能时代。

- 在职场办公领域，人工智能将成为个人工作的得力助手，辅助人们提高绩效和成功机会。尽管在各种不同工作场所 AI 应用不尽相同，但 AI 工具可以显著提升工作效率是毋庸置疑的。
- 在企业商业领域，人工智能将改变企业的经营方式和市场竞争力。通过大数据分析，企业能够更好地理解消费者需求、优化运营流程，并提供个性化的产品和服务。人工智能也为企业带来了更高效的决策和创新的机会，使其能够更好地应对市场的挑战和变化。
- 在科学研究领域，人工智能正成为重要的工具和助手。通过模拟和分析大量的数据，人工智能能够帮助科学家发现新的规律和解决复杂的问题。
- 在医学领域，人工智能已经开始在疾病诊断、药物研发和基因编辑等方面发挥作用，为人类健康带来了新的希望。
- 在教育教学领域，人工智能将改变目前的教育范式和内容。它可以答疑解惑，提供适合学生的个性化学习内容，充当学生的学习助手，可以协助老师进行教学设计和备课、做演示文稿、自动批改学生作业，为师生提供更加便捷、高效的教与学体验。

本书内容丰富，依赖于微软雄厚的技术实力，对人工智能涉及的技术进行了解剖，揭示它背后的原理、算法和技术框架、代码，从人工智能概念、知识表示与专家系统等基本理论，到深度学习、神经网络、计算机视觉等核心技术，从算法到实例，由浅及深，层层递进，具有实操性和指导性，对有志于进入人工智能领域的爱好者和开发者具有很大的助益，是一本不可多得的人工智能入门书。

我与本书译者冯磊老师相识于一个很偶然的机缘。他是一名对创客教育有着强烈兴趣的资深创客。他和他的团队工作在深圳非常有名的创客空间——万科云城的柴火创客空间。那是一个充满活力和创新精神的地方，为创客们提供了一个理想的交流和实现想法的平台。在一个充满物质欲望的社会中，仍然怀有对教育的热情和理想，让我深为感动。同时，冯磊老师又是一名航拍爱好者，经常纵情于山水之间，在朋友圈发全国各地的航拍美照，让我看到了他灵性洒脱、无拘无束的另一面，深感敬佩。今为冯磊老师翻译的这本书作序，本人感到由衷的高兴，故欣然命笔，是为序。

傅霖
正高级工程师，
深圳大学信息中心主任助理，
教育信息技术研究所副所长

推荐序二

尊敬的读者，欢迎你踏入人工智能的世界。对于大多数人来说，AI 可能还是一个相对神秘且难以捉摸的概念。然而，你手中的这本《机器学习从入门到入行：24 个项目实践 AI》将把陌生的知识转化为触手可及的实践。本书由冯磊领衔的译者团队翻译，旨在为你揭开 AI 的神秘面纱。

AI 无处不在——无论是每天在手机上与朋友视频的应用，还是新兴的自动驾驶汽车。《机器学习从入门到入行：24 个项目实践 AI》旨在帮助你更好地理解 AI，它将复杂的概念和技术简化，将 AI 的理论知识与现实应用完美结合。这本书不仅讲解理论基础，还提供实战体验。对于初学者而言，书中的程序实例将帮助你深入理解 AI 的运作机理。

特别是在编程实战部分，本书提供了众多具体实例，使你有机会亲手实现 AI 算法，并体验 AI 所带来的无限可能。这本书是理论与实践的完美结合，无论你是 AI 领域的专业人士，还是 AI 初学者，都能从中获得丰富的信息，甚至为你的职业生涯指明新方向。

衷心感谢冯磊团队的努力，他们精心翻译和整合了这本书，使我们有更多机会接触和了解 AI。同时，我对每一位读者表示敬意，你们的好奇心使这个世界更加有趣和多元。

《机器学习从入门到入行：24 个项目实践 AI》是 AI 领域理论与实践结合的佳作。通过本书，你将深入理解 AI，并有机会亲身实践。我相信，这本书将成为每个想要了解甚至掌握 AI 的人的宝贵财富。

记住，你正开启一次科技的旅程，勇敢面对未知。期待你在阅读中有所收获和理解，甚至有所改变。

乘风破浪，未来已来。你，准备好了吗？

江大白

AI 自媒体 Up 主，AIHIA 联盟创始人，CV 技术专家

原著作者序

亲爱的读者，欢迎来到人工智能的精彩世界！我真心认为人工智能是一个激动人心的领域。它之所以让人兴奋，不仅因为它是能够自动发挥人类智能和创造力的最后领域，还因为它能帮助我们更好地理解自己、理解我们的思维方式，以及智能的本质。

20 世纪 90 年代初期，我刚开始教授人工智能课程时，主要是从人类身上提取知识，并将其表示成机器可以使用的形式。如今，有了海量的计算资源和互联网信息，我们的重点已转向那些能够从数据中自动学习的技术，即所谓的机器学习，尤其是深度学习——一个处理多层神经网络的分支。这些网络在某种程度上类似于人类大脑的工作方式。正如你所见，人工智能领域在这些年发生了显著变化，因此本课程只是你学习的起点，绝不是终点。请做好准备，随时迎接新知识的挑战，以跟上人工智能的发展步伐！

AI for Beginners 课程是我在微软工作期间最自豪的成就之一。这门课程几乎凝聚了我在各大高校 20 年的教学经验。课程在数学方面进行了简化，以便让没有复杂数学背景的读者也能轻松理解。

自课程发布以来已过去了一段时间，因此本课程中没有包含人工智能领域的一些最新成果，如多模态 Transformer。尽管如此，它依然提供了关于深度神经网络如何组织和训练的整体解读，这将是你在人工智能领域继续探索的良好起点！

我希望大家在阅读这本书时都能感受到乐趣，并像我一样欣赏人工智能的魅力！

德米特里·索什尼科夫博士

莫斯科航空技术大学、高等经济学院、莫斯科物理技术学院副教授，

MAILabs 创始人，HSE 设计学院生成式人工智能实验室技术主管，

微软前员工，AI for Beginners 课程主要作者和负责人

Dear readers, welcome to the exciting world of Artificial Intelligence! I really think that AI is exciting, not only because it tackles the final frontier of automating human intelligence and creativity, but also because it helps us better understand ourselves, our own reasoning and nature of intelligence.

When I started teaching AI in the early 1990s, it was mostly about extracting knowledge from human beings and representing it in machine-usable form. Nowadays, with huge computing resources and vast amounts of information on the internet, we mostly focus on techniques that learn automatically from data - so-called machine learning, and specifically deep learning—a branch that deals with neural networks with many layers that somehow resemble the work of our brain. As you can see, the area of AI changes significantly over the years, so this course would be a starting point for you, but by no means the final destination. Be prepared to learn new exciting things constantly to keep up with AI development!

AI for Beginners curriculum is one of the things from my work at Microsoft that I am mostly proud of. It represents almost 20 years of teaching experience in various universities, however, the program is a bit simplified in terms of strict mathematics, to make is understandable by a person with no deep knowledge of linear algebra or optimization theory.

Since it has been a couple of years ago that the course was released, it misses some latest achievements in AI, such as multi-modal transformers. However, it gives you overall understanding of how deep neural networks are organized and trained, which will be a good starting point to continue your journey in the field of AI!

I hope you all have great time reading this book, and enjoy the AI as much as I do!

Dmitry Soshnikov, Ph.D.
Associate Professor at Faculty of Computer Science at HSE / MAI
Technical Lead of Generative AI Laboratory at HSE Design School
ex-Microsoft, Primary Author and Lead of AI for Beginners Curriculum

译者序

在我 2023 年带领团队完成微软物联网入门课程——IoT for Beginners 的翻译并出版《深入浅出 IoT：完整项目实战》之后，我开始寻找一门既简单又系统的人工智能入门课程，以丰富自己在这个迅速发展的领域中的知识。经过一番比较，我最终选择了由德米特里・索什尼科夫博士撰写的微软 AI for Beginners 课程。一方面，这个课程延续了我熟悉的、对初学者极为友好的 IoT for Beginners 课程结构；另一方面，课程内容完全从科普和应用的角度设置。这正符合我这样一名缺乏复杂人工智能数学基础和非编程专业背景的初学者的需求。在德米特里・索什尼科夫博士的引导下，我得以系统地了解人工智能技术的体系结构，并通过实际程序练习，深入理解这些技术的运作原理。

另一个让我有信心完成本书翻译的原因是 ChatGPT 的出现和其快速发展。2022 年 11 月，当 ChatGPT 发布时，我正在修订 IoT for Beginners 的译稿（即《深入浅出 IoT：完整项目通关实践》）。我尝试使用这一 AI 工具解释课程中的多个程序，并借助 AI 解决程序运行中出现的各种问题。到了 2023 年 7 月决定翻译 AI for Beginners 时，ChatGPT 已经经历了多次迭代，变得更加强大，我对 AI 工具的日常工作依赖也日益增加。因此，我决定大胆尝试，在 AI 的协助下完成这本 AI 读物的翻译和出版工作。

为此，我设计了一个工作流程。首先请周慧梅女士将 GitHub 上的 AI for Beginners 英文 markdown 文本，使用 ChatGPT 按预设提示词翻译成中文版本，以保留原文的样式和链接。然后，以初译文为基础，我让 ChatGPT 对照译文和英文原文再次进行修订，同时检查两者之间的差异，选择我认为更合适的结果，或进行进一步修改。这一流程的效率和质量，相比我翻译 IoT for Beginners 时有了显著提升。

AI for Beginners 课程提供了大量的实践程序，均以 Notebook 形式呈现。为方便初学者理解，我请 AI 为所有程序添加了中文注释，这在过去是难以想象的。有了中文注释的程序，初学者能更好地理解程序的运作方式，而不再对着看似天书般的程序发愣。在尝试修改程序时，我也能迅速找到关键点（当然，现在更多时候，我会直接告诉 AI 我的修改需求，并请其直接输出修改后的程序）。

在验证这些程序时，我遇到了一些软件环境方面的问题。由于作者编写这些课程已有近两年时间，许多程序的运行环境发生了变化，导致可能无法正常运行。在 ChatGPT 的帮助下，我几乎不需要依赖任何专业程序员即可解决这些问题。我希望读者在学习本书时，如果遇到程序运行问题，也能像我一样，借助 AI 解决。

翻译过程中，我还遇到了一个难题：作者在介绍 AI 背景知识时，提供了一些插图或程序输出的图形结果，但英文原文未提供详尽解释，起初让我有些困惑。幸运的是，随着 ChatGPT 升级至能够解释图形的版本，这一问题终于得到解决。我只需提供插图或程序输出图的上下文并上传图片，便能获得详尽的解释。

在 AI 的协助下，我花费了大约 5 个月的业余时间（主要是晚上和周末）顺利完成了这本 AI 入门书籍的翻译和修订工作。这一过程不仅是一次自我学习的旅程，也让我对人工智能的知识体系和应用有了全面而深入的认识。同时，我对于人工智能技术的快速发展深感钦佩。它让我们勇于尝试那些过去可能望而却步的学习和任务，让这一过程变得更加充满信心和期待。这次翻译的经历，让我深刻体会到，在接近于通用人工智能的技术面前，我们的学习方法和创造过程正在经历一场深刻的变革。

致谢

周慧梅女士，在初期翻译时，帮助我完成了大量“手工”工作，让我能专注于对内容有效性的评估，并在修订阶段提供了许多积极有效的改进建议。姬宇璐女士在项目前期的协助让我们得以顺利启动这个项目。

孟依卉设计师，为这本书设计了优雅的封面和目录。

清华大学出版社的王中英女士和编辑团队，他们的努力让这本书最终能和广大读者见面。

最后，感谢我的可靠 AI 协作者 ChatGPT，是它帮助我们完成了本书翻译的大部分工作。

冯磊
矽递科技技术支持组负责人

前言

本书内容

欢迎来到《机器学习从入门到入行：24 个项目实践 AI》—— 微软 AI for Beginners 课程的中文版！本课程由微软 Azure 云倡导者团队精心设计，旨在为初学者提供一个全面且易于理解的人工智能入门指南。课程为期 12 周，共 24 节课，涵盖从传统符号人工智能到现代深度学习的广泛主题。在本课程中，你将学习：

（1）**人工智能简史：**介绍人工智能的发展历程。

（2）**符号人工智能：**探讨知识表示与专家系统。

（3）**神经网络简介：**从感知机到多层感知机，再到神经网络框架。

（4）**计算机视觉：**包括卷积神经网络、预训练网络、生成对抗网络（GAN）等。

（5）**自然语言处理（NLP）：**涵盖文本表示、嵌入、语言模型、循环神经网络（RNN）等。

（6）**其他人工智能技术：**如遗传算法、深度强化学习和多智能体系统。

（7）**人工智能的伦理与责任：**讨论人工智能的社会影响和伦理问题。

课程链接编号

英文版课程包含大量较长的链接，不便使用，中文版将绝大部分链接通过链接编号提供，读者可以通过此书的链接列表页面（扫描下面二维码）访问，依据索引编号访问对应的链接。

如何使用本书

存储库

本书配套有存储库，其中提供了中文版的 Jupyter Notebook 文件。这些 Notebook 文件包含了课程中的代码示例、实践练习和理论讲解，帮助读者更好地理解和应用人工智能技术。存储库的地址为 https://gitee.com/mouseart2023/AI-For-Beginners-notebook-ch

运行 Jupyter Notebook 的两种方法

本书包含大量可执行的示例和实践内容，你需要在 Jupyter Notebook 中运行 Python 程序。为了简化操作流程，以下是为中文用户推荐的两种主要方法。

方法一：在本地计算机上运行

（1）安装 Miniconda。Miniconda 是一个轻量级的 Python 发行版，支持创建和管理不同的虚拟环境。

① 下载 Miniconda 安装包：在 Miniconda 的官网选择适合你的操作系统的版本，并下载。

② 根据提示完成安装。

（2）获取中文版课程存储库。使用如下代码

```
git clone https://gitee.com/
mouseart2023/AI-For-Beginners-
notebook-ch.git
```

（3）创建并激活虚拟环境。打开终端或命令提示符，导航到复制的存储库目录，然后创建并激活虚拟环境，代码如下：

```
cd AI-For-Beginners-notebook-ch
conda env create --name ai4beg --file
environment.yml
conda activate ai4beg
```

（4）安装 Visual Studio Code 和 Python 扩展。

① 下载并安装 Visual Studio Code。

② 启动 VS Code，安装官方的 Python 扩展（可以在扩展市场中搜索“Python”并安装由 Microsoft 提供的扩展）。

（5）运行 Jupyter Notebook。

① 在VS Code 中打开 AI-For-Beginners-notebook-ch 文件夹。

② 打开任意一个 .ipynb 文件，VS Code 会自动提示安装所需的依赖项，请按照提示完成安装。

③ 选择刚刚创建的 ai4beg 虚拟环境作为 Python 解释器。

④ 现在，你可以在 VS Code 中直接运行和编辑 Notebook 了。

方法二：使用本地 Jupyter 环境

（1）安装 Miniconda。同方法一中的步骤（1）。

（2）获取中文版课程存储库。同方法一中的步骤（2）。

（3）创建并激活虚拟环境。同方法一中的步骤（3）。

（4）安装 Jupyter Notebook。在激活的虚拟环境中安装 Jupyter Notebook，代码如下：

```
conda install jupyter
```

（5）启动 Jupyter Notebook。在终端或命令提示符中，导航到存储库目录。运行以下命令：

```
jupyter notebook
```

浏览器会自动打开 Jupyter 的界面，你可以在其中打开并运行任意 .ipynb 文件。

推荐使用方法

对于大多数用户，我们推荐方法一：在本地计算机上运行，因为它提供了一个集成的开发环境，便于编写和调试代码。同时，使用 Visual Studio Code 可以获得更好的代码提示和版本控制支持。

自学建议

阅读本书需要一些 Python 编程和线性代数、统计学的基础，本书不展开讲解，网上可以找到丰富的学习资源，有需要的读者可以自行学习。下面是几点学习建议：

- 从课前小测验开始，激发学习兴趣。
- 阅读课程内容，理解理论知识。
- 运行并修改 Notebook 中的代码，进行实践操作。
- 完成课后测验，巩固所学知识。
- 如果课程包含实践内容，尽量完成以加深理解。

注意事项

- 网络访问：确保你的网络能够访问 Gitee 和 GitHub（如果选择从 GitHub 复制）。
- 依赖安装：创建虚拟环境时，environment.yml 文件会自动安装所需的依赖项，请确保你的网络连接稳定。
- 资源需求：某些课程内容可能需要较高的计算资源，建议使用性能较好的计算机。

如果在安装或运行过程中遇到问题，请参考以下资源：

- 课程链接索引：见上面“课程链接编号”部分的二维码。
- 中文社区支持：加入相关技术社区或论坛，寻求更多帮助。

我们希望这些简化的步骤能帮助你顺利开始学习人工智能。祝学习愉快！

荣誉与贡献

- 主要作者：Dmitry Soshnikov 博士
- 编辑：Jen Looper 博士
- 插画家：Tomomi Imura
- 中文翻译团队：冯磊、周慧梅
- 封面设计：孟依卉
- 中文版式设计：冯磊

目录

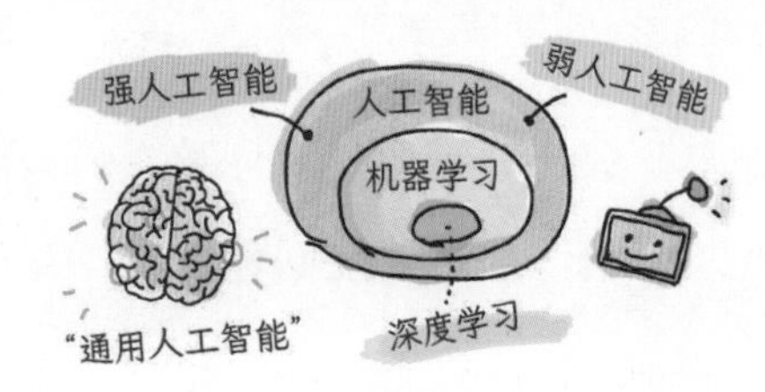

知识表示

第 1 篇　概述与早期人工智能　001

第 1 课　人工智能简介　003

第 2 课　知识表示与专家系统　010

本体论　专家系统

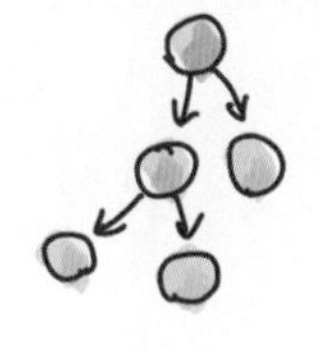

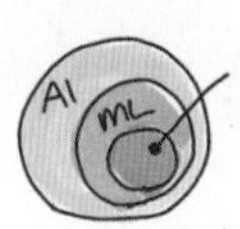

神经网络
深度学习

反向传播算法

感知
= 单层神经网络 ⟷ 多层感知器

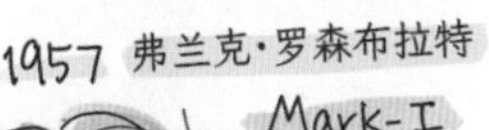

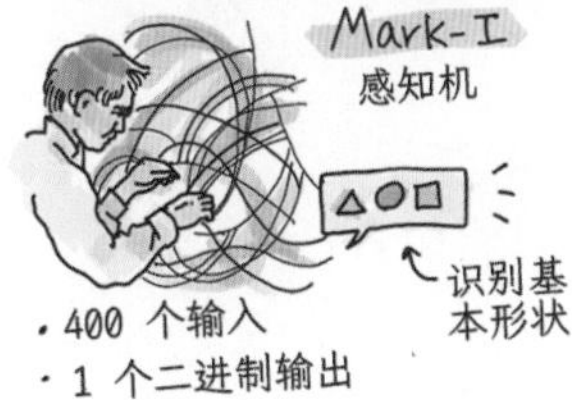

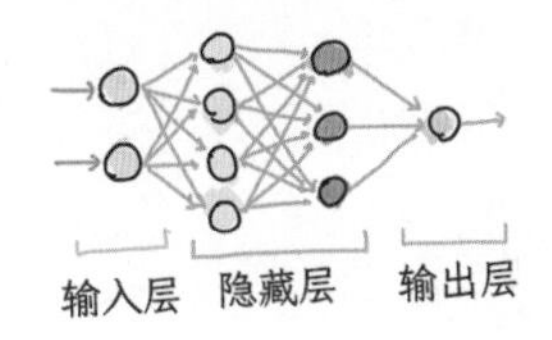

Neural Networks

第 2 篇　神经网络简介　035

第 3 课　神经网络简介：感知机　037

第 4 课　神经网络简介：多层感知机　054

第 5 课　神经网络框架　075

机器视觉

卷积网络

自编码器

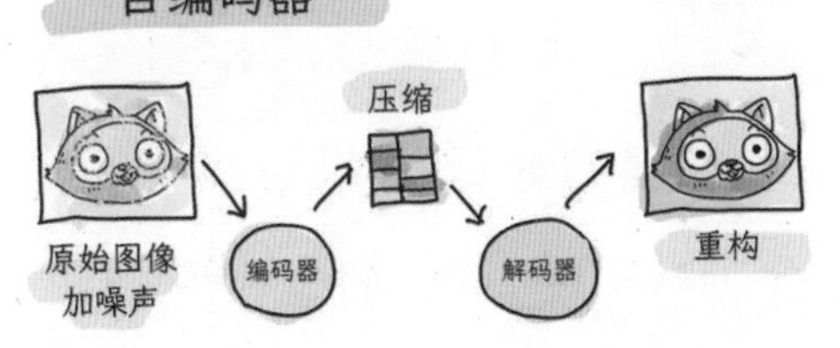

Computer Vision

第 3 篇　计算机视觉　115

第 6 课　计算机视觉与 OpenCV　116

第 7 课　卷积神经网络　127

第 8 课　预训练网络与迁移学习　151

第 9 课　自编码器　190

第 10 课　生成对抗网络　219

第 11 课　目标检测　246

第 12 课　图像分割　259

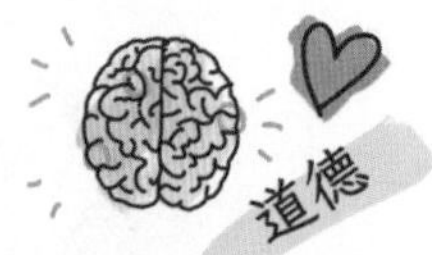

NLP

第 4 篇　自然语言处理　281

第 13 课　将文本表示为张量　284
第 14 课　词嵌入　301
第 15 课　语言模型　319
第 16 课　循环神经网络　330
第 17 课　生成网络　344
第 18 课　注意力机制与 Transformer　358
第 19 课　命名实体识别（NER）　379
第 20 课　预训练的大型语言模型　387

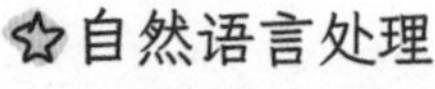

- Word2Vec
- 词嵌入
- 循环网络
- Transformer

自然语言处理

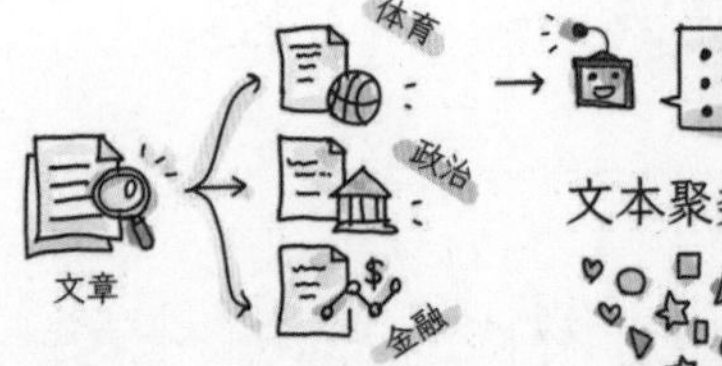

文本聚类

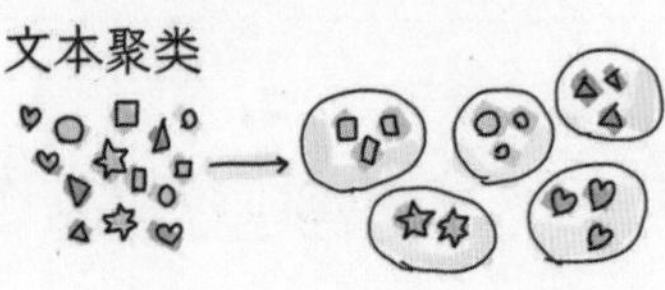

第 5 篇　其他人工智能技术　397

第 21 课　遗传算法　398
第 22 课　深度强化学习　407
第 23 课　多智能体系统　428
第 24 课　人工智能的伦理与责任　433

AI

遗传算法

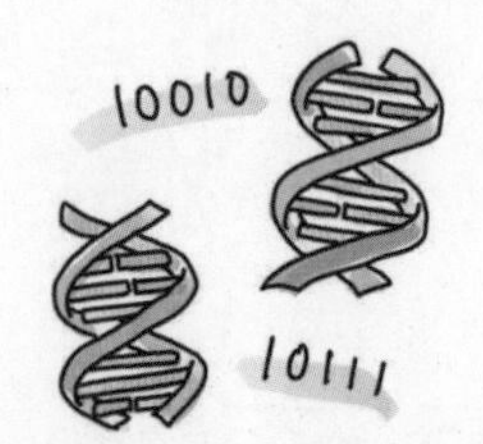

多智能体系统

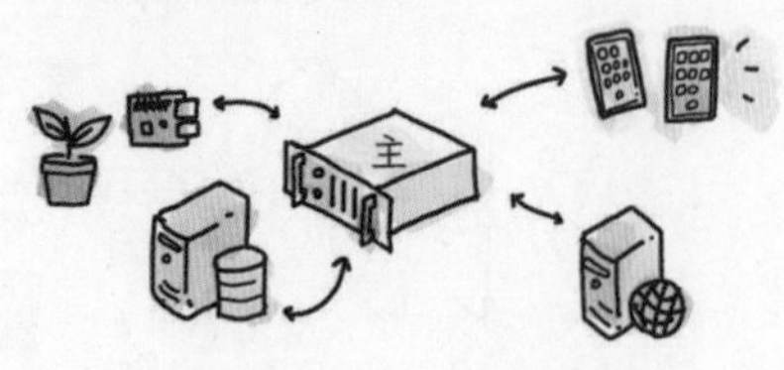

附录 A　多模态网络、CLIP 和 VQGA　435
附录 B　本书主页及习题答案　440

扫码看详细目录

机器学习

aka.ms/ml-beginners

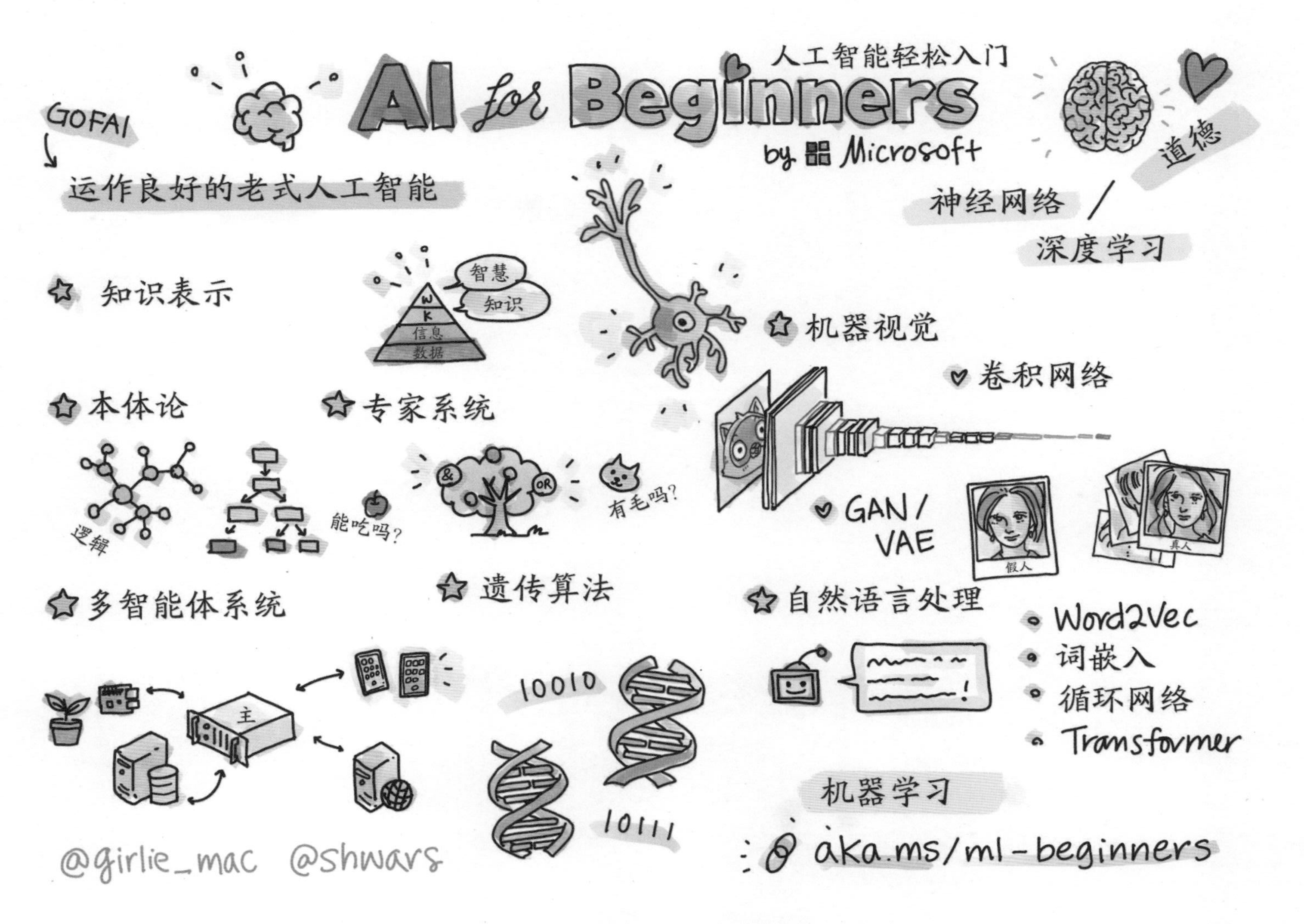

由 Tomomi Imura （井村智美）绘制的插图

第 1 篇　概述与早期人工智能

本篇包括两大主题，分别是人工智能概述与早期人工智能。概述部分即第 1 课，将深入探讨人工智能（AI）的基本概念、发展历史及其在现代社会的应用。我们将讨论 AI 的不同类型（弱 AI 与强 AI），理解 AI 如何处理复杂任务，并介绍 AI 的两种主要实现方法：自上而下的符号推理和自下而上的神经网络。课程还将回顾 AI 的发展历程，从早期的专家系统到当前的神经网络技术，帮助读者全面了解 AI 的发展脉络和未来趋势。

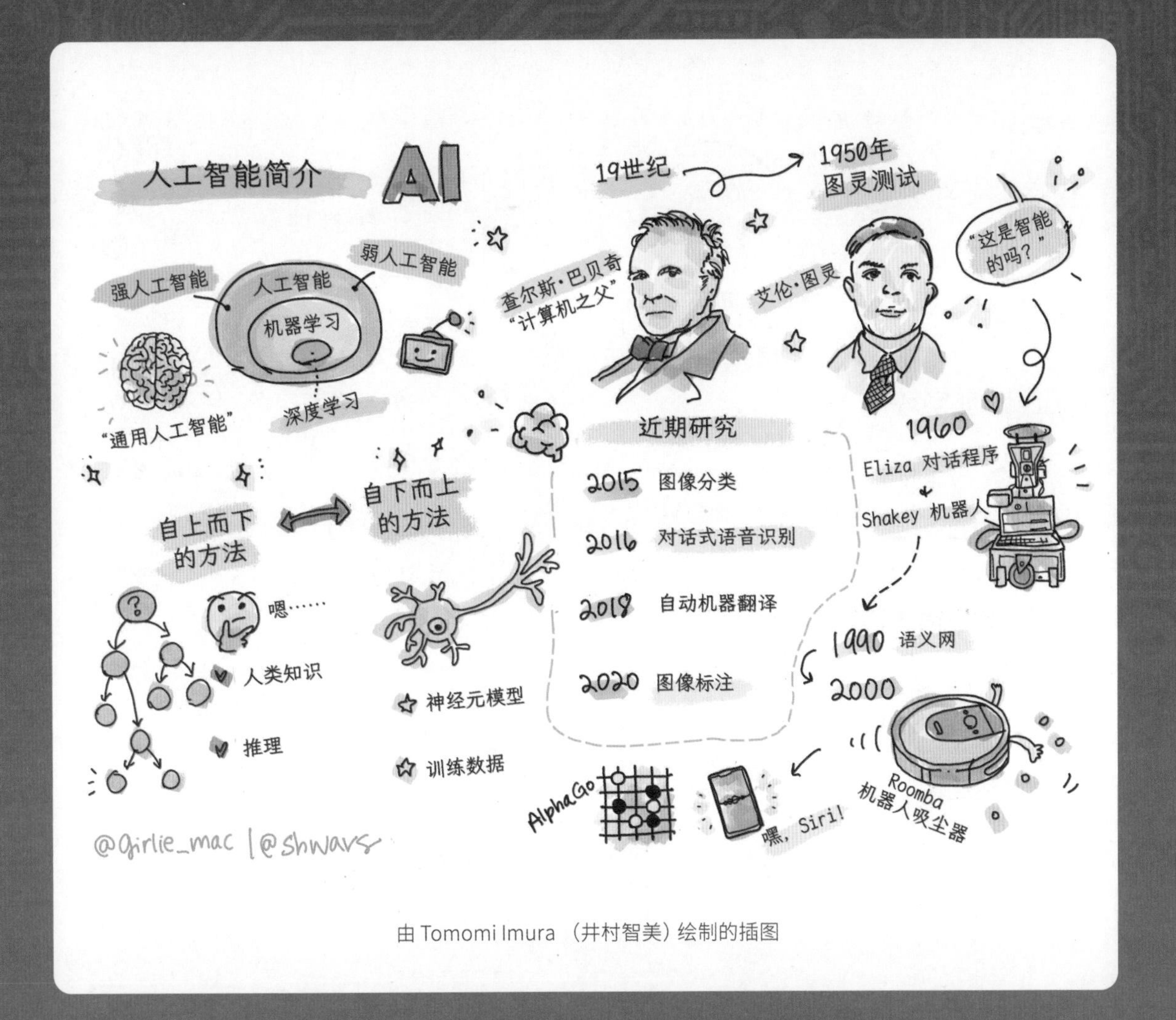

由 Tomomi Imura （井村智美）绘制的插图

第 2 课讲早期人工智能，将介绍知识表示与专家系统的基本概念，带领读者深入了解如何在计算机系统中表示和处理知识，探讨不同类型的知识表示方法，并详细阐述专家系统的构建和运作原理。此外，还探讨本体论和语义网络在组织和利用知识方面的应用。通过本课内容的学习，读者可以对符号人工智能有一个基础而清晰的理解。

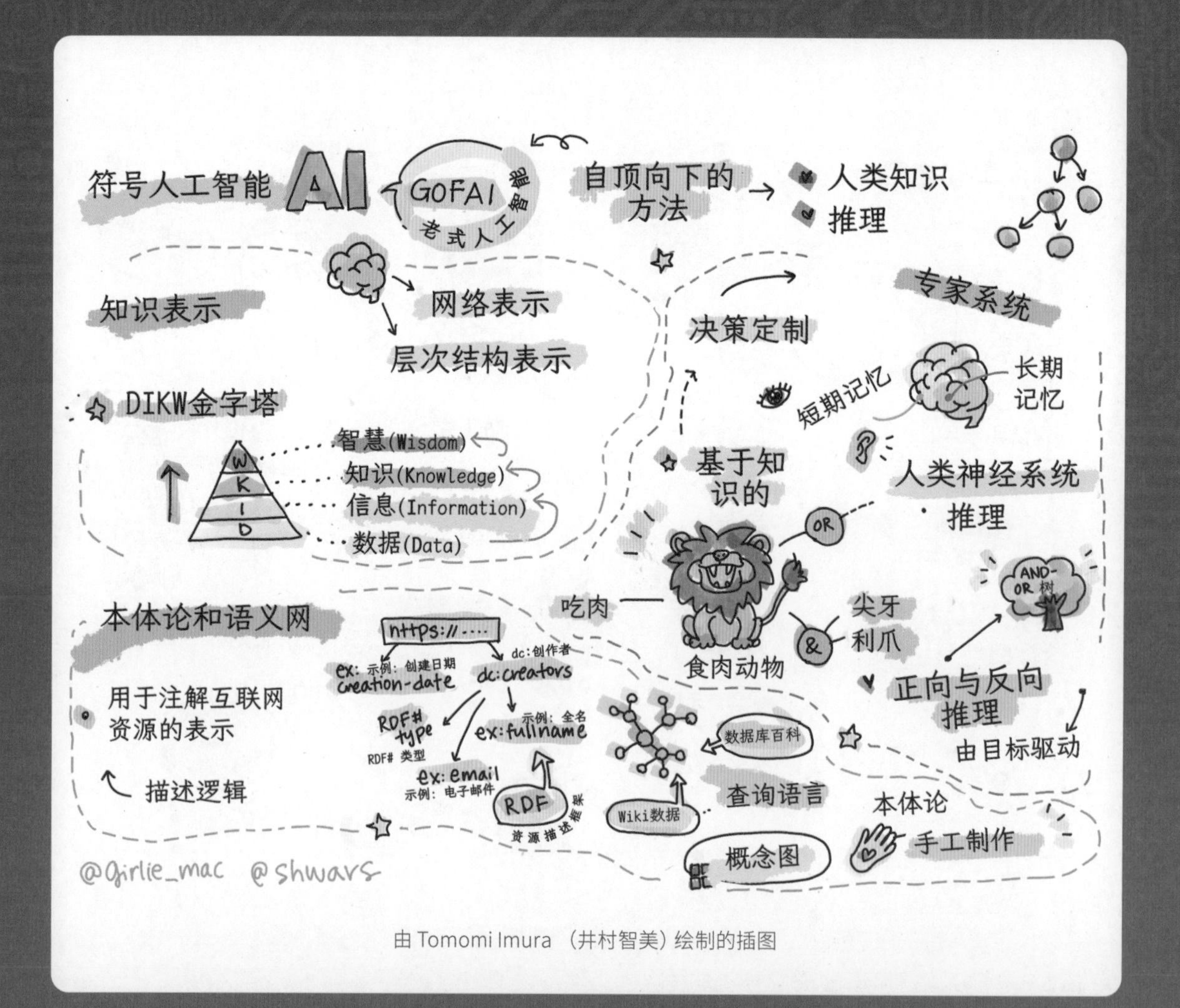

由 Tomomi Imura （井村智美）绘制的插图

第 1 课
人工智能简介

课前准备

人工智能是一门令人兴奋的科学学科，它研究如何使计算机展现智能行为，例如，让计算机做人类擅长做的事情。

最初，计算机是由查尔斯·巴贝奇 **[L1–1]** 发明的，用于按照明确的程序算法操作数字。尽管现代计算机比 19 世纪最初提出的原始模型先进得多，但它们仍遵循相同的受控计算思想。因此，如果知道实现目标所需的确切步骤序列，就可以对计算机进行编程。

然而，有一些任务我们尚不清楚是如何通过确切步骤解决的，例如，从照片中猜测一个人的年龄，如图 1-1 所示。我们看过许多不同年龄的人的样子后习得了这个能力，但还无法明确解释是如何做到这一点的，故无法通过编程教计算机来做这件事。这正是人工智能（Artificial Intelligence，AI）感兴趣的任务类型。

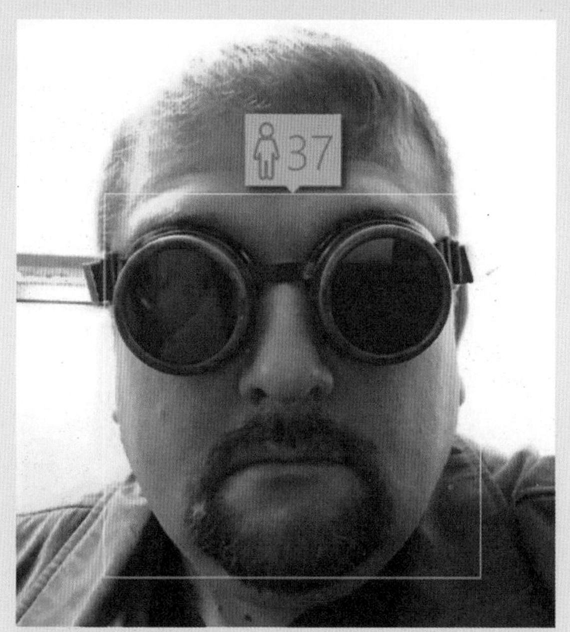

图 1-1　我们尚不清楚大脑是如何估出年龄的，照片由德米特里·索什尼科夫自拍

想一想你可以将哪些任务交给计算机。金融、医学和艺术领域是如何从人工智能中受益的？

简介

本课将介绍以下内容：

1.1 弱人工智能与强人工智能
1.2 智能的定义和图灵测试
1.3 不同的人工智能方法
1.4 人工智能简史
1.5 最近的 AI 研究
1.6 挑战
1.7 复习与自学
1.8 作业—— 游戏里的人工智能

课前小测验

（1）（ ）是 19 世纪著名的原型计算机工程师。

a. 查尔斯·巴克利
b. 查尔斯·巴贝奇
c. 查尔斯·达尔文

（2）弱人工智能是用来解决许多任务的系统，这一说法（ ）。

a. 正确
b. 错误

（3）聊天机器人是一个真正智能系统的例子，这一说法（ ）。

a. 错误，它们通常是由一系列规则设计的
b. 正确，它们通常被认为是“智能的”
c. 错误，但随着它们变得越来越复杂，它们越来越能够通过图灵测试

1.1 弱人工智能与强人工智能

在探讨人工智能的发展过程时，通常将人工智能分为“弱人工智能（Weak AI）”与“强人工智能（Strong AI）”。弱人工智能，又称窄人工智能或专用人工智能，是指设计来执行一个或一组特定任务的智能系统。相比之下，强人工智能，又称通用人工智能（AGI），指的是一个理论上的智能系统，它能在任何智能领域展现出类似于或超越人类智能的能力。表 1-1 所示为弱人工智能与强人工智能的概念对比。

表 1-1 弱人工智能与强人工智能的概念对比

弱人工智能	强人工智能
弱人工智能是指为特定任务或一小组任务而设计和训练的人工智能系统	强人工智能，或者说通用人工智能，指的是具有与人类相似水平的智能和理解能力的人工智能系统
弱人工智能系统并不具备普遍的智能；它们在执行预定任务上表现出色，但缺乏真正的理解力或意识	强人工智能有能力执行人类能做的任何智力任务，能够适应不同领域，并拥有一种意识或自我意识的形式
弱人工智能的例子包括像 Siri 或小爱同学这样的虚拟助手，流媒体服务使用的推荐算法，以及为特定客户服务任务设计的聊天机器人等	实现强人工智能是人工智能研究的长期目标，这将需要开发能够推理、学习、理解，并在广泛的任务和环境中适应的人工智能系统
弱人工智能高度专业化，除了其狭窄领域，它在其他领域并不具备类似人类的认知能力或一般问题解决能力	强人工智能目前还是一个理论概念，还没有任何人工智能系统达到这种普遍智能的水平

想了解更多信息，请参阅通用人工智能 **[L1–2]** 的介绍。

1.2 智能的定义和图灵测试

在讨论人工智能时，需要思考什么是“智能” **[L1–3]**，这个术语本身并没有一个明确的定义。人们对智能的理解各不相同，有些人可能将其与抽象思维或自我意识联系起来。目前，还没有找到一个被普遍接受的方法来精确定义智能。

为了更好地理解智能这一概念的模糊性，可以考虑尝试回答如下问题：“猫是否具备智能？”如图 1-2 所示，不同的人对这个问题可能有不同的看法，因为目前并不存在一些公认的标准或方法来验证这种断言的真实性。如果你认为猫确实具有智能，尝试对猫进行智商测试就会发现困难重重，因为这些测试是为人类设计的，而不适用于动物。

> 花一点时间思考你如何定义智能。解决迷宫问题的乌鸦具备智能吗？一个孩子的智力怎么衡量？

图 1-2 猫是否具有智能？由摄影师 Amber Kipp 拍摄，来自 Unsplash

讨论通用人工智能时，一个重要的问题是如何判断一个系统是否真正拥有智能。为了解决这个问题，科学家阿兰·图灵 **[L1–4]** 提出了一种名为图灵测

试 [L1–5] 的方法。图灵测试的核心思想是比较：将一个人工智能系统与一个真正的人类进行对比。在这个测试中，一个人类评审员会通过文字信息与另一方进行对话，但他不知道对话的另一方是人还是计算机系统。如果评审员无法凭借对话内容判断出对方是机器还是人类，那么，这个系统就被认为具有智能。这种测试方式之所以有效，是因为它依赖于人类的判断，而非可以被计算机程序轻易绕过的自动化比较。

> 在2014年，一个由圣彼得堡团队开发的聊天机器人，名为尤金古斯特曼（Eugene Goostman） [L1–6]，差点通过了图灵测试。这个机器人事先宣布自己是一个13岁的乌克兰男孩，这就掩盖了它输出的文本中缺乏某些知识，且与成人的表达存在差异的漏洞。在与人类评审员进行了5分钟的对话后，有30%的评审员错误地认为它是一个真正的人。然而，这个结果并不意味着机器人真的具有智能。相反，它更多地反映了其设计者通过巧妙的策略来误导评审员。

> 你有没有被聊天机器人骗过，让你以为正在和一个真人聊天？它是怎么说服你的？

1.3 不同的人工智能方法

如果希望计算机能像人类一样行动，就需要在计算机内建模人类的思维方式。因此，必须努力理解是什么让人类变得智能。

为了能将智能编程到机器中，我们需要了解自己的决策过程是如何运作的。有些过程是在潜意识中进行的，例如，我们可以在不经思考的情况下区分猫和狗，而其他一些过程则涉及推理。

有两种方法解决这一问题，如表 1-2 所示。

表 1-2　自上而下方法与自下而上方法的概念对比表

自上而下方法（符号推理）	自下而上方法（神经网络）
这种方法模拟人类解决问题的推理方式，涉及从人类知识中提取信息，并将其转化为计算机可读的形式。还需要开发一种在计算机内模拟推理的方法	这种方法模拟构成人类大脑的大量简单单元（称为神经元）的结构。每个神经元的功能类似于对其输入的加权平均，通过提供训练数据，可以训练神经网络来解决实际问题

此外，还有如下两种实现智能的方法。

（1）基于“涌现性、协同性或多智能体系统”理念的方法。这种观点认为，通过大量简单代理之间的交互作用，可以产生复杂的智能行为。从进化控制论 [L1–7] 的角度来看，智能可以在“元系统（Metasystem）过渡”过程中从更简单、反应式的行为中涌现出来。

> “元系统”这个术语在信息科学和系统论中使用，用来描述一个能够通过控制和协调其各个子系统来整体操作的更大系统。这个概念可以应用于各种不同的领域，包括生物学、计算机科学、哲学等。在这里的上下文中，“元系统过渡”是指从一种更简单、反应式的行为向更复杂的智能行为的进化过程。在这个过程中，基础系统的行为和互动形成了一个更高级别的系统（元系统），从而产生了新的、更复杂的行为和能力。这是一个自组织和自我改进的过程，这些新的能力并不在原始系统中，而是在系统的互动和整合中出现，这就是所谓的“涌现”现象。

（2）是基于进化原则的优化过程，称为“进化方法”或“遗传算法”。

将在课程的后续部分详细讨论这些方法，目前主要关注自上而下方法和自下而上方法这两个主要方向。

1.3.1 自上而下方法

在自上而下的方法中，我们尝试对推理过程进行建模。因为在推理时能追踪自己的思维过程，所以，可以尝试将这种过程形式化，并将其编程到计算机中。这种方法被称为符号推理。

通常，人们会在脑海中有一些引导决策过程的规则。例如，当医生在诊断病人时，他可能会意识到病人发烧，因此推断体内可能有炎症发生。通过应用大量规则到特定问题上，医生可能能得出最终的诊断结果。

这种方法高度依赖知识的表示和推理过程。从人类专家那里提取知识可能是最困难的部分，因为在许多情况下，即使是专家自己也不确切知道自己是如何得出特定诊断的。有时，解决方案可能突然在他的脑中闪现，而无须明确的思考过程。就像从照片中判断一个人的年龄一样，有些任务根本无法简化为一系列可操作的步骤。

1.3.2 自下而上方法

可以尝试对大脑中最简单的元素——神经元进行建模。可以在计算机内构建一个人工神经网络，并尝试通过提供示例来教它解决问题。这个过程类似于新生儿通过观察来学习周围的环境。

> 婴儿是如何学习的？婴儿的学习机制是什么？

什么是机器学习？

机器学习是人工智能领域的一个关键分支。机器学习使计算机能够通过分析数据来学习和解决问题，而不需要人为编写详细的指令。本课程不涉及传统的机器学习内容，建议读者参考另一门独立的课程——*Machine Learning for Beginners*（机器学习入门课）[L0-7] 来自学这方面的知识，课程封面如图 1-3 所示。

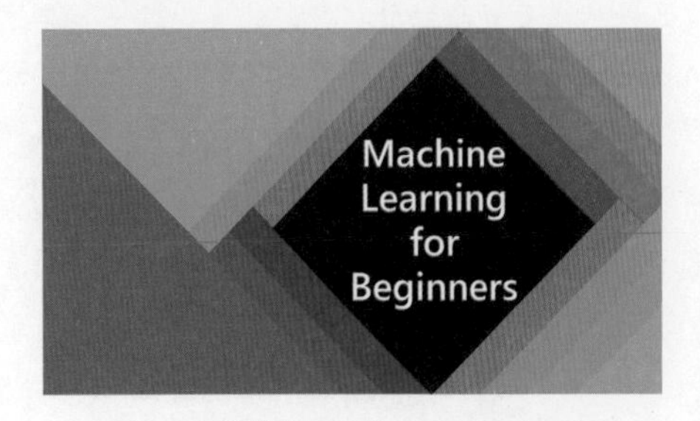

图 1-3 微软的 *Machine Learning for Beginners*（机器学习入门课）封面插图

1.4 人工智能简史

人工智能作为一个研究领域，始于 20 世纪中叶。最初，符号推理是一种流行的方法，它带来了一些重要的成就，如专家系统——这是一种在特定问题领域能够充当专家的计算机程序。然而，这种方法很快显示出其扩展性有限。从专家那里提取知识并将其转化为计算机可以处理的形式，是一项非常复杂且成本高昂的任务，这导致了 20 世纪 70 年代的人工智能寒冬 [L1-8]。

随着时间的推移，计算资源变得更为廉价，可用数据量也在不断增加，神经网络方法在多个领域开始展现出超越人类的卓越性能，如计算机视觉和语音理解等。在过去十年中，人工智能这一术语在很大程度上已经成为神经网络的同义词，因为我们所了解的大部分人工智能成功案例都是基于神经网络的。

可以观察到这些方法的变化，例如，在制作下棋计算机程序中的应用：

- 早期的国际象棋程序主要基于搜索策略。这些程序被设计为能够预测对手在接下来几步可能采取的各种动作，并根据能够达到的最佳棋局位置来选择最优移动。这导致了所谓的 alpha-beta 剪枝 [L1-9] 搜索算法的开发。
- 搜索策略在游戏后期效果最佳，这时因为可能的移动数量有限，搜索空间相对较小。然而，在游戏初期，搜索空间巨大，通过学习人类玩家之间的现有比赛可以改进算法。后续的实验采用了所谓的案例推理 [L1-10]，程序在知识库中寻找与当前棋局位置非常相似的案例。
- 能够战胜人类玩家的现代程序基于神经网络和强化学习 [L1-11]。在强化学习中，程序通过长时间与自己对弈并从自己的错误中学习来学习下棋——这与人类学习下棋的方式相似。然而，计算机程序可以在更短的时间内进行更多的对弈，因此，学习速度更快。

其过程参考图 1-4 所示的人工智能简史时间线。

> 研究一下其他被人工智能玩过的游戏。

下面介绍创建能通过图灵测试的“会对话的程序”的方法是如何变化的 。

- 早期此类程序，如 Eliza [L1-12]，基于非常简单的语法规则，并将输入句子重新表述为问题。

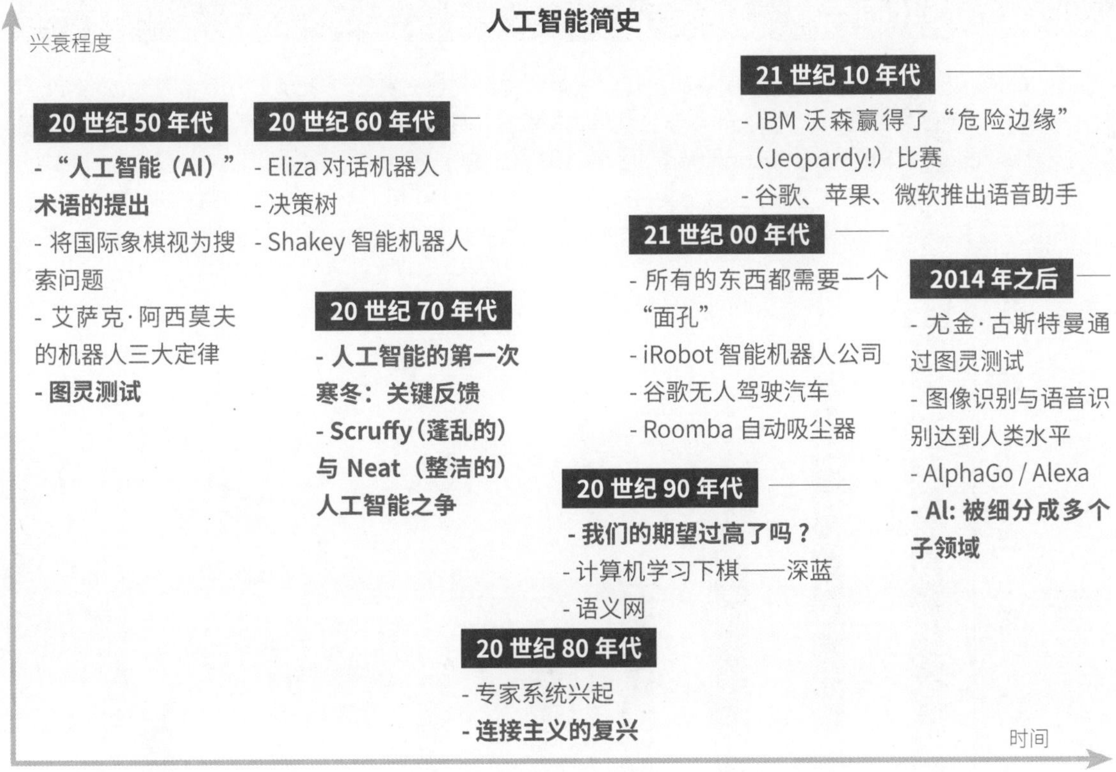

人工智能简史

兴衰程度

20 世纪 50 年代

- “人工智能（AI）”术语的提出

- 将国际象棋视为搜索问题

- 艾萨克·阿西莫夫的机器人三大定律

- 图灵测试

20 世纪 60 年代

- Eliza 对话机器人

- 决策树

- Shakey 智能机器人

20 世纪 70 年代

- 人工智能的第一次寒冬：关键反馈

- Scruffy（蓬乱的）与 Neat（整洁的）人工智能之争

20 世纪 80 年代

- 专家系统兴起

- 连接主义的复兴

20 世纪 90 年代

- 我们的期望过高了吗？

- 计算机学习下棋——深蓝

- 语义网

21 世纪 00 年代

- 所有的东西都需要一个“面孔”

- iRobot 智能机器人公司

- 谷歌无人驾驶汽车

- Roomba 自动吸尘器

21 世纪 10 年代

- IBM 沃森赢得了“危险边缘”（Jeopardy!）比赛

- 谷歌、苹果、微软推出语音助手

2014 年之后

- 尤金·古斯特曼通过图灵测试

- 图像识别与语音识别达到人类水平

- AlphaGo / Alexa

- AI: 被细分成多个子领域

时间

图 1-4　人工智能简史时间线，图片作者：德米特里·索什尼科夫

- 现代的智能助手，如小爱同学、Siri 或 Google Assistant，都是混合系统，它们利用神经网络将语音转换为文本并识别人们的意图，然后采用一些推理或明确的算法来执行所需的操作。
- 将来，我们可以期待一个完全基于神经网络的模型来处理对话。最近的 GPT 和 图灵 -NLG 🔗 [L1–13] 系列神经网络在解决对话任务方面取得了重大进展。其过程如图 1-5 所示。

图灵测试的进化

1996 年　**2014 年**　**2021 年**

ELIZA

- 让我们聊聊你的家庭

- 我父亲照顾我

- 家里还有谁照顾你？

- 我母亲

- 你母亲？

尤金·古斯特曼

GPT / 图灵 -NLG

英国科学家认为，对抗压力的最佳疗法，是养小猫。他们在最近的一项研究中发现，43% 的人在看到小猫时会感到放松……

图 1-5　自然语言处理（NLP）领域的发展历程，从 1966 年的 ELIZA 到 2014 年的尤金·古斯特曼（聊天机器人），再到 2021 年的 GPT 和图灵 -NLG 系统。插图作者德米特里·索什尼科夫，照片摄影师 Marina Abrosimova，Unsplash

1.5 最近的 AI 研究

自 2010 年起，随着大型公共数据集的出现，大规模神经网络研究迅速发展。一个名为 ImageNet 🔗 **[L1–14]** 的大型图像数据集包含约 1400 万张注释过的图像，它催生了 ImageNet 大规模视觉识别挑战赛（ImageNet Large Scale Visual Recognition Challenge， ILSVRC）🔗 **[L1–15]**。

2012 年，卷积神经网络首次用于图像分类，这使分类错误率显著下降（从近 30% 下降到 16.4%）。2015 年，微软研究院的 ResNet（残差网络）架构达到人类水平🔗 **[L1–16]**，如图 1-6 所示。

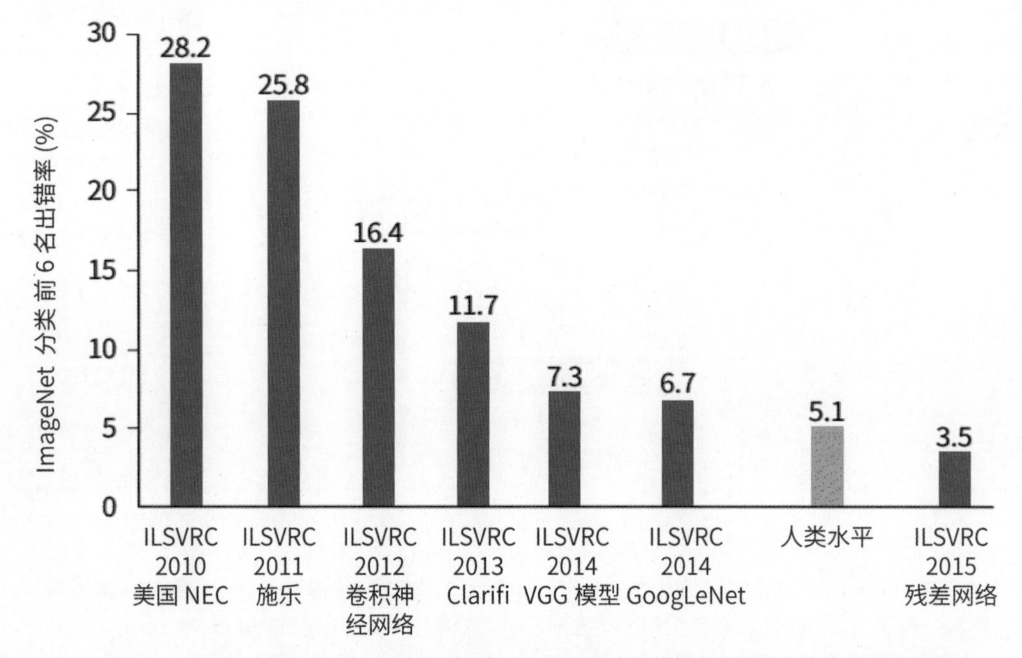

图 1-6　从 2010 年到 2015 年，不同团队参加 ImageNet 大规模视觉识别挑战的错误率进展情况。图表作者：德米特里·索什尼科夫

从那时起，神经网络在许多任务中开始大杀四方，如表 1-3 所示。

表 1-3　神经网络发展成就表

年份	达到人类水平
2015	**图像分类**🔗 [L1–16]：使用 ReLU 激活函数的深度学习模型，在 ImageNet 图像分类任务上超越人类水平
2016	**语音识别对话**🔗 [L1–17]：在会话式语音识别中达到人类水平
2018	**自动机器翻译（汉译英）**🔗 [L1–18]：在自动中译英新闻翻译中达到人类翻译水平
2020	**图像字幕**🔗 [L1–19]：面向新对象的视觉词汇预训练在文字描述任务上超越人类水平

在过去的几年，我们见证了大型语言模型（如 BERT 和 GPT-3）的巨大成功。这主要是因为有大量的通用文本数据可用，使我们能够训练模型来捕捉文本的结构和含义，并在通用文本集合上对这些模型进行预训练，然后将这些模型专门用于更具体的任务。

1.6 挑战

人工智能在以下领域得到了有效的运用：地图应用程序、语音转文本服务或视频游戏。研究一下这些系统是如何构建的。

1.7 复习与自学

本课介绍了人工智能和机器学习的历史。从本课的插图中选取一个要素，对其进行深入研究，以了解其演变的文化背景。

1.8 作业——游戏里的人工智能

人工智能和机器学习的发展深刻影响了游戏行业，游戏是人工智能应用的重要领域。本次作业要求，以你喜欢的一个有着悠久历史的游戏为例，探讨其在人工智能方面的发展，从早期到现在再到未来。该游戏应具有足够长的历史，经历过计算机处理能力的不同阶段。国际象棋和围棋是两个很好的例子，早期的视频游戏如 Pong 和吃豆人也可以。

你的文章应该讨论这个游戏的过去、现在和未来，具体建议可以包括如下几项。

(1) 简要介绍这个游戏的历史、规则和文化影响。

(2) 描述这个游戏早期是如何在有限的计算能力下进行的。

(3) 这个游戏现在的人工智能技术情况，以及当前人工智能能达到什么水平。

(4) 这个游戏未来可以应用什么人工智能技术，以及人工智能还需要进步到什么程度，才能完全击败人类玩家。

(5) 你对这个游戏未来发展的预测，以及人工智能会如何改变这个游戏。

(6) 这个游戏反映的人工智能技术的发展历程，对你有什么启发。

课后测验

(1) 自上而下的人工智能方法是一种被称为（ ）的推理模型。

a. 战略推理

b. 符号推理

c. 协同推理

(2) AI 的自下而上的方法基于神经网络，这一说法（ ）。

a. 正确

b. 错误

(3) AI 寒冬发生在（ ）。

a. 20 世纪 50 年代

b. 20 世纪 60 年代

c. 20 世纪 70 年代

第 2 课
知识表示与专家系统

人工智能的研究是建立在对知识的深入探索基础上的，目标是使机器能够以类似于人类的方式理解和解释世界。关键问题是，机器如何实现这种对知识和环境的探索与理解呢?

在人工智能的早期，自上而下地创建智能系统的方法（如第 1 课所述）非常流行。其核心思想是将人类的知识提取成某种机器可读的形式，然后利用这些知识来自动解决问题。这种方法基于如下两个重要理念：

- 知识表示（Knowledge Representation）。
- 推理（Reasoning）。

简介

本课将介绍如下内容：

2.1 知识表示
2.2 计算机知识表示法的分类
2.3 专家系统（Expert System）
2.4 练习——实现一个动物识别专家系统：Animals.zh.ipynb
2.5 本体论与语义网络
2.6 练习——家庭关系本体：FamilyOntology.zh.ipynb
2.7 微软概念图谱
2.8 练习——概念图谱：MSConceptGraph.zh.ipynb
2.9 结论
2.10 挑战
2.11 复习与自学
2.12 作业——构建本体

课前小测验

（1）创建智能系统的自上而下的方法是基于（ ）。
a. 知识寻求和阅读
b. 知识表示和推理
c. 知识推理和寻求

（2）知识与信息是一样的，这一说法（ ）。
a. 正确
b. 错误

（3）知识是通过（ ）方式获得的。
a. 主动学习过程
b. 被动学习过程
c. 以上两者都包括

2.1 知识表示

在符号人工智能领域——这是人工智能早期一个重要分支，知识被视为一个核心概念。区分知识、信息和数据非常关键。通常情况下，我们认为书籍含有知识，因为人们能够通过学习书籍成为专家。然而，书籍实际上载有的是数据，只有当我们阅读这些书籍，并将其中的数据整合进我们的世界观时，这些数据才真正转化成知识。

> *知识是存储在人们大脑中的东西，代表了人们对世界的理解。知识是通过一个积极的学习过程获得的，这个过程将人们接收到的信息片段整合进人们对世界的主动模型中。*

通常不会严格定义知识，而是通过 DIKW 金字塔 🔗 [L2–1] 与其他相关概念进行对齐。DIKW 代表数据（Data）、信息（Information）、知识（Knowledge）和智慧（Wisdom），如图 2-1 所示。

- **数据（Data）：** 数据以物理媒介呈现，如书面文字或口述语音。数据本身独立于人类而存在，能够在人与人之间传递。

- **信息（Information）：** 信息是人们在头脑中对数据的解释。例如，当听到“计算机”这个词时，我们对它有一定的理解。
- **知识（Knowledge）：** 知识是将信息整合到我们的世界模型中的信息。例如，一旦了解了计算机是什么，便开始构建关于其工作原理、成本及用途的想法。这种相互关联的概念网络形成了知识。
- **智慧（Wisdom）：** 智慧是人们对世界更深层次的理解，它代表了元知识——即关于如何及何时使用知识的概念。

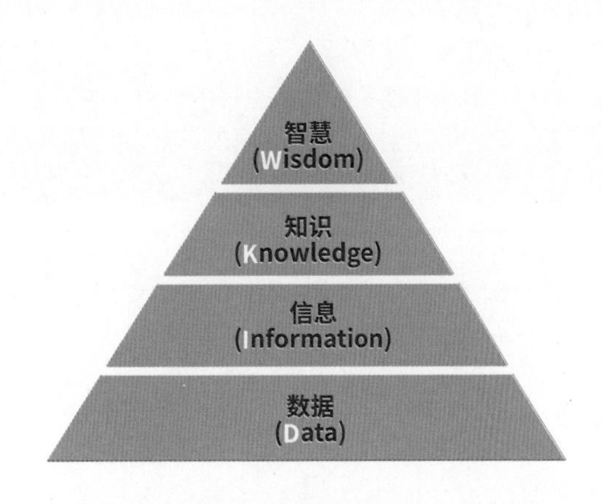

图 2-1　DIKW 金字塔，图片作者：Longlivetheux

因此，知识表示的挑战在于找到一种有效的方式，将知识以数据的形式整合进计算机中，使之能够自动使用。这个过程可以用图 2-2 所示的范围来表示。

- 在图 2-2 左侧，有一些计算机可以有效使用的非常简单的知识表示类型。最简单的一种是算法化的，即知识通过计算机程序来表示。然而，这并非表示知识的最佳方式，因为它不够灵活。人类大脑中的知识通常是非算法化的。
- 在图 2-2 右侧是诸如自然语言文本之类的表示。它是最强大的，但无法用于自动推理。

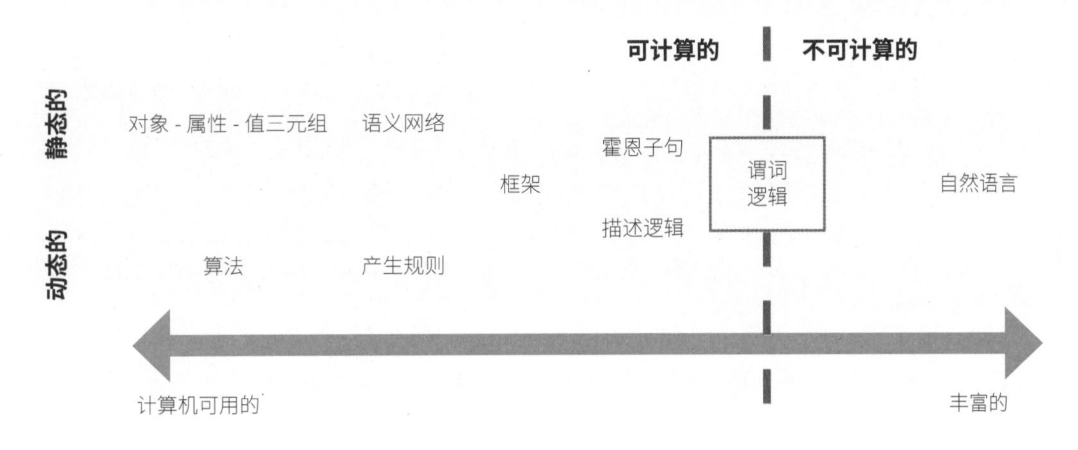

图 2-2　符号人工智能知识表示时信息的双向流动和决策的过程。[①] 图表作者：德米特里·索什尼科夫

> 花点时间思考一下你是如何在头脑中表示知识并将其记录成笔记的。对你来说是否有某种特定的格式有助于记忆和理解？

2.2　计算机知识表示法的分类

可以将不同的计算机知识表示方法分为以下几类。

1. 语义网络表示法

受人脑中概念之间相互关联的网络结构启发，可以尝试在计算机中用图形的方式来表现概念之间的关系

① 在图中，信息从来源处流动到处理中心，在这里它被分为“可计算的”和“不可计算的”。可计算的信息会进一步流向决策支持系统，而不可计算的信息则被排除出处理流程。在决策支持系统中，信息被用于做出决策，并产生影响，这些影响随后会反馈到信息来源处，形成一个闭环的信息流和决策过程——译者注。

网络，这就是语义网络（Semantic Network）。在语义网络中，概念被表示为节点，概念之间的关系用连接节点的箭头来表示。

可以用节点和箭头的列表来表示计算机中的概念关系网络。与之类似，也可以用包含对象、属性和值的三元组列表来表示语义网络。例如，可以用三元组来描述 Python 编程语言，如表 2-1 所示。

表 2-1 描述 Python 语言的对象 - 属性 - 值三元组定义表

对象	属性	值	解释
Python	类型	无类型语言	Python 是一门无类型语言，意味着 Python 中的变量不需要提前声明类型
Python	发明者	吉多·范罗苏姆	Python 是由荷兰程序员吉多·范罗苏姆发明的
Python	语法块表示方法	缩进	Python 用缩进来表示语法块，而许多其他编程语言使用括号或关键字
无类型语言	变量类型	类型定义	在无类型语言中，变量的类型可以随时改变，不需要先定义

你能想到还可以用对象 - 属性 - 值三元组的方式来表示哪些其他类型的知识吗？

2. 分层表示法

分层表示法强调我们大脑中对事物的分类和层次结构。例如，我们知道金丝雀是鸟类的一种，而所有的鸟类都有翅膀。我们还了解金丝雀的典型颜色、飞行速度等特征。在分层表示法中，这些知识可以用图 2-3 所示的树状层次结构来表示。

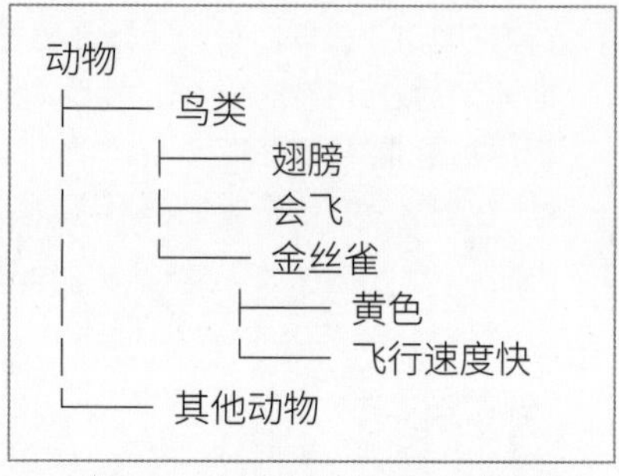

图 2-3 金丝雀的分层表示法示意图

（1）**框架表示法。**框架表示法可以看作实现分层表示法的一种具体方式。在这种方法中，每个对象或概念都用一个框架（Frame）来表示。框架中包含多个描述对象属性的槽（Slot）。槽可以有默认值、取值范围限制，或用于计算槽值的函数或过程。框架之间可以形成继承关系，子框架可以继承父框架的槽。这很像面向对象编程语言中的类继承机制。表 2-2 所示为描述 Python 语言的框架表示法。这个框架描述的是 Python 的一些基本特征。

（2）**场景表示法。**场景表示法是框架表示法的一种特殊形式，特别适用于表示复杂的、随时间推进的事件或情境。场景继承了框架表示的特点，但更强调时间维度，以及事件的起因、经过和结果。

表 2-2 描述 Python 语言的框架表示法

属性	值	默认值	区间	解释
名称	Python	无	无	表示对象的名称是 Python，但没有设置默认值或范围
类型	无类型语言	无	无	表示 Python 是一种无类型语言，但没有默认值或范围限制
变量命名方式	无	驼峰式命名	无	表示 Python 变量使用驼峰命名法，但没有默认值或范围限制
程序长度	无	无	5～5000 行	表示 Python 程序的长度通常为 5～5000 行，但没有设置具体值或默认值
语法块表示方法	缩进	无	无	表示 Python 的语法块通过缩进来表示，但没有默认值或范围限制

3. 过程式表示法

过程式表示法是一种基于行动列表的知识表达方式，当满足特定条件时，可以执行这些行动。

（1） **产生式规则。**产生式规则是一种常见的过程式表示形式，它使用 `if-then` 语句来表示推理过程。例如，医生可以制定这样一条规则：如果病人发高烧或血液检查显示 C 反应蛋白水平升高，那么这个病人可能有炎症。当遇到符合条件的情况时，就可以根据规则推断出炎症的结论，并在后续的诊断中使用这一结论。

（2） **算法。**可以把算法看作一种过程式表示，尽管它们很少直接用于基于知识的系统。算法是解决问题的一系列步骤，与产生式规则类似，但通常更加复杂和详细。

4. 逻辑

逻辑最初由古希腊哲学家亚里士多德提出，是一种表示和分析人类知识的方法。

（1） **谓词逻辑（Predicate Logic）**是一种用符号和公式表示复杂命题的逻辑系统。然而，由于其计算复杂度高，在实际应用中通常使用其某些子集。例如，Prolog 编程语言使用的霍恩子句就是谓词逻辑的一个子集，它的计算效率更高。

（2） **描述逻辑（Descriptive Logic）**是专门用于表示和推理对象层次结构的一类逻辑系统。它常用于像语义网这样的分布式知识表示系统中，用以描述不同概念之间的关系，并进行自动推理。相比谓词逻辑，描述逻辑在表达能力和计算效率之间取得了更好的平衡。

2.3 专家系统

专家系统（Expert System）是早期符号人工智能的一个成功应用。专家系统是为了在特定领域模拟人类专家的决策过程而设计的计算机程序。专家系统的核心是一个知识库，包含从一个或多个人类专家那里获得的专业知识。此外，专家系统还有一个推理引擎，用于在知识库的基础上进行推理和决策。

专家系统的结构与人类的思维方式类似，包括短期记忆和长期记忆。在基于知识的系统中，通常将专家系统分为以下几个部分，如图 2-4 所示。

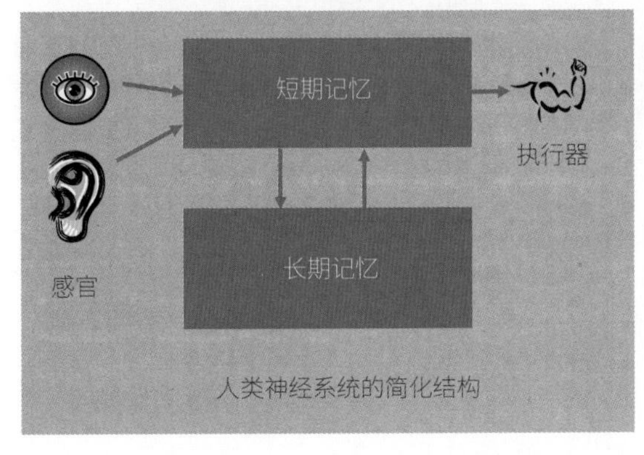

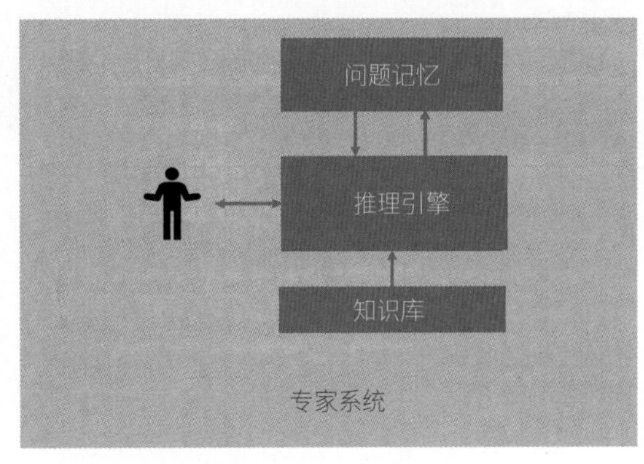

图 2-4　人类神经系统与专家系统对比

- **问题记忆：**包含当前正在解决的问题的相关信息，如医疗诊断系统中患者的体温、血压及是否有炎症等。这也被称为静态知识，因为它代表了我们对当前问题状态的认知。
- **知识库：**存储了关于问题领域的长期知识。这些知识通常来自人类专家的经验，在不同的咨询过程中保持不变。知识库帮助我们从一个问题状态转移到另一个问题状态，因此也被称为动态知识。
- **推理引擎：**负责协调整个问题的求解过程，根据需要向用户提问，并找到适用于当前问题状态的规则。

图 2-5 所示为一个根据动物的物理特征判断动物类别的专家系统。这种图称为 AND-OR 树，是一种直观表示一组规则的方式。在从专家那里获取知识的初期，绘制 AND-OR 树是一个很有用的步骤。在计算机中表示这些知识时，通常会使用一种称为产生式规则的形式，例如：

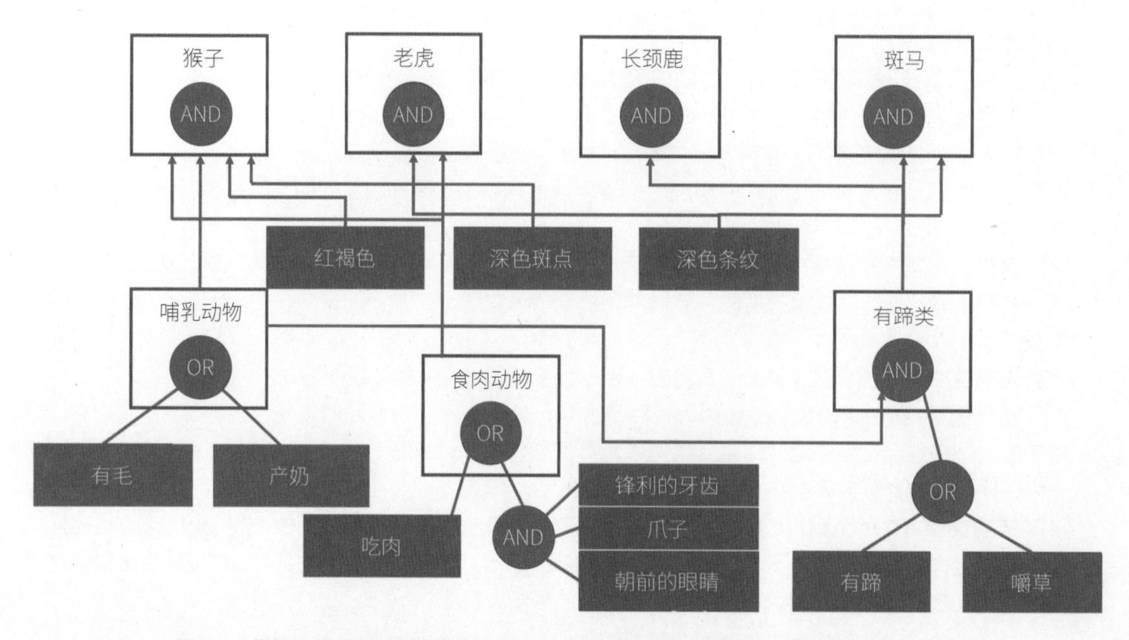

图 2-5 根据动物的物理特征判断动物种类的专家系统，插图作者：德米特里·索什尼科夫

```
IF 动物吃肉
OR ( 动物有锋利的牙齿
    AND 动物有爪子
    AND 动物有朝前的眼睛
)
THEN 动物是食肉动物
```

在这个系统中，每条规则的条件和结论都以对象-属性-值（OAV）的三元组形式表示。这些三元组构成了被称为工作记忆的数据集，其中包含所有与当前问题相关的信息。推理引擎会不断扫描工作记忆，寻找与规则条件匹配的三元组。例如，“动物有锋利的牙齿”“动物有爪子”和“动物有朝前眼睛”这 3 个条件构成了上述规则的左手边（LHS）。只有当这些条件同时满足时，规则的右手边（RHS），即“这是个食肉动物”才会被执行。规则的左手边用于判断该规则是否适用于当前的问题状态。一旦找到匹配的规则，其右手边的结论就会被触发，相应的动作就会执行，可能会向工作记忆中添加新的三元组。

尝试在你感兴趣的主题上编写 AND-OR 树！

2.3.1 正向推理与反向推理

上述预测动物类别的过程称为正向推理（Forward Inference）。正向推理从已知的事实开始，通过应用规则来推导出新的结论。其基本步骤如下。

(1) 检查目标属性是否已经存在于工作记忆中。如果是，则停止推理并给出结果。

(2) 找出所有条件满足当前工作记忆的规则，形成规则的冲突集。

(3) 应用冲突解决策略，从冲突集中选择一条规则执行。常见的冲突解决策略有如下 3 个。

- 选择知识库中第一条适用的规则。
- 随机选择一条规则。
- 选择满足条件最多的规则，即最具体的规则。

(4) 执行所选规则，将新的结论加入到工作记忆中。

(5) 回到步骤 (1)，重复整个过程。

然而，在某些情况下，可能需要从对问题一无所知的状态开始，通过提问来获取有助于推理的信息。例如，在医疗诊断中，医生通常不会一开始就给患者做所有的检查，而是根据需要有针对性地提问和检查。

这种由目标驱动的推理过程称为反向推理（Backward Inference）。其基本步骤如下。

(1) 找出所有可以推导出目标属性的规则，形成冲突集。

(2) 如果没有相关规则或规则指示需要向用户询问该属性的值，则向用户提问。否则，执行能够应用的规则。

(3) 使用冲突解决策略选择一条规则作为当前的假设，将尝试证明这个假设。

(4) 对于假设规则的前提条件（即规则左手边的属性），递归地将其作为新的目标重复上述过程。

(5) 如果在任何时候证明假设失败，则回到步骤 (3)，选择另一条规则作为新的假设。

> 思考一下在哪些情况下正向推理更适用，哪些情况下反向推理更适用。

2.3.2 专家系统的实现

实现专家系统有如下两种方法。

(1) **使用高级编程语言直接编程。**这种方法涉及使用高级编程语言（如 Python、Java 等）直接编写专家系统的程序。尽管这种方法可以实现专家系统，但通常不推荐，因为它要求领域专家必须了解复杂的编程细节和推理过程，从而增加了系统的开发和维护难度。

(2) **用专家系统壳（Expert System Shell）。**是一种专门为开发专家系统而设计的软件工具。它提供了一个框架，允许用户使用特定的知识表示语言来输入和组织领域知识。领域专家只需要关注知识本身，而不必关心系统内部的工作原理。这种方法的优势在于知识库和推理机制的分离，使得领域专家无须了解复杂的编程细节和推理过程，就可以根据自己的专业知识来编写和管理规则库。

通过专家系统壳来实现专家系统，不仅可以简化系统的开发过程，还能使系统更容易维护和更新。因此，更推荐这种方法。

请参见并尝试运行练习：实现一个动物专家系统（名为 `Animals.zh.ipynb` 🔗 [L2-1-2] 的 Notebook），该文件提供了正向推理和反向推理专家系统的实现示例。

2.4 练习——实现一个动物识别专家系统：Animals.zh.ipynb

> ⚠ 注意：本练习只是为了展示专家系统的基本工作原理。只有当你开始构建一个真正的专家系统，并且规则数量达到一定规模（通常在200条以上）时，才会发现它表现出一定的智能行为。随着规则变得越来越复杂，你可能会开始好奇系统为什么做出某些决策，因为人脑已经难以记住所有的规则了。不过，基于知识的系统的一个重要特点是，你总是可以追溯和解释它的任何一个决策是如何做出的。

本示例将实现一个简单的基于知识的系统，它能根据一些物理特征推测是一种什么动物。该系统可以由图 2-5 所示的 AND-OR 树表示（这只是整棵树的一部分，可以轻松地添加更多的规则）。

2.4.1 带有反向推理的专家系统壳

下面定义一种简单的基于规则的语言来表示知识。使用 Python 的类（class）作为定义规则的基本元素，主要有如下 3 种类型的类。

- `Ask` 类：表示需要向用户询问的问题。它包含一组可能的答案选项。当系统在推理过程中缺少某些信息时，可以使用 `Ask` 类从用户那里获取。
- `If` 类：表示推理规则。它主要是为了方便地存储规则的内容，可以看作一种语法糖[1]。每个 `If` 类实例表示一条“如果…则…”规则。
- `AND` 和 `OR` 类：表示规则条件之间的逻辑关系。它们用于构建规则的条件部分，相当于 AND-OR 树中的分支。`AND` 类表示所有条件都必须满足，`OR` 类表示至少有一个条件满足即可。这两个类的实例本身只是存储了一个内部的参数列表。

为了简化程序，所有公共的功能都定义在一个名为 `Content` 的父类中。`Ask`、`If`、`AND` 和 `OR` 类都继承自 `Content` 类，从而可以共享这些公共功能。下面是定义用于询问用户问题的类和用于存储规则内容的类的程序。

```
# 定义一个用于询问用户问题的类
class Ask:
# 初始化函数，设置默认的选项是 'y' 和 'n'
    def __init__(self, choices=["y",
"n"]):
        self.choices = choices  # 存储
选项
    # 定义一个函数用于询问用户
    def ask(self):
```

① 语法糖（Syntactic Sugar）是编程语言中的一个术语，指的是为了使程序更易读、更易写而添加到编程语言中的语法。这些语法本身并不提供新的功能，但它们可以使程序更加易读、清晰，从而提高程序员的工作效率。语法糖让程序的结构更加直观，有助于理解和维护程序。

```
        if max([len(x) for x in self.choices]) > 1:  # 如果选项的长度大于 1
            for i, x in enumerate(self.choices):  # 遍历每一个选项
                print("{0}. {1}".format(i, x), flush=True)  # 输出选项
            x = int(input())  # 获取用户输入
            return self.choices[x]  # 返回用户选择的选项
        else:  # 如果选项的长度不大于 1
            print("/".join(self.choices), flush=True)  # 输出选项
            return input()  # 返回用户输入
# 定义一个内容类，用于存储规则的内容
class Content:
    def __init__(self, x):  # 初始化函数，接收一个参数 x
        self.x = x  # 存储参数 x

# 定义一个 If 类，用于表示一个规则，继承自 Content 类
class If(Content):
    pass  # 不需要添加额外的方法或属性，只需要继承 Content 类的方法和属性

# 定义一个 AND 类，用于表示 AND 树的分支，继承自 Content 类
class AND(Content):
    pass  # 不需要添加额外的方法或属性，只需要继承 Content 类的方法和属性

# 定义一个 OR 类，用于表示 OR 树的分支，继承自 Content 类
class OR(Content):
    pass  # 不需要添加额外的方法或属性，只需要继承 Content 类的方法和属性
```

在系统中，工作记忆将包含一系列事实，这些事实以属性 - 值对的形式表示。知识库可以被定义为一个大的字典 (dictionary)，它将行为 (需要插入到工作记忆中的新事实) 映射到条件，这些条件以 AND-OR 表达式的形式给出。此外，一些事实可以通过 Ask 函数从用户那里获取。定义专家系统的规则的程序如下：

```
# 定义专家系统的规则
rules = {
    'default': Ask(['y','n']),  # 默认的询问，选项是 'y' 和 'n'
    '颜色' : Ask(['红棕色','黑白色','其他']),  # 询问颜色，选项是 '红棕色'、'黑白色'
和 '其他'
    '图案' : Ask(['深色条纹','深色斑点']),  # 询问图案,选项是 '深色条纹' 和 '深色斑点'
    '哺乳动物': If(OR(['有毛','会产奶'])),  # 如果有毛或者会产奶，那么是哺乳动物
    '食肉动物': If(OR([AND(['尖牙','爪子','眼睛朝前']),'吃肉'])),  # 如果有尖牙、
爪子、眼睛朝前或者吃肉，那么是肉食动物
    '有蹄类动物': If(['哺乳动物',OR(['有蹄','反刍'])]),  # 如果是哺乳动物，并且有蹄
或者反刍，那么是有蹄动物
    '鸟类': If(OR(['有羽毛',AND(['会飞','会下蛋'])])),  # 如果有羽毛或者会飞并且会
下蛋，那么是鸟
    '动物：猴子' : If(['哺乳动物','食肉动物','颜色：红棕色','图案：深色斑点']),  #
如果是哺乳动物、肉食动物、颜色是红棕色并且有深色斑点，那么是猴子
    '动物：老虎' : If(['哺乳动物','食肉动物','颜色：红棕色','图案：深色条纹']),  #
如果是哺乳动物、肉食动物、颜色是红棕色并且有深色条纹，那么是老虎
    '动物：长颈鹿' : If(['有蹄类动物','长脖子','长腿','图案：深色斑点']),  # 如果
是有蹄动物、有长脖子、长腿并且有深色斑点，那么是长颈鹿
    '动物：斑马' : If(['有蹄类动物','图案：深色条纹']),  # 如果是有蹄动物并且有深色条
纹，那么是斑马
    '动物：鸵鸟' : If(['鸟类','长脖子','颜色：黑白色','不能飞']),  # 如果是鸟、有
长脖子、颜色是黑白色并且不能飞，那么是鸵鸟
```

```
    '动物:企鹅' : If(['鸟类','会游泳','颜色:黑白色','不能飞']),  # 如果是鸟、会游泳、颜色是黑白色并且不能飞，那么是企鹅
    '动物:信天翁' : If(['鸟类','飞行能力强'])  # 如果是鸟并且飞行能力强，那么是信天翁
}
```

为了实现反向推理，将定义一个名为 Knowledgebase 的类来表示知识库。这个类将包含以下两个主要部分。

(1) 工作记忆 memory：一个字典 (dict) 类型的变量，用于存储已知事实。它将属性名映射到对应的值。在推理过程中，工作记忆会动态地更新，存储新的事实。

(2) 知识库规则 rules：一组以前面介绍的格式 (Ask、If、AND、OR) 定义的规则。这些规则构成了专家系统的核心知识。

Knowledgebase 类有如下两个主要的方法。

(1) get 方法：用于获取某个属性的值。当调用 get('color') 时，系统会检查工作记忆中是否已经存在 color 属性的值。如果没有，它会向用户询问颜色，并将获得的答案存储到工作记忆中，以便后续使用。如果调用 get('color:blue')，系统会先获取颜色属性的值，然后根据颜色是否为 blue 返回 y 或 n。

(2) eval 方法：用于执行实际的推理过程。它会遍历知识库中的规则 (通常表示为一棵 AND-OR 树)，评估各个子目标，直到得出最终的结论。在推理过程中，它会调用 get 方法获取所需的属性值。

定义知识库类的程序如下：

```
# 定义知识库类
class KnowledgeBase():
    def __init__(self,rules):  # 初始化函数，接收规则作为参数
        self.rules = rules  # 存储规则
        self.memory = {}  # 创建一个空字典来存储工作记忆

    def get(self,name):  # 定义一个函数用于获取属性的值
        if ':' in name:  # 如果名字中包含 ':'
            k,v = name.split(':')  # 将名字分割成两部分
            vv = self.get(k)  # 获取 k 的值
            return 'y' if v==vv else 'n'  # 如果 v 等于 vv，则返回 'y'，否则返回 'n'
        if name in self.memory.keys():  # 如果名字在工作记忆中
            return self.memory[name]  # 返回该名字对应的值
        for fld in self.rules.keys():  # 遍历所有的规则
            if fld==name or fld.startswith(name+":"):  # 如果找到了匹配的规则
                value = 'y' if fld==name else fld.split(':')[1]  # 获取值
                res = self.eval(self.rules[fld],field=name)  # 评估规则
                if res!='y' and res!='n' and value=='y':
                    self.memory[name] = res
                    return res
                if res=='y':
                    self.memory[name] = value
                    return value
        # 如果没有找到匹配的规则，则使用默认规则
        res = self.eval(self.rules['default'],field=name)
        self.memory[name]=res
        return res

    def eval(self,expr,field=None):  # 定义一个函数用于评估表达式
        if isinstance(expr,Ask):  # 如果表达式是一个询问
```

```
            print(field)  #输出字段
            return expr.ask()  #返回询问的结果
        elif isinstance(expr,If):  # 如果表达式是一个 If
            return self.eval(expr.x)  # 评估 If 的内容
        elif isinstance(expr,AND) or isinstance(expr,list):  # 如果表达式是一个 AND
或者一个列表
            expr = expr.x if isinstance(expr,AND) else expr  # 获取 AND 的内容或者列
表本身
            for x in expr:  # 遍历表达式的每一个元素
                if self.eval(x)=='n':  # 如果元素的结果是 'n'
                    return 'n'  # 返回 'n'
            return 'y'  # 如果所有元素的结果都不是 'n', 返回 'y'
        elif isinstance(expr,OR):  # 如果表达式是一个 OR
            for x in expr.x:  # 遍历 OR 的每个元素
                if self.eval(x)=='y':  # 如果元素的结果是 'y'
                    return 'y'  # 返回 'y'
            return 'n'  # 如果没有元素的结果是 'y', 返回 'n'
        elif isinstance(expr,str):  # 如果表达式是一个字符串
            return self.get(expr)  # 返回字符串对应的值
        else: #如果表达式是未知的类型
            print("Unknown expr: {}".format(expr))  # 输出错误信息
```

为了测试专家系统壳，将定义一个关于动物识别的知识库，并使用它进行咨询。注意，在咨询过程中，系统可能会向你提问。你可以根据问题的类型，输入 y/n 或数字 (0..N) 来回答。测试专家系统的程序如下：

```
# 创建一个知识库实例
kb = KnowledgeBase(rules)
# 使用知识库的 get 方法获取 'animal' 的值
kb.get('动物')
```

程序输出如下（“-”后面为输入的选项）：

```
有毛
y/n - y
会产奶
y/n - n
哺乳动物
y/n - n
有蹄类动物
y/n - n
有羽毛
y/n - y
长脖子
y/n - n
颜色 - 1
0. 红棕色
1. 黑白色
2. 其他
会游泳
y/n - y
飞行能力强
y/n - y
'信天翁'
```

在这个示例中，系统通过一系列询问，根据用户的回答逐步推理出动物是“信天翁”。

2.4.2 使用 PyKnow 进行正向推理

在下一个示例中，将尝试使用一个知识表示库 PyKnow（Python 专家系统）🔗 [L2-2] 来实现正向推理。PyKnow 是一个用于在 Python 中构建正向推理系统的库，其设计类似于经典的老系统 CLIPS（C 语言集成生产系统）🔗 [L2-3]。

虽然可以自己编写程序来实现正向推理链，但这种简单直接的实现通常效率较低。为了更高效地进行规则匹配，专家系统通常采用一种名为 Rete 🔗 [L2-4] 的专门算法。PyKnow 已经提供了这种优化的实现。首先，运行安装 PyKnow 库的程序，代码如下：

```
import sys
!{sys.executable} -m pip install
git+https://GitHub.com/buguroo/pyknow/
```

程序输出如下：

```
Collecting git+https://GitHub.com/
buguroo/pyknow/
……此处省略中间提示内容
Requirement already satisfied:
schema==0.6.7 in /Users/mouseart/.
pyenv/versions/3.9.7/lib/python3.9/
site-packages/schema-0.6.7-py3.9.egg
(from pyknow==1.7.0) (0.6.7)
```

继续执行下面的程序，导入 PyKnow 库的所有内容：

```
# 导入 PyKnow 库的所有内容
from pyknow import *
```

在 PyKnow 中，通过定义一个继承自 KnowledgeEngine 类的子类来描述一个专家系统。系统中的每条规则都由一个独立的函数来定义，并使用 @Rule 装饰器[①]进行标记。这个装饰器指定了触发该规则的条件。在规则函数的内部，可以使用 declare 函数来声明新的事实。当这些新事实被加入到工作记忆中时，会触发进一步的正向推理，导致更多的规则被激活。定义动物专家系统类的程序如下：

```
class Animals(KnowledgeEngine):
    @Rule(OR(
            AND(Fact('尖牙'),Fact('爪
子'),Fact('眼睛朝前')),
            Fact('吃肉')))
    def carnivore(self):
        self.declare(Fact('食肉动物'))

    @Rule(OR(Fact('有毛'),Fact('会产
奶')))
    def mammal(self):
        self.declare(Fact('哺乳动物'))

    @Rule(Fact('哺乳动物'),
          OR(Fact('有蹄'),Fact('反
刍')))
    def hooves(self):
        self.declare(Fact('有蹄类动
物'))

    @Rule(OR(Fact('有羽毛'),AND(Fact('
会飞'),Fact('会下蛋'))))
    def bird(self):
        self.declare(Fact('鸟类'))

    @Rule(Fact('哺乳动物'),Fact('食肉
动物'),
          Fact(color='红棕色'),
          Fact(pattern='深色斑点'))
    def monkey(self):
        self.declare(Fact(animal='猴
子'))
    @Rule(Fact('哺乳动物'),Fact('食肉
动物'),
          Fact(color='红棕色'),
          Fact(pattern='深色条纹'))
    def tiger(self):
        self.declare(Fact(animal='老
虎'))

    @Rule(Fact('有蹄类动物'),
          Fact('长脖子'),
          Fact('长腿'),
          Fact(pattern='深色斑点'))
    def giraffe(self):
        self.declare(Fact(animal='长颈
鹿'))

    @Rule(Fact('有蹄类动物'),
          Fact(pattern='深色条纹'))
    def zebra(self):
        self.declare(Fact(animal='斑
马'))

    @Rule(Fact('鸟类'),
          Fact('长脖子'),
          Fact('不能飞'),
          Fact(color='黑白色'))
    def ostrich(self):
        self.declare(Fact(animal='鸵
```

① 在 Python 中，装饰器（Decorator）是一种特殊的语法，它允许以一种干净而优雅的方式修改函数或类的行为。装饰器本质上是一个 Python 函数或类，它可以让其他函数或类在不需要做任何程序修改的前提下增加额外功能。

```
鸟'))

    @Rule(Fact('鸟类'),
          Fact('会游泳'),
          Fact('不能飞'),
          Fact(color='黑白色'))
    def penguin(self):
        self.declare(Fact(animal='企鹅'))

    @Rule(Fact('鸟类'),
          Fact('飞行能力强'))
    def albatross(self):
        self.declare(Fact(animal='信天翁'))

    @Rule(Fact(animal=MATCH.a))
    def print_result(self, a):
        print('动物是 {}'.format(a))

    def factz(self, l):
        for x in l:
            self.declare(x)
```

定义完知识库之后，需要提供一些初始事实来填充工作记忆，然后调用 `run()` 方法来启动推理过程。在推理的结果中，新推断出的事实（包括我们感兴趣的动物类型）被添加到了工作记忆中。当然，这取决于我们是否提供了正确的初始事实。运行专家系统的程序如下：

```
# 创建 Animals 类的一个实例 ex1
ex1 = Animals()
# 重置知识引擎，清除所有声明过的事实
ex1.reset()
# 使用 factz 方法添加一些事实到知识引擎
ex1.factz([
    Fact(color='红棕色'),  # 颜色是红棕色
    Fact(pattern='深色条纹'),  # 有深色的条纹
    Fact('尖牙'),  # 有尖牙
    Fact('爪子'),  # 有爪子
    Fact('眼睛朝前'),  # 眼睛朝前
    Fact('会产奶')  # 能产奶
])
# 运行知识引擎，根据添加的事实和已定义的规则进行推理
ex1.run()
# 打印当前知识引擎中的所有事实
ex1.facts
```

程序输出如下：

```
动物是 老虎

FactList([(0, InitialFact()),
          (1, Fact(color='红棕色')),
          (2, Fact(pattern='深色条纹')),
          (3, Fact('尖牙')),
          (4, Fact('爪子')),
          (5, Fact('眼睛朝前')),
          (6, Fact('会产奶')),
          (7, Fact('哺乳动物')),
          (8, Fact('食肉动物')),
          (9, Fact(animal='老虎'))])
```

在这个示例中，系统通过一系列事实和规则推理出动物是“老虎”。

2.5 本体论与语义网络

20 世纪末，有一项倡议提出使用知识表示技术来为互联网资源添加注释，以便更准确地找到与特定查询相关的资源。这项倡议被称为语义网络（Semantic Web），它依赖于以下几个关键概念：

- 基于描述逻辑（Description Logics，DL）[L2-5] 的特殊知识表示方法。描述逻辑与框架知识表示类似，它们都构建了对象的层次结构及其属性。但描述逻辑具有严格的形式化逻辑语义，并支持基于此的推理。描述逻辑有多种变体，它们在表达能力和推理算法复杂性之间取得了不同的平衡。
- 分布式知识表示。所有概念都由全局 URI[①]，这使得我们可以在整个互联网上创建相互链接的知识层次结构。

① URI（Uniform Resource Identifier，统一资源标识符），是一种用于标识某一互联网资源名称的字符串。这个标识允许互联网上的资源被唯一地标识和定位。URI 在互联网和其他网络上，用于查找和获取信息资源，如网页、电子邮件地址、文件等。例如，常用的网址（URL）就是一种 URI。在语义网中，URI 可以用于全球唯一地标识一个概念、对象或者关系，有助于知识的整合和链接。——译者注

• 一系列基于 XML[①] 的知识描述语言，包括 RDF[②]、RDFS[③] 和 OWL[④]。

语义网络的一个核心概念是本体（Ontology）。本体是指使用某种知识表示形式对一个问题领域进行明确的、形式化的规范。最简单的本体可能只是一个问题领域中对象的层次结构，更复杂的本体还可能包括用于推理的规则。

在语义网络中，所有的知识表示都基于三元组（Triple）的形式。每个对象和每个关系都由一个唯一的 URI 来标识。例如，如果要表示“这个 AI 课程是由德米特里·索什尼科夫在 2022 年 1 月 1 日开发的”这个事实，可以使用图 2-6 所示的三元组。

图 2-6　用三元组声明这个 AI 课程是由德米特里·索什尼科夫在 2022 年 1 月 1 日开发的事实

下面两个链接组成了描述本 AI 课程开发的两个三元组。

```
http://GitHub.com/microsoft/ai-for-beginners http://www.example.com/terms/
creation-date “Jan 1, 2022”
http://GitHub.com/microsoft/ai-for-beginners http://purl.org/dc/elements/1.1/
creator http://soshnikov.com
```

这里 `http://www.example.com/terms/creation-date` 和 `http://purl.org/dc/elements/1.1/creator` 是一些众所周知并被普遍接受的 URI，用于表达创作者和创作日期的概念。

在更复杂的情况下，如果想定义创作者列表，可以使用资源描述框架（RDF）中定义的数据结构，如图 2-7 所示。

虽然语义网络的发展在一定程度上受到了搜索引擎和自然语言处理技术的影响，这些技术能够从文本中提取结构化数据，但在某些特定领域，人们仍在大力维护本体和知识库。以下是几个值得关注的项目：

• 维基数据（WikiData）🔗 [L2-6] 是与维基百科关联的一系列机器可读知识库。其中大多数数据都是从维基百科信息框中提取的（信息框是维基百科页面内的结构化内容片段）。可以用 SPARQL （一种用于语义网络的特殊查询语言）进行查询🔗 [L2-7]。下面是一个显示人类的最流行的眼睛颜色的查询示例：

---

① XML (Extensible Markup Language，扩展标记语言)：是一种用于存储和传输数据的标记语言。XML 并不是用来替代 HTML 的，它的主要目标是帮助信息系统共享结构化的数据。它没有预定义的标签，允许用户自定义自己的标签，从而提供一种灵活的方式来定义数据的结构。——译者注

② RDF (Resource Description Framework，资源描述框架)：是一种描述网络资源（如网页元素）的标准。RDF 提供了一种描述信息的方式，使得机器可以理解和使用信息。在 RDF 中，信息被定义成一组“三元组”结构，每个三元组包括主题、谓词和对象。——译者注

③ RDFS (RDF Schema，资源描述框架模式)：是一个用于描述 RDF 中使用的资源、属性和值的语义的语言。RDFS 提供了一组用于描述和组织资源的类和属性，从而允许 RDF 数据被更好地解释和理解。——译者注

④ OWL (Ontology Web Language，本体网络语言)：是一种用于表达本体（Ontology）的语言。本体是一个对某一领域知识的显式、精确和全面的说明。OWL 是基于 RDF 和 RDFS 构建的，提供了更为复杂和强大的本体建模工具，能够表达出更丰富和复杂的关系和约束。——译者注

```
# 默认可视化查询结果：气泡图
SELECT ?eyeColorLabel (COUNT(?human) AS ?count)
WHERE
{
  ?human wdt:P31 wd:Q5.
# ?human 是智人（Q5）的一个实例
  ?human wdt:P1340 ?eyeColor.
# ?human 的眼睛颜色是 ?eyeColor
  SERVICE wikibase:label { bd:serviceParam wikibase:language "en". } # 使用
Wikibase 标签服务来获取英文标签
}
GROUP BY ?eyeColorLabel # 根据眼睛颜色进行分组
```

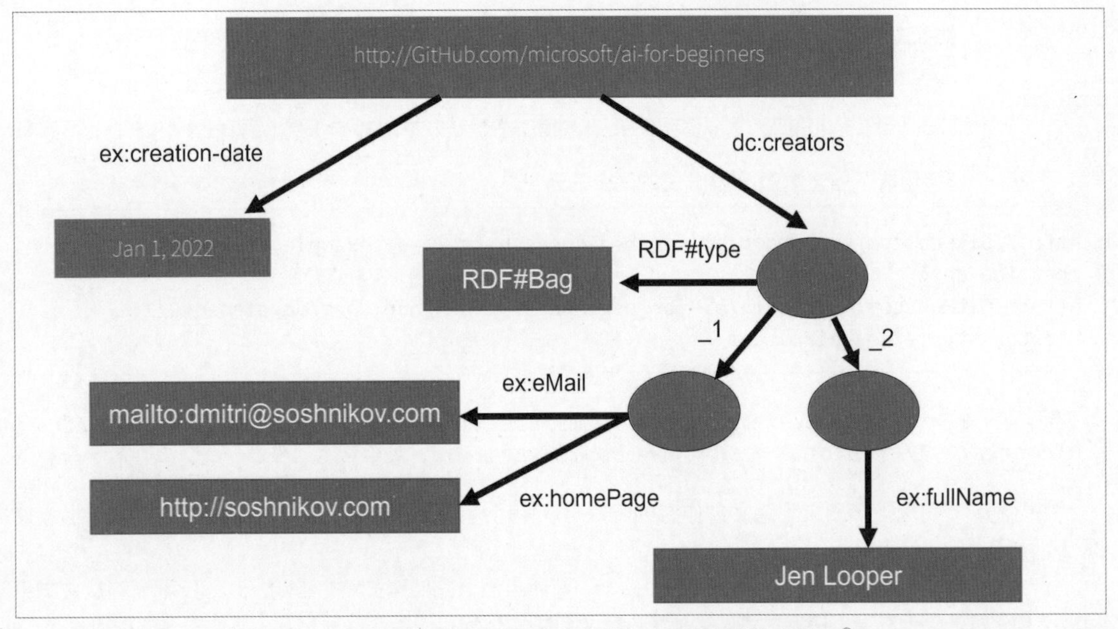

图 2-7　用资源描述框架（RDF）定义这个 AI 课程的创作者列表[①]

---

① 图 2-7 是一个关于 RDF 的模型示意图，用于展示如何使用 RDF 来描述资源及其相关属性和关系。RDF 是一种用于描述网上资源的模型，它使得资源之间的关系可以被机器理解。下面是这张图的主要元素和它们之间关系的解释。

（1）资源和属性。

· 资源 http://GitHub.com/microsoft/ai-for-beginners 表示一个关于人工智能初学者的 GitHub 项目（本课程的英文版项目地址）。

· 资源有一个创建日期属性 ex:creation-date，值为 “Jan 1, 2022”。

（2）dc:creators。

· 这是一个使用 Dublin Core（一种元数据标准）定义的属性，用于指定资源的创作者。

· 图中使用 RDF#Bag 来表示这个属性关联多个值（即多个创作者）。

（3）创作者的描述。

· 创作者被描述为有邮箱和主页的实体。

· 例如，图中有一个实体（通过一个圆圈表示）具有属性 ex:eMail 和 ex:homePage，分别链接到 mailto:dmitri@soshnikov.com 和 http://soshnikov.com。

（4）创作者的名字。

· 创作者的完整名字（ex:fullName）被描述为 Jen Looper（本课程的编辑）。

· 图 2-7 的目的是通过一个实例展示如何使用 RDF 来标记和组织关于资源（如网页、项目等）的元数据，特别是当资源有多个创作者时。这种方式有助于语义网的构建，使得资源的元数据可以被程序更好地读取和理解。——译者著

- DBpedia 🔗 [L2-8] 是另一个类似 WikiData 的项目。

> 🤔 如果你有兴趣构建自己的本体，或者想要探索现有的本体，可以使用一个优秀的可视化本体编辑器—— Protégé 🔗 [L2-9]。如图 2-8 所示，可以下载桌面版，也可以使用在线的 Web 版。

请尝试练习：家族关系本体（名为 `FamilyOntology.zh.ipynb` 🔗 [L2-9-2] 的 Notebook），其中包含如何使用语义网技术理解家族关系的示例。

2.6 ✍ 练习——家庭关系本体：FamilyOntology.zh.ipynb

下面将采用常见的 GEDCOM 格式（Geneaological Data Communication，家谱数据通信 🔗 [L2-10] 的缩写）来表示家庭树和家庭关系的本体，然后为给定的一组个体构建所有家庭关系的图表。

GEDCOM 是一种事实上的开放文件格式规范，用于存储家谱数据，并在不同的家谱软件之间进行数据交换。在这个例子中，将利用定义家庭关系的本体和具体家谱数据，通过自动推理的方式来确定并展示所有家庭成员之间的关系。这样可以帮助读者更轻松地理解家庭中错综复杂的亲属关系。

2.6.1 获取家谱树

本示例将采用 GEDCOM 格式的罗曼诺夫沙皇家族 🔗 [L2-11] 的家谱树。`data/tsars.ged` 文件的前 15 行的程序如下：

```
# 在 Windows 系统中查看 'data/tsars.ged' 文件的前 15 行
!type data\tsars.ged  | more +15
# 在 Linux 或 macOS 系统中查看 'data/tsars.ged' 文件的前 15 行
# !head -15 data/tsars.ged
```

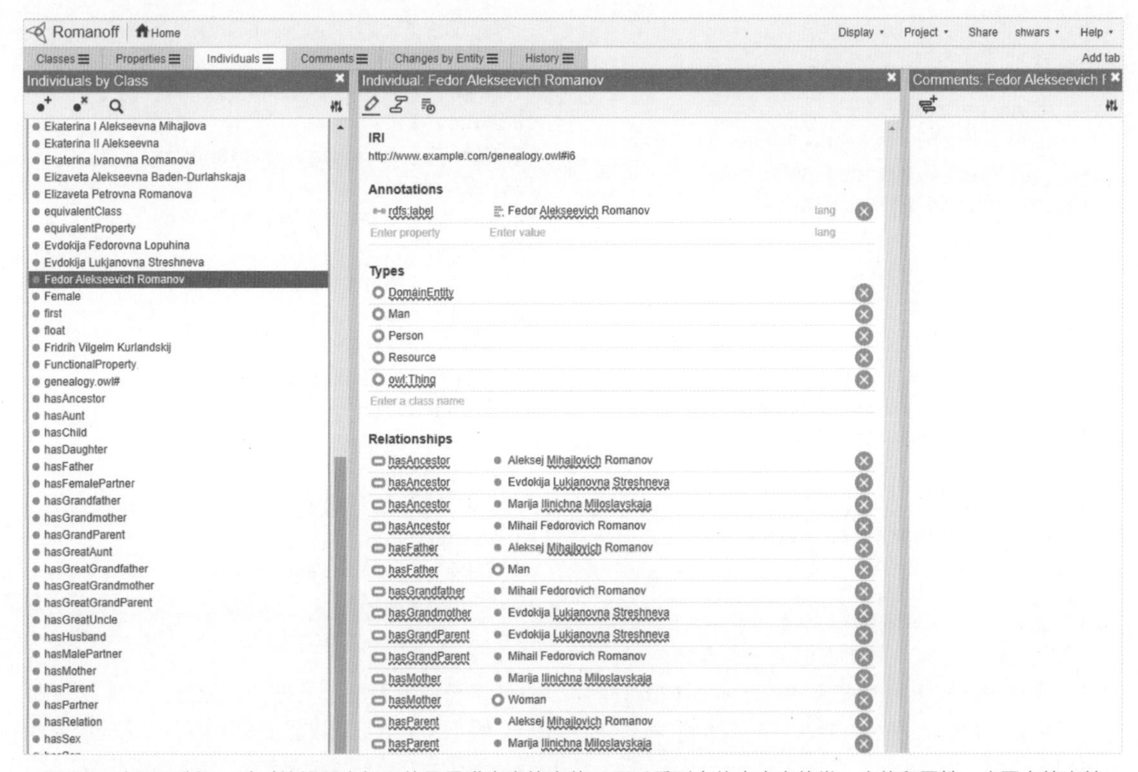

图 2-8 在Web版Protégé编辑器中打开的罗曼诺夫家族本体。可以看到本体中定义的类、个体和属性。本图由德米特里·索什尼科夫截图

程序输出如下：

```
0 HEAD
1 CHAR UTF8
1 GEDC
2 VERS 5.5
0 @0@ INDI
1 NAME Mihail Fedorovich /Romanov/
1 SEX M
1 BIRT
2 DATE 1613
1 DEAT
2 DATE 1645
1 FAMS @41@
0 @1@ INDI
1 NAME Evdokija Lukjanovna /
Streshneva/
1 SEX F
```

要使用GEDCOM文件，可以使用python-gedcom库，安装库的程序如下：

```
import sys  # 导入Python的sys模块，它提供了一些变量和函数，用于与Python解释器进行交互

# 使用Python解释器来运行pip模块，并安装python-gedcom库
# sys.executable代表当前Python解释器的路径，确保在当前Python环境下安装库
!{sys.executable} -m pip install
python-gedcom
```

程序输出如下：

```
Collecting python-gedcom
  Downloading python_gedcom-1.0.0-py2.
py3-none-any.whl (35 kB)
Installing collected packages: python-
gedcom
Successfully installed python-
gedcom-1.0.0
```

这个库解决了文件解析方面的一些技术问题，同时它也允许直接访问树状结构中所有个体和家庭的详细信息。以下程序将解析文件并展示所有个体名单的方法：

```
from gedcom.parser import Parser  # 从gedcom库导入Parser类
from gedcom.element.individual import
IndividualElement  # 从gedcom库导入IndividualElement类，用于表示个人信息
from gedcom.element.family import
FamilyElement  # 从gedcom库导入FamilyElement类，用于表示家庭信息

g = Parser()  # 创建一个Parser对象，用于后续的文件解析
g.parse_file('data/tsars.ged')  # 调用Parser对象的parse_file方法，解析文件'data/tsars.ged'
```

```
d = g.get_element_dictionary()  # 获取解析后的GEDCOM数据的元素字典
# 遍历元素字典，对于每个元素，如果是一个IndividualElement（个人元素），则获取其键值和名字，放入一个元组，最后返回一个包含所有这些元组的列表
[ (k,v.get_name()) for k,v in d.items()
if isinstance(v,IndividualElement)]
```

程序输出如下：

```
[('@0@', ('Mihail Fedorovich',
'Romanov')),
 ('@1@', ('Evdokija Lukjanovna',
'Streshneva')),
 ('@2@', ('Aleksej Mihajlovich',
'Romanov')),
 ('@3@', ('Marija Ilinichna',
'Miloslavskaja')),
…此处省略部分输出结果
 ('@37@', ('Aleksandr III
Aleksandrovich', 'Romanov')),
 ('@38@', ('Marija Fedorovna',
'Datskaja')),
 ('@39@', ('Nikolaj II
Aleksandrovich', 'Romanov')),
 ('@40@', ('Aleksandra Fedorovna',
'Gessenskaja'))]
```

这是获取家庭信息的方法。注意，该方法会提供一个标识符列表。如果想更清晰地了解这些信息，需要将这些标识符转换成具体的名字，其程序如下：

```
d = g.get_element_dictionary()  # 获取解析后的 GEDCOM 数据的元素字典

# 遍历元素字典，对于每个元素，如果是一个FamilyElement（家庭元素），则获取其键值和其子元素的值的列表，放入一个元组，最后返回一个包含这些元组的列表
[ (k,[x.get_value() for x in v.get_child_elements()]) for k,v in d.items() if isinstance(v,FamilyElement)]
```

程序输出如下：

```
[('@41@', ['@0@', '@1@', '@2@']),
 ('@42@', ['@2@', '@3@', '@6@', '@7@', '@8@']),
 ('@43@', ['@8@', '@9@', '@10@', '@11@']),
 ('@44@', ['@13@', '@10@', '@14@']),
 ('@45@', ['@15@', '@14@', '@16@']),
 ('@46@', ['@2@', '@4@', '@17@']),
 ('@47@', ['@17@', '@18@', '@20@']),
 ('@48@', ['@20@', '@21@', '@22@']),
 ('@49@', ['@17@', '@19@', '@23@', '@24@']),
 ('@50@', ['@25@', '@23@', '@26@']),
 ('@51@', ['@26@', '@27@', '@28@']),
 ('@52@', ['@28@', '@30@', '@31@', '@33@']),
 ('@53@', ['@33@', '@34@', '@35@']),
 ('@54@', ['@35@', '@36@', '@37@']),
 ('@55@', ['@37@', '@38@', '@39@'])]
```

2.6.2 获取家族本体

接下来，探讨如何构建一个描述家族关系的本体。在语义网中，本体是用一组三元组（主语 - 谓语 - 宾语）来定义的。将在本体中定义各种家族关系，如“`isUncleOf`”（是…的叔叔）、“`isCousinOf`”（是…的堂兄弟姐妹）等。这些复杂的关系可以基于一些基本的关系来构建，如“`isMotherOf`”（是…的母亲）、“`isFatherOf`”（是…的父亲）、“`isBrotherOf`”（是…的兄弟）和“`isSisterOf`”（是…的姐妹）。

一旦定义了这些基本关系，就可以通过自动推理的方式由计算机自动推导出其他所有的家族关系。这就是语义网技术的强大之处。

例如，可以这样定义“`isAuntOf`”（是 ... 的姑姑 / 姨妈）这个关系：如果 A 是 B 的姐妹，而 B 是 C 的父亲或母亲，那么 A 就是 C 的姑姑 / 姨妈。用三元组表示如下：

```
fhkb:isAuntOf a owl:ObjectProperty ;
    rdfs:domain fhkb:Woman ;
    rdfs:range fhkb:Person ;
    owl:propertyChainAxiom (
fhkb:isSisterOf fhkb:isParentOf ) .
```

`data/onto.ttl` 文件的前 20 行代码如下：

```
# 在 Windows 系统中查看 'data/onto.ttl' 文件的前 20 行
!type data\onto.ttl  | more +20
# 在 Linux 或 macOS 系统中查看 'data/onto.ttl' 文件的前 20 行
# !head -20 data/onto.ttl
```

程序输出如下：

```
@prefix fhkb: <http://www.example.com/genealogy.owl#> .
@prefix owl: <http://www.w3.org/2002/07/owl#> .
@prefix rdf: <http://www.w3.org/1999/02/22-rdf-syntax-ns#> .
@prefix rdfs: <http://www.w3.org/2000/01/rdf-schema#> .
@prefix xml: <http://www.w3.org/XML/1998/namespace> .
@prefix xsd: <http://www.w3.org/2001/XMLSchema#> .
<http://www.example.com/genealogy.owl#> a owl:Ontology.

fhkb:DomainEntity a owl:Class.

fhkb:Man a owl:Class;
    owl:equivalentClass [ a owl:Class;
            owl:intersectionOf (
fhkb:Person [ a owl:Restriction;
            owl:onProperty
fhkb:hasSex;

owl:someValuesFrom fhkb:Male ] ) ].

fhkb:Woman a owl:Class ;
    owl:equivalentClass [ a owl:Class;
```

```
            owl:intersectionOf ( fhkb:Person [ a owl:Restriction;
```

2.6.3 构建用于推理的本体

为了简单起见，将创建一个包含家庭本体原始规则和 GEDCOM 文件中个体事实的本体文件。下面将遍历 GEDCOM 文件并提取有关家庭和个体的信息，并将它们转换为三元组，程序如下：

```
# 在 Windows 系统中，复制文件 'data/onto.ttl' 到当前目录下
!copy data\onto.ttl .
# 在 Linux 和 macOS 系统中，复制文件 'data/onto.ttl' 到当前目录下
# !cp data/onto.ttl .
gedcom_dict = g.get_element_dictionary()  # 获取解析后的 GEDCOM 数据的元素字典
individuals, marriages = {}, {}  # 定义两个字典，分别用来存储个人信息和婚姻信息

# 定义一个函数，将 GEDCOM 文件中的指针转换为 ID
def term2id(el):
    return "i" + el.get_pointer().replace('@', '').lower()

out = open("onto.ttl","a")  # 打开文件 'onto.ttl'，准备在其后面追加数据

# 遍历元素字典，获取个人信息和婚姻信息
for k, v in gedcom_dict.items():
    if isinstance(v,IndividualElement):  # 如果当前元素是个人元素
        children, siblings = set(), set()  # 定义两个集合，用来存储孩子和兄弟姐妹的信息
        idx = term2id(v)  # 获取当前个人的 ID
        # 处理个人的名字，去除一些特殊字符，并去除前后的空格
        title = v.get_name()[0] + " " + v.get_name()[1]
        title = title.replace('"', '').replace('[', '').replace(']', '').
replace('(', '').replace(')', '').strip()

        # 获取个人所属的家庭，并获取家庭中的孩子
        own_families = g.get_families(v, 'FAMS')
        for fam in own_families:
            children |= set(term2id(i) for i in g.get_family_members(fam, "CHIL"))

        # 获取个人的父母家庭，并获取家庭中的其他孩子（即个人的兄弟姐妹）
        parent_families = g.get_families(v, 'FAMC')
        if len(parent_families):
            for member in g.get_family_members(parent_families[0], "CHIL"): # 注意：
这里只考虑了一个父母家庭的情况，如果存在领养等情况，可能会有多个父母家庭
                if member.get_pointer() == v.get_pointer():
                    continue
                siblings.add(term2id(member))

        # 更新个人信息字典
        if idx in individuals:
```

```
            children |= individuals[idx].get('children', set())
            siblings |= individuals[idx].get('siblings', set())
        individuals[idx] = {'sex': v.get_gender().lower(), 'children': children,
'siblings': siblings, 'title': title}

    elif isinstance(v,FamilyElement):  # 如果当前元素是家庭元素
        wife, husb, children = None, None, set()  # 定义 3 个变量，用来存储妻子、丈夫
和孩子的信息
        children = set(term2id(i) for i in g.get_family_members(v, "CHIL"))  # 获取
家庭中的孩子

        # 尝试获取家庭中的妻子，并更新个人信息字典
        try:
            wife = g.get_family_members(v, "WIFE")[0]
            wife = term2id(wife)
            if wife in individuals: individuals[wife]['children'] |= children
            else: individuals[wife] = {'children': children}
        except IndexError: pass

        # 尝试获取家庭中的丈夫，并更新个人信息字典
        try:
            husb = g.get_family_members(v, "HUSB")[0]
            husb = term2id(husb)
            if husb in individuals: individuals[husb]['children'] |= children
            else: individuals[husb] = {'children': children}
        except IndexError: pass

        # 如果妻子和丈夫都存在，则更新婚姻信息字典
        if wife and husb: marriages[wife + husb] = (term2id(v), wife, husb)
# 遍历个人信息字典，生成 TTL 格式的字符串，并写入文件
for idx, val in individuals.items():
    added_terms = ''
    if val['sex'] == 'f':
        parent_predicate, sibl_predicate = "isMotherOf", "isSisterOf"
    else:
        parent_predicate, sibl_predicate = "isFatherOf", "isBrotherOf"
    if len(val['children']):
        added_terms += " ;\n    fhkb:" + parent_predicate + " " + ", ".join(["fhkb:"
+ i for i in val['children']])
    if len(val['siblings']):
        added_terms += " ;\n    fhkb:" + sibl_predicate + " " + ", ".join(["fhkb:"
+ i for i in val['siblings']])
    out.write("fhkb:%s a owl:NamedIndividual, owl:Thing%s ;\n    rdfs:label \"%s\"
.\n" % (idx, added_terms, val['title']))
# 遍历婚姻信息字典，生成 TTL 格式的字符串，并写入文件
for k, v in marriages.items():
    out.write("fhkb:%s a owl:NamedIndividual, owl:Thing ;\n
```

```
fhkb:hasFemalePartner fhkb:%s ;\n    fhkb:hasMalePartner fhkb:%s .\n" % v)

# 写入表示所有个体都不同的 TTL 语句
out.write("[] a owl:AllDifferent ;\n    owl:distinctMembers (")
for idx in individuals.keys():
    out.write("    fhkb:" + idx)
for k, v in marriages.items():
    out.write("    fhkb:" + v[0])
out.write("    ) .")

out.close()  # 关闭文件
```

```
# 在 Windows 系统中查看 'data/onto.ttl' 文件的前 20 行
!type data\onto.ttl | more +20
# 在 Linux 或 macOS 系统中查看 'data/onto.ttl' 文件的前 20 行
# !tail onto.ttl
```

程序输出如下：

```
    fhkb:hasFemalePartner fhkb:i34 ;
    fhkb:hasMalePartner fhkb:i33 .
fhkb:i54 a owl:NamedIndividual, owl:Thing ;
    fhkb:hasFemalePartner fhkb:i36 ;
    fhkb:hasMalePartner fhkb:i35 .
fhkb:i55 a owl:NamedIndividual, owl:Thing ;
    fhkb:hasFemalePartner fhkb:i38 ;
    fhkb:hasMalePartner fhkb:i37 .
[] a owl:AllDifferent ;
    owl:distinctMembers (    fhkb:i0    fhkb:i1    fhkb:i2    fhkb:i3    fhkb:i4
fhkb:i5    fhkb:i6    fhkb:i7    fhkb:i8    fhkb:i9    fhkb:i10    fhkb:i11
fhkb:i12    fhkb:i13    fhkb:i14    fhkb:i15    fhkb:i16    fhkb:i17    fhkb:i18
fhkb:i19    fhkb:i20    fhkb:i21    fhkb:i22    fhkb:i23    fhkb:i24    fhkb:i25
fhkb:i26    fhkb:i27    fhkb:i28    fhkb:i29    fhkb:i30    fhkb:i31    fhkb:i32
fhkb:i33    fhkb:i34    fhkb:i35    fhkb:i36    fhkb:i37    fhkb:i38    fhkb:i39
fhkb:i40    fhkb:i41    fhkb:i42    fhkb:i43    fhkb:i44    fhkb:i45    fhkb:i46
fhkb:i47    fhkb:i48    fhkb:i49    fhkb:i50    fhkb:i51    fhkb:i52    fhkb:i53
fhkb:i54    fhkb:i55    ) .
```

2.6.4 进行推理

上述已经有了一个定义了家族关系的本体，接下来就可以利用它进行推理和查询了。下面将使用一个名为 RDFLib 库 🔗 [L2-13] 的 Python 库，它支持读取和查询各种格式的 RDF 图形数据。对于逻辑推理部分，将采用 OWL-RL 库 🔗 [L2-14] 库。这个库可以帮助我们构建 RDF 图的闭包，也就是将所有可以推导出的知识都加入图中。这样，就可以通过查询图形来获取推理结果。安装 RDFLib 和 OWL-RL 库的程序如下：

```
# 使用 pip 工具安装 rdflib 库，rdflib 是一个 Python 库，用于处理 RDF 数据
!{sys.executable} -m pip install rdflib
# 使用 pip 工具从 GitHub 安装 OWL-RL 库，OWL-RL 是一个 OWL2 RL 推理器
!{sys.executable} -m pip install git+https://GitHub.com/RDFLib/OWL-RL.git
```

程序输出如下：

```
Collecting rdflib
  Downloading rdflib-6.3.2-py3-none-any.whl (528 kB)
……此处省略中间提示内容
Successfully built owlrl
Installing collected packages: owlrl
Successfully installed owlrl-6.0.2
```

打开本体文件，看看它包含多少三元组，程序如下：

```
import rdflib  # 导入 rdflib 库
from owlrl import (
    DeductiveClosure,
    OWLRL_Extension,
)  # 从 owlrl 库导入 DeductiveClosure 和 OWLRL_Extension 类

# 创建一个 rdflib 图形
g = rdflib.Graph()

# 解析 TTL 文件
g.parse("onto.ttl", format="turtle")

print("Triplets found:%d" % len(g))  # 打印解析得到的三元组的数量
```

程序输出如下：

```
Triplets found:669
```

现在构建闭包，看看三元组的数量如何增加，程序如下：

```
DeductiveClosure(OWLRL_Extension).expand(g)  # 使用 OWL-RL 推理器对图形进行扩展

print("Triplets after inference:%d" % len(g))  # 打印推理后的三元组的数量
```

程序输出如下：

```
Triplets after inference:4246
```

2.6.5 查询亲属关系

有了完整的知识图谱，就可以查询人们之间的各种关系了。查询可以使用一种名为 SPARQL 的专门查询语言，在 RDFLib 中可以用 `query` 方法来执行 SPARQL 查询。查询所有叔侄关系的程序如下：

```
# 定义一个 SPARQL 查询，查询所有叔侄关系
qres = g.query(
    """SELECT DISTINCT ?aname ?bname
       WHERE {
          ?a fhkb:isUncleOf ?b .
          ?a rdfs:label ?aname .
          ?b rdfs:label ?bname .
       }""")
# 打印查询结果
for row in qres:
    print("%s is uncle of %s" % row)
```

程序输出如下：

```
Aleksandr I Pavlovich Romanov is uncle of Aleksandr II Nikolaevich Romanov
Fedor Alekseevich Romanov is uncle of Anna Ivanovna Romanova
Fedor Alekseevich Romanov is uncle of Ekaterina Ivanovna Romanova
译文如下：
亚历山大一世·帕夫洛维奇·罗曼诺夫是亚历山大二世·尼古拉耶维奇·罗曼诺夫的叔叔；
费多尔·阿列克谢耶维奇·罗曼诺夫是安娜·伊万诺夫娜·罗曼诺娃的叔叔；
费多尔·阿列克谢耶维奇·罗曼诺夫是叶卡捷琳娜·伊万诺夫娜·罗曼诺娃的叔叔。
```

在这个示例中，系统通过查询展示了亚历山大一世、费多尔和其他人的叔侄关系。

可以尝试查询其他的家族关系。例如，isAncestorOf 关系递归地定义了一个人的所有祖先，查询这个关系可以得到一个人的完整家谱。

最后，清理一下临时文件。删除临时文件的程序如下：

```
# 在 Windows 系统中删除当前目录下名为 'onto.ttl' 的文件
!del onto.ttl
# 在 Linux 和 macOS 系统中删除当前目录下名为 'onto.ttl' 的文件
# !rm onto.ttl
```

2.7 微软概念图谱

微软概念图谱是微软研究院通过挖掘非结构化数据（如自然语言文本）创建的一个庞大的实体集合，这与传统的人工精心构建本体的方式不同。这个图谱通过 is-a 继承关系将实体组织起来，能够回答诸如“微软是什么？”这样的问题，并给出答案，如“有87% 的概率是公司，75% 的概率是品牌”。

下面尝试练习：概念图谱（名为 MSConceptGraph.zh.ipynb [L2-15-2] 的 Notebook），看看如何使用微软概念图谱根据几个类别对新闻文章进行分组。

2.8 练习——概念图谱：MSConceptGraph.zh.ipynb

微软概念图谱有如下两种访问方式：

（1）通过 REST API 进行访问和查询。

（2）下载包含所有实体对的大型文本文件进行本地查询。

微软概念图谱的统计数据如下：

- 5401933 个独一无二的概念。
- 12551613 个独一无二的实例。
- 87603947 对 is-a 关系。

2.8.1 使用 Web 服务

Web 服务提供不同的调用来估计一个概念属于不同组的概率。

例如，调用以下 URL：https://concept.research.microsoft.com/api/Concept/ScoreByProb?instance=microsoft&topK=10。查询 API 并获取结果的程序如下：

```
import urllib  # 导入 urllib 库，用于处理 URL
import json    # 导入 json 库，用于处理 JSON 数据
import ssl     # 导入 ssl 库，用于处理安全套接字层（SSL）协议，常用于 HTTPs 连接

# 定义一个函数 http，用于通过 HTTP 协议获取 URL 对应的数据
def http(x):
    # 禁用 SSL 证书验证（警告：仅用于教学演示，在生产环境中不应禁用 SSL 验证）
    ssl._create_default_https_context = ssl._create_unverified_context
    # 使用 urllib 打开并读取 URL
    response = urllib.request.urlopen(x)
    # 读取 URL 的数据
    data = response.read()
    # 将数据解码为字符串并返回
    return data.decode('utf-8')
```

⚠ 注意：research.microsoft.com 的接口已经停止服务，在 query() 函数中调用失效，读者可更改为其他 API，以下程序只作为过程介绍。

```
# 定义一个函数 query，用于查询 API 并获取结果
def query(x):
    # 调用 http 函数获取数据，并使用 json 库处理结果
    # 这里的 URL 是 Microsoft Concept Graph API 的地址，用于查询与给定实例相关的概念
    # 使用 urllib.parse.quote 来确保字符串 x 被正确编码为 URL
    return json.loads(http("https://concept.research.microsoft.com/api/Concept/ScoreByProb?instance={}&topK=10".format(urllib.parse.quote(x))))

# 查询与 'microsoft' 相关的概念
query('microsoft')
```

程序输出如下：

```
{'company': 0.6105356614382954,
'vendor': 0.08858636677518003,
'client': 0.048239124001183784,
'firm': 0.045476965571668145,
'large company': 0.043109401203511886,
'organization': 0.04301075268817204б,
'corporation': 0.035908059583703265,
'brand': 0.03383644076156654,
'software company':
0.027522935779816515,
'technology company':
0.023774292196902438}
```

下面使用父概念对新闻标题进行分类。为了获取新闻标题，将使用 NewsApi 🔗 [L2-16] 服务。需要获得自己的 API 密钥才能使用这个服务，可以前往其网站并注册免费的开发者计划。获取新闻标题的程序如下：

```
newsapi_key = '<your API key here>''
# 定义新闻 API 的密钥，需要将 '<your API
key here>' 替换为实际的密钥
def get_news(country='us'):  # 定义一
个函数，用于获取指定国家的新闻标题
    res = json.loads(http("https://
newsapi.org/v2/top-headlines?country={
0}&apiKey={1}".format(country,newsapi_
key)))
    return res['articles']  # 返回新闻
文章的列表

all_titles = [x['title'] for x in get_
news('us')+get_news('gb')]  # 获取美国
和英国的新闻标题
all_titles   # 输出新闻标题的列表
```

程序输出如下：

```
['Covid-19 Live Updates: Vaccines and
Boosters News - The New York Times',
'Ukrainians Flee Mariupol as Russian
Forces Push to Take Port City - The
Wall Street Journal',
...]
```

首先，需要从新闻标题中提取名词。为了简化这一典型的自然语言处理任务，将使用 TextBlob 库。安装 TextBlob 库的程序如下：

```
import sys
!{sys.executable} -m pip install
textblob  # 使用 pip 工具安装 textblob 库，
textblob 是一个 Python 库，用于处理文本数据
!{sys.executable} -m textblob.
download_corpora  # 下载 textblob 库需要
的数据
from textblob import TextBlob  # 从
textblob 库导入 TextBlob 类
```

程序输出如下：

```
Requirement already satisfied:
textblob in c:\winapp\miniconda3\lib\
site-packages (0.17.1)
……此处省略中间提示内容
[nltk_data]    C:\Users\dmitryso\
AppData\Roaming\nltk_data...
[nltk_data]   Package movie_reviews is
already up-to-date!
```

提取名词短语并统计出现次数的程序如下：

```
w = {}  # 定义一个字典，用于存储每个名词
短语及其出现的新闻标题
for x in all_titles:  # 遍历所有新闻标
题
    for n in TextBlob(x).noun_phrases:
# 使用 TextBlob 提取出标题中的名词短语
        if n in w:  # 如果名词短语已经
在字典中，将新闻标题添加到该名词短语的列
表中
            w[n].append(x)
        else:  # 如果名词短语不在字典中，
则将其添加到字典中，并创建一个新的列表
            w[n]=[x]
{ x:len(w[x]) for x in w.keys()}  # 创
建一个新的字典，每个键是一个名词短语，值
是该名词短语出现的次数
```

程序输出如下：

```
{'covid-19 live updates': 1,
'vaccines': 1,
'boosters': 1,
'york': 4,
'ukrainians flee mariupol': 1,
```

```
'forces push': 1,
'port city': 1,
'wall street journal': 3,
'bond yields': 1,
'futures rise': 1,
'powell says fed': 1,
'ready': 1,
'be': 1,
...
}
```

然而，发现提取出的名词无法形成有意义的大主题组。为了解决这个问题，将用从微软概念图谱中获取的更通用的术语来替换这些名词。需要注意的是，这个过程可能会比较耗时，因为需要对每个名词短语进行一次 REST API 调用。替换名词短语的程序如下：

```
w = {}  # 定义一个字典，用于存储每个概念及其相关的新闻标题
for x in all_titles:  # 遍历所有新闻标题
    for noun in TextBlob(x).noun_phrases:  # 使用 TextBlob 提取出标题中的名词短语
        # Microsoft Concept Graph API 已停止服务
        terms = query(noun.replace(' ','%20'))  # 使用 Microsoft Concept Graph API 查询名词短语的相关概念
        for term in [u for u in terms.keys() if terms[u]>0.1]:  # 遍历所有相关概念，选择概率大于 0.1 的概念
            if term in w:  # 如果概念已经在字典中，则将新闻标题添加到该概念的列表中
                w[term].append(x)
            else:  # 如果概念不在字典中，则将其添加到字典中，并创建一个新的列表
                w[term]=[x]
{ x:len(w[x]) for x in w.keys() if len(w[x])>3}  # 创建一个新的字典，每个键是一个概念，值是该概念出现的次数，只选择出现次数大于 3 的概念
```

程序输出如下：

```
{'city': 9,
'brand': 4,
'place': 9,
'town': 4,
'factor': 4,
'film': 4,
'nation': 11,
'state': 5,
'person': 4,
'organization': 5,
'publication': 10,
'market': 5,
'economy': 4,
'company': 6,
'newspaper': 6,
'relationship': 6}
```

打印与某些特定概念相关的新闻标题的程序如下：

```
# 打印与某些特定概念相关的新闻标题
try:
    print('\nCHINA:\n'+'\n'.join(w['china']))
    print('\nBBC:\n'+'\n'.join(w['bbc']))
    print('\nPERSON:\n'+'\n'.join(w['person']))
except KeyError:
    print(" 查询词汇不在范围内，请重试 ")
```

程序输出如下：

```
ECONOMY:
Live updates: Russia stops talks with Japan over sanctions - The Associated Press - en Español
UK prepares to nationalize Russia natural gas giant Gazprom's retail unit - Business Insider
...
```

2.9 结论

当前，人工智能经常被简单地等同于机器学习或神经网络。然而，人类所拥有的明确推理能力是当前神经网络尚未掌握的。在实际项目中，明确的推理仍然被用于执行需要解释的任务，或者以可控的方式调整系统行为。

2.10 挑战

在与本课相关的家庭本体 Notebook：`FamilyOntology.zh.ipynb` [L2-9-2] 中，可以尝试探索其他家庭关系，看看能否在家族树中发现新的人际连接。

2.11 复习与自学

在互联网上做一些研究，探索人类试图量化和编码知识的领域。如看看布鲁姆分类法（Bloom's Taxonomy），并回溯历史，了解人类如何试图理解自己的世界。探索林奈（Linnaeus）如何创建生物分类法，以及德米特里·门捷列夫（Dmitri Mendeleev）是如何创建一种让化学元素能够被描述和分组的方法。你还能找到其他有趣的例子吗？

2.12 作业——构建本体

构建知识库就是对代表某个主题的事实的模型进行分类。选择一个主题（如人、地点或事物），然后构建该主题的模型。使用本课程中描述的一些技术和模型构建策略。例如，创建一个带有家具、灯光等的客厅本体。客厅和厨房有什么不同？同洗手间比较呢？你怎么知道这是客厅而不是餐厅？使用 Protégé 构建你的本体。

课后测验

（1）知识表示中最简单的方法是（ ）。

a. 算法式
b. 符号式
c. 协同式

（2）“场景”可以表示随时间展开的复杂情境，这一说法（ ）。

a. 正确
b. 错误

（3）正向推理开始于初始数据，然后（ ）。

a. 执行一个推理循环
b. 寻找一个目标
c. 重新开始

第 2 篇　神经网络简介

在前面的课程中提到，构建智能可以通过培养计算机模型来实现，这类模型常被比喻为人工大脑。自 20 世纪中叶以来，研究人员就已经在尝试各种数学模型来模拟智能过程，直到近年来这些尝试终于取得显著成效。这些用于模拟大脑功能的数学模型被称为神经网络。

> 有时，为了明确我们讨论的是模型而非真实的神经元网络，人们会称这些神经网络为人工神经网络（Artificial Neural Networks，ANN）。

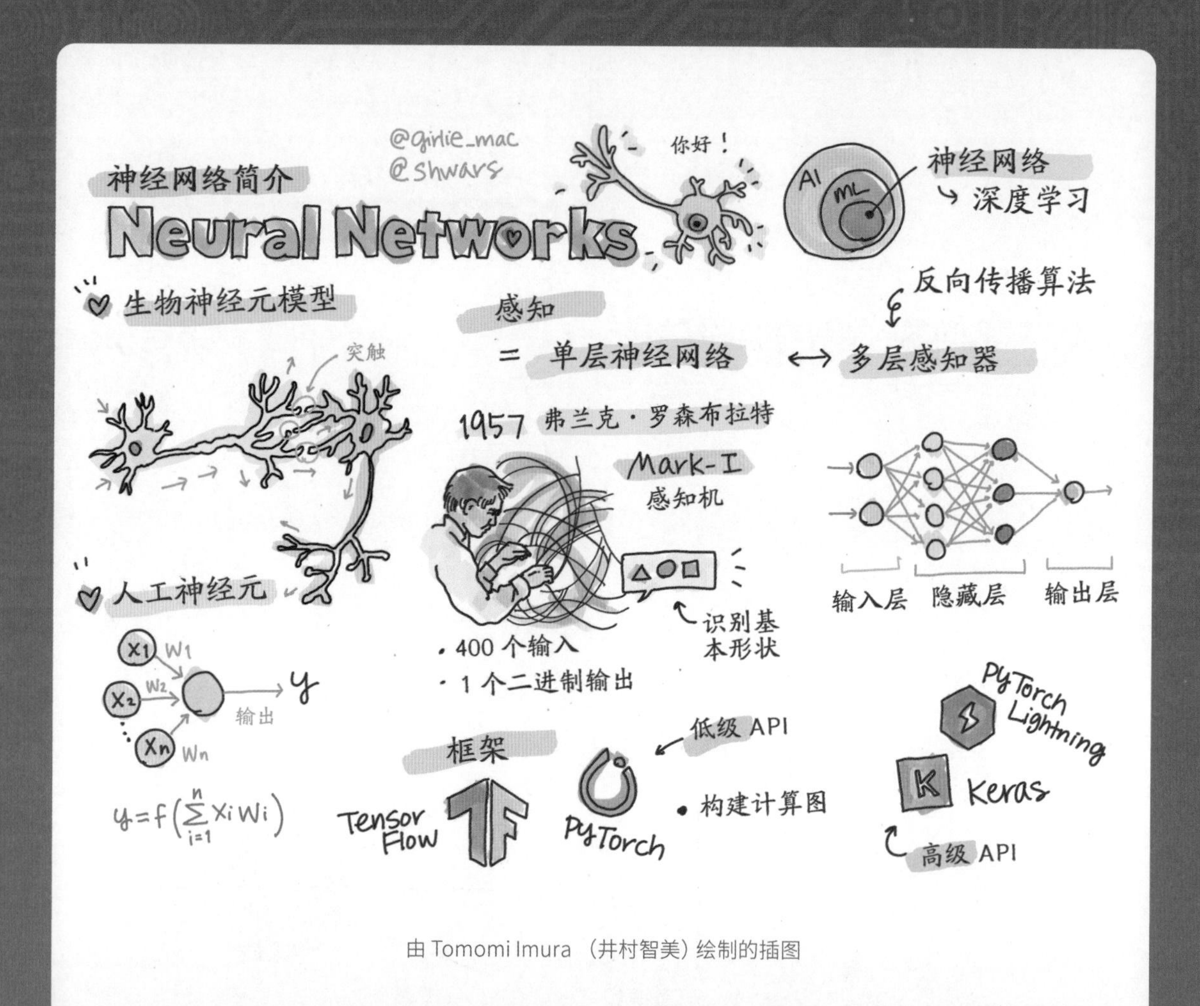

由 Tomomi Imura （井村智美）绘制的插图

机器学习

神经网络是机器学习的一个组成部分，其目标是使用数据来训练能够解决问题的计算机模型。机器学习构成了人工智能的很大一部分，但是，在本课程中不会涵盖传统的机器学习内容。

> 请访问我们的独立课程——机器学习入门课 🔗 [L0-7] 来了解更多关于传统机器学习的知识。

在机器学习中，假设有一些示例数据集 X，以及相应的输出值 Y。数据集通常是由特征组成的 N 维向量，输出称为标签。

本篇将介绍两种常见的机器学习问题分类和回归。

- **分类**需要将输入对象分类为两类或多类。
- **回归**需要为每个输入样本预测一个数值。

> 当将输入和输出表示为张量时，输入数据集是一个大小为 $M \times N$ 的矩阵，其中 M 是样本数，N 是特征数。输出标签 $\boldsymbol{Y}$ 是一个大小为 M 的向量。

在本课程中，只关注神经网络模型。

神经元模型

大脑由神经细胞组成，每个神经细胞具有多个“输入”（轴突）和一个输出（树突）。轴突和树突可以传导电信号，而轴突和树突之间的连接可以表现出不同程度的传导性（由神经递质控制），如下图所示。

因此，神经元的最简单数学模型包含几个输入 X_1，…，X_N 和一个输出 $\boldsymbol{Y}$，以及一系列权重 W_1，…，W_N。输出的计算公式如下：

$$\boldsymbol{Y} = f\left(\sum_{i=1}^{N} X_i W_i\right)$$

式中，f 是某种非线性激活函数。

> 1943 年，沃伦·麦卡洛克（Warren McCullock）和沃尔特·皮茨（Walter Pitts），在经典论文“神经活动中内在观念的逻辑演算”（*A logical calculus of the ideas immanent in nervous activity*）🔗 [C3-1] 中描述了早期的神经元模型。唐纳德·赫布（Donald Hebb）在他的著作《行为的组织：神经心理学理论》（*The Organization of Behavior: A Neuropsychological Theory*）🔗 [C3-2] 中提出了训练这些网络的方法。

本篇内容

在本篇中，将学习如下内容：

- 感知机，用于二元分类的最早神经网络模型之一。
- 多层网络，以及相关的 Notebook 练习：如何构建我们自己的框架。
- 神经网络框架，分别提供了 PyTorch 和 Keras/TensorFlow 版本的 Notebook 练习。
- 过拟合。

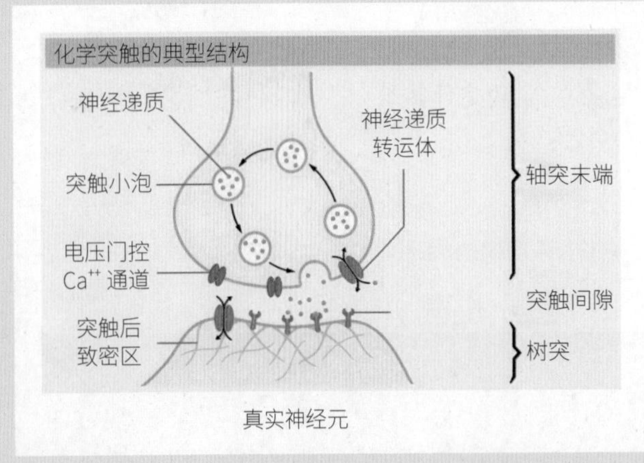

真实神经元

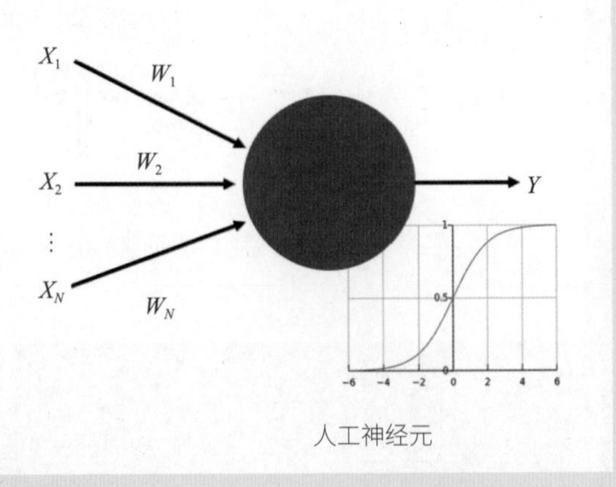

人工神经元

真实神经元与人工神经元对比

第 3 课
神经网络简介：感知机

1957 年，康奈尔航空实验室的弗兰克·罗森布拉特（Frank Rosenblatt）尝试实现了类似现代神经网络的首个模型。这是一个被称为“Mark- Ⅰ”的神经网络硬件，用于识别简单的几何图形，如三角形、圆形和正方形，如图 3-1 所示。

Mark- Ⅰ采集输入图像是通过一个 20 像素 ×20 像素的硫化镉光电管阵列，这使得神经网络拥有 400 个输入节点和一个二元输出。这种基础的网络结构通常包括单个神经元，也被称作阈值逻辑单元（Threshold Logic Unit，TLU）。在这个神经网络中，权重参数的作用类似于电位器（可调旋钮）①，它们必须在训练过程中通过手动调整来实现最优化。

> 当时《纽约时报》这样报道感知机：这是一台电子计算机的胚胎，美国海军预计它将能够看、说、写、行走、复制自身，并能意识到自己的存在。

课前小测验

（1）早期的神经网络需要（ ）。

a. 手动调整权重

b. TB 级别的数据

c. 特殊的推理

（2）简单的神经元也被称为“阈值逻辑单元”，这一说法（ ）。

a. 正确

b. 错误

（3）感知机是一种（ ）类型的模型。

a. 多类分类

b. 聚类

c. 二元分类

简介

在本课将介绍如下内容：

3.1 感知机模型

3.2 训练感知机

3.3 挑战

3.4 复习与自学

3.5 练习——感知机：Perceptron.zh.ipyn

3.6 结论

3.7 作业——多分类感知机

3.8 练习——使用感知机进行多类分类：Perceptron-MultiClass.zh.ipynb

图 3-1 弗兰克·罗森布拉特和他的 Mark- Ⅰ感知机

① 电位器是一种允许用户调整电路电阻的器件，调节音量的旋钮就是一种常见的电位器。

3.1 感知机模型

假设模型中有 N 个特征，在这种情况下，输入向量将是一个大小为 N 的向量。感知机是一个二元分类模型，即它可以区分两类输入数据。假设对于每个输入向量 $\boldsymbol{x}$，输出要么是 +1（正样本），要么是 -1（负样本），这取决于输入向量的类别。输出可以使用以下公式计算：

$$y(\boldsymbol{x}) = f(\boldsymbol{w}^{\mathrm{T}}\boldsymbol{x})$$

- $\boldsymbol{w}^{\mathrm{T}}\boldsymbol{x}$ 表示权重向量 $\boldsymbol{w}$ 和输入向量 $\boldsymbol{x}$ 的点积。
- 点积的作用是将输入特征 $\boldsymbol{x}$ 按照权重 $\boldsymbol{w}$ 进行加权求和，表示输入 $\boldsymbol{x}$ 在分类边界上的投影。
- 如果点积结果 $\boldsymbol{w}^{\mathrm{T}}\boldsymbol{x} > 0$，模型输出 +1（正样本）；如果 $\boldsymbol{w}^{\mathrm{T}}\boldsymbol{x} < 0$，模型输出 -1（负样本）。

其中：

- $\boldsymbol{w}$：大小为 N 的权重向量，定义了分类边界的方向和角度。
- $\boldsymbol{x}$：大小为 N 的输入向量，表示待分类的数据点。
- 转置符号 T：将列向量 $\boldsymbol{w}$ 转换为行向量，以便进行点积运算。

$f(x)$ 是一个阶跃激活函数，用于将线性组合的结果转换为二元输出：$f(x)=\begin{cases}+1, & x \geqslant 0\\ -1, & x < 0\end{cases}$

3.2 训练感知机

为了训练感知机，需要找到一个权重向量 $\boldsymbol{w}$，它能够正确分类大多数值，即将误差降到最小。这个误差由感知机准则（Perceptron Criterion）以下述方式定义：

$$E(\boldsymbol{w}) = -\Sigma \boldsymbol{w}^{\mathrm{T}} x_i t_i$$

其中：

- 求和是针对那些导致错误分类的训练数据点 i 进行的。
- x_i 是输入数据，t_i 分别为负例和正例，取值为 -1 或 +1。

这个准则被视为权重 w 的函数，需要将其最小化。通常使用一种称为梯度下降[①]的方法，从一些初始权重 $w^{(0)}$ 开始，然后在每个步骤根据以下公式更新权重：

$$w^{(t+1)} = w^{(t)} - \eta \nabla E(w)$$

这里 η 是所谓的学习率，$\nabla E(w)$ 表示 E 的梯度。计算出梯度后，得

$$w^{(t+1)} = w^{(t)} + \Sigma \eta x_i t_i$$

Python 中的算法程序如下：

```
def train(positive_examples, negative_
examples, num_iterations=100, eta=1):
    # 初始化权重，这里是随意设置的一个接
近零的小权重值
    weights = [0,0,0]

    # 进行多次迭代以训练模型
    for i in range(num_iterations):
        pos = random.choice(positive_
examples) # 随机选择一个正例
        neg = random.choice(negative_
examples) # 随机选择一个负例
        z = np.dot(pos, weights) # 计
算感知机在当前权重下对正例的输出
        # 如果正例被错误分类为负例，则调
整权重
        if z < 0:
            weights = weights + eta *
np.array(weights).shape
        z = np.dot(neg, weights) # 计
算感知机在当前权重下对负例的输出
        # 如果负例被错误分类为正例，则调
整权重
        if z >= 0:
            weights = weights - eta *
np.array(weights).shape

    return weights # 返回训练后的权重
```

① 梯度：梯度是函数在某一点的导数或者斜率。对于感知机准则来说，梯度告诉我们在当前权重向量 w 下，如果稍微改变 w 的值，误差函数 $E(w)$ 会朝着哪个方向变化。这是通过对误差函数进行微分得到的。

梯度下降：梯度下降是一种优化算法，用于最小化一个函数（在这里是误差函数 $E(w)$）。它的基本思想是，从一个初始的权重向量 $w(0)$ 开始，然后沿着负梯度的方向（梯度的反方向）逐步调整 w 的值，以减少误差函数的值。这样做的效果是，可以在误差函数的局部最小值处找到最优的权重向量，从而使感知机能够更好地分类数据。

3.3 挑战

如果想尝试构建自己的感知机，可以尝试在 Microsoft Learn 上进行这个实验：“双类平均感知器”组件 [L3-1]，它使用了 Azure ML 设计器 [L3-2]。

3.4 复习与自学

要了解如何使用感知机来解决一个玩具问题[①]及真实问题，并继续学习，请转到练习：感知机的 Notebook—`Perceptron.zh.ipynb` [L3-3]。

这里还有一篇有趣的关于感知机的文章：What is a Perceptron？—Basics of Neural Networks（什么是感知机？——神经网络基础）[L3-4]。

3.5 练习——感知机：Perceptron.zh.ipynb

感知机允许你解决二元分类问题，将输入样本分类为两个类别，可以将它们称为正类和负类。

首先，导入一些所需的库，其程序如下：

```
import matplotlib.pyplot as plt  # 导入 matplotlib.pyplot 库，用于数据可视化
from matplotlib import gridspec  # 从 matplotlib 库中导入 gridspec 模块，用于创建网格布局
from sklearn.datasets import make_classification  # 从 sklearn 库中导入 make_classification 函数，用于生成分类数据集
import numpy as np  # 导入 NumPy 库，用于进行数值计算
from ipywidgets import interact, interactive, fixed  # 从 ipywidgets 库中导入 interact, interactive, fixed 函数，用于创建交互式 UI
import ipywidgets as widgets  # 导入 ipywidgets 库，用于创建交互式 UI
import pickle  # 导入 pickle 库，用于序列化和反序列化 Python 对象
import os  # 导入 os 库，用于操作系统相关的操作
import gzip  # 导入 gzip 库，用于处理 gzip 文件

np.random.seed(1)  # 设置随机数种子，保证每次运行的结果是一样的
import random  # 导入 random 库，用于生成随机数
```

然后，从一个有两个输入特性的玩具问题开始。例如，在医学上，可能希望根据肿瘤的大小和样本提供者的年龄将肿瘤分类为良性和恶性。

使用 sklearn 库的 `make_classification` 函数生成一个随机分类数据集，其程序如下：

```
n = 50  # 定义样本数量
# 生成分类数据集
X, Y = make_classification(
    n_samples=n, n_features=2, n_redundant=0, n_informative=2, flip_y=0
)
Y = Y * 2 - 1  # 将标签从 0/1 转换为 -1/1
X = X.astype(np.float32)
# 将特征转换为浮点型
Y = Y.astype(np.int32)
# 将标签转换为整型

# 将数据集分为训练集和测试集，80% 的数据用作训练集，20% 的数据用作测试集
train_x, test_x = np.split(X, [n * 8 // 10])
train_labels, test_labels = np.split(Y, [n * 8 // 10])
print("Features:\n", train_x[0:4])  # 打印前 4 个训练样本的特征
print("Labels:\n", train_labels[0:4])
# 打印前 4 个训练样本的标签
```

程序输出如下：

```
Features:
 [[-1.7441838  -1.3952037 ]
 [ 2.5921783  -0.08124504]
 [ 0.9218062   0.91789985]
 [-0.8437018  -0.18738253]]
Labels:
 [-1 -1  1 -1]
```

① 人工智能领域的玩具问题（Toy Problem）指的是一类非常简单的人工智能问题，主要有以下特点：问题设置和目标非常清晰简单；数据量很小，维度低；可以在短时间内得到解决；主要用于算法概念的检验和展示。这类问题本身对实际应用意义不大，主要用于教学、研究探索、展示算法效果等。

然后把数据集绘制出来，其程序如下：

```
# 定义一个函数，用于绘制数据集
def plot_dataset(suptitle, features,
labels):
    # 准备绘图
    fig, ax = plt.subplots(1, 1)
    fig.suptitle(suptitle,
fontsize=16)  # 设置图的标题
    ax.set_xlabel("$x_i[0]$ --
(feature 1)")  # 设置 x 轴的标签
    ax.set_ylabel("$x_i[1]$ --
(feature 2)")  # 设置 y 轴的标签

    # 为标签生成颜色，正类为红色，负类为
蓝色
    colors = ["r" if l > 0 else "b"
for l in labels]
    # 绘制散点图
    ax.scatter(features[:, 0],
features[:, 1], marker="o", c=colors,
s=100, alpha=0.5)
    plt.show()  # 显示图像

# 使用定义的函数绘制训练数据
plot_dataset("Training data", train_x,
train_labels)
```

程序输出如图 3-2 所示。

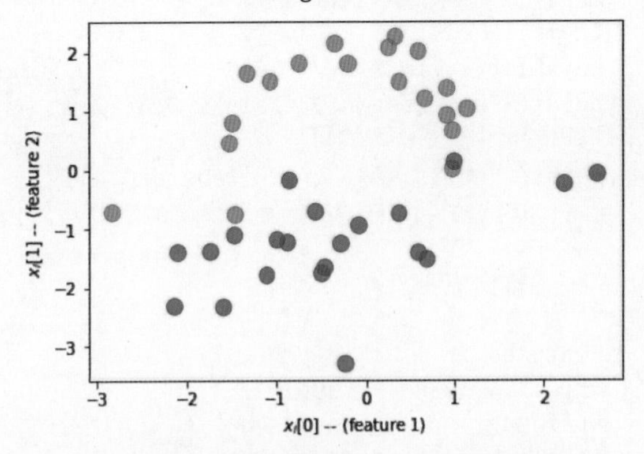

图 3-2　使用 sklearn 库的 make_classification 函数生成一个随机分类数据集的散点图可视化效果

3.5.1　感知机

由于感知机是一个二元分类器，所以，对于每个输入向量 $\boldsymbol{x}$，感知机的输出将是 +1（正样本）或 -1（负样本）。输出将使用以下公式计算：

$$y(\boldsymbol{x}) = f(\boldsymbol{w}^{\mathrm{T}}\boldsymbol{x})$$

其中，$\boldsymbol{w}$ 是一个权重向量，f 是一个阶跃激活函数：

$$f(x) = \begin{cases} +1, & x \geqslant 0 \\ -1, & x < 0 \end{cases}$$

然而，一个通用的线性模型也应该有一个偏置，也就是说，理想情况下，应该计算 y 为 $y = f(\boldsymbol{w}^{\mathrm{T}}\boldsymbol{x}) + b$。为了简化模型，可以通过增加一个总是等于 1 的额外维度来消除这个偏置项，其程序如下：

```
# 创建两个数组，分别存储正类和负类的样本
pos_examples = np.array([ [t[0], t[1],
1] for i,t in enumerate(train_x)
        if train_labels[i]>0])
neg_examples = np.array([ [t[0], t[1],
1] for i,t in enumerate(train_x)
        if train_labels[i]<0])
print(pos_examples[0:3])
# 打印正类样本的前 3 个
```

程序输出如下：

```
[[ 0.92180622  0.91789985  1.        ]
 [-1.06435513  1.49764717  1.        ]
 [ 0.32839951  2.25677919  1.        ]]
```

3.5.2　训练算法

为了训练感知器，需要找到使误差最小化的权重 $\boldsymbol{w}$。误差使用感知器准则来定义：

$$E(w) = -\sum_{n \in \mathcal{M}} w^{\mathrm{T}} x_n t_n$$

式中，$t_n \in \{-1, +1\}$ 分别代表负样本和正样本；$\mathcal{M}$ 是错误分类样本的集合。

下面将使用梯度下降过程。从一些初始随机权重 $\boldsymbol{w}^{(0)}$ 开始，将使用 E 的梯度在每个训练步骤调整权重：

$$w^{\tau+1} = w^{\tau} - \eta \nabla E(w) = w^{\tau} + \eta \sum_{n \in \mathcal{M}} x_n t_n$$

其中 η 是学习率，$\tau \in \mathbb{N}$ 是迭代次数。

让我们用 Python 定义这个算法，其程序如下：

```
# 定义一个函数，用于训练感知机
def train(positive_examples, negative_
examples, num_iterations = 100):
    num_dims = positive_examples.
shape[1]  # 特征的数量

    # 初始化权重，简单起见，初始化为 0，
但随机初始化也是一个好主意
    weights = np.zeros((num_dims,1))

    pos_count = positive_examples.
shape[0]  # 正类样本的数量
    neg_count = negative_examples.
shape[0]  # 负类样本的数量

    report_frequency = 10  # 报告频率

    for i in range(num_iterations):  #
迭代指定的次数
        # 随机选择一个正类样本和一个负类
样本
        pos = random.choice(positive_
examples)
        neg = random.choice(negative_
examples)
        z = np.dot(pos, weights)
        if z < 0:  # 如果正类样本被分类
为负类
            weights = weights + pos.
reshape(weights.shape)  # 更新权重

        z  = np.dot(neg, weights)
        if z >= 0:  # 如果负类样本被分
类为正类
            weights = weights - neg.
reshape(weights.shape)  # 更新权重

        # 每隔一段时间，打印出当前所有样
本的准确率
        if i % report_frequency == 0:
            pos_out = np.dot(positive_
examples, weights)
            neg_out = np.dot(negative_
examples, weights)
            pos_correct = (pos_out >=
0).sum() / float(pos_count)
            neg_correct = (neg_out <
0).sum() / float(neg_count)
            print("Iteration={},
pos correct={}, neg correct={}".
format(i,pos_correct,neg_correct))

    return weights  # 返回训练得到的权重
```

现在在数据集上运行训练，程序如下：

```
wts = train(pos_examples,neg_examples)
# 在训练数据上训练感知机
print(wts.transpose())  # 打印训练得到
的权重
```

程序输出如下：

```
Iteration=0, pos
correct=0.631578947368421, neg
correct=0.8571428571428571
Iteration=10, pos
correct=0.8421052631578947, neg
correct=1.0
Iteration=20, pos
correct=0.8947368421052632, neg
correct=0.9523809523809523
Iteration=30, pos
correct=0.8421052631578947, neg
correct=1.0
Iteration=40, pos
correct=0.8947368421052632, neg
correct=0.9523809523809523
Iteration=50, pos
correct=0.8421052631578947, neg
correct=1.0
Iteration=60, pos
correct=0.8947368421052632, neg
correct=0.8095238095238095
Iteration=70, pos
correct=0.8947368421052632, neg
correct=0.9047619047619048
Iteration=80, pos
correct=0.8947368421052632, neg
correct=0.9047619047619048
Iteration=90, pos
```

```
correct=0.8947368421052632, neg
correct=0.9523809523809523
[[-1.89297509  4.79450275  0.
]]
```

初始的准确率大约是50%（输出中的pos correct为正类，neg correct为负类），但它很快增加到接近90%的较高值。

下面可视化类别的分隔。分类函数看起来像 $\boldsymbol{W}^{\mathrm{T}}\boldsymbol{x}$，它对一个类大于0，对另一个类小于0。因此，类别分隔线由 $\boldsymbol{W}^{\mathrm{T}}\boldsymbol{x}=0$ 定义。由于只有两个维度 x_0 和 x_1，所以，线的方程将是 $w_0x_0+w_1x_1+w_2=0$（记住已经明确定义了一个额外的维度 $x_2=1$）。绘制这条线，其程序如下：

```
# 定义一个函数，用于绘制决策边界
def plot_boundary(positive_examples,
negative_examples, weights):
    if np.isclose(weights[1], 0):
        if np.isclose(weights[0], 0):
            x = y = np.array([-6, 6],
dtype = 'float32')
        else:
            y = np.array([-6, 6],
dtype='float32')
            x = -(weights[1] * y +
weights[2])/weights[0]
    else:
        x = np.array([-6, 6],
dtype='float32')
        y = -(weights[0] * x +
weights[2])/weights[1]

    plt.xlim(-6, 6)
    plt.ylim(-6, 6)
    plt.plot(positive_examples[:,0],
positive_examples[:,1], 'bo')
    plt.plot(negative_examples[:,0],
negative_examples[:,1], 'ro')
    plt.plot(x, y, 'g', linewidth=2.0)
    plt.show()  # 显示图像
# 使用训练得到的权重绘制决策边界
plot_boundary(pos_examples,neg_
examples,wts)
```

程序输出如图3-3所示。

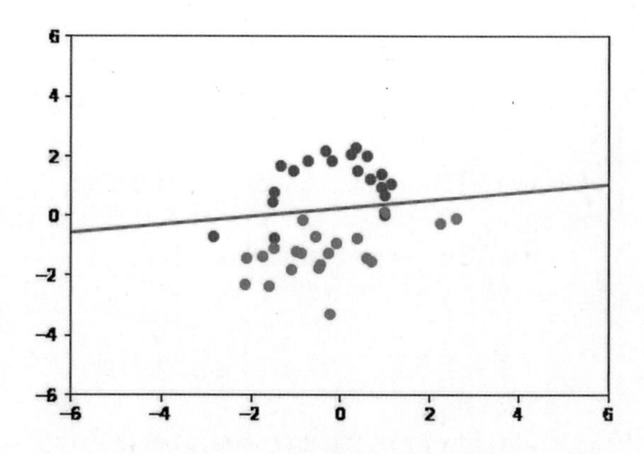

图3-3 使用训练得到的权重在散点图上绘制决策边界

3.5.3 在测试数据集上评估

一开始时把一些数据放到了测试数据集中，现在看看分类器在这个测试数据集上的准确率如何。为了做到这一点，还要扩展测试数据集的额外维度，乘以权重矩阵，确保所得的值与标签（+1或-1）的符号相同。然后把所有的布尔值加起来，最后除以测试样本的长度，得到准确率，其程序如下：

```
# 定义一个函数，计算在测试数据上的准确率
def accuracy(weights, test_x, test_
labels):
    res = np.dot(np.c_[test_x,np.
ones(len(test_x))],weights)
    return (res.reshape(test_labels.
shape)*test_labels>=0).sum()/
float(len(test_labels))

# 打印测试数据上的准确率
accuracy(wts, test_x, test_labels)
```

程序输出如下：

```
1.0
```

3.5.4 观察训练过程

之前已经看到了在训练过程中准确率如何下降。如果能看到训练过程中分隔线的变化就更好了。下面的程序将在一个图中可视化所有的信息，读者应该能够通过移动滑动条来“时间旅行”观察训练过程。

```
# 定义一个训练函数，这个函数使用感知机算法进行训练，并在训练过程中每隔一定的迭代次数记录当前的权重和准确率
def train_graph(positive_examples, negative_examples, num_iterations = 100):
    # positive_examples 和 negative_examples 是输入的正、负样本数据
    # num_iterations 是训练的迭代次数，默认为 100

    num_dims = positive_examples.shape[1]  # 获取输入特征的维度数

    # 初始化权重矩阵为全零，大小为特征维度数 * 1
    weights = np.zeros((num_dims,1))

    # 获取正负样本的数量
    pos_count = positive_examples.shape[0]
    neg_count = negative_examples.shape[0]

    # 设置每隔多少步进行一次报告（即保存一次当前状态）
    report_frequency = 15;

    # 初始化两个列表，用于保存每次报告时的权重和准确率
    weights_snapshots = []
    accuracy_snapshots = []

    # 迭代训练
    for i in range(num_iterations):
        # 随机选择一个正样本和一个负样本
        pos = random.choice(positive_examples)
        neg = random.choice(negative_examples)

        # 计算正样本的输出值
        z = np.dot(pos, weights)
        # 如果正样本的输出值小于 0，说明预测错误，需要更新权重
        if z < 0:
            weights = weights + pos.reshape(weights.shape)

        # 计算负样本的输出值
        z  = np.dot(neg, weights)
        # 如果负样本的输出值大于等于 0，说明预测错误，需要更新权重
        if z >= 0:
            weights = weights - neg.reshape(weights.shape)

        # 如果当前迭代次数是报告频率的倍数，计算当前的准确率并保存当前的权重和准确率
        if i % report_frequency == 0:
            pos_out = np.dot(positive_examples, weights)
            neg_out = np.dot(negative_examples, weights)
            pos_correct = (pos_out >= 0).sum() / float(pos_count)
            neg_correct = (neg_out < 0).sum() / float(neg_count)
            weights_snapshots.append(np.copy(weights))
            accuracy_snapshots.append((pos_correct+neg_correct)/2.0)

    # 返回保存的权重和准确率的列表
    return weights_snapshots, accuracy_snapshots

# 在正例和负例数据上运行训练函数，并将结果保存在快照中
weights_snapshots, accuracy_snapshots = train_graph(pos_examples,neg_examples)

# 定义一个函数，这个函数可以绘制在某一步的决策边界和准确率的变化
def plotit(pos_examples,neg_examples,weights_snapshots,accuracy_snapshots,step):
    # 创建一个图像，并设置大小
    fig = plt.figure(figsize=(10,4))
    # 添加两个子图
    fig.add_subplot(1, 2, 1)
    # 绘制决策边界
    plot_boundary(pos_examples, neg_examples, weights_snapshots[step])
    fig.add_subplot(1, 2, 2)
    # 绘制准确率的变化
    plt.plot(np.arange(len(accuracy_snapshots)), accuracy_snapshots)
    plt.ylabel('Accuracy')  # 设置 y 轴标签
    plt.xlabel('Iteration')  # 设置 x 轴标签
    plt.plot(step, accuracy_snapshots[step], "bo")  # 在指定步数处绘制一个点
    plt.show()  # 显示图像
```

```
# 定义一个函数，这个函数接收一个步数作为参数，并调用之前定义的函数来绘制在这一步的决策边界和准确率的变化
def pl1(step): plotit(pos_examples,neg_examples,weights_snapshots,accuracy_snapshots,step)
```

```
# 使用交互式滑动条展示感知机训练过程中决策边界和准确率的变化
interact(pl1, step=widgets.IntSlider(value=0, min=0, max=len(weights_snapshots)-1))
```

程序输出如图 3-4 所示。

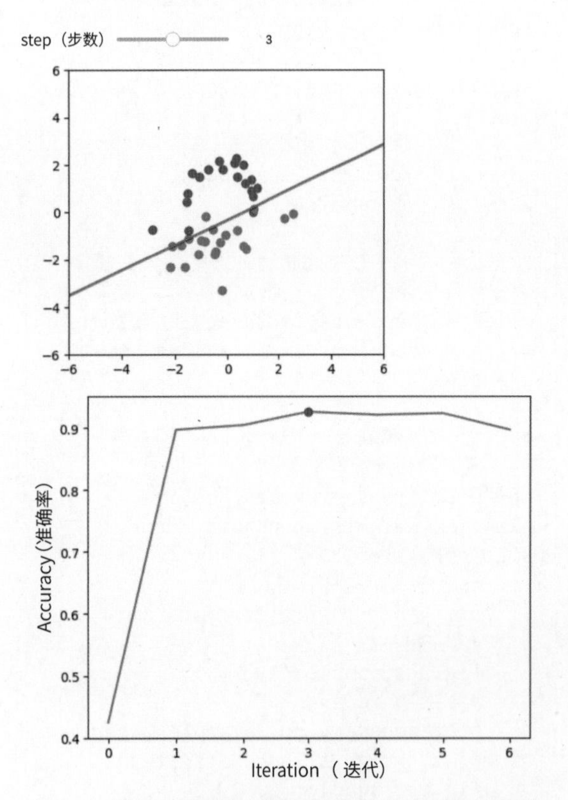

图 3-4　使用交互式滑动条展示感知机训练过程中决策边界和准确率的变化

3.5.5　感知机的局限性

正如上文所述，感知机是一种线性分类器。它擅长区分线性可分的两类，即可以用一条直线分开的类。对于非线性可分的类，感知机的训练过程将无法收敛。

一个最明显的不能被感知机解决的问题是异或（XOR）问题。我们希望感知机学习异或布尔函数。

> 异或是一个二元布尔函数，当且仅当其两个输入不相等它返回 true。换句话说，如果两个输入中只有一个为 true，那么异或函数返回 true，否则返回 false。
> 以下是异或函数的真值表：

输入 1	输入 2	输出
0	0	0
0	1	1
1	0	1
1	1	0

> 这里，0 表示 false，1 表示 true。只有当输入 1 和输入 2 不相等时（一个为 0，一个为 1），输出才为 1。

手动填充所有的正类和负类训练样本，然后调用在上面定义的训练函数，其程序如下：

```
# 定义一个异或问题的数据集
pos_examples_xor = np.array([[1,0,1],[0,1,1]])
neg_examples_xor = np.array([[1,1,1],[0,0,1]])
# 在异或数据集上训练感知机
weights_snapshots_xor, accuracy_snapshots_xor = train_graph(pos_examples_xor,neg_examples_xor,1000)
def pl2(step): plotit(pos_examples_xor, neg_examples_xor, weights_snapshots_xor, accuracy_snapshots_xor, step)
```

```
# 使用交互式滑动条展示感知机训练过程中决策边界和准确率的变化
interact(pl2, step=widgets.IntSlider(value=0, min=0, max=len(weights_snapshots_xor)-1))
```

程序输出如图 3-5 所示。

准确率永远不会超过 75%，因为不可能画出一条直线来正确分类所有可能的例子。

马文·明斯基（Marvin Minsky）和西摩·帕珀特（*Seymour Papert*）在 1969 年的著作《感知机

（*Perceptrons*）》🔗 [L3–5] 中提出，单层感知机无法解决异或问题，这暴露了其内在的局限性。这一发现对神经网络研究产生了深远影响，导致这一领域的研究进展在接下来的十年中受到了严重限制。然而，正如我们将在本课程后续部分介绍的，引入多层感知机可以成功地克服这一障碍，解决异或问题。

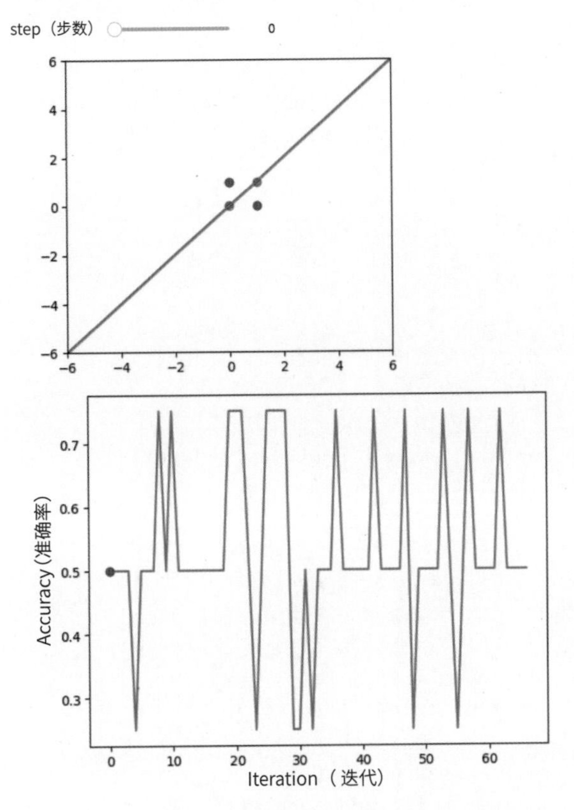

图 3-5　使用交互式滑动条展示感知机训练过程中决策边界和准确率的变化

3.5.6 复杂例子——MNIST（手写字符识别）

尽管感知机不能解决异或问题，但它能解决许多更复杂的问题，如手写字符识别。

一种在学习机器学习时经常使用的数据集被称为 MNIST 🔗 [L3–6]。它是由美国国家标准与技术研究院修改过的，包含来自约 250 名学生和研究所员工的 60000 个手写数字的训练集。还有一个来自不同个体的 10000 个数字的测试数据集。

所有的数字都由 28 像素 ×28 像素的灰度图像表示。

可以在 Kaggle 🔗 [L3–7] 这个网站上找到 MNIST 数据集，它是一个专门举办机器学习和数据科学竞赛的平台。通过在 Kaggle 上参加与 MNIST 数据集相关的竞赛，不仅能够实践和测试模型，还能将结果与全球其他参赛者的成绩进行比较。这是检验和提升手写数字分类技能的好方法。

从加载 MNIST 数据集开始，其程序如下：

```
# 如果没有在克隆的仓库中运行这个笔记本，
则需要先获取二进制数据集文件
# !wget https://GitHub.com/microsoft/
AI-For-Beginners/blob/main/data/mnist.
pkl.gz?raw=true
# 在这种情况下，需要校正下面的数据集链接

# 从 gzip 压缩文件中加载 MNIST 数据集
with gzip.open('data/mnist.pkl.gz',
'rb') as mnist_pickle:
    MNIST = pickle.load(mnist_pickle,
encoding='latin1')
```

绘制数据集，其程序如下：

```
# 将数据转换为字典格式
MNIST_dict = {
    'Train': {
        'Features': MNIST[0][0],
        'Labels': MNIST[0][1]
    },
    'Validation': {
        'Features': MNIST[1][0],
        'Labels': MNIST[1][1]
    },
    'Test': {
        'Features': MNIST[2][0],
        'Labels': MNIST[2][1]
    }
}

# 打印 MNIST 训练集中第一个样本的一部分特
征和对应的标签
print(MNIST_dict['Train']['Features']
[0][130:180])
print(MNIST_dict['Train']['Labels']
[0])

# 将所有特征归一化到 [0, 1]
features = MNIST_dict['Train']
```

```
['Features'].astype(np.float32) /
256.0
labels = MNIST_dict['Train']['Labels']

# 创建一个图像，并设置大小
fig = plt.figure(figsize=(10,5))

# 绘制前 10 个训练样本的图像
for i in range(10):
    ax = fig.add_subplot(1,10,i+1)
    plt.imshow(features[i].
reshape(28,28))
plt.show()
```

程序输出如下：

```
[0.          0.          0.          0.
0.          0.
 0.          0.          0.          0.
0.          0.
 0.          0.          0.          0.
0.          0.
 0.          0.          0.          0.
0.01171875 0.0703125
 0.0703125  0.0703125  0.4921875
0.53125    0.68359375 0.1015625
 0.6484375  0.99609375 0.96484375
0.49609375 0.          0.
 0.          0.          0.          0.
0.          0.
 0.          0.          0.          0.
0.1171875  0.140625
 0.3671875  0.6015625 ]
5
```

（图3-6 输出了MNIST 训练集中前10个样本的图像）

因为感知机是一个二元分类器，所以，把问题限制为只识别两个数字。下面的函数将用两个给定的数字填充正样本和负样本数组（为了清楚起见，还将显示这些数字的样本），其程序如下：

```
# 定义一个函数，它接收两个参数：正样本的
标签和负样本的标签
def set_mnist_pos_neg(positive_label,
negative_label):
    # 找到 MNIST 训练集中所有正样本和负
样本的索引
    positive_indices = [i for i, j
in enumerate(MNIST_dict['Train']
['Labels'])
                        if j ==
positive_label]
    negative_indices = [i for i, j
in enumerate(MNIST_dict['Train']
['Labels'])
                        if j ==
negative_label]

    # 获取对应的图像
    positive_images = MNIST_
dict['Train']['Features'][positive_
indices]
    negative_images = MNIST_
dict['Train']['Features'][negative_
indices]

    # 展示第一个正样本和负样本的图像
    fig = plt.figure()
    ax = fig.add_subplot(1, 2, 1)
    plt.imshow(positive_images[0].
reshape(28,28), cmap='gray',
interpolation='nearest')
    ax.set_xticks([])
    ax.set_yticks([])
    ax = fig.add_subplot(1, 2, 2)
    plt.imshow(negative_images[0].
reshape(28,28), cmap='gray',
interpolation='nearest')
    ax.set_xticks([])
    ax.set_yticks([])
    plt.show()

    # 返回所有正样本和负样本的图像
    return positive_images, negative_
```

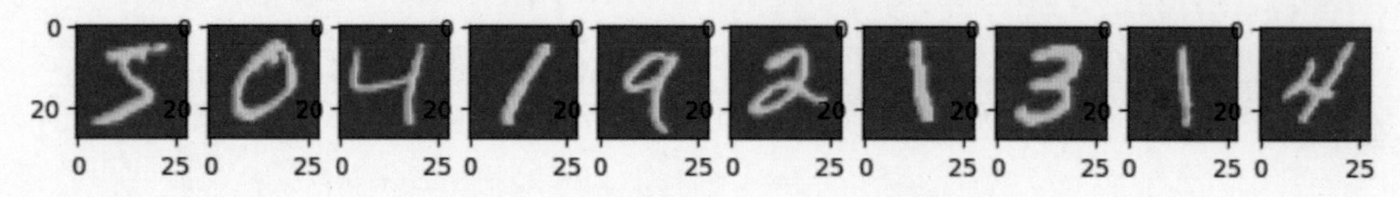

图3-6　MNIST 训练集中前 10 个样本的图像

```
images
```

首先尝试分类 0 和 1，其程序如下：

```
# 使用 set_mnist_pos_neg 函数设置正样本和负样本为 MNIST 数据集中的数字 1 和 0
pos1, neg1 = set_mnist_pos_neg(1, 0)
```

程序输出如图 3-7 所示。

图 3-7　第一个正样本（数字 1）和第一个负样本（数字 0）的图像

为了观察训练过程，在特定的训练步骤中显示模型的权重和准确率，其程序如下：

```
# 定义一个函数，用于在特定的训练步骤中显示模型的权重和准确率
def plotit2(snapshots_mn, step):
    fig = plt.figure(figsize=(10,4))
    ax = fig.add_subplot(1, 2, 1)
    plt.imshow(snapshots_
mn[0][step].reshape(28, 28),
interpolation='nearest')
    ax.set_xticks([])
    ax.set_yticks([])
    plt.colorbar()
    ax = fig.add_subplot(1, 2, 2)
    ax.set_ylim([0,1])
    plt.plot(np.arange(len(snapshots_
mn[1])), snapshots_mn[1])
    plt.plot(step, snapshots_mn[1]
[step], "bo")
    plt.show()

# 定义一个函数，接收一个步数作为参数，并调用之前定义的函数来绘制在这一步的权重和准确率
def pl3(step): plotit2(snapshots_
mn,step)
def pl4(step): plotit2(snapshots_
mn2,step)
# 使用 train_graph 函数训练一个模型，训练数据是 MNIST 数据集中的数字 1（正样本）和数字 0（负样本），训练迭代次数是 1000
snapshots_mn = train_
graph(pos1,neg1,1000)

# 使用交互式函数和滑动条小部件，允许用户选择一个训练步骤，并使用 pl3 函数绘制该步骤的权重和准确率
interact(pl3, step=widgets.
IntSlider(value=0, min=0,
max=len(snapshots_mn) - 1))
```

程序输出如图 3-8 所示。

> ⚠ 注意，准确率非常快地接近 100%。

把滑块移动到训练结束时的某个位置（图 3-8 中 step 为 1 时的效果），并观察左边绘制的权重矩阵。这个矩阵将让读者理解感知机是如何工作的。

当训练一个感知机来辨别数字时，它会学着看数字图像中的像素。我们用的是一个名为 MNIST 的数据集，里面有很多手写数字的图片。在训练过程中，感知机会学会哪些像素与哪个数字相关联。当看到感知机的权重矩阵时，可以发现，矩阵中心的权重值较高，这是因为这些像素通常出现在数字 1 的图像中，而矩阵两侧的权重值较低，甚至是负数，因为这些像素不太像数字 1，更像数字 0。

> 然而，如果给感知机展示一个数字 1，但是稍微把它横向移动了一点，以至于它的像素出现在数字 0 的位置，那么感知机可能会出错。这是因为感知机在训练时习惯于看到数字都是在图像中央，而且位置是准确的。所以，一旦看到不符合这个规律的输入，感知机就可能会做出错误的判断。

现在尝试不同的数字，如 2 和 5，程序如下：

```
# 使用 set_mnist_pos_neg 函数设置正样本和负样本为 MNIST 数据集中的数字 2 和 5
pos2, neg2 = set_mnist_pos_neg(2,5)
```

程序输出如图 3-9 所示。

运行便于观察训练过程的程序如下：

```
# 使用 train_graph 函数训练一个模型，训练数据是数字 2（正样本）和数字 5（负样本），训练迭代次数是 1000
snapshots_mn2 = train_
graph(pos2,neg2,1000)
```

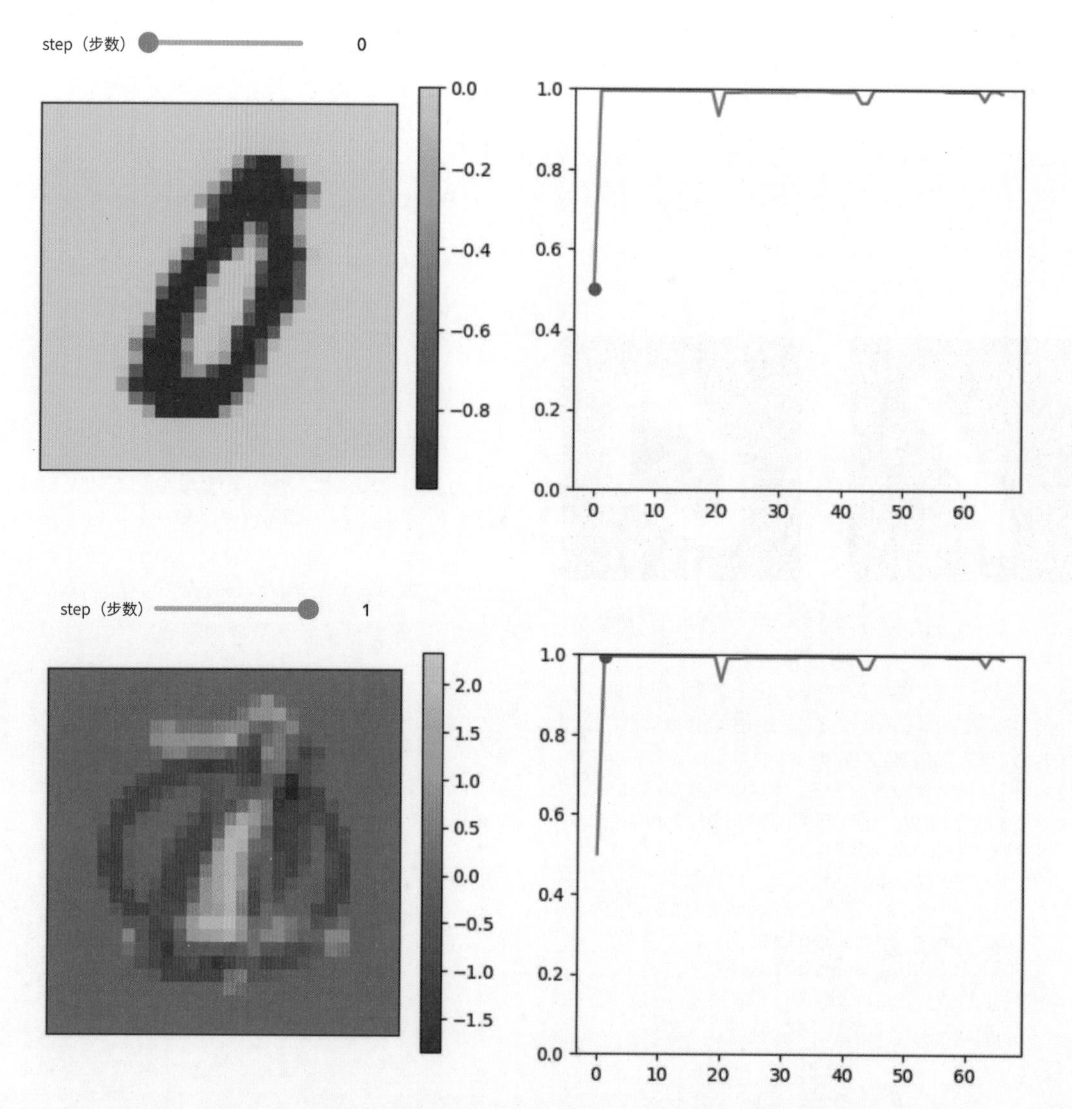

图 3-8　输出的数字 1（正样本）和数字 0（负样本）带交互式滑块的模型权重热图（左侧）与模型训练准确率（右侧）的图像，上图为 step 滑块在 0 的位置时的效果，下图为 step 滑块在 1 的位置时的效果

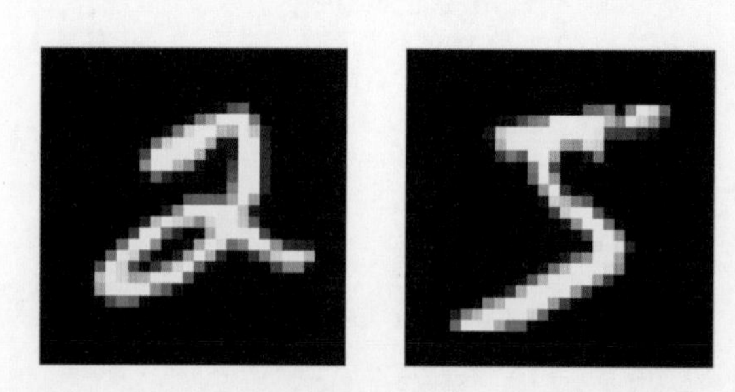

图 3-9　第一个正样本（数字 2）和第一个负样本（数字 5）的图像

```
# 使用交互式函数和滑动条小部件，允许用户选择一个训练步骤，并使用 pl4 函数绘制该步骤的权重和准确率
interact(pl4, step=widgets.
IntSlider(value=0, min=0,
max=len(snapshots_mn2) - 1))
```

程序输出如图 3-10 所示。

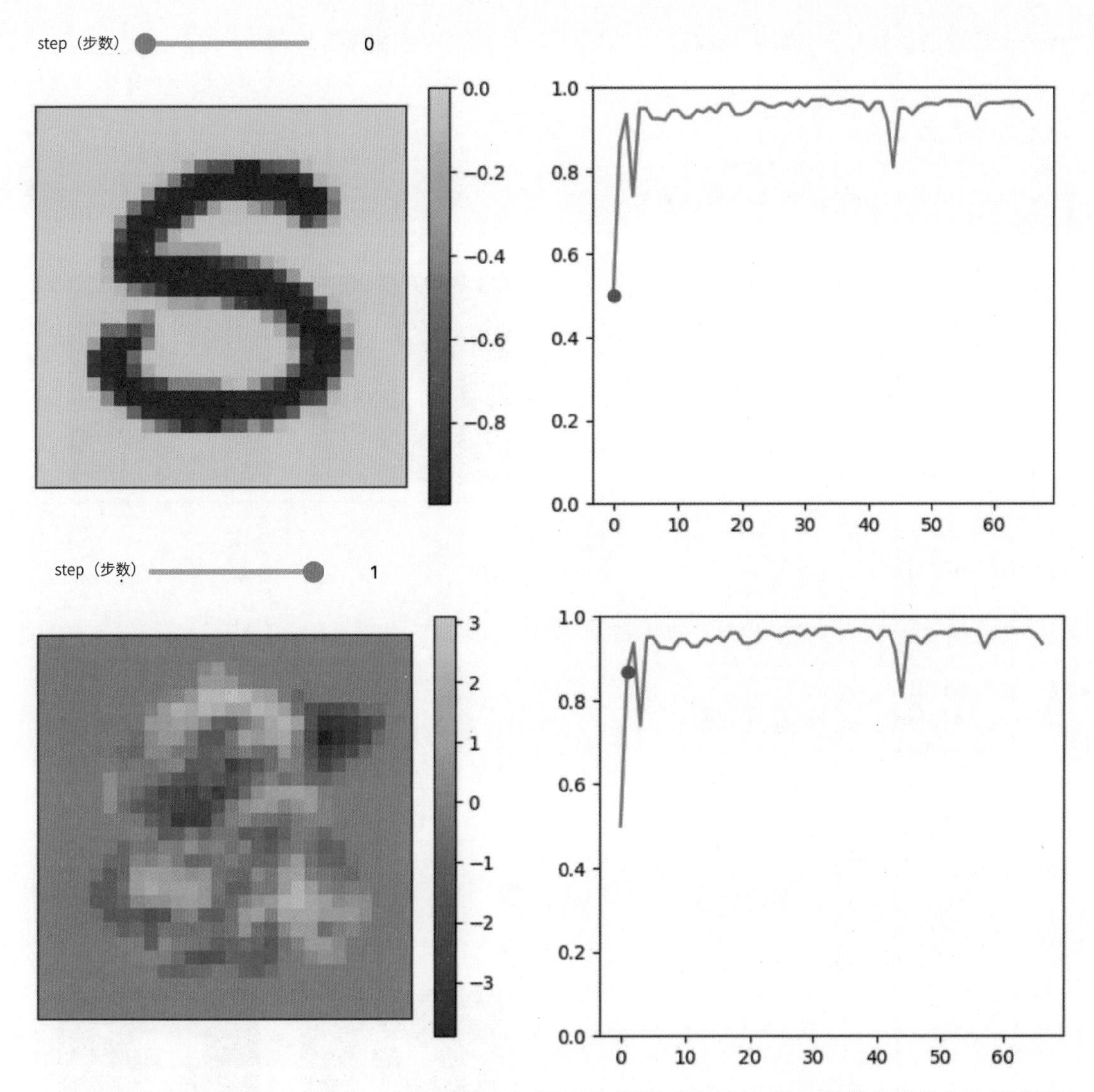

图 3-10　输出的数字 2（正样本）和数字 5（负样本）带交互式滑块的模型权重热图（左侧）与模型训练准确率（右侧）的图像，上图为 step 滑块在 0 位置时的效果，下图为 step 滑块在 1 位置时的效果

3.5.7　讨论

从图 3-10 中（step 为 1 时的效果）可以看出，数字 2 和数字 5 不太容易区分。尽管准确率相对较高（超过 85%），但可以清楚地看到感知机在某个阶段停止了学习。

为了理解这种现象，可以使用主成分分析（Principal Component Analysis，PCA）🔗 [L3-8]。这是一种机器学习技术，用于降低输入数据集的维度，以便更好地区分不同的类别。

在例子中，每个输入图像有 784 个像素（也就是 784 个输入特征），希望使用主成分分析将这些特征减少到仅有两个参数。这两个参数实际上是原始特征的线性组合，可以将这个过程想象成是将原始的 784 维空间进行“旋转”，然后观察其在二维空间中的投影，直到找到最佳的视角，使得不同类别之间的分隔最明显。

首先，导入 PCA 模块并定义一个函数来执行对 1（正样本）和 0（负样本）的主成分分析，其程序如下：

```
# 导入 sklearn 库的 PCA 模块
from sklearn.decomposition import PCA

# 定义一个函数，使用 PCA 对 MNIST 数据集中的图像进行降维分析
```

```
def pca_analysis(positive_label, negative_label):
    # 使用 set_mnist_pos_neg 函数获取正样本和负样本的图像
    positive_images, negative_images = set_mnist_pos_neg(positive_label, negative_label)

    # 将正样本和负样本的图像合并在一起
    M = np.append(positive_images, negative_images, 0)

    # 创建一个 PCA 对象，设置降维后的维度为 2
    mypca = PCA(n_components=2)

    # 对所有图像进行 PCA 分析
    mypca.fit(M)

    # 对前 200 个正样本和负样本的图像进行 PCA 分析，得到二维数据点
    pos_points = mypca.transform(positive_images[:200])
    neg_points = mypca.transform(negative_images[:200])

    # 绘制二维数据点，蓝点代表正样本，红点代表负样本
    plt.plot(pos_points[:,0], pos_points[:,1], 'bo')
    plt.plot(neg_points[:,0], neg_points[:,1], 'ro')
```

```
# 使用 pca_analysis 函数进行主成分分析，输入是 MNIST 数据集中的数字 1（正样本）和数字 0（负样本）
# 将在二维空间中绘制出这两个数字的主成分分析结果
pca_analysis(1,0)
```

程序输出如图 3-11 所示的结果。

再次执行 对 2 （正样本） 和 5（负样本） 的主成分分析，其程序如下：

```
# 再次使用 pca_analysis 函数进行主成分分析，这次输入是 MNIST 数据集中的数字 2（正样本）和数字 5（负样本）
# 将在二维空间中绘制出这两个数字的主成分分析结果
pca_analysis(2,5)
```

程序输出如图 3-12 所示的结果。

在图 3-11 中数字 0 和 1 可以被一条直线清晰地分开。这表明在原始的 784 维空间中，对应于数字的点也是线性可分的。然而，在图 3-12 中数字 2 和 5 的情况下，无法找到一个好的投影来清晰地分隔这些数字，因此，会出现一些错误分类的情况。

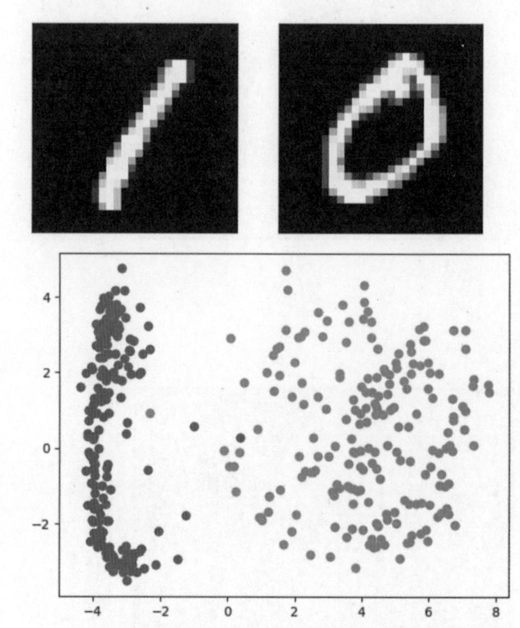

图 3-11　在二维空间中绘制出 MNIST 数据集中的数字 1（正样本）和数字 0（负样本）的主成分分析结果

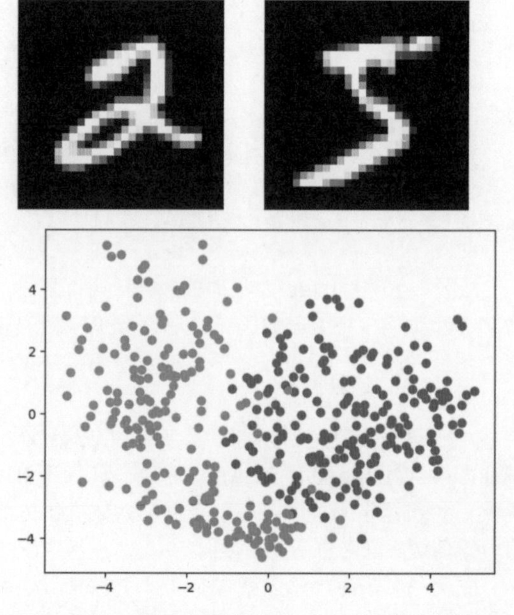

图 3-12　在二维空间中绘制出 MNIST 数据集中的数字 2（正样本）和数字 5（负样本）的主成分分析结果

在课程的后续部分，将学习如何使用神经网络创建非线性分类器，并解决数字没有正确对齐的问题。很快将在 MNIST 数字分类中达到超过 99% 的准确率，并将它们分为 10 个不同的类别。

3.5.8 要点

- 了解了最简单的神经网络架构——单层感知机。
- 通过简单的基于梯度下降的训练过程手动实现了感知机。
- 尽管简单，单层感知机可以解决手写数字识别等相当复杂的问题。
- 单层感知机是一个线性分类器，因此，它提供了与逻辑回归相同的分类能力。
- 在样本空间中，感知机可以使用超平面分隔两类输入数据。

3.5.9 致谢

这个 Notebook 由德米特里·索什尼科夫整理。他受到了微软研究剑桥分部的神经网络研讨会的启发。一些程序和插图材料取自 Katja Hoffmann [L3-9]、Matthew Johnson [L3-10] 和 Ryoto Tomioka [L3-11] 的演示，以及 NeuroWorkshop 仓库 [L3-12]。

3.6 结论

本课介绍了感知机，这是一个二元分类模型，以及如何通过使用权重向量来训练它。

3.7 作业——多类分类感知机

在本课中，实现了一个用于二元分类任务的感知机，并使用它来分类两种手写数字。在这个实践中，要求解决数字分类的整个问题，即确定哪个数字最有可能对应给定的图像。

3.7.1 任务

在这节课中，编写了用于 MNIST 手写数字二分类的程序，现在需要创建一个多类分类器，使其能够识别任何数字。计算训练和测试数据集的分类准确率，并打印出混淆矩阵。

3.7.2 提示

(1) 对每个数字，创建一个“此数字与所有其他数字”的二元分类数据集。

(2) 训练 10 个不同的感知机进行二元分类（每个数字一个）。

(3) 定义一个函数，对输入的数字进行分类。

提示：如果将所有 10 个感知机的权重组合成一个矩阵，应该能够通过一次矩阵乘法将所有 10 个感知机应用到输入数字上。最可能的数字可以通过在输出上应用 argmax① 操作来找到。

3.7.3 启动 Notebook

通过打开 `PerceptronMultiClass.zh.ipynb` [L3-13] 来开始练习：使用感知机进行多类分类。

3.8 练习——使用感知机进行多类分类：PerceptronMultiClass.zh.ipynb

导入所需的库，程序如下：

```
# 导入必要的库
import matplotlib.pyplot as plt  # 用于绘图的库
import numpy as np  # 用于数值运算的库
import pickle  # 用于对象序列化的库
import os  # 用于操作系统相关操作的库
```

可以使用课程中的以下感知机训练程序，程序如下：

```
# 定义训练函数，用于训练感知机模型
def train(positive_examples, negative_examples, num_iterations = 100):
    num_dims = positive_examples.shape[1]  # 获取正例特征的维度数
    weights = np.zeros((num_dims,1))  # 初始化权重为零向量
```

① argmax 是一个数学和计算机科学术语，它代表了一个函数或操作，用于返回给定数组中最大值所对应的索引或位置。在机器学习和深度学习中，argmax 经常用于找到模型输出中具有最高概率的类别或标签。

```
    pos_count = positive_examples.
shape[0]  # 获取正例的数量
    neg_count = negative_examples.
shape[0]  # 获取负例的数量

    report_frequency = 10  # 设置报告频
率，即每 10 次迭代就报告一次训练结果

    # 开始迭代训练
    for i in range(num_iterations):
        pos = random.choice(positive_
examples)  # 随机选择一个正例
        neg = random.choice(negative_
examples)  # 随机选择一个负例

        # 计算正例的输出值
        z = np.dot(pos, weights)
        if z < 0:  # 如果输出值小于 0，
说明分类错误，需要更新权重
            weights = weights + pos.
reshape(weights.shape)

        # 计算负例的输出值
        z  = np.dot(neg, weights)
        if z >= 0:  # 如果输出值大于或
等于 0，说明分类错误，需要更新权重
            weights = weights - neg.
reshape(weights.shape)

        # 每 10 次迭代就报告一次训练结果
        if i % report_frequency == 0:
            pos_out = np.dot(positive_
examples, weights)  # 计算所有正例的输
出值
            neg_out = np.dot(negative_
examples, weights)  # 计算所有负例的输
出值
            pos_correct = (pos_out >=
0).sum() / float(pos_count)# 计算正例的准
确率
            neg_correct = (neg_out <
0).sum() / float(neg_count) # 计算负例的
准确率
          print("Iteration={},
pos correct={}, neg correct={}".
format(i,pos_correct,neg_correct))  #
输出训练结果

    return weights  # 返回训练后的权重
```

```
# 定义一个函数，计算在测试数据上的准确率
def accuracy(weights, test_x, test_
labels):
    res = np.dot(np.c_[test_x,np.
ones(len(test_x))],weights)
    return (res.reshape(test_labels.
shape)*test_labels>=0).sum()/
float(len(test_labels))

# 打印测试数据上的准确率
accuracy(wts, test_x, test_labels)
```

3.8.1 读取 MNIST 数据集

下面的程序从互联网的仓库下载数据集。也可以手动从人工智能课程的 /data 目录中复制数据集。

对于 Windows 用户：

```
!wget https://GitHub.com/mnielsen/
neural-networks-and-deep-learning/raw/
master/data/mnist.pkl.gz
!gzip -d mnist.pkl.gz
```

对于 macOS 用户：

```
!curl -O https://GitHub.com/mnielsen/
neural-networks-and-deep-learning/raw/
master/data/mnist.pkl.gz
!gzip -d mnist.pkl.gz
```

打开并加载 MNIST 数据集，程序如下：

```
# 打开并加载 MNIST 数据集
with open('mnist.pkl', 'rb') as mnist_
pickle:
    MNIST = pickle.load(mnist_pickle,
encoding='latin1')
# 将数据转换为字典格式
MNIST_dict = {
    'Train': {
        'Features': MNIST[0][0],
        'Labels': MNIST[0][1]
    },
    'Validation': {
        'Features': MNIST[1][0],
        'Labels': MNIST[1][1]
    },
    'Test': {
        'Features': MNIST[2][0],
```

```
        'Labels': MNIST[2][1]
    }
}

# 打印 MNIST 训练集中第一个样本的一部分特征和对应的标签
print(MNIST_dict['Train']['Features']
[0][130:180])
print(MNIST_dict['Train']['Labels']
[0])

# 将所有特征归一化到 [0, 1]
features = MNIST_dict['Train']
['Features'].astype(np.float32) /
256.0
labels = MNIST_dict['Train']['Labels']

# 创建一个图像，并设置大小
fig = plt.figure(figsize=(10,5))

# 绘制前 10 个训练样本的图像
for i in range(10):
    ax = fig.add_subplot(1,10,i+1)
    plt.imshow(features[i].
reshape(28,28))
plt.show()
```

用于创建两位数分类的一对其他数据集的程序，需要修改下面这段程序来创建一对所有数据集：

```
def set_mnist_pos_neg(positive_label,
negative_label):
    positive_indices = [i for i, j in
enumerate(MNIST['Train']['Labels'])
                          if j ==
positive_label]
    negative_indices = [i for i, j in
enumerate(MNIST['Train']['Labels'])
                          if j ==
negative_label]

    positive_images = MNIST['Train']
['Features'][positive_indices]
    negative_images = MNIST['Train']
['Features'][negative_indices]

    return positive_images, negative_
images
```

现在你需要做的是：

(1) 创建 10 个一对所有数据集，对应所有的数字。

(2) 训练 10 个感知机。

(3) 定义 `classify` 函数来进行数字分类。

(4) 测量分类的准确性并打印混淆矩阵。

(5) 【可选】创建一个改进的 `classify` 函数，这个函数使用一个矩阵乘法来进行分类。

课后测验

(1) 为了训练感知机，需要找到一个能使（ ）最小的权重向量。

a. 大小 (Size)

b. 误差 (Error)

c. 节点 (Nodes)

(2) 为了最小化权重函数，可以使用梯度下降法，这一说法（ ）。

a. 正确

b. 错误

(3) 在梯度下降过程中，每一步都会更新（ ）。

a. 学习率

b. 权重

c. 梯度

第 4 课
神经网络简介：多层感知机

上一课学习了最简单的神经网络模型——单层感知机，它是一个线性二类分类模型。

本课将把这个模型扩展成一个更灵活的框架，如此我们将能够：

- 除二类分类外，还可以进行多类分类。
- 除分类外，还可以解决回归问题。
- 分离非线性可分的类。

还将在 Python 中开发自己的模块化框架，以便构建不同的神经网络体系结构。

简介

本课将介绍如下内容：

4.1 形式化机器学习

4.2 梯度下降优化

4.3 多层感知机和反向传播

4.4 挑战

4.5 练习——用多层感知机构建我们自己的神经网络框架：OwnFramework.zh.ipynb

4.6 复习与自学

4.7 结论

4.8 作业——使用我们自己的框架进行 MNIST 数字分类：MyFW_MNIST.zh.ipynb

课前小测验

（1）预测的质量是由损失函数来衡量的，这一说法（ ）。

a. 正确

b. 错误

（2）一个层次的网络能够分为 （ ）。

a. 线性联接的类

b. 线性可分的类

c. 单层的类

（3）训练多层感知机的方法被称为（ ）。

a. 反向传播

b. 多重传播

c. 前向传播

4.1 形式化机器学习

形式化机器学习是一个将机器学习问题定义为一个数学问题或逻辑问题的过程，旨在通过精确的数学表达和建模方法来解决实际问题。从机器学习的核心问题出发。设想有一组带标签的训练数据集 X（特征）和 Y（标签），目标是构建一个模型 $f()$，通过这个模型可以对新数据做出准确的预测。用损失函数 $\mathcal{L}$ 来衡量预测值与实际标签的偏离程度。常用的损失函数有如下两个：

- 对于回归问题（预测一个具体数值，如房价），常用平均绝对误差（MAE） $\sum_i |f(x^{(i)}) - y^{(i)}|$ 或均方误差（MSE） $\sum_i (f(x^{(i)}) - y^{(i)})^2$。
- 对于分类问题（如区分猫狗图像），倾向于使用 0-1 损失（本质上与模型的准确率相同）或逻辑损失。

1. 单层感知机简述

在确立了机器学习的目标和损失函数的重要性后，自然而然地转向实际模型的构建。单层感知机作为神经网络家族的入门级成员，为理解更复杂的网络架构奠定了基础。

2. 单层感知机的结构

在最基础层面，模型 $f(\boldsymbol{x}) = \boldsymbol{wx}+b$ 扮演了预测器的角色，其中 $\boldsymbol{w}$ 是权重向量（或矩阵，视情况而定），负责权重分配；$\boldsymbol{x}$ 代表输入数据的特征向量；b 则是偏置项，用于调整模型的输出基线。这个线性组合是神经网络构建模块的简化版本，为更复杂结构奠定了基础。

3. 从线性到概率输出

尤其在分类任务中，我们不仅仅满足于得到一个数值预测，而是期望模型能输出属于各个类别的概率。为此，引入了 softmax 函数 σ，它将模型的原始输出转换为概率分布，即 $f(\boldsymbol{x}) = \boldsymbol{\sigma}(\boldsymbol{wx} + b)$。这一步骤是将模型预测与实际分类需求对接的关键桥梁。

4. 参数与误差函数

在这个框架内，权重 $\boldsymbol{w}$ 和偏置 b 共同构成了模型的参数集合 $\theta = <\boldsymbol{w}, b>$。有了训练数据集 $<X, Y>$，我们的目标是根据这些参数来量化模型在全数据集上的预测误差，这实质上是定义了一个关于 θ 的函数。因此，神经网络训练的核心目标，就是通过不断调整参数 θ，以期达到最小化该误差函数的值。

4.2 梯度下降优化

梯度下降是一种经典的优化策略，旨在通过迭代更新模型参数来最小化损失函数。具体步骤如下：

（1）初始化：以随机值启动参数 $w^{(0)}$ 和 $b^{(0)}$。

（2）迭代循环：反复执行以下操作直至收敛。

① $w^{(i+1)} = w^{(i)} - \eta\partial\mathcal{L}/\partial w$

② $b^{(i+1)} = b^{(i)} - \eta\partial\mathcal{L}/\partial b$

在大规模数据集上，直接计算全局梯度成本高昂，故而通常采取随机梯度下降（SGD），即每次仅基于小批量（mini-batch）数据来估算梯度并进行更新。

4.3 多层感知机和反向传播

单层模型的局限在于只能处理线性可分问题。为了应对更复杂的非线性情况，我们转向多层感知机（MLP），这是一种通过叠加多个线性变换与非线性激活函数的网络结构，极大地增强了模型的表达能力，使之能捕获数据中的复杂模式。下面以一个典型的两层网络为例，其工作流程如下：

（1）计算隐藏层输出 $z_1 = w_1x+b_1$。

（2）经过激活函数后，计算第二层输出 $z_2 = w_2\alpha(z_1)+b_2$。

（3）最终输出层通过 `softmax` 函数 $f = \sigma(z_2)$ 转换为概率。

在此结构中，α 是一个非线性激活函数，σ 特指 `softmax` 函数，模型参数集合为 $\theta=<w_1,b_1,w_2,b_2>$。

为了训练多层感知机，依然使用梯度下降算法，但由于网络结构的复杂性，计算梯度变得更加困难。此时，引入反向传播（Backpropagation，BP）算法来有效地计算梯度。

根据链式求导法则，可以逐层计算损失函数相对于参数的导数。具体步骤如下：

（1）计算损失函数相对于输出层权重的导数：

$$\frac{\partial\mathcal{L}}{\partial W_2} = \frac{\partial\mathcal{L}}{\partial\sigma}\frac{\partial\sigma}{\partial z_2}\frac{\partial z_2}{\partial W_2}$$

（2）计算损失函数相对于隐藏层权重的导数：

$$\frac{\partial\mathcal{L}}{\partial W_1} = \frac{\partial\mathcal{L}}{\partial\sigma}\frac{\partial\sigma}{\partial z_2}\frac{\partial z_2}{\partial\alpha}\frac{\partial\alpha}{\partial z_1}\frac{\partial z_1}{\partial W_1}$$

通过链式法则，可以从损失函数开始，逐层计算导数。这些表达式的最左侧部分都是相同的（灰色部分），因此，可以通过计算图“向后”有效地计算导数。这个过程就是反向传播算法。图 4-1 所示为一个简单的神经网络中的反向传播过程，这是一种用于训练神经网络的常用方法。[①]

① 下面是对图 4-1 展示的过程的解释：

· X 表示输入值。

· Z 表示输入值 X 通过权重 W 和偏置 b 计算得到的中间值。

· p 表示预测值，它是从中间值 Z 计算得到的。

· Loss 表示损失值，它是预测值 p 和真实值之间差异的量度。

· ΔW 和 Δb 表示权重和偏置的更新量。

· $\partial p/\partial z$ 表示 p 关于 z 的偏导数。

· $\partial\text{Loss}/\partial p$ 表示损失函数关于预测值 p 的偏导数。

· Δz 表示中间值 Z 的变化量，它由 Δp 和 $\partial p/\partial z$ 的乘积计算得到。

· Δp 表示预测值 p 的变化量，它由损失函数的偏导数 $\partial\text{Loss}/\partial p$ 计算得到。

· 红色箭头表示这些变量之间的计算关系，即如何从损失函数计算出权重和偏置的更新量。

在训练过程中，通过计算损失函数关于权重的导数，可以了解如何调整权重和偏置以减少预测错误。反向传播算法通过链式法则逐层计算这些导数，然后根据学习率更新权重和偏置，以此优化模型的性能。

我们将在示例 Notebook 中更深入地讨论反向传播。

——译者注

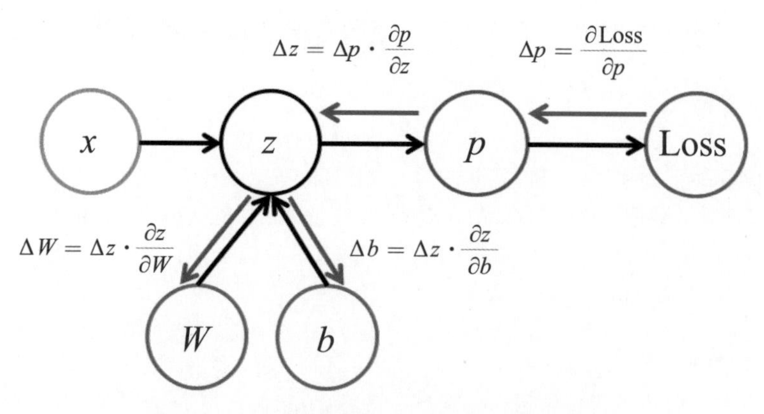

图 4-1　一个简单的神经网络中的反向传播过程

4.4 挑战

在随附的 Notebook 中，可以用自己的框架来构建和训练多层感知机，并能够详细了解现代神经网络的工作原理。

转到练习——用多层感知机构建我们自己的神经网络框架（名为 `OwnFramework.zh.ipynb` 的 Notebook [L4-1]）并仔细研读。

4.5 练习——用多层感知机构建我们自己的神经网络框架：OwnFramework.zh.ipynb

首先，导入一些必需的库，程序如下：

```
# 导入将要使用的模块
# 这行命令使 matplotlib 的图形可以在 Jupyter Notebook 中交互
%matplotlib nbagg
import matplotlib.pyplot as plt  # 导入 matplotlib 的 pyplot 模块，常用于绘制图形
from matplotlib import gridspec  # gridspec 是 matplotlib 的子模块，用于更精细地控制子图的布局
from sklearn.datasets import make_classification  # make_classification 是 sklearn.datasets 的函数，用于生成分类问题的数据集
import numpy as np  # 导入 NumPy 模块，常用于数值计算
# 设置 NumPy 的随机种子为 0，这样可以保证每次运行程序时生成的随机数都是一样的，以确保结果的可重复性
np.random.seed(0)
import random  # 导入 random 模块，常用于生成随机数
%matplotlib inline
```

4.5.1 生成示例数据集

和前面的课程类似，从一个只有两个参数的简单样本数据集入手。生成示例数据集的程序如下：

```
# 使用 make_classification 函数创建一个分类数据集
# n_samples: 样本个数
# n_features: 样本特征个数，包括信息特征、冗余特征、重复特征、和除去以上特征的无用特征
# n_informative: 信息特征个数
# n_redundant: 冗余特征个数
# flip_y: 默认值为 0.01，随机分配的样本的比例，增大会加大噪声，加大分类难度
n = 100
X, Y = make_classification(n_samples = n, n_features=2,
                           n_redundant = 0, n_informative = 2, flip_y = 0.2)
# 将特征数据类型转换为浮点型
X = X.astype(np.float32)
# 将标签数据类型转换为整型
Y = Y.astype(np.int32)

# 将数据集分割为训练集和测试集，训练集占 80%，测试集占 20%
train_x, test_x = np.split(X, [n*8//10])
train_labels, test_labels =
```

```
np.split(Y, [n*8//10])
# 定义一个函数，用于绘制二维特征数据的散点图
def plot_dataset(suptitle, features, labels):
    # 创建一个图和一个子图
    fig, ax = plt.subplots(1, 1)
    # 设置整个图的标题
    fig.suptitle(suptitle, fontsize = 16)
    # 设置子图的 x 轴和 y 轴的标签
    ax.set_xlabel('$x_i[0]$ -- (feature 1)')
    ax.set_ylabel('$x_i[1]$ -- (feature 2)')

    # 根据标签生成颜色列表，其中正样本为红色，负样本为蓝色
    colors = ['r' if l else 'b' for l in labels]
    # 在子图上绘制散点图，其中点的颜色由颜色列表指定
    ax.scatter(features[:, 0], features[:, 1], marker='o', c=colors, s=100, alpha = 0.5)
    # 显示图像
    fig.show()
```

```
# 调用函数，绘制训练数据的散点图
plot_dataset('Scatterplot of the training data', train_x, train_labels)
plt.show()  # 显示图像
```

程序输出如图 4-2 所示。

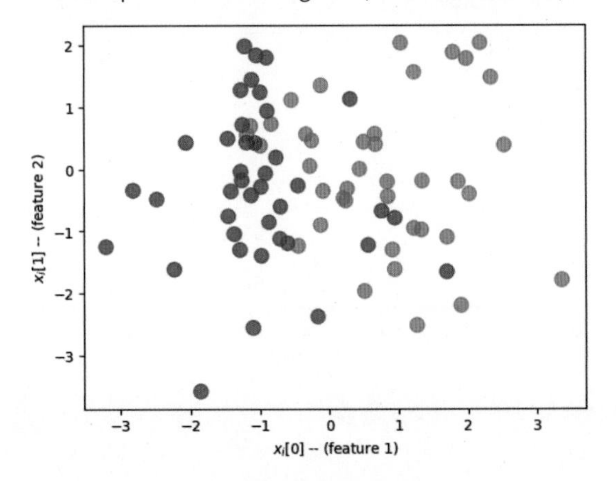

图 4-2　程序输出的训练集二维特征数据的散点图，其中正样本为红色，负样本为蓝色

打印训练数据的前 5 个样本和对应标签的程序如下：

```
# 打印训练数据的前 5 个样本
print(train_x[:5])
# 打印对应的前 5 个标签
print(train_labels[:5])
```

程序输出如下：

```
[[ 1.3382818  -0.98613256]
 [ 0.5128146   0.43299454]
 [-0.4473693  -0.2680512 ]
 [-0.9865851  -0.28692   ]
 [-1.0693829   0.41718036]]
[1 1 0 0 0]
```

上述程序打印了训练数据的前 5 个样本及其对应的标签。每个样本由两个特征值组成，对应的标签是 0 或 1，表示不同的分类。

4.5.2　机器学习问题

假设有输入数据集 $\langle \boldsymbol{X}, \boldsymbol{Y} \rangle$，其中 X 是一个特征集，Y 是相应的标签。对于回归问题，$y_i \in \mathbb{R}$（y_i 可以是任意实数），而对于分类问题，它由类别编号 $y_i \in \{0, 1, \cdots, n\}$ 表示。

任何机器学习模型都可以由函数 $f_\theta(x)$ 表示，其中 θ 是参数集。我们的目标是找到这样的参数 θ，使得模型以最佳方式拟合数据集。标准由损失函数 L 定义，需要找到最优值：

$$\theta = \operatorname{argmin}_\theta L\,(f_\theta(X), Y)$$

面对不同问题，解决问题使用的损失函数是不同的。

1. 回归的损失函数

在回归问题中，经常使用两种损失函数：绝对误差和均方误差。

（1）绝对误差的公式为$\mathcal{L}_{\text{abs}}(\theta) = \sum_{i=1}^{n} | y_i - f_\theta(x_i) |$，表示目标值与预测值差的绝对值之和的均值。

（2）均方误差的公式为$\mathcal{L}_{\text{sq}}(\theta) = \sum_{i=1}^{n} (y_i - f_\theta(x_i))^2$，表示目标值与预测值之间差值平方和的均值。

接下来，将创建一个从 –2 到 2 的数据点集合 x，这些点将用于表示真实值（假设为零）与预测值之间的差异。将计算这些数据点在两种常见的损失函数下的表现：绝对值误差（绝对损失）和均方误差

（平方损失）。使用 matplotlib 库绘制出这两种损失函数的图形，以直观展示它们对于真实值与预测值之间差异的响应方式。这样的可视化有助于更好地理解和比较这两种损失函数在模型评估中的作用。定义绘图函数的程序如下：

```
# 定义一个函数用于绘制多个损失函数
def plot_loss_functions(suptitle,
functions, ylabels, xlabel):
    # 创建一个图和多个子图，子图的数量由
函数列表的长度决定
    fig, ax = plt.
subplots(1,len(functions), figsize=(9,
3))
    # 设置子图之间的间隔
    plt.subplots_adjust(bottom=0.2,
wspace=0.4)
    # 设置整个图的标题
    fig.suptitle(suptitle)
    # 对每个函数进行绘图
    for i, fun in enumerate(functions):
        # 设置子图的 x 轴标签
        ax[i].set_xlabel(xlabel)
        # 如果提供的 y 轴标签列表的长度
足够，就设置子图的 y 轴标签
        if len(ylabels) > i:
            ax[i].set_
ylabel(ylabels[i])
        # 在子图上绘制函数图像
        ax[i].plot(x, fun)
    # 显示图像
    plt.show()
```

创建数值序列并绘制损失函数的程序如下：

```
# 创建数值序列，用于存储 x 变量
np.linspace( 起点 , 终点 , 点数 )
x = np.linspace(-2, 2, 101)
# 调用函数，绘制绝对损失函数和平方损失函
数的图像
plot_loss_functions(
    suptitle = 'Common loss functions
for regression',
    functions = [np.abs(x),
np.power(x, 2)],
    ylabels   = ['$\mathcal{L}_{abs}}$
(absolute loss)',
                 '$\mathcal{L}_{sq}$
(squared loss)'],
    xlabel    = '$y - f(x_i)$')
```

程序输出如图 4-3 所示。

2. 分类的损失函数

暂时考虑二分类问题。在这个场景中，有两个类别，编号为 0 和 1。网络的输出 $f_\theta(x_i) \in [0,1]$（$f_\theta(x_i)$ 的范围为 0～1），实际上代表了选择类别 1 的概率。

当预测正确时，l_i=0，预测错误时，l_i=1。下面的公式定义了 0-1 损失函数，这是一种在机器学习分类问题中常用的损失函数，它直接计算模型预测错误的样本数量。损失函数的值越小，说明模型的预测效果越好。[①]

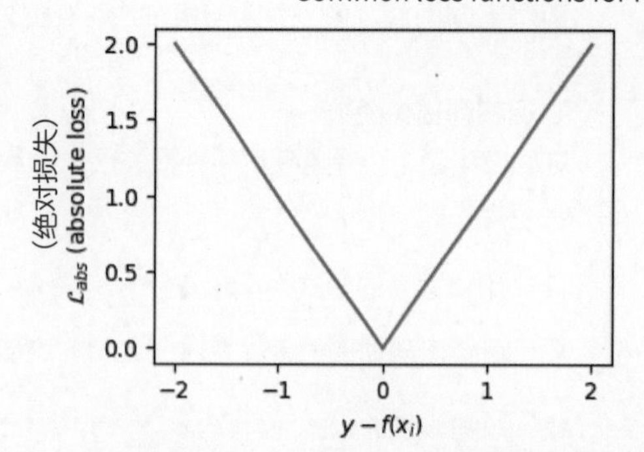

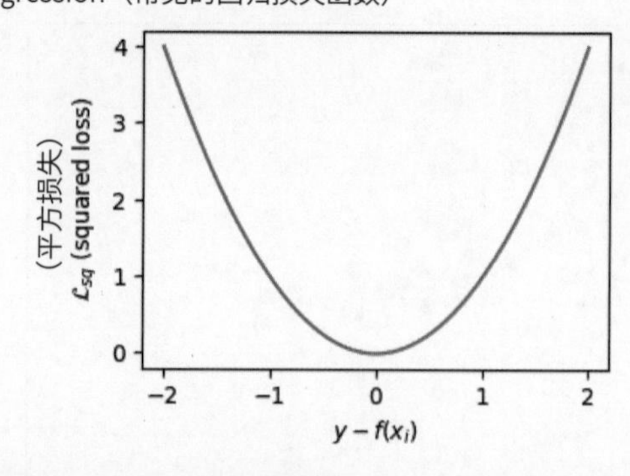

图 4-3　程序输出的绝对损失函数和平方损失函数的图像

① 公式说明：如果模型对样本 i 的预测值 $f(x_i)$ 小于 0.5 且样本的真实标签 y_i=0，或者预测值小于 0.5 且样本的真实标签 y_i=1，那么认为模型对该样本的预测是正确的，损失 l_i 是 0；否则，认为模型对该样本的预测是错误的，损失 l_i 是 1。所以，整个公式的含义就是计算模型预测错误的样本数。——译者注

$$\mathcal{L}_{0-1}=\sum_{i=1}^{n} l_i \quad l_i=\begin{cases}0\text{，}(f(x_i)<0.5\wedge y_i=0)\cup(f(x_i)<0.5\wedge y_i=1)\\1\text{，其他}\end{cases}$$

然而，预测正确的数量本身并不能完全反映模型与正确分类的接近程度。有时，尽管预测仅略有偏差，0-1 损失依旧会把这种情况当作完全错误来处理。在这种情况下，模型实际上只需要微小的调整就能达到正确的分类，这在某种意义上是比较理想的状态。然而，0-1 损失函数没有能力区分这些细微的差别，这就是为什么通常会采用逻辑损失（Logistic Loss）函数，它能更好地考虑预测接近正确答案的情况。

3. 逻辑损失函数

逻辑损失函数又称对数损失函数或 log loss，是处理二分类问题时常用的一种损失函数。这种损失函数通过计算每个数据点的负对数似然[①]的平均值来工作，通常应用于逻辑回归模型中。简单来说，逻辑损失评估模型预测的概率与实际发生的事件之间的差距，越接近实际结果，损失就越小。

$$\mathcal{L}_{\log}=\sum_{i=1}^{n}-y\log(f_\theta(x_i))-(1-y)\log(1-f_\theta(x_i))$$

式中，n 是样本总数。

逻辑损失函数的目标是最大化模型对真实标签的预测概率，即在二分类问题中，y_i 是样本 i 的真实标签（取值为 0 或 1），$f_\theta(x_i)$ 是模型对样本 i 的预测概率。定义和绘制损失函数图像的程序如下：

```
# 创建一个从 0 到 1 的等差数列，用于绘制函数图像
x = np.linspace(0,1,100)

# 定义 0-1 损失函数
def zero_one(d):
    if d < 0.5:
        return 0
    return 1

# 使用 np.vectorize() 函数将 zero_one 函数向量化，使其可以接收 NumPy 数组作为输入
zero_one_v = np.vectorize(zero_one)

# 定义逻辑损失函数
def logistic_loss(fx):
    # assumes y == 1
    return -np.log(fx)
# 调用函数，绘制 0-1 损失函数和逻辑损失函数的图像
plot_loss_functions(suptitle = 'Common loss functions for classification (class=1)',
                    functions = [zero_one_v(x), logistic_loss(x)],
                    ylabels   = ['$\mathcal{L}_{0-1}$ (0-1 loss)',
                                 '$\mathcal{L}_{log}$ (logistic loss)'],
                    xlabel    = '$p$')
```

程序输出如图 4-4 所示。

要理解逻辑损失，应考虑预期输出的两种情况：

① 负对数似然：如果模型对一个样本预测的概率越接近其真实标签（0 或 1），那么这个样本的负对数似然就越小。

常见的分类损失函数（类别 =1）
Common loss functions for classification (class=1)

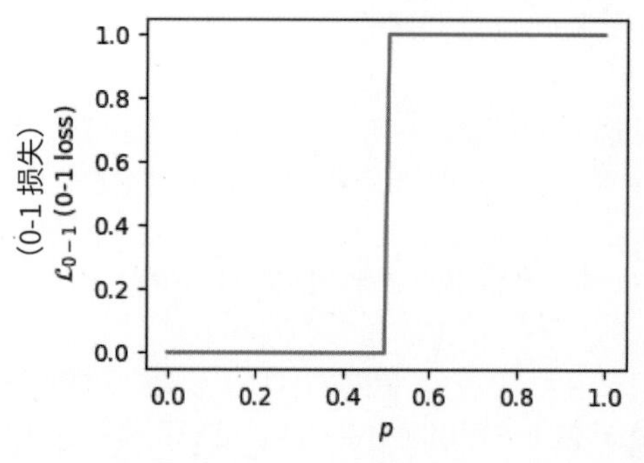

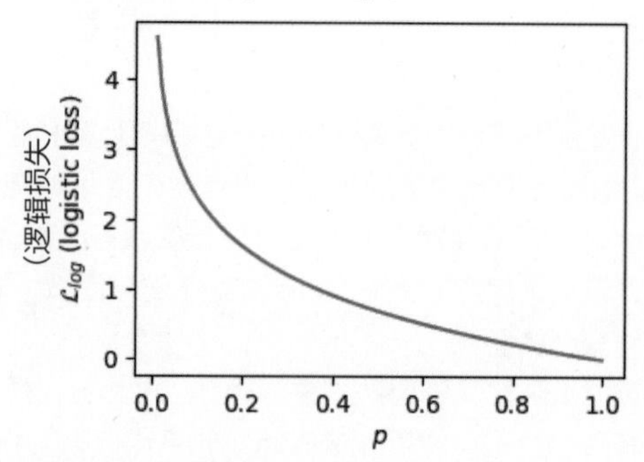

图 4-4　0-1 损失函数和逻辑损失函数的图像

- 如果期望输出为 1（y=1），那么损失为 $-\log(f_\theta(x_i))$。如果网络以概率 1 预测为 1，那么损失就是 0，当预测为 1 的概率变小时，损失就会变大。
- 如果期望输出为 0（y=0），那么损失就是 $-\log(1-f_\theta(x_i))$。这里，$1-f_\theta(x_i)$ 是网络预测为 0 的概率，逻辑损失的含义与前一种情况类似。

4.5.3　神经网络架构

上述已经生成了一个二分类问题的数据集。从一开始就把它看作是多类分类，这样可以很容易地将程序切换到多类分类。在这种情况下，单层感知机将有如图 4-5 所示的架构。[①]

网络模型的两个输出对应两个类别，输出值最高的类别对应正确的解。

模型定义为

$f_\theta(x) = \boldsymbol{W} \times x + \boldsymbol{b}$。

式中，$\theta = <\boldsymbol{W}, \boldsymbol{b}>$ 是参数。

将这个线性层定义为一个 Python 类，其中有一个 `forward` 函数进行计算。它接收输入值 (x)，并产生该层的输出。参数 W 和 b 存储在层类中，并在创建时分别初始化为随机值和零。定义线性模型类的程序如下：

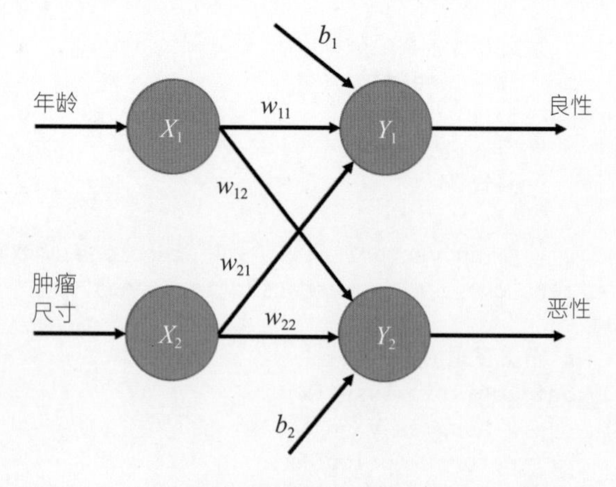

图 4-5　一个用于医疗诊断的简单神经网络结构，具体用于区分良性和恶性肿瘤

① 图 4-5 展示了一个用于医疗诊断的简单神经网络结构，具体用于区分良性和恶性肿瘤。以下是对图中各个部分的解释：
·X_1 和 X_2 表示输入层的神经元，分别对应两个输入特征：年龄和肿瘤尺寸。
·W_{11}、W_{12}、W_{21}、W_{22} 是连接输入层和输出层神经元的权重。W_{ij} 表示从第 i 个输入神经元到第 j 个输出神经元的权重。
·b_1 和 b_2 分别是输出层神经元 Y_1 和 Y_2 的偏置项。
·Y_1 和 Y_2 表示输出层的神经元，分别对应两个预测结果：良性和恶性。
在这个模型中，年龄和大小作为输入特征，通过权重与偏置的加权和被传递到输出层，输出层的每个神经元对应一个可能的分类结果。该网络通过学习合适的权重和偏置，能够预测一个肿瘤是良性还是恶性。在实际应用中，这个模型会通过训练数据集进行训练，以找到最佳的权重和偏置，从而准确地进行预测。
——译者注

```
# 定义一个线性模型类
class Linear:
    def __init__(self,nin,nout):
        # 初始化权重，服从正态分布，均值为 0，标准差为 1/sqrt(nin)
        self.W = np.random.normal(0, 1.0/np.sqrt(nin), (nout, nin))
        # 初始化偏置，初始值为 0
        self.b = np.zeros((1,nout))
    # 定义前向传播函数
    def forward(self, x):
        return np.dot(x, self.W.T) + self.b

# 创建一个线性模型实例
net = Linear(2,2)
# 对训练数据的前 5 个样本进行前向传播，输出模型的预测值
net.forward(train_x[0:5])
```

程序输出如下：

```
array([[ 1.77202116, -0.25384488],
[ 0.28370828, -0.39610552],
[-0.30097433,  0.30513182],
[-0.8120485 ,  0.56079421],
[-1.23519653,  0.3394973 ]])
```

在许多情况下，操作输入值向量而不是单个输入值更为高效。由于使用的是 NumPy 库进行操作，所以，可以将一组输入值向量传递给网络，然后网络将给出相应的输出值向量。

4.5.4 softmax：将输出转化为概率

输出并非概率，它们可以取任何值。为了将输出转换为概率，需要在所有类别上对值进行归一化。这是通过 softmax 函数完成的，公式如下：

$$\sigma(z_c)=\frac{\mathrm{e}^{z_c}}{\sum_j \mathrm{e}^{z_j}}，对于 c\in 1..|C|。$$

其过程如图 4-6 所示。

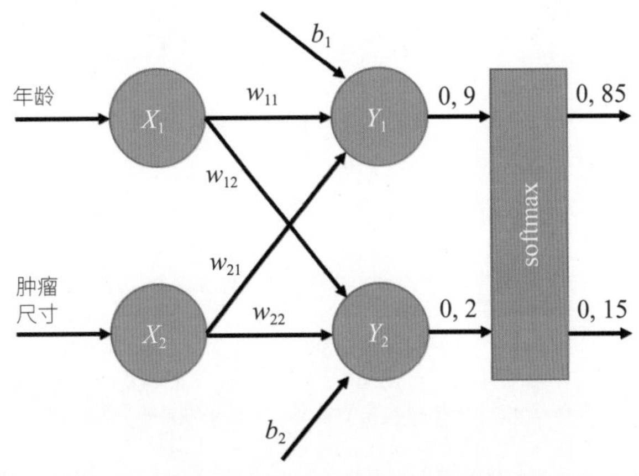

图 4-6　通过 softmax 函数，模型预测 Y_1（良性）的概率为 85%，而 Y_2（恶性）的概率为 15%。这使得模型的输出可以解释为特定分类的概率，有助于做出诊断决策

网络的输出 $\sigma(z)$ 可以被解释为类别集合 C 上的概率分布：$q=\sigma(z_c)=\hat{p}(c|x)$。

下面将以同样的方式定义 `Softmax` 层，作为一个带有 `forward` 函数的类，其程序如下：

```
# 定义一个 Softmax 类
class Softmax:
    # 在这个类中，定义一个 forward 方法，输入是 z
    def forward(self,z):
        # 计算 z 在每一行中的最大值，保持二维数组的形状
        zmax = z.max(axis=1,keepdims=True)
        # 通过 z 减去它自己的最大值，然后求 e 的指数，得到 expz
        expz = np.exp(z-zmax)
        # 求 expz 在每一行中的和，保持二维数组的形状，得到 Z
        Z = expz.sum(axis=1,keepdims=True)
        # 返回 expz 除以 Z，得到的是 softmax 的输出
        return expz / Z

# 创建一个 Softmax 类的实例
softmax = Softmax()
# 使用 softmax 对 net.forward(train_x[0:10]) 的输出进行 softmax 处理
softmax.forward(net.forward(train_x[0:10]))
```

程序输出如下：

```
array([[0.88348621, 0.11651379],
[0.66369714, 0.33630286],
[0.35294795, 0.64705205],
[0.20216095, 0.79783905],
[0.17154828, 0.82845172],
[0.24279153, 0.75720847],
[0.18915732, 0.81084268],
[0.17282951, 0.82717049],
[0.13897531, 0.86102469],
[0.72746882, 0.27253118]])
```

现在得到的是以概率作为输出，即每个输出向量的和恰好为 1。

如果有超过两个类别，softmax 会在所有类别上归一化概率。图 4-7 所示为一个执行 MNIST 数字分类的网络架构图。[①]

---

① 图 4-7 描述了如何使用神经网络对 MNIST 数据集中的数字进行分类。图中的每个部分代表神经网络的一个步骤，下面将逐一解释。

输入（Input）：

· x: 这代表输入到网络的图像数据。在 MNIST 数据集中，每张图像由 784 个像素点组成，这里用一个竖直的长条表示。

得分（Score）：

· z: 通过计算 $z = W_x + b$ 得到得分。这里的 W 是权重矩阵，b 是偏置向量。这一步实际上是在计算输入图像的特征与网络学习到的特征的匹配程度。

softmax 函数：

· 将得分 z 转换成概率 p 的函数。它通过公式 $p_c = \exp(z_c) / \Sigma(\exp(z_{c'}))$ 来计算，确保所有输出概率之和为 1。这一步是为了将得分转换为明确的概率值，如将一组得分转换为每个类别（0 到 9 的数字）的概率。

概率（Probability）：

· p: 经过 softmax 处理后，每个类别的概率都会显示在这里。如果是一个好的模型，正确的类别将会有最高的概率。

决策输出：这部分没有在图中明确标出，但在实际应用中，网络会选择概率最高的类别作为输出结果，即识别出的数字。

整个过程是将一张手写数字的图像转换为一个具体数字的概率，然后选择概率最高的数字作为识别结果。这种架构能有效地处理分类任务，尤其是在有多个类别（如 0 ~ 9 的数字）时。

——译者注

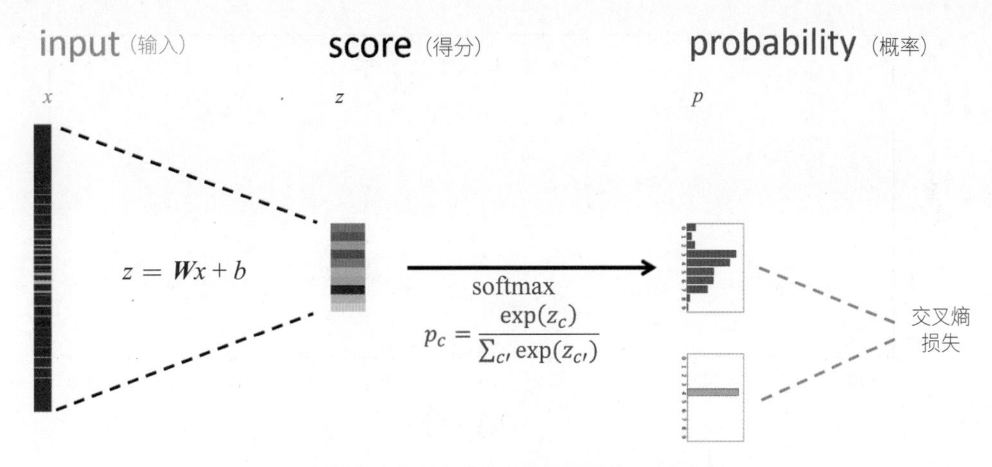

图 4-7　执行 MNIST 数字分类的网络架构图

4.5.5　交叉熵损失

在分类问题中，损失函数通常是一个逻辑函数，可以泛指交叉熵损失。交叉熵损失是一个可以计算两个任意概率分布之间相似性的函数。可以在这里 🔗 [L4-2] 找到关于它的更详细的讨论。

第一个分布是神经网络的概率输出，第二个是所谓的独热分布，它指定给定类别 c 对应的概率为 1（其余类别的概率都为 0）。在这种情况下，交叉熵损失可以计算为 $-\log p_c$，其中 c 是期望的类别，p_c 是神经网络给出的该类别的相应概率。

如果网络返回期望类别的概率为 1，那么交叉熵损失就是 0。实际类别的概率越接近 0，交叉熵损失就越高（它可以达到无穷大！）。定义和调用绘制交叉熵损失函数图像的程序如下：

```
# 定义一个函数 plot_cross_ent，这个函数用于绘制交叉熵损失函数的图像
def plot_cross_ent():
    # 创建一个从 0.01 到 0.99 的等差数列，用于代表预测的概率 p(y|x)
    p = np.linspace(0.01, 0.99, 101)
    # 使用 np.vectorize 函数将 cross_ent 函数向量化，得到新的函数 cross_ent_v
    cross_ent_v = np.vectorize(cross_ent)
    # 创建一个新的绘图窗口，设置其大小为(8, 3)
    f3, ax = plt.subplots(1,1, figsize=(8, 3))
    # 绘制当 y=1 时的交叉熵损失函数图像，使用红色虚线表示
    l1, = plt.plot(p, cross_ent_v(p, 1), 'r--')
    # 绘制当 y=0 时的交叉熵损失函数图像，使用红色实线表示
    l2, = plt.plot(p, cross_ent_v(p, 0), 'r-')
    # 添加图例
    plt.legend([l1, l2], ['$y = 1$', '$y = 0$'], loc = 'upper center', ncol = 2)
    # 设置 x 轴和 y 轴的标签
    plt.xlabel('$\hat{p}(y|x)$', size=18)
    plt.ylabel('$\mathcal{L}_{CE}$', size=18)
    # 显示图像
    plt.show()
```

```
# 定义一个函数 cross_ent，输入是 prediction 和 ground_truth，输出是交叉熵损失
def cross_ent(prediction, ground_truth):
    # 根据 ground_truth 的值，确定 t 的值
    t = 1 if ground_truth > 0.5 else 0
    # 计算并返回交叉熵损失
    return -t * np.log(prediction) - (1 - t) * np.log(1 - prediction)

# 调用函数，绘制交叉熵损失函数的图像
plot_cross_ent()
```

程序输出如图 4-8 所示。

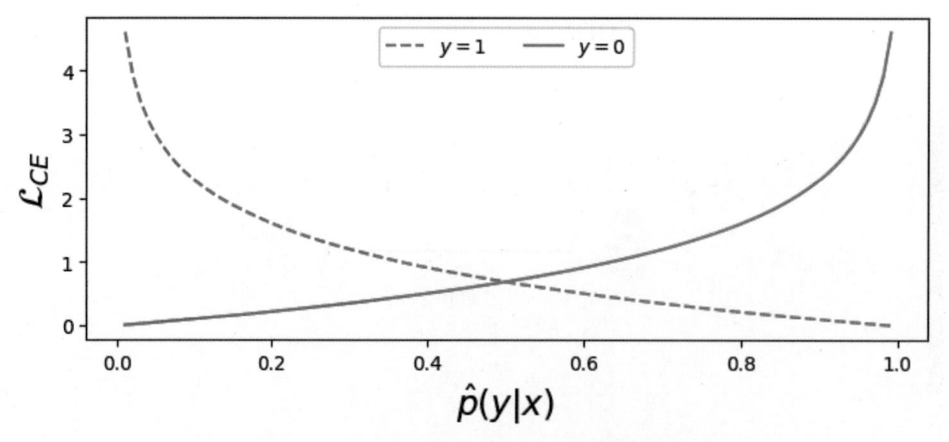

图 4-8　交叉熵损失函数相对于预测概率的变化

交叉熵损失将再次定义为一个单独的层，但 `forward` 函数将有两个输入值：网络的前几层的输出 p，和期望的类别 y。定义交叉熵损失类，创建交叉熵损失实例并计算损失的程序如下：

```
class CrossEntropyLoss:
    def forward(self,p,y):
        # 保存预测概率 p 和真实标签 y
        self.p = p
        self.y = y
        # 为每个样本选择对应的预测概率
        p_of_y = p[np.arange(len(y)),
y]
        # 计算每个样本的交叉熵损失
        log_prob = np.log(p_of_y)
        # 返回所有样本交叉熵损失的平均值
        return -log_prob.mean()
# 我们创建了 CrossEntropyLoss 的一个实
例 cross_ent_loss。
cross_ent_loss = CrossEntropyLoss()
# 使用网络进行前向传播，得到预测结果
p = softmax.forward(net.forward(train_
x[0:10]))
# 计算这批样本的平均交叉熵损失
cross_ent_loss.forward(p,train_
labels[0:10])
```

程序输出如下：

```
1.429664938969559
```

重要：损失函数返回一个数字，表示网络表现得有多好（或多差）。它应该为整个数据集或数据集的一部分（小批量）返回一个数字。因此，在计算输入向量的每个单独组件的交叉熵损失后，需要将所有组件平均（或相加）在一起，这是通过调用 `.mean()` 来完成的。

4.5.6　计算图

到目前为止，已经为网络的不同层定义了不同的类。这些层的组合可以表示为计算图（如图 4-9 的非公式部分所示）。现在可以以如下方式计算给定训练数据集（或其部分）的损失，计算网络损失的程序如下：

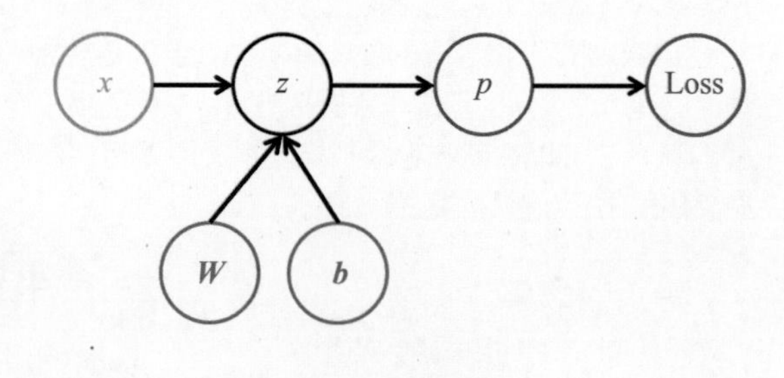

$$\frac{\partial \mathcal{L}}{\partial W} = \frac{\partial \mathcal{L}}{\partial p}\frac{\partial p}{\partial z}\frac{\partial z}{\partial W}$$
$$\frac{\partial \mathcal{L}}{\partial b} = \frac{\partial \mathcal{L}}{\partial p}\frac{\partial p}{\partial z}\frac{\partial z}{\partial b}$$

图 4-9　神经网络的反向传播过程，这是一个用于在训练神经网络时更新权重（W）和偏置（b）的算法。上半部分的插图和下半部分的公式描述了这一过程

```
# 使用定义的网络对一部分训练数据进行前向
传播
z = net.forward(train_x[0:10])
# 通过 softmax 函数将前向传播的结果转换
```

```
为概率
p = softmax.forward(z)
# 计算这一部分训练数据的平均交叉熵损失
loss = cross_ent_loss.forward(p,train_
labels[0:10])
# 打印计算出的损失
print(loss)
```

程序输出如下:

```
1.429664938969559
```

4.5.7 损失最小化问题和网络训练

一旦定义了网络为 f_θ，并给出了损失函数 $\mathcal{L}(Y, f_\theta(X))$，可以考虑 $\mathcal{L}$ 作为固定训练数据集下 θ 的函数：$\mathcal{L}(\theta) = \mathcal{L}(Y, f_\theta(X))$。

在这种情况下，网络训练将是 θ 下的 $\mathcal{L}$ 的最小化问题：$\theta = \mathrm{argmin}_\theta \mathcal{L}(Y, f_\theta(X))$。

有一种称为**梯度下降**的函数优化方法。其思想是可以计算损失函数相对于参数的导数（在多维情况下称为**梯度**），并以这样的方式改变参数，使得误差会减小。

梯度下降的工作原理如下:

- 通过一些随机值 $w^{(0)}$，$b^{(0)}$ 初始化参数。
- 重复以下步骤多次:

$$\boldsymbol{W}^{(i+1)} = \boldsymbol{W}^{(i)} - \eta \frac{\partial \mathcal{L}}{\partial \boldsymbol{W}}$$
$$\boldsymbol{b}^{(i+1)} = \boldsymbol{b}^{(i)} - \eta \frac{\partial \mathcal{L}}{\partial \boldsymbol{b}}$$

在训练过程中，优化步骤应该考虑整个数据集（记住损失是作为所有训练样本的和 / 平均值计算的）。然而，在实际生活中，取数据集的小部分（称为小批量），并根据数据子集计算梯度。因为每次随机取子集，这种方法被称为随机梯度下降（SGD）。

4.5.8 反向传播

如图 4-9 所示，上半部插图和下半部公式描述了一个神经网络的反向传播过程。

为了计算 $\partial\mathcal{L}/\partial\boldsymbol{W}$，可以使用链式法则来计算复合函数的导数，如图 4-9 公式部分所示。该方法可以解释为:

- 假设在给定的输入下，获得了损失 $\Delta\mathcal{L}$。
- 为了最小化损失，必须通过值 $\Delta p = (\partial\mathcal{L}/\partial p)\Delta\mathcal{L}$ 来调整 softmax 输出 p。
- 调整 p 对应于改变节点 z 的值，调整量为 $\Delta z = (\partial p/\partial z)\Delta p$。
- 为了最小化误差，需要相应地调整参数 $\boldsymbol{W}$，调整量为 $\Delta\boldsymbol{W}=(\partial z/\partial\boldsymbol{W})\Delta z$。同样，偏导数 $\partial\mathcal{L}/\partial\boldsymbol{b}$ 可以用类似的方法计算。

这个过程如图 4-10 所示，开始将损失误差从网络的输出反向传播到其参数。因此，这个过程被称为反向传播。

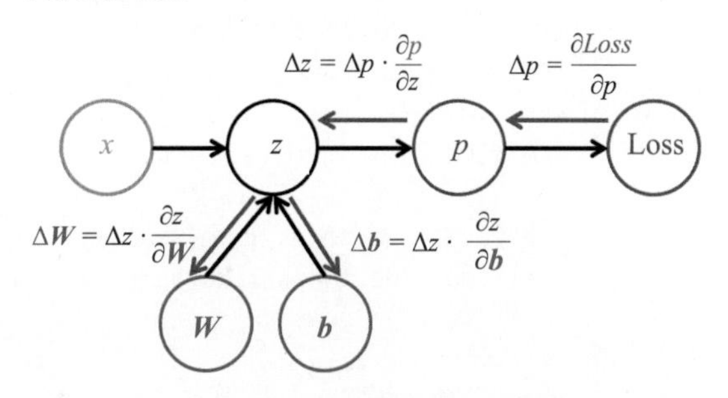

图 4-10 简单的神经网络中的反向传播过程

网络训练的一次通过包含两部分：前向传播和反向传播。

- **前向传播**计算给定输入小批量的损失函数的值。
- **反向传播**试图通过计算图反向传播来最小化这个误差。

4.5.9 反向传播的实现

反向传播的实现过程如下:

- 给每个节点添加一个 `backward` 函数，该函数将在反向传播过程中计算导数并传播误差。
- 还需要实现参数更新，根据上述过程进行。

需要手动计算每层的导数，例如，对于线性层 $z = x \times \boldsymbol{W} + \boldsymbol{b}$:

$$\frac{\partial z}{\partial \boldsymbol{W}} = x$$
$$\frac{\partial z}{\partial b} = 1$$

如果需要补偿层输出处的误差 Δz，则需要相应地更新权重:

$$\Delta x = \Delta z \times \boldsymbol{W}$$
$$\Delta \boldsymbol{W} = \frac{\partial z}{\partial \boldsymbol{W}} \Delta z = \Delta z \times x$$
$$\Delta \boldsymbol{b} = \frac{\partial z}{\partial \boldsymbol{b}} \Delta z = \Delta z$$

> 重要：计算不是对每个训练样本独立进行的，而是对整个小批量进行的。所需的参数更新 $\Delta \boldsymbol{W}$ 和 $\Delta \boldsymbol{b}$ 是在整个小批量上计算的，对应的向量具有以下维度：$\boldsymbol{x} \in \mathbb{R}^{\text{minibatch} \times \text{nclass}}$。

定义线性层类的程序如下：

```
class Linear:
    def __init__(self,nin,nout):
        # 初始化权重矩阵和偏置向量
        self.W = np.random.normal(0,
1.0/np.sqrt(nin), (nout, nin))
        self.b = np.zeros((1,nout))
        # 初始化权重和偏置的梯度
        self.dW = np.zeros_like(self.W)
        self.db = np.zeros_like(self.b)

    def forward(self, x):
        # 保存输入数据
        self.x = x
        # 计算全连接层的输出
        return np.dot(x, self.W.T) +
self.b

    def backward(self, dz):
        # 计算反向传播的梯度
        dx = np.dot(dz, self.W)
        dW = np.dot(dz.T, self.x)
        db = dz.sum(axis=0)
        # 保存计算出的梯度
        self.dW = dW
        self.db = db
        return dx

    def update(self,lr):
        # 更新权重和偏置
        self.W -= lr*self.dW
        self.b -= lr*self.db
```

用同样的方式，可以为其余的层定义 backward 函数，其程序如下：

```
class Softmax:# 定义一个类
    def forward(self,z):
        # 这个方法实现了 softmax 函数，
将输入的 logits（模型的原始输出）转换为概
率分布
        # 它首先找到输入中的最大值（为了
数值稳定性），然后对每个输入值减去最大值
并取指数，
        # 最后将得到的值归一化（除以所有
值的和）。这样就得到了一个概率分布
        # 所有输出值的总和为 1
        self.z = z
        zmax =
z.max(axis=1,keepdims=True)
        expz = np.exp(z-zmax)
        Z = expz.
sum(axis=1,keepdims=True)
        return expz / Z

    def backward(self,dp):
        # 这个方法实现了 softmax 函数的
反向传播。给定梯度的上游传入值 dp,
        # 它计算出梯度的下游传出值，并返回
        p = self.forward(self.z)
        pdp = p * dp
        return pdp - p * pdp.
sum(axis=1, keepdims=True)

class CrossEntropyLoss:# 定义一个类
    def forward(self,p,y):
        # 这个方法实现了交叉熵损失函数。
给定预测的概率分布 p 和真实的标签 y,
        # 它计算出每个样本的交叉熵损失，
并返回平均损失
        self.p = p
        self.y = y
        p_of_y = p[np.arange(len(y)), y]
        log_prob = np.log(p_of_y)
        return -log_prob.mean()
    def backward(self,loss):
        # 这个方法实现了交叉熵损失函数的
反向传播。给定梯度的上游传入值（通常是 1,
        # 因为我们通常从损失函数开始反向传
播），它计算出梯度的下游传出值，并返回
        dlog_softmax = np.zeros_
like(self.p)
        dlog_softmax[np.
arange(len(self.y)), self.y] -= 1.0/
len(self.y)
        return dlog_softmax / self.p
```

4.5.10 训练模型

现在准备好编写训练循环，它将遍历数据集，并进行小批量的优化。完整地遍历一次数据集通常被称为一轮（Epoch）。定义训练循环的程序如下：

```
# 创建一个具有两个输入和两个输出的线性层
```

```
lin = Linear(2,2)

# 创建 softmax 函数和交叉熵损失函数的实
例
softmax = Softmax()
cross_ent_loss = CrossEntropyLoss()

# 设定学习率
learning_rate = 0.1

# 计算初始的预测精度
pred = np.argmax(lin.forward(train_
x),axis=1)
acc = (pred==train_labels).mean()
print("Initial accuracy: ",acc)

# 设定批量大小
batch_size=4

# 在训练数据上进行批量梯度下降
for i in range(0,len(train_x),batch_
size):
    # 获取一个批量的训练数据
    xb = train_x[i:i+batch_size]
    yb = train_labels[i:i+batch_size]
    # 前向传播：计算模型预测和损失
    z = lin.forward(xb)
    p = softmax.forward(z)
    loss = cross_ent_loss.
forward(p,yb)

    # 反向传播：计算损失对各层参数的梯度
    dp = cross_ent_loss.backward(loss)
    dz = softmax.backward(dp)
    dx = lin.backward(dz)

    # 使用计算出的梯度更新参数
    lin.update(learning_rate)

# 计算训练后的预测精度
pred = np.argmax(lin.forward(train_
x),axis=1)
acc = (pred==train_labels).mean()
print("Final accuracy: ",acc)
```

程序输出如下：

```
Initial accuracy:  0.725
Final accuracy:  0.825
```

很高兴看到我们可以在一轮内将模型的初始准确率（Initial accuracy）从约 70% 提高到约 80%。

4.5.11 网络类

由于在许多情况下，神经网络只是层的组合，可以构建一个类，能够将层堆叠在一起，并在它们之间进行前向和后向传播，而无须显式编程这种逻辑。下面将在 `Net` 类中存储层的列表，并使用 `add()` 函数来添加新的层。定义 Net 类的程序如下：

```
class Net:
    def __init__(self):
        self.layers = []  # 初始化一个
空的层列表

    def add(self,l):
        self.layers.append(l)  # 添加
一个层到网络中

    def forward(self,x):
        for l in self.layers:  # 对于
网络中的每一层
            x = l.forward(x)  # 通过这
一层的前向传播方法处理输入
        return x  # 返回最后的输出

    def backward(self,z):
        for l in self.layers[::-1]:  #
从最后一层开始，对于网络中的每一层
            z = l.backward(z)  # 通过
这一层的反向传播方法处理梯度
        return z  # 返回对输入的梯度

    def update(self,lr):
        for l in self.layers:  # 对于
网络中的每一层
            if 'update' in l.__dir__():
# 如果这一层有更新方法
                l.update(lr)  # 调用这
一层的更新方法
```

使用这个 `Net` 类，模型定义和训练变得更加整洁。使用 `Net` 类定义模型，定义计算损失和精度的函数，定义训练一个 epoch 的函数的程序如下：

```
net = Net()  # 创建一个新的神经网络

net.add(Linear(2,2))  # 向网络中添加一
个线性层，输入和输出的维度都是 2
```

```
net.add(Softmax())  # 向网络中添加一个Softmax 层，用于将线性层的输出转换为概率分布

loss = CrossEntropyLoss()  # 创建一个交叉熵损失函数，用于计算网络预测和实际标签之间的误差

def get_loss_acc(x,y,loss=CrossEntropyLoss()):
    p = net.forward(x)  # 对输入 x 进行前向传播，得到预测的概率分布 p
    l = loss.forward(p,y)  # 使用损失函数计算预测概率 p 和实际标签 y 之间的误差
    pred = np.argmax(p,axis=1)  # 找到概率最大的预测标签
    acc = (pred==y).mean()  # 计算预测标签和实际标签匹配的准确率
    return l,acc  # 返回误差和准确率

print("Initial loss={}, accuracy={}: ". format(*get_loss_acc(train_x,train_labels)))  # 打印出初始的误差和准确率

def train_epoch(net, train_x, train_labels, loss=CrossEntropyLoss(), batch_size=4, lr=0.1):
    for i in range(0,len(train_x),batch_size):  # 对训练数据进行批量迭代
        xb = train_x[i:i+batch_size]  # 取出一个批量的数据
        yb = train_labels[i:i+batch_size]  # 取出相应的标签

        p = net.forward(xb)  # 对批量数据进行前向传播，得到预测的概率分布
        l = loss.forward(p,yb)  # 计算误差

        dp = loss.backward(l)  # 对误差进行反向传播，得到概率分布的梯度
        dx = net.backward(dp)  # 对梯度进行反向传播，得到输入数据的梯度

        net.update(lr)  # 根据梯度和学习率更新网络的参数

train_epoch(net,train_x,train_labels)  # 对整个训练集进行一次训练

print("Final loss={}, accuracy={}: ".format(*get_loss_acc(train_x,train_labels)))  # 打印出训练后的误差和准确率
print("Test loss={}, accuracy={}: ".format(*get_loss_acc(test_x,test_labels)))  # 打印出在测试集上的误差和准确率
```

程序输出如下：

```
Initial loss=0.6212072429381601, accuracy=0.6875:
Final loss=0.44369925927417986, accuracy=0.8:
Test loss=0.4767711377257787, accuracy=0.85:
```

4.5.12 绘制训练过程

如果能够直观地看到网络的训练过程就太好了！我们将为此定义一个 `train_and_plot` 函数。为了可视化网络的状态，将使用色阶图，即将使用不同的颜色来表示网络输出的不同值。

> 如果你不理解下面的部分绘图程序，也不用担心——理解底层的神经网络概念更重要。

定义 `train_and_plot` 函数的程序如下：

```
def train_and_plot(n_epoch, net, loss=CrossEntropyLoss(), batch_size=4, lr=0.1):
    fig, ax = plt.subplots(2, 1)  # 创建两个子图
    ax[0].set_xlim(0, n_epoch + 1)  # 设置第一个子图的 x 轴范围
    ax[0].set_ylim(0,1)  # 设置第一个子图的 y 轴范围

    train_acc = np.empty((n_epoch, 3))  # 创建一个空的数组用于存储训练精度
    train_acc[:] = np.NAN  # 初始化为NaN
    valid_acc = np.empty((n_epoch, 3))  # 创建一个空的数组，用于存储验证精度
    valid_acc[:] = np.NAN  # 初始化为NaN

    for epoch in range(1, n_epoch + 1):  # 对于每一个训练轮次

        train_epoch(net,train_x,train_
```

```
labels,loss,batch_size,lr)  # 训练模型
        tloss, taccuracy = get_loss_
acc(train_x,train_labels,loss)  # 计算
训练数据的损失和精度
        train_acc[epoch-1, :] = [epoch,
tloss, taccuracy]  # 存储训练损失和精度
        vloss, vaccuracy = get_loss_
acc(test_x,test_labels,loss)  # 计算验
证数据的损失和精度
        valid_acc[epoch-1, :] = [epoch,
vloss, vaccuracy]  # 存储验证损失和精度

        ax[0].set_ylim(0,
max(max(train_acc[:, 2]), max(valid_
acc[:, 2])) * 1.1)  # 设置 y 轴范围，使
其能够容纳所有数据点

        plot_training_progress(train_
acc[:, 0], (train_acc[:, 2],

valid_acc[:, 2]), fig, ax[0])  # 绘制
训练进度
        plot_decision_boundary(net,
fig, ax[1])  # 绘制决策边界
        fig.canvas.draw()  # 绘制图像
        fig.canvas.flush_events()  #
刷新图像

    return train_acc, valid_acc  # 返
回训练和验证的精度
```

```
import matplotlib.cm as cm

# 定义一个函数来绘制决策边界
def plot_decision_boundary(net, fig,
ax):
    draw_colorbar = True  # 是否绘制颜
色条

    # 移除之前的绘图
    while ax.collections:
        ax.collections.pop()
        draw_colorbar = False

    # 生成网格点，用于绘制决策边界
    x_min, x_max = train_x[:, 0].min()
- 1, train_x[:, 0].max() + 1
    y_min, y_max = train_x[:, 1].min()
- 1, train_x[:, 1].max() + 1
    xx, yy = np.meshgrid(np.arange(x_
min, x_max, 0.1),
                         np.arange(y_
min, y_max, 0.1))
    grid_points = np.c_[xx.ravel().
astype('float32'), yy.ravel().
astype('float32')]

    n_classes = max(train_labels)+1
    while train_x.shape[1] > grid_
points.shape[1]:  # 对比数据集特征数和
网格点特征数，如果数据集特征数多，则在网
格点上补充特征
        # 添加新维度（仅绘制前两个维度）
        grid_points = np.c_[grid_
points, np.empty(len(xx.ravel())).
astype('float32')]
        grid_points[:, -1].fill(train_
x[:, grid_points.shape[1]-1].mean())
# 使用训练数据的平均值填充新特征的值
    # 计算预测值
    prediction = np.array(net.
forward(grid_points))
    # 对于二分类问题，计算预测差值
    if (n_classes == 2):
        Z =
np.array([0.5+(p[0]-p[1])/2.0 for p in
prediction]).reshape(xx.shape)
    else:  # 对于多分类问题，计算预测概
率的最大值对应的类别
        Z = np.array([p.argsort()
[-1]/float(n_classes-1) for p in
prediction]).reshape(xx.shape)

    # 绘制色阶
    levels = np.linspace(0, 1, 40)
    cs = ax.contourf(xx, yy, Z,
alpha=0.4, levels = levels)
    if draw_colorbar:  # 绘制颜色条
        fig.colorbar(cs, ax=ax, ticks
= [0, 0.5, 1])

    # 为每个类别指定一种颜色
    c_map = [cm.jet(x) for x in
np.linspace(0.0, 1.0, n_classes) ]
    colors = [c_map[l] for l in train_
labels]

    # 绘制训练数据点
    ax.scatter(train_x[:, 0], train_
x[:, 1], marker='o', c=colors, s=60,
```

```
alpha = 0.5)
def plot_training_progress(x, y_data, 
fig, ax):
    styles = ['k--', 'g-']  # 定义两种
线型

    # 移除之前的绘图
    while ax.lines:
        ax.lines.pop()

    # 绘制更新后的线
    for i in range(len(y_data)):
        ax.plot(x, y_data[i], 
styles[i])
    # 添加图例
    ax.legend(ax.lines, ['training 
accuracy', 'validation accuracy'],
              loc='upper center', ncol 
= 2)
```

训练和绘制的程序如下：

```
# 使用 nbagg (Notebook Agg) 后端，这将
允许在 Notebook 中进行交互式绘图，如果运行
本段程序绘图无法显示，可以尝试取消下面一
行的注释。
# %matplotlib nbagg

# 创建一个新的神经网络
net = Net()

# 向网络中添加层，这里添加的是一个线性层
和一个 Softmax 层
net.add(Linear(2,2))  # 线性层
net.add(Softmax())    # Softmax 层

# 使用指定的学习率对网络进行训练，并将结
果可视化
res = train_and_plot(30, net, 
lr=0.005)
```

程序输出如图 4-11 所示。

在运行上面的单元格之后，应该能够看到在训练过程中类别之间的边界是如何变化的。注意，我们选择了非常小的学习率，这样就能看到过程是如何进行的。

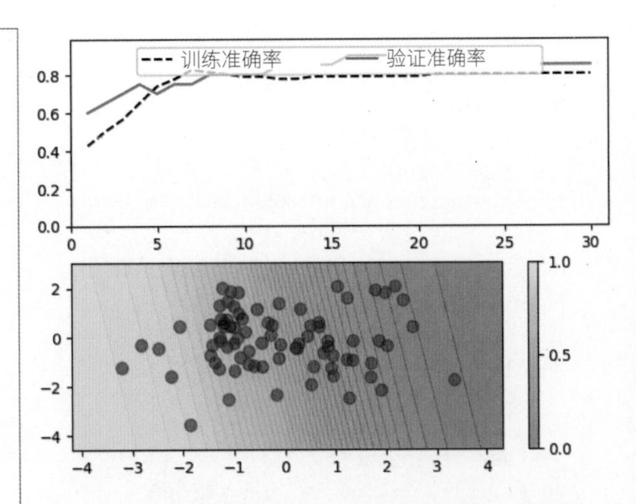

图 4-11　顶部的折线图显示了随着训练轮数(横轴)的增加，训练准确率（training accuracy，黑色虚线）和验证准确率（validation accuracy，绿色实线）如何变化。底部的图显示了经过训练的神经网络对二维空间中数据点的分类结果

4.5.13　多层模型

前面构建的神经网络虽然包含了几个层，但其中只有一个线性层负责实际的分类任务。那么，如果在网络中添加多个这样的线性层，会发生什么呢？

令人惊讶的是，程序仍然能够正常运行。不过，有一点非常重要，那就是在线性层之间，需要加入一个非线性的激活函数，如 tanh 函数。如果没有这样的非线性函数，无论添加多少个线性层，整个网络的表达能力都与只有一个线性层时相同。这是因为，多个线性函数的组合仍然是一个线性函数。

定义 tanh 激活函数类的程序如下：

```
# 定义一个新的激活函数类 —— Tanh
class Tanh:
    # 前向传播方法
    def forward(self,x):
        y = np.tanh(x) # 计算输入的
tanh
        self.y = y  # 保存 tanh 值以供
反向传播时使用
        return y  # 返回 tanh 值

    # 反向传播方法
    def backward(self, dy):
        # 计算并返回损失函数关于输入的梯度
        return (1.0 - self.y**2) * dy 
# dy 是上游传来的梯度
```

添加多个层是有意义的，因为与单层网络不同，多层模型能够准确地对非线性可分的数据集进行分类。也就是说，具有多层的模型将具有更丰富的表达能力。

> 可以证明，一个具有足够数量神经元的两层模型能够对数据点的任何凸集进行分类，而三层网络实际上可以对任意形状的数据集进行分类。

多层感知机的数学解释见本课“4.3 多层感知机与反向传播”的介绍。

现在尝试构建两层网络，其程序如下：

```
# 创建一个新的神经网络
net = Net()

# 向新的网络中添加层
net.add(Linear(2, 10)) # 线性层，从输入层到隐藏层
net.add(Tanh())  # Tanh 激活函数层
net.add(Linear(10, 2)) # 线性层，从隐藏层到输出层
net.add(Softmax())    # Softmax 层

# 创建交叉熵损失函数对象
loss = CrossEntropyLoss()
```

```
res = train_and_plot(30,net,lr=0.01)# 执行了 30 轮的神经网络训练，学习率为 0.01，在每个周期后绘制并更新模型性能图。训练结果保存在 res 变量中
plt.show()  # 显示图像
```

程序输出如图 4-12 所示。

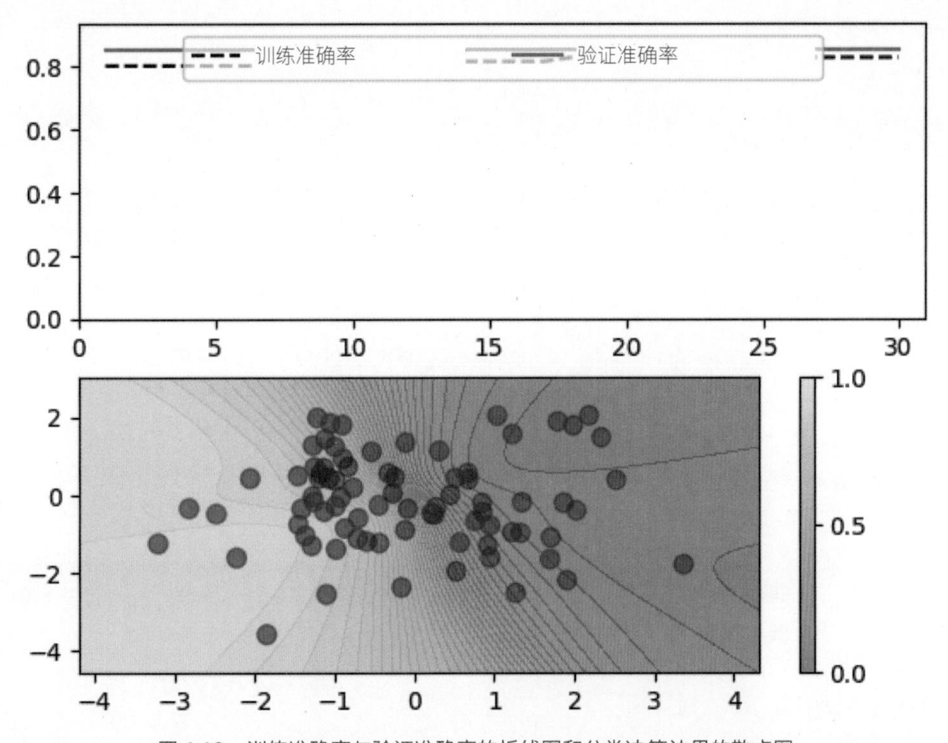

图 4-12　训练准确率与验证准确率的折线图和分类决策边界的散点图

4.5.14 为什么不总是使用多层模型

多层模型比单层模型更强大和具有表现力。你可能会想知道为什么不总是使用多层模型。这个问题的答案是过拟合。

将在后面的部分更详细地讨论这个术语，其基本思想如下：模型越强大，就越能逼近训练数据，同时也需要更多的数据才能正确地概括它以前没有见过的新数据。

1. 线性模型

- **高训练损失**：即所谓的欠拟合，模型没有足够的能力来正确地分离所有数据。
- **验证损失和训练损失大致相同**：模型可能很好地推广到测试数据。

2. 复杂的多层模型

- **低训练损失**：模型可以很好地逼近训练数据，因为它有足够的表现力。
- **验证损失可能比训练损失高得多**，并且在训练过程中可能开始增加——这是因为模型“记住了”训练点，并且失去了“整体图景”。

如图 4-13 所示，x 代表训练数据，o 代表验证数据。

图 4-13(a) 所示为线性模型（一层），它很好地逼近了数据的性质。

图 4-13(b) 所示为过拟合模型，该模型非常好地逼近了训练数据，但对于其他验证数据（验证误差非常高）都没有意义。

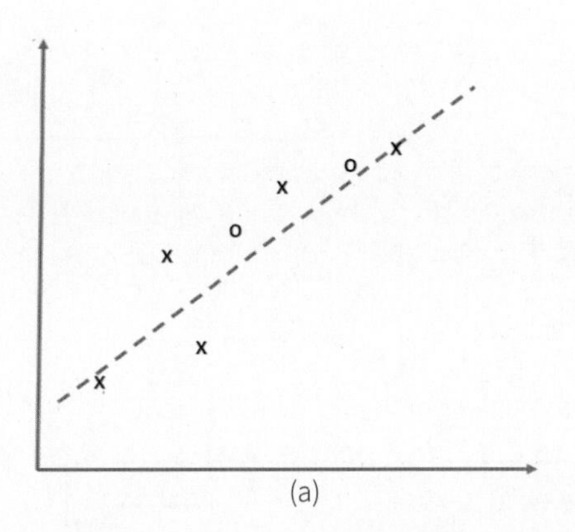

(a)

(b)

图 4-13 线性模型与过拟合模型示意图

4.5.15 要点

- 简单的模型（较少的层数，较少的神经元），具有较少的参数数量（“低容量”），不太可能出现过拟合。
- 更复杂的模型（更多的层数，每层更多的神经元，高容量）可能会过拟合。我们需要监控验证误差，确保在进一步训练时误差不会上升。
- 复杂的模型需要更多的训练数据。
- 可以通过以下方式解决过拟合问题：
  - 简化模型。
  - 增加训练数据的数量。
- 偏差 - 方差权衡是一个概念，显示出需要在以下方面做出权衡：
  - 模型的能力和数据量之间。
  - 过拟合和欠拟合之间。
- 关于需要多少层和参数，没有单一的配方，最好的方法是通过实验找出最优方案。

4.5.16 致谢

这个 Notebook 是本书的示例，由德米特里·索什尼科夫编写。它受到了微软研究剑桥的神经网络研讨会的启发。一些程序和插图资料来自 Katja Hoffmann、Matthew Johnson 和 Ryoto Tomioka 的演示，以及 NeuroWorkshop 存储库🔗 [L4–3]。

4.6 复习与自学

反向传播是人工智能和机器学习中常用的算法，值得更深入地学习🔗 [L4–4]。

4.7 结论

本节课深入探讨了神经网络的数学原理，包括机器学习的形式化定义、梯度下降优化算法、多层感知机和反向传播算法。为了加深理解，还动手构建了自己的神经网络框架，并用它完成了一个简单的二维分类任务。通过这个过程，对现代神经网络的运作方式有了更直观的认识。在接下来的 Assignment 中，将使用这个自构建的框架来解决更具挑战性的 MNIST 手写数字识别问题，以进一步巩固所学的知识。

4.8 作业——使用我们自己的框架进行 MNIST 分类：MyFW_MNIST.zh.ipynb

在这个实践中，要求使用在本课中构建的框架来解决 MNIST 手写数字分类问题。

4.8.1 任务

使用 1 层、2 层和 3 层感知机解决 MNIST 手写数字分类问题。使用在课程中开发的神经网络框架。

4.8.2 从笔记开始

打开 `MyFW_MNIST.zh.ipynb` [L4-5] 开始实践工作。

4.8.3 读取数据集

下面这段程序从互联网上的仓库下载数据集。也可以手动从本人工智能课程仓库的 /data 目录复制数据集。

```
# 删除所有的 .pkl 文件
!rm *.pkl

# 从 GitHub 上下载名为 mnist.pkl.gz 的压缩数据集文件
!wget https://raw.GitHubusercontent.com/microsoft/AI-For-Beginners/main/data/
mnist.pkl.gz

# 对下载的压缩文件进行解压
!gzip -d mnist.pkl.gz
```

> ⚠ 注意：英文原文程序中提供的 mnist.pkl.gz 链接已无法下载，需要搜索其他可用下载链接。

下面将使用 pickle 模块读取解压后的 `mnist.pkl` 文件，并提取训练数据的标签和特征，程序如下：

```
# 导入 pickle 模块
import pickle

# 使用 pickle 模块读取解压后的 mnist.pkl 文件，并将文件内容保存在 MNIST 变量中
with open('mnist.pkl','rb') as f:
    MNIST = pickle.load(f)
```

```
# 从 MNIST 字典中提取出训练数据的标签和特征
labels = MNIST['Train']['Labels']
data = MNIST['Train']['Features']
```

查看数据的形状：

```
# 查看特征数据的形状
data.shape
```

程序输出如下：

```
(42000, 784)
```

通过以上程序，成功读取了 MNIST 数据集，并查看了特征数据的形状。

4.8.4 分割数据

下面将使用 sklearn 将数据分割为训练集和测试集，程序如下：

```
# 导入 sklearn.model_selection 模块中的
train_test_split 函数
from sklearn.model_selection import
train_test_split
# 使用 train_test_split 函数将数据集划分
为训练集和测试集，测试集大小为原始数据集
的 20%
features_train, features_test, labels_
train, labels_test = train_test_
split(data,labels,test_size=0.2)

# 打印训练集和测试集的样本数量
print(f"Train samples: {len(features_
train)}, test samples: {len(features_
test)}")
```

程序输出如下：

```
Train samples: 33600, test samples:
8400
```

通过以上步骤，成功下载并解压了数据集，使用 sklearn 将数据分割为训练集和测试集。现在可以继续进行模型的训练和测试。

4.8.5 作业指导步骤

(1) 从课程中复制框架程序，并将其粘贴到这个 Notebook 中，或者（更好的方法是）粘贴到一个单独的 Python 模块中。

(2) 定义和训练单层感知机，观察训练和验证准确率。

(3) 尝试理解是否发生了过拟合，调整层参数以提高准确率。

(4) 对 2 层和 3 层感知机重复上述步骤。尝试在各层之间使用不同的激活函数进行实验。

(5) 尝试回答以下问题：

- **层间激活函数是否影响网络性能？**
- **对于这个任务，需要 2 层或 3 层的网络吗？**
- **在训练网络过程中，遇到了任何问题吗？特别是当网络层数增加时。**
- **网络的权重在训练过程中是如何表现的？可以绘制权重的最大绝对值与 epoch 的关系来理解这个关系。**

课后测验

(1) 我们使用（ ） 作为回归损失函数。

a. 绝对误差
b. 均方误差
c. 以上全部

(2) 以下（ ）不是分类损失函数的类型。

a. 0-1 损失
b. 二进制损失
c. 逻辑损失

(3) 交叉熵损失是一种可以计算两个任意概率分布之间相似性的函数，这一说法（ ）。

a. 正确
b. 错误

第 5 课
神经网络框架

在进一步探讨神经网络框架之前，先介绍一下为了有效地训练神经网络，需要掌握两个关键技能：

- **张量[①]操作：包括各种数学运算，如乘法、加法，以及一些常见的函数，如 sigmoid 或 softmax。**
- **梯度计算：需要能够计算所有表达式的梯度，以便执行梯度下降优化。**

尽管 `NumPy` 库可以轻松地操纵张量，但需要一种机制来计算梯度。在之前开发的框架（第 4 课的 4.5 练习：多层感知机 —— 构建我们自己的神经网络框架 - OwnFramework.zh.ipynb）中，必须手动编写所有导数函数，并在 `backward` 方法中执行反向传播。理想情况下，一个框架应该能够提供计算所定义的任何“表达式”的梯度的机会。

另一个重要的方面是能够在 GPU 或其他专用计算单元（如 TPU 🔗 [L5-1]）上执行计算。由于深度神经网络训练需要大量计算，所以，能够在 GPU 上并行执行这些计算非常重要。

目前，两个最流行的神经框架是 TensorFlow 🔗 [L0-2] 和 PyTorch 🔗 [L0-3]。它们都在 CPU 和 GPU 上提供了用于操作张量的底层 API。在底层 API 之上，还有对应的更高级的 API，称为 Keras 🔗 [L5-2] 和 PyTorch Lightning 🔗 [L5-3]。

底层框架与 API	TensorFlow	PyTorch
高级 API	Keras	PyTorch Lightning

这两个框架中的底层 API 都允许构建所谓的计算图。该图定义了如何使用给定的输入参数计算输出（通常是损失函数），并可以推送到 GPU 上进行计算（如果可用）。这些框架提供了自动微分功能，能够对计算图进行微分并计算梯度，这些梯度随后可用于优化模型参数。

高级 API 将神经网络视为一系列层，并使得构建大多数神经网络变得更加容易。通常，训练模型需要准备数据集，然后调用 `fit` 函数即可完成工作。

高级 API 允许快速构建典型的神经网络，无须担心太多细节。同时，底层 API 提供了对训练过程更细致的控制，因此，它们在研究中经常使用，尤其是处理新的神经网络架构时。

理解可以同时使用这两种 API 也非常重要。例如，可以使用底层 API 开发自己的网络层架构，然后将其用于使用高级 API 构建和训练的更大型网络中。或者可以使用高级 API 定义网络作为一系列层，然后使用自己的底层训练循环来执行优化。这两种 API 使用相同的基础概念，并且它们被设计成可以很好地协同工作。

简介

本课将介绍如下内容：

5.1 学习方法和建议

5.2 练习——深度学习框架

5.3 TensorFlow 和 Keras 入 门：IntroKerasTF.zh.ipynb

5.4 PyTorch 入门：IntroPyTorch.zh.ipynb

5.5 使用 Keras 的极简神经网络入门：IntroKeras.zh.ipynb

5.6 过拟合

5.7 结论

5.8 挑战

5.9 复习与自学

5.10 作业 —— 使用 PyTorch/TensorFlow 进行分类：LabFrameworks.zh.ipynb

① 张量（Tensor）是人工智能技术中的一个重要概念，它是一种多维数组，可以表示任意维度的数据。在深度学习和神经网络中，张量是存储和处理数据的主要数据结构。简单来说，张量可以看作向量（一维数组）的推广，可以有任意多个维度，每个维度可以有任意长度。

课前小测验

（1）深度神经网络的训练需要大量的计算，这一说法（ ）。
a. 正确
b. 错误

（2）过拟合发生的原因是由于（ ）。
a. 测试数据不足
b. 模型过于强大
c. 输出数据中的噪声过多

（3）偏差误差是由于（ ）无法正确捕获训练数据之间的关系所造成的。
a. 模型
b. 算法
c. 计算机

5.1 学习方法建议

本课程为大多数主题的编程实践同时提供了 PyTorch 和 TensorFlow 两个版本。读者可以选择自己偏好的框架，只学习相应的 Notebook。如果读者不确定选择哪个框架，可以在网上阅读一些关于 PyTorch 与 TensorFlow 的对比讨论。也可以同时查看这两个框架，以获得更好的理解。

在可能的情况下，为了简单起见，将使用高级 API。然而，从底层了解神经网络的工作原理非常重要，因此，将从底层 API 和张量开始讲解。但是，如果读者想快速入门并且不想花大量时间学习这些细节，可以跳过这些内容，直接学习使用高级 API 的 Notebook。

5.2 练习——深度学习框架

在以下 Notebook 中继续你的学习：

底层框架与 API	介绍 TensorFlow 和 Keras：`IntroKerasTF.zh.ipynb` [L5-4]	PyTorch 入门：`IntroPyTorch.zh.ipynb` [L5-5]
高级 API	使用 Keras 的极简神经网络入门：`IntroKeras.zh.ipynb` [L5-6]	PyTorch Lightning

> 注意：`IntroKerasTF.zh.ipynb` 和 `IntroPyTorch.zh.ipynb` 的 Notebook 在开始都是内容相同的“神经网络框架”介绍，在此先一并介绍，再分别介绍两个 Notebook 后续不同的部分。

5.2.1 神经网络框架

之前已经介绍过，训练神经网络需要以下两点：

- 快速矩阵运算：高效地进行张量（矩阵）的乘法运算。
- 梯度计算：计算梯度以执行梯度下降优化。

神经网络框架提供以下功能：

- 跨设备操作：在任何可用的计算设备上操作张量，包括 CPU、GPU，甚至 TPU。
- 自动梯度计算：自动计算梯度，这些梯度已经为所有内置的张量函数明确编程。
- 高级 API/ 神经网络构造器：允许将网络描述为层的序列。
- 简单的训练函数：如 sklearn 库中的 fit 函数。
- 多种优化算法：不仅限于梯度下降。
- 数据处理抽象：处理数据的抽象，理想情况下，这些处理也能在 GPU 上执行。

5.2.2 最流行的框架

- TensorFlow 1.x：这是第一个广泛使用的框架（由 Google 开发）。它允许定义静态计算图，将其推送到 GPU 上，并显式评估。

- PyTorch：由 Facebook 开发，是近年来越来越受欢迎的框架。
- Keras：由 Francois Chollet 开发，是基于 TensorFlow/PyTorch 的高级 API，用于简化和统一神经网络的使用。
- TensorFlow 2.x + Keras：TensorFlow 的新版本，集成了 Keras 的功能，支持动态计算图，使得张量运算与 NumPy（及 PyTorch）非常相似。

通过使用这些框架，可以在不同设备上高效地训练神经网络，同时利用高级 API 快速构建和训练复杂的模型。这些框架提供了强大的工具，使用户能够专注于模型开发和优化，而无须处理底层的实现细节。

5.3 TensorFlow 和 Keras 入门：IntroKerasTF.zh.ipynb

接下来将使用 TensorFlow 2.x 和 Keras。确保已安装了 TensorFlow 的 2.x.x 版本。如果需要安装 TensorFlow，可在终端窗口输入下面的命令：

```
pip install tensorflow
```

或者

```
conda install tensorflow
```

首先，导入 TensorFlow 和 NumPy 库，并打印 TensorFlow 的版本号以确保正确安装。导入库并检查 TensorFlow 版本的程序如下：

```
# 导入 TensorFlow 和 NumPy 库
import tensorflow as tf
import numpy as np

# 打印 TensorFlow 的版本
print(tf.__version__)
```

程序输出如下：

```
2.13.0
```

5.3.1 简单的张量操作

- 创建常量张量：使用 tf.constant 函数。
- 创建随机张量：使用 tf.random.normal 函数。

创建张量的程序如下：

```
# 创建一个常量张量
a = tf.constant([[1,2],[3,4]])
print(a)

# 创建一个形状为 (10,3) 的正态分布随机张量
a = tf.random.normal(shape=(10,3))
print(a)
```

程序输出如下：

```
tf.Tensor(
[[1 2]
[3 4]], shape=(2, 2), dtype=int32)
tf.Tensor(
[[-1.0675223   0.03540105 -0.3049199 ]
[-0.00793989 -0.36496943  1.4451662 ]
[ 0.53408825 -0.7853743  -1.4388812 ]
[ 0.2977205  -0.933422    0.26742986]
[ 0.912825    0.7951187  -1.5335958 ]
[-1.4611275  -0.7660541  -1.4880595 ]
[-0.80458546 -0.17188524 -1.3981222 ]
[ 0.7040822  -0.8875457   0.1486704 ]
[-0.21908832  0.527086   -1.3942199 ]
[ 0.14256763 -0.32434595 -0.06858914]],
shape=(10, 3), dtype=float32)
```

- 进行算术运算：可以像 NumPy 一样在张量上执行算术运算。
- 提取 NumPy 数组：使用 .numpy() 方法从张量中提取 NumPy 数组。

进行算术运算并提取 NumPy 数组的程序如下：

```
# 计算张量 a 与其第一行的差
print(a-a[0])

# 对张量 a 的第一行进行指数运算，并转换为
NumPy 数组
print(tf.exp(a)[0].numpy())
```

程序输出如下：

```
tf.Tensor(
[[ 0.          0.          0.        ]
[ 1.0595824  -0.40037048  1.7500861 ]
[ 1.6016105  -0.82077533 -1.1339612 ]
```

```
[ 1.3652427  -0.9688231   0.5723498 ]
[ 1.9803473   0.75971764 -1.2286758 ]
[-0.39360523 -0.80145514 -1.1831396 ]
[ 0.26293683 -0.20728628 -1.0932024 ]
[ 1.7716045  -0.92294675  0.4535903 ]
[ 0.848434    0.49168497 -1.0892999 ]
[ 1.2100899  -0.359747    0.23633076]],
shape=(10, 3), dtype=float32)
[0.34385946 1.0360352  0.73718244]
```

通过以上步骤，成功使用 TensorFlow 创建和操作了张量，并进行了基本的张量运算。

5.3.2 变量

变量用于表示可以通过 assign 和 assign_add 进行修改的张量值。它们通常用于表示神经网络的权重。

下例展示了如何使用变量来获得张量 a 的所有行之和。创建和操作变量的程序如下：

```
# 创建一个与张量 a 的第一行形状相同，且元素全为 0 的变量 s
s = tf.Variable(tf.zeros_like(a[0]))
# 遍历张量 a 的每一行，将其累加到变量 s 中
for i in a:
  s.assign_add(i)

# 打印变量 s 的值
print(s)
```

程序输出如下：

```
<tf.Variable 'Variable:0'
shape=(3,) dtype=float32,
numpy=array([-0.96897984, -2.8759909 ,
-5.7651215 ], dtype=float32)>
```

更好的方法如下：

```
# 对张量 a 沿着第 0 维度进行求和
tf.reduce_sum(a, axis=0)
```

程序输出如下：

```
<tf.Tensor: shape=(3,), dtype=float32,
numpy=array([-0.96897984, -2.8759909 ,
-5.7651215 ], dtype=float32)>
```

5.3.3 计算梯度

对于反向传播，需要计算梯度。这可以通过使用 tf.GradientTape() 进行。

- 使用 with tf.GradientTape 代码块包裹计算过程。
- 通过调用 tape.watch 标记需要计算梯度的那些张量（所有变量都被自动观察）。
- 进行需要的计算（构建计算图）。
- 使用 tape.gradient 获得梯度。

计算梯度的程序如下：

```
# 创建两个形状为 (2, 2) 的正态分布随机张量 a 和 b
a = tf.random.normal(shape=(2, 2))
b = tf.random.normal(shape=(2, 2))
# 创建一个 GradientTape 上下文环境，用于记录对 a 的操作过程
with tf.GradientTape() as tape:
  tape.watch(a)  # 开始记录对 a 的操作
  c = tf.sqrt(tf.square(a) +
tf.square(b))  # 使用 a 和 b 进行一些数学运算
  # 计算 c 对 a 的梯度
  dc_da = tape.gradient(c, a)
  print(dc_da)
```

程序输出如下：

```
tf.Tensor(
[[-0.63286227 -0.1577689 ]
 [-0.43991837  0.33973703]], shape=(2,
2), dtype=float32)
```

5.3.4 示例 1：线性回归

现在已经掌握了足够的知识来解决经典的线性回归问题。下面生成一个小的合成数据集。生成合成数据集并绘制散点图的程序如下：

```
# 导入 matplotlib.pyplot 模块，用于绘图
import matplotlib.pyplot as plt
# 导入 sklearn.datasets 中的函数，用于生成分类和回归数据集
from sklearn.datasets import make_
classification, make_regression
# 导入 sklearn.model_selection 中的函数，用于数据集切分
```

```python
from sklearn.model_selection import
train_test_split
# 导入 random 模块
import random
```

```python
# 设置 NumPy 的随机数种子为 13，以保证结果
的可重复性，可以更改这个值来探究随机变化
的影响
np.random.seed(13)

# 创建一个在 0 ～ 3 均匀分布的 120 个点的向
量 train_x
train_x = np.linspace(0, 3, 120)
# 生成训练标签，根据线性关系 2 * train_x
+ 0.9，并添加了一些噪声
train_labels = 2 * train_x + 0.9 +
np.random.randn(*train_x.shape) * 0.5

# 绘制 train_x 和 train_labels 的散点图
plt.scatter(train_x,train_labels)
```

程序输出如图 5-1 所示。

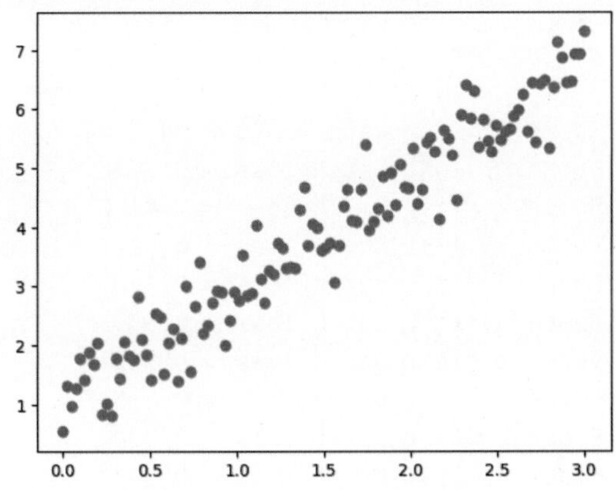

图 5-1　由程序生成的简单的线性回归数据集的散点图

线性回归由直线 $f_{w,b}(x)=\boldsymbol{W}x+\boldsymbol{b}$ 定义，其中 $\boldsymbol{W},\boldsymbol{b}$ 是我们需要找到的模型参数。在数据集 $\{x_i, y_u\}_{i=1}^{N}$ 上的误差（也称为损失函数）可以定义为均方误差[1]:

$$\mathcal{L}(\boldsymbol{W},\boldsymbol{b}) = \frac{1}{N}\sum_{i=1}^{N}(f_{\boldsymbol{W},\boldsymbol{b}}(x_i) - y_i)^2$$

定义模型和损失函数，其程序如下:

```python
# 设置输入和输出的维度
input_dim = 1
output_dim = 1
# 设置学习率
learning_rate = 0.1

# 创建一个权重矩阵变量 w，初始值为
[[100.0]]
w = tf.Variable([[100.0]])
# 创建一个偏置向量变量 b，初始值为全 0 向量，
形状为 (output_dim,)
b = tf.Variable(tf.
zeros(shape=(output_dim,)))

# 定义模型函数 f(x) = xw + b
def f(x):
  return tf.matmul(x,w) + b

# 定义损失函数为标签和预测值之间的均方误差
def compute_loss(labels, predictions):
  return tf.reduce_mean(tf.
square(labels - predictions))
```

---

① 该公式表示了一个常用的损失函数，称为均方误差（MSE）。在机器学习和统计学中，损失函数衡量模型预测值与真实值之间的差异。MSE 是许多回归问题的标准损失函数。以下是公式各部分的解释。

· $\mathcal{L}(\boldsymbol{W}, \boldsymbol{b})$：损失函数 $\mathcal{L}$ 是关于权重 $\boldsymbol{W}$ 和偏差 $\boldsymbol{b}$ 的函数。在训练神经网络或其他机器学习模型时，目的是通过调整权重和偏差来最小化损失。

· N：数据集中的样本总数。

· $\sum_{i=1}^{N}$：这个求和符号表示对数据集中的每个样本 i 从 1 到 N 的求和操作。

· $f_{W,b}(x_i)$：这是模型的预测值，其中 x_i 是第 i 个样本的输入特征，$\boldsymbol{W}$ 和 $\boldsymbol{b}$ 是模型的权重和偏差。这个函数表示模型如何将输入 x_i 转换为预测值。

· y_i：第 i 个样本的真实目标值。

· $(f_{W,b}(x_i)-y_i)^2$：这部分计算预测值和真实值之间的差的平方。平方确保了差异总是非负的，并且对较大的误差给予更重的惩罚。

· $\frac{1}{N}$：将求和的结果除以样本总数 N。这样做是为了得到均方误差，即误差的平均值。

——译者注

下面将在一系列小批量上训练模型。我们将使用梯度下降法，使用以下公式调整模型参数[①]：

$$\boldsymbol{W}^{(n+1)} = \boldsymbol{W}^{(n)} - \eta\frac{\partial\mathcal{L}}{\partial\boldsymbol{W}}$$
$$\boldsymbol{b}^{(n+1)} = \boldsymbol{b}^{(n)} - \eta\frac{\partial\mathcal{L}}{\partial\boldsymbol{b}}$$

定义批量训练函数的程序如下：

```
# 定义批量训练函数，输入为训练数据 x 和标签 y
def train_on_batch(x, y):
  # 创建一个 GradientTape 上下文环境，用于记录操作过程以计算梯度
  with tf.GradientTape() as tape:
    # 计算预测值
    predictions = f(x)
    # 计算损失值
    loss = compute_loss(y, predictions)
    # 计算损失值关于权重矩阵 w 和偏置向量 b 的梯度
    dloss_dw, dloss_db = tape.gradient(loss, [w, b])
  # 更新权重矩阵 w 和偏置向量 b，根据梯度下降算法，新的 w = w - 学习率 * dw，新的 b = b - 学习率 * db
  w.assign_sub(learning_rate * dloss_dw)
  b.assign_sub(learning_rate * dloss_db)
  # 返回损失值
  return loss
```

通过数据集进行几轮迭代（所谓的 epoch），将其划分为小批量，并调用上面定义的函数。训练模型的程序如下：

```
# 对训练数据进行随机打乱
indices = np.random.permutation(len(train_x))
```

```
# 将训练数据和标签转换为 TensorFlow 张量，数据类型为 float32
features = tf.constant(train_x[indices],dtype=tf.float32)
labels = tf.constant(train_labels[indices],dtype=tf.float32)
```

```
# 设置批量大小为 4
batch_size = 4
# 训练 10 个 epoch
for epoch in range(10):
  # 在每个 epoch 中，将训练数据分为多个批次，每个批次包含 batch_size 个数据点
  for i in range(0,len(features),batch_size):
    # 对每个批次的数据进行训练，计算损失值
    loss = train_on_batch(tf.reshape(features[i:i+batch_size],(-1,1)),tf.reshape(labels[i:i+batch_size],(-1,1)))
  # 打印每个 epoch 的最后一个批次的损失值
  print('Epoch %d: last batch loss = %.4f' % (epoch, float(loss)))
```

程序输出如下：

```
Epoch 0: last batch loss = 94.5247
Epoch 1: last batch loss = 9.3428
Epoch 2: last batch loss = 1.4166
Epoch 3: last batch loss = 0.5224
Epoch 4: last batch loss = 0.3807
Epoch 5: last batch loss = 0.3495
Epoch 6: last batch loss = 0.3413
Epoch 7: last batch loss = 0.3390
Epoch 8: last batch loss = 0.3384
Epoch 9: last batch loss = 0.3382
```

现在已经得到了优化的参数 $\boldsymbol{W}$ 和 $\boldsymbol{b}$。注意它们的值类似于生成数据集时使用的原始值 ($\boldsymbol{W}$=2, $\boldsymbol{b}$=1)。

---

① 公式是在神经网络训练过程中经常用到的权重和偏差的更新规则，这里是通过梯度下降方法实现的。以下是每个组件的解释：

- $\boldsymbol{W}^{(n+1)}$ 和 $\boldsymbol{b}^{(n+1)}$：当前迭代步骤 n 的权重和偏差。
- η：学习率，一个正数，控制梯度下降的步长。
- $\frac{\partial\mathcal{L}}{\partial\boldsymbol{W}}$：损失函数 $\mathcal{L}$ 关于权重 $\boldsymbol{W}$ 的梯度。它给出了损失函数关于权重的局部斜率。
- $\frac{\partial\mathcal{L}}{\partial\boldsymbol{b}}$：损失函数 $\mathcal{L}$ 关于偏差 $\boldsymbol{b}$ 的梯度。它给出了损失函数关于偏差的局部斜率。

在每个训练迭代中，权重和偏差沿着损失函数下降最快的方向移动，从而逐渐找到最小化损失函数的参数值。这个过程称为梯度下降优化。

——译者注

```
# 打印训练后的权重矩阵 w 和偏置向量 b
w,b
```

程序输出如下：

```
(<tf.Variable 'Variable:0'
shape=(1, 1) dtype=float32,
numpy=array([[1.8616779]],
dtype=float32)>,
<tf.Variable 'Variable:0'
shape=(1,) dtype=float32,
numpy=array([1.0710956],
dtype=float32)>)
```

绘制训练数据的散点图和模型预测的直线的程序如下：

```
# 绘制训练数据的散点图
plt.scatter(train_x,train_labels)
# 绘制模型预测的直线，红色
x = np.array([min(train_x),max(train_
x)])
y = w.numpy()[0,0]*x+b.numpy()[0]
plt.plot(x,y,color='red')
```

程序输出如图 5-2 所示。

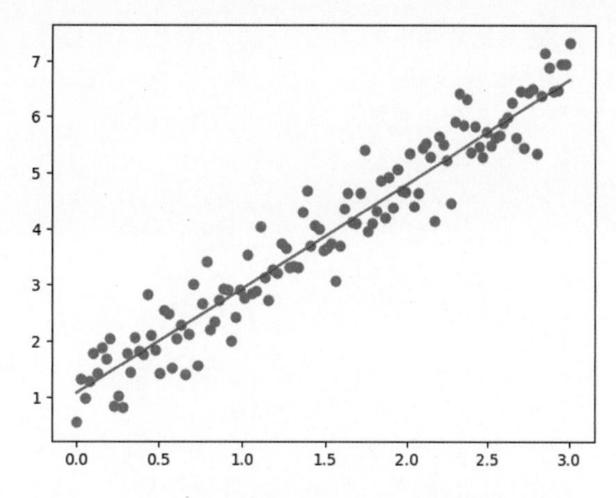

图 5-2　由程序生成的简单的线性回归数据集的散点图与模型预测的直线

1. 计算图和 GPU 计算

在 TensorFlow 中，每当执行张量表达式时，TensorFlow 都会构建一个计算图，该图可以在可用的计算设备上（如 CPU 或 GPU）进行计算。然而，由于在程序中使用了任意的 Python 函数[①]，这些函数的操作不能被直接纳入 TensorFlow 的计算图中，所以，在 GPU 上运行程序时，需要在 CPU 和 GPU 之间传输数据，并在 CPU 上计算自定义函数。

为了解决这个问题，TensorFlow 提供了 @tf.function 装饰器，可以将 Python 函数标记为计算图的一部分。这样，函数中使用的标准 TensorFlow 张量操作就可以被优化，并在 GPU 上执行。使用 tf.function 装饰器的程序如下：

```
# 使用 tf.function 装饰器，将 Python 函数
转换为 TensorFlow 图函数，提高运算速度
@tf.function
def train_on_batch(x, y):
  # 创建一个 GradientTape 上下文环境，用
于记录操作过程以计算梯度
  with tf.GradientTape() as tape:
    # 计算预测值
    predictions = f(x)
    # 计算损失值
    loss = compute_loss(y, predictions)
    # 计算损失值关于权重矩阵 w 和偏置向量
b 的梯度
    dloss_dw, dloss_db = tape.
gradient(loss, [w, b])
  # 更新权重矩阵 w 和偏置向量 b，根据梯度
下降算法，新的 w = w - 学习率 * dw，新的
b = b - 学习率 * db
  w.assign_sub(learning_rate * dloss_
dw)
  b.assign_sub(learning_rate * dloss_
db)
  # 返回损失值
  return loss
```

尽管程序本身没有变化，但如果在 GPU 上运行程序并处理大型数据集，会注意到计算速度的显著提升。

① 在 TensorFlow 程序中，可能会使用一些自定义的 Python 函数，而不仅仅是 TensorFlow 提供的张量操作函数。这些自定义的 Python 函数可能包含了 Python 的控制流语句（如 if、for 循环等），或者调用了一些 Python 标准库中的函数。因为这些 Python 函数的操作不是 TensorFlow 计算图中的一部分，所以，在 GPU 上执行时，需要将数据传输回 CPU 并在 CPU 上执行这些 Python 函数。

2. 数据集 API

TensorFlow提供了一个方便的API来处理数据。接下来，将使用数据集 API 从头开始训练模型。使用数据集 API 的程序如下：

```
# 重新赋值权重矩阵 w 和偏置向量 b 的值
w.assign([[10.0]])
b.assign([0.0])

# 使用 tf.data.Dataset 从张量切片创建一个数据集对象，方便进行批量迭代
dataset = tf.data.Dataset.from_tensor_
slices((train_x.astype(np.float32),
train_labels.astype(np.float32)))
# 对数据集进行洗牌并划分批次，每个批次包含 256 个数据点
dataset = dataset.shuffle(buffer_
size=1024).batch(256)

# 进行 10 个 epoch 的训练
for epoch in range(10):
  # 在每个 epoch 中，遍历数据集的每个批次
  for step, (x, y) in
enumerate(dataset):
    # 对每个批次的数据进行训练，计算损失值
    loss = train_on_
batch(tf.reshape(x,(-1,1)),
tf.reshape(y,(-1,1)))
  # 打印每个 epoch 的最后一个批次的损失值
  print('Epoch %d: last batch loss =
%.4f' % (epoch, float(loss)))
```

程序输出如下：

```
Epoch 0: last batch loss = 173.4585
Epoch 1: last batch loss = 13.8459
Epoch 2: last batch loss = 4.5407
Epoch 3: last batch loss = 3.7364
Epoch 4: last batch loss = 3.4334
Epoch 5: last batch loss = 3.1790
Epoch 6: last batch loss = 2.9458
Epoch 7: last batch loss = 2.7311
Epoch 8: last batch loss = 2.5332
Epoch 9: last batch loss = 2.3508
```

5.3.5 示例 2：二元分类

现在，考虑一个二元分类问题的示例。一个典型的例子是根据肿瘤的大小和患者年龄来判断肿瘤是恶性还是良性。

虽然这类问题与回归问题相似，但需要使用不同的损失函数。首先生成样本数据。生成样本数据并绘制数据集的程序如下：

```
# 为了可复制性，设置随机种子
np.random.seed(0)
n = 100
# 使用 sklearn 库中的 make_classification 函数生成一个二分类问题的数据集
X, Y = make_classification(n_samples
= n, n_features=2, n_redundant=0, n_
informative=2, flip_y=0.05,class_
sep=1.5)
# 将数据和标签转换为浮点数和整数类型
X = X.astype(np.float32)
Y = Y.astype(np.int32)
# 将数据集分为训练集、验证集和测试集
split = [ 70*n//100, (15+70)*n//100 ]
train_x, valid_x, test_x = np.split(X,
split)
train_labels, valid_labels, test_
labels = np.split(Y, split)
# 定义一个函数，用于绘制数据集和决策边界
def plot_dataset(features, labels,
W=None, b=None):
    # 准备绘图
    fig, ax = plt.subplots(1, 1)
    ax.set_xlabel('$x_i[0]$ --
(feature 1)')
    ax.set_ylabel('$x_i[1]$ --
(feature 2)')
    # 根据标签选择颜色
    colors = ['r' if l else 'b' for l
in labels]
    # 绘制散点图
    ax.scatter(features[:, 0],
features[:, 1], marker='o', c=colors,
s=100, alpha = 0.5)
    if W is not None:
        # 如果给定了权重矩阵 W 和偏置向量
b，则绘制决策边界
        min_x = min(features[:,0])
        max_x = max(features[:,1])
        min_y =
min(features[:,1])*(1-.1)
        max_y =
max(features[:,1])*(1+.1)
        cx = np.array([min_x,max_
x],dtype=np.float32)
        cy = (0.5-W[0]*cx-b)/W[1]
        ax.plot(cx,cy,'g')
        ax.set_ylim(min_y,max_y)
    fig.show()
```

```
# 在训练数据上绘制数据集
plot_dataset(train_x, train_labels)
```

程序输出如图 5-3 所示。

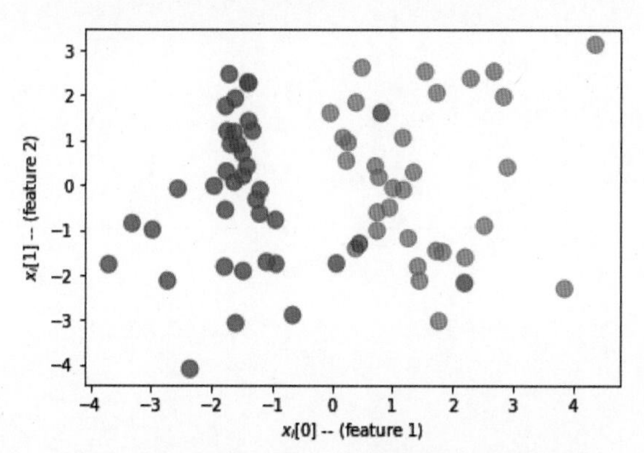

图 5-3　由程序生成的二分类问题数据集的散点图

通过以上步骤，我们成功生成了一个二元分类问题的数据集，并绘制了数据集的分布。

1. 数据归一化

在进行训练之前，通常需要对输入特征进行归一化，使它们落在标准范围内，通常是 [0, 1] 或 [-1, 1]。将在后续课程中详细讨论原因，但简而言之，主要原因是为了避免网络的值变得过大或过小。通过将所有值保持在接近 0 的小范围内，可以使用小的随机数初始化权重，并且确保信号在相同的范围内。

在归一化数据时，需要将每个特征减去最小值并除以范围。通常，使用训练数据集计算最小值和范围，然后使用相同的最小 / 范围值来归一化测试 / 验证数据集。这是因为在实际应用中，只有训练数据集，无法预知需要预测的所有新值。偶尔，新值可能会超出 [0, 1] 的范围，但这通常不是问题。对数据进行归一化处理的程序如下：

```
# 对训练集、验证集和测试集的特征进行归一化处理
train_x_norm = (train_x-np.min(train_x)) / (np.max(train_x)-np.min(train_x))
valid_x_norm = (valid_x-np.min(train_x)) / (np.max(train_x)-np.min(train_x))
test_x_norm = (test_x-np.min(train_x)) / (np.max(train_x)-np.min(train_x))
```

2. 训练单层感知机

使用 TensorFlow 梯度计算机器来训练单层感知机。

神经网络将有 2 个输入和 1 个输出。权重矩阵 $\boldsymbol{W}$ 的大小为 2 x 1，偏差向量 $\boldsymbol{b}$ 的大小为 1。

核心模型与前面的例子相同，但损失函数将使用逻辑损失。为了应用逻辑损失，需要获取网络输出的概率值，即需要使用 `sigmoid` 激活函数将输出 z 映射到 [0,1] 范围内：$p = \sigma(z)$。

如果得到了第 i 个输入值对应的实际类别 $y_i \in 0, 1$ 的概率 p_i，则可计算损失为

$$\mathcal{L}_i = -(y_i \log p_i + (1 - y_i) \log(1 - p_i))$$

在 TensorFlow 中，这两个步骤（应用 `sigmoid`，然后应用逻辑损失）可以通过调用 `sigmoid_cross_entropy_with_logits` 函数一次完成。由于是以小批量方式训练网络，所以，需要使用 `reduce_mean` 对小批量中所有元素的损失取平均。初始化权重和偏置，并定义训练函数的程序如下：

```
# 初始化权重矩阵 W 和偏置向量 b
W = tf.Variable(tf.random.normal(shape=(2,1)),dtype=tf.float32)
b = tf.Variable(tf.zeros(shape=(1,),dtype=tf.float32))

# 设置学习率
learning_rate = 0.1

# 定义训练函数
@tf.function
def train_on_batch(x, y):
  # 使用 tf.GradientTape() 记录计算过程，用于后续的梯度计算
  with tf.GradientTape() as tape:
    # 计算线性变换
    z = tf.matmul(x, W) + b
    # 计算二元交叉熵损失值
    loss = tf.reduce_mean(tf.nn.sigmoid_cross_entropy_with_logits(labels=y,logits=z))
  # 计算损失值对权重矩阵 W 和偏置向量 b 的梯度
  dloss_dw, dloss_db = tape.gradient(loss, [W, b])
  # 使用梯度下降算法更新权重矩阵 W 和偏置向量 b 的值
  W.assign_sub(learning_rate * dloss_dw)
```

```
  b.assign_sub(learning_rate * dloss_
db)
  return loss
```

下面将使用大小为 16 的小批量，并进行几轮训练。训练模型的程序如下：

```
# 创建一个 tf.data.Dataset 对象，方便进行批量迭代
dataset = tf.data.Dataset.from_
tensor_slices((train_x_norm.astype(np.
float32), train_labels.astype(np.
float32)))
dataset = dataset.shuffle(128).
batch(2)

# 迭代训练
for epoch in range(10):
  for step, (x, y) in
enumerate(dataset):
    # 计算每一批数据的损失值
    loss = train_on_batch(x,
tf.expand_dims(y,1))
  # 打印每一轮训练后的损失值
  print('Epoch %d: last batch loss =
%.4f' % (epoch, float(loss)))
```

程序输出如下：

```
Epoch 0: last batch loss = 0.7126
Epoch 1: last batch loss = 0.6726
Epoch 2: last batch loss = 0.6799
Epoch 3: last batch loss = 0.6728
Epoch 4: last batch loss = 0.7151
Epoch 5: last batch loss = 0.6600
Epoch 6: last batch loss = 0.6528
Epoch 7: last batch loss = 0.5940
Epoch 8: last batch loss = 0.5858
Epoch 9: last batch loss = 0.5672
```

为了确保训练有效，绘制分隔两个类的线。分隔线由等式 $\boldsymbol{W}\times x+\boldsymbol{b}=0.5$ 定义。其程序如下：

```
# 在训练集上绘制决策边界
plot_dataset(train_x,train_labels,W.
numpy(),b.numpy())
```

程序输出如图 5-4 所示。

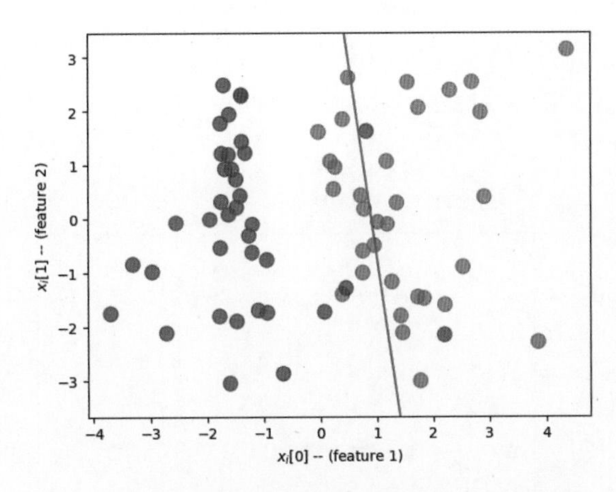

图 5-4　由程序生成的二分类问题数据集的散点图及训练后的决策边界

看看模型在验证数据上的表现，在验证数据上测试模型并绘制结果的程序如下：

```
# 对测试集进行预测
pred = tf.matmul(test_x,W)+b
fig,ax = plt.subplots(1,2)
# 画出预测结果的散点图
ax[0].scatter(test_x[:,0],test_
x[:,1],c=pred[:,0]>0.5)
# 画出真实标签的散点图
ax[1].scatter(test_x[:,0],test_
x[:,1],c=valid_labels)
```

程序输出如图 5-5 所示。

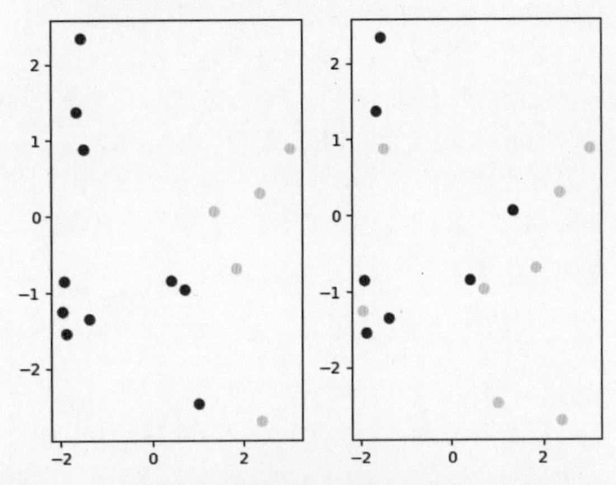

图 5-5　左侧展示了测试集预测结果的散点图，右侧是测试集真实标签的散点图

为了计算验证数据的准确度，可以将布尔类型转换为浮点数，并计算平均值。计算验证数据准确度的程序如下：

```
# 计算预测的准确率
tf.reduce_mean(tf.
cast(((pred[0]>0.5)==test_labels),tf.
float32))
```

程序输出如下：

```
<tf.Tensor: shape=(), dtype=float32,
numpy=0.46666667>
```

解释一下这里发生了什么。

- `pred` 是网络预测的值。它们并不完全是概率，因为没有使用激活函数，但大于 0.5 的值对应类 1，较小的值对应类 0。
- `pred[0]>0.5` 创建了一个结果的布尔张量，其中 `True` 对应类 1，`False` 对应类 0。
- 将该张量与期望的标签 `valid_labels` 进行比较，得到正确预测的布尔向量，其中 `True` 对应正确的预测，`False` 对应不正确的预测。
- 使用 `tf.cast` 将该张量转换为浮点数。
- 使用 `tf.reduce_mean` 计算平均值，这就是我们所需要的准确度。

3. 使用 TensorFlow/Keras 优化器

TensorFlow 与 Keras 紧密集成，Keras 包含许多有用的功能。例如，可以使用不同的优化算法。让我们来试试看，并在训练过程中打印得到的准确率。定义优化器和初始化权重、偏置，训练函数及训练的程序如下：

```
# 定义优化器
optimizer = tf.keras.optimizers.
Adam(0.01)

# 初始化权重和偏置
W = tf.Variable(tf.random.
normal(shape=(2,1)))
b = tf.Variable(tf.
zeros(shape=(1,),dtype=tf.float32))

# 定义训练函数
@tf.function
def train_on_batch(x, y):
  vars = [W, b]
  with tf.GradientTape() as tape:
    z = tf.sigmoid(tf.matmul(x, W) + b)
    # 计算损失值
    loss = tf.reduce_mean(tf.keras.
losses.binary_crossentropy(z,y))
    # 计算预测的准确性
    correct_prediction = tf.equal(tf.
round(y), tf.round(z))
    acc = tf.reduce_mean(tf.
cast(correct_prediction, tf.float32))
    # 计算梯度
    grads = tape.gradient(loss, vars)
    # 更新参数
    optimizer.apply_
gradients(zip(grads,vars))
  return loss,acc

# 进行训练
for epoch in range(20):
  for step, (x, y) in
enumerate(dataset):
    loss,acc = train_on_
batch(tf.reshape(x,(-1,2)),
tf.reshape(y,(-1,1)))
  print('Epoch %d: last batch loss
= %.4f, acc = %.4f' % (epoch,
float(loss),acc))
```

程序输出如下：

```
Epoch 0: last batch loss = 8.6317, acc
= 0.0000
Epoch 1: last batch loss = 7.8020, acc
= 0.0000
Epoch 2: last batch loss = 8.1207, acc
= 0.5000
…此处省略部分输出结果
Epoch 18: last batch loss = 6.4972,
acc = 1.0000
Epoch 19: last batch loss = 6.5118,
acc = 1.0000
```

任务 1： 在训练过程中，绘制训练集和验证集上损失函数和准确率的图表。

任务 2： 尝试使用这段程序解决 MNIST 分类问题。提示：使用 `softmax_crossentropy_with_logits` 或 `sparse_softmax_cross_entropy_with_logits` 作为损失函数。在第一种情况下，需要将期望的输出值以独热编码的形式提供，而在第二种情况下，则需提供整数类别编号。

5.3.6 Keras

下面是关于 Keras 的一些说明。

1. 为人类设计的深度学习

- Keras 是一个最初由 Francois Chollet 开发的库，它基于 TensorFlow、CNTK 和 Theano 等底层框架，以统一所有底层框架。仍然可以将 Keras 作为独立的库进行安装，但不建议这样做。
- 现在，Keras 已经集成到 TensorFlow 库中。
- 可以轻松地从各层构建神经网络。
- 包含 `fit` 函数来进行所有的训练，以及大量用于处理典型数据（图片、文本等）的函数。
- 包含大量的示例。
- 函数式 API 与序贯式 API。

Keras 为神经网络提供了更高级别的抽象，允许以层、模型和优化器的形式进行操作，而不是以张量和梯度的形式。

可以参考 Keras 创建者撰写的经典深度学习书籍：《基于 Python 的深度学习》🔗 [L5-7]。

2. 函数式 API

在使用函数式 API 时，将网络的输入定义为 `keras.Input`，然后通过一系列计算来计算输出。最后，把模型定义为将输入转换为输出的对象。

一旦获得了模型对象，需要：

- 编译它，通过指定我们希望使用的损失函数和优化器来编译它。
- 训练它，通过调用 `fit` 函数并提供训练（可能还有验证）数据来训练它。

使用 Keras 函数式 API 构建和训练模型的程序如下：

```
# 使用 Keras 构建模型
inputs = tf.keras.Input(shape=(2,))
z = tf.keras.layers.
Dense(1,kernel_initializer='glorot_
uniform',activation='sigmoid')(inputs)
model = tf.keras.models.
Model(inputs,z)
# 编译模型
model.compile(tf.keras.
optimizers.Adam(0.1),'binary_
crossentropy',['accuracy'])
model.summary()
# 训练模型
h = model.fit(train_x_norm,train_
labels,batch_size=8,epochs=15)
```

程序输出如下：

```
Model: "model"
_________________________________________________________________
Layer (type)                Output Shape              Param #
=================================================================
input_1 (InputLayer)        [(None, 2)]               0
dense (Dense)               (None, 1)                 3
=================================================================
Total params: 3 (12.00 Byte)
Trainable params: 3 (12.00 Byte)
Non-trainable params: 0 (0.00 Byte)
_________________________________________________________________
Epoch 1/15
9/9 [======] - 0s 874us/step - loss: 0.7429 - accuracy: 0.5000
…此处省略部分输出结果
Epoch 14/15
9/9 [======] - 0s 696us/step - loss: 0.3945 - accuracy: 0.9286
Epoch 15/15
9/9 [======] - 0s 536us/step - loss: 0.3833 - accuracy: 0.9286
Output is truncated. View as a scrollable element or open in a text editor. Adjust
cell output settings...
```

绘制准确率曲线的程序如下：

```
plt.plot(h.history['accuracy'])
```

程序输出如图 5-6 所示。

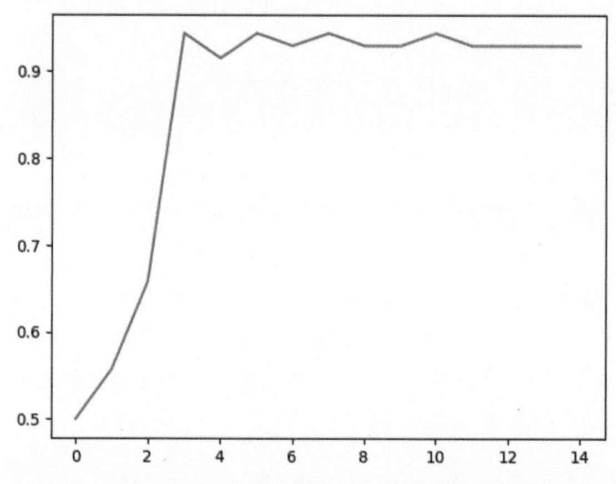

图 5-6　使用 Keras 构建模型进行训练后的准确率曲线

3. 序贯式 API

可以将模型视为层的序列，并通过将这些层添加到 `model` 对象来指定它们。使用 Keras 序贯式 API 构建和训练模型的程序如下：

```
# 创建一个序贯模型
model = tf.keras.models.Sequential()
# 向模型中添加一个隐藏层，有 5 个神经元，激活函数为 sigmoid，输入维度为 2
model.add(tf.keras.layers.Dense(5,activation='sigmoid',input_shape=(2,)))
# 向模型中添加一个输出层，有 1 个神经元，激活函数为 sigmoid
model.add(tf.keras.layers.Dense(1,activation='sigmoid'))

# 编译模型，指定优化器为 Adam，损失函数为二元交叉熵，评估指标为准确率
model.compile(tf.keras.optimizers.Adam(0.1),'binary_crossentropy',['accuracy'])
# 打印模型的结构
model.summary()
# 训练模型，训练数据为 train_x_norm 和 train_labels，验证数据为 test_x_norm 和 test_labels，批大小为 8，训练 15 个周期
model.fit(train_x_norm,train_labels,validation_data=(test_x_norm,test_labels),batch_size=8,epochs=15)
```

程序输出如下：

```
Model: "sequential"
_________________________________________________________________
 Layer (type)                Output Shape              Param #
=================================================================
 dense_1 (Dense)             (None, 5)                 15
 dense_2 (Dense)             (None, 1)                 6
=================================================================
Total params: 21 (84.00 Byte)
Trainable params: 21 (84.00 Byte)
Non-trainable params: 0 (0.00 Byte)
_________________________________________________________________
Epoch 1/15
9/9 [==============] - 0s 12ms/step - loss: 0.7152 - accuracy: 0.5143 - val_loss: 0.6933 - val_accuracy: 0.4667
Epoch 2/15
9/9 [==============] - 0s 2ms/step - loss: 0.6551 - accuracy: 0.6857 - val_loss: 0.6309 - val_accuracy: 0.7333
…此处省略部分输出结果
Epoch 14/15
9/9 [==============] - 0s 2ms/step - loss: 0.1939 - accuracy: 0.9571 - val_loss: 0.0911 - val_accuracy: 1.0000
Epoch 15/15
```

```
9/9 [==============] - 0s 2ms/step - loss: 0.1978 - accuracy: 0.9571 - val_loss:
0.0689 - val_accuracy: 1.0000
Output is truncated. View as a scrollable element or open in a text editor. Adjust
cell output settings...
```

4. 分类损失函数

正确指定网络最后一层的损失函数和激活函数非常重要。如表 5-1 所示，主要规则如下：

- 如果网络有一个输出（二元分类），则使用 `sigmoid` 激活函数。对于多类别分类，可以使用 `softmax`。
- 如果输出类别以独热编码的形式表示，则损失函数将是**交叉熵损失（categorical cross-entropy）**，如果输出包含类别编号，则为**稀疏分类交叉熵**。对于二元分类，使用**二元交叉熵**（等同于逻辑损失）。
- **多标签分类**是指一个对象可以同时属于多个类别的情况。在这种情况下，需要使用独热编码对标签进行编码，并使用 `sigmoid` 作为激活函数，以使得每个类别的概率都为 0~1。

表 5-1　不同机器学习模型的输出层配置汇总

分类	标签格式	激活函数	损失
二元分类	第一类的概率	sigmoid	二元交叉熵
二元分类	独热编码（两个输出）	softmax	分类交叉熵
多分类	独热编码	softmax	分类交叉熵
多分类	类别编号	softmax	稀疏分类交叉熵
多标签分类	独热编码	sigmoid	分类交叉熵

> 二元分类也可以作为具有两个输出的多类别分类的特殊情况进行处理。在这种情况下，需要使用 `softmax`。

5.3.7　任务 3：使用 Keras 训练 MNIST 分类器

- 请注意，Keras 包含一些标准数据集，包括 MNIST。要使用 Keras 中的 MNIST，只需要几行代码（更多信息请参阅这里🔗 [L5–8]）。
- 尝试几种不同的网络配置，使用不同数量的层 / 神经元，激活函数。

你能达到的最好准确率是多少？

5.3.8　总结

- TensorFlow 允许在底层对张量进行操作，具有最大的灵活性。
- 有便捷的工具可以处理数据（`td.Data`）和层（`tf.layers`）。
- 对于初学者 / 常规任务，建议使用 Keras，它允许从层构建网络。
- 如果需要非标准架构，可以实现自己的 Keras 层，然后在 Keras 模型中使用它。
- 建议同时看看 PyTorch，并比较两者的方法。

Keras 创建者关于 Keras 和 TensorFlow 2.0 的一个很好的示例 Notebook 可以在这里🔗 [L5–9] 找到。

5.4 PyTorch 入门：IntroPyTorch.zh.ipynb

在这个 Notebook 中将学习如何使用 PyTorch。需要确保安装了最新版本的 PyTorch —— 按照官方网站的说明🔗 [L5-10] 进行操作。通常就是执行下面的命令：

```
pip install torch torchvision
```

或

```
conda install pytorch -c pytorch
```

导入 PyTorch 并打印版本号：

```
import torch

# 打印 PyTorch 的版本
torch.__version__
```

程序输出如下：

```
'2.0.1'
```

5.4.1 简单的张量操作

可以轻松地从列表或 np 数组创建简单的张量或者生成随机张量，其程序如下：

```
# 创建一个 2x2 的张量（矩阵）
a = torch.tensor([[1, 2], [3, 4]])
print(a)  # 输出张量的内容

# 创建一个 10x3 的随机张量，元素来自标准
正态分布（均值为 0，标准差为 1）
a = torch.randn(size=(10, 3))
print(a)  # 输出张量的内容
```

程序输出如下：

```
tensor([[1, 2],
[3, 4]])
tensor([[-0.1389, -0.4679,  1.0513],
        [ 0.0938,  0.7407, -1.4772],
        [ 1.2433, -0.1652, -0.1896],
        [-1.8703,  0.1628, -0.3756],
        [ 0.0845,  0.4675,  0.1184],
        [ 0.8342,  1.2700, -0.1705],
        [-0.3470, -1.1413, -1.8509],
        [-0.8424,  0.9023, -0.5503],
        [-1.4524, -0.1362, -0.3536],
        [ 0.5831,  1.3845,  0.3064]])
```

可以在张量上进行算术运算，这些运算是逐元素进行的，类似于 NumPy 中的操作。如果需要，张量可以自动扩展到所需的维度。要从张量中提取 NumPy 数组，可以使用 `.numpy()` 方法，其程序如下：

```
# 从矩阵 a 中减去第一行的元素（广播运算）
print(a - a[0])

# 计算矩阵 a 的每个元素的指数，并将第一行
转换为 NumPy 数组
print(torch.exp(a)[0].numpy())
```

程序输出如下：

```
tensor([[ 0.0000,  0.0000,  0.0000],
        [ 0.2326,  1.2087, -2.5285],
        [ 1.3822,  0.3027, -1.2410],
        [-1.7314,  0.6307, -1.4269],
        [ 0.2234,  0.9354, -0.9329],
        [ 0.9731,  1.7379, -1.2218],
        [-0.2081, -0.6734, -2.9022],
        [-0.7036,  1.3702, -1.6017],
        [-1.3136,  0.3317, -1.4050],
        [ 0.7220,  1.8524, -0.7449]])
        [0.8703511 0.6262982
2.8614922]
```

5.4.2 原位与非原位操作

像 `+`/`add` 这样的张量操作返回新的张量。然而，有时需要原位修改现有的张量。大多数操作都有其原位计算（in-place）的对应版本，它们以“`_`”结尾。演示不同的加法方法的程序如下：

```
# 创建一个标量张量 u 并演示不同的加法方法
u = torch.tensor(5)
print("Result when adding out-of-
place:", u.add(torch.tensor(3)))  # 不
改变原张量 u
u.add_(torch.tensor(3))  # 改变原张量
```

```
u，原位操作
print("Result after adding in-place:", u)
```

程序输出如下：

```
Result when adding out-of-place:
tensor(8)
Result after adding in-place:
tensor(8)
```

这是以一种原始的方式计算矩阵中所有行之和的方法。累加矩阵中所有行的程序如下：

```
# 通过迭代矩阵 a 的每一行并将其累加到零张量 s 中
s = torch.zeros_like(a[0])
for i in a:
  s.add_(i)  # 原位操作，改变原张量 s

print(s)  # 输出累加的结果
```

程序输出如下：

```
tensor([-1.8121,  3.0172, -3.4915])
```

但是，使用以下方法会更有效：

```
# 对张量 a 沿着第 0 轴（即行方向）求和
torch.sum(a, axis=0)
```

程序输出如下：

```
tensor([-1.8121,  3.0172, -3.4915])
```

可以在官方文档 [L5-10-2] 中阅读更多关于 PyTorch 张量的信息。

5.4.3 计算梯度

对于反向传播，需要计算梯度。可以将任何 PyTorch 张量的属性 `requires_grad` 设置为 `True`，这样，与这个张量相关的所有操作都会被追踪以进行梯度计算。要计算梯度，需要调用 `backward()` 方法，这样，梯度就可以通过 `grad` 属性获取到。计算梯度的示例程序如下：

```
# 创建一个大小为 (2, 2) 的张量 a，并设置 requires_grad=True 以记录梯度
a = torch.randn(size=(2, 2), requires_grad=True)
# 创建另一个大小为 (2, 2) 的张量 b
b = torch.randn(size=(2, 2))

# 使用 a 和 b 进行数学运算
c = torch.mean(torch.sqrt(torch.square(a) + torch.square(b)))
# 调用 backward() 计算所有梯度
c.backward()
# 打印关于 a 的梯度
print(a.grad)
```

程序输出如下：

```
tensor([[ 0.1620,  0.1969],
        [-0.2422, -0.2370]])
```

更准确地说，PyTorch 会自动累积。如果在调用 `backward` 时指定 `retain_graph=True`，计算图将被保留，并将新的梯度添加到 `grad` 字段。为了从头开始计算梯度，需要通过调用 `zero_()` 明确地将 `grad` 字段重置为 0。累加梯度并重置梯度的示例程序如下：

```
# 再次计算 c，并调用 backward() 两次，每次都设置 retain_graph=True
c = torch.mean(torch.sqrt(torch.square(a) + torch.square(b)))
c.backward(retain_graph=True)
c.backward(retain_graph=True)
# 打印关于 a 的梯度（累加了两次的梯度）
print(a.grad)
# 将 a 的梯度重置为零
a.grad.zero_()
# 再次调用 backward()
c.backward()
# 打印关于 a 的梯度（只计算了一次梯度）
print(a.grad)
```

程序输出如下：

```
tensor([[ 0.4859,  0.5907],
        [-0.7265, -0.7109]])
tensor([[ 0.1620,  0.1969],
        [-0.2422, -0.2370]])
```

为了计算梯度，PyTorch 会创建并维护一个计算图。对于每个设置了 `requires_grad` 标记为 `True` 的张量，PyTorch 都会维护一个名为 `grad_fn` 的特殊的函数，它根据链式法则计算表达式的导数。打印张量 c 的值及其 `grad_fn` 属性的程序如下：

```
# 打印张量 c 的值，此时 c 是一个标量张量
print(c)
```

程序输出如下：

```
tensor(1.4730, grad_
fn=<MeanBackward0>)
```

这里的 `c` 是通过 `mean` 函数计算得到的，因此，`grad_fn` 指向一个名为 `MeanBackward` 的函数。

在大多数情况下，希望 PyTorch 能计算标量函数（如损失函数）的梯度。然而，如果想计算一个张量相对于另一个张量的梯度，PyTorch 允许计算雅可比矩阵和给定向量的乘积。

假设有一个向量函数 $\boldsymbol{y}=f(\boldsymbol{x})$，其中 $\boldsymbol{x}=\langle x_1,\cdots,x_n\rangle$ 和 $\boldsymbol{y}=\langle y_1,\cdots,y_m\rangle$，那么 $\boldsymbol{y}$ 相对于 $\boldsymbol{x}$ 的梯度由雅可比矩阵定义：

$$J=\begin{pmatrix}\frac{\partial y_1}{\partial x_1} & \cdots & \frac{\partial y_1}{\partial x_n}\\ \vdots & \ddots & \vdots\\ \frac{\partial y_m}{\partial x_1} & \cdots & \frac{\partial y_m}{\partial x_n}\end{pmatrix}$$

PyTorch 不会直接给我们整个雅可比矩阵，而是计算雅可比矩阵 $\boldsymbol{J}$ 与某个向量 $\boldsymbol{v}=(v_1\cdots v_m)$ 的乘积 $\boldsymbol{v}^{\mathrm{T}}\cdot\boldsymbol{J}$。

为此，需要调用 `backward` 并将 `v` 作为参数传递。`v` 的大小应与计算梯度的原始张量的大小相同。计算雅可比矩阵乘积的程序如下：

```
# 使用 a 和 b 计算 c，并取平方和的开方
c = torch.sqrt(torch.square(a) +
torch.square(b))
# 通过调用 backward 并传递一个 2x2 单位
矩阵，可以计算与 a 相关的梯度
c.backward(torch.eye(2))
# 打印 a 的梯度
print(a.grad)
```

程序输出如下：

```
tensor([[ 0.8098,  0.1969],
        [-0.2422, -1.1848]])
```

有关在 PyTorch 中计算雅可比矩阵的更多信息可以在官方文档中找到。

5.4.4 示例 0：使用梯度下降进行优化

下面使用自动求导来找到一个简单的二元函数 $f(x_1,x_2)=(x_1-3)^2+(x_2+2)^2$ 的最小值。让张量 $\boldsymbol{x}$ 保存点的当前坐标。从某个起始点 $x^{(0)}=(0,0)$ 开始，使用梯度下降公式计算序列中的下一个点：

$$x^{(n+1)}=x^{(n)}-\eta\nabla f$$

其中，η 是所谓的学习率（在程序中用 `lr` 表示），$\nabla f=(\frac{\partial f}{\partial x_1},\frac{\partial f}{\partial x_2})$ 是 f 的梯度。

首先，定义 `x` 的起始值和函数 `f`，其程序如下：

```
# 创建一个全零的张量 x，并设置 requires_
grad=True 以记录梯度
x = torch.zeros(2, requires_grad=True)
# 定义一个 lambda 函数 f，表示一个二次损
失函数
f = lambda x: (x - torch.tensor([3,
-2])).pow(2).sum()
# 定义学习率 lr
lr = 0.1
```

进行 15 次梯度下降迭代。在每次迭代中，将更新 `x` 坐标并将其打印出来，以确保正在接近最小点 (3,−2)，其程序如下：

```
# 使用梯度下降执行 15 次迭代
for i in range(15):
    y = f(x) # 计算损失函数的值
    y.backward() # 计算梯度
    gr = x.grad # 获取梯度
    x.data.add_(-lr * gr) # 更新 x 的值
    x.grad.zero_() # 重置梯度
    print("Step {}: x[0]={}, x[1]={}".
format(i, x[0], x[1])) # 打印每一步的结果
```

程序输出如下：

```
Step 0: x[0]=0.6000000238418579,
x[1]=-0.4000000059604645
Step 1: x[0]=1.0800000429153442,
```

```
x[1]=-0.7200000286102295
Step 2: x[0]=1.4639999866485596,
x[1]=-0.9760000705718994
…此处省略部分输出结果
Step 13: x[0]=2.868058681488037,
x[1]=-1.912039041519165
Step 14: x[0]=2.894446849822998,
x[1]=-1.929631233215332
```

5.4.5 示例 1：线性回归

现在已经掌握了足够的知识来解决经典的线性回归问题。下面生成一个小的合成数据集，其程序如下：

```
# 导入 NumPy 库，用于数值计算
import numpy as np
# 导入 matplotlib 库，用于绘制图形和可视化
import matplotlib.pyplot as plt
# 从 sklearn 库导入 make_classification 和 make_regression 函数，用于生成分类和回归数据集
from sklearn.datasets import make_classification, make_regression

# 从 sklearn 库导入 train_test_split 函数，用于将数据集分割为训练集和测试集
from sklearn.model_selection import train_test_split
# 导入 random 库，用于生成随机数和控制随机过程
import random
```

```
# 设置随机种子以确保结果可重复
np.random.seed(13)

# 生成训练数据
train_x = np.linspace(0, 3, 120)
train_labels = 2 * train_x + 0.9 + np.random.randn(*train_x.shape) * 0.5

# 绘制训练数据的散点图
plt.scatter(train_x, train_labels)
```

程序输出如图 5-7 所示。

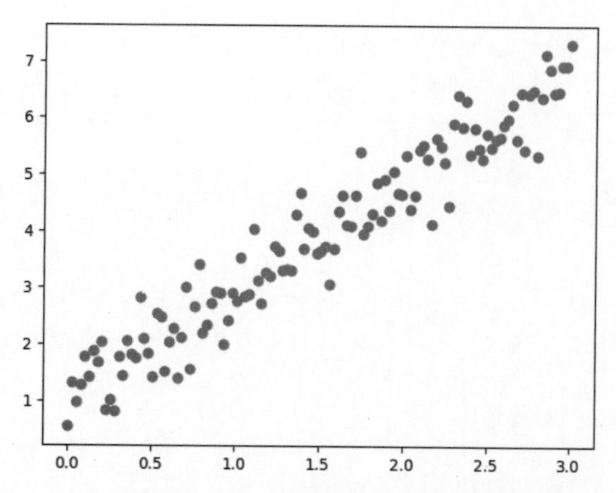

图 5-7　由程序生成的简单的线性回归数据集的散点图

线性回归由直线 $f_{W,b}(x)=Wx+b$ 定义，其中 W,b 是需要找到的模型参数。在数据集 $\{x_i,y_u\}_{i=1}^{N}$ 上的误差（也称为损失函数）可以定义为均方误差：

$$\mathcal{L}(W,b)=\frac{1}{N}\sum_{i=1}^{N}(f_{W,b}(x_i)-y_i)^2$$

关于此公式的解释请参看本课“5.3.4 示例 1: 线性回归”的说明。

通过下面的程序定义模型和损失函数：

```
# 定义输入和输出的维度
input_dim = 1
output_dim = 1
# 设置学习率
learning_rate = 0.1

# 定义权重矩阵 w，初始化为 100.0
w = torch.tensor([100.0], requires_grad=True, dtype=torch.float32)
# 定义偏置向量 b，初始化为全零
b = torch.zeros(size=(output_dim,), requires_grad=True)

# 定义线性模型函数 f
def f(x):
    return torch.matmul(x, w) + b

# 定义损失函数，计算标签和预测之间的均方误差
def compute_loss(labels, predictions):
    return torch.mean(torch.square(labels - predictions))
```

下面将在一系列小批量上训练模型。使用梯度下降法，使用以下公式调整模型参数：

$$\boldsymbol{W}^{(n+1)} = \boldsymbol{W}^{(n)} - \eta \frac{\partial \mathcal{L}}{\partial \boldsymbol{W}}$$
$$\boldsymbol{b}^{(n+1)} = \boldsymbol{b}^{(n)} - \eta \frac{\partial \mathcal{L}}{\partial \boldsymbol{b}}$$

关于此公式的解释请参看本课“5.3.4 示例 1: 线性回归”的说明。

通过计算损失函数对参数的梯度，并按照上述公式更新参数，可以通过梯度下降算法优化模型，使损失函数最小化。这样，就可以利用自动求导高效地计算梯度，并通过梯度下降迭代地训练线性回归模型。定义批次训练函数并进行训练的程序如下：

```
# 定义一个批次的训练函数
def train_on_batch(x, y):
  predictions = f(x)
# 对输入 x 进行预测
  loss = compute_loss(y, predictions)
# 计算预测值与真实值之间的损失
  loss.backward()
# 计算损失函数关于权重和偏置的梯度
  w.data.sub_(learning_rate * w.grad)
# 使用梯度下降更新权重
  b.data.sub_(learning_rate * b.grad)
# 使用梯度下降更新偏置
  w.grad.zero_()
# 清除权重的梯度，以便下一次迭代
  b.grad.zero_()
# 清除偏置的梯度，以便下一次迭代
  return loss
# 返回计算得到的损失值
```

开始训练。对数据集进行多轮遍历，将其分成小批量，并调用上面定义的函数，其程序如下：

```
# 打乱数据
indices = np.random.
permutation(len(train_x))
features = torch.tensor(train_
x[indices],dtype=torch.float32)   # 将
训练数据转换为张量
labels = torch.tensor(train_
labels[indices],dtype=torch.float32) #
将标签转换为张量
```

```
batch_size = 4
# 设置批次大小
```

```
for epoch in range(10):
# 迭代 10 轮
  for i in range(0,len(features),batch_
size): # 按批次遍历数据
    loss = train_on_
batch(features[i:i+batch_size].view(-
1,1),labels[i:i+batch_size]) # 训练一
个批次并计算损失
  print('Epoch %d: last batch loss =
%.4f' % (epoch, float(loss))) # 打印每
轮的最后一个批次的损失
```

程序输出如下：

```
Epoch 0: last batch loss = 94.5247
Epoch 1: last batch loss = 9.3428
Epoch 2: last batch loss = 1.4166
Epoch 3: last batch loss = 0.5224
Epoch 4: last batch loss = 0.3807
Epoch 5: last batch loss = 0.3495
Epoch 6: last batch loss = 0.3413
Epoch 7: last batch loss = 0.3390
Epoch 8: last batch loss = 0.3384
Epoch 9: last batch loss = 0.3382
```

现在已经得到了优化的参数 $\boldsymbol{W}$ 和 $\boldsymbol{b}$。注意它们的值类似于生成数据集时使用的原始值($\boldsymbol{W}$=2, $\boldsymbol{b}$=1)，打印权重和偏置的程序如下：

```
# 打印权重和偏置
w, b
```

程序输出如下：

```
(tensor([1.8617], requires_grad=True),
tensor([1.0711], requires_grad=True))
```

绘制训练数据的散点图与拟合线的程序如下：

```
# 绘制训练数据的散点图
plt.scatter(train_x, train_labels)
x = np.array([min(train_x), max(train_
x)])

# 通过权重和偏置绘制拟合线
with torch.no_grad(): # 禁止计算梯度
  y = w.numpy() * x + b.numpy()
plt.plot(x, y, color='red') # 绘制拟合线
```

程序输出如图 5-8 所示。

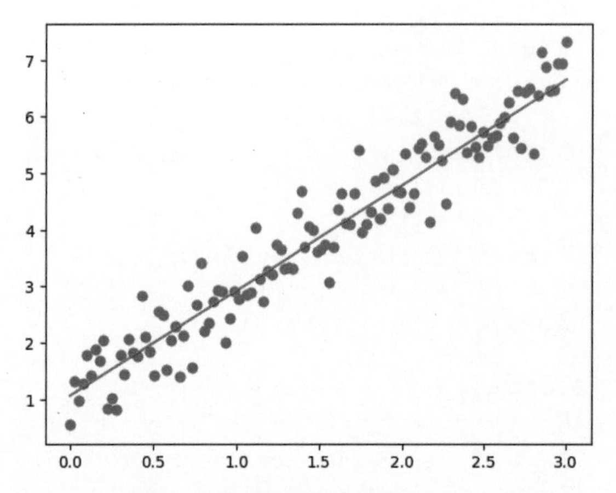

图 5-8　由程序生成的简单的线性回归数据集的散点图与模型预测的直线

为了在 GPU 上进行计算，PyTorch 支持将张量移到 GPU 并为 GPU 构建计算图。通常，在程序开头定义可用的计算设备 `device`（可以是 `cpu` 或 `cuda`），然后使用 `.to(device)` 将所有张量移动到该设备上。还可以通过在创建张量时传递参数 `device=...` 来预先在指定设备上创建张量。这样的程序在 CPU 和 GPU 上都可以运行而无须更改。检测计算设备并进行训练的示例程序如下：

```
# 检测是否支持 CUDA（GPU），并将其用作计算设备
device = 'cuda' if torch.cuda.is_available() else 'cpu'
print('Doing computations on ' + device)
# 将权重和偏置移动到相应的设备（GPU 或 CPU）上
w = torch.tensor([100.0], requires_grad=True, dtype=torch.float32, device=device)
b = torch.zeros(size=(output_dim,), requires_grad=True, device=device)

# 定义线性模型函数
def f(x):
  return torch.matmul(x, w) + b

# 定义损失计算函数，使用均方误差作为损失
def compute_loss(labels, predictions):
  return torch.mean(torch.square(labels - predictions))

# 定义批次训练函数，计算预测值、损失，并通过梯度下降更新权重和偏置
def train_on_batch(x, y):
  predictions = f(x) # 计算预测值
  loss = compute_loss(y, predictions) # 计算损失
  loss.backward() # 反向传播计算梯度
  w.data.sub_(learning_rate * w.grad) # 更新权重
  b.data.sub_(learning_rate * b.grad) # 更新偏置
  w.grad.zero_() # 清零权重梯度
  b.grad.zero_() # 清零偏置梯度
  return loss # 返回损失值

batch_size = 4 # 定义批次大小
for epoch in range(10): # 进行 10 个周期的训练
  for i in range(0, len(features), batch_size): # 按批次大小迭代数据
    # 将数据移动到指定设备上，并调用 train_on_batch 函数进行训练
    loss = train_on_batch(features[i:i+batch_size].view(-1, 1).to(device), labels[i:i+batch_size].to(device))
  print('Epoch %d: last batch loss = %.4f' % (epoch, float(loss))) # 打印每个周期的最后一个批次的损失
```

程序输出如下：

```
Doing computations on cpu
Epoch 0: last batch loss = 94.5247
Epoch 1: last batch loss = 9.3428
Epoch 2: last batch loss = 1.4166
Epoch 3: last batch loss = 0.5224
Epoch 4: last batch loss = 0.3807
Epoch 5: last batch loss = 0.3495
Epoch 6: last batch loss = 0.3413
Epoch 7: last batch loss = 0.3390
Epoch 8: last batch loss = 0.3384
Epoch 9: last batch loss = 0.3382
```

5.4.6　示例 2：分类

现在考虑二元分类问题。这类问题有一个很好的例子是根据肿瘤的大小和年龄，来判断它是恶性的还是良性的。

核心模型与回归相似，但需要使用不同的损失函数。首先生成样本数据，其程序如下：

```
# 设置随机种子，确保每次运行时生成的随机数都相同
np.random.seed(0)

# 定义样本数量
n = 100

# 使用 sklearn 库的 make_classification 函数生成一个二元分类数据集
X, Y = make_classification(n_samples=n, n_features=2, n_redundant=0, n_informative=2, flip_y=0.1, class_sep=1.5)
# 将数据转换为适当的数据类型
X = X.astype(np.float32)
Y = Y.astype(np.int32)

# 将数据分为训练集、验证集和测试集
split = [70 * n // 100, (15 + 70) * n // 100]
train_x, valid_x, test_x = np.split(X, split)
train_labels, valid_labels, test_labels = np.split(Y, split)
# 定义一个函数，用于绘制数据集，并可能绘制决策边界
def plot_dataset(features, labels, W=None, b=None):
    # 准备绘图
    fig, ax = plt.subplots(1, 1)
    ax.set_xlabel('$x_i[0]$ -- (feature 1)')  # 设置 x 轴标签
    ax.set_ylabel('$x_i[1]$ -- (feature 2)')  # 设置 y 轴标签
    # 选择颜色：红色为标签 1，蓝色为标签 0
    colors = ['r' if l else 'b' for l in labels]
    # 绘制散点图
    ax.scatter(features[:, 0], features[:, 1], marker='o', c=colors, s=100, alpha=0.5)
    if W is not None:  # 如果提供了权重和偏置，则绘制决策边界
        min_x = min(features[:, 0])
        max_x = max(features[:, 1])
        min_y = min(features[:, 1]) * (1 - .1)
        max_y = max(features[:, 1]) * (1 + .1)
        cx = np.array([min_x, max_x], dtype=np.float32)
        cy = (0.5 - W[0] * cx - b) / W[1]
        ax.plot(cx, cy, 'g')  # 绘制绿色线条作为决策边界
        ax.set_ylim(min_y, max_y)
    fig.show()  # 显示图像
```

使用定义的函数绘制训练集，程序如下：

```
plot_dataset(train_x, train_labels)
```

程序输出如图 5-9 所示。

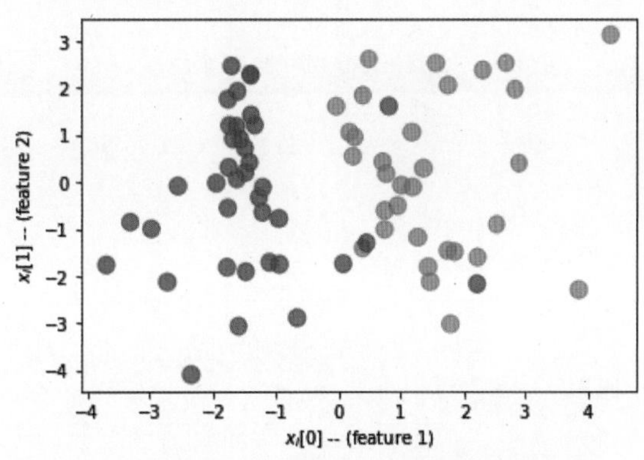

图 5-9　由程序生成的二分类问题数据集的散点图

在这个示例中，使用 make_classification 生成了一个二元分类的数据集，并通过绘图函数可视化了数据分布。

1. 训练单层感知器

使用 PyTorch 的梯度计算机制来训练单层感知器。

神经网络将有 2 个输入和 1 个输出。权重矩阵 $\boldsymbol{W}$ 的大小为 2 x 1，偏差向量 $\boldsymbol{b}$ 的大小为 1。

为了让程序更加结构化，将所有参数组合到一个类中。定义网络模型的程序如下：

```
# 定义一个名为 Network 的类，代表一个简单的线性分类器
class Network():
  def __init__(self):
     # 初始化权重矩阵 W 为随机正态分布，形状为 (2,1)，并设置其为可微分
     self.W = torch.
```

```
randn(size=(2,1),requires_grad=True)
    # 初始化偏置向量 b 为零,形状为 (1,),
并设置其为可微分
    self.b = torch.
zeros(size=(1,),requires_grad=True)

  def forward(self,x):
    # 定义前向传播函数，执行线性变换
    return torch.matmul(x,self.
W)+self.b

  def zero_grad(self):
    # 将权重和偏置的梯度清零
    self.W.data.zero_()
    self.b.data.zero_()

  def update(self,lr=0.1):
    # 根据权重和偏置的梯度更新参数
    self.W.data.sub_(lr*self.W.grad)
    self.b.data.sub_(lr*self.b.grad)

# 创建 Network 类的实例
net = Network()
```

> ⚠ 注意，使用的是 `W.data.zero_()` 而不是 `W.zero_()`。之所以这样做，是因为我们不能直接修改正在使用自动求导机制进行跟踪的张量。

核心模型与前面的例子相同，但损失函数将使用逻辑损失。为了应用逻辑损失，需要获取网络输出的概率值，即需要使用 `sigmoid` 激活函数将输出 z 映射到 [0,1] 范围内：$p=\sigma(z)$。

如果得到了第 i 个输入值对应的实际类别 $y_i \in 0,1$ 的概率 p_i，则可计算损失为

$$\mathcal{L}_i = -(y_i \log p_i + (1-y_i)\log(1-p_i))$$

在 PyTorch 中，这两个步骤（应用 sigmoid 然后是逻辑损失）可以通过一次调用 `binary_cross_entropy_with_logits` 函数来完成。由于在小批量中训练网络，所以，需要对小批量中的所有元素的损失进行平均，这是由函数 `binary_cross_entropy_with_logits` 自动完成的。

> 对 `binary_crossentropy_with_logits` 的调用相当于先调用 `sigmoid`，然后调用 `binary_crossentropy`。

定义批次训练函数的程序如下：

```
# 定义一个批次上训练的函数
def train_on_batch(net, x, y):
  # 调用网络的前向传播方法
  z = net.forward(x).flatten()
  # 计算二元交叉熵损失
  loss = torch.nn.functional.
binary_cross_entropy_with_
logits(input=z,target=y)
  # 清除以前计算的梯度
  net.zero_grad()
  # 反向传播计算梯度
  loss.backward()
  # 使用梯度更新网络参数
  net.update()
  return loss
```

为了有效地迭代数据集，将利用 PyTorch 内置的数据管理机制。这个机制基于如下两个核心概念：

- **数据集（Dataset）：数据的主要来源，可以是可迭代的对象或者映射式的数据集。**
- **数据加载器（Dataloader）：负责从数据集中加载数据并将其分成小批次。**

在案例中将定义一个基于张量的数据集，并将其划分成大小为 16 的小批次。每个小批次包含两个张量：输入数据（大小为 16×2）和标签（由长度为 16 的整数向量表示类别号）。创建数据集和数据加载器的程序如下：

```
# 创建一个 PyTorch 数据集，包括输入特征
和标签
dataset = torch.utils.data.
TensorDataset(torch.tensor(train_
x),torch.tensor(train_
labels,dtype=torch.float32))
# 创建一个数据加载器，以方便批量迭代
dataloader = torch.utils.data.
DataLoader(dataset,batch_size=16)
# 列出数据加载器的第一个元素（即第一个批
次的数据）
list(dataloader)[0]
```

程序输出如下：

```
[tensor([[ 1.5442,  2.5290],
        [-1.6284,  0.0772],
        [-1.7141,  2.4770],
```

```
            [-1.4951,  0.7320],
            [-1.6899,  0.9243],
            [-0.9474, -0.7681],
            [ 3.8597, -2.2951],
            [-1.3944,  1.4300],
            [ 4.3627,  3.1333],
            [-1.0973, -1.7011],
            [-2.5532, -0.0777],
            [-1.2661, -0.3167],
            [ 0.3921,  1.8406],
            [ 2.2091, -1.6045],
            [ 1.8383, -1.4861],
            [ 0.7173, -0.9718]]),
 tensor([1., 0., 0., 0., 0., 0., 1.,
0., 1., 0., 0., 0., 1., 1., 1., 1.])]
```

现在，可以循环遍历整个数据集，为网络进行15 轮训练，其程序如下：

```
# 训练网络 15 个 epoch
for epoch in range(15):
  # 遍历数据加载器中的每个批次
  for (x, y) in dataloader:
    # 对每个批次调用 train_on_batch 函数训练网络，并计算损失
    loss = train_on_batch(net,x,y)
  # 打印每个 epoch 的最后一个批次的损失
  print('Epoch %d: last batch loss =
%.4f' % (epoch, float(loss)))
```

程序输出如下：

```
Epoch 0: last batch loss = 0.5473
Epoch 1: last batch loss = 0.4512
Epoch 2: last batch loss = 0.3914
Epoch 3: last batch loss = 0.3504
…此处省略部分输出结果
Epoch 12: last batch loss = 0.2157
Epoch 13: last batch loss = 0.2092
Epoch 14: last batch loss = 0.2034
```

打印训练后的权重和偏置，其程序如下：

```
# 打印训练后的权重和偏置
print(net.W,net.b)
```

程序输出如下：

```
tensor([[1.3912],
        [0.3473]], requires_
grad=True) tensor([-0.0883], requires_
grad=True)
```

为了确保训练有效，绘制分隔两个类的线。分隔线由等式 $\boldsymbol{W}\times x+\boldsymbol{b}=0.5$ 定义，绘制决策边界的程序如下：

```
# 在训练集上绘制决策边界
plot_dataset(train_x,train_labels,net.
W.detach().numpy(),net.b.detach().
numpy())
```

程序输出如图 5-10 所示。

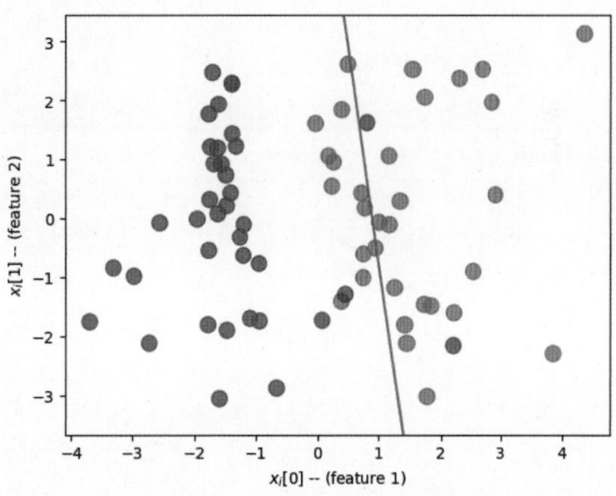

图 5-10　由程序生成的二分类问题数据集的散点图及训练后的决策边界

看看模型在验证数据上的表现，其程序如下：

```
# 使用训练后的网络对验证数据集进行预测
pred = torch.sigmoid(net.
forward(torch.tensor(valid_x)))
# 计算预测准确率，并将其与验证标签进行比较
torch.mean(((pred.view(-
1)>0.5)==(torch.tensor(valid_
labels)>0.5)).type(torch.float32))
```

程序输出如下：

```
tensor(0.8000)
```

解释一下这里发生了什么。

- `pred` 是针对整个验证数据集的预测概率向

量。通过将原始验证数据 `valid_x` 输入网络，并应用 `sigmoid` 来获得概率。

- `pred.view(-1)` 创建原始张量的扁平视图。`view` 类似于 NumPy 中的 `reshape` 函数。
- `pred.view(-1)>0.5` 返回一个布尔张量或真值，表示预测的类别（False = 类别 0，True = 类别 1）。
- 类似地，`torch.tensor(valid_labels)>0.5)` 创建验证标签的布尔张量真值。
- 将这两个张量逐元素进行比较，并得到另一个布尔张量，其中 `True` 对应正确的预测，`False` 对应不正确的预测。
- 将该张量转换为浮点型，并使用 `torch.mean` 取其平均值——这就是所需的准确率。

2. 神经网络和优化器

在 PyTorch 中，有一个特殊的模块 `torch.nn.Module` 用于表示神经网络。有两种方法来可以定义神经网络：

- **Sequential（顺序模型）**：只需指定组成网络的层的列表。
- 继承自 `torch.nn.Module` 的类：允许创建自定义的神经网络结构。通过这种方法，可以定义网络的各个组件，并在 `forward` 方法中指定它们之间的运算逻辑。这种方式更灵活，因为可以自由地组合不同类型的层，并编写自定义的处理逻辑。

第一种方法允许指定顺序组合层的标准网络；而第二种方法更灵活，允许表达任意复杂体系结构的网络。

在模块内部，可以使用标准的层，例如：

- `Linear`：全连接层，相当于单层感知器。它与之前为网络定义的架构相同。
- `Softmax`、`Sigmoid`、`ReLU`：对应激活函数的层。

还有其他用于特殊网络类型（如卷积、循环等）的层，将在后面的课程中进行介绍。

> 在 PyTorch 中，大多数激活函数和损失函数都以两种形式存在：作为函数（在 `torch.nn.functional` 命名空间内）和作为层（在 `torch.nn` 命名空间内）。对于激活函数，通常更容易使用 `torch.nn.functional` 中的函数元素，而不必创建单独的层对象。

如果想要训练一个单层感知器，可以使用内置的 `Linear` 层。创建线性层的程序如下：

```
# 创建一个线性层，有 2 个输入和 1 个输出
net = torch.nn.Linear(2,1)
# 打印网络的参数（权重和偏置）
print(list(net.parameters()))
```

程序输出如下：

```
[Parameter containing:
tensor([[0.0114, 0.0979]], requires_
grad=True), Parameter containing:
tensor([0.6501], requires_grad=True)]
```

`parameters()` 方法返回了在训练过程中需要调整的所有参数，它们对应于权重矩阵 $\boldsymbol{W}$ 和偏置 $\boldsymbol{b}$。它们的 `requires_grad` 被设置为 `True`，这是因为需要计算关于参数的梯度。

PyTorch 还包含内置的优化器，实现了诸如梯度下降等优化方法。下面的程序定义了一个随机梯度下降优化器：

```
# 创建一个随机梯度下降优化器,学习率为0.05
optim = torch.optim.SGD(net.
parameters(),lr=0.05)
```

使用优化器后，训练循环程序如下：

```
# 将验证集的输入和标签转换为张量
val_x = torch.tensor(valid_x)
val_lab = torch.tensor(valid_labels)

# 对网络进行 10 个 epoch 的训练
for ep in range(10):
  # 遍历数据加载器中的每个批次
  for (x,y) in dataloader:
    # 计算网络的输出并展平
    z = net(x).flatten()
    # 计算二元交叉熵损失
    loss = torch.nn.functional.binary_
cross_entropy_with_logits(z,y)
    # 清零优化器的梯度
    optim.zero_grad()
    # 计算损失的梯度
    loss.backward()
    # 使用优化器更新网络参数
    optim.step()
```

```
# 计算验证集的准确率
acc = ((torch.sigmoid(net(val_
x).flatten())>0.5).float()==val_lab).
float().mean()
# 打印每个 epoch 的最后一个批次的损失和
验证准确率
print(f"Epoch {ep}: last batch loss
= {loss}, val acc = {acc}")
```

程序输出如下：

```
Epoch 0: last batch loss =
0.7364038825035095, val acc =
0.5333333611488342
Epoch 1: last batch loss =
0.6430925726890564, val acc =
0.6000000238418579
Epoch 2: last batch loss =
0.5720775723457336, val acc =
0.7333333492279053
……此处省略部分输出结果
Epoch 8: last batch loss =
0.3636035919189453, val acc =
0.800000011920929
Epoch 9: last batch loss =
0.3458237648010254, val acc =
0.800000011920929
```

为了将网络应用于输入数据，可以使用 `net(x)` 而不是 `net.forward(x)`，因为 `nn.Module` 实现了 Python 的 `__call__()` 函数。

考虑到这一点，可以定义通用的 `train` 函数，其程序如下：

```
# 定义一个训练函数，用于训练网络
def train(net, dataloader, val_x, val_
lab, epochs=10, lr=0.05):
  # 创建一个 Adam 优化器
  optim = torch.optim.Adam(net.
parameters(),lr=lr)
  # 进行指定 epoch 数的训练
  for ep in range(epochs):
    # 与上面的训练程序类似
    for (x,y) in dataloader:
      z = net(x).flatten()
      loss = torch.nn.functional.
binary_cross_entropy_with_logits(z,y)
      optim.zero_grad()
      loss.backward()
      optim.step()
    acc = ((torch.sigmoid(net(val_
x).flatten())>0.5).float()==val_lab).
float().mean()
    print(f"Epoch {ep}: last batch
loss = {loss}, val acc = {acc}")

# 创建一个新的线性层
net = torch.nn.Linear(2,1)

# 调用训练函数对网络进行训练，学习率为0.03
train(net,dataloader,val_x,val_
lab,lr=0.03)
```

程序输出如下：

```
Epoch 0: last batch loss =
0.35924863815307617, val acc =
0.800000011920929
Epoch 1: last batch loss =
0.3178018629550934, val acc =
0.800000011920929
Epoch 2: last batch loss =
0.28385522961616516, val acc =
0.800000011920929
……此处省略部分输出结果
Epoch 8: last batch loss =
0.1796441525220871, val acc =
0.800000011920929
Epoch 9: last batch loss =
0.171239972114563, val acc =
0.800000011920929
```

3. 将网络定义为层序列

现在训练多层感知器。可以通过指定一系列层来定义多层感知器，得到的对象将自动继承自 `Module`，例如，多层感知器还将具有 `parameters` 方法，该方法将返回整个网络的所有参数。定义多层感知器的程序如下：

```
# 使用 Sequential 容器创建一个三层神经网络
（包括一个隐藏层），使用 Sigmoid 激活函数
net = torch.nn.Sequential(torch.
nn.Linear(2,5),torch.
nn.Sigmoid(),torch.nn.Linear(5,1))
# 打印网络结构
print(net)
```

程序输出如下：

```
Sequential(
  (0): Linear(in_features=2, out_
features=5, bias=True)
  (1): Sigmoid()
  (2): Linear(in_features=5, out_
features=1, bias=True)
)
```

可以使用上面定义的 `train` 函数来训练这个多层感知器网络，程序如下：

```
# 使用先前定义的 train 函数训练网络
train(net,dataloader,val_x,val_lab)
```

程序输出如下：

```
Epoch 0: last batch loss =
0.6351234912872314, val acc =
0.5333333611488342
Epoch 1: last batch loss =
0.5527085661888123, val acc =
0.6000000238418579
Epoch 2: last batch loss =
0.46936309337615967, val acc =
0.7333333492279053
……此处省略部分输出结果
Epoch 8: last batch loss =
0.11235754936933517, val acc =
0.800000011920929
Epoch 9: last batch loss =
0.09087608009576797, val acc =
0.800000011920929
```

4. 将网络定义为一个类

使用继承自 `torch.nn.Module` 的类是一种更灵活的方法，因为可以在类内部定义任意计算过程。`Module` 会自动完成许多事情，例如，它会自动理解所有的内部变量都是 PyTorch 的层，并收集它们的参数进行优化。用户只需要将网络的所有层定义为该类的成员。定义自定义网络类的程序如下：

```
# 定义一个自定义神经网络类，继承自 torch.
nn.Module
class MyNet(torch.nn.Module):
  # 构造函数，接收隐藏层大小和激活函数作
为参数
  def __init__(self,hidden_
size=10,func=torch.nn.Sigmoid()):
    super().__init__() # 调用父类构造函
数
    # 定义第一个全连接层，从 2 个输入到
hidden_size 个隐藏单元
    self.fc1 = torch.
nn.Linear(2,hidden_size)
    # 指定激活函数
    self.func = func
    # 定义第二个全连接层，从 hidden_size
个隐藏单元到 1 个输出
    self.fc2 = torch.nn.Linear(hidden_
size,1)

  # 定义前向传播
  def forward(self,x):
    x = self.fc1(x) # 通过第一个全连接层
    x = self.func(x) # 应用激活函数
    x = self.fc2(x) # 通过第二个全连接层
    return x

# 使用 ReLU 激活函数创建自定义网络的实例
net = MyNet(func=torch.nn.ReLU())
# 打印自定义网络结构
print(net)
```

程序输出如下：

```
MyNet(
  (fc1): Linear(in_features=2, out_
features=10, bias=True)
  (func): ReLU()
  (fc2): Linear(in_features=10, out_
features=1, bias=True)
)
```

使用先前定义的 train 函数训练自定义网络，其程序如下：

```
# 使用先前定义的train函数训练自定义网络，
学习率为 0.005
train(net,dataloader,val_x,val_
lab,lr=0.005)
```

程序输出如下：

```
Epoch 0: last batch loss =
0.707048237323761, val acc =
```

```
0.6000000238418579
Epoch 1: last batch loss =
0.6507198214530945, val acc =
0.6000000238418579
Epoch 2: last batch loss =
0.6013883948326111, val acc =
0.6000000238418579
……此处省略部分输出结果
Epoch 8: last batch loss =
0.40648317337036133, val acc =
0.800000011920929
Epoch 9: last batch loss =
0.3836129605770111, val acc =
0.8666666746139526
```

任务 1：绘制训练过程中的变化图，包括训练数据和验证数据的损失函数值、准确率变化的图形。

任务 2：尝试使用这段程序解决 MNIST 分类问题。提示：使用 `crossentropy_with_logits` 作为损失函数。

5. 将网络定义为 PyTorch Lightning 模块

将编写的 PyTorch 模型程序封装成 `PyTorch Lightning` 模块。这样可以更方便和灵活地使用各种 `Lightining` 方法进行训练和准确性测试。

首先，需要安装和导入 PyTorch Lightning。可以使用以下命令来进行安装：

```
pip install pytorch-lightning
```

或者

```
conda install -c conda-forge pytorch-
lightning
```

导入 PyTorch Lightning 库：

```
# 导入 PyTorch Lightning 库
import pytorch_lightning as pl
```

为了使程序在 Lightning 中工作，需要做以下几步：

(1) 创建一个 `pl.LightningModule` 的子类，并在 `init` 方法和 `forward` 传递方法中添加模型架构。

(2) 将使用的优化器移到 `configure_optimizers()` 方法中。

(3) 分别在 `training_step` 和 `validation_step` 方法中定义训练和验证过程。

(4) （可选）实现测试过程（`test_step` 方法）和预测过程（`predict_step` 方法）。

还应该注意，PyTorch Lightning 内置了将模型转换到不同设备的功能，具体取决于 `DataLoaders` 中的输入数据所在的位置。因此，程序中应该删除所有的 `.cuda()` 或 `.to(device)` 调用。定义 MyNetPL 类的程序如下：

```
# 定义一个名为 MyNetPL 的类，继承自
pl.LightningModule
class MyNetPL(pl.LightningModule):
    # 构造函数，接收隐藏层大小和激活函数
作为参数
    def __init__(self, hidden_size =
10, func = torch.nn.Sigmoid()):
        super().__init__() # 调用父类构
造函数
        self.fc1 = torch.
nn.Linear(2,hidden_size) # 定义第一个全
连接层
        self.func = func # 指定激活函数
        self.fc2 = torch.
nn.Linear(hidden_size,1) # 定义第二个全
连接层
        self.val_epoch_num = 0 # 用于
记录验证周期数量

    # 前向传播函数
    def forward(self, x):
        x = self.fc1(x) # 通过第一个全
连接层
        x = self.func(x) # 应用激活函数
        x = self.fc2(x) # 通过第二个全
连接层
        return x
    # 训练步骤函数
    def training_step(self, batch,
batch_nb):
        x, y = batch
        y_res = self(x).view(-1) # 计
算网络输出
        loss = torch.nn.functional.
binary_cross_entropy_with_logits(y_
res, y) # 计算损失
        return loss

    # 配置优化器函数
```

```
    def configure_optimizers(self):
        optimizer = torch.optim.
SGD(self.parameters(), lr = 0.005) #
使用 SGD 优化器
        return optimizer

    # 验证步骤函数
    def validation_step(self, batch,
batch_nb):
        x, y = batch
        y_res = self(x).view(-1)
        val_loss = torch.
nn.functional.binary_cross_entropy_
with_logits(y_res, y) # 计算验证损失
        # 打印验证损失和准确率
        print("Epoch ", self.val_
epoch_num, ": val loss = ", val_
loss.item(), " val acc = ",((torch.
sigmoid(y_res.flatten())>0.5).
float()==y).float().mean().item(),
sep = "")
        self.val_epoch_num += 1
```

添加验证 `Dataset` 和 `DataLoader`，其程序如下：

```
# 创建验证数据集和数据加载器
valid_dataset = torch.utils.
data.TensorDataset(torch.
tensor(valid_x),torch.tensor(valid_
labels,dtype=torch.float32))
valid_dataloader = torch.utils.data.
DataLoader(valid_dataset, batch_size =
16)
```

现在模型已经准备好进行训练。在 PyTorch Lightning 中，这个过程通过 `Trainer` 类的对象实现，它本质上是将模型与任何数据集混合在一起的过程。训练模型的程序如下：

```
# 用 ReLU 激活函数创建 MyNetPL 类的实例
net = MyNetPL(func=torch.nn.ReLU())

# 创建 Trainer 对象并设置参数
trainer = pl.Trainer(max_
epochs=30, log_every_n_steps=1,
accelerator='gpu', devices=1)

# 使用上述训练和验证数据加载器进行训练
trainer.fit(model=net, train_
dataloaders=dataloader, val_
dataloaders=valid_dataloader)
```

程序输出如下：

```
(以下输出内容中的中文内容为译者注释)
GPU available: True (mps), used: True (GPU 可用，并且正在被使用。)
TPU available: False, using: 0 TPU cores
IPU available: False, using: 0 IPUs
HPU available: False, using: 0 HPUs (TPU、IPU、HPU 都不可用。)
Missing logger folder: /Users/mouseart/OneDrive/book/AI-For-Beginners-main/
lessons/3-NeuralNetworks/05-Frameworks/lightning_logs
(下面表格提供了关于模型架构的信息，包括模型中的不同层（如全连接层）和激活函数（如 ReLU）的
参数数量。)
  | Name | Type   | Params
---------------------------------
0 | fc1  | Linear | 30
1 | func | ReLU   | 0
2 | fc2  | Linear | 11
---------------------------------
41        Trainable params
0         Non-trainable params
41        Total params
0.000     Total estimated model params size (MB)
/Users/mouseart/.pyenv/versions/3.9.7/lib/python3.9/site-packages/pytorch_
```

```
lightning/trainer/connectors/data_connector.py:432: PossibleUserWarning: The
dataloader, val_dataloader, does not have many workers which may be a bottleneck.
Consider increasing the value of the `num_workers` argument` (try 10 which is the
number of cpus on this machine) in the `DataLoader` init to improve performance.(这
些警告信息是关于数据加载器（DataLoader）的性能建议，例如提高 num_workers 参数以提高性能。）
  rank_zero_warn(
Epoch 0: val loss = 0.7281930446624756 val acc = 0.46666669845581055
/Users/mouseart/.pyenv/versions/3.9.7/lib/python3.9/site-packages/pytorch_
lightning/trainer/connectors/data_connector.py:432: PossibleUserWarning: The
dataloader, train_dataloader, does not have many workers which may be a bottleneck.
Consider increasing the value of the `num_workers` argument` (try 10 which is the
number of cpus on this machine) in the `DataLoader` init to improve performance.
  rank_zero_warn(
Epoch 29: 100%
5/5 [00:00<00:00, 78.40it/s, v_num=0]
Epoch 1: val loss = 0.7236830592155457 val acc = 0.46666669845581055
Epoch 2: val loss = 0.7192802429199219 val acc = 0.46666669845581055
Epoch 3: val loss = 0.714972972869873 val acc = 0.46666669845581055
Epoch 4: val loss = 0.7107470631599426 val acc = 0.46666669845581055
……此处省略部分输出结果
Epoch 28: val loss = 0.6299234628677368 val acc = 0.8000000715255737
Epoch 29: val loss = 0.6271551847457886 val acc = 0.8000000715255737
（展示了训练过程的详细信息。例如，每轮的验证损失和准确率。可以看到随着训练的进行，验证损失
和准确率如何变化。）
'Trainer.fit' stopped: 'max_epochs=30' reached.
Epoch 30: val loss = 0.6244298815727234 val acc = 0.8000000715255737
```

5.4.7 要点

- PyTorch 允许在低级别操作张量，具有最大的灵活性。
- 有方便的工具可以处理数据，如 Datasets 和 Dataloaders。
- 可以使用 `Sequential` 语法或从 `torch.nn.Module` 继承一个类来定义神经网络架构。
- 对于更简单的定义和训练网络的方法，请查阅 PyTorch Lightning。

5.5 使用 Keras 的极简神经网络入门：IntroKeras.zh.ipynb

Keras 是 TensorFlow 2.x 框架的一部分。请确保已安装了 TensorFlow 的 2.x.x 版本。如果需要安装 TensorFlow，可在终端窗口中输入下面的命令：

```
pip install tensorflow
```

或者

```
conda install tensorflow
```

导入必要的库，程序如下：

```
# 导入 TensorFlow 库，并简称为 tf
import tensorflow as tf

# 从 TensorFlow 库中导入 Keras 模块，
Keras 是 TensorFlow 的高级神经网络接口，
用于建立和训练模型
from tensorflow import keras
# 导入 NumPy 库，并简称为 np，NumPy 是用于
数值计算的库
import numpy as np

# 从 sklearn 库中的 datasets 模块导入
make_classification 函数，这个函数可以生
成随机的分类数据集
from sklearn.datasets import make_
classification

# 导入 matplotlib 库的 pyplot 模块，并简称
为 plt，这是一个用于绘图和可视化的库
import matplotlib.pyplot as plt
```

5.5.1 示例

现在将考虑二元分类问题。这类问题有一个很好的例子是根据肿瘤的大小和年龄，来判断它是恶性的还是良性的。首先生成一些样本数据，程序如下：

```
# 设置随机数种子以确保结果的可重复性
np.random.seed(0)

# 定义样本数量
n = 100

# 使用 sklearn 的 make_classification
函数生成二分类问题的数据
X, Y = make_classification(n_samples =
n, n_features=2,
                                n_
redundant=0, n_informative=2, flip_
y=0.05,class_sep=1.5)
# 将特征和标签转换为浮点数和整数类型
X = X.astype(np.float32)
Y = Y.astype(np.int32)

# 定义训练集和测试集的划分比例
split = [ 70*n//100 ]

# 划分训练集和测试集
train_x, test_x = np.split(X, split)
train_labels, test_labels =
np.split(Y, split)
```

下面的程序定义了一个函数 plot_dataset，绘制特征和标签的散点图，并可选择性地绘制决策边界：

```
# 定义一个绘图函数，用于绘制特征和标签，
可以选择是否绘制决策边界
def plot_dataset(features, labels,
W=None, b=None):
    # 准备绘图
    fig, ax = plt.subplots(1, 1)
    # 设置 x 轴和 y 轴的标签
    ax.set_xlabel('$x_i[0]$ --
(feature 1)')
    ax.set_ylabel('$x_i[1]$ --
(feature 2)')
    # 根据标签设定颜色，如果标签是 1，颜
色为红色；否则为蓝色
    colors = ['r' if l else 'b' for l
in labels]
    # 绘制散点图
    ax.scatter(features[:, 0],
features[:, 1], marker='o', c=colors,
s=100, alpha = 0.5)
    # 如果提供了权重 W 和偏置 b，则绘制
决策边界
    if W is not None:
        min_x = min(features[:,0])
        max_x = max(features[:,1])
        min_y =
min(features[:,1])*(1-.1)
        max_y =
max(features[:,1])*(1+.1)
        cx = np.array([min_x,max_
x],dtype=np.float32)
        # 计算决策边界的 y 值
        cy = (0.5-W[0]*cx-b)/W[1]
        # 绘制决策边界
        ax.plot(cx,cy,'g')
        # 设定 y 轴的范围
        ax.set_ylim(min_y,max_y)
    # 显示图形
    fig.show()
```

绘制训练数据的程序如下：

```
plot_dataset(train_x, train_labels)
```

程序输出如图 5-11 所示。

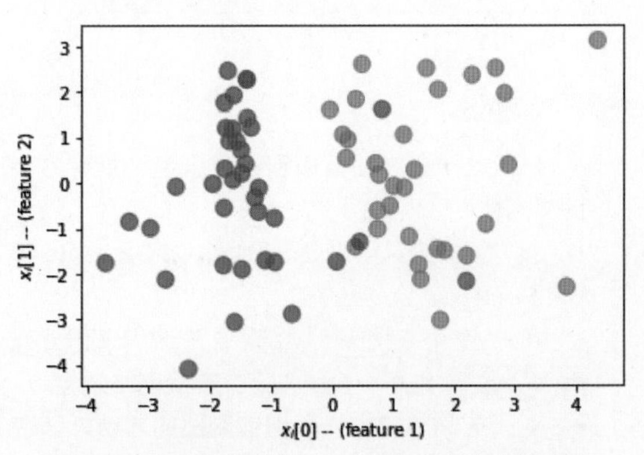

图 5-11　由程序生成的二分类问题数据集的散点图

1. 归一化数据

在训练之前，通常要将输入特征归一化到标准范围 [0,1]（或 [-1,1]）。这样做的具体原因是希望避免通过网络的值变得太大或太小。通常，约定将所有值保持在接近 0 的小范围内。因此，用小的随机数初始化权重，并保持信号在相同的范围内。

在归一化化数据时，需要减去最小值并除以范围。首先，使用训练数据计算最小值和范围，然后使用训练集的相同最小 / 范围值归一化测试 / 验证数据集。这是因为在实际情况下，只有训练数据集，

而无法预知被要求预测的所有新值。偶尔，新值可能会跌出 [0,1] 的范围，但这无关紧要。对训练集和测试集的特征进行归一化处理的程序如下：

```
# 对训练集和测试集的特征进行归一化处理
train_x_norm = (train_x-np.min(train_
x,axis=0)) / (np.max(train_x,axis=0)-
np.min(train_x,axis=0))
test_x_norm = (test_x-np.min(train_
x,axis=0)) / (np.max(train_x,axis=0)-
np.min(train_x,axis=0))
```

2. 训练单层感知机

在许多情况下，神经网络会是一系列层的序列。可以使用 Sequential 模型在 Keras 中定义它，下面是使用 Keras 构建模型的程序：

```
# 使用 Keras 构建模型,模型包含一个输入层、
一个全连接层和一个使用 sigmoid 激活函数的
输出层
model = keras.models.Sequential()
model.add(keras.Input(shape=(2,)))
model.add(keras.layers.Dense(1))
model.add(keras.layers.
Activation(keras.activations.sigmoid))

# 打印模型的摘要信息
model.summary()
```

程序输出[①]如下：

```
Model: "sequential_1"
_________________________________________________________________
Layer (type)                Output Shape              Param #
=================================================================
dense_1 (Dense)             (None, 1)                 3
activation_1 (Activation)   (None, 1)                 0
=================================================================
Total params: 3 (12.00 Byte)
Trainable params: 3 (12.00 Byte)
Non-trainable params: 0 (0.00 Byte)
```

① 输出内容解释如下：
Model:"sequential_1"：这是一个顺序模型，命名为 "sequential_1"。
表格的标题行。这个表格展示了模型的每一层。
· Layer (type)：描述每一层的名称和类型。
· Output Shape：描述每一层输出的形状。
· Param #：描述每一层的参数数量。

dense_1 (Dense) (None, 1) 3，这是模型的第一层，一个全连接层（Dense）。
· dense_1：这一层的名称。
· (Dense)：层的类型。
· (None, 1)：输出形状。这里的 "None" 指的是任意大小的批量，1 则是这一层的输出神经元数量。
· 3：这个数字表示该层的参数数量。在这个例子中，输入形状为 (2,)，也就是有 2 个特征，因此，全连接层有 2 个权重和 1 个偏置，共 3 个参数。

activation_1 (Activation) (None, 1) 0，这是模型的第二层，一个激活函数层。
· activation_1：这一层的名称。
· (Activation)：层的类型。
· (None, 1)：输出形状。这一层并不改变其输入的形状。
· 0：这表示该层没有可训练的参数。

表格总结部分。
· Total params: 3：模型的总参数数量为 3。
· Trainable params: 3：在模型中，有 3 个参数是可以被训练的。
· Non-trainable params: 0：在模型中，没有参数是不可训练的。
简而言之，这个模型有两层，其中第一层是一个具有 2 个输入和 1 个输出的全连接层，第二层是一个 sigmoid 激活函数层。模型共有 3 个可训练的参数。——译者注

在训练模型之前，需要对其进行编译，这意味着需要指定以下内容：

- 损失函数：用于定义如何计算损失。因为有二元分类问题，所以，将使用 binary cross-entropy loss（二元交叉熵损失）。
- 需要使用的优化器：最简单的选择是使用 SGD 进行随机梯度下降，也可以使用更复杂的优化器，如 Adam。
- 衡量训练成功与否的指标：因为这是一个分类任务，所以，一个好的指标是 Accuracy（准确率，简称 acc）。

可以用字符串，或者提供一些来自 Keras 框架的对象来指定损失、指标和优化器。在示例中，需要指定 learning_rate 参数来微调模型的学习速度，因此，提供了 Keras SGD 优化器的全名。下面是编译模型的程序：

```
# 编译模型,设定优化器为 SGD,学习率为 0.2,
损失函数为二元交叉熵，评价指标为准确率
model.compile(optimizer=keras.
optimizers.SGD(learning_
rate=0.2),loss='binary_
crossentropy',metrics=['acc'])
```

对于使用 M1/M2 芯片的 Mac 设备，运行上面的程序会出现下面的警告提示：

```
WARNING:absl:At this time, the v2.11+
optimizer `tf.keras.optimizers.SGD`
runs slowly on M1/M2 Macs, please use
the legacy Keras optimizer instead,
located at `tf.keras.optimizers.
legacy.SGD`.
WARNING:absl:There is a known slowdown
when using v2.11+ Keras optimizers on
M1/M2 Macs. Falling back to the legacy
Keras optimizer, i.e., `tf.keras.
optimizers.legacy.SGD`.
```

这个警告是因为在 M1/M2 芯片的 Mac 设备上运行 Keras 程序，使用了 V2.11+ 版本的 SGD 优化器。这个版本的 SGD 在这些芯片上运行速度比较慢，Keras 提供了一个后向兼容的 legacy 版本可以避免这个问题。

警告的建议是使用 tf.keras.optimizers.legacy.SGD 代替 tf.keras.optimizers.SGD。所以，对于 M1/M2 芯片的 Mac 设备，可以将上面的程序修改为：

```
from tensorflow.keras.optimizers
import legacy
model.compile(optimizer=legacy.
SGD(learning_rate=0.2),
            loss='binary_
crossentropy',
            metrics=['acc'])
```

编译模型后，可以通过调用 fit 方法来进行训练。最重要的参数包括：

- x 和 y 分别指定训练数据，特征和标签。
- 如果希望在每轮（epoch）进行验证，可以指定 validation_data 参数，该参数一个包含特征和标签的元组。
- epochs 指定了训练的轮数。
- 如果希望以小批量（mini-batch）进行训练，可以指定 batch_size 参数。也可以在将数据传递给 x/y/validation_data 之前手动进行批处理，这种情况下无须设置 batch_size。训练模型的程序如下：

```
# 训练模型，使用归一化的训练集特征和对应
标签，设置验证数据为归一化的测试集特征和
对应标签，
# 进行 10 轮训练，批大小为 1（即每次训练一
个样本）
model.fit(x=train_x_norm,y=train_
labels,validation_data=(test_x_
norm,test_labels),epochs=10,batch_
size=1)
```

可以尝试用不同的训练参数来实验，看看它们如何影响训练。

- 如果将 batch_size 设置得太大（或者根本不指定）可能会导致训练不稳定，因为对于低维数据，小的 batch_size 可以为每个具体案例提供更精确的梯度方向。
- 过高的 learning_rate（学习率）可能会导致过拟合或结果不稳定，而过低的学习率则意味着需要更多的周期才能达到结果。

注意，可以连续多次调用 fit 函数来进一步训练网络。如果想从头开始训练，需要重新运行带有模型定义程序的单元格。

为了方便检视训练成果，下面画出分隔两个类的线。分隔线由方程 $\boldsymbol{W}\times x+\boldsymbol{b}=0.5$ 定义，其程序如下：

```
# 绘制训练集和决策边界线
plot_dataset(train_x,train_
labels,model.layers[0].
weights[0],model.layers[0].weights[1])
```

程序输出如图 5-12 所示。

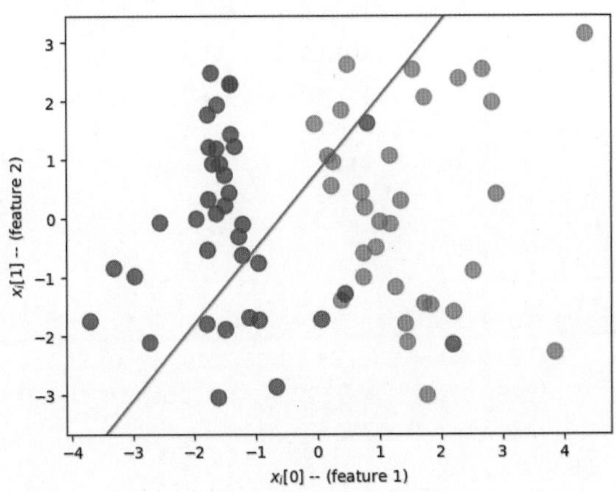

图 5-12　由程序生成的二分类问题数据集的散点图以及训练后的决策边界

3. 绘制训练图表

fit 函数会返回 history 对象作为结果，可以用来观察每轮的损失和指标。在下面的示例中，将使用一个较小的学习率重新开始训练，并观察损失和准确率的变化。

> 注意，这里使用了稍微不同的语法来定义 Sequential 模型。没有逐层 add，而是在一开始创建模型时就指定了层的列表——这个语法更短小精悍，读者可能会更喜欢用它。

下面是重新构建模型，并设定学习率为 0.05 的程序：

```
# 重新构建模型，这次设定学习率为 0.05
model = keras.models.Sequential([
    keras.layers.Dense(1,input_shape=(
2,),activation='sigmoid')])
model.compile(optimizer=keras.
optimizers.SGD(learning_
rate=0.05),loss='binary_
crossentropy',metrics=['acc'])
# 重新进行训练，同时保存训练过程的历史信息到 hist 变量
hist = model.fit(x=train_x_
norm,y=train_labels,validation_
data=(test_x_norm,test_
labels),epochs=10,batch_size=1)
```

程序输出如下：

```
Epoch 1/10
70/70 [============] - 0s 2ms/step -
loss: 0.6952 - acc: 0.5143 - val_loss:
0.6721 - val_acc: 0.5667
……此处省略部分输出结果
Epoch 9/10
70/70 [============] - 0s 741us/step -
loss: 0.5484 - acc: 0.8857 - val_loss:
0.5401 - val_acc: 0.9000
Epoch 10/10
70/70 [============] - 0s 816us/step -
loss: 0.5348 - acc: 0.8857 - val_loss:
0.5261 - val_acc: 0.9333
```

绘制训练过程中训练集和验证集准确率变化情况的程序如下：

```
# 绘制训练过程中训练集和验证集准确率的变化情况
plt.plot(hist.
history['acc'],label='Training
Accuracy')
plt.plot(hist.history['val_acc'],
label='Validation Accuracy')
plt.legend()
```

程序输出如图 5-13 所示。

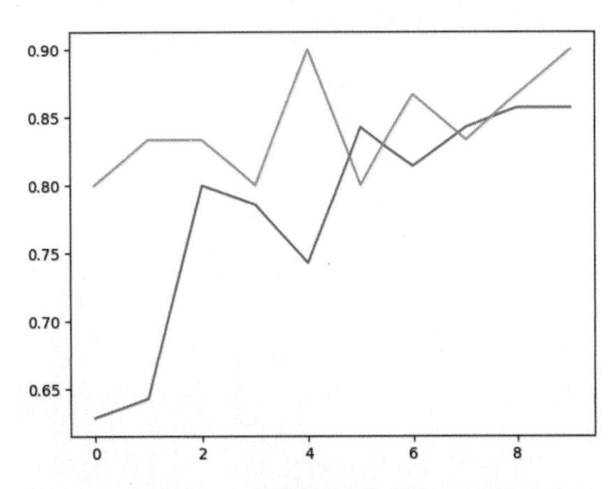

图 5-13　使用 Keras 构建模型进行训练后的训练准确率（蓝色线）与验证准确率（黄色线）变化曲线

4. 多类分类

如果需要解决多类分类的问题，网络会有大于一个的输出 —— 对应类的数量 C。每个输出将包含给定类的概率。

> 注意，也可以使用带有两个输出的网络以同样的方式执行二元分类。这正是我们现在将要展示的。

当期望网络输出一组概率 p_1，…，p_c 时，需要所有的概率之和为 1。为了确保这一点，需在最后一层使用 `softmax` 作为激活函数。`softmax` 接收一个向量输入，并确保该向量的所有组件都转换为概率。

此外，由于网络的输出是一个 C 维向量，所以，需要标签具有相同的形式。这可以通过使用**独热编码（one-hot encoding）**来实现，即将类编号 i 转换为全零向量，第 i 位置为 1。例如，如果类编号为 2，将其转换为向量 `[0, 0, 1, 0, 0, 0, 0, 0, 0, 0]`。然后，可以将其与网络的输出进行比较。

为了比较神经网络的概率输出和期望的独热编码标签，使用 `cross-entropy loss`（交叉熵损失）函数。它接收两个概率分布，并输出它们之间的差异值。

进行 C 分类的要点如下：

- 网络应该在最后一层有 C 个神经元。
- 最后的激活函数应该是 `softmax`。
- 损失应该是**交叉熵损失**。
- 标签应该被转换为**独热编码**（这可以用 `NumPy`，或用 `Keras utils` 的 `to_categorical` 来实现）。

创建模型的程序如下：

```
# 创建模型，这次使用两层全连接层，第一层节点数为 5，激活函数为 ReLU，第二层节点数为 2（对应 2 个类别），激活函数为 softmax
model = keras.models.Sequential([
    keras.layers.Dense(5,input_shape=(2,),activation='relu'),
    keras.layers.Dense(2,activation='softmax')
])

# 编译模型，使用 Adam 优化器，学习率为 0.01，损失函数为分类交叉熵，评价指标为准确率
model.compile(keras.optimizers.Adam(0.01),'categorical_crossentropy',['acc'])

# 将标签转换为独热编码（one-hot encoding），两种方式都可以
train_labels_onehot = keras.utils.to_categorical(train_labels)
test_labels_onehot = np.eye(2)[test_labels]

# 训练模型，标签使用独热编码
hist = model.fit(x=train_x_norm,y=train_labels_onehot,
                 validation_data=[test_x_norm,test_labels_onehot],batch_size=1,epochs=10)
```

程序输出如下：

```
Epoch 1/10
70/70 [=====] - 0s 2ms/step - loss: 0.6878 - acc: 0.5857 - val_loss: 0.6439 - val_acc: 0.6333
Epoch 2/10
70/70 [=====] - 0s 687us/step - loss: 0.5955 - acc: 0.7857 - val_loss: 0.5284 - val_acc: 0.9333
……此处省略部分输出结果
Epoch 9/10
70/70 [=====] - 0s 676us/step - loss: 0.2755 - acc: 0.9429 - val_loss: 0.2873 - val_acc: 0.9000
Epoch 10/10
70/70 [=====] - 0s 674us/step - loss: 0.2490 - acc: 0.9286 - val_loss: 0.2363 - val_acc: 0.9000
```

5. 稀疏分类交叉熵

在多类分类中，标签通常用类编号表示。Keras 还支持另一种称为**稀疏分类交叉熵（sparse categorical crossentropy）**的损失函数，它期望类别编号是整数，而不是独热向量。使用这种类型的损失函数，可以简化训练程序。重新编译模型的程序如下：

```
# 重新编译模型，但这次损失函数改为 sparse_categorical_crossentropy，它可以直接处理类别编码的标签，不需要转换为独热编码
model.compile(keras.optimizers.
```

```
Adam(0.01),'sparse_categorical_
crossentropy',['acc'])

# 训练模型，标签直接使用类别编码，不需要
转换为独热编码
model.fit(x=train_x_norm,y=train_
labels,validation_data=[test_
x_norm,test_labels],batch_
size=1,epochs=10)
```

程序输出如下：

```
Epoch 1/10
70/70 [=====] - 0s 2ms/step - loss:
0.2804 - acc: 0.9143 - val_loss: 0.2905
- val_acc: 0.9000
……此处省略部分输出结果
Epoch 9/10
70/70 [=====] - 0s 765us/step - loss:
0.2235 - acc: 0.9429 - val_loss: 0.3388
- val_acc: 0.8333
Epoch 10/10
70/70 [=====] - 0s 797us/step - loss:
0.2266 - acc: 0.9143 - val_loss: 0.2231
- val_acc: 0.9000
```

5.5.2 多标签分类

有时会遇到一个样本同时属于多个类别的情况。例如，要开发一个对图片对猫和狗进行分类的模型，但也希望允许同时出现猫和狗的情况。

在多标签分类中，样本的标签将不再使用独热编码向量，而是使用一个向量，该向量在与输入样本相关的所有类别的位置上都为 1。因此，网络的输出不应该是所有类别的归一化概率，而是为每个类别单独归一化 —— 这对应于使用 sigmoid 激活函数。交叉熵损失仍然可以作为损失函数。

> 注意，这与使用不同的神经网络对每个特定类别进行二元分类非常相似 —— 只有网络的初始部分（直到最后的分类层）是为所有类别共享的。

5.5.3 分类损失函数总结

二元分类、多类分类和多标签分类，在网络最后一层的损失函数和激活函数的类型上有所不同，如表 5-2 所示。如果刚开始学习，可能会有点混淆，可以记住如下 3 个规则：

- 如果网络有一个输出（二元分类），则使用 `sigmoid` 激活函数；对于多类分类，可以使用 `softmax`。
- 如果输出类别用独热编码表示，损失函数将是交叉熵损失（分类交叉熵），如果输出包含类别编号，可以使用稀疏分类交叉熵。对于二元分类，可以使用 二元交叉熵（与逻辑损失相同）。
- 多标签分类可以同时将一个对象归属到几个类别。在这种情况下，需要使用独热编码对标签进行编码，并使用 `sigmoid` 作为激活函数，使每个类别的概率为 0 ～ 1。

表 5-2 不同机器学习模型的输出层配置汇总

分类	标签格式	激活函数	损失
二元	第一类的概率	sigmoid	二元交叉熵
二元	独热编码（2 个输出）	softmax	分类交叉熵
多类	独热编码	softmax	分类交叉熵
多类	类别编号	softmax	稀疏分类交叉熵
多标签	独热编码	sigmoid	分类交叉熵

任务：使用 Keras 训练一个用于 MNIST 手写数字的分类器。

- 注意，Keras 包含一些标准数据集，包括 MNIST。要使用 Keras 的 MNIST，只需要几行代码（更多信息请查看这里🔗 [L5-8]）。
- 尝试几种网络配置，使用不同的层数 / 神经元数量、激活函数。

你能达到的最佳准确率是多少？

5.5.4 重点总结

- 对于初学者来说，非常推荐 Keras，因为它可以很容易地从层构建网络，然后只需要几行代码就可以进行训练。
- 如果需要非标准的架构，需要深入学习 TensorFlow。也可以将自定义逻辑实现为 Keras 层，然后在 Keras 模型中使用它。
- 看一下 PyTorch 并比较两者的方法也是一个好主意。

关于 Keras 和 TensorFlow 2.0 的一个很好的示例 Notebook 可以在这里 [L5–9] 找到。

掌握框架之后，回顾一下过拟合的概念。

5.6 过拟合

过拟合是机器学习中一个非常重要的概念，理解它非常重要。

如图 5-14 所示，两个模型都尝试去逼近 5 个训练集的点（在图中用 x 表示训练集的点）。

- 图 5-14(a) 中有不错的直线近似。因为参数数量适当，所以，模型正确捕获了点分布背后的思想。
- 图 5-14(b) 中的模型过于强大。因为只有 5 个训练集的点，而模型有 7 个参数，它可以调整以通过所有训练集的点，使训练误差为 0。然而，这妨碍了模型理解数据背后的正确模式，因此，验证误差非常高。

在模型复杂度（参数数量）和训练样本数量之间取得恰如其分的平衡非常重要。

5.6.1 过拟合的原因

- 训练数据不足。
- 模型过于强大。
- 输入数据中噪声过多。

5.6.2 如何检测过拟合

如图 5-14 所示，过拟合可以通过非常低的训练误差和较高的验证误差来检测。通常在训练期间，会看到训练误差和验证误差都开始下降，然后在某个时候，验证误差可能会停止下降并开始上升。如图 5-15 所示，这是过拟合的迹象，提示我们应该在此时停止训练（或者至少对模型做一个快照）。

5.6.3 如何防止过拟合

如果出现过拟合，可以执行以下操作之一：

- 增加训练数据量。
- 减小模型复杂度。
- 使用一些正则化技术，例如，之后将考虑的随机失活（Dropout，见本书第 8 课有关“深度学习训练技巧”的部分）。

5.6.4 过拟合与偏差 - 方差权衡

过拟合实际上是统计学中一个更普遍的问题——偏差 - 方差权衡 [L5–11] 的一个实例。如果考虑模型中的可能错误源，可以看到两类错误：

- 偏差错误是由算法无法正确捕获训练数据之间的关系引起的。它可能是由于模型不够强大（欠拟合）导致的。

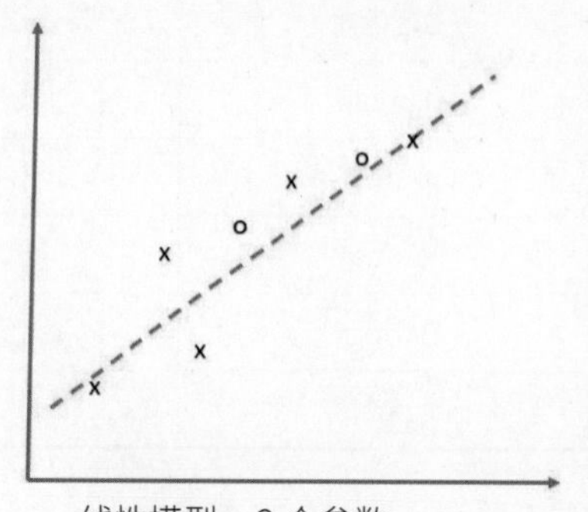

线性模型，2 个参数
训练集误差 = 5.3
验证集误差 = 5.1
(a)

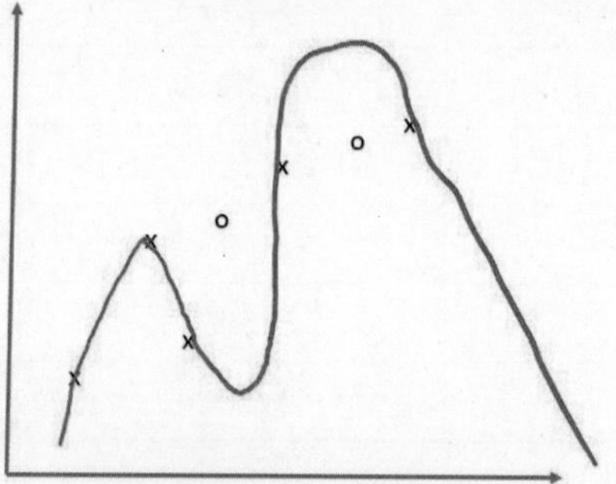

非线性模型，7 个参数
训练集误差 = 0
验证集误差 = 20
(b)

图 5-14 线形模型和过拟合的非线形模型

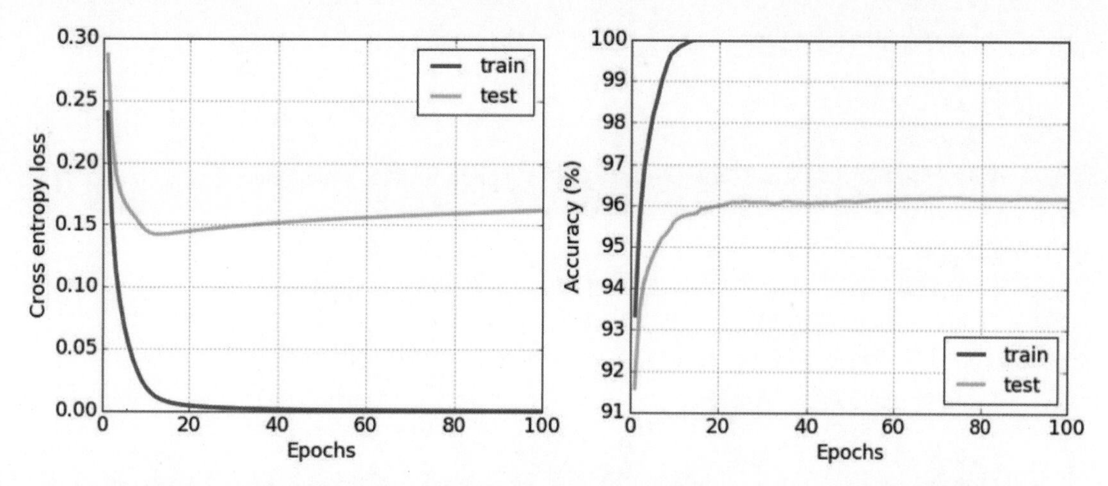

图 5-15　模型在训练 (train) 集 (蓝色) 和测试 (test) 集 (橙色) 上的交叉熵损失 (Cross entropy loss) 和准确率 (Accuracy) 随训练轮数 (Epochs) 的变化情况。左图表明损失随时间降低，右图显示了准确率的提高。模型在训练数据上的损失很低和准确率很高，但测试数据上的损失增加和准确率稳定表明可能出现了过拟合。Epochs 为训练周期

- **方差错误是由模型逼近输入数据中的噪声而不是有意义的关系引起的（过拟合）。**

在训练过程中，偏差误差会减小（因为模型学会逼近数据），而方差误差会增加。重要的是，在过拟合发生时及时停止训练——手动停止（当检测到过拟合时）或自动停止（通过引入正则化）——以防止过拟合。

5.7　结论

本课介绍了两个最流行的 AI 框架——TensorFlow 和 PyTorch 的各种 API 之间的区别。此外，还介绍了一个非常重要的主题——过拟合。

5.8　🚀 挑战

在练习部分随附的 Notebook 中，会在底部找到“任务”；请仔细阅读并完成这些 Notebook 中的任务。

5.9　复习与自学

请研究以下主题：

- TensorFlow。
- PyTorch。
- 过拟合。

自问自答：

- TensorFlow 和 PyTorch 有什么区别?
- 过拟合和欠拟合有什么区别?

5.10　✍ 作业——使用 PyTorch/TensorFlow 进行分类：LabFrameworks.zh.ipynb

在这个实验中，要求使用 PyTorch 或 TensorFlow 解决两个使用单层和多层全连接网络的分类问题。

5.10.1　使用 PyTorch/TensorFlow 进行分类

1. 任务

使用 PyTorch 或 TensorFlow 的单层和多层全连接网络解决如下两个分类问题：

(1)　鸢尾花分类🔗 [L5-12] 问题。这是一个典型的带有表格输入数据的问题，可以通过传统的机器学习来处理。目标是根据 4 个数值参数将鸢尾花分类为 3 个类别。

(2)　MNIST 手写数字分类问题 (之前已经见过)。尝试不同的网络架构以获得最佳准确性。

2. 启动 Notebook

通过打开 `LabFrameworks.zh.ipynb`🔗 [L5-13] 来开始实验。

5.10.2 任务 1：鸢尾花分类

鸢尾花数据集（Lris Flower Data Set）包含 3 种不同类别的鸢尾花的 150 条记录。每条记录都包含 4 个参数：萼片的长度和宽度及花瓣的长度和宽度。对这样简单的数据集示例，并不需要强大的神经网络。

1. 获取数据集

鸢尾花数据集是内置于 sklearn（Scikit Learn 是一个基于 Python 的开源机器学习库，它提供了大量常用的机器学习算法，如分类、回归、聚类等。）的，所以，可以很容易地获取到它，其程序如下：

```
# 从 sklearn 中加载 iris 数据集
from sklearn.datasets import load_iris
from sklearn.model_selection import
train_test_split

iris = load_iris() # 加载 iris 数据集
features = iris['data']  # 提取特征数据
labels = iris['target']  # 提取标签数据
class_names = iris['target_names']  #
提取类别名称
feature_names = iris['feature_names']
# 提取特征名称
print(f"Features: {feature_names},
Classes: {class_names}")  # 打印特征和
类别名称
```

程序输出如下：

```
Features: ['sepal length (cm)', 'sepal
width (cm)', 'petal length (cm)',
'petal width (cm)'], Classes: ['setosa'
'versicolor' 'virginica']
```

2. 数据可视化

在许多情况下，将数据进行可视化很有意义，以此可以检视数据是否可以分开——以使我们确信能够构建一个良好的分类模型。由于只有几个特征，所以，可以构建一系列成对的 2D 散点图，通过不同颜色的点显示不同的类。这可以通过一个名为 seaborn 的包自动完成。

在开始下面的程序前，首先要保证当前环境中有 seaborn 和 pandas 这两个模块。如果需要安装，可以在终端窗口运行下面的安装命令：

1）安装 seaborn

如果使用 pip，代码如下：

```
pip install seaborn
```

如果使用 conda，代码如下：

```
conda install seaborn
```

2）安装 pandas

如果使用 pip，代码如下：

```
pip install pandas
```

如果使用 conda，代码如下：

```
conda install pandas
```

确认环境中有 seaborn 和 pandas 这两个模块后，就可以正常运行下面的程序，导入这两个模块，并创建 DataFrame 进行数据可视化，其程序如下：

```
# 导入 seaborn 和 pandas 库
import seaborn as sns
import pandas as pd

# 我们将创建一个 DataFrame，其中包含特征
和标签，以便更容易地进行可视化
df = pd.DataFrame(features,columns=fea
ture_names).join(pd.DataFrame(labels,c
olumns=['Label']))

df  # 打印 DataFrame
```

程序输出如下：

```
           sepal length (cm) sepal width
(cm) petal length (cm) petal width (cm)
Label
0     5.1      3.5      1.4      0.2      0
1     4.9      3.0      1.4      0.2      0
2     4.7      3.2      1.3      0.2      0
3     4.6      3.1      1.5      0.2      0
4     5.0      3.6      1.4      0.2      0
...   ...      ...      ...      ...      ...
145   6.7      3.0      5.2      2.3      2
146   6.3      2.5      5.0      1.9      2
147   6.5      3.0      5.2      2.0      2
148   6.2      3.4      5.4      2.3      2
149   5.9      3.0      5.1      1.8      2
150 rows × 5 columns
```

创建特征之间的散点图矩阵的程序如下：

```
# 使用 seaborn 的 pairplot 函数创建特征之间的散点图矩阵，颜色由标签决定
sns.pairplot(df,hue='Label')
```

程序输出如图 5-16 所示。

3. 归一化和编码数据

为了准备神经网络训练的数据，需要将输入归一化到 [0..1] 的范围。这可以通过使用纯 NumPy 操作或者 sklearn 方法🔗 [L5-14] 来完成。

此外，需要决定是否希望目标标签进行独热编码。PyTorch 和 TensorFlow 允许将类别编号作为整数（从 0 到 N-1）或作为独热编码的向量输入。创建神经网络结构时，需要相应地指定损失函数［例如，对于数值表示，使用 sparse categorical crossentropy（稀疏分类交叉熵）；对于独热编码，使用 crossentropy loss（交叉熵损失）］。独热编码也可以使用 sklearn 🔗 [L5-15] 完成，或者使用以下程序：

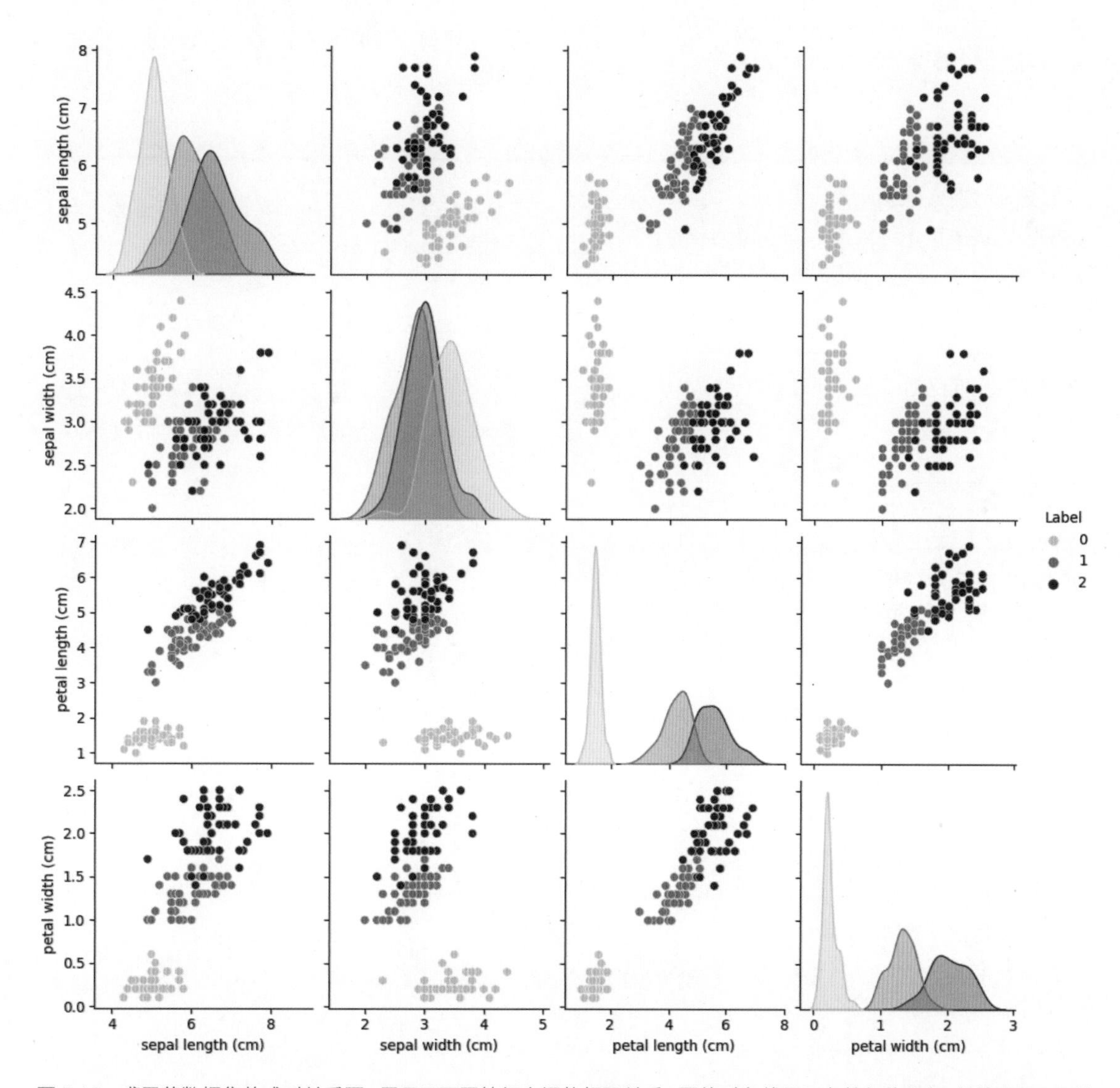

图 5-16　鸢尾花数据集的成对关系图，展示了不同特征之间的相互关系。图的对角线显示各特征的分布，其他图展示了特征之间的散点分布。不同颜色的点代表不同种类的鸢尾花，可以通过比较不同的散点图来观察哪些特征组合对区分花的种类最有效

```
n_values = np.max(labels) + 1
labels_onehot = np.eye(n_values)
[labels]
```

```
# 编写程序对数据进行归一化和编码
```

4. 将数据分割为训练集和测试集

由于没有单独的训练集和测试集，所以，需要使用 sklearn [L5-16] 将现有数据集分为训练集和测试集。

```
# 编写分割数据集的程序
```

5. 定义并训练神经网络

现在万事俱备，可以导入你心仪的框架，定义神经网络并开始训练，同时观察训练集和测试集的准确率的表现。

```
# 编写定义网络的程序
```

```
# 编写训练网络的程序
# 编写程序绘制可视化训练集 / 测试集的精度图
```

6. 进行实验

现在可以尝试不同的网络架构，看看它们如何影响结果。试试：

(1) 单层网络，3 个神经元（等于类别的数量）。

(2) 两层网络，使用小 / 中 / 大的隐藏层。

(3) 使用更多的层。

当使用有很多神经元（参数）的丰富模型时，看看是否能观察到过拟合的情况。

```
# 为实验编写程序
```

5.10.3 任务 2：使用 MNIST 数据集进行手写数字识别训练

Keras 和 PyTorch 都包含 MNIST 作为内置数据集，所以，可以轻松地用几行代码来获取它（Keras [L5-17]，PyTorch [L5-18]）。也可以加载训练和测试数据集而无须手动分割它们。

```
# 编写加载数据集的程序
```

现在需要执行上述步骤，确保数据集已经被归一化（它可能已经被归一化了），定义并训练一个神经网络。

5.10.4 总结

(1) 神经网络可以用于传统的机器学习任务。然而，在很多情况下它们会过于强大，可能会导致过拟合。

(2) 在这个任务中，观察过拟合行为并尝试避免它的出现是非常重要的。

(3) 使用像 Keras 这样的框架，有时训练神经网络非常简单直接，但需要理解其中的原理。

课后测验

(1) 在编译模型对象之后，通过调用（ ）函数进行训练。

a. fit

b. train

c. teach

(2) 二元交叉熵也被称为逻辑损失，这一说法（ ）。

a. 正确

b. 错误

(3) TensorFlow 与（ ）有关，而 PyTorch 与（ ）有关。

a. Facebook，Google

b. Google，Facebook

c. Microsoft，Google

第 3 篇　计算机视觉

在本篇中，将学习：

- 计算机视觉与 OpenCV
- 卷积神经网络
- 预训练网络与迁移学习
- 自编码器
- 生成对抗网络
- 目标检测
- 图像分割

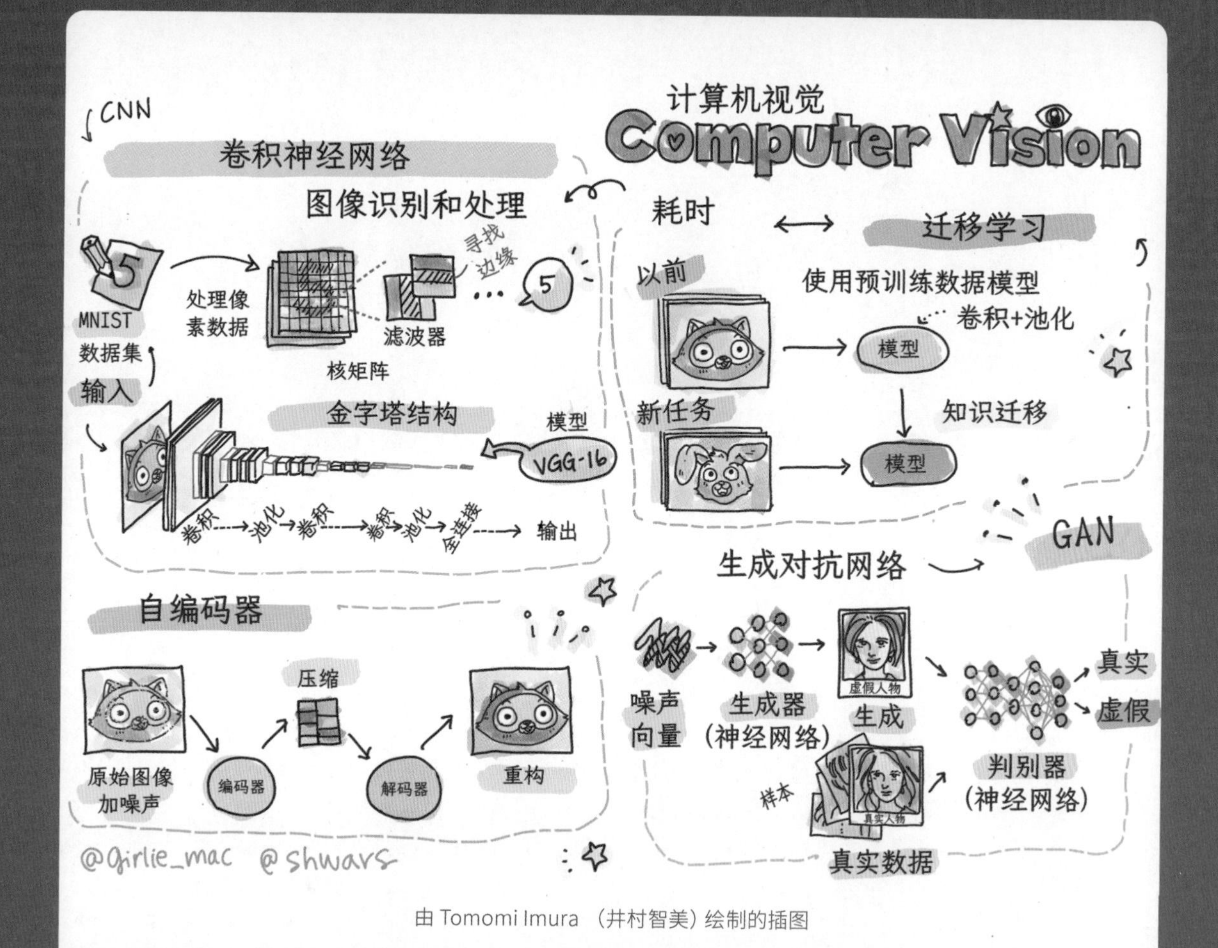

由 Tomomi Imura （井村智美）绘制的插图

第 6 课
计算机视觉与 OpenCV

计算机视觉（Computer Vision，CV）[L6–1]是一个学科，其目标是使计算机能够对数字图像获得高层次的理解。这个定义相当宽泛，因为“理解”一词的含义多样，它可以是在图片中找到一个对象（对象检测）、理解正在发生的事件（事件检测）、用文本描述一张图片或者重建一个三维场景等。此外，还有一些专注于人类图像的特殊任务，如年龄和情感估计、人脸检测和识别及 3D 姿态估计等。

简介

本课将介绍如下内容：

6.1 计算机视觉的基本任务之一：图像分类

6.2 练习——计算机视觉和 OpenCV：OpenCV.zh.ipynb

6.3 结论

6.4 挑战

6.5 复习与自学

6.6 作业——使用光流检测手掌移动：MovementDetection.zh.ipynb

课前小测验

(1) 计算机视觉旨在使计算机获得（ ）的高层次理解。

a. 图像

b. 文本

c. 计算机

(2) 用于图像处理的 Python 库包括（ ）。

a. OpenCV

b. Pillow

c. a 和 b

(3) 在 Python 中,图像不能被表示为 NumPy 数组，这一说法（ ）。

a. 正确

b. 错误

6.1 图像分类：计算机视觉的基础任务

图像分类是计算机视觉中最基本的任务之一。如今，大多数计算机视觉任务都是使用一种名为卷积神经网络的人工智能技术来解决的。在深入学习卷积神经网络之前，需要掌握一些基础知识和工具，这些工具将帮助我们进行图像处理和预处理，为后续的神经网络模型训练打下基础。

6.1.1 图像处理技术

在将图像传递给神经网络之前，通常需要使用一些算法和技术来增强图像。以下是一些常用的 Python 图像处理库：

- **OpenCV** [L6–2]：功能强大的图像处理库，用 C++ 编写，是图像处理领域的业界标准。它提供了方便的 Python 接口。
- **imageio** [L6–3]：用于读取和写入不同图像格式的库，它还支持 ffmpeg[①]，这是一个将视频帧转换为图像的有用工具。

① ffmpeg 是一个免费的、开源的多媒体处理工具，可以用于处理音频、视频和其他多媒体文件。它可以进行格式转换、视频剪辑、音频提取等操作，是一个功能强大的命令行工具，被广泛应用于视频编辑、流媒体等领域。

- **Pillow**（又名 PIL）🔗 [L6-4]：功能全面的图像处理库，支持变形、色彩调整等多种操作。
- **dlib** 🔗 [L6-5]：包含多种机器学习算法的 C++ 库，可用于人脸检测、面部特征点检测等任务。它也提供了 Python 接口。

6.1.2 OpenCV

OpenCV 是公认的图像处理标准库。它包含许多用 C++ 实现的实用算法，也可以在 Python 中调用。

有个学习 OpenCV 的好地方是这个 OpenCV 的入门课程🔗 [L6-6]。在课程中，目标不是系统学习 OpenCV，而是通过一些示例让读者初步感受如何使用它。

6.1.3 加载和处理图像

在 Python 中，一般用 NumPy 数组来表示图像。例如，一个 200 像素 ×320 像素的灰度图像可以存储在一个 200×320 的数组中；而彩色图像则是 200×320×3 的数组（这里的“×3”表示 3 个颜色通道：红、绿、蓝）。用下面的程序可以加载一个图像：

```
import cv2  # 导入 OpenCV 库
import matplotlib.pyplot as plt  # 导入 matplotlib 的 pyplot 模块

im = cv2.imread('image.jpeg')  # 使用 OpenCV 读取名为 'image.jpeg' 的图像文件
plt.imshow(im)  # 使用 matplotlib 的 pyplot 模块显示图像
```

在 Python 中处理彩色图像时，需要注意一个重要的区别：OpenCV 默认使用 BGR（蓝绿红）格式来表示彩色图像。而其他大多数 Python 库则使用更常见的 RGB（红绿蓝）格式。

为了让图像在不同的库之间正常显示，需要进行色彩空间的转换。这可以通过 NumPy 数组的维度交换来实现，也可以直接用 OpenCV 提供的 `cv2.cvtColor()` 函数，其程序如下：

```
im = cv2.cvtColor(im, cv2.COLOR_BGR2RGB)  # 将图像从 BGR 格式转换为 RGB 格式
```

`cvtColor()` 函数还可用于执行其他颜色空间转换，如将图像转换为灰度或转换为 HSV（色相、饱和度、明度）色彩空间。

也可以使用 OpenCV 逐帧加载视频——其示例见本课 6.2 节的 OpenCV 练习 Notebook。

6.1.4 图像预处理技巧

在将图像输入神经网络之前，通常需要做一些预处理。OpenCV 提供了很多实用的图像处理功能比如：

（1）调整图像尺寸参考程序如下：

```
im = cv2.resize(im, (320, 200), interpolation=cv2.INTER_LANCZOS)
```

（2）图像模糊参考程序如下：

```
im = cv2.medianBlur(im, 3)  # 中值滤波模糊
im = cv2.GaussianBlur(im, (3,3), 0)  # 高斯模糊
```

（3）调整图像亮度和对比度：可以通过 NumPy 数组操作改变图像的亮度和对比度，具体方法可参考这篇 Stackoverflow 的问答🔗 [L6-7]。

（4）图像二值化🔗 [L6-8]：用 `cv2.threshold()` 或 `cv2.adaptiveThreshold()` 函数，通常比调亮度和对比度更好用。

（5）图像变换🔗 [L6-9]：OpenCV 提供了多种图像变换功能，可以对图像进行各种几何变换。其中最常用的两种变换是仿射变换和透视变换。

① **仿射变换（Affine Transformations）**🔗 [L6-10] 是一种保持直线和平行性的线性变换，可以通过一系列的线性变换（如平移、缩放、旋转、翻转、剪切等）的组合来实现。在仿射变换中，原图中的任意 3 个点可以映射到目标图像中的任意位置，同时保持它们之间的直线关系。仿射变换通常用于以下场景：校正图像的几何失真，如摄像头镜头导致的失真；对图像进行旋转、缩放、平移等几何变换；对图像进行剪切变换，改变图像的视角。

② **透视变换（Perspective Transformations）**🔗 [L6-11] 也称为投影映射（Projective

Mapping），是一种更常用的二维变换。与仿射变换类似，透视变换也可以通过矩阵乘法来实现。但不同的是，透视变换不要求保持直线和平行性。在透视变换中，原图中的任意四个点可以映射到目标图像中的任意位置。透视变换常用于以下场景：校正图像的透视失真，如将倾斜拍摄的文档调整为正视图；创建图像的透视效果，如将 2D 图像转换为 3D 效果；实现图像的空间变换，如将广告牌嵌入到视频场景中。

（6） 光流分析🔗 [L6–12]：用于分析图像中的运动信息。

6.1.5 计算机视觉应用示例

在本课 6.2 节的 OpenCV 练习 Notebook 🔗 [L6–12] 中，有一些计算机视觉的实际应用案例。

（1） **盲文书籍照片预处理：** 展示了如何用图像二值化、特征检测、透视变换等手段，从书籍照片中分割出每个盲文字符，为后续的字符识别做准备，如图 6-1 所示。

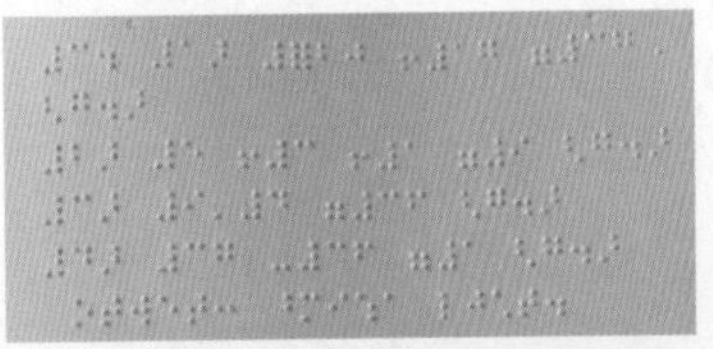

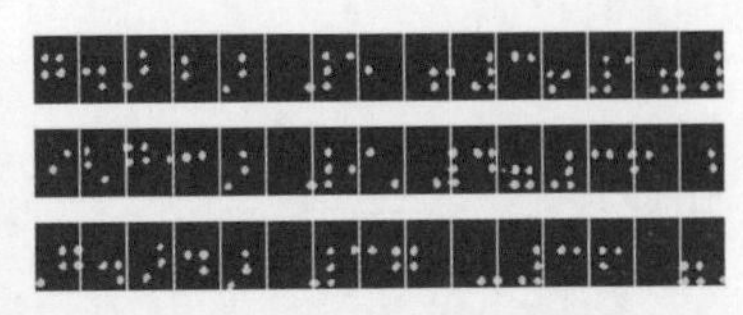

图 6-1 对盲文书籍照片进行预处理，以进行盲文符号分离提取的过程。来自 OpenCV.zh.ipynb 文件中的图像

（2） **帧差法检测视频运动：** 对于固定摄像头拍摄的视频，如果场景中无运动，那么相邻帧之间的差异应该很小。可以用帧差（像素差的绝对值）来检测运动的出现，效果如图 6-2 所示。

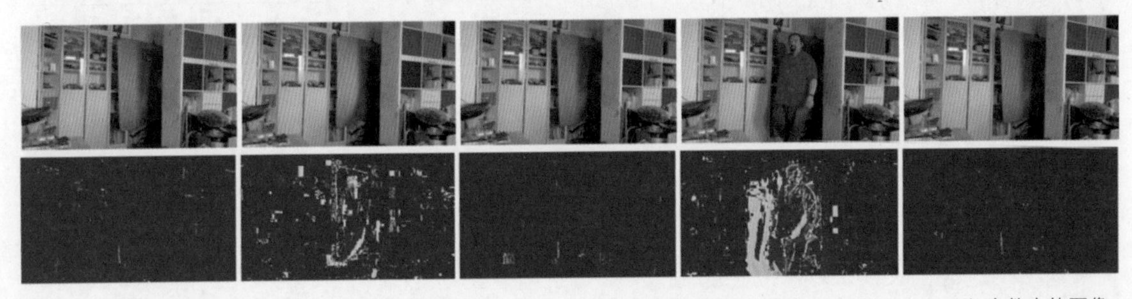

图 6-2 静态场景帧和出现大量运动的动态场景帧，以及对应的帧像素差值图像。来自 OpenCV.zh.ipynb 文件中的图像

（3） **光流法检测运动：** 光流（Optical Flow）可以估计图像中每个像素的运动速度。光流分为如下两种：

- **稠密光流（Dense Optical Flow）：** 为每个像素都计算速度，效果如图 6-3 所示。
- **稀疏光流（Sparse Optical Flow）：** 只为图像中的一些特征点（如角点）计算速度。

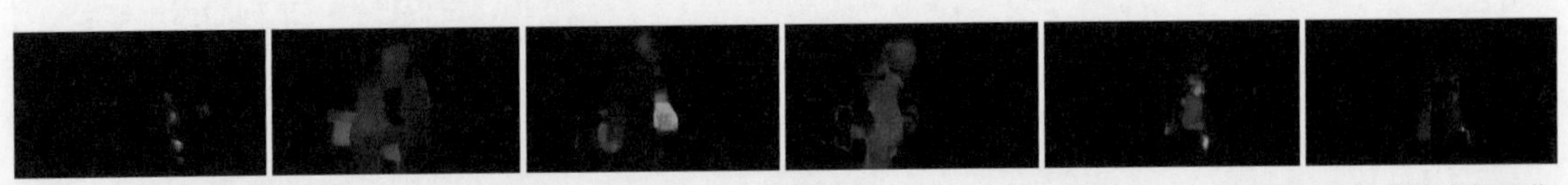

图 6-3 视频帧的稠密光流效果图，绿色对应于向左移动，而蓝色对应于向右移动。来自 OpenCV.zh.ipynb 文件中的图像

6.2 ✍ 练习——计算机视觉与 OpenCV：OpenCV.zh.ipynb

通过探索 OpenCV Notebook 🔗 [L6–12] 进行一些 OpenCV 实验。

OpenCV 被认为是图像处理的事实标准。OpenCV 包含许多有用的算法，是用 C++ 实现的。也可以从 Python 中调用 OpenCV。

在这些 Notebook 中，将提供使用 OpenCV 的一些示例。有关更多详细信息，可以访问 OpenCV 的入门课程 [L6-6]。

在开始之前，需要在当前环境中安装 OpenCV 的 Python 接口 cv2。

安装 cv2 模块，使用 pip 命令安装，代码如下：

```
pip install opencv-python
```

或使用 conda 命令安装，代码如下：

```
conda install -c conda-forge opencv
```

安装完成后，重新启动 Notebook，再次运行下面的程序即可。

首先，导入 cv2，以及一些其他有用的库，程序如下：

```
# 导入所需库
import cv2
import matplotlib.pyplot as plt
import numpy as np

# 定义一个函数，用于在一行中显示多张图像，并根据需要添加标题
def display_images(l, titles=None, fontsize=12):
    n = len(l)  # 获取图像列表的长度
    fig, ax = plt.subplots(1, n)  # 创建1行n列的子图
    for i, im in enumerate(l):  # 遍历图像列表
        ax[i].imshow(im)  # 在子图中显示图像
        ax[i].axis('off')  # 关闭坐标轴
        if titles is not None:  # 如果有标题，则添加标题
            ax[i].set_title(titles[i], fontsize=fontsize)
    fig.set_size_inches(fig.get_size_inches() * n)  # 设置图像大小
    plt.tight_layout()
    plt.show() # 显示图像
```

6.2.1 加载图像

在 Python 中，一般用 NumPy 数组来表示图像。例如，一个 200 像素 ×320 像素的灰度图像可以存储在一个 200×320 的数组中；而彩色图像则是 200×320×3 的数组（这里的“×3”表示 3 个颜色通道：红、绿、蓝）。下面的程序从文件中读取图像，打印图像的形状并显示图像：

```
# 从文件中读取图像
im = cv2.imread('data/braille.jpeg')
print(im.shape) # 打印图像的形状
plt.imshow(im) # 显示图像
```

程序输出如下，图像部分如图 6-4 所示。

```
(242, 531, 3)
```

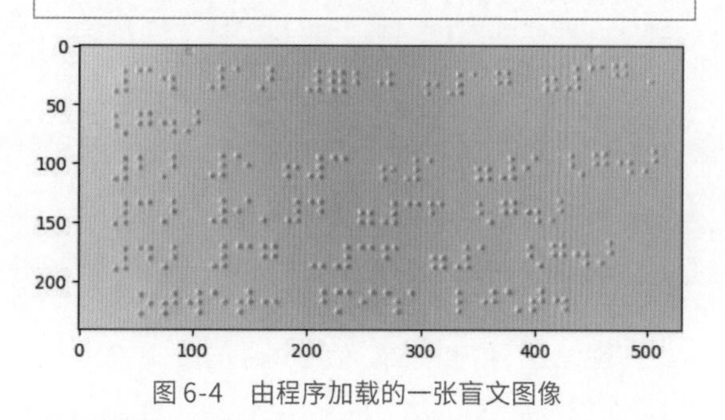

图 6-4　由程序加载的一张盲文图像

由于图像的颜色对我们来说无关紧要，所以，可将其转换为灰度图像，下面是将图像从 BGR 转为灰度并以默认的伪彩色显示的程序：

```
# 将图像从 BGR 转换为灰度
bw_im = cv2.cvtColor(im,cv2.COLOR_BGR2GRAY)
print(bw_im.shape) # 打印灰度图像的形状
plt.imshow(bw_im) # 以默认的伪彩色显示灰度图像
```

程序输出如下，图像部分如图 6-5 所示。

```
(242, 531)
```

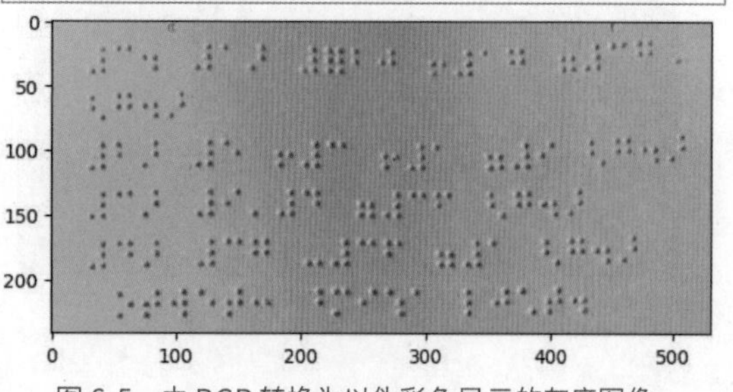

图 6-5　由 BGR 转换为以伪彩色显示的灰度图像

6.2.2 盲文图像处理

如果想应用图像分类来识别文本，就需要切割出单个符号，使其与之前见过的 MNIST （手写数字图像数据集）图像相似。可以使用本书第 11 课将讨论的目标检测技术来完成，也可以尝试使用纯粹的计算机视觉技术来实现。这篇博客文章🔗 [L6-14] 对计算机视觉如何用于字符分割做了很好的阐述，在此仅重点介绍一些用得着的计算机视觉技术。

首先，使用阈值化处理（在这篇 OpenCV 的文章🔗 [L6-8] 中有很好的阐述）稍微增强一下图像，其程序如下：

```
# 使用 3x3 的核对灰度图像进行均值模糊
im = cv2.blur(bw_im,(3,3))

# 应用自适应阈值处理，使用邻域均值计算阈值，并反转二值化的结果
im = cv2.adaptiveThreshold(im, 255, cv2.ADAPTIVE_THRESH_MEAN_C,
                                    cv2.THRESH_BINARY_INV, 5, 4)

# 对图像进行中值模糊，使用 3x3 的核
im = cv2.medianBlur(im, 3)

# 使用 Otsu 方法确定阈值并应用全局阈值处理
_,im = cv2.threshold(im, 0, 255, cv2.THRESH_OTSU)

# 对图像进行高斯模糊，使用 3x3 的核
im = cv2.GaussianBlur(im, (3,3), 0)

# 再次使用 Otsu 方法应用全局阈值处理
_,im = cv2.threshold(im, 0, 255, cv2.THRESH_OTSU)

# 显示处理后的图像
plt.imshow(im)
```

程序输出如图 6-6 所示。

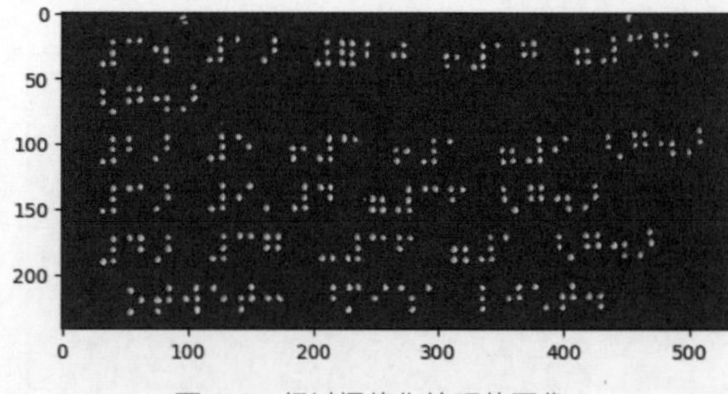

图 6-6 经过阈值化处理的图像

要处理图像，需要“提取”单个点，即将图像转换为单个点的坐标集。可以使用特征提取技术来实现，如 SIFT（Scale-Invariant Feature Transform，尺度不变特征变换）、SURF（Speeded-Up Robust Features，加速稳健特征）或 ORB 🔗 [L6-15]（Oriented FAST and Rotated BRIEF，方向性快速和旋转二进制鲁棒独立元素特征）。下面的程序将检测和计算图像中的特征点和描述符，并打印前 5 个特征点的坐标：

```
# 创建一个 ORB 对象，用于检测和计算图像中的特征点和描述符
orb = cv2.ORB_create(5000)
# 检测并计算图像中的特征点和描述符
f,d = orb.detectAndCompute(im,None)

# 打印前 5 个特征点的坐标
print(f"First 5 points: { [f[i].pt for i in range(5)]}")
```

程序输出如下：

```
First 5 points:
[(307.20001220703125,
40.80000305175781),
(297.6000061035156,
114.00000762939453),
(423.6000061035156,
133.20001220703125),
(242.40000915527344,
144.0), (103.68000793457031,
57.60000228881836)]
```

绘制所有点以验证是否做得正确，其程序如下：

```
# 定义一个函数，用于绘制特征点
def plot_dots(dots):
    img = np.zeros((250,500)) # 创建一张空白图像
    for x in dots:
        cv2.circle(img,(int(x[0]),int(x[1])),3,(255,0,0)) # 在图像上绘制特征点
    plt.imshow(img)

# 获取特征点的坐标
pts = [x.pt for x in f]

# 绘制特征点
plot_dots(pts)
```

程序输出如图 6-7 所示。

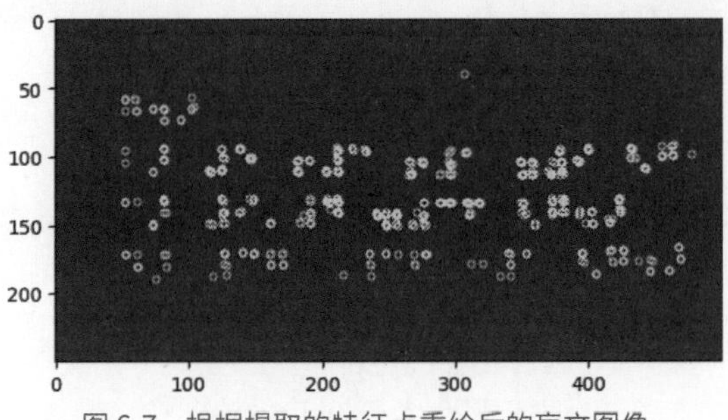

图 6-7　根据提取的特征点重绘后的盲文图像

要分离单个字符，需要知道整个盲文文本的边界框。要找出它，可以只计算最小和最大坐标，其程序如下：

```
# 获取特征点的最小和最大 x,y 坐标值
min_x, min_y, max_x, max_y =
[int(f([z[i] for z in pts])) for f in
(min, max) for i in (0,1)]
min_y += 13 # 微调最小 y 坐标

# 显示裁剪区域
plt.imshow(im[min_y:max_y,min_x:max_
x])
```

程序输出如图 6-8 所示。

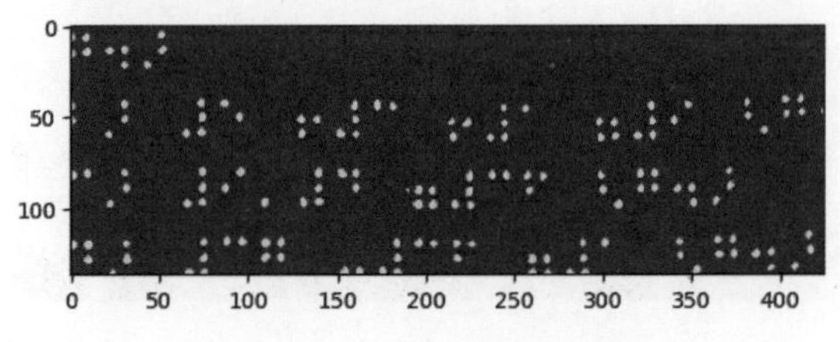

图 6-8　经过裁剪后的重绘图像

此外，此盲文文本可能有轻微的旋转，为了使其完美对齐，需要进行所谓的透视变换。取由点 $(x_{\min}, y_{\min})$, $(x_{\min}, y_{\max})$, $(x_{\max}, y_{\min})$, $(x_{\max}, y_{\max})$ 定义的矩形，并将其与具有成比例尺寸的新图像对齐，其程序如下：

```
# 定义源坐标点的偏移量
off = 5

# 定义源坐标点和目标坐标点
src_pts = np.array([(min_x-off,min_
y-off),(min_x-off,max_y+off),
                    (max_x+off,min_
y-off),(max_x+off,max_y+off)])
w = int(max_x-min_x+off*2)
h = int(max_y-min_y+off*2)
dst_pts = np.array([(0,0),(0,h),(w,0),
(w,h)])
# 使用 findHomography 函数找到单应性矩阵
ho, m = cv2.findHomography(src_pts,
dst_pts)
# 使用 warpPerspective 函数进行透视变换,
裁剪图像
trim = cv2.warpPerspective(im, ho, (w,
h))
plt.imshow(trim)
```

程序输出如图 6-9 所示。

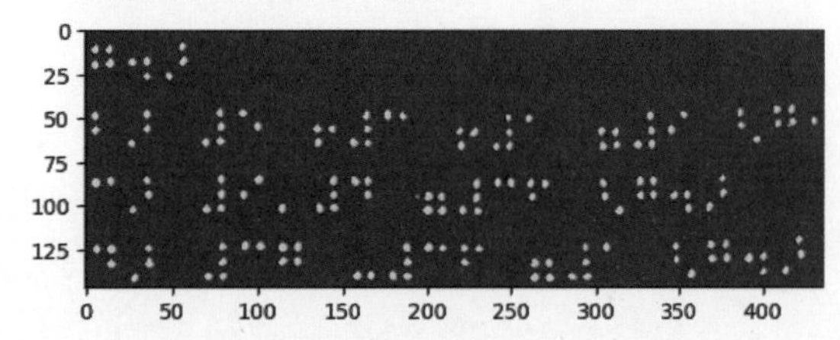

图 6-9　经过透视变换并裁剪后的重绘图像

得到这个对齐良好的图像之后，将其切成片段就相对容易了，切片程序如下：

```
# 定义字符的高度和宽度
char_h = 36 # 设置字符高度为 36 像素
char_w = 24 # 设置字符宽度为 24 像素

def slice(img): # 定义一个名为 slice 的
函数，用于将图像切割成字符
    dy, dx = img.shape # 获取图像的高度
和宽度
    y = 0 # 初始化垂直坐标 y
    while y + char_h < dy: # 当 y 加上字
符的高度小于图像的高度时，继续循环
        x = 0 # 初始化水平坐标 x
        while x + char_w < dx: # 当 x
加上字符的宽度小于图像的宽度时，继续循环
            # 判断当前区域是否为空白
            if np.max(img[y:y+char_h,
x:x+char_w]) > 0:
                # 使用 yield 关键字返回
当前字符的图像区域
                yield img[y:y+char_h,
x:x+char_w]
            x += char_w # 更新水平坐标，
使其向右移动一个字符的宽度
        y += char_h # 更新垂直坐标，使
其向下移动一个字符的高度

# 对图像进行切片
sliced = list(slice(trim))
```

```
# 使用之前定义的 display_images 函数显示切片
display_images(sliced)
```

程序输出如图 6-10 所示。

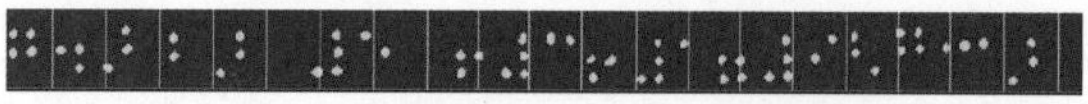

图 6-10　最终经过切片后盲文图像
（这里只展示了部分输出结果）

可以看到，许多任务可以通过纯粹的图像处理来完成，而无须依赖人工智能。实际上，如果能用计算机视觉的方法简化神经网络的任务，就应该这么做。这样做的好处是，可以用更少的训练数据来解决问题。

6.2.3　使用帧差异进行运动检测

在视频流中检测运动是一项非常常见的任务。例如，当监控摄像头捕捉到某些事件时，我们希望收到警报。如果想了解摄像头上发生了什么，可以使用神经网络来分析视频内容，但仅在确认摄像头确实捕捉到某些动作时才启用神经网络，这样可以降低成本。

运动检测的基本原理如下：如果摄像头是固定的，那么从摄像头获得的连续帧应该彼此非常相似。因为视频帧是以数组的形式存在的，所以，只需将两个连续的帧相减，就能计算出像素间的差异。对于没有运动的静态场景，这种差异通常很小；如果画面中出现了显著的运动，这种差异就会增大。

接下来将学习如何打开视频文件，并把它转换为一连串的帧。打开视频文件并读取帧的程序如下：

```
vid = cv2.VideoCapture('data/motionvideo.mp4') # 打开视频文件

c = 0 # 初始化帧计数器
frames = [] # 初始化帧列表
while vid.isOpened(): # 当视频文件打开时
    ret, frame = vid.read() # 读取一帧
    if not ret: # 如果读取失败
        break # 退出循环
    frames.append(frame) # 将帧添加到帧列表
    c += 1 # 增加帧计数器
vid.release() # 释放视频资源
print(f"Total frames: {c}")
display_images(frames[::150]) # 显示每隔 150 帧的图像
```

程序输出如下，图像部分如图 6-11 所示。

```
Total frames: 876
```

图 6-11　输出视频文件中每隔 150 帧的图像

由于颜色对于运动检测并不重要，所以，可以将所有帧转换为灰度图像，然后计算帧差异，并绘制它们的范数（范数是用于衡量矩阵或向量大小的一种数学工具）以直观地看到正在发生的活动量，其程序如下：

```
bwframes = [cv2.cvtColor(x,cv2.COLOR_BGR2GRAY) for x in frames] # 将帧转换为灰度图像
diffs = [(p2-p1) for p1,p2 in zip(bwframes[:-1],bwframes[1:])] # 计算相邻帧之间的差异
diff_amps = np.array([np.linalg.norm(x) for x in diffs]) # 计算差异的幅度
plt.plot(diff_amps) # 绘制差异幅度图
display_images(diffs[::150],titles=diff_amps[::150]) # 显示差异图像和对应的幅度
```

程序输出如图 6-12 所示。

假设想创建一个报告，当有运动事情发生时就显示合适的图像来展示摄像头前发生了什么。为了实现这一点，就需要找出“事件”的开始和结束帧，并显示中间帧。为了消除一些瞬时出现的非事件干扰动作，可以使用移动平均函数平滑图 6-12 所示的曲线，其程序如下：

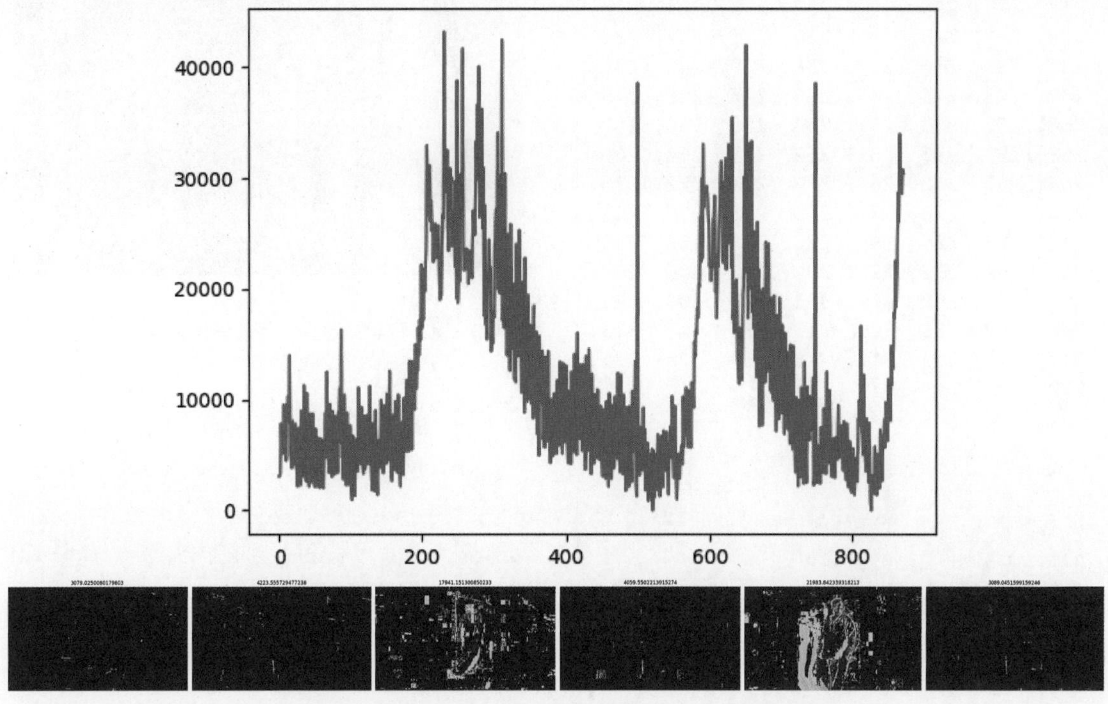

图 6-12　程序输出的差异幅度图和每隔 150 帧的差异图像

```
def moving_average(x, w):
    return np.convolve(x, np.ones(w),
'valid') / w # 定义移动平均函数
threshold = 13000 # 设置阈值

plt.plot(moving_average(diff_amps,10))
# 绘制移动平均图
plt.axhline(y=threshold, color='r',
linestyle='-') # 在图上画出阈值线
```

程序输出如图 6-13 所示。

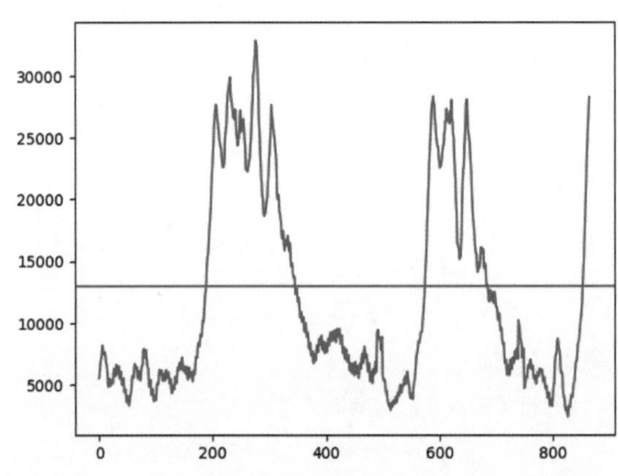

图 6-13　使用移动平均函数平滑后的帧差异幅度曲线图和阈值线（中间的水平线）

现在可以使用 np.where 找出更改量高于阈值的帧，并提取连续帧序列，且该序列长于 30 帧，其程序如下：

```
active_frames = np.where(diff_
amps>threshold)[0] # 找到超过阈值的帧
def subsequence(seq,min_length=30):
    ss = [] # 初始化子序列列表
    for i,x in enumerate(seq[:-1]):
        ss.append(x)
        if x+1 != seq[i+1]: # 如果序列
不连续
            if len(ss)>min_length: #
如果子序列长度超过最小长度
                return ss # 返回子序列
            ss.clear() # 清空子序列列表

sub = subsequence(active_frames) # 使
用之前定义的 subsequence 函数从活动帧中
找到第一个长时间的连续运动段
print(sub) # 打印连续运动段的帧索引
```

程序输出如下：

```
[195, 196, 197, 198, 199, 200, 201,
202, 203, 204, 205, 206, 207, 208, 209,
210, 211, 212, 213, 214, 215, 216, 217,
```

```
218, 219, 220, 221, 222, 223, 224, 225,
226, 227, 228, 229, 230, 231, 232, 233,
234, 235, 236, 237, 238, 239, 240, 241,
242, 243, 244, 245, 246, 247, 248, 249,
250, 251, 252, 253, 254, 255, 256, 257,
258, 259, 260, 261, 262, 263, 264, 265,
266, 267, 268, 269, 270, 271, 272, 273,
274, 275, 276, 277, 278, 279, 280, 281,
282, 283, 284, 285, 286, 287, 288, 289,
290, 291, 292, 293, 294, 295, 296, 297,
298, 299, 300, 301, 302, 303, 304, 305,
306, 307, 308, 309, 310, 311, 312, 313,
314, 315, 316, 317, 318, 319, 320, 321,
322]
```

最后，可以显示图像，其程序如下：

```
# 显示连续运动段的中间帧的图像
plt.imshow(frames[(sub[0]+s
ub[-1])//2])
```

程序输出如图 6-14 所示。

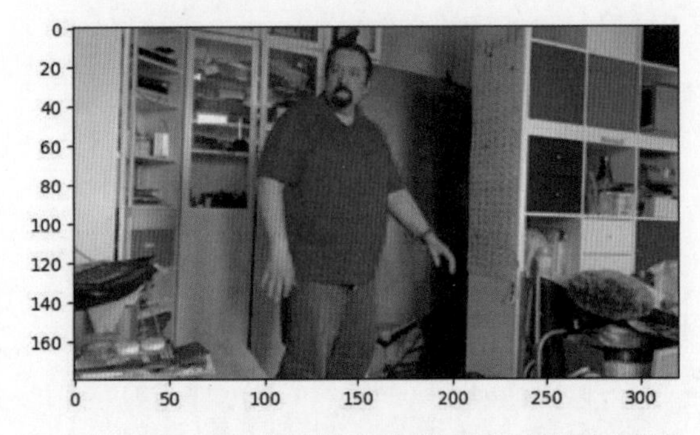

图 6-14　程序以 BGR 色彩空间加载的图像色彩看上去很诡异

图 6-14 中的颜色看起来很诡异！这是由于历史原因，OpenCV 以 BGR 色彩空间加载图像，而 matplotlib 使用更传统的 RGB 色彩空间。大多数情况下，在加载图像后需要立即将其转换为 RGB 才能正常显示。将图像从 BGR 色彩空间转换为 RGB 色彩空间的程序如下：

```
# 将同一帧从 BGR 色彩空间转换为 RGB 色彩空
间，并显示
plt.imshow(cv2.
cvtColor(frames[(sub[0]+sub[-
1])//2],cv2.COLOR_BGR2RGB))
```

程序输出如图 6-15 所示。

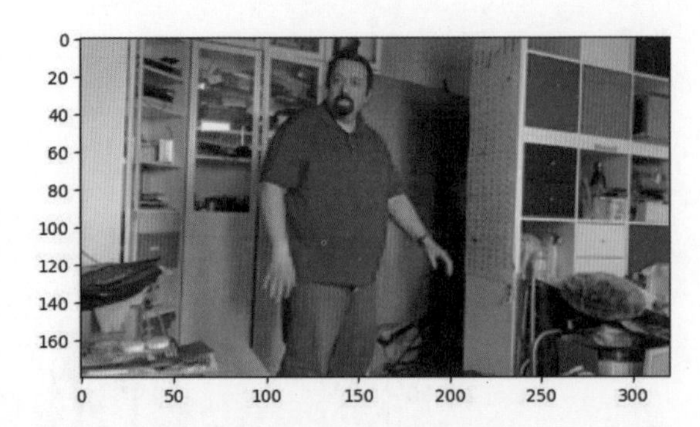

图 6-15　程序将 BGR 色彩空间的图像转换为 RGB 色彩空间后，图像的颜色正常了

6.2.4　使用光流提取运动

虽然比较两个连续帧可以看到变化的量，但它并未提供关于什么在移动及在哪里移动的信息。为了获得这些信息，可以使用一种称为光流 🔗 [L6-12] 的技术。

- **稠密光流：为每个像素都计算速度。**
- **稀疏光流：只为图像中的一些特征点（如角点）计算速度。**

在这个很棒的教程 🔗 [L6-16] 可以了解有关光流的更多信息。

在帧之间计算稠密光流，程序如下：

```
# 计算连续帧之间的光流。使用 Farneback 算
法
flows = [cv2.
calcOpticalFlowFarneback(f1, f2, None,
0.5, 3, 15, 3, 5, 1.2, 0)
         for f1,f2 in zip(bwframes[:-
1],bwframes[1:])]
# 打印第一个光流字段的形状
flows[0].shape
```

程序输出如下：

```
(180, 320, 2)
```

对于每一帧来说，光流有着与帧相同的维度，并且包含两个通道，分别对应光流向量的 x 分量和 y 分量。

在二维空间展示光流确实有些难度，但可以采用一个巧妙的方法。如果将光流转换为极坐标形式，那么对于每个像素点，就能得到两个信息：方向和强度。强度可以通过像素的亮度来表示，而方向则

可以用不同的颜色来展示。我们会在 HSV（色调 - 饱和度 - 亮度）色彩空间 🔗 [L6–17] 中创建这样的图像，在这里色调代表方向，亮度代表强度，饱和度固定为 255。

下面这段程序的主要作用是将连续的运动段（光流）转换为易于人眼观察的 HSV 颜色空间图像，并显示这些图像的子集。

```
# 定义一个函数，将光流转换为 HSV 颜色空间的图像，以便于可视化
def flow_to_hsv(flow):
    # 创建一个与输入光流相同形状的零图像，用于存储 HSV 色彩空间的图像
    hsvImg = np.zeros((flow.shape[0],flow.shape[1],3),dtype=np.uint8)

    # 使用 cartToPolar 计算光流的幅值和角度
    mag, ang = cv2.cartToPolar(flow[..., 0], flow[..., 1])

    # 将角度转换为 0 ~ 180 的值，并存储在 HSV 图像的色相通道中
    hsvImg[..., 0] = 0.5 * ang * 180 / np.pi
    # 将饱和度设置为 255
    hsvImg[..., 1] = 255
    # 将幅度归一化到 0 ~ 255，并存储在 HSV 图像的亮度通道中
    hsvImg[..., 2] = cv2.normalize(mag, None, 0, 255, cv2.NORM_MINMAX)

    # 将 HSV 图像转换为 BGR 色彩空间以便显示
    return cv2.cvtColor(hsvImg, cv2.COLOR_HSV2BGR)
# 获取连续运动段的开始和结束帧，并打印
start = sub[0]
stop = sub[-1]
print(start,stop)
# 将选定的连续运动段的光流转换为 HSV 图像
frms = [flow_to_hsv(x) for x in flows[start:stop]]
# 显示转换后的 HSV 图像的子集
display_images(frms[::25])
```

程序输出如下，图像输出如图 6-16 所示。

```
195 322
```

在图 6-16 展示的帧中，绿色代表向左移动，蓝色代表向右移动。

光流是分析运动总体方向的极好工具。如果观察到一帧中的所有像素都大致朝着同一个方向移动，那么可以推断出摄像头正在移动，并且可以尝试进行相应的补偿。

6.3 结论

尽管一些相对复杂的任务（如运动检测或指尖检测）可以仅通过计算机视觉技术解决，但掌握计算机视觉的基本技术和了解诸如 OpenCV 之类的库的功能，对于该领域的深入学习和应用至关重要。

6.4 挑战

观看这段视频 🔗 [L6–18]，了解 Cortic Tigers 项目。了解他们是如何通过机器人构建基于模块化的解决方案，从而使计算机视觉任务更加普及。同时，探索其他类似项目，这些项目有助于帮助新入门的学习者融入这一领域。

6.5 复习与自学

在这个很棒的教程 🔗 [L6–16] 中可以深入了解有关光流的更多信息。

图 6-16 视频帧的稠密光流效果图，绿色对应向左移动，蓝色对应向右移动

6.6 ✍ 作业——使用光流检测手掌移动：MovementDetection.zh.ipynb

在这个实验任务中，将录制一个包含简单手势的视频🔗 [L6-20]。目标是利用光流技术来识别上、下、左、右的手势动作。

6.6.1 任务

考虑如图 6-17 所示的视频场景，一只手掌在静止背景前进行左右、上下移动。

目标是利用光流技术来判定视频中哪些部分发生了上下、左右的移动。

更进一步的目标是，依照这篇博客帖子🔗 [L6-19] 的描述，通过识别肤色来实际追踪手掌或手指的动作。

图 6-17 视频中有手掌移动的帧

6.6.2 开始实验

打开 `MovementDetection.zh.ipynb` 🔗 [L6-21] 文件开始实验。

首先，按照课程中的描述获取视频帧：

```
# 编写获取视频帧的程序
```

接下来，根据课程中的描述计算帧之间的稠密光流，并将其转换为极坐标：

```
# 在此处编写所需的程序
```

为每个光流帧构建一个方向直方图。直方图会显示有多少向量落在特定的区间内，这样就可以区分帧上不同的移动方向。

> 可能还需要把那些幅度低于一定阈值的向量都归零。这样可以消除视频中的小动作，如眨眼或头部的轻微运动。

绘制某些帧的直方图。

```
# 在此处编写所需的程序
```

通过观察直方图，确定运动方向应该相对直接。需要选取那些对应于上、下、左、右方向的区间，并且这些区间的值要超过某个设定阈值。

```
# 在此处编写所需的程序
```

恭喜你！如果已经完成了上面所有的步骤，那么已经成功完成了这个实验！

课后测验

(1) 光流帮助我们了解视频帧上的每个像素如何移动，这一说法（ ）。

a. 正确

b. 错误

(2)（ ）为每个像素都计算速度。

a. 稀疏光流

b. 稠密光流

c. 无

(3) 调整大小和模糊是在以下（ ）阶段可以进行的步骤。

a. 预处理

b. 训练

c. 图像变换

第 7 课 卷积神经网络

课前准备

神经网络在处理图像方面表现出色，即使是单层感知器也能以相当高的准确率识别 MNIST 数据集中的手写数字。但 MNIST 数据集非常特别，因为里面的所有数字都是居中显示的，这简化了任务。

在现实生活中，我们希望无论对象在图像的哪个位置，都能准确识别出来。计算机视觉与一般分类任务不同，因为当我们在图像中寻找特定对象时，会搜索图像以找到特定的模式及其组合。例如，在寻找猫时，可能首先会寻找水平线条，它们可能构成了猫的胡须，而特定的胡须组合能告诉我们这确实是一张猫的照片。特定模式的相对位置和存在比它们在图像中的确切位置更为重要。

可以使用卷积核来识别图像中的模式。一般来说，图像可以由一个 2D 矩阵或带有颜色深度的 3D 张量来表示。使用卷积核，其实就是在图像上放置一个小的网格（称之为滤波核），然后对这个小网格覆盖的每个像素及其周围的像素进行加权平均计算。这个过程就像是有一个小窗口在图像上移动，不断根据滤波核内的规则来“混合”那些像素的颜色和亮度。以此来抓住图像中的关键模式，如线条、曲线或者特定的纹理。这对于理解和分析图像中的内容非常有帮助。

如果将 3x3 的垂直边缘和水平边缘卷积核应用到 MNIST 数据集的数字上，且图像中某个区域有明显的垂直或水平线条，那么这个区域就会变得更加明亮或数值更高。所以，这两种卷积核可以帮助我们在图像中找到边缘的位置，如图 7-1 所示。同样的道理，也可以设计其他类型的卷积核（如图 7-2 所示）来识别图像中的其他基本图形，如曲线或角。

可以手动设计卷积核来提取某些模式，也可以让网络自动学习这些模式。这是卷积神经网络（CNN）背后的核心理念。

简介

本课将介绍如下内容：

7.1 卷积神经网络的核心理念

7.2 卷积神经网络练习——PyTorch：ConvNetsPyTorch.zh.ipynb

垂直边缘卷积核

水平边缘卷积核

图 7-1　对 MNIST 数据集的图像使用了垂直边缘卷积核（左图）和水平边缘卷积核（右图）的效果

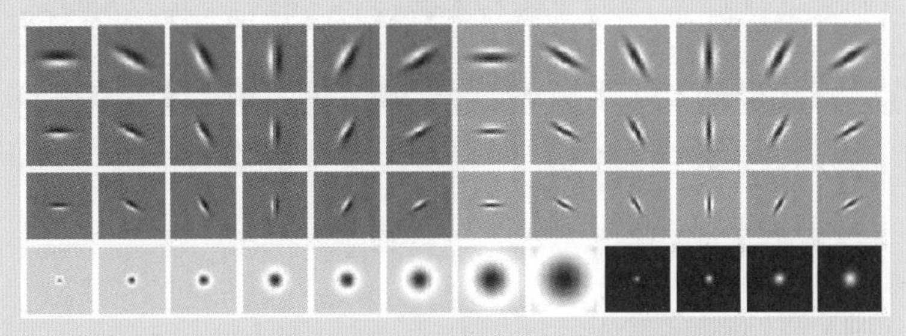

图 7-2　来自 Leung-Malik 卷积核库 🔗 [L7–1] 的图片

7.3 卷积神经网络练习——TensorFlow：ConvNetsTF.zh.ipynb

7.4 金字塔架构

7.5 挑战

7.6 回顾与自学

7.7 作业——宠物脸部分类

课前小测验

（1）我们使用（ ）从图像中提取模式。

a. 卷积核

b. 提取器

c. 滤波器

（2）以下（ ）不是卷积神经网络架构。

a. ResNet

b. MobileNet

c. TensorFlow

（3）卷积神经网络主要用于计算机视觉任务，这一说法（ ）。

a. 正确

b. 错误

7.1　卷积神经网络的核心理念

卷积神经网络工作的方式基于以下几个重要的思想：

- **卷积核可以提取模式。**
- **可以设计网络以自动训练卷积核。**
- **可以用相同的方法在更高级的特征中寻找模式，而不仅仅是在原始图像中。因此，卷积神经网络的特征提取是基于特征层次结构的，从低级的像素组合开始，直到更高级的图片部分的组合，如图 7-3 所示。**

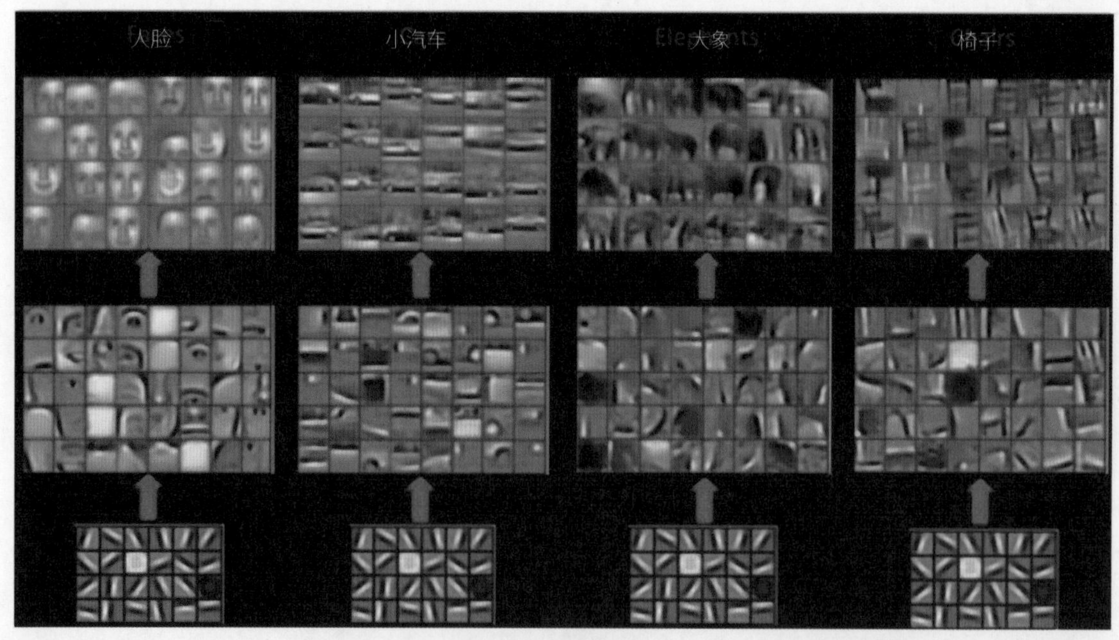

图 7-3　图片来自 Hislop-Lynch 的论文 🔗 [L7–2]，基于他们的研究——用于分层表征可扩展无监督学习的卷积深度信念网络 🔗 [L7–3]

练习：卷积神经网络

下面继续探索卷积神经网络的工作原理，以及如何实现可训练的卷积核，方法是完成相应的

Notebook：

- 卷积神经网络——PyTorch，打开 ConvNetsPyTorch.zh.ipynb 🔗 [L7-4] 进行实践。
- 卷积神经网络——TensorFlow，打开 ConvNetsTF.zh.ipynb 🔗 [L7-5] 进行实践。

7.2 卷积神经网络练习——PyTorch: ConvNetsPyTorch.zh.ipynb

在上一课中已经学会了如何使用类定义来定义多层神经网络，但那些网络是通用的，并非专门用于计算机视觉任务。本课将介绍一种专为计算机视觉打造的网络结构——卷积神经网络。

计算机视觉有别于普通的分类任务。当试图在图像中定位特定物体时，会搜寻图像，找出各种特定模式及其组合。以识别猫为例，可能先去寻找像猫胡须一样的水平线条，然后通过胡须的特定排列组合来判断这是否是一张猫的照片。这里，特定模式的相对位置和出现与否，比它们的精确坐标更加重要。

为了提取这些模式，引入卷积核的概念。在深入探讨之前，先导入之前用过的依赖库和函数，程序如下：

```
# 导入 PyTorch 库，用于构建和训练神经网络
import torch

# 导入 PyTorch 的神经网络模块，它包含预定义的层、损失函数等
import torch.nn as nn

# 导入 torchvision 库，用于处理和转换计算机视觉数据集
import torchvision

# 导入 matplotlib 库，用于绘制图形和图像
import matplotlib.pyplot as plt

# 导入 torchinfo 库的 summary 函数，用于打印神经网络的摘要信息
from torchinfo import summary

# 导入 NumPy 库，用于进行数值计算
import numpy as np

# 从 pytorchcv 库导入辅助函数
from pytorchcv import load_mnist,
train, plot_results, plot_convolution,
display_dataset

# 加载 MNIST 数据集，批量大小为 128
load_mnist(batch_size=128)
```

7.2.1 卷积核的作用

卷积核可以看作一个在图像像素上滑动的小窗口，它通过计算相邻像素的加权平均值来提取特征。

这些卷积核由一个权重系数矩阵来定义。用下面的程序来看看，在 MNIST 手写数字图像上使用两种不同卷积核会产生什么效果。

```
# 使用 plot_convolution 函数绘制垂直边缘卷积核的效果
plot_convolution(torch.tensor([[-1.,0.,1.],[-1.,0.,1.],[-1.,0.,1.]]),'Vertical edge filter')

# 使用 plot_convolution 函数绘制水平边缘卷积核的效果
plot_convolution(torch.tensor([[-1.,-1.,-1.],[0.,0.,0.],[1.,1.,1.]]),'Horizontal edge filter')
```

程序输出如图 7-4 所示。

垂直边缘卷积核

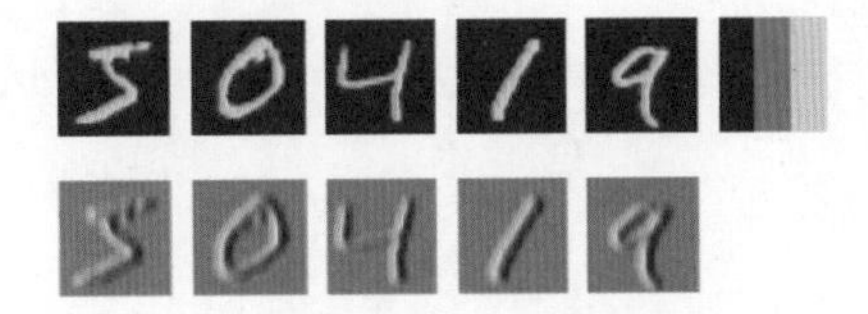

水平边缘卷积核

图 7-4　对 MNIST 数据集的图像使用了垂直边缘卷积核（上图）和水平边缘卷积核（下图）的效果

第一个卷积核称为垂直边缘卷积核，由以下矩阵定义：

$$\begin{pmatrix} -1 & 0 & 1 \\ -1 & 0 & 1 \\ -1 & 0 & 1 \end{pmatrix}$$

当垂直卷积核经过像素变化平缓的区域时，各值之和接近于0。但当它扫过图像中的垂直边缘，就会产生较大的输出值。这就是在输出图像中能看到垂直边缘被凸显，而水平边缘被平均化的原因。

水平边缘卷积核的工作原理类似，但它突出水平边缘，平均化垂直边缘。

传统的计算机视觉方法先用这些卷积核提取图像特征，再把特征输入机器学习算法，由它来构建分类器。在深度学习中，希望神经网络能自主学习对当前分类任务最有效的卷积核。

为此，引入了卷积层。

7.2.2 卷积层的关键作用

卷积层是CNN的核心组件，负责提取图像特征。卷积层使用卷积运算将输入图像与卷积核进行卷积，从而生成特征图。

卷积运算将两个矩阵相乘并输出新矩阵。在卷积层中，输入图像和卷积核都用矩阵表示。卷积核大小决定了它在输入图像上的感受野，即卷积时考虑的像素范围。

卷积层的输出称为特征图，其每个元素代表输入图像在对应位置的某种特征的强弱程度。例如，用于检测边缘的卷积核会输出一个边缘强度特征图。

多个卷积层可以层层堆叠，构成强大的CNN网络，它能胜任图像分类、目标检测、图像分割等多种计算机视觉任务。

在PyTorch中，卷积层使用`nn.Conv2d`构造函数定义，其关键参数有如下3个：

- `in_channels`：输入图像的通道数。对于灰度图像，通道数为1。
- `out_channels`：卷积核的个数。接下来将使用9个不同卷积核，让网络去探索最适合当前任务的特征。
- `kernel_size`：卷积核尺寸，即感受野大小。常见的选择有3×3和5×5。

7.2.3 构建简单卷积网络

下面构建一个只含一个卷积层的最简单CNN。对于28×28的MNIST输入图像，使用9个5×5卷积核，输出张量的形状将为9×24×24（因为5x5的卷积核在28×28图像上只能滑动到24×24个位置）。

接下来，把这个9×24×24的张量展平成一个5184维的向量，再连接一个线性层，将其变换为10维输出向量，对应0～9十个数字类别。在网络的各层之间，插入了`ReLU`激活函数，其程序如下：

```
# 定义一个名为OneConv的神经网络类，该类继承自PyTorch的nn.Module基类
class OneConv(nn.Module):
    # 初始化方法
    def __init__(self):
        # 调用父类的初始化方法
        super(OneConv, self).__init__()

        # 定义一个卷积层，输入通道为1（因为是灰度图像），输出通道为9，卷积核大小为5x5
        self.conv = nn.Conv2d(in_channels=1, out_channels=9, kernel_size=(5,5))

        # 定义一个扁平化层，用于将多维张量展平为一维
        self.flatten = nn.Flatten()
        # 定义一个全连接层，输入节点数为5184，输出节点数为10（对应10个类别）
        self.fc = nn.Linear(5184, 10)

    # 定义前向传播过程
    def forward(self, x):
        # 将输入通过卷积层并应用ReLU激活函数
        x = nn.functional.relu(self.conv(x))

        # 使用扁平化层将多维张量展平
        x = self.flatten(x)

        # 将展平的张量传递给全连接层，并应用log softmax激活函数
        x = nn.functional.log_softmax(self.fc(x), dim=1)

        # 返回最终输出
        return x
# 创建OneConv类的实例
net = OneConv()

# 使用summary函数打印神经网络的摘要信息，输入大小为(1,1,28,28)，表示批量大小为1，1个通道，图像大小为28x28
summary(net, input_size=(1, 1, 28, 28))
```

程序输出如下：

```
================================================================================
Layer (type:depth-idx)                   Output Shape              Param #
================================================================================
OneConv                                  [1, 10]                   --
├─Conv2d: 1-1                            [1, 9, 24, 24]            234
├─Flatten: 1-2                           [1, 5184]                 --
├─Linear: 1-3                            [1, 10]                   51,850
================================================================================
Total params: 52,084
Trainable params: 52,084
Non-trainable params: 0
Total mult-adds (M): 0.19
================================================================================
Input size (MB): 0.00
Forward/backward pass size (MB): 0.04
Params size (MB): 0.21
Estimated Total Size (MB): 0.25
================================================================================
```

这个简单的卷积网络包含约 5 万个可训练参数，明显少于之前 8 万参数的全连接网络。这意味着，即使在数据集较小的情况下，CNN 也可能凭借更强的泛化能力取得不错的效果。训练简单卷积网络并绘制损失和准确率曲线的程序如下：

```
# 训练简单卷积网络 5 个 epochs，并将训练历史记录保存在变量 hist 中
hist = train(net,train_loader,test_loader,epochs=5)
# 使用自定义函数 plot_results 绘制训练过程中的损失和准确率曲线
plot_results(hist)
```

程序输出如下，图像部分如图 7-5 所示。

```
Epoch  0, Train acc=0.945, Val acc=0.974, Train loss=0.001, Val loss=0.001
Epoch  1, Train acc=0.979, Val acc=0.980, Train loss=0.001, Val loss=0.001
Epoch  2, Train acc=0.986, Val acc=0.977, Train loss=0.000, Val loss=0.001
Epoch  3, Train acc=0.989, Val acc=0.978, Train loss=0.000, Val loss=0.001
Epoch  4, Train acc=0.989, Val acc=0.980, Train loss=0.000, Val loss=0.001
```

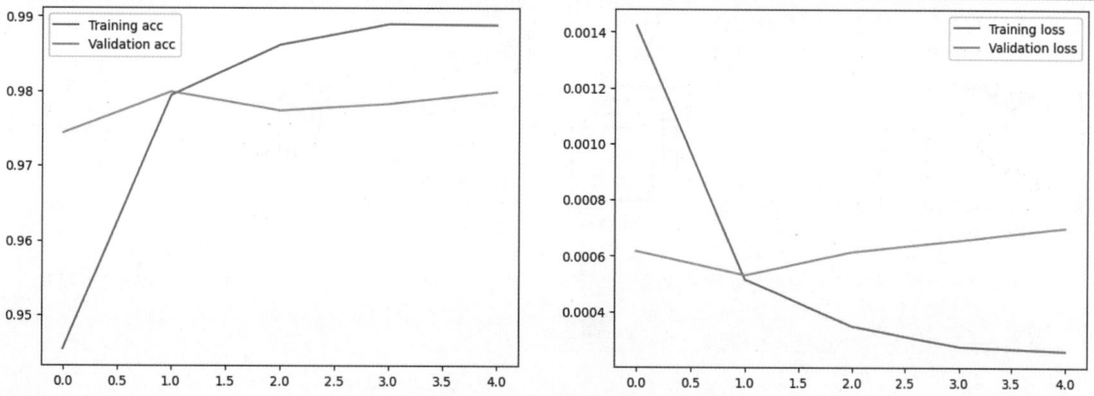

图 7-5　LeNet 网络在 5 轮训练（epochs）内的性能变化。左图是准确率（accuracy）曲线，右图是损失（loss）曲线。两个曲线图都有两条曲线，一条代表训练集（training set，蓝色）的数据，另一条代表验证集（validation set，桔色）的数据

与上一课中的全连接网络相比，这个简单的 CNN 能更快达到更高的准确率。

下面进一步可视化训练好的卷积核，深入了解 CNN 的工作原理，其程序如下：

```
# 创建一个 1 行 9 列的子图
fig,ax = plt.subplots(1,9)
# 关闭梯度计算，进入评估模式
with torch.no_grad():
    # 获取第一个卷积层的权重
    p = next(net.conv.parameters())
    # 遍历权重张量的每个通道，并将其可视化为图像
    for i,x in enumerate(p):
        ax[i].imshow(x.detach().cpu()[0,...])
        ax[i].axis('off')
```

程序输出如图 7-6 所示。

图 7-6　神经网络第一个卷积层中 9 个卷积核的权重可视化。每个小图代表一个卷积核的权重矩阵，这些权重定义了卷积核如何与输入图像卷积以产生特征图（feature map）

有趣的是，我们发现有些卷积核似乎学会了提取斜线特征，而另一些看起来则比较随机。

7.2.4　多层卷积神经网络与池化层

在多层卷积神经网络中，第一个卷积层负责检测低级特征，如边缘、线条和简单形状。随后的卷积层则逐步提取更加抽象和复杂的特征。例如，在识别猫的任务中，第一层可能检测到构成猫胡须的水平线条，之后的层则组合这些线条，最终检测出完整的猫脸。

在这个过程中，经常利用池化层来降低特征图的空间分辨率。一旦检测到某个区域内存在某种特征，其精确位置就变得不那么重要了。常见的池化操作包括平均池化和最大池化。

- **平均池化：用滑动窗口内的像素平均值代表整个窗口区域。**
- **最大池化：用滑动窗口内的最大值代表整个窗口区域，其思想是只关注特征是否出现而非具体位置。**

一个典型的卷积神经网络由若干卷积层和池化层交替堆叠而成。随着网络层数增加，特征图尺寸不断减小，但每层的特征图数量（即卷积核数量）则不断增加。这是因为更高层的特征越来越抽象，可能的特征组合方式也越来越多。

由于空间尺寸的减小和特征 / 卷积核尺寸的增加，这种架构也被称为金字塔架构，如图 7-7 所示。

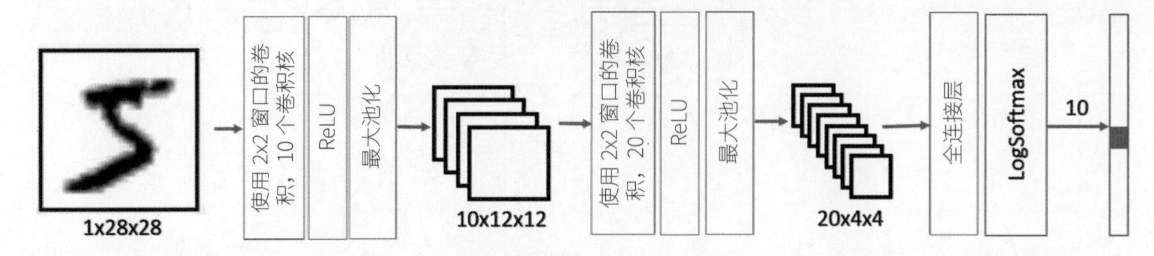

图 7-7　识别手写数字的卷积神经网络的构成示例，图中 ReLU 为 Rectified Linear Unit（整流线性单元）的缩写

多层卷积神经网络 MultiLayerCNN 的定义程序如下：

```
# 定义一个名为 MultiLayerCNN 的多层卷积神经网络类
class MultiLayerCNN(nn.Module):
    def __init__(self):
```

```
        # 调用父类的初始化函数
        super(MultiLayerCNN, self).__init__()
        # 定义第一个卷积层，输入通道为 1，输出通道为 10，卷积核大小为 5×5
        self.conv1 = nn.Conv2d(1, 10, 5)
        # 定义最大池化层，池化窗口大小为 2×2
        self.pool = nn.MaxPool2d(2, 2)
        # 定义第二个卷积层，输入通道为 10，输出通道为 20，卷积核大小为 5×5
        self.conv2 = nn.Conv2d(10, 20, 5)
        # 定义全连接层，输入大小为 320，输出大小为 10
        self.fc = nn.Linear(320,10)

    def forward(self, x):
        # 应用第一个卷积层和 ReLU 激活函数，然后进行最大池化
        x = self.pool(nn.functional.relu(self.conv1(x)))
        # 应用第二个卷积层和 ReLU 激活函数，然后进行最大池化
        x = self.pool(nn.functional.relu(self.conv2(x)))
        # 将多维张量展平为一维
        x = x.view(-1, 320)
        # 应用全连接层并进行 log-softmax 激活，用于多类分类任务
        x = nn.functional.log_softmax(self.fc(x),dim=1)
        # 返回最终的输出
        return x

# 创建 MultiLayerCNN 类的实例
net = MultiLayerCNN()
# 打印网络结构的摘要信息，输入大小为 (1,1,28,28)，表示批量大小为 1，1 个通道，图像大小为
28×28
summary(net,input_size=(1,1,28,28))
```

程序输出如下：

```
==============================================================================
Layer (type:depth-idx)                   Output Shape              Param #
==============================================================================
MultiLayerCNN                              [1, 10]                   --
├─Conv2d: 1-1                              [1, 10, 24, 24]           260
├─MaxPool2d: 1-2                           [1, 10, 12, 12]           --
├─Conv2d: 1-3                              [1, 20, 8, 8]             5,020
├─MaxPool2d: 1-4                           [1, 20, 4, 4]             --
├─Linear: 1-5                              [1, 10]                   3,210
==============================================================================
Total params: 8,490
Trainable params: 8,490
Non-trainable params: 0
Total mult-adds (M): 0.47
==============================================================================
Input size (MB): 0.00
Forward/backward pass size (MB): 0.06
Params size (MB): 0.03
Estimated Total Size (MB): 0.09
==============================================================================
```

关于此定义需注意以下几点：

- 没有使用 `Flatten` 层，而是在 `forward` 函数内使用 `view` 函数展平张量。由于展平层没有可训练的权重，所以，在类中无须创建一个单独的层实例。
- 在模型中只使用了一个池化层的实例，原因同样是因为它不包含任何可训练的参数，而且这一个实例可以被有效地重复使用。
- 可训练参数的数量（大约 8500）比之前的网络架构显著减少。这是因为卷积层通常只有少量参数，并且在应用最后的稠密层之前，图像的维度已经大幅减少。参数数量的减少对模型有积极影响，因为这有助于即使在较小的数据集上也能防止过拟合。

训练多层卷积神经网络的程序如下：

```
# 训练网络（注意：此行程序在本段程序中似乎是冗余的，因为下文中将会再次进行训练）
hist = train(net,train_loader,test_loader,epochs=5)
```

程序输出如下：

```
Epoch  0, Train acc=0.949, Val acc=0.979, Train loss=0.001, Val loss=0.001
Epoch  1, Train acc=0.980, Val acc=0.984, Train loss=0.001, Val loss=0.000
Epoch  2, Train acc=0.985, Val acc=0.983, Train loss=0.000, Val loss=0.000
Epoch  3, Train acc=0.985, Val acc=0.984, Train loss=0.000, Val loss=0.000
Epoch  4, Train acc=0.986, Val acc=0.983, Train loss=0.000, Val loss=0.000
```

相比单层卷积网络，这个多层网络只用了 1～2 轮（ epoch）就达到了更高的精度。这说明复杂的网络架构能从图像中提取更加通用的特征，因此，在更少的数据上也能学到正确的判别规则。

7.2.5 在 CIFAR-10 图像分类任务中应用卷积神经网络

掌握了卷积神经网络的基本原理后，下面挑战一个更接近真实场景的图像分类任务。CIFAR-10 🔗 [L7-6] 数据集包含 6 万张 32×32 的彩色图像，分属 10 个类别。与 MNIST 手写数字相比，这个任务的难度要大得多。加载和预处理 CIFAR-10 数据集的程序如下：

```
# 定义数据转换流水线，其中包括将图像转换为张量，并对其进行标准化
transform = torchvision.transforms.Compose(
    [torchvision.transforms.ToTensor(),
     torchvision.transforms.Normalize((0.5, 0.5, 0.5), (0.5, 0.5, 0.5))])
# 加载 CIFAR-10 训练集并应用上述转换
trainset = torchvision.datasets.CIFAR10(root='./data', train=True, download=True,
transform=transform)
# 创建训练数据加载器，批量大小为 14，数据随机打乱
trainloader = torch.utils.data.DataLoader(trainset, batch_size=14, shuffle=True)
# 加载 CIFAR-10 测试集并应用上述转换
testset = torchvision.datasets.CIFAR10(root='./data', train=False, download=True,
transform=transform)
# 创建测试数据加载器，批量大小为 14
testloader = torch.utils.data.DataLoader(testset, batch_size=14, shuffle=False)
# 定义 CIFAR-10 数据集的类别标签
classes = ('plane', 'car', 'bird', 'cat', 'deer', 'dog', 'frog', 'horse', 'ship',
'truck')
# 使用自定义函数 display_dataset 显示训练集的一些示例
display_dataset(trainset, classes=classes)
```

程序输出如图 7-8 所示。

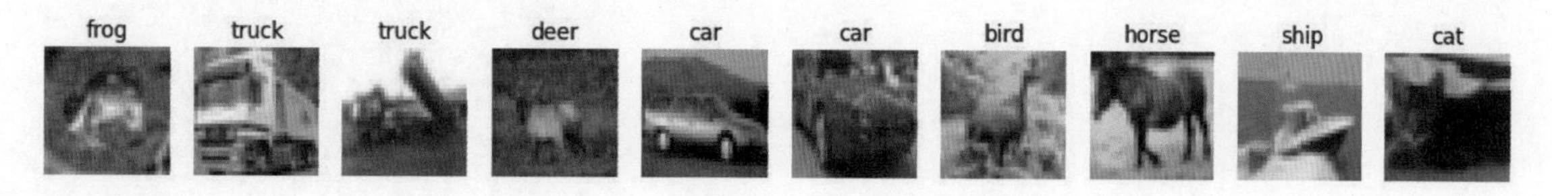

图 7-8　CIFAR-10 数据集训练集的一些示例图及其类别标签

LeNet 🔗 [L7-7] 是为 CIFAR-10 等图像分类任务专门设计的著名网络架构，由 Yann LeCun 提出。它的整体结构与之前讨论的多层卷积网络类似，主要区别在于，输入为三通道的彩色图像，而非单通道灰度图；网络更深，包含更多的卷积层和全连接层。

还对这个模型进行了一些简化操作 —— 不使用 `log_softmax` 作为输出激活函数，而是直接返回最后一个全连接层的输出。在这种情况下，可以使用 `CrossEntropyLoss` 损失函数来优化模型。

LeNet 卷积神经网络模型的定义程序如下：

```
# 定义 LeNet 类，该类继承自 PyTorch 的 nn.Module 类
class LeNet(nn.Module):
    def __init__(self):
        # 调用父类的构造函数
        super(LeNet, self).__init__()
        # 定义第一个卷积层，输入通道数为 3，输出通道数为 6，卷积核大小为 5×5
        self.conv1 = nn.Conv2d(3, 6, 5)
        # 定义最大池化层，池化窗口大小为 2×2
        self.pool = nn.MaxPool2d(2)
        # 定义第二个卷积层，输入通道数为 6，输出通道数为 16，卷积核大小为 5×5
        self.conv2 = nn.Conv2d(6, 16, 5)
        # 定义第三个卷积层，输入通道数为 16，输出通道数为 120，卷积核大小为 5×5
        self.conv3 = nn.Conv2d(16,120,5)
        # 定义一个展平层，用于将多维张量展平为一维张量
        self.flat = nn.Flatten()
        # 定义第一个全连接层，输入维度为 120，输出维度为 64
        self.fc1 = nn.Linear(120,64)
        # 定义第二个全连接层，输入维度为 64，输出维度为 10（对应 10 个类别）
        self.fc2 = nn.Linear(64,10)

    def forward(self, x):
        # 通过第一个卷积层并应用 ReLU 激活函数，然后通过最大池化层
        x = self.pool(nn.functional.relu(self.conv1(x)))
        # 通过第二个卷积层并应用 ReLU 激活函数，然后通过最大池化层
        x = self.pool(nn.functional.relu(self.conv2(x)))
        # 通过第三个卷积层并应用 ReLU 激活函数
        x = nn.functional.relu(self.conv3(x))
        # 将多维张量展平为一维张量
        x = self.flat(x)
        # 通过第一个全连接层并应用 ReLU 激活函数
        x = nn.functional.relu(self.fc1(x))
        # 通过第二个全连接层
        x = self.fc2(x)
        # 返回输出
        return x
```

```
# 创建 LeNet 网络实例
net = LeNet()
# 打印网络的摘要信息，包括每一层的结构和参数数量
summary(net,input_size=(1,3,32,32))
```

程序输出如下：

```
==========================================================================================
Layer (type:depth-idx)                   Output Shape              Param #
==========================================================================================
LeNet                                    [1, 10]                   --
├─Conv2d: 1-1                            [1, 6, 28, 28]            456
├─MaxPool2d: 1-2                         [1, 6, 14, 14]            --
├─Conv2d: 1-3                            [1, 16, 10, 10]           2,416
├─MaxPool2d: 1-4                         [1, 16, 5, 5]             --
├─Conv2d: 1-5                            [1, 120, 1, 1]            48,120
├─Flatten: 1-6                           [1, 120]                  --
├─Linear: 1-7                            [1, 64]                   7,744
├─Linear: 1-8                            [1, 10]                   650
==========================================================================================
Total params: 59,386
Trainable params: 59,386
Non-trainable params: 0
Total mult-adds (M): 0.66
==========================================================================================
Input size (MB): 0.01
Forward/backward pass size (MB): 0.05
Params size (MB): 0.24
Estimated Total Size (MB): 0.30
==========================================================================================
```

由于 LeNet 的参数更多、层数更深，所以，训练它需要的计算资源也更多，最好在 GPU 环境下进行。使用交叉熵损失训练网络的程序如下：

```
# 定义 SGD 优化器，学习率为 0.001，动量为 0.9
opt = torch.optim.SGD(net.parameters(),lr=0.001,momentum=0.9)
# 使用交叉熵损失训练网络，共 3 个 epochs
hist = train(net, trainloader, testloader, epochs=3, optimizer=opt, loss_fn=nn.
CrossEntropyLoss())
```

程序输出如下：

```
Epoch  0, Train acc=0.253, Val acc=0.389, Train loss=0.144, Val loss=0.118
Epoch  1, Train acc=0.439, Val acc=0.478, Train loss=0.110, Val loss=0.101
Epoch  2, Train acc=0.506, Val acc=0.520, Train loss=0.098, Val loss=0.094
```

即便如此，在 CIFAR-10 上花费同样的训练时间也很难达到与 MNIST 同等的分类精度。这主要是因为 CIFAR-10 任务本身的难度要大得多。不过，与随机猜测相比，超过 50% 的精度已经是一个令人鼓舞的结果，它显示了卷积神经网络强大的特征提取和分类能力。

7.2.6 小结

本练习重点介绍了卷积神经网络的层级结构，以及池化层在其中的作用，并使用 PyTorch 尝试了一个真实的图像分类任务，初步领略了卷积神经网络的威力。当前支持图像分类、目标检测和图像分割等任务的深度学习模型几乎无一例外地采用了卷积结构，只是在网络的深度、宽度和一些训练技巧上有所创新。卷积神经网络的发明是深度学习在计算机视觉领域取得突破性进展的关键法宝。

7.3 卷积神经网络练习——TensorFlow：ConvNetsTF.zh.ipynb

神经网络非常擅长处理图像，甚至单层感知器也能以合理的准确度识别 MNIST 数据集中的手写数字。然而，MNIST 数据集非常特殊，所有数字都在图像内居中，这使得任务变得更简单。

在之前的课程中见识了神经网络在图像识别任务上的强大能力。即便是简单的单层感知机，也能在 MNIST 手写数字数据集上取得不错的识别准确率。MNIST 数据集有一个特点，就是所有数字都规整地位于图片中心，这大大降低了识别任务的难度。

为了提取这些模式，引入卷积核的概念。在深入探讨之前，先导入本教程需要用到的库和函数。同时导入 `tfcv` 辅助库，其中包含一些我们不想在此 Notebook 内定义的有用函数，以保持程序简洁和清晰，其程序如下：

```
# 导入 TensorFlow 库
import tensorflow as tf
# 从 TensorFlow 中导入 Keras
from tensorflow import keras
# 导入绘图库 matplotlib
import matplotlib.pyplot as plt
# 导入 NumPy 库
import numpy as np
# 导入自定义的 tfcv 库（此程序中未提供具体实现）
from tfcv import *
```

下面继续探索 MNIST 手写数字图像分类任务。

首先，用 Keras 提供的辅助函数下载并加载 MNIST 数据集，程序如下：

```
# 使用 Keras 的 datasets 模块下载 MNIST 数据集，并将其分为训练集和测试集
(x_train,y_train),(x_test,y_test) =
keras.datasets.mnist.load_data()
# 将训练集的数据类型转换为浮点型，并进行归一化处理，使其值范围为 0 ~ 1
x_train = x_train.astype(np.float32) /
255.0
# 将测试集的数据类型转换为浮点型，并进行归一化处理，使其值范围为 0 ~ 1
x_test = x_test.astype(np.float32) /
255.0
```

程序输出如下：

```
Downloading data from https://storage.
googleapis.com/tensorflow/tf-keras-
datasets/mnist.npz
11490434/11490434 [=====] - 9s 1us/
step
```

7.3.1 卷积核的作用

卷积核可以看作一个在图像像素上滑动的小窗口，它通过计算相邻像素的加权平均值来提取特征。

这些卷积核由一个权重系数矩阵来定义。下面看看在 MNIST 手写数字图像上使用两种不同卷积核会产生什么效果，程序如下：

```
# 使用自定义的 plot_convolution 函数将训练集的前 5 张图像与垂直边缘卷积核进行卷积，并绘制结果
plot_convolution(x_train[:5],[[-
1.,0.,1.],[-1.,0.,1.],[-
1.,0.,1.]],'Vertical edge filter')
# 使用自定义的 plot_convolution 函数将训练集的前 5 张图像与水平边缘卷积核进行卷积，并绘制结果
plot_convolution(x_train[:5],[[-1.,-
1.,-1.],[0.,0.,0.],[1.,1.,1.]],'Horizo
ntal edge filter')
```

程序输出如图 7-9 所示。

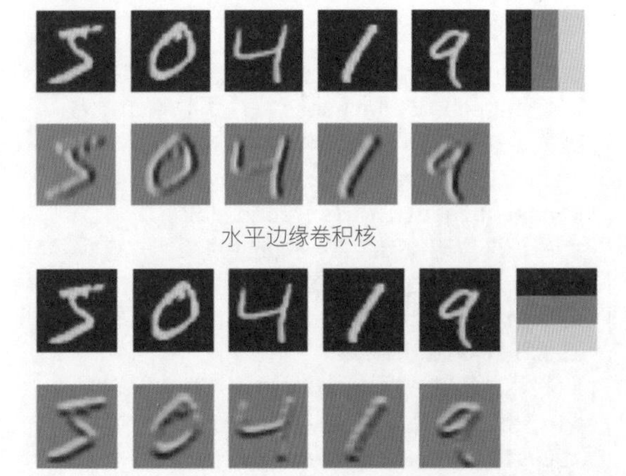

图 7-9　对 MNIST 数据集的图像使用垂直边缘卷积核（上图）和水平边缘卷积核（下图）的效果

第一个卷积核称为垂直边缘卷积核，由以下矩阵定义：

$$\begin{pmatrix} -1 & 0 & 1 \\ -1 & 0 & 1 \\ -1 & 0 & 1 \end{pmatrix}$$

当垂直卷积核经过像素变化平缓的区域时，各值之和接近于 0。但当它扫过图像中的垂直边缘时，就会产生较大的输出值。这就是在输出图像中能看到垂直边缘被凸显，而水平边缘被平均化的原因。

水平边缘卷积核的工作原理类似，但它突出水平边缘，平均化垂直边缘。

传统的计算机视觉方法先用这些卷积核提取图像特征，再把特征输入机器学习算法，由它来构建分类器，如图 7-10 所示。有趣的是，这些卷积核与一些动物视觉系统中发现的神经结构颇为相似。

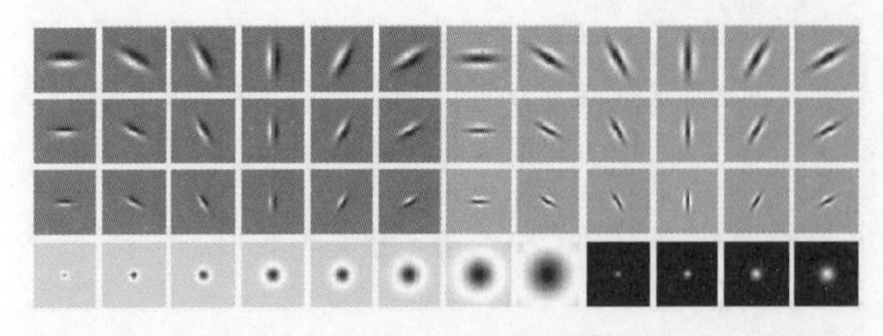

图 7-10　来自 Leung-Malik 卷积核库 [L7–1] 的图片

在深度学习领域，我们希望神经网络能自主学习对当前分类任务最有效的卷积核。为此，引入了卷积层。

7.3.2　卷积层的数学原理

为了让卷积层的权重能被网络学习到，需要把在图像上滑动卷积核的过程转换为矩阵乘法运算。只有这样，才能使用反向传播算法来更新卷积层的权重。这个转换过程被称为图像转列变换（im2col）。

假设有一个小图像 $\boldsymbol{x}$，像素数据如下：

$$\boldsymbol{x} = \begin{pmatrix} a & b & c & d & e \\ f & g & h & i & j \\ k & l & m & n & o \\ p & q & r & s & t \\ u & v & w & x & y \end{pmatrix}$$

想要应用两个卷积核，它们具有以下权重：

$$\boldsymbol{W}^{(i)} = \begin{pmatrix} w_{00}^{(i)} & w_{01}^{(i)} & w_{02}^{(i)} \\ w_{10}^{(i)} & w_{11}^{(i)} & w_{12}^{(i)} \\ w_{20}^{(i)} & w_{21}^{(i)} & w_{22}^{(i)} \end{pmatrix}$$

在应用卷积时，结果的第一个元素通过将 $\begin{pmatrix} a & b & c \\ f & g & h \\ k & l & m \end{pmatrix}$ 和 $\boldsymbol{W}^{(i)}$ 进行元素逐一相乘并求和获得，第二个元素通过将 $\begin{pmatrix} b & c & d \\ g & h & i \\ l & m & n \end{pmatrix}$ 与 $\boldsymbol{W}^{(i)}$ 相乘并求和获得，以此类推。

为了将此过程形式化，将原始图像 x 的所有 $\mathbf{3} \times \mathbf{3}$ 片段提取到以下矩阵中：

$$\text{im2col}(x) = \begin{bmatrix} a & b & \dots & g & \dots & m \\ b & c & \dots & h & \dots & n \\ c & d & \dots & i & \dots & o \\ f & g & \dots & l & \dots & r \\ g & h & \dots & m & \dots & s \\ h & i & \dots & n & \dots & t \\ k & l & \dots & q & \dots & w \\ l & m & \dots & r & \dots & x \\ m & n & \dots & s & \dots & y \end{bmatrix}$$

这个矩阵的每一列对应于原始图像的每个 3×3 子区域。现在，要得到卷积的结果，只需将这个矩阵与权重矩阵相乘：

$$\boldsymbol{W} = \begin{bmatrix} w_{00}^{(0)} & w_{01}^{(0)} & w_{02}^{(0)} & w_{10}^{(0)} & w_{11}^{(0)} & \dots & w_{21}^{(0)} & w_{22}^{(0)} \\ w_{00}^{(1)} & w_{01}^{(1)} & w_{02}^{(1)} & w_{10}^{(1)} & w_{11}^{(1)} & \dots & w_{21}^{(1)} & w_{22}^{(1)} \end{bmatrix}$$

这个矩阵的每一行都包含第 i 个卷积核的权重，扁平化成一行所以，将卷积核应用于原始图像可以被矩阵乘法替代，使用反向传播来处理：

$$C(x) = W \times \mathbf{im2col}(x)$$

卷积层通过使用 Conv2d 类来定义。在定义时，需要指定以下内容：

- filters：要使用的卷积核数量。将使用 9 个不同的卷积核，这将为网络提供许多机会来探索哪些卷积核最适合我们的场景。
- kernel_size：滑动窗口的大小。通常使用 3×3 或 5×5 的卷积核。

7.3.3 构建简单卷积网络

构建一个只含一个卷积层的最简单 CNN。对于 28×28 的 MNIST 输入图像，使用 9 个 5×5 卷积核，输出张量的形状将为 9×24×24（因为 5×5 的卷积核在 28×28 图像上只能滑动到 24×24 个位置）。接下来，把这个 9×24×24 的张量展平成一个 5184 维的向量，再连接一个线性层，将其变换为 10 维输出向量，对应 0～9 十个数字类别。在网络的各层之间插入 ReLU 激活函数。构建一个只含一个卷积层的最简单 CNN 的程序如下：

```
# 使用 Keras 的 Sequential API 创建一个卷积神经网络模型
model = keras.models.Sequential([
    # 添加一个 2D 卷积层，具有 9 个过滤器，每个过滤器的大小为 5×5，输入形状为 28×28×1，激活函数为 ReLU
    keras.layers.Conv2D(filters=9, kernel_size=(5,5), input_shape=(28,28,1),activation='relu'),
    # 添加一个 Flatten 层，用于将卷积层的输出展平为一维数组
    keras.layers.Flatten(),
    # 添加一个全连接层，具有 10 个输出节点
    keras.layers.Dense(10)
])

# 编译模型，设置损失函数为稀疏分类交叉熵（适用于整数标签），并跟踪准确率指标
model.compile(loss=keras.losses.SparseCategoricalCrossentropy(from_logits=True),metrics=['acc'])

# 打印模型摘要，展示每层的详细信息
model.summary()
```

程序输出如下：

```
Model: "sequential"
_________________________________________________________________
Layer (type)                 Output Shape              Param #
=================================================================
conv2d (Conv2D)              (None, 24, 24, 9)         234
flatten (Flatten)             (None, 5184)              0
dense (Dense)                (None, 10)                51850
=================================================================
Total params: 52084 (203.45 KB)
Trainable params: 52084 (203.45 KB)
Non-trainable params: 0 (0.00 Byte)
```

这个简单的卷积网络包含约 5 万个可训练参数，明显少于之前 8 万个参数的全连接网络。这意味着，即使在数据集较小的情况下，CNN 也可能凭借更强的泛化能力取得不错的效果。

> ⚠ 注意：在大多数实际应用中，通常会将卷积层应用于彩色图像。因此，Conv2D 层期望输入的形状为 $W \times H \times C$，其中，W 和 H 是图像的宽度和高度，C 是颜色通道的数量。对于灰度图像，需要相同的形状，但其中 C=1。

需要在开始训练之前重新整形数据，并训练简单的卷积网络，程序如下：

```
# 使用 np.expand_dims 函数为训练集和测试集的图像添加一个新的维度，以便将它们视为单通道图像
x_train_c = np.expand_dims(x_train,3)
x_test_c = np.expand_dims(x_test,3)
```

```
# 使用fit方法训练模型，传入训练数据、标签、验证数据和要运行的时期数
hist = model.fit(x_train_c,y_train,validation_data=(x_test_c,y_test),epochs=5)
```

程序输出如下：

```
Epoch 1/5
1875/1875 [=====] - 15s 7ms/step - loss: 0.2099 - acc: 0.9410 - val_loss: 0.0879 - val_acc: 0.9735
Epoch 2/5
1875/1875 [=====] - 13s 7ms/step - loss: 0.0858 - acc: 0.9753 - val_loss: 0.0682 - val_acc: 0.9791
Epoch 3/5
1875/1875 [=====] - 13s 7ms/step - loss: 0.0665 - acc: 0.9808 - val_loss: 0.0553 - val_acc: 0.9829
Epoch 4/5
1875/1875 [=====] - 15s 8ms/step - loss: 0.0582 - acc: 0.9835 - val_loss: 0.0513 - val_acc: 0.9835
Epoch 5/5
1875/1875 [=====] - 14s 8ms/step - loss: 0.0527 - acc: 0.9847 - val_loss: 0.0503 - val_acc: 0.9833
```

```
# 使用自定义函数 plot_results 绘制训练历史
plot_results(hist)
```

程序输出如图 7-11 所示。

与上一课中的全连接网络相比，单层卷积网络能够更快地（以训练轮次计）获得更高的准确率。然而，训练本身需要更多的资源，并且在非 GPU 计算机上可能会慢一些。

7.3.4 可视化卷积层

还可以可视化经过训练的卷积层的权重，以更深入地了解发生了什么，其程序如下：

```
# 创建一个 1 行 9 列的子图
fig,ax = plt.subplots(1,9)
# 获取第一个卷积层的权重
l = model.layers[0].weights[0]
# 遍历权重张量的每个通道，并将其可视化为图像
for i in range(9):
    ax[i].imshow(l[...,0,i])
    # 关闭坐标轴刻度
    ax[i].axis('off')
```

程序输出如图 7-12 所示。

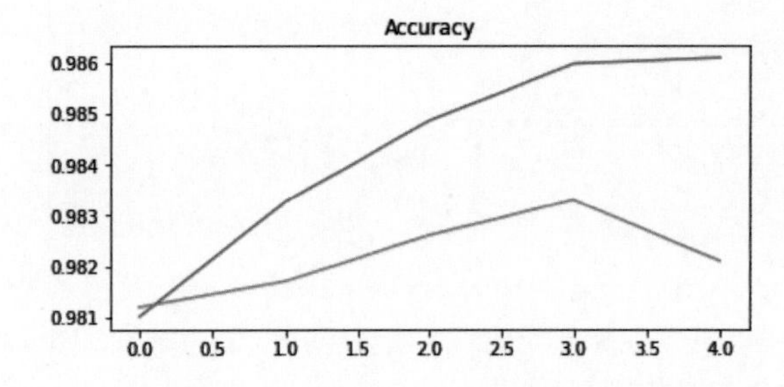

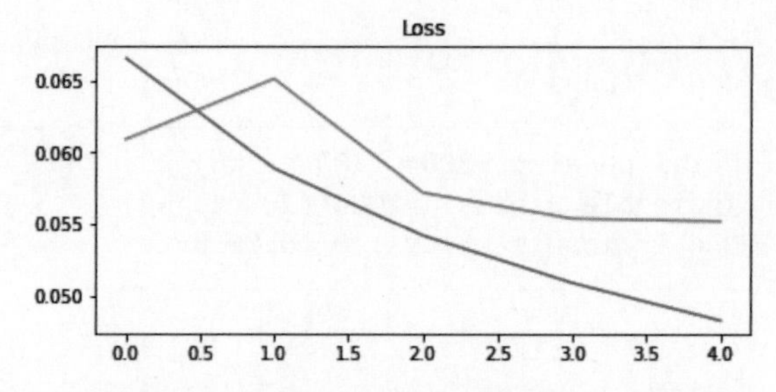

图 7-11 神经网络在 5 轮训练内的性能变化。左图是准确率（Accuracy）曲线，右图是损失（Loss）曲线。两个曲线图都有两条曲线，一条代表训练集（training set，蓝色）的数据，另一条代表验证集（validation set，桔色）的数据

图 7-12 神经网络第一个卷积层中 9 个卷积核的权重可视化。每个小图代表一个卷积核的权重矩阵，这些权重定义了卷积核如何与输入图像卷积以产生特征图

有趣的是，有些卷积核似乎学会了提取斜线特征，而另一些看起来则比较随机。

> 任务：用 3×3 的卷积核训练相同的网络并可视化它们。你看到更多熟悉的模式了吗？

7.3.5 多层卷积神经网络与池化层

背景知识介绍参看 7.2.4 节的内容，构建多层卷积神经网络的程序如下：

```
# 使用 Keras 的 Sequential API 创建一个卷积神经网络模型
model = keras.models.Sequential([
    # 添加第一个 2D 卷积层，具有 10 个过滤器，卷积核的大小为 5×5，输入形状为 28×28×1，激活函数为 ReLU
    keras.layers.Conv2D(filters=10, kernel_size=(5,5), input_shape=(28,28,1),activation='relu'),
    # 添加第一个最大池化层，用于降低空间维度
    keras.layers.MaxPooling2D(),
    # 添加第二个 2D 卷积层，具有 20 个过滤器，卷积核的大小为 5×5，激活函数为 ReLU
    keras.layers.Conv2D(filters=20, kernel_size=(5,5), activation='relu'),
    # 添加第二个最大池化层
    keras.layers.MaxPooling2D(),
    # 添加一个 Flatten 层，用于将卷积层的输出展平为一维数组
    keras.layers.Flatten(),
    # 添加一个全连接层，具有 10 个输出节点
    keras.layers.Dense(10)
])

# 编译模型，设置损失函数为稀疏分类交叉熵（适用于整数标签），并跟踪准确率指标
model.compile(loss=keras.losses.SparseCategoricalCrossentropy(from_logits=True),metrics=['acc'])

# 打印模型摘要，展示每层的详细信息
model.summary()
```

程序输出如下：

```
Model: "sequential_1"
_________________________________________________________________
Layer (type)                 Output Shape              Param #
=================================================================
conv2d_1 (Conv2D)            (None, 24, 24, 10)        260
max_pooling2d (MaxPooling2D) (None, 12, 12, 10)        0
conv2d_2 (Conv2D)            (None, 8, 8, 20)          5020
max_pooling2d_1 (MaxPooling2D) (None, 4, 4, 20)        0
flatten_1 (Flatten)           (None, 320)               0
dense_1 (Dense)              (None, 10)                3210
=================================================================
Total params: 8490 (33.16 KB)
Trainable params: 8490 (33.16 KB)
Non-trainable params: 0 (0.00 Byte)
_________________________________________________________________
```

⚠ 注意，可训练参数的数量（大约 8500）比之前的网络架构显著减少。这是因为卷积层通常只有少量参数，并且在应用最后的稠密层之前，图像的维度已经大幅减少。参数数量的减少对模型有积极影响，因为这有助于即使在较小的数据集上也能防止过拟合。

训练多层卷积神经网络的程序如下：

```
# 使用fit方法训练模型，传入训练数据、标签、验证数据和要运行的时期数
hist = model.fit(x_train_c,y_
train,validation_data=(x_test_c,y_
test),epochs=5)
```

程序输出如下：

```
Epoch 1/5
1875/1875 [=====] - 6s 3ms/step -
loss: 0.2231 - acc: 0.9336 - val_loss:
0.0767 - val_acc: 0.9767
Epoch 2/5
1875/1875 [=====]  - 6s 3ms/step -
loss: 0.0753 - acc: 0.9774 - val_loss:
0.0544 - val_acc: 0.9832
Epoch 3/5
1875/1875 [=====] - 6s 3ms/step -
loss: 0.0557 - acc: 0.9834 - val_loss:
0.0455 - val_acc: 0.9857
Epoch 4/5
1875/1875 [=====]  - 6s 3ms/step -
loss: 0.0461 - acc: 0.9862 - val_loss:
0.0410 - val_acc: 0.9863
Epoch 5/5
1875/1875 [=====] - 5s 3ms/step -
loss: 0.0402 - acc: 0.9880 - val_loss:
0.0361 - val_acc: 0.9888
```

绘制训练准确率和损失变化过程的程序如下：

```
# 使用自定义函数 plot_results 绘制训练历史
plot_results(hist)
```

程序输出如图 7-13 所示。

相比单层卷积网络，多层网络只用了 1～2 轮就达到了更高的精度。这说明复杂的网络架构能从图像中提取更加通用的特征，因此，在更少的数据上也能学到正确的判别规则。

7.3.6 使用 CIFAR-10 数据集上的真实图像进行操作

掌握了卷积神经网络的基本原理后，下面挑战一个更接近真实场景的图像分类任务。CIFAR-10 数据集🔗 [L7-6] 包含 6 万张 32×32 的彩色图像，分属 10 个类别。与 MNIST 手写数字相比，这个任务的难度要大得多。加载 CIFAR-10 数据集，并显示一些示例的程序如下：

```
# 加载 CIFAR-10 数据集
(x_train,y_train),(x_test,y_test) =
keras.datasets.cifar10.load_data()
# 将图像像素值归一化到 [0, 1]
x_train = x_train.astype(np.float32) /
255.0
x_test = x_test.astype(np.float32) /
255.0
# 定义 CIFAR-10 数据集的类别标签
classes = ('plane', 'car', 'bird',
'cat', 'deer', 'dog', 'frog', 'horse',
'ship', 'truck')
# 使用自定义函数 display_dataset 显示
CIFAR-10 数据集的一些示例
display_dataset(x_train,y_
train,classes=classes)
```

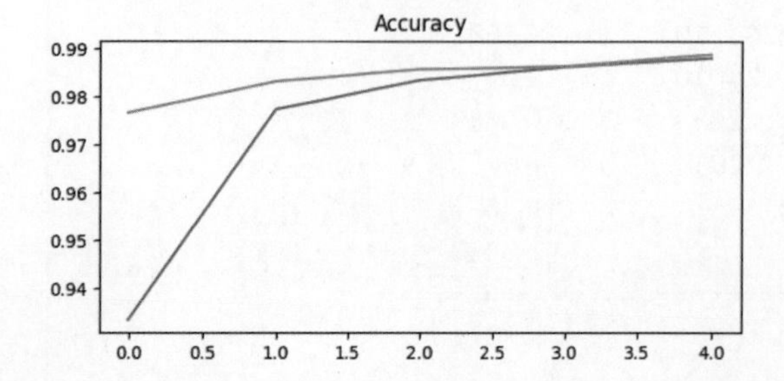

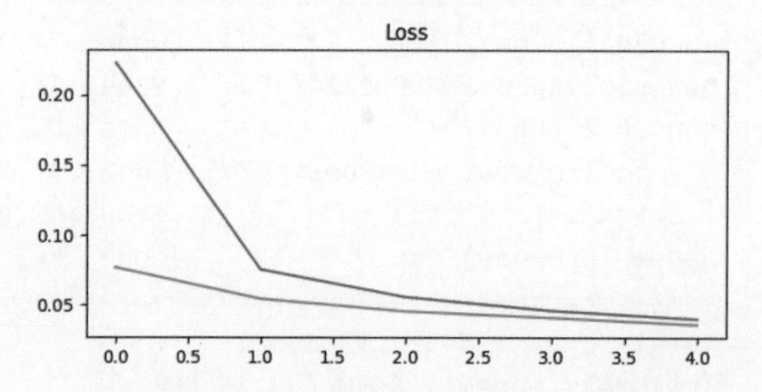

图 7-13　神经网络在 5 轮训练内的性能变化。左图是准确率（Accuracy）曲线，右图是损失（Loss）曲线。两个曲线图都有两条曲线，一条代表训练集（training set，蓝色）的数据，另一条代表验证集（validation set，桔色）的数据

程序输出如图 7-14 所示。

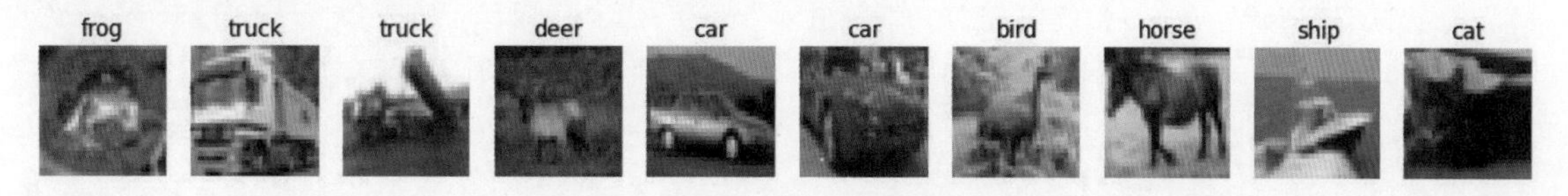

图 7-14　CIFAR-10 数据集训练集的一些示例图及其类别标签

LeNet [L7-7] 是为 CIFAR-10 等图像分类任务专门设计的著名网络架构，由 Yann LeCun 提出。它的整体结构与之前讨论的多层卷积网络类似，主要区别在于：输入为三通道的彩色图像，而非单通道灰度图；网络更深，包含更多的卷积层和全连接层。使用 Keras 的 Sequential API 创建一个 LeNet 模型的程序如下：

```
# 使用 Keras 的 Sequential API 创建一个 LeNet 模型，这是一个经典的卷积神经网络结构
model = keras.models.Sequential([
    # 添加第一个 2D 卷积层，有 6 个过滤器，卷积核大小为 5x5，步长为 1，激活函数为 ReLU，输入形状为 32×32×3
    keras.layers.Conv2D(filters = 6, kernel_size = 5, strides = 1, activation = 'relu', input_shape = (32,32,3)),
    # 添加第一个最大池化层，池化窗口大小为 2×2，步长为 2
    keras.layers.MaxPooling2D(pool_size = 2, strides = 2),
    # 添加第二个 2D 卷积层，有 16 个过滤器，卷积核大小为 5×5，步长为 1，激活函数为 ReLU
    keras.layers.Conv2D(filters = 16, kernel_size = 5, strides = 1, activation = 'relu'),
    # 添加第二个最大池化层，池化窗口大小为 2×2，步长为 2
    keras.layers.MaxPooling2D(pool_size = 2, strides = 2),
    # 添加一个 Flatten 层，用于将卷积层的输出展平为一维数组
    keras.layers.Flatten(),
    # 添加一个全连接层，有 120 个节点，激活函数为 ReLU
    keras.layers.Dense(120, activation = 'relu'),
    # 添加另一个全连接层，有 84 个节点，激活函数为 ReLU
    keras.layers.Dense(84, activation = 'relu'),
    # 添加最后一个全连接层，有 10 个节点，激活函数为 softmax，输出每个类别的预测概率
    keras.layers.Dense(10, activation = 'softmax')
])

# 打印模型的摘要，显示每层的详细信息
model.summary()
```

程序输出如下：

```
Model: "sequential_2"
_________________________________________________________________
Layer (type)                      Output Shape          Param #
=================================================================
conv2d_3 (Conv2D)                 (None, 28, 28, 6)     456
max_pooling2d_2 (MaxPooling2D)    (None, 14, 14, 6)     0
conv2d_4 (Conv2D)                 (None, 10, 10, 16)    2416
max_pooling2d_3 (MaxPooling2D)    (None, 5, 5, 16)      0
flatten_2 (Flatten)               (None, 400)           0
dense_2 (Dense)                   (None, 120)           48120
dense_3 (Dense)                   (None, 84)            10164
dense_4 (Dense)                   (None, 10)            850
=================================================================
Total params: 62006 (242.21 KB)
Trainable params: 62006 (242.21 KB)
Non-trainable params: 0 (0.00 Byte)
_________________________________________________________________
```

由于 LeNet 的参数更多、层数更深，所以，训练它需要的计算资源也更多，最好在 GPU 环境下进行。编译和训练 LeNet 模型的程序如下：

```
# 编译模型，设置优化器为 Adam，损失函数为稀疏分类交叉熵（适合于整数标签），并跟踪准确率指标
model.compile(optimizer = 'adam', loss = 'sparse_categorical_crossentropy', metrics = ['acc'])

# 使用 fit 方法训练模型，传入训练数据、标签、验证数据和要运行的周期数
hist = model.fit(x_train,y_train,validation_data=(x_test,y_test),epochs=10)
```

程序输出如下：

```
Epoch 1/10
1563/1563 [=====] - 8s 5ms/step - loss: 1.6151 - acc: 0.4104 - val_loss: 1.4075 - val_acc: 0.4949
Epoch 2/10
1563/1563 [=====] - 8s 5ms/step - loss: 1.3461 - acc: 0.5168 - val_loss: 1.3374 - val_acc: 0.5156
…省略部分输出内容
Epoch 9/10
1563/1563 [=====] - 8s 5ms/step - loss: 0.9153 - acc: 0.6786 - val_loss: 1.1263 - val_acc: 0.6076
Epoch 10/10
1563/1563 [=====] - 7s 5ms/step - loss: 0.8873 - acc: 0.6872 - val_loss: 1.1109 - val_acc: 0.6224
```

绘制训练准确率和损失变化过程的程序如下：

```
# 使用自定义函数 plot_results 绘制训练历史
plot_results(hist)
```

程序输出如图 7-15 所示。

即便如此，在 CIFAR-10 上花费同样的训练时间也很难达到与 MNIST 同等的分类精度。这主要是因为 CIFAR-10 任务本身的难度要大得多。不过，与随机猜测相比，超过 50% 的精度已经是一个令人鼓舞的结果，它显示了卷积神经网络强大的特征提取和分类能力。

7.3.7 小结

本练习重点介绍了卷积神经网络的层级结构，以及池化层在其中的作用，并使用 TensorFlow 尝试了一个真实的图像分类任务，初步领略了卷积神经网络的威力。当前支持图像分类、目标检测和图像分割等任务的深度学习模型几乎无一例外地采用了卷积结构，只是在网络的深度、宽度和一些训练技巧上有所创新。卷积神经网络的发明是深度学习在计算机视觉领域取得突破性进展的关键法宝。

7.4 卷积神经网络的金字塔架构

大多数用于图像处理的卷积神经网络都采用一种被称为金字塔架构的设计原则。在这种架构中：

- 第一层卷积层直接作用于原始图像，通常只包含较少的卷积核（如 8 ～ 16 个）。这些卷积核负责识别像素的基本组合模式，如水平或垂直的线条。
- 在网络的下一层中，减小图像的空间尺寸（通过池化操作），同时增加卷积核的数量。这使得网络能够在更大的感受野内识别出更复杂的特征组合。

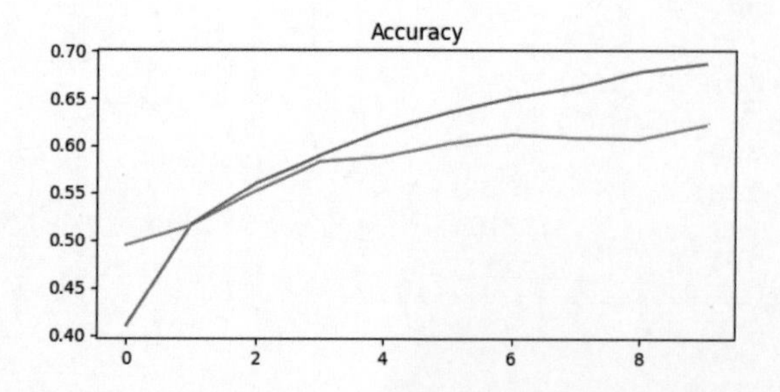

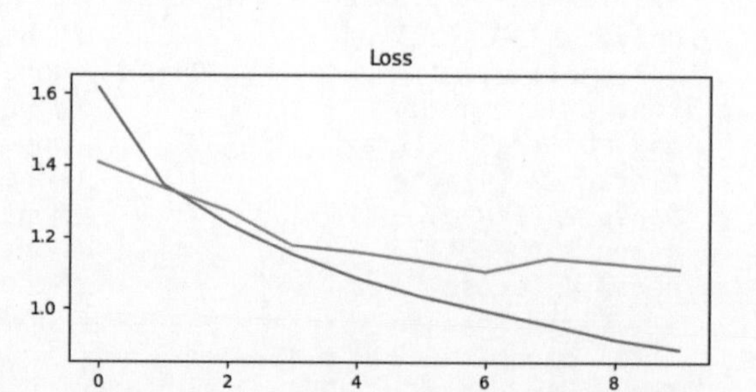

图 7-15　神经网络在 10 轮训练内的性能变化。左图是准确率（Accuracy）曲线，右图是损失（Loss）曲线。两个曲线图都有两条曲线，一条代表训练集（training set，蓝色）的数据，另一条代表验证集（validation set，桔色）的数据

- 随着逐层向网络的顶端前进，图像的空间分辨率不断降低，而每层的卷积核数量则不断增加，直到最后得到一个高度抽象的特征表示，用于图像分类任务。

7.4.1 经典卷积神经网络架构一览

接下来，介绍几个在学术界和工业界广泛使用的经典卷积神经网络架构。

1.VGG-16

VGG-16 是牛津大学视觉几何组（Visual Geometry Group）在 2014 年提出的一个卷积神经网络模型。VGG-16 在 2014 年 ImageNet top-5 分类中达到 92.7% 的准确率。VGG-16 的网络结构如图 7-16 所示，它是一个非常典型的规则卷积网络，由一系列的卷积层（Conv）和池化层（Pool）交替堆叠而成，体现了金字塔架构的设计理念。

加入了图像空间尺寸的 VGG-16 的网络结构示意图如图 7-17 所示。可以看到图像空间尺寸通过池化层自左向右不断减少，卷积核数量不断增加而呈现出金字塔型结构。图中的 ReLU（修正线性单元）是一种常用的神经元激活函数，它能为网络引入非线性特性，使得网络可以拟合更加复杂的函数，这在图像识别和语音处理等任务中至关重要。

2.ResNet

ResNet（残差网络）是微软研究院在 2015 年提出的一系列卷积神经网络模型。其核心思想是在网络中引入了所谓的“残差块”（Residual Blocks）。残差块的结构如图 7-18 所示。

残差块的思路是让某一层学习输入与期望输出之间的残差（差异），而不是直接学习输入到输出的

VGG-16

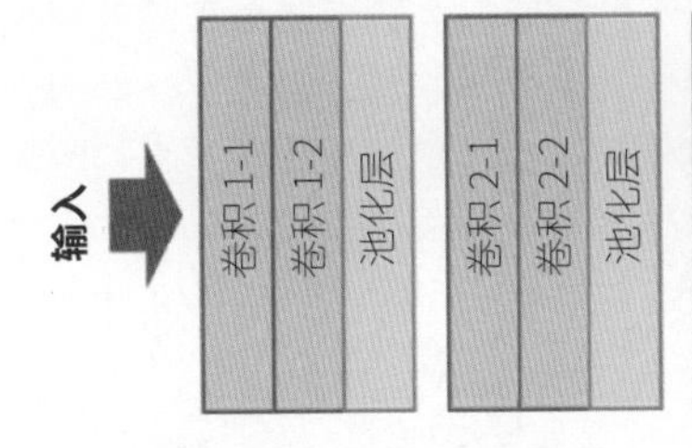
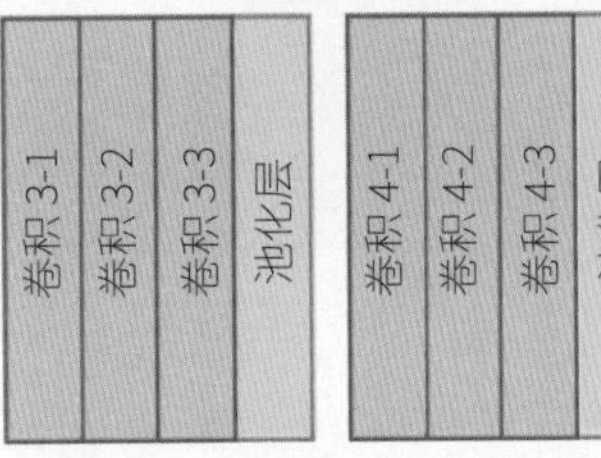
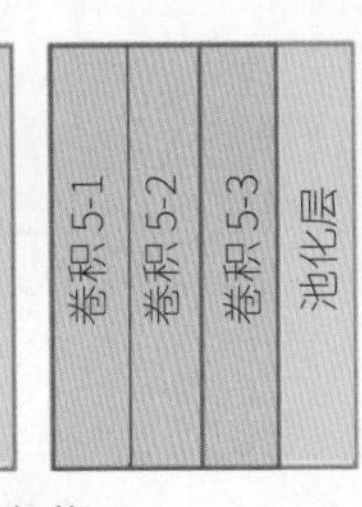
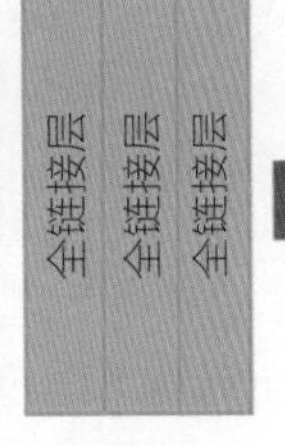

图 7-16 卷积神经网络 VGG-16 的架构

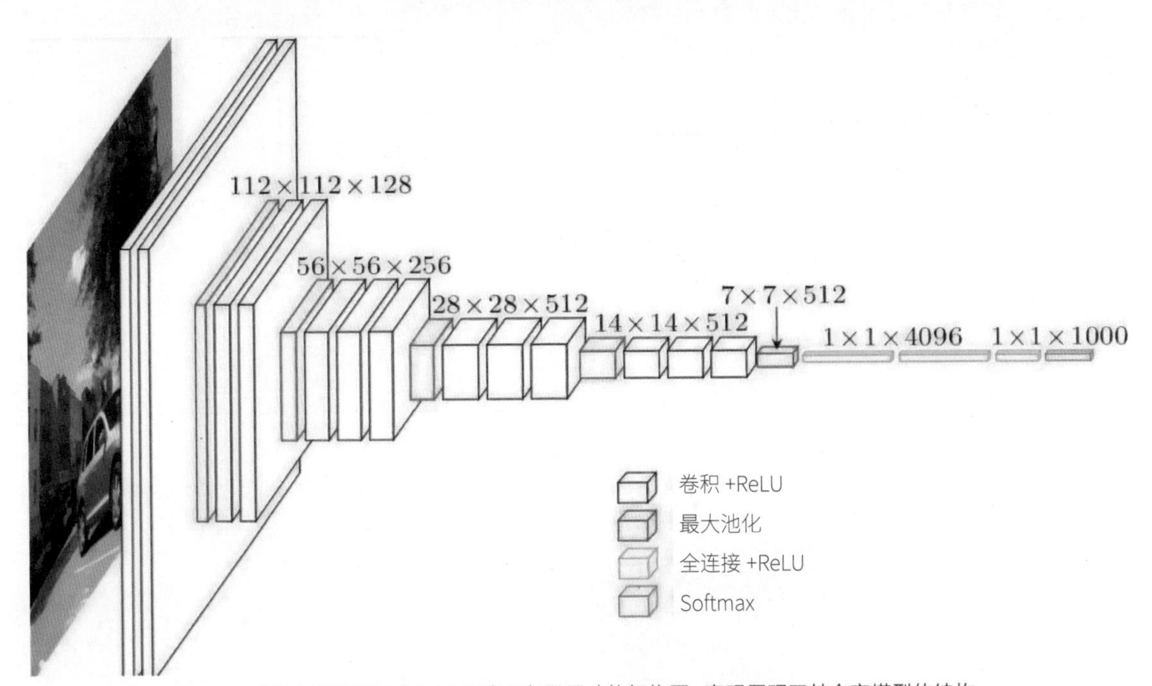

图 7-17 卷积神经网络 VGG-16 示意了各层尺寸的架构图，直观展现了其金字塔型的结构，图片来源 Researchgate [L7–8]

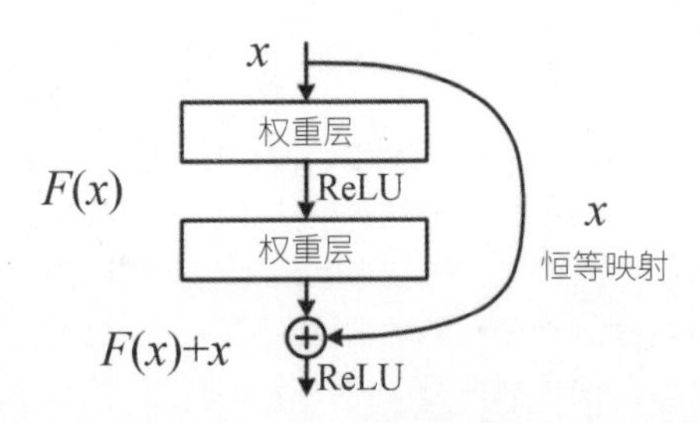

图 7-18 ResNet 架构中的一个残差块。输入 x 通过两个具有权重的层进行处理，并在每个层之后使用 ReLU 激活函数进行非线性转换。接着，这个经过变换的输出 $F(x)$ 与原始输入 x 相加，以构成最终的输出，图片来自此论文 [L7–9]

映射。这种结构的模块更容易训练，从而使我们可以搭建包含数百个层的超深网络（如 ResNet-101、ResNet-152）。

随着训练的进行，浅层的残差块负责学习一些相对简单的特征，而深层的残差块则逐步学习一些更加复杂和抽象的特征模式。网络会自适应地调整其内部的复杂度，以拟合手头的数据集。

3.Google Inception 架构

GoogleNet 进一步发展了卷积神经网络的架构思路，它的一个显著特点是在同一层中使用了多个并行的卷积分支，如图 7-19 所示。

其中一个有趣的设计是使用 1×1 的卷积核。初看之下，在空间维度上使用 1×1 的卷积核似乎没有什么意义。但要注意到卷积其实是同时作用在空间维度和通道维度上的。因此，1×1 卷积实际上起到了跨通道信息交互与融合的作用。它使用可学习的参数对不同通道的特征图进行线性组合，可以被视为在通道维度上进行的一种“池化”操作。

这里有一篇关于这个主题的优秀博客文章 [L7–11]，以及原始论文 [L7–12]。

4. MobileNet

MobileNet 是 Google 专为移动和嵌入式视觉应用而设计的一系列轻量级卷积神经网络模型。当硬件资源有限时，如果可以接受略微降低模型的精度，MobileNet 就是一个很好的选择。

MobileNet 的核心是一种被称为“深度可分离卷积”（Depthwise Separable Convolution）的技术。它将标准卷积拆分为两步进行：

首先在每个通道上独立地进行空间卷积（depthwise convolution）。

然后使用 1×1 卷积跨通道组合上一步的输出特征（pointwise convolution）。

这种分解卷积的思路显著减少了模型的参数量和计算量，使其更适合部署在移动设备上。同时它在参数量相同的情况下也能取得与传统卷积神经网络媲美的精度。这里有一篇关于 MobileNet 的优秀博文 [L7–13]。

7.4.2 小结

本节重点介绍了卷积神经网络的金字塔架构原理，并对几种有代表性的卷积神经网络模型（如

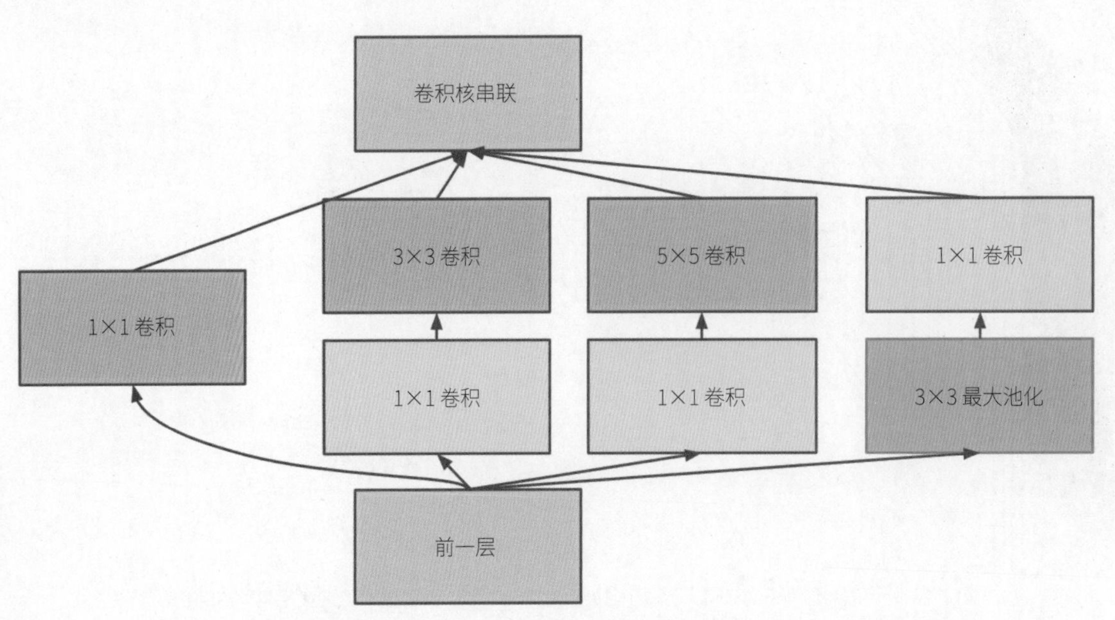

图 7-19 具有降维功能的 Inception 模块的架构，图片来自 Researchgate [L7–10]

VGG、ResNet、GoogleNet、MobileNet）的核心思想进行了概括。这些模型都是深度学习在计算机视觉领域取得突破性进展的基石。

现实中应用于图像分类、目标检测、图像分割等任务的卷积神经网络模型大都是在这些经典架构的基础上，通过增加网络的深度和宽度，并结合一些训练的技巧（如数据增强、迁移学习）演化而来的。希望通过本文，读者能对卷积神经网络的整体脉络有一个初步的了解，为进一步探索这一领域打下基础。

7.5 挑战

尝试在本节课的 Notebook 练习上做一些实验，看看是否可以实现更高的准确率。

7.6 回顾与自学

卷积神经网络（CNN）在计算机视觉任务中大放异彩，但它们的应用远不止于此。CNN 擅长提取固定尺寸的模式，这使得它们在许多其他领域也能发挥重要作用。

例如，在语音识别任务中，可以使用一维卷积神经网络（1D-CNN）来检测音频信号中的关键模式。这里的卷积核变成了一维的向量，在时间轴上滑动，捕捉语音中的局部特征。

再如，在视频理解任务中，经常会用到三维卷积神经网络（3D-CNN）。与 2D-CNN 提取图像的空间特征类似，3D-CNN 能够同时提取视频在空间和时间维度上的特征模式，捕捉事件随时间推移而发生的变化。

除了上述例子，CNN 还有许多其他应用，如自然语言处理、推荐系统等。建议大家在课后多多回顾和自学，探索 CNN 的更多可能性。

7.7 作业——宠物脸部分类

在这个实验中，需要对不同品种的猫和狗进行分类。这些图像比 MNIST 数据集的图像更为复杂、尺寸更大，而且类别超过 10 个。

7.7.1 任务

假设你正在为一家宠物店开发一个智能管理系统。这个系统的核心功能是能够自动识别宠物照片中的品种，方便宠物信息的录入和管理。下面，就利用 CNN 来实现这一功能。

具体来说，将使用 Pet Faces 数据集训练一个 CNN 模型，用于识别图像中猫和狗的品种。

7.7.2 开始实验

打开 PetFaces.zh.ipynb 文件🔗 [L7-14]，开始实验。

7.7.3 获取数据

在此任务中，将专注于相对简单的分类任务——宠物脸部分类。此数据集由 Oxford-IIIT 数据集 🔗 [L7-15] 裁剪出来的宠物脸部组成。首先，开始加载并可视化这个数据集，程序如下：

```
# 下载 petfaces 数据集
!wget https://mslearntensorflowlp.blob.core.windows.net/data/petfaces.tar.gz
# 解压数据集
!tar xfz petfaces.tar.gz
# 删除压缩包
!rm petfaces.tar.gz
```

定义一个通用函数来显示来自列表的一系列图像，程序如下：

```
# 导入必要的库
import matplotlib.pyplot as plt  # 用于绘图
import os  # 用于处理操作系统相关的操作，如文件路径
from PIL import Image  # 用于处理图像
import numpy as np  # 用于数值计算

# 定义一个函数来显示一系列的图像
def display_images(l, titles=None, fontsize=12):
    """
    显示图像的函数。

    参数：
    - l: 图像列表，每个图像都是一个数组。
    - titles: （可选）标题列表，与图像列表对应。
    - fontsize: 标题的字体大小。
    """
    n = len(l)  # 获取图像列表的长度（即图像的数量）
    fig, ax = plt.subplots(1, n)  # 创
```

```
建一个 1×n 的子图
    for i, im in enumerate(l):  # 遍历图像列表
        ax[i].imshow(im)  # 在子图上显示图像
        ax[i].axis('off')  # 关闭坐标轴
        if titles is not None:  # 如果提供了标题
            ax[i].set_title(titles[i], fontsize=fontsize)  # 为每张图像设置标题
    fig.set_size_inches(fig.get_size_inches() * n)  # 设置图像的总大小
    plt.tight_layout()  # 确保图像之间的布局合适
    plt.show()  # 显示图像
```

接下来，遍历所有类别的子目录，并绘制每个类别的前几张图像，程序如下：

```
# 遍历 'petfaces' 目录中的每个子目录，每个子目录都代表一个类别（例如，猫或狗的品种）
for cls in os.listdir('petfaces'):
    # 打印当前子目录的名称，也就是当前的类别名称
    print(cls)

    # 为当前类别的前 10 张图片创建一个图像列表并显示
    display_images(
        # 使用列表推导式为当前类别获取前 10 张图片
        [Image.open(os.path.join('petfaces', cls, x))  # 打开图片
         for x in os.listdir(os.path.join('petfaces', cls))[:10]]  # 获取当前类别目录中的前 10 个文件名
    )
```

还需要确定数据集中的类别数量，程序如下：

```
# 使用 os.listdir() 函数列出 'petfaces' 目录下的所有子目录和文件
# 由于每个子目录代表一个类别，通过计算这些子目录的数量来得到总的类别数
num_classes = len(os.listdir('petfaces'))

# 打印类别总数
num_classes
```

程序输出如下：

```
35
```

7.7.4 为深度学习准备数据集

为了开始训练神经网络，需要将所有图像转换成张量，并为标签（即类别编号）创建对应的张量。大多数神经网络框架都提供了简单的工具来处理图像。

- 在 TensorFlow 中，可以使用 `tf.keras.preprocessing.image_dataset_from_directory`。
- 在 PyTorch 中，可以使用 `torchvision.datasets.ImageFolder`。

所有图像都接近正方形的比例，因此，需要将所有图像调整为正方形尺寸。此外，可以将图像组织成小批量。

```
# 编写加载数据集的程序
```

现在，需要将数据集分为训练和测试两部分。

```
# 编写进行训练 / 测试分割的程序
```

现在打印数据集中张量的大小。如果已经正确执行了所有操作，那么训练元素的大小如下：

- 对于 TensorFlow，它是 `(batch_size,image_size,image_size,3)`。
- 对于 PyTorch，它是 `batch_size,3,image_size,image_size`。
- 对于标签，它是 `batch_size`。

标签应该包含类别的编号。

```
# 编写程序打印张量大小
```

```
# 编写程序显示数据
```

期望程序输出如图 7-20 所示的宠物面部数据集的图片与标签。

图 7-20 程序输出图片展示了宠物面部数据集的内容

7.7.5 定义神经网络

对于图像分类，可能需要定义一个包含多个层的卷积神经网络。需要注意以下几点：

- 记住金字塔结构，即随着深入网络，卷积核的数量应该逐渐增加。
- 不要忘记在层之间使用激活函数（ReLU）和最大池化。
- 最终的分类器可以包含或不包含隐藏层，但输出神经元的数量应该等于类别的数量。

最后一层的激活函数和损失函数的选择很重要。

- 在 TensorFlow 中，可以使用 softmax 作为激活函数，并使用 sparse_categorical_crossentropy 作为损失函数。稀疏分类交叉熵和非稀疏分类交叉熵的区别在于，前者期望输出为类别编号，而不是独热向量。
- 在 PyTorch 中，可以让最后一层没有激活函数，并使用 CrossEntropyLoss 损失函数。这个函数会自动应用 softmax。

```
# 编写定义神经网络的程序
```

7.7.6 训练神经网络

现在已经准备好训练神经网络了。在训练过程中收集每轮训练和测试数据的准确率，并绘制准确率图表，以查看是否存在过拟合。

为了加快训练速度，一旦有 GPU 可用，应优先使用。虽然 TensorFlow/Keras 会自动使用 GPU，但在 PyTorch 中，需要在训练过程中使用 .to() 方法将模型和数据都移动到 GPU 上，以利用 GPU 加速。

```
# 编写训练网络的程序
```

```
# 编写在训练和验证数据集上绘制准确率图表的程序
```

期望程序输出如图 7-21 所示的结果。

用自己的话解释一下过拟合。为了提高模型的准确性，我们可以采取哪些措施？

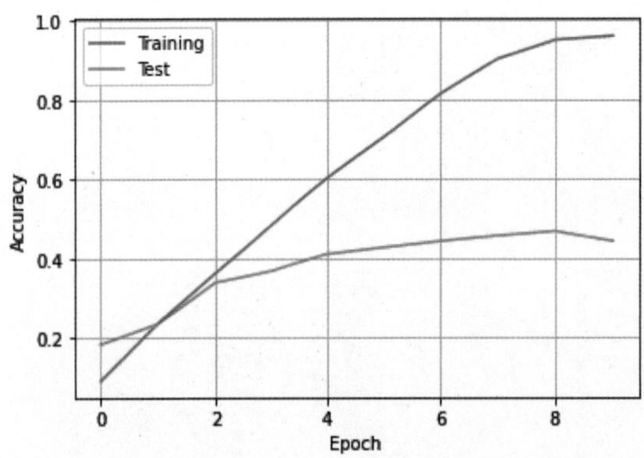

图 7-21 期望输出多轮训练（Epoch）的准确率的性能变化曲线，一条代表训练集（training set，蓝色）的数据，另一条代表验证集（validation set，桔色）的数据

7.7.7 可选：计算 Top3 准确率

在这个练习中，处理的是包含相当多类别（35 个）的分类任务，因此，约有 50% 的验证准确率已经相当不错了。标准的 ImageNet 数据集甚至有多达 1000 个类别。在这种情况下，确保模型始终正确地预测类别是很困难的。有时两个类别非常相似，模型返回的概率也很接近（例如，0.45 和 0.43）。如果测量标准准确率，即使模型犯了一个很小的错误，也会被认为是错误的情况。因此，通常会测量另一个指标——Top3 准确率（模型预测排名前 3 的准确率）。

如果目标标签包含在模型预测的前 3 个中，则认为这个结果是准确的。

要在测试数据集上计算前 3 的准确率，需要手动遍历数据集，应用神经网络获得预测，然后进行计算。以下是一些建议：

- 在 TensorFlow 中，使用 `tf.nn.in_top_k` 函数查看 `predictions`（模型的输出）是否在前 k 个（传递 `k=3` 作为参数），相对于 `targets`。此函数返回一个布尔值的张量，可以使用 `tf.cast` 转换为 `int`，然后使用 `tf.reduce_sum` 累加。
- 在 PyTorch 中，可以使用 `torch.topk` 函数获得概率最高的类别的索引，然后查看正确的类别是否包含其中。更多提示请参见这里 🔗 [L7-16]。

```
# 编写计算前 3 名的准确率的程序
```

7.7.8 可选：构建猫狗分类

若还想看到在同一数据集上进行的二分类猫狗的准确率如何，则需要调整标签。

```
# 编写程序定义只包含两个标签的数据集：0 = 猫，1 = 狗
# 提示：使用类名前缀来确定哪一个是哪一个
```

```
# 编写定义神经网络架构并进行训练的程序
```

7.8 重点

你已经从零开始解决了一个相对复杂的图像分类问题！尽管类别众多，但仍然能够获得相当不错的准确率。衡量 top-k 准确率也是很有意义的，因为即使对于人类来说，识别一些品种之间的细微差别也是一项挑战。

课后小测验

（1）（ ）层被用来“缩小”图像的尺寸。

a. 平均池化

b. 最大池化

c. a 和 b

（2）卷积网络具有更好的泛化能力，这一说法（ ）。

a. 正确

b. 错误

（3）为了训练神经网络，需要将图像转换为张量，这一说法（ ）。

a. 正确

b. 错误

第 8 课
预训练网络与迁移学习

训练卷积神经网络不仅需要大量的时间，还需要大量的数据。然而，许多时间都花在了学习如何从图像中提取最佳低级卷积核上，这些卷积核可以帮助网络识别出图像中的不同模式。这就引出了一个问题：是否可以利用在一个数据集上训练好的神经网络，并将其调整以对不同的图像进行分类，而无须重新进行完整的训练过程？

这种方法被称为迁移学习（Transfer Learning），因为将从一个神经网络模型中获取的知识转移到另一个模型上。在迁移学习中，通常从一个预训练模型开始，这个模型已经在如 ImageNet 这样的大型图像数据集上进行了训练。这些模型已经能够很好地从通用图像中提取不同的特征，而在许多情况下，只需在这些提取的特征之上构建一个分类器就可以取得不错的结果。

> 注意，“迁移学习”这个术语也出现在其他学术领域，如教育学。它指的是将从一个领域获得的知识应用到另一个领域的过程。

简介

本课将介绍如下内容：

8.1 使用预训练模型作为特征提取器

8.2 练习——迁移学习

8.3 迁移学习——PyTorch: TransferLearning-PyTorch. zh.ipynb

8.4 迁移学习——TensorFlow：TransferLearningTF.zh.ipynb

8.5 可视化“对抗猫”图像

8.6 理想猫和对抗猫——TensorFlow：AdversarialCat_TF.zh.ipynb

8.7 结论

8.8 挑战

8.9 复习与自学

8.10 随机失活的效果：Dropout.zh.ipynb

8.11 作业——宠物真实图像的分类：OxfordPets.zh.ipynb

课前小测验

（1）迁移学习方法使用未经训练的模型进行分类，这一说法（ ）。

a. 正确

b. 错误

（2）以下（ ）不是一种归一化技术。

a. 高度归一化

b. 权重归一化

c. 层归一化

（3）在深度学习中选择随机梯度下降法（SGD）是因为经典的梯度下降法可能是（ ）。

a. 快速的

b. 缓慢的

8.1 使用预训练模型作为特征提取器

上一课中讨论的卷积神经网络包含多层，每层都从图像中提取某些特征，从低级的像素组合（如水平 / 垂直线条或笔画）开始，到更高级的特征组合（如眼睛或火焰）。如果在足够大的、多样化的通用图像数据集上训练卷积神经网络，那么网络应该能够学会提取这些常见特征。

Keras 和 PyTorch 都提供了函数来轻松加载一些常见架构的预训练神经网络权重，这些模型大多数是在 ImageNet 图像上训练的。在上一课中的卷积神经网络架构部分，介绍了一些最常用的模型。以下是一些值得考虑使用的模型：

- **VGG-16/VGG-19**：是相对简单的模型，但提供了很好的准确率。使用 VGG 进行首次尝试通常是一个不错的选择，以查看迁移学习的效果。
- **ResNet**：是微软研究院在 2015 年提出的一系列模型。它们比其他模型有更多的层，因此需要更多的计算资源。
- **MobileNet**：是一系列适合移动设备的缩减版模型。如果设备计算资源有限，但可以接受一定的准确率牺牲，就可以考虑使用它们

图 8-1 所示为 VGG-16 网络从一张猫的图片中提取的示例特征。

图 8-1　VGG-16 网络从一张猫的图片中提取的示例特征

8.2 练习——迁移学习

在相应的 Notebook 中看看迁移学习的实际效果：

- 迁移学习：PyTorch [L8–1]
- 迁移学习：TensorFlow [L8–2]

8.3 迁移学习——PyTorch：TransferLearningPyTorch.zh.ipynb

在此 Notebook [L8–1] 中，将使用 PyTorch 实现迁移学习，首先导入相关库，程序如下：

```
# 导入 PyTorch 库
import torch
import torch.nn as nn

# 导入 TorchVision 库，用于计算机视觉任务
import torchvision
import torchvision.transforms as
transforms

# 导入绘图库
import matplotlib.pyplot as plt
# 导入 torchinfo 库，用于打印模型的摘要
信息
from torchinfo import summary

# 导入 NumPy 库，用于数值计算
import numpy as np

# 导入操作系统库，用于与文件系统交互
import os

# 从自定义库 pytorchcv 导入一些实用函数，
如训练循环、结果可视化和数据集显示
from pytorchcv import train, plot_
results, display_dataset, train_long,
check_image_dir
```

8.3.1 猫狗数据集

本节将解决一个分类猫狗图像的实际问题。为此，将使用 Kaggle 的猫狗数据集 [L8–3]，这个数据集也可以从微软官网下载 [L8–4]。

首先，下载这个数据集（这个过程可能需要一些时间），程序如下：

```
# 检查猫和狗数据集的 zip 文件是否存在于
"data" 目录下
if not os.path.exists('data/
kagglecatsanddogs_5340.zip'):
    # 如果不存在，则使用 wget 命令或 curl
从指定 URL 下载 zip 文件
    # 在 Linux 或 macOS 中使用 wget 命令，-P
参数指定下载到 "data" 目录
    # !wget -P data https://download.
microsoft.com/download/3/E/1/3E1C3F21-
ECDB-4869-8368-6DEBA77B919F/
kagglecatsanddogs_5340.zip
    # 在 Windows 中使用 curl 命令，-o 参
数指定下载到 data 目录
    !curl -o "data\
kagglecatsanddogs_5340.zip" "https://
```

```
download.microsoft.com/download/3/
E/1/3E1C3F21-ECDB-4869-8368-6DEBA77B919F/
kagglecatsanddogs_5340.zip"
```

程序输出如下：

```
…省略部分输出内容
2023-08-30 23:04:07 (5.92 MB/s) - 已
保存 "data/kagglecatsanddogs_5340.zip"
[824887076/824887076])
```

然后将其解压到 data 目录中，程序如下：

```
import zipfile
# 如果数据集文件夹不存在，则解压 zip 文件
if not os.path.exists('data/
PetImages'):
    # 使用 zipfile 库打开 zip 文件
    with zipfile.ZipFile('data/
kagglecatsanddogs_5340.zip', 'r') as
zip_ref:
        # 将 zip 文件解压到指定的 data 目录
        zip_ref.extractall('data')
```

不幸的是，数据集中包含了一些损坏的图像文件。需要进行快速清理，检查这些损坏的文件。为了使本教程更清晰，将验证数据集的相关程序放在了一个单独的模块中。清理损坏的图像文件的程序如下：

```
# 检查 "data/PetImages/Cat" 和 "data/
PetImages/Dog" 目录下的所有 JPG 图像，
并对它们进行有效性检查
check_image_dir('data/PetImages/Cat/*.
jpg')
check_image_dir('data/PetImages/Dog/*.
jpg')
```

程序输出如下：

```
Corrupt image: data/PetImages/Cat/666.
jpg
/Users/mouseart/.pyenv/versions/3.9.7/
lib/python3.9/site-packages/PIL/
TiffImagePlugin.py:866: UserWarning:
Truncated File Read
warnings.warn(str(msg))
Corrupt image: data/PetImages/
Dog/11702.jpg
```

接下来，将图像加载进 PyTorch 的数据集中，把它们转换成张量，并进行归一化处理。将应用标准归一化（std_normalize）变换，以使图像符合预训练的 VGG 网络所期望的范围。加载和预处理数据集的程序如下：

```
# 定义图像的标准化参数，用于将图像的每个
通道归一化
std_normalize = transforms.
Normalize(mean=[0.485, 0.456, 0.406],
std=[0.229, 0.224, 0.225])
# 定义一组图像预处理的转换操作，包括调整
大小、中心裁剪、转换为张量和归一化
trans = transforms.Compose([
        transforms.Resize(256),
        transforms.CenterCrop(224),
        transforms.ToTensor(),
        std_normalize])
# 使用 torchvision 的 ImageFolder 加载
"data/PetImages" 目录下的数据集，并应用
上述转换
dataset = torchvision.datasets.
ImageFolder('data/PetImages',
transform=trans)

# 将数据集随机分割为训练集和测试集，其中
训练集包含 20000 个样本
trainset, testset = torch.utils.
data.random_split(dataset, [20000,
len(dataset) - 20000])

# 使用自定义函数 display_dataset 显示数
据集的一些样本
display_dataset(dataset)
```

程序输出如图 8-2 所示。

图 8-2　程序从 Kaggle 的猫狗数据集加载的一些样本图片

8.3.2 预训练模型

在 torchvision 模块中可以找到许多不同的预训练模型，而且互联网上还有更多可用的模型。看看如何加载和使用最简单的 VGG-16 模型，程序如下：

```
# 加载预训练的 VGG-16 模型
vgg = torchvision.models.
vgg16(pretrained=True)

# 从数据集中获取样本图像，并添加一个批次维度
sample_image = dataset[0][0].
unsqueeze(0)

# 将样本图像传递到 VGG-16 模型，并获取结果
res = vgg(sample_image)

# 打印结果中概率最高的类别的索引
print(res[0].argmax())
```

程序输出如下：

```
Downloading: "https://download.
pytorch.org/models/vgg16-397923af.pth"
to /Users/mouseart/.cache/torch/hub/
checkpoints/vgg16-397923af.pth
100%|██████████████████████| 528M/528M
[00:59<00:00, 9.30MB/s]
tensor(281)
```

得到的结果是一个 ImageNet 类别的编号（281），可以在 imagenet1000_clsidx_to_labels.txt [L8-5] 中查找具体的类别。

imagenet1000_clsidx_to_labels.txt 文件中 281 附近的数据如下：

```
……
280: 'grey fox, gray fox, Urocyon
cinereoargenteus',
281: 'tabby, tabby cat',
282: 'tiger cat',
283: 'Persian cat',
……
```

可以使用以下程序来自动加载此类别表并返回具体的类别名称，获取 ImageNet 类别映射程序如下：

```
# 导入 JSON 和 requests 库以获取
ImageNet 的类别映射
import json, requests

# 从给定的 URL 获取 ImageNet 的类别映射，
并将其解析为字典
class_map = json.loads(requests.
get("https://s3.amazonaws.com/deep-
learning-models/image-models/imagenet_
class_index.json").text)
class_map = {int(k): v for k, v in
class_map.items()}

# 使用之前得到的预测索引，从类别映射中获
取对应的类别名
class_map[res[0].argmax().item()]
```

程序输出如下：

```
['n02123045', 'tabby']
```

再来看看 VGG-16 网络的架构，打印模型架构程序如下：

```
# 使用 torchinfo 库打印 VGG 模型的摘要，
包括各层的尺寸和参数数量
summary(vgg, input_size=(1, 3, 224,
224))
```

程序输出如下：

```
==============================================================================
Layer (type:depth-idx)                 Output Shape              Param #
==============================================================================
VGG                                    [1, 1000]                 --
├─Sequential: 1-1                      [1, 512, 7, 7]            --
│    └─Conv2d: 2-1                     [1, 64, 224, 224]         1,792
│    └─ReLU: 2-2                       [1, 64, 224, 224]         --
│    └─Conv2d: 2-3                     [1, 64, 224, 224]         36,928
│    └─ReLU: 2-4                       [1, 64, 224, 224]         --
```

```
│    └─MaxPool2d: 2-5                [1, 64, 112, 112]       --
│    └─Conv2d: 2-6                   [1, 128, 112, 112]      73,856
│    └─ReLU: 2-7                     [1, 128, 112, 112]      --
│    └─Conv2d: 2-8                   [1, 128, 112, 112]      147,584
│    └─ReLU: 2-9                     [1, 128, 112, 112]      --
│    └─MaxPool2d: 2-10               [1, 128, 56, 56]        --
│    └─Conv2d: 2-11                  [1, 256, 56, 56]        295,168
│    └─ReLU: 2-12                    [1, 256, 56, 56]        --
│    └─Conv2d: 2-13                  [1, 256, 56, 56]        590,080
│    └─ReLU: 2-14                    [1, 256, 56, 56]        --
│    └─Conv2d: 2-15                  [1, 256, 56, 56]        590,080
│    └─ReLU: 2-16                    [1, 256, 56, 56]        --
│    └─MaxPool2d: 2-17               [1, 256, 28, 28]        --
│    └─Conv2d: 2-18                  [1, 512, 28, 28]        1,180,160
│    └─ReLU: 2-19                    [1, 512, 28, 28]        --
│    └─Conv2d: 2-20                  [1, 512, 28, 28]        2,359,808
...
Input size (MB): 0.60
Forward/backward pass size (MB): 108.45
Params size (MB): 553.43
Estimated Total Size (MB): 662.49
==========================================================================
```

除了我们已经熟悉的层之外，还有一种被称为随机失活（Dropout）的层类型。这些层充当正则化技术的角色。正则化通过轻微修改学习算法来帮助模型更好地泛化。在训练过程中，Dropout 层会舍弃前一层约 30% 的神经元，并在没有这些神经元的情况下进行训练。这有助于将优化过程从局部最小值中解脱出来，并在不同的神经路径之间分配决策权，从而提高网络的整体稳定性。

8.3.3 GPU 计算

深度神经网络，如 VGG-16 和其他更现代的架构，需要大量的计算力。如果有可用的 GPU 进行加速将会更有效率。为了实现这一点，需要将所有涉及计算的张量明确地移至 GPU 上。

通常的做法是在程序中检查 GPU 的可用性，并定义一个指向计算设备（无论是 GPU 还是 CPU）的 `device` 变量。检查 GPU 可用性，以及将模型和图像移动到 GPU 的程序如下：

```
# 检查是否有可用的 GPU，并将其设置为计算设备
device = 'cuda' if torch.cuda.is_available() else 'cpu'

# 打印正在使用的计算设备
print('Doing computations on device = {}'.format(device))

# 将 VGG 模型移动到所选设备上
vgg.to(device)

# 将样本图像移动到所选设备上
sample_image = sample_image.to(device)

# 在所选设备上运行 VGG 模型，并获取概率最高的类别的索引
vgg(sample_image).argmax()
```

程序输出如下：

```
Doing computations on device = cpu
tensor(282)
```

8.3.4 提取 VGG 特征

如果想利用 VGG-16 从图像中提取特征，需要一个去除了最终分类层的模型。实际上，可以通过 `vgg.features` 方法获取这种“特征提取器”，程序如下：

```
# 使用 VGG 模型的特征提取部分（去除全连接层）处理样本图像，并将结果移动到 CPU
res = vgg.features(sample_image).cpu()

# 创建一个图表来显示特征图的可视化，并打印其大小
plt.figure(figsize=(15, 3))
plt.imshow(res.detach().view(512, -1).T)
print(res.size())
```

程序输出如下，图像部分如图 8-3 所示。

```
torch.Size([1, 512, 7, 7])
```

特征张量的维度为 512×7×7，但为了可视化，需要将其重塑成 2D 格式。

现在，看看这些特征是否能用于对图像进行分类。可以手动选取一些图像（在本例中为 800 张），并预先计算它们的特征向量。将这些结果存储在名为 `feature_tensor` 的大型张量中，并将对应的标签存储在 `label_tensor` 中。创建特征张量和标签张量的程序如下：

```
# 设置批量大小
bs = 8
# 创建一个数据加载器，用于从数据集中随机抓取批次样本
dl = torch.utils.data.DataLoader(dataset, batch_size=bs, shuffle=True)

# 定义要提取的特征数量
num = bs * 100

# 创建一个张量，用于存储提取的特征和相应的标签
feature_tensor = torch.zeros(num, 512 * 7 * 7).to(device)
label_tensor = torch.zeros(num).to(device)

# 初始化计数器
i = 0

# 遍历数据加载器中的批次
for x, l in dl:
    with torch.no_grad():  # 禁用梯度计算
        f = vgg.features(x.to(device))  # 使用 VGG 模型的特征提取部分获取特征
        feature_tensor[i:i + bs] = f.view(bs, -1)  # 将提取的特征重新排列并存储在 feature_tensor 中
        label_tensor[i:i + bs] = l  # 将标签保存到标签张量中
        i += bs # 更新当前批次的开始索引
        print('.', end='')  # 打印一个点，表示进度
        if i >= num: # 检查是否已经提取了所需数量的特征
            break # 如果是，则退出循环
```

现在可以定义一个 `vgg_dataset`，这个数据集从张量中获取数据，使用 `random_split` 函数将其分割为训练集和测试集，并在提取的特征之上训练一个小型单层密集分类器网络。训练分类器网络的程序如下：

```
# 创建一个新的数据集，使用提取的特征和标签
vgg_dataset = torch.utils.data.TensorDataset(feature_tensor, label_tensor.to(torch.long))

# 将数据集分为训练集和测试集
train_ds, test_ds = torch.utils.data.random_split(vgg_dataset, [700, 100])

# 创建训练和测试数据加载器
train_loader = torch.utils.data.DataLoader(train_ds, batch_size=32)
test_loader = torch.utils.data.DataLoader(test_ds, batch_size=32)

# 定义一个新的神经网络，包括一个线性层和对数 Softmax 激活函数
net = torch.nn.Sequential(torch.nn.Linear(512 * 7 * 7, 2), torch.
```

图 8-3　VGG-16 网络从一张猫的图片中提取的示例特征

```
nn.LogSoftmax()).to(device)

# 使用自定义的训练函数训练网络
history = train(net,train_loader,test_loader)
```

程序输出如下：

```
/Users/mouseart/.pyenv/versions/3.9.7/lib/python3.9/site-packages/torch/nn/
modules/container.py:217: UserWarning: Implicit dimension choice for log_softmax
has been deprecated. Change the call to include dim=X as an argument.
  input = module(input)
Epoch  0, Train acc=0.900, Val acc=0.950, Train loss=0.062, Val loss=0.076
Epoch  1, Train acc=0.989, Val acc=0.970, Train loss=0.014, Val loss=0.069
Epoch  2, Train acc=0.986, Val acc=0.960, Train loss=0.016, Val loss=0.072
…省略部分输出内容
Epoch  8, Train acc=1.000, Val acc=0.950, Train loss=0.000, Val loss=0.069
Epoch  9, Train acc=1.000, Val acc=0.950, Train loss=0.000, Val loss=0.069
```

结果非常好，几乎能以 95% 的准确率区分猫狗。然而，由于手动特征提取需要较长的时间，所以，仅在所有图像的一个小部分子集上测试了这种方法。

8.3.5 使用单个 VGG 网络进行迁移学习

还可以通过在训练过程中使用完整的 VGG-16 网络，从而避免手动预先计算特征。下面看看 VGG-16 网络结构的细节，打印 VGG 模型结构的程序如下：

```
print(vgg) # 打印 VGG 模型的结构，这将显示模型的详细架构
```

程序输出如下：

```
VGG(
  (features): Sequential(
    (0): Conv2d(3, 64, kernel_size=(3, 3), stride=(1, 1), padding=(1, 1))
    (1): ReLU(inplace=True)
    (2): Conv2d(64, 64, kernel_size=(3, 3), stride=(1, 1), padding=(1, 1))
    (3): ReLU(inplace=True)
    (4): MaxPool2d(kernel_size=2, stride=2, padding=0, dilation=1, ceil_mode=False)
    (5): Conv2d(64, 128, kernel_size=(3, 3), stride=(1, 1), padding=(1, 1))
    (6): ReLU(inplace=True)
    (7): Conv2d(128, 128, kernel_size=(3, 3), stride=(1, 1), padding=(1, 1))
    (8): ReLU(inplace=True)
    (9): MaxPool2d(kernel_size=2, stride=2, padding=0, dilation=1, ceil_mode=False)
    (10): Conv2d(128, 256, kernel_size=(3, 3), stride=(1, 1), padding=(1, 1))
    (11): ReLU(inplace=True)
    (12): Conv2d(256, 256, kernel_size=(3, 3), stride=(1, 1), padding=(1, 1))
    (13): ReLU(inplace=True)
    (14): Conv2d(256, 256, kernel_size=(3, 3), stride=(1, 1), padding=(1, 1))
    (15): ReLU(inplace=True)
    (16): MaxPool2d(kernel_size=2, stride=2, padding=0, dilation=1, ceil_
mode=False)
    …省略部分输出内容
    (30): MaxPool2d(kernel_size=2, stride=2, padding=0, dilation=1, ceil_
mode=False)
```

```
  )
  (avgpool): AdaptiveAvgPool2d(output_size=(7, 7))
  (classifier): Sequential(
    (0): Linear(in_features=25088, out_features=4096, bias=True)
    (1): ReLU(inplace=True)
    (2): Dropout(p=0.5, inplace=False)
    (3): Linear(in_features=4096, out_features=4096, bias=True)
    (4): ReLU(inplace=True)
    (5): Dropout(p=0.5, inplace=False)
    (6): Linear(in_features=4096, out_features=1000, bias=True)
  )
)
```

可以看到网络包括：

- **特征提取器（features）**：由多个卷积层和池化层组成。
- **平均池化层（avgpool）**。
- **最终的分类器（classifier）**：由几个密集层组成，将25088个输入特征转换为1000个类别（即ImageNet中的类别数）。

为了训练一个能够对数据集进行分类的端到端模型，需要进行以下操作：

- 用一个新的分类器替换原有的分类器，以便产生所需数量的类别。在案例中，可以使用一个具有25 088个输入和2个输出神经元的Linear（线性）层。
- 冻结卷积特征提取器的权重，以免在训练过程中被修改。建议在最开始执行这种冻结操作，因为未经训练的分类器层可能会损害卷积提取器的原始预训练权重。可以通过将所有参数的`requires_grad`属性设置为`False`来实现权重冻结。

替换VGG分类器，冻结VGG特征提取器的权重和打印VGG模型的程序如下：

```
# 将VGG模型的分类器部分替换为一个新的线性层，该层具有25 088个输入特征和2个输出特征（用于二分类任务：猫和狗）
vgg.classifier = torch.nn.Linear(25088, 2).to(device)

# 遍历VGG模型的特征提取部分的所有参数，并将它们设置为不可训练
# 这样做的目的是在微调模型时仅训练分类器部分，而不是整个网络
for x in vgg.features.parameters():
    x.requires_grad = False

# 打印VGG模型的摘要，显示各层的尺寸和参数数量
summary(vgg, (1, 3, 244, 244))
```

程序输出如下：

```
===============================================================================
Layer (type:depth-idx)                    Output Shape              Param #
===============================================================================
VGG                                        [1, 2]                    --
├─Sequential: 1-1                          [1, 512, 7, 7]            --
│    └─Conv2d: 2-1                         [1, 64, 244, 244]         (1,792)
│    └─ReLU: 2-2                           [1, 64, 244, 244]         --
│    └─Conv2d: 2-3                         [1, 64, 244, 244]         (36,928)
│    └─ReLU: 2-4                           [1, 64, 244, 244]         --
│    └─MaxPool2d: 2-5                      [1, 64, 122, 122]         --
│    └─Conv2d: 2-6                         [1, 128, 122, 122]        (73,856)
│    └─ReLU: 2-7                           [1, 128, 122, 122]        --
│    └─Conv2d: 2-8                         [1, 128, 122, 122]        (147,584)
│    └─ReLU: 2-9                           [1, 128, 122, 122]        --
│    └─MaxPool2d: 2-10                     [1, 128, 61, 61]          --
```

```
│       └─Conv2d: 2-11                           [1, 256, 61, 61]          (295,168)
│       └─ReLU: 2-12                             [1, 256, 61, 61]          --
│       └─Conv2d: 2-13                           [1, 256, 61, 61]          (590,080)
│       └─ReLU: 2-14                             [1, 256, 61, 61]          --
│       └─Conv2d: 2-15                           [1, 256, 61, 61]          (590,080)
│       └─ReLU: 2-16                             [1, 256, 61, 61]          --
│       └─MaxPool2d: 2-17                        [1, 256, 30, 30]          --
│       └─Conv2d: 2-18                           [1, 512, 30, 30]          (1,180,160)
│       └─ReLU: 2-19                             [1, 512, 30, 30]          --
│       └─Conv2d: 2-20                           [1, 512, 30, 30]          (2,359,808)
...
Input size (MB): 0.71
Forward/backward pass size (MB): 128.13
Params size (MB): 59.06
Estimated Total Size (MB): 187.91
==============================================================================
```

这个模型大约包含1500万个总参数（输出列表中param列求和），但其中只有5万个是可训练的（线性层的25 088个输入×2个输出特征）——这些是分类层的权重。这是个好现象，因为可以用更少的样本来微调更少的参数。

下面使用原始数据集对模型进行训练。这个过程将耗时较长，因此，将使用一个名为 `train_long` 的函数，该函数能在周期结束之前打印一些中间结果。强烈建议在配备了GPU加速的计算机上进行此次训练。分割原始数据集，创建数据加载器和训练VGG模型的程序如下：

```
# 将原始数据集分成训练集和测试集
trainset, testset = torch.utils.
data.random_split(dataset, [20000,
len(dataset) - 20000])

# 创建数据加载器，用于在训练和测试过程中
批量加载数据
train_loader = torch.utils.data.
DataLoader(trainset, batch_size=16)
test_loader = torch.utils.data.
DataLoader(testset, batch_size=16)

# 使用自定义的训练函数对模型进行训练，使
用交叉熵损失，并打印每90批的训练进度
train_long(vgg, train_loader,
test_loader, loss_fn=torch.
nn.CrossEntropyLoss(), epochs=1,
print_freq=90)
```

程序输出如下（Apple M1 Pro芯片的MacBook Pro用时约45分钟）：

```
Epoch 0, minibatch 0: train acc = 0.5,
train loss = 0.05927010253071785
Epoch 0, minibatch 90: train acc =
0.9546703296703297, train loss =
0.07332437117021162
Epoch 0, minibatch 180: train acc
= 0.9633977900552486, train loss =
0.07963996170634065
…省略部分输出内容
Epoch 0, minibatch 1080: train acc
= 0.972132284921369, train loss =
0.150919657521067
Epoch 0, minibatch 1170: train acc
= 0.9725128095644748, train loss =
0.15293898610962853
Epoch 0 done, validation acc =
0.9817927170868347, validation loss =
0.16666995167207507
```

已经得到了一个相当准确的猫狗分类器，将其保存以备后用，程序如下：

```
# 将训练好的模型保存到文件中
torch.save(vgg, 'data/cats_dogs.pth')
```

随时可以从文件中重新加载这个模型。如果接下来的实验破坏了模型，这个备份非常有用——无须重新从头开始训练。从文件中加载模型的程序如下：

```
# 从文件中加载模型
vgg = torch.load('data/cats_dogs.pth')
```

8.3.6 微调迁移学习

在上一节中，训练了最后的分类器层，使其能够对数据集中的图像进行分类。然而，我们并没有重新训练特征提取器，而是依赖于模型在 ImageNet 数据上学到的特征。如果对象在视觉上与 ImageNet 图像显著不同，那么这种特征组合可能不是最佳选择。因此，开始训练卷积层也是有意义的。

为此，可以解冻先前冻结的卷积核参数。

> ⚠ 注意：首先冻结参数并进行几轮的训练以稳定分类层中的权重是非常重要的。如果立刻开始训练带有未冻结参数的整体网络，大的误差很可能会破坏卷积层中的预训练权重。

解冻 VGG 模型的特征提取部分的程序如下：

```
# 重新启用 VGG 模型特征提取部分的训练，以
便在进一步训练中对其进行微调
for x in vgg.features.parameters():
    x.requires_grad = True
```

在解冻后，可以进行更多轮次的训练。此时，选择一个较低的学习率有助于减小对预训练权重的影响。即便如此，在训练初期，准确率可能会有所下降，直到最终达到比固定权重情况略高的水平。

> ⚠ 注意：因为需要将梯度反向传播穿过网络的许多层，所以，这个训练过程会更慢。可以先观察几个批次的趋势，然后再决定是否继续计算。

微调整个模型的程序如下：

```
# 使用较低的学习率进行进一步训练，以微调
整个模型
train_long(vgg, train_loader,
test_loader, loss_fn=torch.
nn.CrossEntropyLoss(), epochs=1,
print_freq=90, lr=0.0001)
```

程序输出如下：

```
Epoch 0, minibatch 0: train acc = 1.0,
train loss = 0.0
Epoch 0, minibatch 90: train acc =
0.8990384615384616, train loss =
0.2978392171335744
Epoch 0, minibatch 180: train acc
= 0.9060773480662984, train loss =
0.1658294214069514
…省略部分输出内容
Epoch 0, minibatch 1080: train acc
= 0.945536540240518, train loss =
0.03652716609309053
Epoch 0, minibatch 1170: train acc
= 0.9463065755764304, train loss =
0.03445258006186286
Epoch 0 done, validation acc =
0.974389755902361, validation loss =
0.005457923144233279
```

8.3.7 其他计算机视觉模型

VGG-16 是简单的计算机视觉架构之一。`torchvision` 包含许多其他预训练网络，其中最常用的是微软开发的 ResNet 架构和 Google 开发的 Inception。下面探索 ResNet-18 模型的架构（ResNet 是一个包含不同深度模型的家族，如果想体验更深层模型，可以尝试使用 ResNet-151）。打印 ResNet-18 模型的结构的程序如下：

```
# 从 TorchVision 库中加载预训练的
ResNet-18 模型
# ResNet-18 是一种深度卷积神经网络，通常
用于图像分类和识别任务
resnet = torchvision.models.resnet18()

# 打印 ResNet-18 模型的结构。这将显示模型
的详细架构，包括每层的大小和参数数量
print(resnet)
```

程序输出如下：

```
ResNet(
  (conv1): Conv2d(3, 64, kernel_
size=(7, 7), stride=(2, 2),
padding=(3, 3), bias=False)
  (bn1): BatchNorm2d(64, eps=1e-05,
momentum=0.1, affine=True, track_
running_stats=True)
  (relu): ReLU(inplace=True)
  (maxpool): MaxPool2d(kernel_size=3,
stride=2, padding=1, dilation=1, ceil_
mode=False)
  (layer1): Sequential(
    (0): BasicBlock(
      (conv1): Conv2d(64, 64,
kernel_size=(3, 3), stride=(1, 1),
padding=(1, 1), bias=False)
```

```
      (bn1): BatchNorm2d(64,
eps=1e-05, momentum=0.1, affine=True,
track_running_stats=True)
      (relu): ReLU(inplace=True)
      (conv2): Conv2d(64, 64,
kernel_size=(3, 3), stride=(1, 1),
padding=(1, 1), bias=False)
      (bn2): BatchNorm2d(64,
eps=1e-05, momentum=0.1, affine=True,
track_running_stats=True)
    )
    (1): BasicBlock(
      (conv1): Conv2d(64, 64,
kernel_size=(3, 3), stride=(1, 1),
padding=(1, 1), bias=False)
      (bn1): BatchNorm2d(64,
eps=1e-05, momentum=0.1, affine=True,
track_running_stats=True)
      (relu): ReLU(inplace=True)
      (conv2): Conv2d(64, 64,
kernel_size=(3, 3), stride=(1, 1),
padding=(1, 1), bias=False)
      (bn2): BatchNorm2d(64,
eps=1e-05, momentum=0.1, affine=True,
track_running_stats=True)
    )
  )
  (layer2): Sequential(
    (0): BasicBlock(
      (conv1): Conv2d(64, 128,
kernel_size=(3, 3), stride=(2, 2),
padding=(1, 1), bias=False)
      (bn1): BatchNorm2d(128,
eps=1e-05, momentum=0.1, affine=True,
track_running_stats=True)
...
  )
  (avgpool): AdaptiveAvgPool2d(output_
size=(1, 1))
  (fc): Linear(in_features=512, out_
features=1000, bias=True)
)
```

下面是对 ResNet-18 模型输出结构的一些解释，以方便读者理解。

```
ResNet(
```

这表示正在查看一个名为 ResNet 的模型的结构。

```
(conv1): Conv2d(3, 64, kernel_size=(7,
7), stride=(2, 2), padding=(3, 3),
bias=False)
```

- `conv1`：这是第一个卷积层。
- `Conv2d`：表示这是一个二维卷积层。
- `3`：输入通道的数量。对于彩色图像，通常是 3，分别代表红色、绿色和蓝色。
- `64`：输出通道的数量。
- `kernel_size=(7, 7)`：卷积核或卷积核的大小为 7x7。
- `stride=(2, 2)`：卷积的步长是 2，这意味着卷积核每次移动 2 像素。
- `padding=(3, 3)`：在输入图像周围添加了 3 像素的零填充，以确保输出大小不会变得太小。
- `bias=False`：这意味着这一层没有偏差参数。

```
(bn1): BatchNorm2d(64, eps=1e-05,
momentum=0.1, affine=True, track_
running_stats=True)
```

- `bn1`：这是一个批量归一化层，它可以帮助网络更快地收敛，并增加模型的泛化能力。
- `BatchNorm2d`：表示这是一个二维批量归一化层。
- `64`：输入的特征地图数量。
- 其他参数是批量归一化的超参数。

```
(relu): ReLU(inplace=True)
```

- `relu`：这是激活函数层，使用 ReLU（Rectified Linear Unit，整流线性单元）作为激活函数。
- `inplace=True`：这意味着输入数据将被修改并替换为输出，而不是创建新的数据结构。

```
(maxpool): MaxPool2d(kernel_size=3,
stride=2, padding=1, dilation=1, ceil_
mode=False)
```

- `maxpool`：这是最大池化层，用于减小特征图的空间大小。
- `kernel_size=3`：池化窗口的大小为 3×3。
- `stride=2`：池化操作的步长为 2。
- `padding=1`：添加了 1 像素的零填充。
- 其他参数是最大池化操作的其他细节。

```
(layer1): Sequential(...)
```

layer1 是一个包含多个卷积层和其他层的序列。ResNet 由多个这样的层组成，每个层都有多个残差块。上述描述中只显示了部分内容。

```
(avgpool): AdaptiveAvgPool2d(output_
size=(1, 1))
```

- `avgpool`：这是模型中的平均池化层的名称。
- `AdaptiveAvgPool2d`：这表示是一个二维的自适应平均池化层。与常规的池化层不同，自适应池化层不需要指定具体的池化核大小或步长。而是直接指定输出的大小，该层会自动计算所需的池化核大小和步长。
- `output_size=(1, 1)`：这表示池化层的输出大小为 1×1。这通常是为了将卷积层的输出特征图减小到一个固定大小，以便可以连接到全连接层。在这种情况下，每个特征图都被池化为一个单一的值，这可以看作该特征图的平均值。

简而言之，AdaptiveAvgPool2d 层的作用是对输入的特征图进行平均池化，使其大小变为 1×1，从而可以将其传递到全连接层进行分类。

```
(fc): Linear(in_features=512, out_
features=1000, bias=True)
```

- `fc`：这是一个全连接层，也称为线性层。
- `in_features=512`：输入特征的数量。
- `out_features=1000`：输出特征的数量。这通常对应于分类任务的类别数量。
- `bias=True`：这意味着这一层有偏差参数。

整体来说，ResNet 是一种深度卷积神经网络，设计用于图像分类任务。它具有多个卷积层、批量归一化层、ReLU 激活函数层和全连接层，以及特殊的“残差块”结构，该结构有助于网络学习更深层次的特征表示。

这个模型包含了类似的构成部分：特征提取器和最终分类器（fc）。这意味着可以以与 VGG-16 相同的方式使用此模型进行迁移学习。可以尝试使用上面的程序，基于不同的 ResNet 模型来训练，并观察准确率的变化。

8.3.8 批量归一化

ResNet-18 模型中还包含一种重要的层类型——批量归一化（Batch Normalization）。批量归一化的目的是将神经网络中传播的数值调整到合适的区间。通常，神经网络在所有数值都在 [-1,1] 或 [0,1] 范围内时工作得最好，这也是按比例缩放或归一化输入数据的原因。然而，在训练深度网络过程中，数值可能显著偏离这个范围，导致训练遇到困难。批量归一化层计算当前小批量所有值的平均数和标准差，并利用这些统计数据在信号通过神经网络层之前对其进行归一化。这一处理显著提升了深度网络的稳定性。

8.3.9 总结

通过使用迁移学习，能够迅速组建一个自定义对象分类任务的分类器，并获得高准确率。然而，这个例子并不完全公平，因为原始的 VGG-16 网络是预先训练好用来识别猫狗的，所以，只是在重复使用网络中已经存在的大部分模式。可以预见，对于更特定的领域特有的对象，如识别工厂生产线上的细节或不同的树叶类型，准确率会较低。

可以看到，当前解决更复杂的任务需要更高的计算能力，并且无法仅靠 CPU 轻松解决。在下一课中，将尝试使用更轻量级的实现，在较低的计算资源下训练相同的模型，这可能会导致准确率略有下降。

8.4 迁移学习——TensorFlow：TransferLearningTF.zh.ipynb

在此 Notebook [L8-2] 中，将使用 TensorFlow 实现迁移学习，首先导入相关库，程序如下：

```
# 导入 TensorFlow 库，一个用于深度学习的
开源库
import tensorflow as tf
# 导入 Keras，一个用于构建和训练深度学习
模型的高级 API
from tensorflow import keras
# 导入 matplotlib 库的 pyplot 模块，用于绘
制图表和图像
import matplotlib.pyplot as plt
# 导入 NumPy 库，一个用于数值计算的库
import numpy as np
```

```
# 导入 os 库，一个用于与操作系统交互的库
import os
# 导入 tfcv 模块，可能是一个自定义的模块，用于特定的计算机视觉任务
from tfcv import *
```

8.4.1 猫狗数据集

本节将解决一个分类猫狗图像的实际问题。为此，将使用 Kaggle 的猫狗数据集 [L8-3]，这个数据集也可以从微软官网下载 [L8-4]。

首先，下载这个数据集并将其解压到 data 目录中（这个过程可能需要一些时间），程序如下：

```
# 检查猫和狗数据集的 zip 文件是否存在于 "data" 目录下
if not os.path.exists('data/kagglecatsanddogs_5340.zip'):
    # 如果不存在，则使用 wget 命令或 curl 从指定 URL 下载 zip 文件
    # 在 Linux 或 macOS 操作系统中，使用 wget 命令，-P 参数指定下载到 "data" 目录
    # !wget -P data https://download.microsoft.com/download/3/E/1/3E1C3F21-ECDB-4869-8368-6DEBA77B919F/kagglecatsanddogs_5340.zip
    # 在 Windows 操作系统中，使用 curl 命令，-o 参数指定下载到 "data" 目录
    !curl -o "data\kagglecatsanddogs_5340.zip" "https://download.microsoft.com/download/3/E/1/3E1C3F21-ECDB-4869-8368-6DEBA77B919F/kagglecatsanddogs_5340.zip"
```

```
# 导入 zipfile 库，一个用于读取和写入 zip 压缩文件的库
import zipfile

# 检查 "data/PetImages" 目录是否存在
if not os.path.exists('data/PetImages'):
    # 如果不存在，则打开 zip 文件
    with zipfile.ZipFile('data/kagglecatsanddogs_5340.zip', 'r') as zip_ref:
        # 将 zip 文件的所有内容解压缩到 "data" 目录下
        zip_ref.extractall('data')
```

不幸的是，数据集中包含一些损坏的图像文件。需要进行快速清理，检查这些损坏的文件。为了使本教程更清晰，将验证数据集的相关程序放在了一个单独的模块中。检查损坏的图像文件的程序如下：

```
# 调用 check_image_dir 函数检查猫的图片目录
# 这个函数用于验证图像文件的有效性
check_image_dir('data/PetImages/Cat/*.jpg')

# 调用 check_image_dir 函数检查狗的图片目录
check_image_dir('data/PetImages/Dog/*.jpg')
```

程序输出如下：

```
Corrupt image or wrong format: data/PetImages/Cat/1151.jpg
Corrupt image or wrong format: data/PetImages/Cat/1757.jpg
Corrupt image or wrong format: data/PetImages/Cat/3197.jpg
...
省略更多输出内容
```

8.4.2 加载数据集

在之前的示例中加载了内置在 Keras 中的数据集。现在，将处理自己的数据集，这需要从不同类别对应的子目录中加载图像。

在实际中，图像数据集的文件可能相当大，不能指望所有数据都能装入内存中。因此，数据集通常以生成器的形式表示，生成器可以返回适合训练的小批量数据。

为了处理图像分类，Keras 包括特殊的函数 `image_dataset_from_directory`，它可以从对应于不同类别的子目录中加载图像。该函数也会处理图像的缩放，还可以将数据集拆分为训练集和测试集。创建训练和验证数据集的程序如下：

```
# 定义存放猫和狗图像数据的文件夹路径
data_dir = 'data/PetImages'

# 定义每个批次的图像数量，用于批量训练
batch_size = 64

# 使用 Keras 的 'image_dataset_from_
directory' 函数创建训练数据集
# data_dir: 图像的目录路径
# validation_split: 将 20% 的数据用作验证
# subset: 选择训练数据集的部分
# seed: 随机数种子，确保可重复性
# image_size: 调整图像的大小为 224×224
# batch_size: 每个批次的图像数量
ds_train = keras.preprocessing.image_
dataset_from_directory(
    data_dir,
    validation_split=0.2,
    subset='training',
    seed=13,
    image_size=(224, 224),
    batch_size=batch_size
)

# 以相同的方式创建验证数据集，但选择了验
证子集
ds_test = keras.preprocessing.image_
dataset_from_directory(
    data_dir,
    validation_split=0.2,
    subset='validation',
    seed=13,
    image_size=(224, 224),
    batch_size=batch_size
)
```

程序输出如下[①]：

```
Found 24769 files belonging to 2
classes.
Using 19816 files for training.
Found 24769 files belonging to 2
classes.
Using 4953 files for validation.
```

为两个函数调用设置相同的 `seed` 值非常重要，因为它会影响训练集和测试集之间的图像划分。

数据集会自动从目录中获取类别名称，如果需要，可以通过以下程序获取它们：

```
# 获取训练数据集的类名，例如猫和狗
ds_train.class_names
```

程序输出如下：

```
['Cat', 'Dog']
```

获得的数据集可以直接传递给 `fit` 函数来训练模型。它们包括相应的图像和标签，可以使用以下结构循环遍历，其程序如下[②]：

```
# 遍历训练数据集的批次，并打印第一个批次
的特征和标签的形状
# x: 特征，即图像
# y: 标签，即图像的类别
for x, y in ds_train:
    print(f"Training batch shape:
features={x.shape}, labels={y.shape}")
```

① 该输出表示共找到了 24 769 个分属于 2 个类别（猫和狗）的图像文件。按 `validation_split=0.2` 的比例，故划分成 19 816（80%）个文件为训练集，4953（20%）个文件为验证集。——译者注

② 在 *AI for Beginners* 的英文项目中，该程序最后一句如下：

```
display_dataset(x_sample.numpy().astype(np.int),np.expand_dims(y_
sample,1),classes=ds_train.class_names)
```

原作写法为 `astype(np.int)`，但在 NumPy 1.20 版本中，`np.int` 属性已被弃用，会导致程序错误，所以使用 `int` 属性程序即可正常运行。

程序输出如下，图像部分如图 8-4 所示。

```
Training batch shape: features=(64, 224, 224, 3), labels=(64,)
```

注意：数据集中的所有图像都以 0 ~ 255 范围的浮点张量表示。在将它们传递给神经网络之前，需要将这些值缩放到 0 ~ 1。绘制图像时，也需要进行相同的操作，或者将值转换为 int 类型（正如在上面的程序中所做的），以便在 matplotlib 中显示原始未缩放的图像。

```
    x_sample, y_sample = x, y
    break
# 使用自定义函数显示一批样本图像和对应的标签
display_dataset(x_sample.numpy().astype(int), np.expand_dims(y_sample, 1), classes=ds_train.class_names)
```

8.4.3 预训练模型

在许多图像分类任务中，可以找到已经预训练好的神经网络模型。这些模型中的许多都可在 `keras.applications` 命名空间内找到，互联网上还有更多模型可供选择。下面看看如何加载和使用最简单的 VGG-16 模型，程序如下：

```
# 加载 VGG-16 模型，一个在 ImageNet 数据集上预训练的深度学习模型
vgg = keras.applications.VGG16()
# 对选定的样本图像进行预处理，以匹配 VGG-16 模型的输入要求
inp = keras.applications.vgg16.preprocess_input(x_sample[:1])
# 使用 VGG-16 模型对预处理后的样本图像进行预测
res = vgg(inp)
# 打印最可能的类别索引，即预测概率最高的类别
print(f"Most probable class = {tf.argmax(res, 1)}")
# 将预测的类别索引解码为人类可读的标签，如“tabby”
keras.applications.vgg16.decode_predictions(res.numpy())
```

程序输出如下：

```
Downloading data from https://storage.googleapis.com/tensorflow/keras-applications/vgg16/vgg16_weights_tf_dim_ordering_tf_kernels.h5
553467096/553467096 [======] - 161s 0us/step
Most probable class = [283]
Downloading data from https://storage.googleapis.com/download.tensorflow.org/data/imagenet_class_index.json
35363/35363 [=====] - 0s 7us/step

[[('n02123394', 'Persian_cat', 0.39274395),
  ('n02328150', 'Angora', 0.14756128),
  ('n02342885', 'hamster', 0.14635335),
  ('n02127052', 'lynx', 0.0953891),
  ('n03642806', 'laptop', 0.05271017)]]
```

这里有几个重要事项需要注意：

- 在将输入传递给任何预训练网络之前，必须以特定的方式对其进行预处理。这是通过调用相应的 `preprocess_input` 函数来完成的，该函数接收一批图像，并返回它们处理后的形式。对于 VGG-16 而言，图像被归一化，并且从每个通道中减去了一些预定义的平均值。这是因为 VGG-16 最初是在这种预处理的基础上进行训练的。
- 神经网络应用于输入批次后，得到的结果是一个包含 1000 个元素的张量，显示了每个类别的概率。可以通过在该张量上调用 `argmax` 来找到最可能的类别编号。
- 所得结果是 `ImageNet` 类的编号🔗 [L8-5]。为了理解这个结果，可以使用 `decode_predictions` 函数，该函数返回最可能的前 n 个类别及其名称。

下面看看 VGG-16 网络的架构，打印 VGG-16 模型的概要信息的程序如下：

```
# 打印 VGG16 模型的概要信息，包括每层的名称、类型、输入 / 输出形状等
vgg.summary()
```

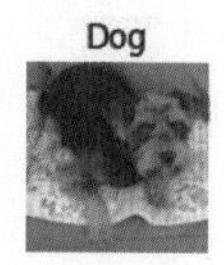

图 8-4　程序从 Kaggle 的猫狗数据集加载的一些样本图片

程序输出如下：

```
Model: "vgg16"
_________________________________________________________________
Layer (type)                Output Shape              Param #
=================================================================
input_1 (InputLayer)        [(None, 224, 224, 3)]     0
block1_conv1 (Conv2D)       (None, 224, 224, 64)      1792
block1_conv2 (Conv2D)       (None, 224, 224, 64)      36928
block1_pool (MaxPooling2D)  (None, 112, 112, 64)      0
block2_conv1 (Conv2D)       (None, 112, 112, 128)     73856
block2_conv2 (Conv2D)       (None, 112, 112, 128)     147584
block2_pool (MaxPooling2D)  (None, 56, 56, 128)       0
block3_conv1 (Conv2D)       (None, 56, 56, 256)       295168
block3_conv2 (Conv2D)       (None, 56, 56, 256)       590080
block3_conv3 (Conv2D)       (None, 56, 56, 256)       590080
block3_pool (MaxPooling2D)  (None, 28, 28, 256)       0
...
Total params: 138357544 (527.79 MB)
Trainable params: 138357544 (527.79 MB)
Non-trainable params: 0 (0.00 Byte)
_________________________________________________________________
```

8.4.4 GPU 计算

对于像 VGG-16 和其他更现代的架构的深度神经网络，需要相当大的计算能力来运行。如果有条件，尽量使用 GPU 加速。幸运的是，Keras 会自动在 GPU 上加速计算。可以使用以下程序检查 TensorFlow 是否能够使用 GPU：

```
# 查询系统中可用的 GPU 设备，用于硬件加速
tf.config.list_physical_devices('GPU')
```

程序输出如下[①]：

```
[PhysicalDevice(name='/physical_device:GPU:0', device_type='GPU')]
```

8.4.5 提取 VGG 特征

如果想利用 VGG-16 从图像中提取特征，则需要一个去除了最终分类层的模型。可以使用以下程序实例化没有顶层的 VGG-16 模型：

```
# 创建 VGG-16 模型，但不包括顶部的全连接层，该模型将用于特征提取
vgg = keras.applications.VGG16(include_top=False)
# 对样本图像进行预处理，使其适合 VGG-16 模型的输入要求
inp = keras.applications.vgg16.preprocess_input(x_sample[:1])
# 将预处理后的图像传递给 VGG-16 模型，获取卷积特征
```

① 如果运行程序时无可用 GPU，那么，运行上面的程序将无显示。——译者注

```
res = vgg(inp)
# 打印卷积特征的形状，并通过 matplotlib
将特征可视化
print(f"Shape after applying VGG-16:
{res[0].shape}")
plt.figure(figsize=(15,3))
plt.imshow(res[0].numpy().
reshape(-1,512))
```

程序输出如下，图像部分如图 8-5 所示。

```
Downloading data from https://storage.
googleapis.com/tensorflow/keras-
applications/vgg16/vgg16_weights_tf_
dim_ordering_tf_kernels_notop.h5
58889256/58889256 [=====] - 8s 0us/
step
Shape after applying VGG-16: (7, 7,
512)
```

特征张量的维度为 7×7×512，但为了将其可视化，不得不将其重塑为 2D 形状。

现在尝试看看这些特征是否可以用来分类图像。可以手动选择部分图像（在例子中是 50 个小批次），并预先计算它们的特征向量。可以使用 TensorFlow 的 dataset API 来实现这一点。map 函数接收一个数据集，并应用给定的 lambda 函数来转换它。使用这个机制来构建新的数据集 ds_features_train 和 ds_features_test，它们包含 VGG 提取的特征，而非原始图像。使用 VGG-16 模型对数据集进行特征提取的程序如下：

```
# 选择训练样本数量，然后使用 VGG-16 模型对
训练和测试数据集的图像进行特征提取
num = batch_size*50
ds_features_train = ds_train.take(50).
map(lambda x,y : (vgg(x),y))
ds_features_test = ds_test.take(10).
map(lambda x,y : (vgg(x),y))
# 打印特征提取后的数据集形状，以确保操作
正确
for x,y in ds_features_train:
    print(x.shape, y.shape)
    break
```

程序输出如下：

```
(64, 7, 7, 512) (64,)
```

为了加快演示速度，使用 `.take(50)` 构造来限制数据集的大小。当然，也可以在完整数据集上进行这个实验。

现在有了一个包含提取特征的数据集，可以训练一个简单的密集分类器来区分猫和狗。该网络将接收形状为 (7,7,512) 的特征向量，并生成一个对应于狗或猫的输出。因为这是一个二分类问题，所以，使用 `sigmoid` 激活函数（双曲正切函数）和 `binary_crossentropy`（二元交叉熵损失）。创建并训练简单的密集分类器程序如下：

```
# 创建一个新的顺序模型，输入为 VGG-16 的卷
积特征，输出为单一的 Sigmoid 激活单元
model = keras.models.Sequential([
    keras.layers.Flatten(input_
shape=(7,7,512)), # 展平卷积特征
    keras.layers.Dense(1,
activation='sigmoid')   # 使用 Sigmoid
激活进行二分类
])

# 使用 Adam 优化器和二元交叉熵损失函数编译
模型
model.compile(optimizer='adam',
loss='binary_crossentropy',
metrics=['acc'])
# 使用提取的卷积特征训练模型
hist = model.fit(ds_features_train,
validation_data=ds_features_test)
```

程序输出如下：

图 8-5　VGG-16 网络从一张猫的图片中提取的示例特征

```
26/50 [====>....] - ETA: 12:07 - loss: 2.1565 - acc: 0.8822
Corrupt JPEG data: 214 extraneous bytes before marker 0xd9
50/50 [======] - ETA: 0s - loss: 1.6231 - acc: 0.9112
Corrupt JPEG data: 99 extraneous bytes before marker 0xd9
50/50 [======] - 1807s 36s/step - loss: 1.6231 - acc: 0.9112 - val_loss: 0.6665 -
val_acc: 0.9516
```

结果非常好，几乎能以 95% 的准确率区分猫狗。然而，由于手动特征提取似乎需要较长的时间，所以，仅在所有图像的一个小部分子集上测试了这种方法。

8.4.6 使用 VGG 网络进行迁移学习

还可以通过在训练过程中将原始的 VGG-16 网络作为一个整体使用，以避免手动预先计算特征，方法是将特征提取器作为网络的第一层。

Keras 架构的优势在于，之前定义的 VGG-16 模型也可以作为另一个神经网络的一层。只需在其上构造一个密集分类器的网络，然后使用反向传播训练整个网络。创建包含原始 VGG-16 模型的完整网络的程序如下：

```
# 创建另一个模型，包括 VGG-16 卷积基部分、展平层和全连接层
model = keras.models.Sequential()
model.add(keras.applications.VGG16(include_top=False, input_shape=(224,224,3))) #
包括 VGG-16 卷积基部分
model.add(keras.layers.Flatten()) # 展平卷积特征
model.add(keras.layers.Dense(1, activation='sigmoid')) # 二分类全连接层

# 冻结 VGG-16 卷积基部分的权重，使其在训练过程中不更新
model.layers[0].trainable = False
# 打印模型的摘要信息，展示每一层的详细结构
model.summary()
```

程序输出如下：

```
Model: "sequential_1"
_________________________________________________________________
Layer (type)                  Output Shape              Param #
=================================================================
vgg16 (Functional)            (None, 7, 7, 512)         14714688
flatten_1 (Flatten)           (None, 25088)             0
dense_1 (Dense)               (None, 1)                 25089
=================================================================
Total params: 14739777 (56.23 MB)
Trainable params: 25089 (98.00 KB)
Non-trainable params: 14714688 (56.13 MB)
_________________________________________________________________
```

这个模型看起来像一个端到端的分类网络，它接收一张图像并返回类别。然而，棘手的部分是我们希望 VGG-16 充当特征提取器，而不是重新训练它。因此，需要冻结卷积特征提取器的权重。这可以通过访问网络的第一层 `model.layers[0]` 并将 `trainable` 属性设置为 `False` 来实现。

> 注意：需要冻结特征提取器的权重，否则，未经训练的分类器层可能会破坏卷积提取器的原始预训练权重。

尽管网络中的总参数数量约为 1500 万，但只训练了约 2.5 万个参数。所有其他的顶层卷积核参数都是预先训练的。这样做的好处是可以使用较少的样本对较少数量的参数进行微调。

下面训练网络，看看能达到什么效果。预计运行时间较长，如果执行过程中出现疑似暂停的状况，请不要担心。使用原始图像数据训练模型的程序如下：

```
# 使用相同的优化器和损失函数编译模型
model.compile(optimizer='adam',
loss='binary_crossentropy',
metrics=['acc'])

# 使用原始图像数据训练模型
hist = model.fit(ds_train, validation_
data=ds_test)
```

程序输出如下：

```
25/310 [=>................] - ETA:
20:20 - loss: 3.3970 - acc: 0.8431
Corrupt JPEG data: 214 extraneous
bytes before marker 0xd9
115/310 [==========>.......] - ETA:
15:02 - loss: 1.4326 - acc: 0.9296
Corrupt JPEG data: 162 extraneous
bytes before marker 0xd9
…省略更多输出内容
310/310 [==================] - 1671s
5s/step - loss: 1.0582 - acc: 0.9495 -
val_loss: 0.7794 - val_acc: 0.9629
```

看起来已经获得了相当准确的猫狗分类器。

8.4.7 保存和加载模型

一旦训练了模型，就可以将模型架构和训练权重保存到文件以备将来使用，程序如下：

```
# 保存训练好的模型到指定路径，以便以后使用
model.save('data/cats_dogs.tf')
```

程序输出如下：

```
INFO:tensorflow:Assets written to:
data/cats_dogs.tf/assets
```

可以随时从文件中重新加载这个模型。如果接下来的实验破坏了模型，则会发现这个备份非常有用 —— 无须重新从头开始训练。从文件中加载模型的程序如下：

```
# 从保存的路径加载模型，以便进行进一步的
使用或继续训练
model = keras.models.load_model('data/
cats_dogs.tf')
```

8.4.8 微调迁移学习

上一节训练了最后的分类器层，使其能够对数据集中的图像进行分类。然而，并没有重新训练特征提取器，而是依赖于模型在 ImageNet 数据上学到的特征。如果对象在视觉上与 ImageNet 图像显著不同，那么这种特征组合可能不是最佳选择。因此，开始训练卷积层也是有意义的。

为此，可以解冻先前冻结的卷积核参数。

> 注意：冻结参数并进行几轮训练以稳定分类层中的权重是非常重要的。如果立刻开始训练带有未冻结参数的整体网络，大的误差很可能会破坏卷积层中的预训练权重。

卷积 VGG-16 模型位于第一层内部，并且本身又由许多层组成。可以看一下它的结构，打印模型的第一层摘要的程序如下：

```
# 打印模型的第一层（VGG-16 卷积基）摘要，
以查看其结构
model.layers[0].summary()
```

程序输出如下：

```
Model: "vgg16"
_________________________________________________________________
Layer (type)                Output Shape              Param #
=================================================================
input_3 (InputLayer)        [(None, 224, 224, 3)]     0
block1_conv1 (Conv2D)       (None, 224, 224, 64)      1792
block1_conv2 (Conv2D)       (None, 224, 224, 64)      36928
block1_pool (MaxPooling2D)  (None, 112, 112, 64)      0
block2_conv1 (Conv2D)       (None, 112, 112, 128)     73856
block2_conv2 (Conv2D)       (None, 112, 112, 128)     147584
block2_pool (MaxPooling2D)  (None, 56, 56, 128)       0
block3_conv1 (Conv2D)       (None, 56, 56, 256)       295168
block3_conv2 (Conv2D)       (None, 56, 56, 256)       590080
block3_conv3 (Conv2D)       (None, 56, 56, 256)       590080
block3_pool (MaxPooling2D)  (None, 28, 28, 256)       0
...
Total params: 14714688 (56.13 MB)
Trainable params: 0 (0.00 Byte)
Non-trainable params: 14714688 (56.13 MB)
_________________________________________________________________
```

可以解冻卷积基础的所有层，其程序如下：

```
# 将 VGG-16 卷积基础的权重设置为可训练
model.layers[0].trainable = True
```

然而，一次性解冻所有层并不是最佳选择。可以只解冻卷积的最后几层，因为这些层包含与图像相关的更高级别模式。例如，可以从只解冻最后 4 层开始，其余层保持冻结状态，其程序如下：

```
# 遍历 VGG-16 卷积基的层，并将除最后 4 层之外的所有层设置为不可训练
for i in range(len(model.layers[0].layers)-4):
    model.layers[0].layers[i].trainable = False

# 打印整个模型的摘要，查看哪些层的权重是可训练的，哪些是不可训练的
model.summary()
```

程序输出如下：

```
Model: "sequential_1"
_________________________________________________________________
Layer (type)                Output Shape              Param #
=================================================================
vgg16 (Functional)          (None, 7, 7, 512)         14714688
flatten_1 (Flatten)         (None, 25088)             0
dense_1 (Dense)             (None, 1)                 25089
=================================================================
Total params: 14739777 (56.23 MB)
Trainable params: 7104513 (27.10 MB)
Non-trainable params: 7635264 (29.13 MB)
_________________________________________________________________
```

可观看到，可训练参数（Trainable Params）的数量显著增加，但相比总参数（Total Params）的数量，仍然只占大约 50%。

解冻后，可以额外进行几轮训练（epoch，在示例中，只进行一次）。还可以选择较低的学习率，以最大限度地减少对预训练权重的影响。然而，即使学习率较低，也可以预期在训练开始时准确率会有所下降，直到最终达到略高于固定权重情况下的水平。

> 注意：这个训练过程要慢得多，因为需要通过网络的许多层反向传播梯度。

使用可训练的部分层继续训练模型的程序如下：

```
# 使用可训练的部分层继续训练模型
hist = model.fit(ds_train, validation_
data=ds_test)
```

程序输出如下：

```
25/310 [=>.........................] -
ETA: 19:32 - loss: 0.8885 - acc: 0.9644
Corrupt JPEG data: 214 extraneous
bytes before marker 0xd9
115/310 [=========>................] -
ETA: 13:08 - loss: 0.5551 - acc: 0.9750
Corrupt JPEG data: 162 extraneous
bytes before marker 0xd9
…省略更多输出内容
310/310 [=====================] - 1597s
5s/step - loss: 0.5643 - acc: 0.9763 -
val_loss: 1.3541 - val_acc: 0.9610
```

很可能获得更高的训练准确率，因为使用了具有更多参数的更强大网络，但验证准确率可能不会有太大的提升。

可以随时解冻网络的更多层并进行更多训练，以查看是否能够达到更高的准确率。

8.4.9 其他计算机视觉模型

VGG-16 是最简单的计算机视觉架构之一。Keras 提供了更多的预训练网络，其中最常用的是由微软开发的 ResNet 架构和 Google 开发的 Inception。下面探索最简单的 ResNet-50 模型的架构（ResNet 是具有不同深度的模型族，如果想了解真正深层模型是什么样子，可以尝试使用 ResNet-152 进行实验）。加载预训练的 ResNet-50 模型并打印其摘要的程序如下：

```
# 加载预训练的 ResNet-50 模型，并打印其摘
要
resnet = keras.applications.ResNet50()
resnet.summary()
```

程序输出如下：

```
Downloading data from https://storage.googleapis.com/tensorflow/keras-applications/
resnet/resnet50_weights_tf_dim_ordering_tf_kernels.h5
102967424/102967424 [=====] - 17s 0us/step
Model: "resnet50"
____________________________________________________________________________________
Layer (type)                 Output Shape          Param #   Connected to
====================================================================================
input_4 (InputLayer)         [(None, 224, 224, 3)]    0         []
conv1_pad(ZeroPadding2D)      (None, 230, 230, 3)   0     ['input_4[0][0]']
conv1_conv (Conv2D)           (None, 112, 112, 64)   9472    ['conv1_pad[0][0]']
conv1_bn (BatchNormalization) (None, 112, 112, 64)   256    ['conv1_conv[0][0]']
conv1_relu (Activation)      (None, 112, 112, 64)     0        ['conv1_bn[0][0]']
pool1_pad (ZeroPadding2D)    (None, 114, 114, 64)   0        ['conv1_relu[0][0]']
pool1_pool (MaxPooling2D)    (None, 56, 56, 64)   0          ['pool1_pad[0][0]']
conv2_block1_1_conv (Conv2D)  (None, 56, 56, 64)   4160    ['pool1_pool[0][0]']
conv2_block1_1_bn (BatchNo (None, 56, 56, 64) 256 ['conv2_block1_1_conv[0][0]']
...
```

```
Total params: 25636712 (97.80 MB)
Trainable params: 25583592 (97.59 MB)
Non-trainable params: 53120 (207.50
KB)
____________________________________
```

该模型包含相同的构建块：卷积层、池化层和最终的密集分类器。可以像使用 VGG-16 进行迁移学习一样使用这个模型。你可以尝试使用上面的程序，基于不同的 ResNet 模型来训练，并观察准确率的变化。

8.4.10 批量归一化

ResNet-50 模型中还包含另一种层类型：批量归一化。批量归一化的目的是将神经网络中传播的数值调整到合适的区间。通常，当所有数值都在 [-1,1] 或 [0,1] 范围内时神经网络工作得最好，这也是按比例缩放或归一化输入数据的原因。然而，在训练深度网络过程中，数值可能显著偏离这个范围，导致训练遇到困难。批量归一化层计算当前小批量所有值的平均数和标准差，并利用这些统计数据在信号通过神经网络层之前对其进行归一化。这一处理显著提升了深度网络的稳定性。

8.4.11 总结

通过使用迁移学习，能够迅速组建一个自定义对象分类任务的分类器，并获得高准确率。然而，这个例子并不完全公平，因为原始的 VGG-16 网络是预先训练好用来识别猫狗的，所以，只是在重复使用网络中已经存在的大部分模式。可以预见，对于更特定的领域特有的对象，如识别工厂生产线上的细节或不同的树叶类型，准确率会较低。

可以看到，当前解决更复杂的任务需要更高的计算能力，并且无法仅靠 CPU 轻松解决。在下一课中将尝试使用更轻量级的实现，在较低的计算资源下训练相同的模型，这可能会导致准确率略有下降。

8.5 可视化“对抗性猫”图像

预训练的神经网络在其“大脑”中包含了各种不同的模式，包括对理想的猫（以及理想的狗、理想的斑马等）的概念。我们很想能够直观地看到这种图像，但这并非易事，因为这些模式分布在网络权重的各个地方，并且以分层的结构组织起来。

可以采取的一种方法是从一个随机图像开始，然后尝试使用梯度下降优化技术来调整该图像，使网络开始认为它是一只猫，其过程如图 8-6 所示。

神经网络就像一个有着丰富想象力的“大脑”，它内部有对各种动物的“印象”。可以通过技巧让“大脑”展示它心中的“理想猫”是什么样子。这就像让一个画家画出他心目中的完美猫一样，只不过此处的画家是一个计算机程序。

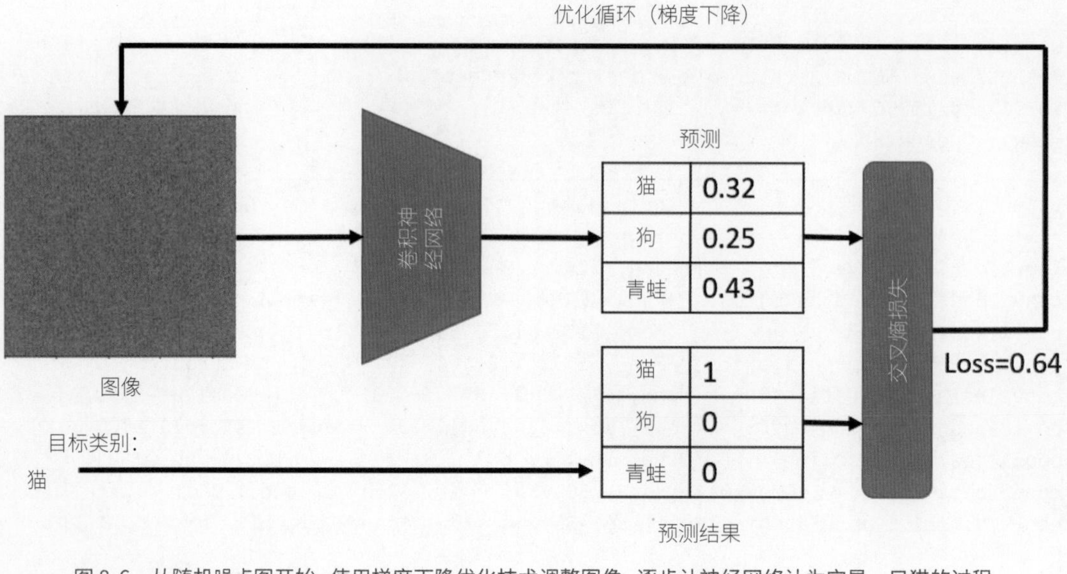

图 8-6 从随机噪点图开始，使用梯度下降优化技术调整图像，逐步让神经网络认为它是一只猫的过程

然而，如果这样做，将会得到类似随机噪声的结果。这是因为让网络认为输入图像是猫的方法有很多种，其中包括一些在视觉上并不合理的方法。尽管这些图像包含许多典型的与猫相关的模式，但它们在视觉上并没有特别的约束。

为了改善这一结果，可以在损失函数中添加另一个项，称为变化损失（Variation Loss）。这个指标展示了图像中相邻像素的相似程度。最小化变化损失可以使图像更加平滑，消除噪声，从而揭示出更具视觉吸引力的模式。图 8-7 所示是两个这样的“理想”图像示例，它们分别被高概率分类为猫和斑马。

类似的方法也可以用来对神经网络执行所谓的对抗性攻击。假设想欺骗神经网络，让一只狗在网络眼中看起来像一只猫。如果拿一张被网络识别为狗的图片，可以通过梯度下降优化技术对它进行微小的调整，直到网络开始将其分类为猫，如图 8-8 所示。

参考下面的 Notebook 中的程序来重现上述结果。

- **理想猫和对抗猫 - TensorFlow** 🔗 [L8–6]

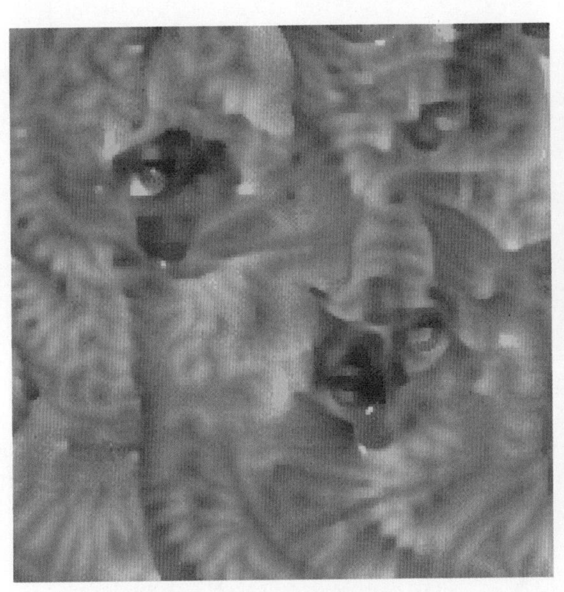

图 8-7　神经网络“心目”中的“理想猫”（左图）和“理想斑马”（右图）

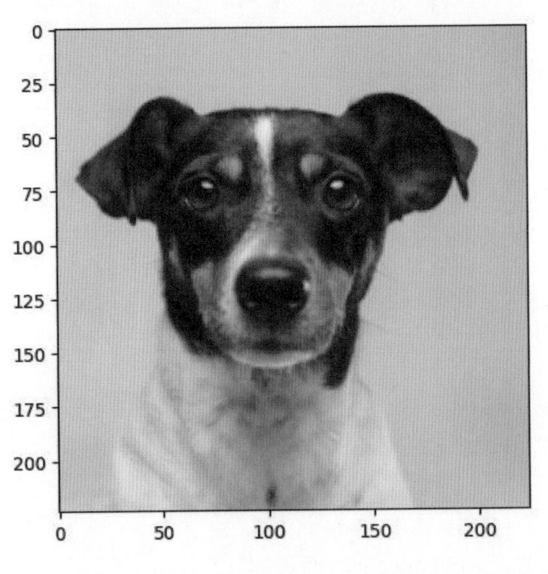

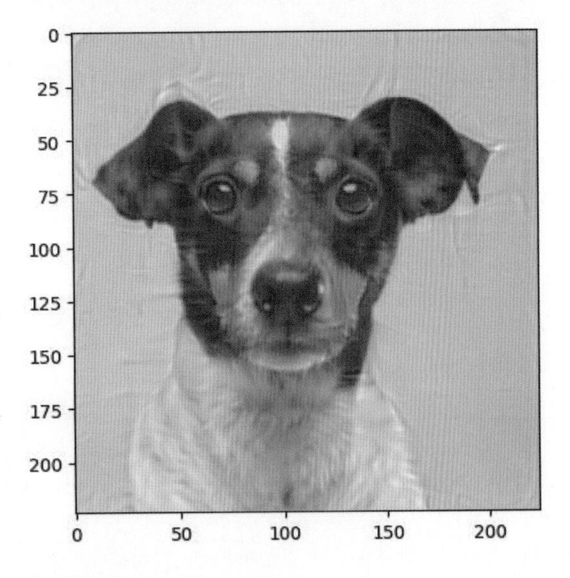

图 8-8　狗的原始照片（左图）和被分类为猫的狗的照片（右图）

8.6 ✍ 理想猫和对抗猫——TensorFlow：AdversarialCat_TF.zh.ipynb

在 ImageNet 上预训练的神经网络能识别 1000 种不同类别的物体，如各种品种的猫。我们想探索的是，对于神经网络来说，理想的暹罗猫（Siamese cat）看起来是什么样的？

> 可以用 ImageNet 上的任何其他类别来替换暹罗猫。

首先，导入必要的库并加载 VGG 网络，程序如下：

```
# 导入 TensorFlow、Keras 库及其他所需的库
import tensorflow as tf
from tensorflow import keras
import matplotlib.pyplot as plt
import numpy as np
from IPython.display import clear_
output
from PIL import Image
import json
# 设置 NumPy 打印选项，精确到小数点后 3 位，
不使用科学记数法
np.set_printoptions(precision=3,suppre
ss=True)

# 加载预训练的 VGG-16 模型，包括全连接层
model = keras.applications.VGG16(weigh
ts='imagenet',include_top=True)
# 从 JSON 文件中加载 ImageNet 类别
classes = json.loads(open('imagenet_
classes.json','r').read())
```

8.6.1 优化结果

为了可视化理想的猫，将从一个随机噪声图像开始，并尝试使用梯度下降优化技术来调整图像，使网络能够识别出一只猫。

创建随机噪声图像的程序如下：

```
# 创建一个具有随机正态分布值的 TensorFlow
变量，形状为 (1, 224, 224, 3)，用于表示
一张图像
x = tf.Variable(tf.random.normal((1,
224, 224, 3)))
```

```
# 定义一个函数来归一化图像，使其像素值为
0～1
def normalize(img):
    return (img - tf.reduce_min(img))
/ (tf.reduce_max(img) - tf.reduce_
min(img))

# 使用 plt.imshow 函数显示归一化后的图像，
这里取 x 的第一个元素（即第一张图像）
plt.imshow(normalize(x[0]))
```

程序输出如图 8-9 所示。

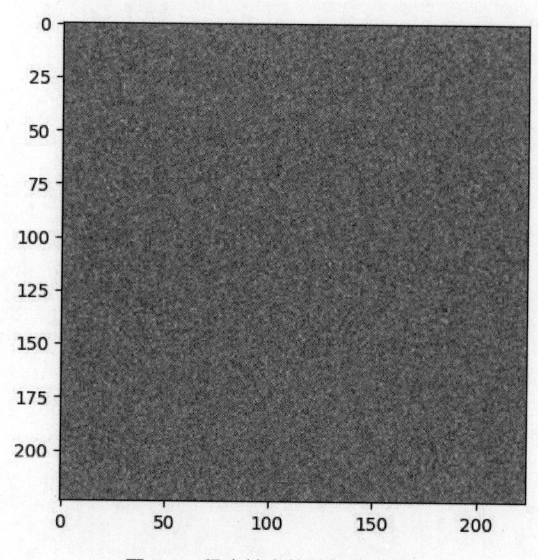

图 8-9　程序输出的随机噪点图

使用 `normalize` 函数将值转换到 0～1。

如果在该图像上调用 VGG 网络，将得到一个或多或少的随机概率分布。定义并测试图像预测结果的程序如下：

```
# 定义一个函数用于归一化图像，将像素值映
射到 [0,1]
def normalize(img):
    return (img-tf.reduce_min(img))/
(tf.reduce_max(img)-tf.reduce_
min(img))

# 定义一个函数来绘制结果，包括模型的预测
和类别概率的条形图
def plot_result(x):
    res = model(x)[0]  # 使用模型进行预测
    cls = tf.argmax(res)  # 获取预测的
类别索引
    print(f"Predicted class: {cls}
```

```
({classes[cls]})")  # 打印预测的类别
    print(f"Probability of predicted
class = {res[cls]}")  # 打印预测类别的
概率
    fig,ax = plt.subplots(1,2,figsi
ze=(15,2.5),gridspec_kw = { "width_
ratios" : [1,5]} )  # 创建子图
    ax[0].imshow(normalize(x[0]))  #
在第一个子图上绘制归一化的图像
    ax[0].axis('off')  # 关闭坐标轴
    ax[1].bar(range(1000),res,width=3)
# 在第二个子图上绘制 1000 个类别的概率
    plt.show()

plot_result(x)  # 调用 plot_result 函数
```

程序输出如下，输出图像如图 8-10 所示①。

```
Predicted class: 669 (mosquito net)
Probability of predicted class =
0.058952223509550095
```

现在选择一个目标类别（例如，暹罗猫），并使用梯度下降调整图像。x 是输入图像，V 是 VGG 网络，计算损失函数 $\mathcal{L}=\mathcal{L}(c,V(x))$（其中，$c$ 是目标类别），并使用以下公式调整 x：

$$x^{(i+1)}=x^{(i)}-\eta\frac{\partial\mathcal{L}}{\partial x}$$

损失函数将是交叉熵损失，因为正在比较两个概率分布。在例子中，因为类别是由一个数字表示的，而不是由一个独热编码的向量表示的，所以，将使用稀疏分类交叉熵。

重复这个过程几轮，并在进行中打印图像。

最好在具有 GPU 支持的计算机上执行此程序，或减少轮数以便减少等待时间。优化随机噪声图像的程序如下：

```
# 定义目标类别，这里是暹罗猫，其在
ImageNet 中的索引为 284
target = [284]

# 定义交叉熵损失函数
def cross_entropy_loss(target, res):
    return tf.reduce_mean(keras.
metrics.sparse_categorical_
crossentropy(target, res))

# 定义优化过程的函数
def optimize(x, target, epochs=1000,
show_every=None, loss_fn=cross_
entropy_loss, eta=1.0):
    if show_every is None:
        show_every = epochs // 10 # 如
果没有指定 show_every，则每隔 1/10 的迭代
次数显示一次结果
    for i in range(epochs): # 进行指定
的迭代次数
        with tf.GradientTape() as t: #
使用 tf.GradientTape 记录梯度操作
            res = model(x)
# 获取模型对当前图像的预测
            loss = loss_fn(target,
res)  # 计算损失
            grads = t.gradient(loss, x)
# 计算梯度
            x.assign_sub(eta * grads)
# 更新图像
            if i % show_every == 0: #
如果当前迭代次数是 show_every 的倍数
                clear_
output(wait=True) # 清除之前的输出，以
便在同一位置显示新的输出
                print(f"Epoch: {i},
```

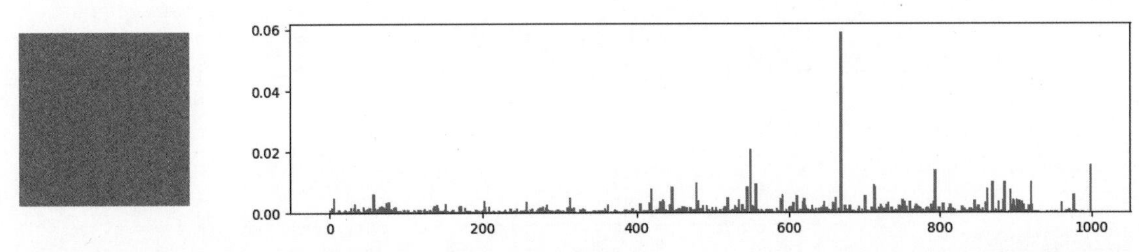

图 8-10　随机躁点图在 1000 个类别的概率。虽然有一个类别概率看上去比其他高很多，但这个类别的实际概率其实只有 5% 左右

① 结果显示，模型预测的类别是 669（蚊帐），概率为 0.058952223509550095。这意味着模型认为输入图像是蚊帐的可能性为 5.89%。尽管其中一个类别的概率可能看起来远高于其他类别，但它仍然非常低。通过图 8-10 中的比例尺可以看到，实际的概率仅为 5% 左右。——译者注

```
loss: {loss}") # 打印当前的迭代次数和损失值
                plt.
imshow(normalize(x[0]))
# 使用 matplotlib 的 imshow 方法显示经过标准化的当前图像
                plt.show() # 显示图像

# 开始优化过程
optimize(x, target)
```

程序输出如下，图像输出如图 8-11 所示。

```
Epoch: 900, loss: 0.6780340671539307
```

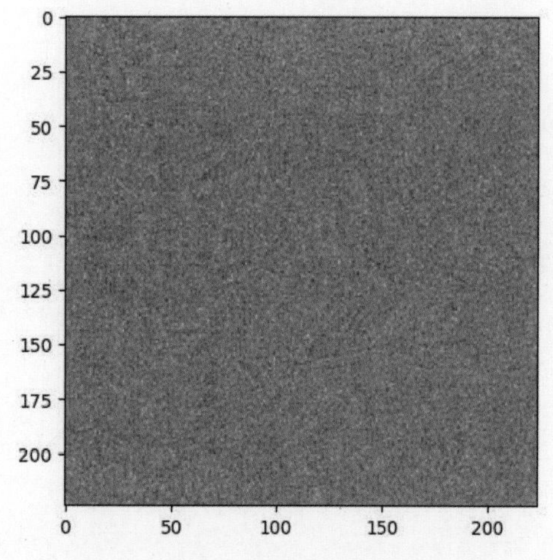

图 8-11　到 900 轮时躁点图的优化效果

显示最终结果的程序如下：

```
# 显示最终结果
plot_result(x)
```

程序输出如下，输出的图片结果如图 8-12 所示。

```
Predicted class: 284 (Siamese cat,
Siamese)
Probability of predicted class =
0.5735629200935364
```

现在已经得到了一个对于神经网络来说看起来像猫的图像，即使它仍然看起来是个一片混乱的噪点图。如果再优化久一些，就会得到一张概率接近 1 的理想的噪声猫的图像。

8.6.2　让噪声更具意义

这个噪点对人类来说可能没什么意义，但很可能它包含了许多对猫特征有反应的低级卷积核。然而，因为有多种方法可以优化输入以得到理想的结果，所以，优化算法没有动机去寻找视觉上可以理解的模式。

为了让结果看起来不那么像噪点，可以在损失函数中加入一个额外的项——变异损失。变异损失用来衡量图像相邻像素的相似度。如果将此项添加到损失函数中，它将促使优化器找到更少噪声的解决方案，从而具有更多可识别的细节。

> 实际操作中，需要在交叉熵损失和变异损失之间找到一个平衡点以获得良好的结果。在函数中引入了一些系数，可以通过调整这些系数来观察图像是如何变化的。

定义包括总变差正则化的总损失函数及使用新的损失函数进行优化的程序如下：

```
# 定义一个包括总变差正则化的总损失函数
def total_loss(target, res):
    return 10 * tf.reduce_mean(keras.
metrics.sparse_categorical_
crossentropy(target, res)) + \
```

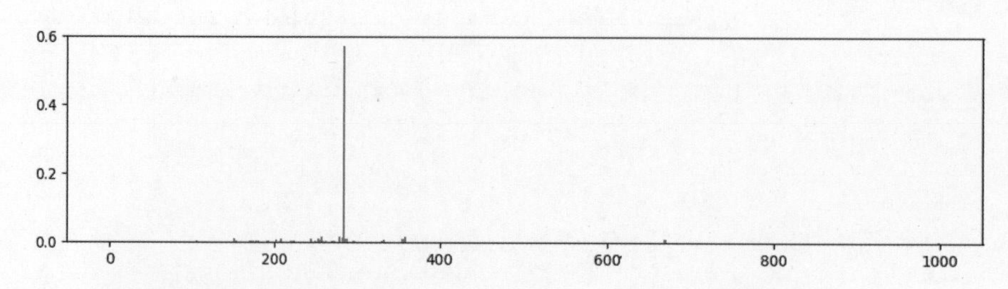

图 8-12　到 900 轮优化的躁点图，神经网络已经有 57% 的概率认为这是一张猫的图片了

```
        0.005 * tf.image.total_
variation(x, res) # 计算总损失，结合稀疏分类交叉熵损失与总变差正则化项

# 使用新的损失函数进行优化
optimize(x, target, loss_fn=total_
loss)
```

程序输出如下，图像内容如图 8-13 所示。

```
Epoch: 900, loss: [27.546]
```

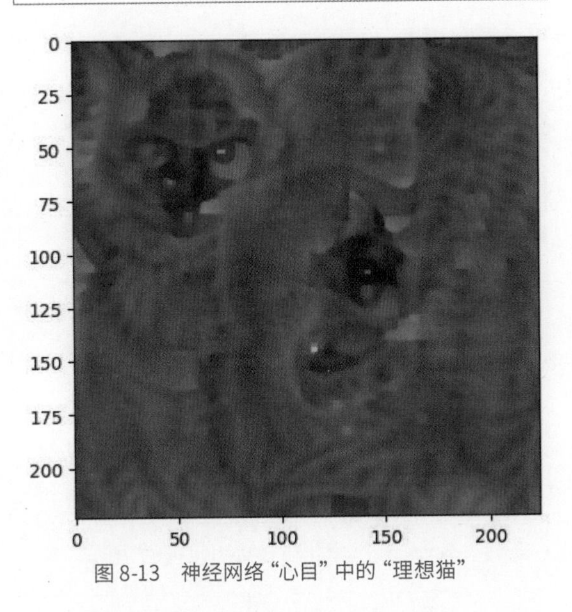

图 8-13　神经网络“心目”中的“理想猫”

这就是神经网络认为理想的猫图像，我们甚至可以看到一些像猫眼和猫耳这样的熟悉特征。这些特征包含许多类似猫的细节，使神经网络更加确信这是一只猫。显示最终结果的程序如下：

```
# 显示结果
plot_result(x)
```

程序输出如下，图像内容如图 8-14 所示。

```
Predicted class: 284 (Siamese cat,
Siamese)
Probability of predicted class =
0.9139822125434875
```

下面看看 VGG 心目中其他对象（如斑马）的样子。对其他类别进行优化的程序如下：

```
# 对另一个类别进行优化（斑马）
x = tf.Variable(tf.random.
normal((1,224,224,3))) # 初始化一个形状为 (1,224,224,3) 的张量 x，值从正态分布随机抽取，并将其设置为 TensorFlow 变量
optimize(x,[340],loss_fn=total_loss) # 调用之前定义的 optimize 函数，以 x 为初始输入，目标类别为 340（斑马），损失函数为 total_loss 进行优化
```

程序输出如下，图像如图 8-15 所示。

```
Epoch: 900, loss: [29.684]
```

8.6.3　对抗攻击

由于理想的猫图像可能看起来像噪点图，这表明可以通过微小调整任意图像，改变它在神经网络中的识别类别。以一张狗的图片为例进行实验，看看能否修改它让神经网络认为是一只猫。加载狗的图像并展示的程序如下：

```
# 加载一张狗的图像
img = Image.open('images/dog-from-
unsplash.jpg')
img = img.crop((200, 20, 600, 420)).
resize((224, 224))
img = np.array(img)
plt.imshow(img)
```

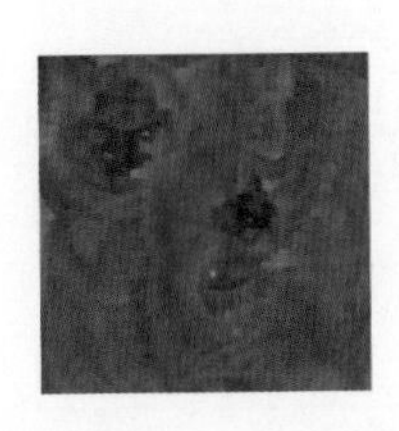

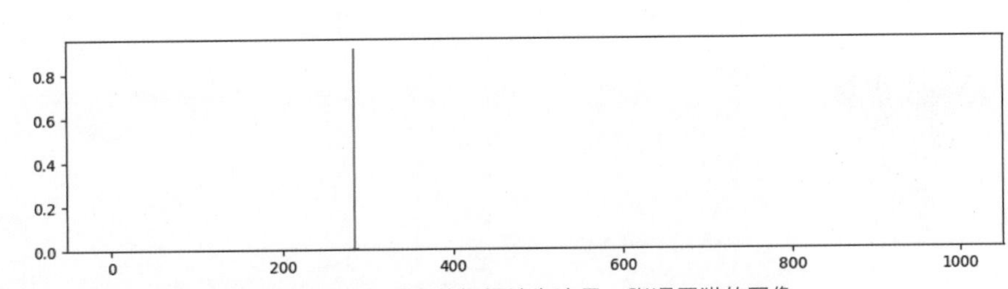

图 8-14　输出结果显示，神经网络有九成多的把握认为这是一张暹罗猫的图像

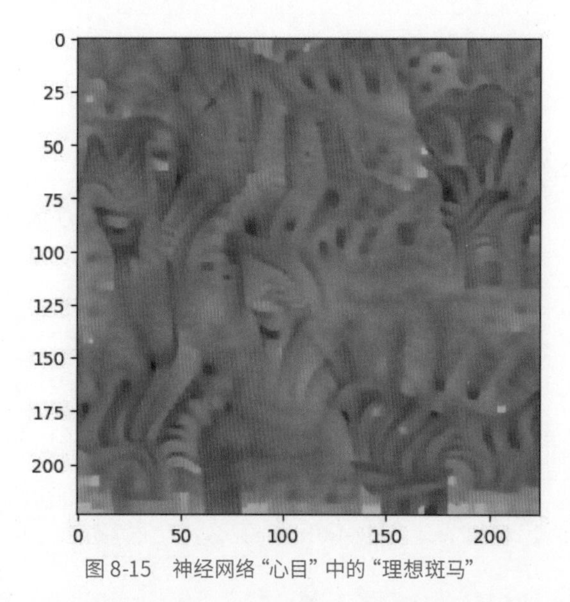

图 8-15　神经网络“心目”中的“理想斑马”

程序输出如图 8-16 所示。

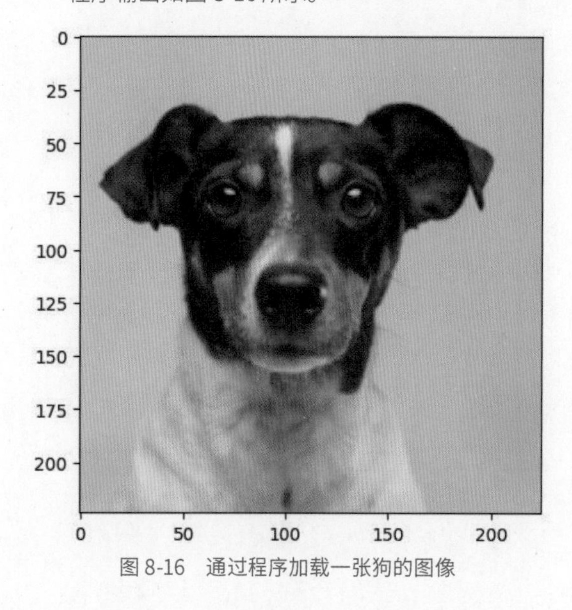

图 8-16　通过程序加载一张狗的图像

可以看到，这张图像被清晰地识别为意大利猎犬（Italian greyhound）。显示狗的图像的预测结果的程序如下：

```
# 显示图像的结果
plot_result(np.expand_dims(img, axis=0))
```

程序输出如下，图像内容如图 8-17 所示。

```
Predicted class: 171 (Italian greyhound)
Probability of predicted class = 0.9281904101371765
```

现在，以这张图像为起点，尝试优化它，使其变成一只猫。将狗的图像优化成猫的图像的程序如下：

```
# 对现有图像进行优化
# 将输入图像img转换为张量并扩展一个维度，将其值缩放到[0, 1]范围内，并将其赋值给一个新的可训练变量x
x = tf.Variable(np.expand_dims(img, axis=0).astype(np.float32) / 255.0)

# 调用之前定义的optimize函数，对可训练变量x进行优化，目标类别由target指定，训练100个epochs
optimize(x, target, epochs=100)
```

程序输出如下，图像内容如图 8-18 所示。

```
Epoch: 90, loss: 0.15761719644069672
```

显示最终结果的程序如下：

```
# 显示结果
plot_result(x)
```

程序输出如下，图像内容如图 8-19 所示。

```
Predicted class: 284 (Siamese cat, Siamese)
```

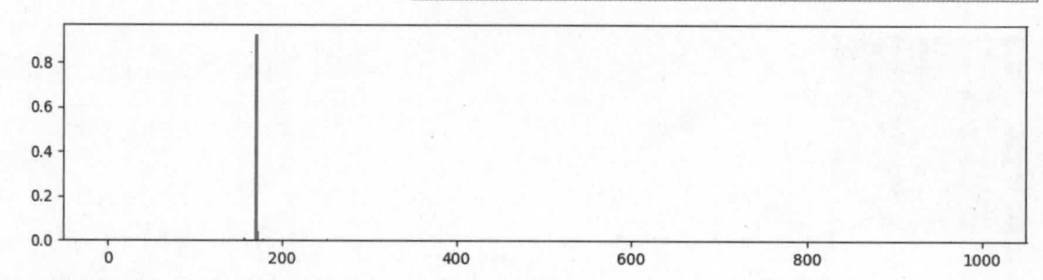

图 8-17　输出结果显示，神经网络有 92.8% 的把握认为这是一张意大利猎犬的图像

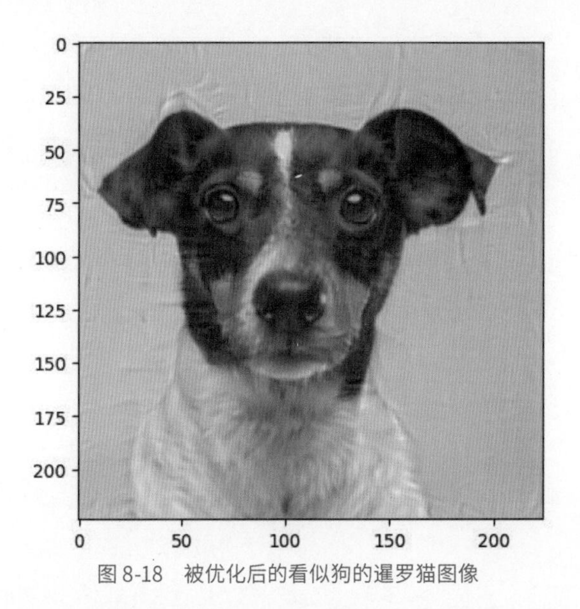

图 8-18　被优化后的看似狗的暹罗猫图像

```
Probability of predicted class =
0.8650941848754883
```

因此，从 VGG 网络的角度看，图 8-18 已经成为一只完美的暹罗猫。

8.6.4　使用 ResNet 进行验证

现在，看看这张看似狗的暹罗猫图像在如 ResNet 这样的其他模型中会被如何分类。使用 ResNet 进行验证的程序如下：

```
# 更改使用的模型为 ResNet50
model = keras.applications.
ResNet50(weights='imagenet', include_
top=True)
```

由于使用 `model` 作为全局变量，所以，从现在开始，所有函数都将使用 ResNet 而不是 VGG。显示新模型结果的程序如下：

```
# 显示新模型的结果
plot_result(x)
```

程序输出如下，图像部分如图 8-20 所示。

```
Predicted class: 111 (nematode,
nematode worm, roundworm)
Probability of predicted class =
0.130881667137146
```

显然，结果大相径庭。这是可以预期的，因为在优化成猫的图像时，考虑了 VGG 网络的特性、低级卷积核等因素。由于 ResNet 拥有不同的卷积核，所以，它会给出不同的结果。这启示我们一种保护自己免受对抗攻击的方法——通过使用不同模型的集合。

看看对于 ResNet 来说，理想的斑马是什么样的。对 ResNet 理想的斑马图像进行优化的程序如下：

```
# 对另一个类别进行优化（斑马）
# 创建一个新的 TensorFlow 变量 x，具有形状
```

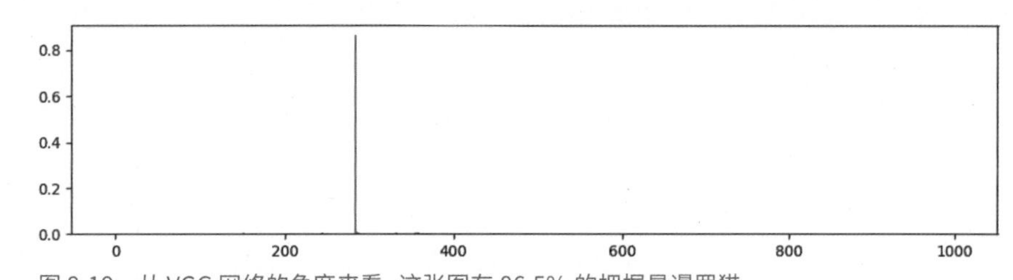

图 8-19　从 VGG 网络的角度来看，这张图有 86.5% 的把握是暹罗猫

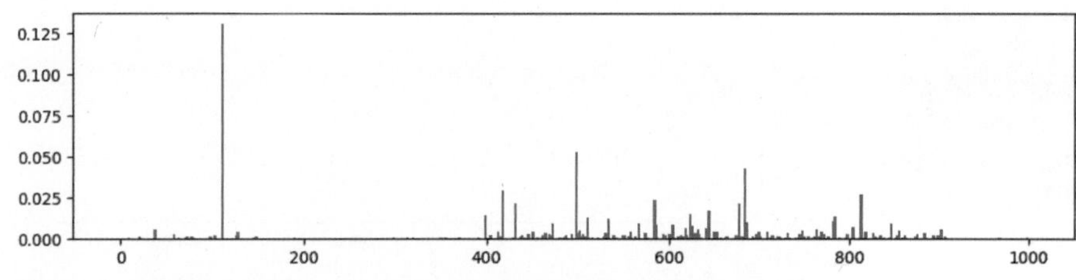

图 8-20　这张图在 ResNet 模型的眼中，概率最高的分类是蛔虫（13%）

```
(1, 224, 224, 3)，并由正态分布随机初始化
x = tf.Variable(tf.random.
normal((1,224,224,3)))

# 调用先前定义的 optimize 函数进行优化
# target=[340] 表示优化的目标类别，这里是
索引为 340 的类别
# epochs=500 表示优化过程的迭代次数
# loss_fn=total_loss 表示使用先前定义的
total_loss 函数作为优化过程的损失函数
# 该程序的目的是通过优化图像 x 使得预训练
模型识别为目标类别，用于理解和可视化模型
如何“看到”特定类别
optimize(x, target=[340], epochs=500,
loss_fn=total_loss)
```

程序输出如下，图像部分如图 8-21 所示。

```
Epoch: 450, loss: [46.001]
```

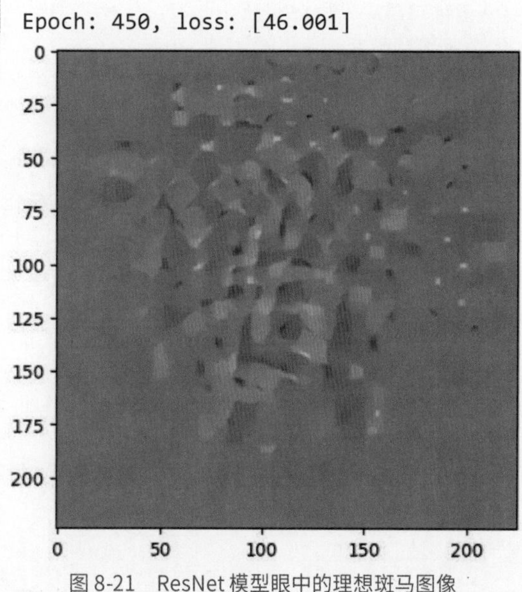

图 8-21　ResNet 模型眼中的理想斑马图像

显示最终结果的程序如下：

```
# 显示结果
plot_result(x)
```

程序输出如下，图像部分如图 8-22 所示。

```
Predicted class: 340 (zebra)
Probability of predicted class =
0.8781468868255615
```

这张图片展示的内容与 VGG 的大相径庭，这意味着神经网络的架构在识别物体的方式上起着相当重要的作用。

> 任务：尝试对 ResNet 进行对抗攻击，并比较结果。

8.6.5　使用不同的优化器

在上面的例子中，一直在使用最简单的优化技术——梯度下降。然而，Keras 框架包含不同的内置优化器🔗 [L8-7]，可以用它们来代替梯度下降。只需对程序做很小的修改——调整输入图像的部分 x.assign_sub(eta*grads)，并调用优化器的 apply_gradients 函数。定义使用不同优化器的优化过程的程序如下：

```
# 定义优化过程函数
def optimize(x, target, epochs=1000,
show_every=None, loss_fn=cross_
entropy_loss, optimizer=keras.
optimizers.SGD(learning_rate=1)):
    # 如果没有指定 show_every，那么将每
个 epoch 的十分之一显示一次
    if show_every is None:
        show_every = epochs // 10

    # 进行 epochs 次迭代
    for i in range(epochs):
        # 使用 tf.GradientTape() 来记录
计算过程中的所有操作，以便于后续求导
        with tf.GradientTape() as t:
            # 将 x 作为输入，通过模型进行
前向传播，得到结果 res
```

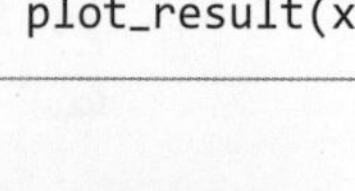

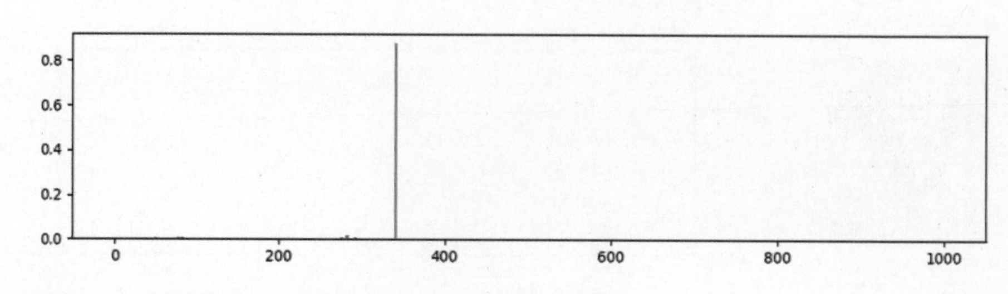

图 8-22　这张图在 ResNet 模型的眼中，概率最高的分类是斑马 (88%)

```
            res = model(x)
            # 计算损失
            loss = loss_fn(target,
res)
            # 使用 tape.gradient() 方法
计算 loss 关于 x 的梯度
            grads = t.gradient(loss, x)
            # 使用 optimizer.apply_
gradients() 方法对 x 进行梯度下降更新
            optimizer.apply_
gradients([(grads, x)])

        # 每隔 show_every 次打印并显示当
前的结果
        if i % show_every == 0:
            clear_output(wait=True)
            print(f"Epoch: {i}, loss:
{loss}")
            plt.
imshow(normalize(x[0]))
            plt.show()

# 创建一个新的 TensorFlow 变量 x，具有形状
(1,224,224,3)，并由正态分布随机初始化
x = tf.Variable(tf.random.normal((1,
224, 224, 3)))

# 调用上述定义的 optimize 函数，对 x 进行
优化，目标类别为 898（水瓶）
optimize(x, [898], loss_fn=total_loss)
```

程序输出如下，图像部分如图 8-23 所示。

```
Epoch: 900, loss: [42.163]
```

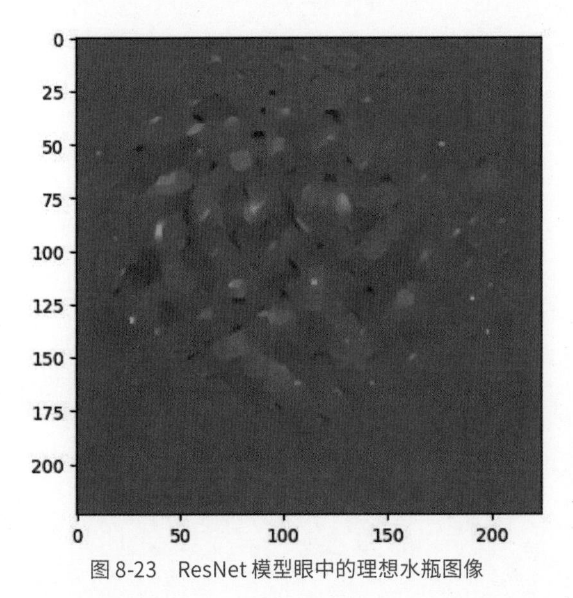

图 8-23　ResNet 模型眼中的理想水瓶图像

8.6.6　总结

我们能够在预训练的卷积神经网络中可视化理想的猫图像（以及任何其他对象），通过使用梯度下降优化来调整输入图像而不是权重。要获得有意义的图像，主要技巧是使用变异损失作为额外的损失函数，这会强制图像看起来更平滑。

8.7　结论

通过使用迁移学习，已经能够迅速构建一个针对自定义对象分类任务的分类器，并获得高准确率。可以看出，目前正在解决的更复杂的任务需要更高的计算能力，并且不能轻易地在 CPU 上完成。在下一课中，将尝试使用更轻量级的实现在较低的计算资源下训练相同的模型，且只会让准确率略微降低。

8.8　🚀 挑战

在附带的 Notebook 中，底部有一些注释，指出迁移学习在处理与原始训练数据（例如，新类型的动物）相似的数据时效果最佳。请尝试使用完全新的图像类型来探索迁移学习模型的表现如何。

8.9　复习与自学

阅读下面的内容以加深对训练模型的其他方法的了解。

8.9.1　深度学习训练技巧

随着神经网络变得越来越深，其训练过程也变得越来越具有挑战性。主要的问题之一是所谓的梯度消失🔗 [L8-8] 或梯度爆炸问题🔗 [L8-9]。这篇文章🔗 [L8-10] 很好地介绍了这些问题。

为了使深度网络的训练更加高效，可以采用一些技术。

8.9.2　保持合理的值范围

为了使数值计算更加稳定，希望确保神经网络中的所有值都在合理的范围内，通常是 [-1..1] 或 [0..1]。这不是非常严格的要求，但浮点计算的性质是不同量值的值无法精确地一起操作。例如，如果将 10^{-10}

和 10^{10} 相加，可能会得到 10^{10}，因为较小的值会被“转换”为与较大的值同等量级，并且作为尾数被舍弃。

大多数激活函数在 [-1..1] 附近有非线性，因此，最好将所有输入数据缩放到 [-1..1] 或 [0..1] 区间。

8.9.3 初始权重初始化

理想情况下，我们希望这些值在经过网络层后仍然处于相同的范围内。因此，初始化权重以保持值的分布非常重要。

正态分布 $N(0,1)$ 不是一个好的选择，因为如果有 n 个输入，输出的标准差会是 n，并且值可能会跳出 [0..1] 的范围。

通常使用以下初始化方法：

- 均匀分布：`uniform`。
- `N(0,1/n)`：`gaussian`。
- `N(0,1/√n_in)`：保证对于均值为零且标准差为 1 的输入，在经过网络层后依然保持相同的均值 / 标准差。
- `N(0,√2/(n_in+n_out))`：所谓的 Xavier 初始化 (`glorot`)，有助于在前向传播和反向传播期间保持信号在合理范围内。

8.9.4 批量归一化（BatchNormalization）

即使进行了适当的权重初始化，在训练过程中权重也可能变得非常大或非常小，导致信号超出合理范围。可以使用归一化技术来恢复信号。归一化技术虽然有几种（如权重标准化、层标准化），但最常用的是批量归一化。

批量归一化的想法是考虑小批量中的所有值，并基于这些值进行归一化（即减去均值并除以标准差）。它被实现为一个网络层，在应用权重之后且在激活函数之前进行归一化。因此，可能会看到更高的最终准确率和更快的训练。

这是关于批归一化的原始论文🔗 [L8-11]，维基百科上的解释🔗 [L8-12]，以及一个很好的入门博客文章🔗 [L8-13]（以及俄语版文章🔗 [L8-14]）。

8.9.5 随机失活

随机失活（Dropout）是一种在训练期间随机移除一定比例神经元的技巧。它也被实现为一个层，具有一个参数（即移除神经元的比例，通常是 10% ～ 50%），并且在训练期间，它会在将输入向量传递到下一层之前将其随机元素清零。

虽然这听起来像是个奇怪的想法，但可以在 `Dropout.zh.ipynb` 🔗 [L8-15] 的 Notebook 中看到 Dropout 在训练 MNIST 数字分类器上的效果。它加速了训练过程，并在更少轮次的训练内达到更高的准确率。

这种效果可以从以下几个方面来解释：

- 它可以被认为是对模型的一个随机干扰因子，帮助优化逃离局部最小值。
- 它可以被视为隐式模型平均，因为在 Dropout 期间正在训练一个稍微不同的模型。

> 有人说，当一个喝醉的人学习某件事情时，第二天早上会比清醒时学习的记忆更为清晰。这因为大脑中一些功能失调的神经元会更好地适应和理解含义。我自己并未验证过其真实性。

8.10 ✍ 随机失活的效果：Dropout.zh.ipynb

下面看看随机失活如何影响训练过程。将使用 MNIST 数据集和一个简单的卷积神经网络来进行这个实验。导入所需的库和加载数据集的程序如下：

```
# 导入所需的库
from tensorflow import keras  # 导入 keras 模块，用于定义和训练深度学习模型
import numpy as np            # 导入 NumPy，用于数组和矩阵运算
import matplotlib.pyplot as plt  # 导入 matplotlib，用于画图

# 从 keras 库中加载 MNIST 数据集。MNIST 是一个手写数字数据集
(x_train, y_train), (x_test, y_test) = keras.datasets.mnist.load_data()

# 对图像数据进行归一化处理，将像素值从 [0,255] 转换到 [0,1]，这有助于模型训练
x_train = x_train.astype("float32") / 255
x_test = x_test.astype("float32") / 255
# 由于 keras 要求输入的数据有一个特定的形状，所以，需要为数据增加一个维度
# np.expand_dims 函数可以帮助实现这一点
x_train = np.expand_dims(x_train, -1)
x_test = np.expand_dims(x_test, -1)
```

定义一个 train 函数来负责所有训练过程，其中包括：

- 使用给定的 Dropout 比率 d 来定义神经网络的架构。
- 指定合适的训练参数，包括优化器和损失函数。
- 进行训练并收集历史数据。

接下来，将为一系列不同的 Dropout 值运行这个函数。定义并训练模型函数的程序如下：

```
# 定义一个名为 train 的函数，该函数接收一个参数 d，表示 dropout 的值
def train(d):
    # 打印当前正在使用的 dropout 值
    print(f"Training with dropout = {d}")

    # 使用 keras 的 Sequential API 定义一个卷积神经网络模型
    model = keras.Sequential([
        # 第一层是一个 2D 卷积层，有 32 个卷积核，大小为 3x3，激活函数为 ReLU，输入图像的形状为 28x28x1（MNIST 数据集的形状）
        keras.layers.Conv2D(32, kernel_size=(3, 3), activation="relu", input_shape=(28,28,1)),
        # 添加一个最大池化层，池化大小为 2x2
        keras.layers.MaxPooling2D(pool_size=(2, 2)),
        # 添加第二个 2D 卷积层，有 64 个卷积核，大小为 3x3，激活函数为 ReLU
        keras.layers.Conv2D(64, kernel_size=(3, 3), activation="relu"),
        # 添加第二个最大池化层
        keras.layers.MaxPooling2D(pool_size=(2, 2)),
        # 添加一个 Flatten 层，将之前的多维输出展平为一维，以供下面的全连接层使用
        keras.layers.Flatten(),
        # 添加一个 dropout 层，dropout 的比率由函数的参数 d 决定
        keras.layers.Dropout(d),
        # 添加一个全连接层，有 10 个输出单元（对应 10 个数字类别），激活函数为 softmax
        keras.layers.Dense(10, activation="softmax")
    ])

    # 编译模型，指定损失函数、优化器和评价指标
    model.compile(loss='sparse_categorical_crossentropy',optimizer='adam',metrics=['acc'])

    # 训练模型，使用训练数据 x_train 和 y_train，并指定验证数据集、训练轮数和批次大小
    hist = model.fit(x_train, y_train, validation_data=(x_test, y_test), epochs=5, batch_size=64)

    # 返回训练过程中的历史数据，包括训练和验证的损失和准确率等
    return hist

# 对不同的 dropout 值进行训练，并将结果存储在 res 字典中
# 字典的键是 dropout 值，值是训练返回的历史数据
res = { d : train(d) for d in [0,0.2,0.5,0.8] }
```

程序输出如下：

```
Training with dropout = 0
Epoch 1/5
938/938 [=====] - 8s 8ms/step - loss: 0.1977 - acc: 0.9414 - val_loss: 0.0644 - val_acc: 0.9800
Epoch 2/5
938/938 [=====] - 8s 8ms/step - loss: 0.0624 - acc: 0.9807 - val_loss: 0.0507 - val_acc: 0.9827
Epoch 3/5
938/938 [=====] - 8s 8ms/step - loss: 0.0462 - acc: 0.9855 - val_loss: 0.0400 - val_acc: 0.9871
…省略部分输出内容
Epoch 4/5
938/938 [=====] - 8s 9ms/step - loss: 0.1093 - acc: 0.9657 - val_loss: 0.0421 - val_acc: 0.9874
Epoch 5/5
938/938 [=====] - 8s 9ms/step - loss: 0.1014 - acc: 0.9686 - val_loss: 0.0381 - val_acc: 0.9867
```

下面为不同的 Dropout 值绘制验证准确性图表，以观察训练的进展情况，其程序如下：

```
# 遍历res字典中的每一项，d表示dropout值，h表示对应的训练历史
for d, h in res.items():
    # 使用plt.plot()绘制每次训练的验证准确率（val_acc）曲线
    # label=str(d)用于指定图例的标签，即当前的dropout值
    plt.plot(h.history['val_acc'], label=str(d))

# 添加图例，以显示每条曲线对应的dropout值
plt.legend()
```

程序输出如图8-24所示。

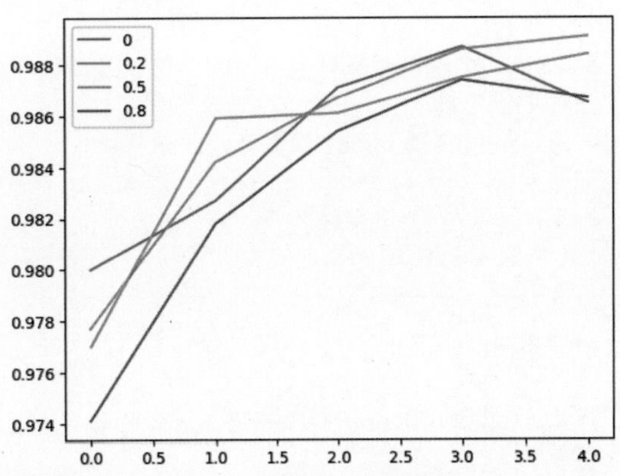

图8-24　不同dropout值在多轮训练中的准确率变化曲线

从图8-24中可以看到以下情况：

- 在0.2～0.5范围内的Dropout值，训练速度最快，总体结果最佳。
- 没有应用Dropout（即d=0时），训练过程可能更不稳定且更慢。
- 高Dropout比率（如d=0.8）会使情况变得更糟。

8.10.1　防止过拟合

深度学习的一个非常重要的方面是能够防止过拟合。虽然使用强大的神经网络模型可能很诱人，但应该始终平衡模型参数的数量和训练样本的数量。

> 确保理解之前介绍的过拟合的概念（参看本书第3篇第5课5.6节过拟合的介绍）。

预防过拟合的几种方法如下：

- **早停（Early Stopping）**：持续监控验证集上的误差，并在验证误差开始增加时停止训练。
- **显式权重衰减/正则化**：为权重绝对值较高的损失函数添加额外的惩罚，以防止模型得到非常不稳定的结果。
- **模型平均**：训练多个模型，然后取平均结果。这有助于最小化方差。
- **随机失活（Dropout）**。

8.10.2　优化器/训练算法

训练的另一个重要方面是选择合适的训练算法。虽然传统的梯度下降是一个合理的选择，但有时它可能太慢或导致其他问题。

在深度学习中使用随机梯度下降（SGD），这是一种应用于从训练集中随机选取的小批量数据的梯度下降方法。使用以下公式调整权重：

$$w^{t+1} = w^t + v^{t+1}$$

1. 动量（Momentum）

在带有动量的随机梯度下降中，保留前几步的一部分梯度。这就像在移动时带有惯性一样，当受到来自另一个方向的冲击时，轨迹不会立即改变，而是保留原来运动的一部分。在这里，引入了表示速度的向量$\boldsymbol{v}$：

- $\boldsymbol{v}^{t+1} = \gamma \boldsymbol{v}^t - \eta \nabla \mathscr{L}$
- $w^{t+1} = w^t + \boldsymbol{v}^{t+1}$

在这里，参数γ表示考虑惯性的程度：$\gamma = 0$对应传统的随机梯度下降；$\gamma = 1$是纯粹的运动方程。

2. Adam、Adagrad等

由于在每一层都通过某个矩阵$\boldsymbol{W}_i$乘以信号，根据$||\boldsymbol{W}_i||$的大小，梯度可以无限减小趋近于0，或者无限增加。这就是爆炸/消失梯度问题的实质。

解决这个问题的一种方法是在方程中只使用梯度的方向，忽略其绝对值，即

$$w^{t+1} = w^t - \eta\left(\frac{\nabla \mathscr{L}}{||\nabla \mathscr{L}||}\right)\text{，其中}$$

$$||\nabla \mathscr{L}|| = \sqrt{\sum (\nabla \mathscr{L})^2}$$

这个算法被称为Adagrad（自适应梯度算法）。使用相同思想的其他算法有RMSProp（均方根传播优化算法）、Adam（自适应矩估计优化算法）。

> Adam被认为是许多应用中非常高效的算法，如果不确定使用哪一个，可以选择Adam。

3. 梯度裁剪

梯度裁剪是对上述思想的延伸。当梯度的范数 $||\nabla\mathscr{L}||\leqslant\theta$ 时，直接使用这个梯度来优化权重。但当梯度的范数 $||\nabla\mathscr{L}||>\theta$ 时，会将梯度除以它的范数。在大多数情况下，θ 的值可以设置为 $\theta=1$ 或 $\theta=10$。

4. 学习率衰减

训练成功与否通常取决于学习率参数 η。在训练初期，较大的 η 值可以加速训练过程，而当网络接近收敛时，较小的 η 有助于微调网络。因此，在大多数情况下，希望在训练过程中逐渐减小 η 的值。

这可以通过在每轮（epoch）训练之后将 η 乘以某个数值（如0.98）来实现，或者使用更复杂的学习率调度策略。

8.10.3 不同的网络架构

为特定问题选择合适的网络架构可能有些复杂。通常，会选择一个对特定任务（或类似任务）已证明有效的架构。这里有一个关于计算机视觉的神经网络架构的概览 [L8–15]。

> 选择与我们拥有的训练样本数量相匹配的强大架构很重要，但选择过于强大的模型可能会导致过拟合。

另一个好的方法是使用能够自动调整到所需复杂性的架构。在某种程度上，ResNet架构和Inception架构是自适应的。可以进一步阅读第7课中“7.5.1 最知名的卷积神经网络架构”部分的内容。

8.11 ✍ 作业——使用迁移学习对牛津宠物进行分类：OxfordPets.zh.ipynb

在这个实践中，将使用真实的牛津-IIIT宠物数据集，其中包含35个猫狗品种，并构建一个迁移学习分类器。

8.11.1 任务

假设需要为宠物托儿所开发一个应用程序来登记所有宠物。这个应用程序的一个重要特点是能够通过照片自动识别宠物的品种。在这个任务中，将使用迁移学习对Oxford-IIIT宠物数据集 [L7–15]的真实宠物图像分类。

通过打开 `OxfordPets.zh.ipynb` [L8–16] 来开始实践。

8.11.2 数据集

现在面临一个更具挑战性的任务——对原始的Oxford-IIIT数据集 [L8–15] 进行分类。首先，加载并可视化这个数据集，程序如下：

```
# 下载宠物图像数据集压缩包
!wget https://www.robots.ox.ac.
uk/~vgg/data/pets/data/images.tar.gz

# 解压缩下载的图像压缩包
!tar xfz images.tar.gz

# 删除无用的压缩包文件，节省存储空间
!rm images.tar.gz
```

定义一个通用函数来从列表中显示一系列图像。导入必要的库并定义显示图像的函数的程序如下：

```
# 导入matplotlib库用于展示图像
import matplotlib.pyplot as plt

# 导入os库用于路径操作
import os

# 导入PIL库的Image模块用于读取图像文件
from PIL import Image

# 导入NumPy库用于操作图像的数据
import numpy as np

# 定义显示图像的函数
# l为图像路径列表，titles为图像标题列
表，fontsize为标题字体大小
def display_images(l, titles=None,
fontsize=12):

    # 获取图像数量
    n = len(l)

    # 创建一个figure并获取子图对象数组
    fig, ax = plt.subplots(1, n)
```

```
    # 遍历图像路径列表
    for i, im in enumerate(l):

        # 读取图像文件为数组
        ax[i].imshow(im)

        # 关闭坐标轴显示
        ax[i].axis('off')

        # 如果传入了 titles，则为每张图设置标题
        if titles is not None:
            ax[i].set_title(titles[i],
fontsize=fontsize)

    # 设置 figure 宽度为原宽度与图像数量的乘积
    fig.set_size_inches(fig.get_size_
inches() * n)

    # 调整子图布局
    plt.tight_layout()

    # 显示图像
    plt.show()
```

可以看到，所有图像都位于名为“images”的目录中，它们的名称中包含类别（品种）的名称。读取并展示图像的程序如下：

```
# 读取 images 目录下前 5 个文件路径到
fnames 列表
fnames = os.listdir('images')[:5]

# 对 fnames 列表中的每个文件路径
# 1. 拼接全路径
# 2. 打开图像文件为 PIL.Image 格式
# 3. 将图像文件传入 display_images 函数展
示
# 并将 fnames 作为标题显示
display_images([Image.open(os.path.
join('images',x)) for x in fnames],
                titles=fnames,
fontsize=30)
```

程序输出如图 8-25 所示。

为了简化分类过程，采用与前一部分中加载图像相同的方法，将把所有图像分类到相应的目录中。将图像分类到相应的目录中的程序如下：

```
# 遍历 images 目录下的所有文件
for fn in os.listdir('images'):

    # 从文件名中解析出类别
    cls = fn[:fn.rfind('_')].lower()
    # 创建类别目录，存在就直接跳过
    os.makedirs(os.path.
join('images',cls), exist_ok=True)
    # 将每个文件移动到对应的类别目录下
    os.replace(os.path.
join('images',fn), os.path.
join('images',cls,fn))
```

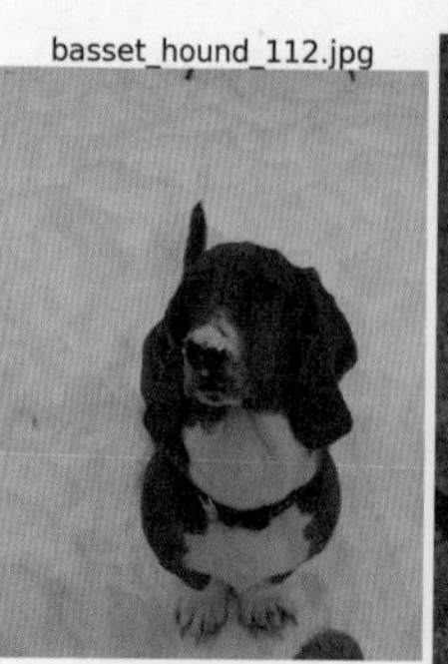

图 8-25　程序输出了来自宠物图像数据库中 images 目录下的前 5 张图片

还需要定义数据集中的类数，获取类别的数量的程序如下：

```
# 获取类别的数量
num_classes = len(os.
listdir('images'))

# 类别数量变量
num_classes
```

程序输出如下：

```
37
```

8.11.3 为深度学习准备数据集

为开始训练神经网络，需要将所有图像转换为张量，并创建与标签（类别编号）对应的张量。大多数神经网络框架都包含用于处理图像的简易工具：

- 在 TensorFlow 中，使用 `tf.keras.preprocessing.image_dataset_from_directory`。
- 在 PyTorch 中，使用 `torchvision.datasets.ImageFolder`。

它们都接近正方形的图像比例，因此，需要将所有图像调整为正方形大小。另外，还可以将图像组织成小批量。

```
# 编写准备数据集的程序
```

将数据集分为训练集和测试集：

```
# 编写将数据集分为训练集和测试集的程序
```

定义数据加载器：

```
# 编写定义数据加载器（如果需要）的程序
```

```
# [ 可选 ] 编写绘制数据集的程序
```

期望程序输出如图 8-26 所示。

8.11.4 定义神经网络

对于图像分类，应该定义一个包含多个层的卷积神经网络。在设计网络时需注意以下几点：

- 考虑金字塔式架构，即随着深度增加，卷积核（过滤器）数量应逐渐增加。
- 在各层之间不要忘记使用激活函数（如 ReLU）和最大池化（Max Pooling）。
- 最终的分类器可以包含或不包含隐藏层，但输出神经元的数量应等于类别的数量。

正确使用最后一层的激活函数和损失函数是非常重要的。

- 在 TensorFlow 中，可以使用 `softmax` 作为最后一层的激活函数，并使用 `sparse_categorical_`

图 8-26 期望程序能输出各个分类的样本图片

`crossentropy` 作为损失函数。稀疏分类交叉熵与非稀疏分类交叉熵的区别在于，前者将输出视为类别的数量，而不是独热编码向量。

- 在 PyTorch 中，可以在最终层不使用激活函数，并使用 `CrossEntropyLoss` 作为损失函数。该函数会自动应用 softmax。

> 提示：在 PyTorch 中，可以使用 LazyLinear 层代替 Linear 层，以避免预先计算输入的数量。LazyLinear 层只需要一个 n_out 参数，即该层中的神经元数量，输入数据的维度将在第一次前向传递时自动确定。

```
# 编写定义神经网络架构的程序
```

8.11.5 训练神经网络

现在可以开始训练神经网络了。在训练过程中，收集每轮（epoch）的训练集和测试集的准确率，并绘制准确率图表以检查是否存在过拟合。

```
# 编写训练神经网络的程序

# 编写绘制结果：训练集和测试集准确率的程序
```

期望程序输出如图 8-27 所示的结果。

即使做对了所有事情，可能仍会发现准确率相对较低。

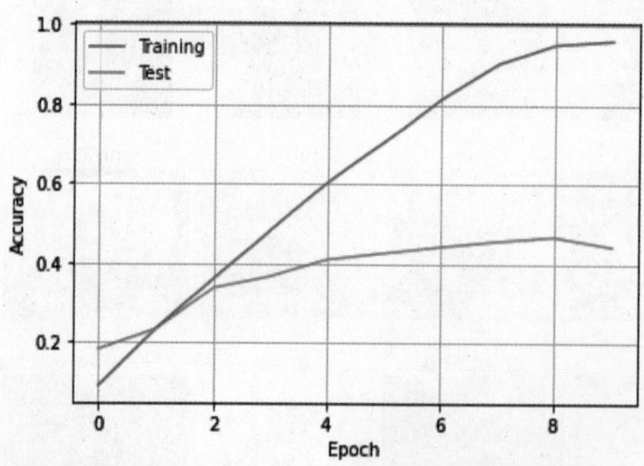

图 8-27 期望输出多轮训练的准确率的性能变化曲线，一条代表训练集（training set，蓝色）的数据，另一条代表验证集（validation set，桔色）的数据

8.11.6 迁移学习

为了提高准确率，可以使用预训练的神经网络作为特征提取器。可以尝试使用 VGG-16/VGG-19、ResNet-50 等模型。

考虑到这种训练方式的速度较慢，可以先用较少轮（如 3 轮）进行训练。如果需要，可以继续训练以进一步提高准确率。

对于迁移学习，需要以不同的方式对数据进行归一化，因此，需要再次加载数据集，使用不同的转换设置。

```
# 编写加载数据集的程序
# 编写对 VGG-16/VGG-19 进行归一化转换（如果需要）的程序
```

加载预训练的网络：

```
# 开始编写程序
# vgg = ...
```

接下来定义分类模型。

- 在 PyTorch 中，有一个名为 `classifier` 的插槽，可以用自己的分类器替换它，以适应所需的类别数量。
- 在 TensorFlow 中，将 VGG 网络用作特征提取器，并在其上构建一个 `Sequential` 模型，其中 VGG 作为第一层，分类器位于顶部。

```
# 编写程序为你的问题构建模型，使用你自己的线性层
```

确保将 VGG 特征提取器的所有参数设置为不可训练：

```
# 编写程序将 VGG 层设置为不可训练
```

现在可以开始训练了。耐心等待，因为训练过程可能非常漫长，而且训练函数在 epoch 结束前不会打印任何内容。

```
# 编写程序训练模型
```

看起来情况应该会好很多。

8.11.7 可选：计算 Top3 准确率

也可以使用与之前练习中相同的程序计算 Top 3 准确率：

```
# 编写计算 Top 3 准确率的程序
```

8.11.8 主要收获

迁移学习和预训练网络使我们能够相对容易地解决实际的图像分类问题。然而，这些预训练网络在处理相似种类的图像（如宠物照片）时表现良好，但如果开始分类差异很大的图像（如医学图像），则可能得到较差的结果。

课后测验

(1) Dropout 层起到了（ ）技术的作用。

a. 梯度提升
b. 训练
c. 正则化

(2) 冻结卷积特征提取器的权重可以通过（ ）来完成。

a. 设置 requires_grad 属性为 False
b. 设置 trainable 属性为 False
c. a 和 b

(3) 批次标准化是为了将传播过（ ）的值调整到正确的区间。

a. 算法
b. 批次
c. 神经网络

第 9 课
自编码器

在训练卷积神经网络（CNN）时，面临的一个挑战是需要大量的标注数据。在图像分类任务中，需要将图像分为不同类别，这通常需要人工完成标注工作。

然而，在某些情况下，可能希望使用原始（未标注）数据来训练 CNN 的特征提取器，这种方法被称为自监督学习。在这种方法中，不使用标签，而是将训练图像同时作为网络的输入和输出。自编码器的主要思想如下：它包含一个编码器网络，该网络将输入图像转换为某种潜在空间（通常是某个较小尺寸的向量），然后是一个解码器网络，其目标是重构原始图像，如图 9-1 所示。

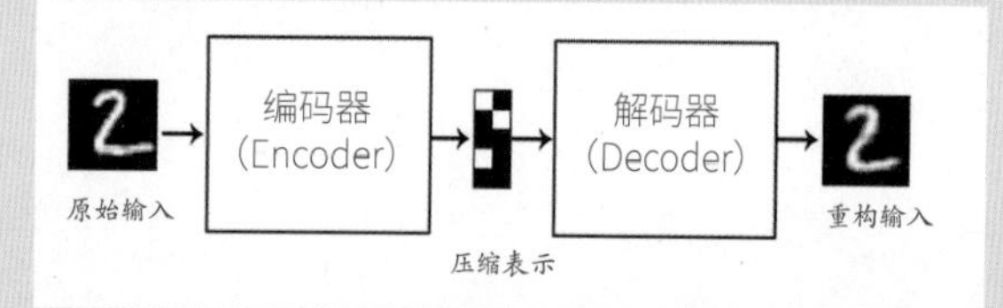

图 9-1　自编码器（Autoencoder）的基本结构和工作原理，图片来源：Keras 的博客 [L9–1]

> 自编码器是一种神经网络，它的目标是从无标签的数据中学习一种有效的数据表示方式，并能够从这种表示中重建原始数据。

由于在训练自编码器时要尽可能多地捕获原始图像的信息以实现准确重建，所以，该网络试图找到输入图像的最佳嵌入，以捕获图像的含义。

简介

本课将介绍如下内容：

9.1 使用自编码器的场景
9.2 变分自编码器
9.3 练习——自编码器
9.4 TensorFlow 中的自编码器：AutoencodersTF.zh.ipynb
9.5 PyTorch 中的自编码器：AutoEncoders-PyTorch.zh.ipynb
9.6 自编码器的特性
9.7 总结
9.8 挑战
9.9 复习与自学
9.10 作业

课前小测验

（1）自监督学习在训练中使用（ ）数据。
- a. 预训练过的
- b. 原始的
- c. 标注过的

（2）编码器网络（Encoder Network）将输入图像转换为潜在空间，这一说法（ ）。
- a. 正确
- b. 错误

（3）VAE 是以下（ ）的缩写。
- a. Variable AutoEncoding （变量自动编码）
- b. Variation auto-encoder （变体自动编码器）
- c. Variational Autoencoder （变分自动编码器）

9.1 使用自编码器的场景

尽管重构原始图像看似没有实际用途，但自编码器在某些场景中非常有用。

- **降低图像维度**①：可用于图像的可视化或提取图像的嵌入表示。一般来说，自编码器比主成分分析②（PCA）效果更佳，因为它能够捕捉到图像的空间特性和层次特征。
- **降噪**：即从图像中去除噪声。噪声包含大量无用信息，自编码器无法将其完全放入较小的潜在空间中，因此，它只会捕捉图像的重要部分。在训练降噪器时，从原始图像出发，将添加了人为噪声的图像作为自编码器的输入。
- **超分辨率**：提高图像分辨率。从高分辨率图像出发，使用分辨率较低的图像作为自编码器的输入。
- **生成模型**：一旦训练好自编码器，解码器部分可以用于从随机潜在向量生成新的对象。

9.2 变分自编码器

传统的自编码器以某种方式降低输入数据的维度，并提取输入图像的关键特征。然而，得到的潜在向量通常难以解释。例如，使用 MNIST（手写数字）数据集，要弄清楚不同的潜在向量对应哪些数字并非易事，因为相近的潜在向量不一定对应相同的数字。

另一方面，为了训练生成模型，更好地理解潜在空间显得尤为重要。这种思考导致了变分自编码器（Variational Auto-Encoder，VAE）的发展。

变分自编码器是一种学习预测潜在参数统计分布的自编码器，即所谓的潜在分布（latent distribution）。例如，可能希望潜在向量遵循正态分布，具有均值 `z_mean` 和标准差 `z_sigma`（均值和标准差都是某维度 `d` 的向量）。VAE 中的编码器负责学习预测这些参数，然后解码器从该分布中随机选择一个向量来重构对象，其结构如图 9-2 所示。

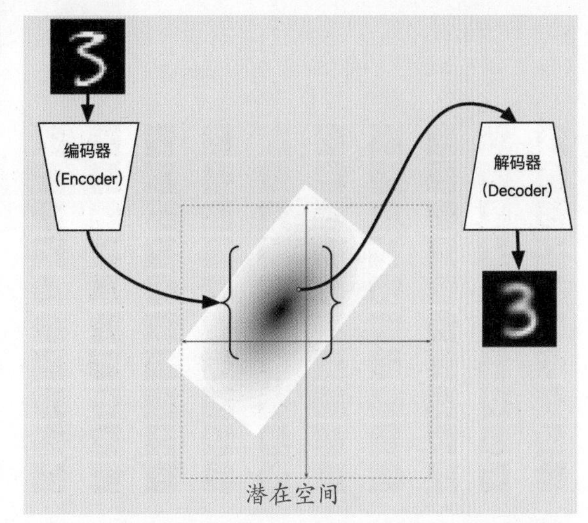

图 9-2 变分自编码器 (VAE) 的基本结构和工作原理，图片来源：Isaak Dykeman 的博文 [L9-2]

总结一下：

- 从输入向量中预测 `z_mean` 和 `z_log_sigma`（没有直接预测标准差本身，而是预测其对数）。
- 从分布 $N(z_{mean}, exp(z_{log\_sigma}))$ 中采样一个向量 `sample`。
- 解码器尝试使用 `sample` 作为输入向量来解码原始图像。

变分自编码器使用一个由重建损失和 KL 损失构成的复杂损失函数。

- 重建损失 (Reconstruction Loss) 是一种用来衡量重建图像与目标图像接近程度的损失函数（例如，均方误差，即 MSE）。它与普通自编码器中的损失函数相同。
- KL 损失（KL loss）用于确保潜在变量分布接近正态分布。基于克尔巴克 - 莱布勒 (Kullback-Leibler) 散度的概念 [L9-3]，这是一个用于估计两个统计分布相似程度的指标。

变分自编码器的一个重要优势是，由于知道从哪个分布中抽取潜在向量，因此相对容易生成新图像。例如，如果在 MNIST 数据集上用二维潜在向量训练

---

① 在处理图像或数据时，有时为了更好地可视化或为了减少计算复杂度，会希望降低数据的维度。例如，一个彩色的图像有长、宽和 3 个颜色通道（RGB），这构成了一个三维的数据。但是，我们希望将这个图像转换为一个更低维度的表示，如一个二维的平面图或一个一维的数据序列。这样的低维表示可以帮助我们更好地理解图像中的信息或用于其他的应用，如图像嵌入。

② 主成分分析（Principal Component Analysis，PCA）是一种统计学方法，用于简化数据集的复杂性，同时保留数据中的主要信息。其核心思想是通过正交变换，将一组可能相关的变量转换为一组线性不相关的变量，这些线性不相关的变量被称为主成分。

变分自编码器，就可以通过改变潜在向量的组成部分来获得不同数字的变体，如图 9-3 所示。

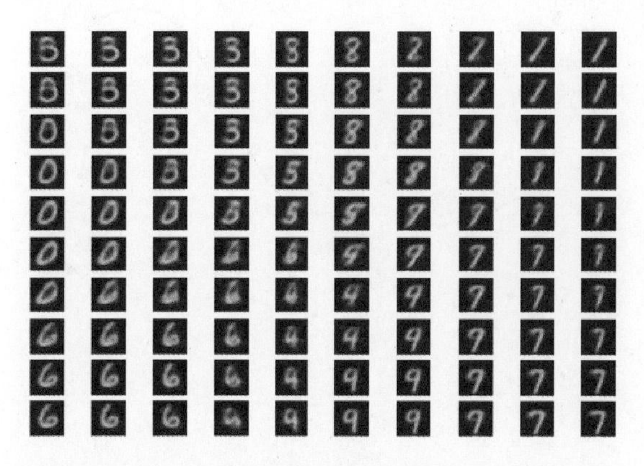

图 9-3 通过变分自编码器获得的不同数字的变体，图片来源：德米特里 - 索什尼科夫的个人网站 [L9–4]

当开始从潜在参数空间的不同部分获得潜在向量时，可以观察到图像是如何逐渐融合的。还可以将该空间以二维形式进行可视化，如图 9-4 所示。

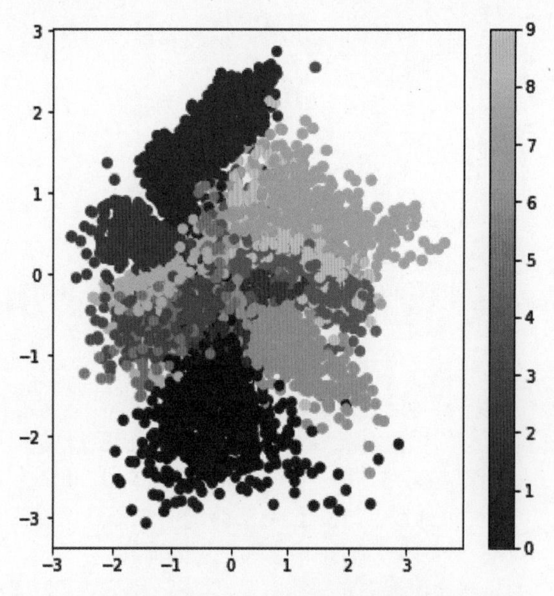

图 9-4 对潜在参数空间以二维形式可视化效果，图片来源：德米特里 - 索什尼科夫的个人网站 [L9–4]

9.3 练习——自编码器

在相关 Notebook 中了解更多关于自编码器的信息：

- TensorFlow 中的自编码器 [L9–5]。
- PyTorch 中的自编码器 [L9–6]。

9.4 TensorFlow 中的自编码器：AutoencodersTF.zh.ipynb

下面的大多数示例受到此文 [L9–1] 的启发。

下面为 MNIST 创建最简单的自编码器。导入库和加载数据，定义和绘制图像的函数的程序如下：

```
import tensorflow as tf # 导入 TensorFlow 库
from tensorflow.keras.datasets import mnist # 从 Keras 中导入 MNIST 数据集
import numpy as np # 导入 NumPy 库，用于数值计算
import matplotlib.pyplot as plt # 导入 Matplotlib 库，用于绘图

(x_train, y_trainclass), (x_test, y_testclass) = mnist.load_data() # 加载 MNIST 数据集的训练和测试数据
def plotn(n,x): # 定义一个函数，用于绘制 n 个图像
  fig,ax = plt.subplots(1,n) # 创建一个 1 行 n 列的子图
  for i,z in enumerate(x[0:n]): # 遍历前 n 个图像
    ax[i].imshow(z.reshape(28,28) if z.size==28*28 else z.reshape(14,14) if z.size==14*14 else z) # 将图像重新整形为适当的大小并绘制
  plt.show() # 显示图像

plotn(5,x_train) # 使用 plotn 函数绘制前 5 个训练图像
```

程序输出如图 9-5 所示。

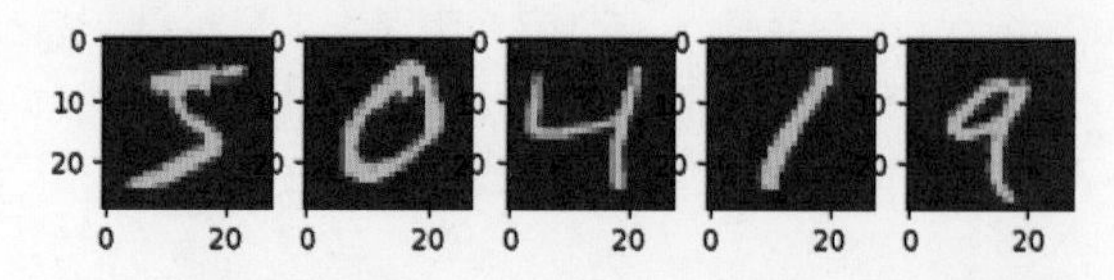

图 9-5 程序绘制的前 5 个 MNIST 手写数字训练集的图像

定义自编码器的模型结构的程序如下：

```
from tensorflow.keras.layers import Input, Dense, Conv2D, MaxPooling2D, UpSampling2D, Lambda # 从 Keras 中导入所需的层
```

```
from tensorflow.keras.models import
Model # 从 Keras 中导入模型类
from tensorflow.keras.losses import
binary_crossentropy,mse # 从 Keras 中导入损失函数

input_img = Input(shape=(28, 28, 1)) #
定义输入图像的形状

x = Conv2D(16, (3, 3),
activation='relu', padding='same')
(input_img) # 添加一个卷积层，有 16 个卷积核，3×3 大小，ReLU 激活函数，填充方式为
same
x = MaxPooling2D((2, 2),
padding='same')(x) # 添加一个最大池化层，
2×2 大小，填充方式为 same
x = Conv2D(8, (3, 3),
activation='relu', padding='same')(x)
# 添加一个卷积层，有 8 个卷积核，3×3 大小，
ReLU 激活函数，填充方式为 same
x = MaxPooling2D((2, 2),
padding='same')(x) # 添加一个最大池化层，
2×2 大小，填充方式为 same
x = Conv2D(8, (3, 3),
activation='relu', padding='same')(x)
# 添加一个卷积层，有 8 个卷积核，3×3 大小，
ReLU 激活函数，填充方式为 same
encoded = MaxPooling2D((2, 2),
padding='same')(x) # 添加一个最大池化层，
2×2 大小，填充方式为 same，得到编码表示
encoder = Model(input_img,encoded) #
使用输入和编码表示创建编码器模型
input_rep = Input(shape=(4,4,8)) # 定
义编码表示的输入形状

x = Conv2D(8, (3, 3),
activation='relu', padding='same')
(input_rep) # 添加一个卷积层，有 8 个卷
积核，3×3 大小，ReLU 激活函数，填充方式为
same
x = UpSampling2D((2, 2))(x) # 添加一个
上采样层，2×2 大小
x = Conv2D(8, (3, 3),
activation='relu', padding='same')(x)
# 添加一个卷积层，有 8 个卷积核，3×3 大小，
ReLU 激活函数，填充方式为 same
x = UpSampling2D((2, 2))(x) # 添加一个
上采样层，2×2 大小
x = Conv2D(16, (3, 3),
activation='relu')(x) # 添加一个卷积层，
有 16 个卷积核，3×3 大小，ReLU 激活函数
x = UpSampling2D((2, 2))(x) # 添加一个
上采样层，2×2 大小
decoded = Conv2D(1, (3, 3),
activation='sigmoid', padding='same')
(x) # 添加一个卷积层，有 1 个卷积核，3×3
大小，Sigmoid 激活函数，填充方式为 same

decoder = Model(input_rep,decoded) # 使
用编码表示的输入和解码输出创建解码器模型
autoencoder = Model(input_img,
decoder(encoder(input_img))) # 创建完
整的自编码器模型，通过将编码器和解码器连
接在一起
autoencoder.compile(optimizer='adam',
loss='binary_crossentropy') # 编译自编
码器模型，使用 Adam 优化器和二进制交叉熵损
失函数
```

预处理数据并训练模型的程序如下：

```
x_train = x_train.astype('float32') /
255. # 将训练数据转换为 float32 类型，并
将其归一化到 [0,1]
x_test = x_test.astype('float32') /
255. # 将测试数据转换为 float32 类型，并
将其归一化到 [0,1]
x_train = np.reshape(x_train, (len(x_
train), 28, 28, 1)) # 将训练数据重新整
形为适当的形状，以匹配模型的输入
x_test = np.reshape(x_test, (len(x_
test), 28, 28, 1)) # 将测试数据重新整形
为适当的形状，以匹配模型的输入
```

```
autoencoder.fit(x_train, x_train,
                epochs=25, # 设置训练周
期为 25
                batch_size=128, # 设置
批大小为 128
                shuffle=True, # 在训练
过程中随机打乱样本
                validation_data=(x_
test, x_test))
# 使用测试数据作为验证数据
```

程序输出如下：

```
Epoch 1/25
469/469 [=====] - 10s 22ms/step -
loss: 0.2133 - val_loss: 0.1459
```

```
... 省略更多输出结果
Epoch 25/25
469/469 [=====] - 11s 23ms/step -
loss: 0.0971 - val_loss: 0.0957
```

可视化训练结果的程序如下：

```
y_test = autoencoder.predict(x_
test[0:5]) # 使用自编码器对测试集的前 5
个样本进行预测
plotn(5,x_test) # 使用之前定义的 plotn
函数绘制原始的测试图像
plotn(5,y_test) # 使用 plotn 函数绘制自
编码器重构的图像
```

程序输出如下，图像部分如图 9-6 所示。

```
1/1 [========] - 0s 91ms/step
```

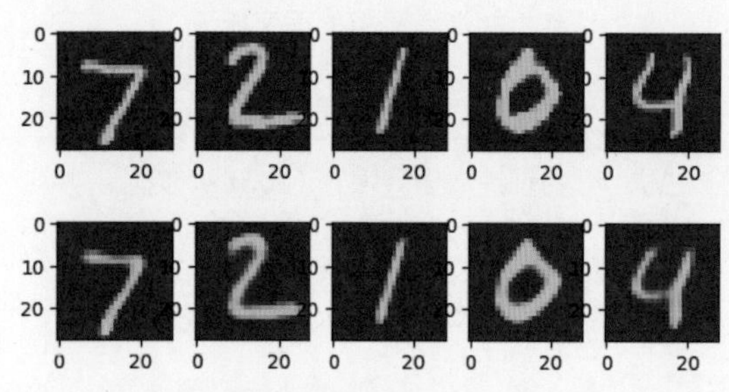

图 9-6 程序输出的原始测试集图像（上排）和通过自编码重构后的图像（下排）

提取编码表示的程序如下：

```
encoder = Model(input_img, encoded) #
创建一个新的编码器模型，用于获取编码表示
encoded_imgs = encoder.predict(x_
test[0:5]) # 使用编码器模型对测试集的前 5
个样本进行预测，获取编码表示
```

程序输出如下：

```
1/1 [=====] - 0s 32ms/step
```

对编码图像可视化的程序如下：

```
plotn(5,encoded_imgs.reshape(5,-1,8))
# 使用 plotn 函数绘制编码图像的可视化
```

程序输出如图 9-7 所示。

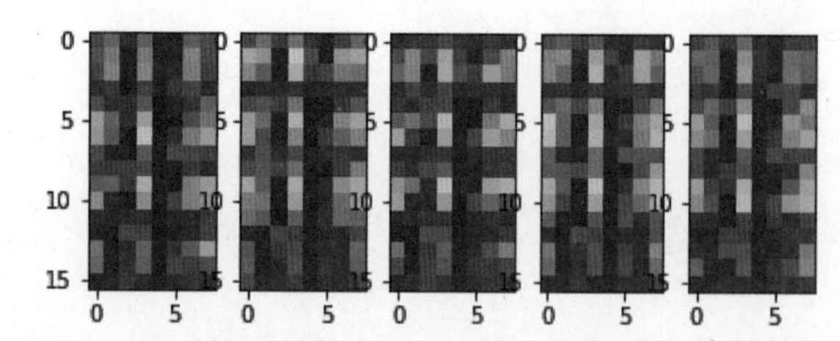

图 9-7 程序输出的测试集前 5 个样本的编码器表示的可视化效果

打印编码图像的最大值和最小值，并使用解码器对随机生成的编码进行预测和绘制图像的程序如下：

```
print(encoded_imgs.max(),encoded_imgs.
min()) # 打印编码图像的最大值和最小值

res = decoder.predict(7*np.random.
rand(7,4,4,8)) # 使用解码器对随机生成的
编码进行预测
plotn(7,res) # 使用 plotn 函数绘制由随机
生成的编码重构的图像
```

程序输出如下，图像部分如图 9-8 所示。

```
9.546492 0.0
1/1 [=====] - 0s 36ms/step
```

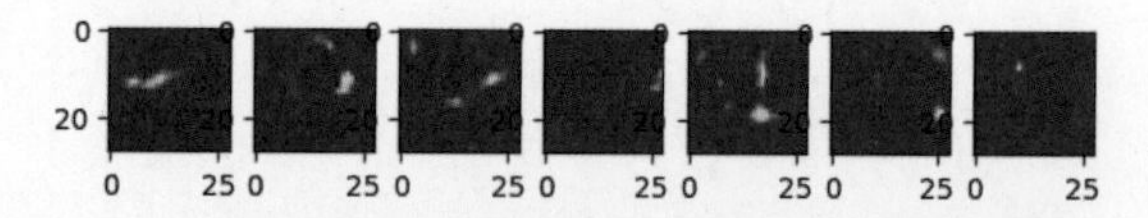

图 9-8 程序输出了一个图像序列，展示了由随机生成的潜在空间点解码得到的图像。从图中可以看到，这些图像是一些模糊且不清晰的手写数字图像，它们是由解码器试图从潜在空间的随机点重构出来的

- 任务 1：尝试使用一个非常小的潜在向量大小（如 2）来训练自编码器，并绘制出与不同数字对应的点。

提示：在卷积部分之后，使用全连接的密集层将向量减小到所需的值。

- 任务 2：从不同的数字开始，获取它们在潜在空间的表示，然后观察向潜在空间添加一些噪声对结果数字产生的影响。

9.4.1 降噪

自编码器可以用于从图像中去除噪声。为了训练降噪器，从无噪声的图像开始，然后向其中添加人工噪声。接着，使用带噪声的图像作为输入，无噪声的图像作为输出，来训练自编码器。

向训练和测试数据添加噪声的程序如下：

```
def noisify(data):
  return np.clip(data+np.random.no
rmal(loc=0.5,scale=0.5,size=data.
shape),0.,1.) # 定义一个函数，添加噪声

x_train_noise = noisify(x_train) # 向
训练数据添加噪声
x_test_noise = noisify(x_test) # 向测
试数据添加噪声

plotn(5,x_train_noise) # 使用 plotn 函数
绘制带噪声的训练图像
```

程序输出如图 9-9 所示。

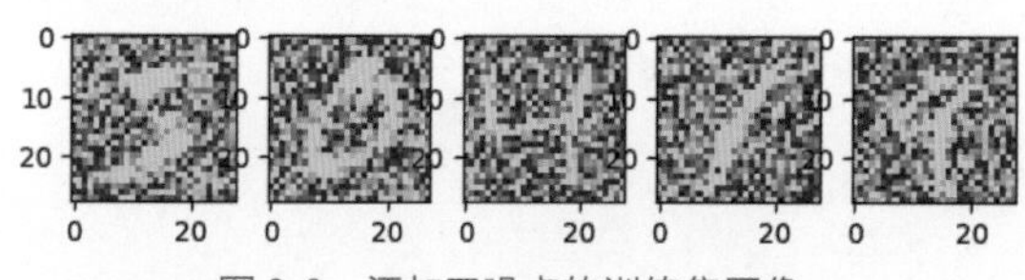

图 9-9 添加了噪点的训练集图像

使用带噪声的图像训练自编码器进行图像降噪的程序如下：

```
autoencoder.fit(x_train_noise, x_
train, # 使用带噪声的训练数据和原始训练数
据训练自编码器
                epochs=25,
                batch_size=128,
                shuffle=True,
                validation_data=(x_
test_noise, x_test)) # 使用带噪声的测试
数据和原始测试数据作为验证数据
```

程序输出如下：

```
Epoch 1/25
469/469 [=====] - 10s 22ms/step -
loss: 0.2018 - val_loss: 0.1688
... 此处省略部分输出内容
```

```
Epoch 25/25
469/469 [=====] - 10s 22ms/step -
loss: 0.1332 - val_loss: 0.1319
```

使用自编码器对带噪声的测试集的前 5 个样本进行预测，并绘制带噪声的测试图像和重构图像的程序如下：

```
y_test = autoencoder.predict(x_test_
noise[0:5]) # 使用自编码器对带噪声的测试
集的前 5 个样本进行预测
plotn(5,x_test_noise) # 使用 plotn 函数
绘制带噪声的测试图像
plotn(5,y_test) # 使用 plotn 函数绘制自
编码器从带噪声的测试图像重构的图像
```

程序输出如图 9-10 所示。

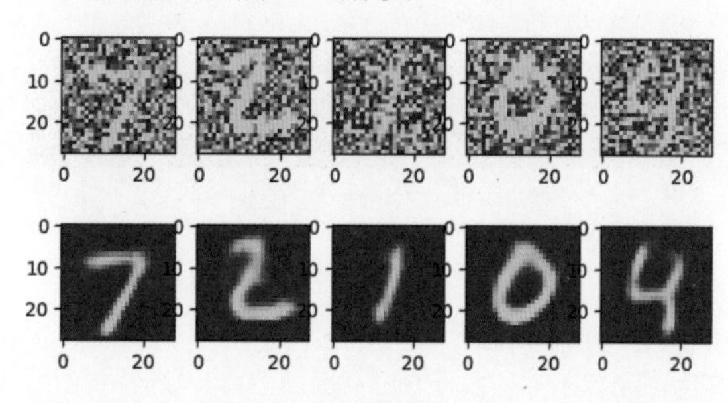

图 9-10 加了噪点的测试集图像（上排）和通过自编码重构后的图像（下排）

- 练习：观察在 MNIST 数据集中训练的降噪器对不同图像的效果。作为实验，可以使用具有相同图像大小的 Fashion MNIST 数据集 [L9-7]。

注意，降噪器主要适用于与其训练数据类型相同的图像。这意味着，降噪器对于那些在特征和统计属性上与训练时使用的图像类似的新图像效果最好。

9.4.2 超分辨率

类似于降噪器，可以训练自编码器来提高图像的分辨率。为了训练超分辨率网络，从高分辨率图像开始，并自动将其缩小作为网络输入。然后，使用缩小的图像作为输入、高分辨率原始图像作为输出来训练自编码器。将 MNIST 图像缩小到 14×14 并绘制下采样后的训练图像的程序如下：

```
将 MNIST 图像缩小到 14×14：
# 使用 2×2 的平均池化层对训练数据进行下采样，减小图像尺寸的一半，然后转换为 numpy 数组
x_train_lr = tf.keras.layers.AveragePooling2D()(x_train).numpy()

# 使用 2×2 的平均池化层对测试数据进行下采样，减小图像尺寸的一半，然后转换为 numpy 数组
x_test_lr = tf.keras.layers.AveragePooling2D()(x_test).numpy()

# 调用 plotn 函数绘制下采样后的训练图像的前 5 个样本
plotn(5, x_train_lr)
```

程序输出如图 9-11 所示。

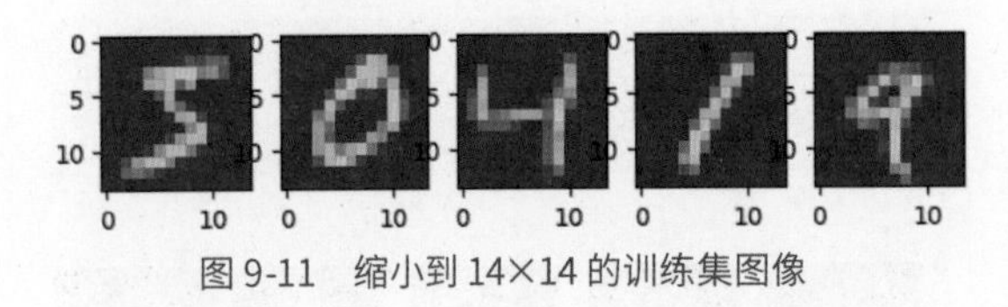

图 9-11　缩小到 14×14 的训练集图像

定义并编译用于超分辨率任务的自编码器模型的程序如下：

```
from tensorflow.keras.layers import Input, Dense, Conv2D, MaxPooling2D, UpSampling2D, Lambda
from tensorflow.keras.models import Model
from tensorflow.keras.losses import binary_crossentropy,mse
# 导入所需的 Keras 层、模型和损失函数

input_img = Input(shape=(14, 14, 1))
# 定义输入层，形状为（14, 14, 1），用于 14×14 的单通道图像

x = Conv2D(16, (3, 3), activation='relu', padding='same')(input_img)
# 定义第一个卷积层，具有 16 个过滤器和 3×3 的卷积核，激活函数为 ReLU，并进行相同的填充

x = MaxPooling2D((2, 2), padding='same')(x)
# 定义最大池化层，使用 2×2 的池化窗口，进行相同的填充

x = Conv2D(8, (3, 3), activation='relu', padding='same')(x)
# 定义第二个卷积层，具有 8 个过滤器和 3×3 的卷积核，激活函数为 ReLU，并进行相同的填充

encoded = MaxPooling2D((2, 2), padding='same')(x)
# 定义第二个最大池化层，使用 2×2 的池化窗口，进行相同的填充，得到编码表示

encoder = Model(input_img, encoded)
# 定义编码器模型，将输入图像映射到编码表示

input_rep = Input(shape=(4, 4, 8))
# 定义潜在表示的输入层，形状为（4, 4, 8）

x = Conv2D(8, (3, 3), activation='relu', padding='same')(input_rep)
# 定义卷积层，具有 8 个过滤器和 3×3 的卷积核，激活函数为 ReLU，并进行相同的填充

x = UpSampling2D((2, 2))(x)
# 定义上采样层，将数据的行和列分别增加 2 倍

x = Conv2D(8, (3, 3), activation='relu', padding='same')(x)
# 再次定义卷积层

x = UpSampling2D((2, 2))(x)
# 再次定义上采样层

x = Conv2D(16, (3, 3), activation='relu')(x)
# 定义卷积层，具有 16 个过滤器和 3×3 的卷积核，激活函数为 ReLU

x = UpSampling2D((2, 2))(x)
# 再次定义上采样层

decoded = Conv2D(1, (3, 3), activation='sigmoid', padding='same')(x)
# 定义最终的卷积层，具有 1 个过滤器和 3×3 的卷积核，激活函数为 sigmoid，用于重构图像

decoder = Model(input_rep, decoded)
# 定义解码器模型，将潜在表示映射到重构图像
```

```
autoencoder = Model(input_img,
decoder(encoder(input_img)))
# 定义完整的自动编码器模型，连接编码器和
解码器
autoencoder.compile(optimizer='adam',
loss='binary_crossentropy')
# 编译自动编码器模型，使用 Adam 优化器和二
进制交叉熵损失函数
```

训练自编码器的程序如下：

```
# 使用下采样后的训练数据作为输入，原始训
练数据作为目标，训练自编码器模型
autoencoder.fit(x_train_lr, x_train,
                epochs=25,
                batch_size=128,
                shuffle=True,
                validation_data=(x_
test_lr, x_test))
```

程序输出如下：

```
Epoch 1/25
469/469 [=====] - 8s 18ms/step - loss:
0.2155 - val_loss: 0.1472
Epoch 2/25
... 此处省略部分输出内容
Epoch 24/25
469/469 [=====] - 7s 16ms/step - loss:
0.0992 - val_loss: 0.0981
Epoch 25/25
469/469 [=====] - 8s 16ms/step - loss:
0.0989 - val_loss: 0.0977
```

使用先前训练的自编码器对低分辨率测试图像进行预测并显示结果的程序如下：

```
y_test_lr = autoencoder.predict(x_
test_lr[0:5])
# 使用先前训练的自编码器对低分辨率测试图
像进行预测

plotn(5,x_test_lr)
plotn(5,y_test_lr)
# 使用 plotn 函数显示原始低分辨率图像和预
测图像
```

程序输出如图 9-12 所示。

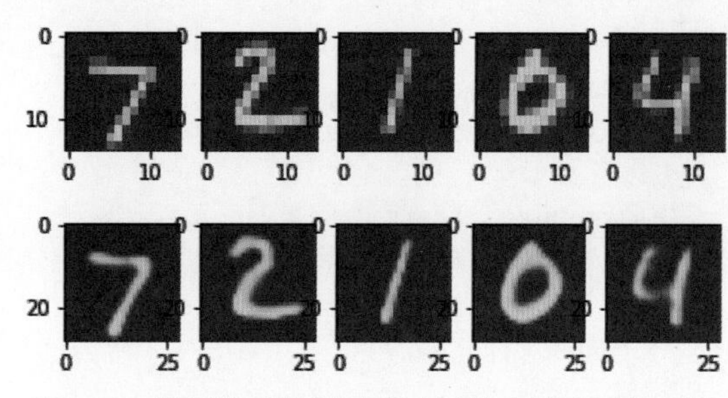

图 9-12　低分辨率测试集图像（上排）和通过自编码重构后的高分辨率预测图像（下排）

• 练习：尝试在 CIFAR-10（小图像分类数据集）🔗 [L9-8] 上训练 2 倍和 4 倍放大的超分辨率网络。使用噪声作为 4 倍放大模型的输入并观察结果。

9.4.3　变分自编码器

关于变分自编码器的介绍请参看 9.2 节。

定义变分自编码器（VAE）的参数和结构，包括输入层、中间层、均值层和对数方差层的程序如下：

```
intermediate_dim = 512
latent_dim = 2
batch_size = 128
# 定义变分自编码器的参数，包括中间层维度、
潜在空间维度和批处理大小

tf.compat.v1.disable_eager_execution()
# 禁用 TensorFlow 的 Eager Execution 模式

inputs = Input(shape=(784,))
# 定义输入层，输入维度为 784

h = Dense(intermediate_dim,
activation='relu')(inputs)
# 定义一个全连接层，激活函数为 ReLU

z_mean = Dense(latent_dim)(h)
z_log_sigma = Dense(latent_dim)(h)
```

定义采样函数并应用于均值和对数标准差，以获取潜在变量样本的程序如下：

```
# 定义均值和对数方差层
@tf.function
# 使用 TensorFlow 的函数装饰器，将 Python
```

```
函数编译为可执行的 TensorFlow 计算图
def sampling(args):
    # 定义采样函数，用于从给定的平均值和对数标准差参数中采样潜在变量
    z_mean, z_log_sigma = args
    # 从参数中提取平均值和对数标准差
    bs = tf.shape(z_mean)[0]
    # 获取平均值张量的形状中的第一个维度，即批处理大小
    epsilon = tf.random.normal(shape=(bs, latent_dim))
    # 从标准正态分布中抽取随机噪声，形状与潜在变量相同
    return z_mean + tf.exp(z_log_sigma) * epsilon
    # 返回通过重参数化技巧计算的潜在变量样本

z = Lambda(sampling)([z_mean, z_log_sigma])
# 使用 Lambda 层将上述采样函数应用于平均值和对数标准差，得到潜在变量样本
```

定义变分自编码器的编码器和解码器模型的程序如下：

```
encoder = Model(inputs, [z_mean, z_log_sigma, z])
# 定义编码器模型

latent_inputs = Input(shape=(latent_dim,))
# 定义潜在空间输入层

x = Dense(intermediate_dim, activation='relu')(latent_inputs)
# 定义全连接层，激活函数为 ReLU

outputs = Dense(784, activation='sigmoid')(x)
# 定义输出层，激活函数为 sigmoid

decoder = Model(latent_inputs, outputs)
# 定义解码器模型

outputs = decoder(encoder(inputs)[2])
# 连接编码器和解码器

vae = Model(inputs, outputs)
# 定义完整的变分自编码器模型
```

在“9.2 变分自编码器”的理论部分，介绍了变分自编码器的损失函数由重建损失和 KL 损失两部分组成。现在，让我们看看如何在程序中实现这个复杂的损失函数。

定义和编译变分自编码器（VAE）模型的损失函数的程序如下：

```
@tf.function
# 使用 TensorFlow 的函数装饰器，将 Python 函数编译为可执行的 TensorFlow 计算图
def vae_loss(x1, x2):
    # 定义变分自编码器（VAE）的损失函数，包括重构损失和 KL 散度损失
    reconstruction_loss = mse(x1, x2) * 784
    # 计算重构损失，使用均方误差（MSE）并乘以图像像素的数量
    tmp = 1 + z_log_sigma - tf.square(z_mean) - tf.exp(z_log_sigma)
    # 计算 KL 散度损失的临时变量
    kl_loss = -0.5 * tf.reduce_sum(tmp, axis=-1)
    # 计算 KL 散度损失
    return tf.convert_to_tensor(tf.reduce_mean(reconstruction_loss + kl_loss))
    # 返回总损失，即重构损失与 KL 散度损失之和的均值

vae.compile(optimizer='rmsprop', loss=vae_loss)
# 编译 VAE 模型，使用 RMSprop 优化器和上述自定义损失函数
```

将训练和测试图像展平并训练 VAE 模型的程序如下：

```
x_train_flat = x_train.reshape((len(x_train), np.prod(x_train.shape[1:])))
# 将训练图像展平，使其符合 VAE 的输入形状
x_test_flat = x_test.reshape((len(x_test), np.prod(x_test.shape[1:])))
# 将测试图像展平，使其符合 VAE 的输入形状

vae.fit(x_train_flat, x_train_flat,
        shuffle=True,
        epochs=25,
        batch_size=batch_size,
        validation_data=(x_test_flat, x_test_flat))
# 训练 VAE 模型，使用展平的训练数据和相同
```

```
的目标值，进行 25 个周期，批大小为 128，并
在每个周期后验证测试数据
```

程序输出如下：

```
Train on 60000 samples, validate on
10000 samples
Epoch 1/25
  128/60000 [...] - ETA: 1:30 - loss:
181.5661
... 此处省略部分输出内容
Epoch 24/25
60000/60000 [=====] - 3s 49us/sample -
loss: 35.3378 - val_loss: 35.7636
Epoch 25/25
60000/60000 [=====] - 3s 53us/sample -
loss: 35.2548 - val_loss: 35.7200
```

使用 VAE 对测试数据进行预测并绘制原始与重构图像的程序如下：

```
y_test = vae.predict(x_test_flat[0:5])
# 使用 VAE 对测试数据的前 5 个样本进行预测

plotn(5, x_test_flat)
# 绘制原始测试图像
plotn(5, y_test)
# 绘制重构的测试图像
```

程序输出如图 9-13 所示。

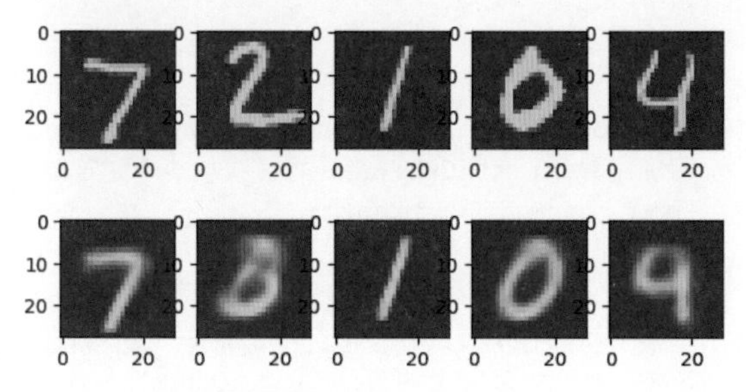

图 9-13　原始测试集图像（上排）和通过变分自编码重构后的图像（下排）

对展平的测试数据进行编码并绘制散点图的程序如下：

```
x_test_encoded = encoder.predict(x_
test_flat)[0]
# 使用编码器对展平的测试数据进行编码
```

```
plt.figure(figsize=(6, 6))
# 创建一个 6×6 英寸的图形
plt.scatter(x_test_encoded[:, 0], x_
test_encoded[:, 1], c=y_testclass)
# 绘制散点图，显示编码的测试数据
plt.colorbar()
# 添加颜色条以解释颜色映射
plt.show()
# 显示图形
```

程序输出如图 9-14 所示。

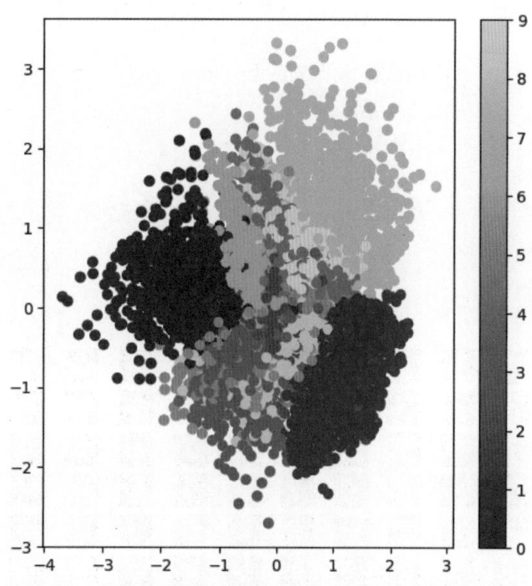

图 9-14　将测试集中的图像压缩到二维空间的结果。每个点代表一个图像，其位置反映了图像的潜在（隐藏）特征。颜色代表图像对应的实际数字（0 ～ 9），颜色条显示了颜色与数字的对应关系

在给定潜在空间网格上绘制解码器输出的程序如下：

```
def plotsample(n):
    # 定义一个函数，用于在给定的潜在空间
网格上绘制解码器的输出
    dx = np.linspace(-1, 1, n)
    # 创建一个从 -1 到 1 的均匀间隔的 n 个
值的数组
    dy = np.linspace(-1, 1, n)
    # 创建一个从 -1 到 1 的均匀间隔的 n 个
值的数组
    fig, ax = plt.subplots(n, n)
    # 创建一个 n x n 的子图网格
    for i, xi in enumerate(dx):
```

```
        # 遍历 dx 数组的每个元素及其索引
        for j, xj in enumerate(dy):
            # 遍历 dy 数组的每个元素及其索引
            res = decoder.predict(np.array([xi, xj]).reshape(-1, 2))[0]
            # 使用解码器对给定的潜在变量进行解码
            ax[i, j].imshow(res.reshape(28, 28))
            # 在子图中显示解码的图像
            ax[i, j].axis('off')
            # 关闭子图的坐标轴
    plt.show()
    # 显示图形

plotsample(10)
# 调用上述函数，使用 10×10 的网格绘制解码器的输出
```

程序输出如图 9-15 所示。

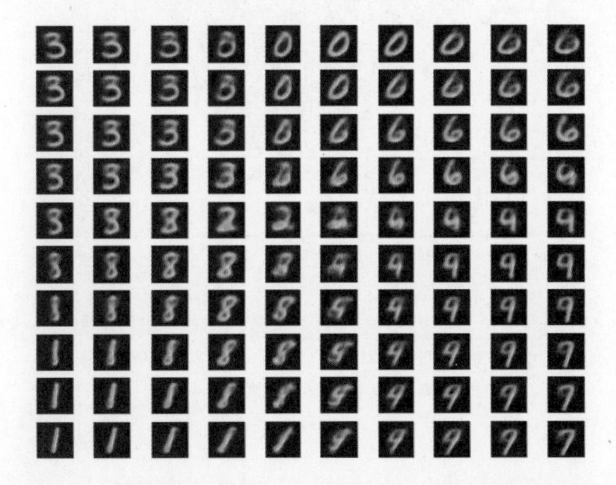

图 9-15　程序输出的 10×10 网格，展示了从一个深度学习模型中解码出的各种手写数字。每个格子内的数字是通过改变模型中的两个关键参数来生成的，这些参数定义了数字的样式。网格中的变化展示了数字从一个形态平滑过渡到另一个形态的过程，说明模型能够捕捉到数字的核心结构，并能够根据这些结构生成新的数字图像

- 任务：在示例中，已经训练了一个基于全连接层的变分自编码器。现在请从上述传统自编码器中获取卷积神经网络的部分，并创建一个基于卷积神经网络的变分自编码器。

9.4.4 扩展阅读

- NeuroHive 上的博客文章 🔗 [L9-9]。
- 变分自编码器详解 🔗 [L9-10]。

9.5 PyTorch 中的自编码器：AutoEncodersPyTorch.zh.ipynb

下面为 MNIST 创建最简单的自编码器。导入 PyTorch 和相关库，以构建和训练深度学习模型的程序如下：

```
# 导入 PyTorch 库，用于构建和训练深度学习模型
import torch
# 导入 torchvision 库，用于加载流行的数据集、模型架构和图像转换工具
import torchvision

# 导入 matplotlib 库，用于绘制图表和显示图像
import matplotlib.pyplot as plt

# 从 torchvision 导入 transforms 模块，提供了常见的图像转换操作，如裁剪、旋转等
from torchvision import transforms

# 从 torch 导入 nn 模块，提供了构建神经网络的各种组件和功能
from torch import nn

# 从 torch 导入 optim 模块，提供了许多常见的优化算法，如 SGD、Adam 等
from torch import optim

# 导入 tqdm 库，提供了一个快速、可扩展的进度条，可以在 Python 长循环中添加一个进度提示信息
from tqdm import tqdm

# 导入 NumPy 库，用于数值计算
import numpy as np

# 导入 PyTorch 中的 functional 模块，提供了许多函数来操纵张量
import torch.nn.functional as F
```

```
# 设置 PyTorch 的随机数生成器的种子，确保实验可重复性
torch.manual_seed(42)

# 设置 NumPy 的随机数生成器的种子，确保实验可重复性
np.random.seed(42)
```

定义训练参数并检查 GPU 是否可用。设置设备、训练参数和优化器的超参数的程序如下：

```
# 检测是否有可用的 CUDA 设备，如果有，则使用第一个 CUDA 设备，否则使用 CPU
device = 'cuda:0' if torch.cuda.is_available() else 'cpu'

# 定义训练集的大小占整个数据集的比例，这里设置为 90%
train_size = 0.9

# 定义学习率为 0.001
lr = 1e-3

# 定义 Adam 优化器中的 epsilon 值，用于数值稳定性
eps = 1e-8

# 定义每个批次的样本数量，这里设置为 256
batch_size = 256

# 定义训练周期数，这里设置为 30
epochs = 30
```

以下函数将加载 MNIST 数据集并对其应用指定的转换，并将其分为训练数据集和测试数据集。加载和预处理 MNIST 数据集的程序如下：

```
# 定义一个函数，用于加载和预处理 MNIST 数据集
def mnist(train_part, transform=None):
    # 使用 torchvision.datasets.MNIST 下载 MNIST 数据集，并根据 transform 参数对图像进行预处理
    dataset = torchvision.datasets.MNIST('.', download=True, transform=transform)

    # 计算训练集的大小
    train_part = int(train_part * len(dataset))

    # 使用 random_split 函数将数据集随机拆分为训练集和测试集
    train_dataset, test_dataset = torch.utils.data.random_split(dataset, [train_part, len(dataset) - train_part])

    # 返回训练集和测试集
    return train_dataset, test_dataset
```

现在加载数据集并为训练和测试定义数据加载器，定义图像预处理和加载 MNIST 数据集的程序如下：

```
# 定义图像预处理的转换操作，将 PIL 图像或 NumPy ndarray 转换为 PyTorch 张量
transform = transforms.Compose([transforms.ToTensor()])

# 使用之前定义的 mnist 函数加载 MNIST 数据集，并应用上述转换
train_dataset, test_dataset = mnist(train_size, transform)

# 使用 DataLoader 创建训练数据加载器，设置批次大小、打乱数据和丢弃最后一个不完整的批次
train_dataloader = torch.utils.data.DataLoader(train_dataset, drop_last=True, batch_size=batch_size, shuffle=True)

# 创建测试数据加载器，设置批次大小为 1，并不打乱数据
test_dataloader = torch.utils.data.DataLoader(test_dataset, batch_size=1, shuffle=False)

# 将训练和测试数据加载器组合在一起，方便后续使用
dataloaders = (train_dataloader, test_dataloader)
```

程序输出如下：

```
... 此处省略部分输出内容
Downloading http://yann.lecun.com/
```

```
exdb/mnist/t10k-labels-idx1-ubyte.gz
Downloading http://yann.lecun.com/
exdb/mnist/t10k-labels-idx1-ubyte.gz
to ./MNIST/raw/t10k-labels-idx1-ubyte.
gz
100%|██████████| 4542/4542
[00:00<00:00, 10026594.09it/s]
Extracting ./MNIST/raw/t10k-labels-
idx1-ubyte.gz to ./MNIST/raw
```

定义函数 plotn，用于绘制和处理图像样本的程序如下：

```
# 定义一个函数 plotn，用于绘制 n 个图像样本
def plotn(n, data, noisy=False, super_
res=None):
    fig, ax = plt.subplots(1, n) # 创
建 1 行 n 列的图像展示区域
    for i, z in enumerate(data):  # 遍
历数据集中的前 n 个样本
        if i == n:
# 如果到达 n 个样本，则停止绘制
            break
        # 根据图像尺寸，对图像进行重塑操作
        preprocess = z[0].reshape(1,
28, 28) if z[0].shape[1] == 28 else
z[0].reshape(1, 14, 14) if z[0].
shape[1] == 14 else z[0]

        # 如果 super_res 参数不为 None，
则调整图像大小
        if super_res is not None:
            _transform = transforms.
Resize((int(preprocess.shape[1] /
super_res), int(preprocess.shape[2] /
super_res)))
            preprocess = _
transform(preprocess)

        # 如果 noisy 为 True，则向图像添
加噪声
        if noisy:
            shapes = list(preprocess.
shape)
            preprocess +=
noisify(shapes)  # 调用 noisify 函数添加
噪声

        ax[i].imshow(preprocess[0]) #
显示图像
    plt.show()  # 显示绘制的所有图像
```

定义函数 noisify，用于生成噪声的程序如下：

```
# 定义一个函数 noisify，用于生成噪声
def noisify(shapes):
    return np.random.normal(loc=0.5,
scale=0.3, size=shapes)
```

使用 plotn 函数绘制训练数据集中的前 5 个图像样本的程序如下：

```
# 使用 plotn 函数绘制训练数据集中的前 5 个
图像样本
plotn(5, train_dataset)
```

程序输出如图 9-16 所示。

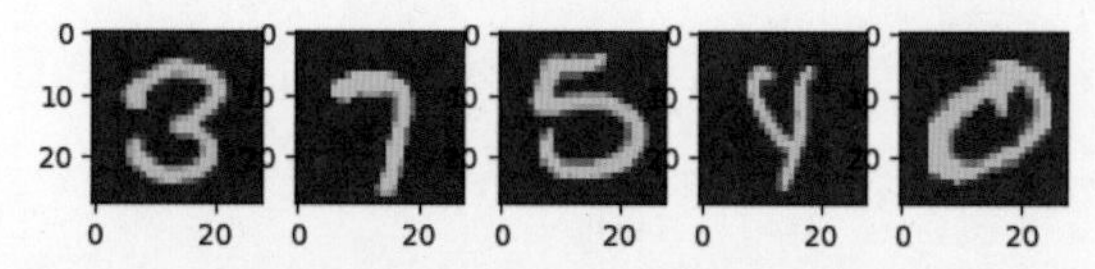

图 9-16　程序绘制的前 5 个 MNIST 手写数字训练集的图像

定义编码器模型的程序如下：

```
class Encoder(nn.Module):  # 定义一个名
为 Encoder 的类，继承 PyTorch 的 nn.Module
基类
    def __init__(self):  # 定义构造函数
        super().__init__()  # 调用父类
的构造函数
        self.conv1 = nn.Conv2d(1, 16,
kernel_size=(3, 3), padding='same')  #
定义第一个卷积层，输入通道为 1，输出通道为
16，卷积核大小为 3×3，填充方式为 'same'
        self.maxpool1 =
nn.MaxPool2d(kernel_size=(2, 2))  # 定
义第一个最大池化层，池化核大小为 2×2
        self.conv2 = nn.Conv2d(16, 8,
kernel_size=(3, 3), padding='same')  #
定义第二个卷积层，输入通道为 16，输出通道
为 8，卷积核大小为 3×3，填充方式为 'same'
        self.maxpool2 =
nn.MaxPool2d(kernel_size=(2, 2))  # 定
义第二个最大池化层，池化核大小为 2×2
        self.conv3 = nn.Conv2d(8, 8,
kernel_size=(3, 3), padding='same')  #
定义第三个卷积层，输入通道为 8，输出通道为
8，卷积核大小为 3x3，填充方式为 'same'
```

```
        self.maxpool3 = nn.MaxPool2d(kernel_size=(2, 2), padding=(1, 1)) # 定义第三个最大池化层，池化核大小为 2×2，填充大小为 1×1
        self.relu = nn.ReLU()  # 定义激活函数为 ReLU

    def forward(self, input):  # 定义前向传播函数
        hidden1 = self.maxpool1(self.relu(self.conv1(input)))  # 应用第一个卷积层、ReLU 激活函数和第一个最大池化层
        hidden2 = self.maxpool2(self.relu(self.conv2(hidden1))) # 应用第二个卷积层、ReLU 激活函数和第二个最大池化层
        encoded = self.maxpool3(self.relu(self.conv3(hidden2))) # 应用第三个卷积层、ReLU 激活函数和第三个最大池化层，得到编码表示
        return encoded  # 返回编码表示
```

定义解码器模型的程序如下：

```
class Decoder(nn.Module):  # 定义一个名为 Decoder 的类，继承 PyTorch 的 nn.Module 基类
    def __init__(self):  # 定义构造函数
        super().__init__()  # 调用父类的构造函数
        self.conv1 = nn.Conv2d(8, 8, kernel_size=(3, 3), padding='same')  # 定义第一个卷积层，输入通道为 8，输出通道为 8，卷积核大小为 3×3，填充方式为 'same'
        self.upsample1 = nn.Upsample(scale_factor=(2, 2))  # 定义第一个上采样层，放大因子为 2×2
        self.conv2 = nn.Conv2d(8, 8, kernel_size=(3, 3), padding='same')  # 定义第二个卷积层，输入通道为 8，输出通道为 8，卷积核大小为 3x3，填充方式为 'same'
        self.upsample2 = nn.Upsample(scale_factor=(2, 2))  # 定义第二个上采样层，放大因子为 2×2
        self.conv3 = nn.Conv2d(8, 16, kernel_size=(3, 3))  # 定义第三个卷积层，输入通道为 8，输出通道为 16，卷积核大小为 3×3
        self.upsample3 = nn.Upsample(scale_factor=(2, 2))  # 定义第三个上采样层，放大因子为 2×2
        self.conv4 = nn.Conv2d(16, 1, kernel_size=(3, 3), padding='same') # 定义第四个卷积层，输入通道为 16，输出通道为 1，卷积核大小为 3×3，填充方式为 'same'
        self.relu = nn.ReLU()  # 定义激活函数为 ReLU
        self.sigmoid = nn.Sigmoid() # 定义激活函数为 Sigmoid

    def forward(self, input):  # 定义前向传播函数
        hidden1 = self.upsample1(self.relu(self.conv1(input)))  # 应用第一个卷积层、ReLU 激活函数和第一个上采样层
        hidden2 = self.upsample2(self.relu(self.conv2(hidden1))) # 应用第二个卷积层、ReLU 激活函数和第二个上采样层
        hidden3 = self.upsample3(self.relu(self.conv3(hidden2))) # 应用第三个卷积层、ReLU 激活函数和第三个上采样层
        decoded = self.sigmoid(self.conv4(hidden3))  # 应用第四个卷积层和 Sigmoid 激活函数，得到解码表示
        return decoded  # 返回解码表示
```

定义自编码器模型的程序如下：

```
class AutoEncoder(nn.Module):  # 定义一个名为 AutoEncoder 的类，继承 PyTorch 的 nn.Module 基类
    def __init__(self, super_resolution=False):  # 定义构造函数，接收一个名为 super_resolution 的布尔参数，默认为 False
        super().__init__()  # 调用父类的构造函数
        if not super_resolution:  # 判断是否使用超分辨率编码器
            self.encoder = Encoder()  # 如果不使用超分辨率编码器，则使用普通编码器
        else:
            self.encoder = SuperResolutionEncoder()  # 如果使用超分辨率编码器，则使用 SuperResolutionEncoder 类
        self.decoder = Decoder()  # 创建解码器对象

    def forward(self, input):  # 定义前向传播函数
```

```
        encoded = self.encoder(input)  # 将输入传递给编码器，获得编码表示
        decoded = self.decoder(encoded)  # 将编码表示传递给解码器，获得解码表示
        return decoded  # 返回解码表示
```

初始化自编码器模型及其优化器和损失函数的程序如下：

```
model = AutoEncoder().to(device)  # 创建 AutoEncoder 对象，并将其移动到指定的设备（CPU 或 GPU）
optimizer = optim.Adam(model.parameters(), lr=lr, eps=eps)  # 使用 Adam 优化器，设置学习率和 epsilon 值
loss_fn = nn.BCELoss()  # 使用二元交叉熵损失函数
```

训练自编码器模型的程序如下：

```
def train(dataloaders, model, loss_fn, optimizer, epochs, device, noisy=None, super_res=None):
    tqdm_iter = tqdm(range(epochs)) # 创建一个进度条迭代器，用于显示训练进度
    train_dataloader, test_dataloader = dataloaders[0], dataloaders[1] # 分别获取训练和测试数据加载器

    for epoch in tqdm_iter: # 对每个训练周期进行迭代
        model.train() # 将模型设置为训练模式
        train_loss = 0.0 # 初始化训练损失
        test_loss = 0.0  # 初始化测试损失（在这段程序中未使用）

        for batch in train_dataloader: # 对每个训练批次进行迭代
            imgs, labels = batch # 从批次中提取图像和标签
            shapes = list(imgs.shape) # 获取图像的形状

            if super_res is not None: # 如果使用超分辨率
                shapes[2], shapes[3] = int(shapes[2]/super_res), int(shapes[3]/super_res) # 调整图像尺寸

                _transform = transforms.Resize((shapes[2], shapes[3])) # 定义调整大小的变换
                imgs_transformed = _transform(imgs) # 对图像进行调整大小
                imgs_transformed = imgs_transformed.to(device) # 将调整后的图像发送到设备

            imgs = imgs.to(device) # 将图像发送到设备
            labels = labels.to(device) # 将标签发送到设备
           # 如果有噪声，添加噪声；否则创建零张量
            if noisy is not None: # 如果存在噪声
                noisy_tensor = noisy[0] # 获取噪声张量
            else:
                noisy_tensor = torch.zeros(tuple(shapes)).to(device) # 创建全零噪声张量
           # 如果使用超分辨率，调整图像；否则添加噪声
            if super_res is None: # 如果没有使用超分辨率
                imgs_noisy = imgs + noisy_tensor # 向图像添加噪声
            else:
                imgs_noisy = imgs_transformed + noisy_tensor # 向调整后的图像添加噪声

            imgs_noisy = torch.clamp(imgs_noisy, 0., 1.) # 将图像值限制在 0～1

            preds = model(imgs_noisy) # 使用模型对噪声图像进行预测
            loss = loss_fn(preds, imgs) # 计算预测和真实图像之间的损失

            optimizer.zero_grad() # 清除优化器的梯度
            loss.backward() # 反向传播损失以计算梯度
            optimizer.step() # 使用梯度更新模型权重

            train_loss += loss.item()
```

```
# 将损失添加到训练损失的累计和中

        model.eval() # 将模型设置为评估
模式
        with torch.no_grad(): # 禁用梯
度计算以提高评估效率
            for batch in test_
dataloader: # 对每个测试批次进行迭代
                imgs, labels = batch #
从批次中提取图像和标签
                shapes = list(imgs.
shape) # 获取图像的形状

                if super_res is not
None: # 如果使用超分辨率
                    shapes[2],
shapes[3] = int(shapes[2] / super_
res), int(shapes[3] / super_res) # 调
整图像尺寸
                    _transform
= transforms.Resize((shapes[2],
shapes[3])) # 定义调整大小的变换
                    imgs_transformed =
_transform(imgs) # 对图像进行调整大小
                    imgs_transformed =
imgs_transformed.to(device) # 将调整后
的图像发送到设备

                imgs = imgs.to(device)
# 将图像发送到设备
                labels = labels.
to(device) # 将标签发送到设备

                if noisy is not None:
# 如果存在噪声
                    test_noisy_tensor
= noisy[1] # 获取测试噪声张量
                else:
                    test_noisy_
tensor = torch.zeros(tuple(shapes)).
to(device) # 创建全零噪声张量

                if super_res is None:
# 如果没有使用超分辨率
                    imgs_noisy = imgs +
test_noisy_tensor # 向图像添加噪声
                else:
                    imgs_noisy = imgs_
transformed + test_noisy_tensor # 向调
整后的图像添加噪声

                imgs_noisy = torch.
clamp(imgs_noisy, 0., 1.) # 将图像值限
制在 0 ～ 1

                preds = model(imgs_
noisy) # 使用模型对噪声图像进行预测
                loss = loss_fn(preds,
imgs) # 计算预测和真实图像之间的损失
                test_loss += loss.
item() # 将损失添加到测试损失的累计和中

        train_loss /= len(train_
dataloader) # 计算平均训练损失
        test_loss /= len(test_
dataloader) # 计算平均测试损失

        tqdm_dct = {'train loss:':
train_loss, 'test loss:': test_loss} #
创建用于显示的字典
        tqdm_iter.set_postfix(tqdm_
dct, refresh=True) # 更新进度条的后缀
        tqdm_iter.refresh() # 刷新进度条
```

使用之前定义的训练函数训练模型的程序如下：

```
train(dataloaders, model, loss_fn,
optimizer, epochs, device) # 使用之前定
义的训练函数训练模型
```

程序输出如下：

```
100%|██████| 30/30 [24:45<00:00,
49.50s/it, train loss:=0.1, test
loss:=0.0996]
```

将模型设置为评估模式并使用测试数据进行预测的程序：

```
model.eval() # 将模型设置为评估模式
predictions = [] # 用于存储预测结果的列
表
plots = 5 # 要绘制的图像数量
for i, data in enumerate(test_
dataset): # 对测试数据集进行迭代
    if i == plots: # 如果达到要绘制的图
像数量，则停止
        break
    predictions.append(model(data[0].
to(device).unsqueeze(0)).detach().
cpu()) # 预测图像并将结果添加到预测列表中
plotn(plots, test_dataset) # 使用定义的
```

```
plotn 函数绘制原始测试图像
plotn(plots, predictions) # 使用定义的
plotn 函数绘制预测的图像
```

程序输出如图 9-17 所示。

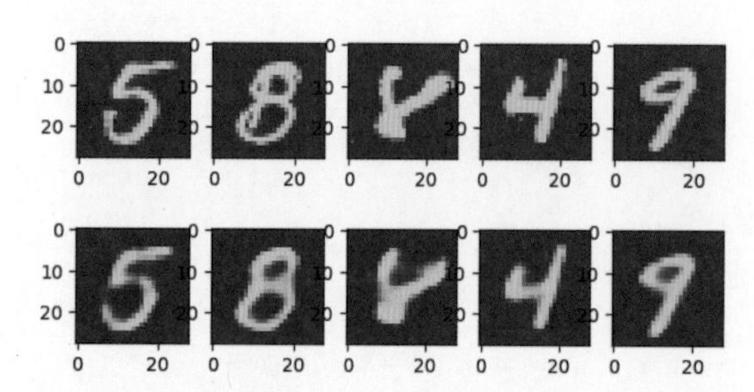

图 9-17　原始测试集图像（上排）和通过自编码重构后的图像（下排）

- 任务 1：尝试使用一个非常小的潜在向量大小（例如 2）来训练自编码器，并绘制出与不同数字对应的点。

提示：在卷积部分之后，使用全连接的密集层来将向量大小减小到所需的值。

- 任务 2：从不同的数字开始，获取它们在潜在空间的表示，然后观察向潜在空间添加一些噪声对结果数字产生的影响。

9.5.1　降噪

自编码器可以有效地用于从图像中去除噪声。为了训练降噪器，从无噪声的图像开始，然后向其中添加人工噪声。接着，使用带噪声的图像作为输入、无噪声的图像作为输出来训练自编码器。

下面看看在 MNIST 数据集上的效果如何，绘制带噪声的训练图像的程序如下：

```
plotn(5, train_dataset, noisy=True) #
使用定义的 plotn 函数绘制带噪声的训练图像
```

程序输出如图 9-18 所示。

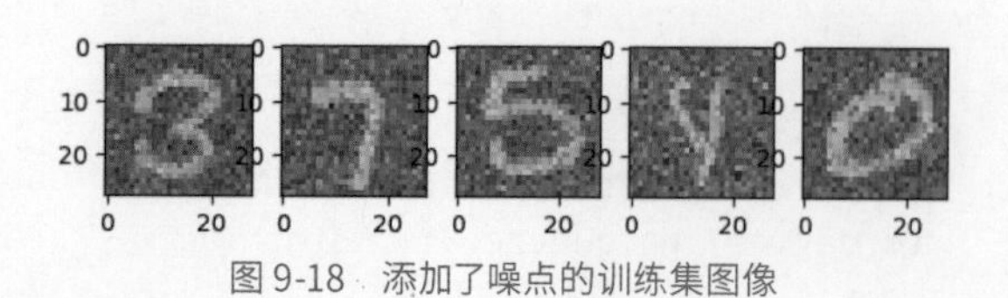

图 9-18　添加了噪点的训练集图像

创建新的自动编码器模型并定义优化器和损失函数的程序如下：

```
model = AutoEncoder().to(device) # 创
建新的自动编码器模型
optimizer = optim.Adam(model.
parameters(), lr=lr, eps=eps) # 定义优
化器
loss_fn = nn.BCELoss() # 定义损失函数
```

创建训练和测试噪声张量并将它们组合成元组的程序如下：

```
noisy_tensor = torch.
FloatTensor(noisify([256, 1, 28,
28])).to(device) # 创建训练噪声张量
test_noisy_tensor = torch.
FloatTensor(noisify([1, 1, 28, 28])).
to(device) # 创建测试噪声张量
noisy_tensors = (noisy_tensor, test_
noisy_tensor) # 将训练和测试噪声张量组合
成元组
```

使用带噪声的张量训练模型的程序如下：

```
train(dataloaders, model, loss_fn,
optimizer, 100, device, noisy=noisy_
tensors)
# 使用带噪声的张量训练模型
```

程序输出如下：

```
100%|██████| 100/100 [1:20:54<00:00,
48.55s/it, train loss:=0.115, test
loss:=0.115]
```

评估模型并绘制带噪声图像和预测图像的程序如下：

```
model.eval() # 将模型设置为评估模式
predictions = [] # 用于存储预测结果的
列表
noise = [] # 用于存储噪声图像的列表
plots = 5 # 要绘制的图像数量
for i, data in enumerate(test_
dataset): # 对测试数据集进行迭代
    if i == plots: # 如果达到要绘制的图
像数量，则停止
        break
    shapes = data[0].shape
    noisy_data = data[0] + test_noisy_
```

```
tensor[0].detach().cpu() # 向图像添加噪声
    noise.append(noisy_data) # 将噪声图像添加到列表中
    predictions.append(model(noisy_data.to(device).unsqueeze(0)).detach().cpu()) # 预测噪声图像并将结果添加到预测列表中
plotn(plots, noise) # 使用定义的 plotn 函数绘制带噪声的图像
plotn(plots, predictions) # 使用定义的 plotn 函数绘制预测的图像
```

程序输出如图 9-19 所示。

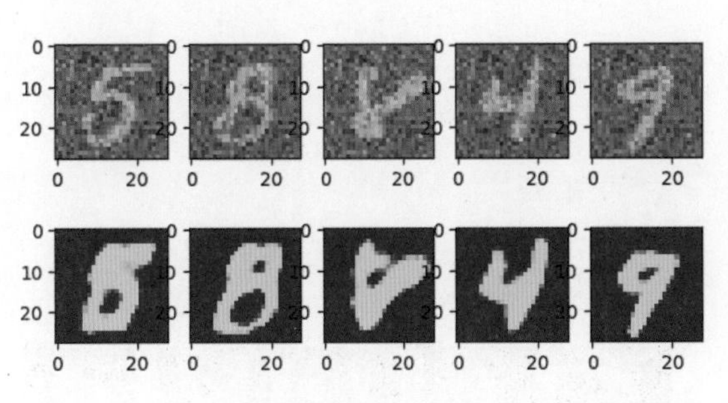

图 9-19　加了噪点的测试集图像（上排）和通过自编码重构后的图像（下排）

- 练习：观察在 MNIST 数字上训练的降噪器对不同图像的效果。作为实验，可以使用具有相同图像大小的时尚 MNIST 数据集🔗 [L9-7]。

注意，降噪器主要适用于与其训练数据类型相同的图像。这意味着，降噪器对于那些在特征和统计属性上与训练时使用的图像类似的新图像效果最好。

9.5.2　超分辨率

类似于降噪器，可以训练自编码器来提高图像的分辨率。为了训练超分辨率网络，从高分辨率图像开始，并自动将其缩小作为网络输入。然后，使用缩小的图像作为输入、高分辨率原始图像作为输出来训练自编码器。

将 MNIST 图像缩小到 14×14，绘制超分辨率效果图像的程序如下：

```
super_res_koeff = 2.0 # 定义超分辨率系数
plotn(5, train_dataset, super_res=super_res_koeff) # 使用定义的 plotn 函数绘制超分辨率效果的图像
```

程序输出如图 9-20 所示。

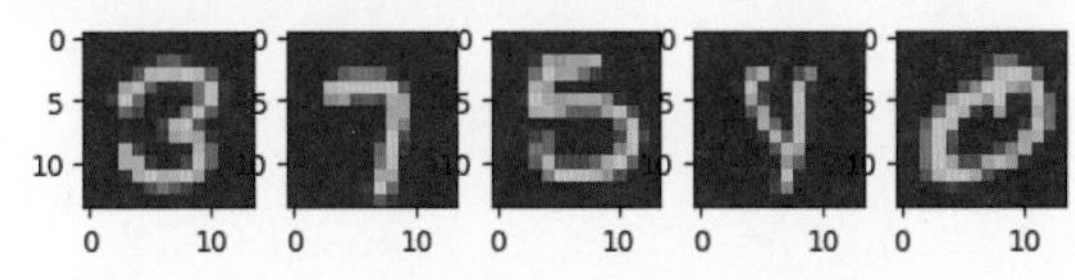

图 9-20　缩小到 14×14 的训练集图像

定义超分辨率编码器的程序如下：

```
class SuperResolutionEncoder(nn.Module): # 定义名为 SuperResolutionEncoder 的类，继承自 PyTorch 的 nn.Module
    def __init__(self): # 定义构造函数
        super().__init__() # 调用父类的构造函数
        self.conv1 = nn.Conv2d(1, 16, kernel_size=(3, 3), padding='same') # 定义第一个卷积层，输入通道为 1，输出通道为 16，卷积核大小为 3x3，填充方式为 'same'
        self.maxpool1 = nn.MaxPool2d(kernel_size=(2, 2)) # 定义第一个最大池化层，池化核大小为 2×2
        self.conv2 = nn.Conv2d(16, 8, kernel_size=(3, 3), padding='same') # 定义第二个卷积层，输入通道为 16，输出通道为 8，卷积核大小为 3×3，填充方式为 'same'
        self.maxpool2 = nn.MaxPool2d(kernel_size=(2, 2), padding=(1, 1)) # 定义第二个最大池化层，池化核大小为 2×2，填充为 (1, 1)
        self.relu = nn.ReLU() # 定义 ReLU 激活函数

    def forward(self, input): # 定义前向传播函数
        hidden1 = self.maxpool1(self.relu(self.conv1(input))) # 将输入通过第一个卷积层，然后通过 ReLU 激活函数，再通过第一个最大池化层
        encoded = self.maxpool2(self.relu(self.conv2(hidden1))) # 将 hidden1 通过第二个卷积层，然后通过 ReLU 激活函数，再通过第二个最大池化层
        return encoded # 返回编码的输出
```

创建用于超分辨率的自动编码器模型的程序如下：

```
model = AutoEncoder(super_
resolution=True).to(device) # 创建用于
超分辨率的自动编码器模型
optimizer = optim.Adam(model.
parameters(), lr=lr, eps=eps) # 定义优
化器
loss_fn = nn.BCELoss() # 定义损失函数
```

调用之前定义的 train 函数进行模型训练的程序如下：

```
train(dataloaders, model, loss_fn,
optimizer, epochs, device, super_
res=2.0)
# 调用之前定义的 train 函数，传入数据加载
器、模型、损失函数、优化器、训练周期、设
备和超分辨率系数
```

程序输出如下：

```
100%|██████| 30/30 [21:32<00:00,
43.09s/it, train loss:=0.102, test
loss:=0.102]
```

评估模型性能并可视化超分辨率效果的程序如下：

```
model.eval()
# 设置模型为评估模式，禁用 dropout 和
batch normalization 等

predictions = []
plots = 5
shapes = test_dataset[0][0].shape
# 初始化一个空列表来存储预测结果，设置要
绘制的可视化图像数量（plots），并获取测试
数据集中第一个图像的形状

for i, data in enumerate(test_
dataset):
    if i == plots:
        break
    # 遍历测试数据集，如果达到指定的绘图
数量，则停止迭代

    _transform = transforms.
Resize((int(shapes[1] / super_res_
koeff), int(shapes[2] / super_res_
koeff)))
    # 定义一个变换，该变换将图像大小调整
为原始大小除以超分辨率系数（super_res_
koeff）

    predictions.append(model(_
transform(data[0]).to(device).
unsqueeze(0)).detach().cpu())
    # 对每个图像应用变换，然后将其传递给
模型进行预测。将预测结果附加到预测列表中

plotn(plots, test_dataset, super_
res=super_res_koeff)
# 使用先前定义的 plotn 函数绘制原始测试数
据集中的图像，并应用超分辨率效果

plotn(plots, predictions)
# 使用 plotn 函数绘制模型的预测图像。这些
图像是通过超分辨率模型生成的，应该显示更
高的分辨率
```

程序输出如图 9-21 所示。

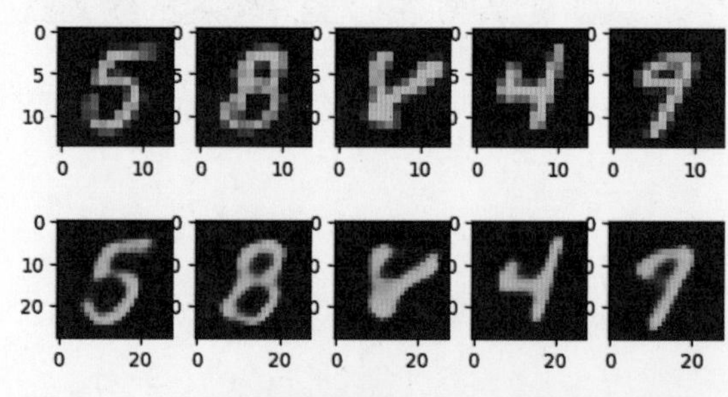

图 9-21　低分辨率测试集图像（上排）和通过自编码重构后的高分辨率预测图像（下排）

• 练习：尝试在 CIFAR-10（小图像分类数据集）🔗 [L9-8] 上训练 2x 和 4x 放大的超分辨率网络。使用噪声作为 4x 放大模型的输入并观察结果。

9.5.3　变分自编码器

关于变分自编码器的介绍请参看 9.2 节。

定义用于变分自动编码器（VAE）的编码器类的程序如下：

```
class VAEEncoder(nn.Module):
    # 定义名为 VAEEncoder 的类，表示一个
用于变分自动编码器的编码器
```

```
    def __init__(self, device):
        # 定义构造函数，传入设备参数
        super().__init__()
        self.intermediate_dim = 512
        self.latent_dim = 2
        self.linear = nn.Linear(784, 
self.intermediate_dim)
        # 定义一个全连接层，将 784 维的输
入转换为中间维度 512
        self.z_mean = nn.Linear(self.
intermediate_dim, self.latent_dim)
        # 定义一个全连接层，从中间层到潜
在空间的均值
        self.z_log = nn.Linear(self.
intermediate_dim, self.latent_dim)
        # 定义一个全连接层，从中间层到潜
在空间的对数方差
        self.relu = nn.ReLU()
        # 定义 ReLU 激活函数
        self.device = device
        # 将传入的设备存储为属性

    def forward(self, input):
        # 定义前向传播函数
        bs = input.shape[0]
        # 获取批量大小

        hidden = self.relu(self.
linear(input))
        # 通过全连接层和 ReLU 激活函数获
得中间表示
        z_mean = self.z_mean(hidden)
        # 计算潜在空间的均值
        z_log = self.z_log(hidden)
        # 计算潜在空间的对数方差

        eps = torch.FloatTensor(np.
random.normal(size=(bs, self.latent_
dim))).to(device)
        # 生成与潜在维度相同大小的正态随
机变量
        z_val = z_mean + torch.exp(z_
log) * eps
        # 计算潜在变量的样本值
        return z_mean, z_log, z_val
        # 返回均值、对数方差和潜在变量的
样本值
```

定义用于变分自动编码器的解码器类的程序如下：

```
class VAEDecoder(nn.Module): # 定义名
为 VAEDecoder 的类，表示一个用于变分自动
编码器的解码器
    def __init__(self):
        super().__init__()
        # 调用父类（nn.Module）的构造
函数

        self.intermediate_dim = 512
        # 定义解码器中间层的维度

        self.latent_dim = 2
        # 定义潜在空间的维度。潜在空间是
VAE（变分自编码器）的核心概念，用于捕获输
入数据的主要特征

        self.linear = nn.Linear(self.
latent_dim, self.intermediate_dim)
        # 定义一个线性层，该层将从潜在空
间的维度转换为中间层的维度

        self.output = nn.Linear(self.
intermediate_dim, 784)
        # 定义输出线性层，用于将中间层转
换为原始数据的维度。在本例中，假设输入图
像的大小为 28×28，因此输出大小为 784

        self.relu = nn.ReLU()
        # 定义 ReLU 激活函数

        self.sigmoid = nn.Sigmoid()
        # 定义 Sigmoid 激活函数，用于最后
一层，确保输出值在 0 ～ 1

    def forward(self, input):
        hidden = self.relu(self.
linear(input))
        # 将输入传递给线性层，然后应用
ReLU 激活函数

        decoded = self.sigmoid(self.
output(hidden))
        # 将 ReLU 的输出传递给输出线性层，
然后应用 Sigmoid 激活函数。这将生成解码的
输出，即重构的图像

        return decoded
        # 返回解码的输出
```

定义用于变分自动编码器的自动编码器类的程序如下：

```
class VAEAutoEncoder(nn.Module):
    def __init__(self, device):
        super().__init__()
        # 调用父类（nn.Module）的构造函数

        self.encoder = 
VAEEncoder(device)
        # 创建 VAE 的编码器实例，该编码器
负责将输入数据编码到潜在空间
        self.decoder = VAEDecoder()
        # 创建 VAE 的解码器实例，该解码器
负责从潜在空间重构输入数据

        self.z_vals = None
        # 初始化一个属性以保存潜在空间的
z 值。这些值可以用于进一步分析，如可视化潜
在空间

    def forward(self, input):
        bs, c, h, w = input.shape[0], 
input.shape[1], input.shape[2], input.
shape[3]
        # 获取输入批次的形状参数：批次大
小（bs）、通道数（c）、高度（h）和宽度（w）

        input = input.view(bs, -1)
        # 将输入重塑为二维张量，其中每一
行都代表一个样本
        encoded = self.encoder(input)
        # 将重塑后的输入传递给编码器，并
获取编码的输出。输出是一个包含 z 均值、z 对
数方差和 z 值的元组

        self.z_vals = encoded
        # 保存编码的 z 值供以后使用

        decoded = self.
decoder(encoded[2])
        # 将 z 值传递给解码器，并获取解码
的输出

        return decoded
        # 返回解码的输出，即重构的数据

    def get_zvals(self):
        return self.z_vals
        # 定义一个方法来获取潜在空间的 z 值
```

在“9.2 变分自编码器”的理论部分，介绍了变分自编码器的损失函数由重建损失和 KL 损失两部分构成。现在，让我们看看如何在程序中实现这个复杂的损失函数。

定义用于变分自动编码器的损失函数的程序如下：

```
def vae_loss(preds, targets, z_vals):
    # 定义 VAE 的损失函数，包括重构损失和
KL 散度损失

    mse = nn.MSELoss()
    # 创建均方误差损失（MSE）的实例

    reconstruction_loss = mse(preds, 
targets.view(targets.shape[0], -1)) * 
784.0
    # 计算重构损失。重构损失测量重构的输入
（preds）与实际目标（targets）之间的差异
    # 通过将目标重塑为与预测相同的形状，
然后应用 MSE，得到重构损失
    # 乘以 784（28×28）是为了缩放损失，使
其与 KL 散度损失在相同的数量级上
    temp = 1.0 + z_vals[1] - torch.
square(z_vals[0]) - torch.exp(z_
vals[1])
    # 计算 KL 散度损失的中间步骤。这一部分
涉及潜在变量 z 的均值和对数方差，对应于 z_
vals[0] 和 z_vals[1]

    kl_loss = -0.5 * torch.sum(temp, 
axis=-1)
    # 完成 KL 散度损失的计算。这一损失测量
了编码的潜在变量分布与先验分布（通常为标
准正态分布）之间的差异

    return torch.mean(reconstruction_
loss + kl_loss)
    # 返回总损失，即重构损失和 KL 散度损失
的和。通过对批次中的所有样本取均值，得到
一个标量损失值
```

创建用于变分自动编码器模型的实例，并配置优化器的程序如下：

```
model = VAEAutoEncoder(device).
to(device)
# 创建 VAE 自编码器模型的实例，并将其移动
到适当的计算设备（如 GPU）上

optimizer = optim.RMSprop(model.
parameters(), lr=lr, eps=eps)
# 创建 RMSprop 优化器的实例，用于在训练过
```

```
程中更新模型的权重
# 这里使用了 RMSprop 优化算法，也可以选择
其他优化算法
```

用于训练变分自编码器的程序如下：

```
def train_vae(dataloaders, model,
optimizer, epochs, device):
    # 定义一个用于训练变分自编码器(VAE)的
函数

    tqdm_iter = tqdm(range(epochs))
    # 使用 tqdm 库创建一个进度条，以可视
化训练过程

    train_dataloader, test_dataloader
= dataloaders[0], dataloaders[1]
    # 从输入的 dataloaders 元组中提取训练
和测试数据加载器

    for epoch in tqdm_iter:
        # 循环遍历每个训练周期

        model.train()
        # 将模型设置为训练模式

        train_loss = 0.0
        test_loss = 0.0
        # 初始化训练和测试损失

        for batch in train_dataloader:
            # 遍历训练数据加载器中的每个
批次

            imgs, labels = batch
            # 提取图像和标签

            imgs = imgs.to(device)
            labels = labels.to(device)
            # 将图像和标签移动到适当的计
算设备（如 GPU）

            preds = model(imgs)
            # 使用模型对图像进行前向传
播，获得预测

            z_vals = model.get_zvals()
            # 获取潜在变量的值

            loss = vae_loss(preds,
imgs, z_vals)
            # 计算损失，使用先前定义的
vae_loss 函数

            optimizer.zero_grad()
            # 清除之前的梯度

            loss.backward()
            # 计算损失关于模型参数的梯度

            optimizer.step()
            # 使用优化器更新模型参数

            train_loss += loss.item()
            # 累积训练损失

        model.eval()
        # 将模型设置为评估模式

        with torch.no_grad():
            # 禁用梯度计算，以加速推理过程

            for batch in test_
dataloader:
                # 遍历测试数据加载器中的
每个批次
                imgs, labels = batch
                # 提取图像和标签

                imgs = imgs.to(device)
                labels = labels.
to(device)
                # 将图像和标签移动到适当
的计算设备（如 GPU）

                preds = model(imgs)
                # 使用模型对图像进行前向
传播，获得预测

                z_vals = model.get_
zvals()
                # 获取潜在变量的值

                loss = vae_loss(preds,
imgs, z_vals)
                # 计算损失

                test_loss += loss.
item()
                # 累积测试损失

        train_loss /= len(train_
```

```
dataloader)
        test_loss /= len(test_
dataloader)
        # 计算训练和测试损失的平均值

        tqdm_dct = {'train loss:':
train_loss, 'test loss:': test_loss}
        tqdm_iter.set_postfix(tqdm_
dct, refresh=True)
        tqdm_iter.refresh()
        # 在 tqdm 进度条中更新训练和测试
损失
```

用于训练变分自编码器模型的程序如下：

```
train_vae(dataloaders, model,
optimizer, epochs, device)
# 使用先前定义的 train_vae 函数训练 VAE 模型
```

程序输出如下：

```
100%|█████| 30/30 [01:56<00:00,
3.87s/it, train loss:=35.1, test
loss:=35.5]
```

用于在评估模式下进行预测并绘制图像的程序如下：

```
model.eval()
# 将模型设置为评估模式，禁用训练模式中特
定的行为，如 Dropout

predictions = []
plots = 5
# 初始化一个空列表来保存预测，并设置要绘
制的图像数量

for i, data in enumerate(test_
dataset):
    # 遍历测试数据集

    if i == plots:
        break
    # 如果达到所需的绘图数量，则停止循环

    predictions.append(model(data[0].
to(device).unsqueeze(0)).view(1, 28,
28).detach().cpu())
    # 使用模型对当前图像进行预测，并将预
测添加到预测列表中。预测被重塑为 1×28×28
张量，并从 GPU 移动到 CPU

plotn(plots, test_dataset)
# 使用先前定义的 plotn 函数绘制测试数据集
中的图像

plotn(plots, predictions)
# 使用先前定义的 plotn 函数绘制预测图像
```

程序输出如图 9-22 所示。

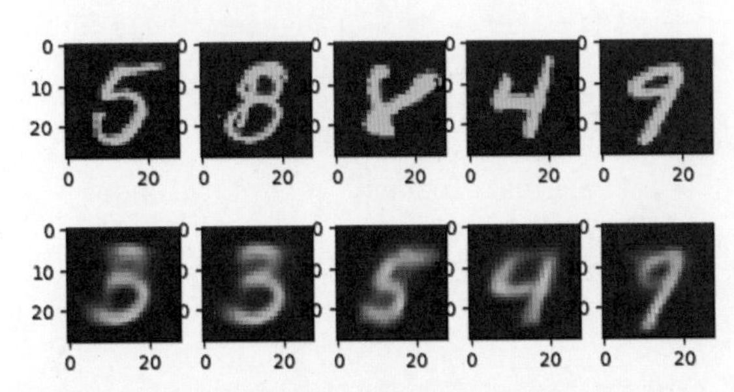

图 9-22　原始测试集图像（上排）和通过变分自编码重构后的图像（下排）

- 任务：在示例中，已经训练了一个基于全连接层的变分自编码器。现在从上述传统自编码器中获取卷积神经网络的部分，并创建一个基于卷积神经网络的变分自编码器。

9.5.4　对抗性自编码器

对抗性自编码器（Adversarial Auto-Encoders，AAE）是生成对抗网络（Generative Adversarial Networks，GAN）和变分自编码器（Variational Auto-Encoders，VAE）的结合，其结构如图 9-23 所示。

编码器将作为生成器，而鉴别器则学习区分编码器输出的真实图像与生成图像。编码器的输出是一个分布，解码器将尝试从这个分布中解码图像。

在这种方法中有 3 个损失函数：生成器的损失、生成对抗网络中鉴别器的损失，以及来自变分自编码器的重构损失。

用于定义对抗性自编码器的编码器的程序如下：

```
class AAEEncoder(nn.Module):
    # 定义一个名为 AAEEncoder 的神经网络
模块类，继承自 PyTorch 的 nn.Module 类，表
示用于对抗性自编码器（AAE）的编码器部分
```

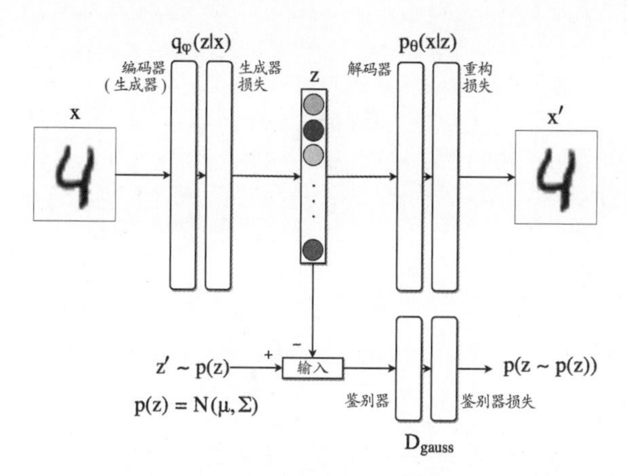

图 9-23　这是一个对抗性自编码器的示意图。它由编码器将输入手写数字图像“4”编码为潜在空间的点 Z，然后解码器将 Z 解码重建为图像“4”。同时，一个对抗网络试图使得潜在空间的分布接近一个标准高斯分布，以此来训练编码器生成符合该分布的潜在点。通过这种方式，对抗性自编码器能够生成新的，类似于训练数据的数据点。图片来自此博客文章 🔗 [L9-11]，作者 Felipe Ducau

```
    def __init__(self, input_dim,
inter_dim, latent_dim):
        # 构造函数定义了该模块的层

        super().__init__()
    # 调用父类构造函数进行初始化

        self.linear1 =
nn.Linear(input_dim, inter_dim) # 定义
第一层线性转换，输入维度为 input_dim，输
出维度为 inter_dim
        self.linear2 =
nn.Linear(inter_dim, inter_dim)
        self.linear3 =
nn.Linear(inter_dim, inter_dim)# 定义
第二和第三层线性转换，输入和输出维度都为
inter_dim
        self.linear4 =
nn.Linear(inter_dim, latent_dim)# 定义
第四层线性转换，输入维度为 inter_dim，输
出维度为 latent_dim，该层的输出是编码的隐
变量
        # 定义 4 个线性层，每个层都连接到
ReLU 激活函数

        self.relu = nn.ReLU()
        # 定义 ReLU 激活函数，将应用于前
3 个线性层的输出
```

```
    def forward(self, input):
        # 定义前向传播函数

        hidden1 = self.relu(self.
linear1(input))# 通过第一层线性转换和
ReLU 激活函数
        hidden2 = self.relu(self.
linear2(hidden1)) # 通过第二层线性转换
和 ReLU 激活函数
        hidden3 = self.relu(self.
linear3(hidden2))# 通过第三层线性转换和
ReLU 激活函数
        encoded = self.
linear4(hidden3)# 通过第四层线性转换，没
有激活函数，输出编码的隐变量
        # 通过 4 个线性层和 3 个 ReLU 激活
函数进行前向传播，得到编码表示

        return encoded
        # 返回编码表示
```

用于定义对抗性自编码器解码器的程序如下：

```
class AAEDecoder(nn.Module):
    def __init__(self, latent_dim,
inter_dim, output_dim):
        super().__init__()
        # 初始化解码器类，该类用于从隐变
量解码到原始数据

        # 定义第一层线性转换，输入为隐变
量的维度，输出为中间层的维度
        self.linear1 =
nn.Linear(latent_dim, inter_dim)

        # 定义第二层和第三层线性转换，输
入和输出都是中间层的维度
        self.linear2 =
nn.Linear(inter_dim, inter_dim)
        self.linear3 =
nn.Linear(inter_dim, inter_dim)

        # 定义第四层线性转换，输入为中间
层的维度，输出为原始数据的维度
        self.linear4 =
nn.Linear(inter_dim, output_dim)

        # 定义 ReLU 激活函数，将应用于中间
层
        self.relu = nn.ReLU()
```

```
        # 定义 Sigmoid 激活函数，将应用于输出层，确保输出在 0～1
        self.sigmoid = nn.Sigmoid()

    def forward(self, input):
        # 定义前向传播方法

        # 通过第一层线性转换和 ReLU 激活函数
        hidden1 = self.relu(self.linear1(input))

        # 通过第二层线性转换和 ReLU 激活函数
        hidden2 = self.relu(self.linear2(hidden1))

        # 通过第三层线性转换和 ReLU 激活函数
        hidden3 = self.relu(self.linear3(hidden2))

        # 通过第四层线性转换和 Sigmoid 激活函数
        decoded = self.sigmoid(self.linear4(hidden3))

        return decoded
        # 返回解码后的数据
```

用于定义对抗性自编码器的判别器的程序如下：

```
class AAEDiscriminator(nn.Module):
    def __init__(self, latent_dim, inter_dim):
        super().__init__()
        # 初始化判别器类，该类用于判断给定的隐变量是否来自真实数据

        # 设置隐变量的维度和中间层的维度
        self.latent_dim = latent_dim
        self.inter_dim = inter_dim

        # 定义第一层线性转换，输入为隐变量的维度，输出为中间层的维度
        self.linear1 = nn.Linear(latent_dim, inter_dim)
        # 定义第二、第三和第四层线性转换，输入和输出都是中间层的维度
        self.linear2 = nn.Linear(inter_dim, inter_dim)
        self.linear3 = nn.Linear(inter_dim, inter_dim)
        self.linear4 = nn.Linear(inter_dim, inter_dim)

        # 定义第五层线性转换，输入为中间层的维度，输出为 1（判别结果）
        self.linear5 = nn.Linear(inter_dim, 1)

        # 定义 ReLU 激活函数，将应用于中间层
        self.relu = nn.ReLU()

        # 定义 Sigmoid 激活函数，将应用于输出层，确保输出在 0～1
        self.sigmoid = nn.Sigmoid()

    def forward(self, input):
        # 定义前向传播方法

        # 通过第一层线性转换和 ReLU 激活函数
        hidden1 = self.relu(self.linear1(input))
        # 通过第二层线性转换和 ReLU 激活函数
        hidden2 = self.relu(self.linear2(hidden1))

        # 通过第三层线性转换和 ReLU 激活函数
        hidden3 = self.relu(self.linear3(hidden2))

        # 通过第四层线性转换和 ReLU 激活函数
        hidden4 = self.relu(self.linear4(hidden3))

        # 通过第五层线性转换和 Sigmoid 激活函数
        decoded = self.sigmoid(self.linear5(hidden4))

        return decoded
```

```
        # 返回判别结果，一个 0 ～ 1 的标量

    # 获取网络的维度信息
    def get_dims(self):
        # 返回隐变量的维度和内部层的维度
        return self.latent_dim, self.
inter_dim
```

定义对抗性自编码器的输入维度、中间层维度和隐变量维度的程序如下：

```
# 定义输入维度为 784，这对应于 28×28 像素的图像
input_dims = 784

# 定义中间层的维度为 1000，这些层用于编码和解码过程中的隐藏层
inter_dims = 1000

# 定义隐变量的维度为 150，这是编码器输出和解码器输入的维度
latent_dims = 150
```

定义并创建对抗性自编码器、解码器和判别器对象的程序如下：

```
# 创建 AAEEncoder 对象，将输入维度、中间层维度和隐变量维度作为参数，并将模型移动到设备上
aae_encoder = AAEEncoder(input_dims,
inter_dims, latent_dims).to(device)

# 创建 AAEDecoder 对象，将隐变量维度、中间层维度和输入维度作为参数，并将模型移动到设备上
aae_decoder = AAEDecoder(latent_dims,
inter_dims, input_dims).to(device)

# 创建 AAEDiscriminator 对象，将隐变量维度和中间层维度的一半作为参数，并将模型移动到设备上
aae_discriminator =
AAEDiscriminator(latent_dims,
int(inter_dims / 2)).to(device)
```

定义对抗性自编码器各模块的学习率的程序如下：

```
# 定义编码器和解码器的学习率为 1e-4。
lr = 1e-4

# 定义鉴别器的学习率为 5e-5，这用于正则化步骤
regularization_lr = 5e-5
```

定义对抗性自编码器各模块的优化器的程序如下：

```
# 为编码器定义优化器，使用 Adam 优化算法，学习率为 lr
# 这个优化器用于常规的编码器训练
optim_encoder = optim.Adam(aae_
encoder.parameters(), lr=lr)

# 为编码器定义优化器，使用 Adam 优化算法，学习率为 regularization_lr
# 这个优化器用于正则化编码器训练，它使用不同的学习率来训练鉴别器
optim_encoder_regularization = optim.
Adam(aae_encoder.parameters(),
lr=regularization_lr)

# 为解码器定义优化器，使用 Adam 优化算法，学习率为 lr
optim_decoder = optim.Adam(aae_
decoder.parameters(), lr=lr)

# 为鉴别器定义优化器，使用 Adam 优化算法，学习率为 regularization_lr
optim_discriminator = optim.
Adam(aae_discriminator.parameters(),
lr=regularization_lr)
```

定义对抗性自编码器的训练函数的程序如下：

```
def train_aae(dataloaders, models,
optimizers, epochs, device):
    tqdm_iter = tqdm(range(epochs))  #
创建一个进度条迭代器，用于追踪训练的进度
    train_dataloader, test_dataloader
= dataloaders[0], dataloaders[1]  # 将训练和测试数据加载器分开

    enc, dec, disc = models[0],
models[1], models[2]  # 分别获取编码器、解码器和鉴别器模型
    optim_enc, optim_enc_reg, optim_
dec, optim_disc = optimizers[0],
optimizers[1], optimizers[2],
optimizers[3]  # 分别获取对应的优化器
```

```
    eps = 1e-9  # 定义一个小常数，用于防止对数操作中的数值不稳定

    for epoch in tqdm_iter:  # 对每个训练周期进行迭代
        enc.train()  # 将编码器设置为训练模式
        dec.train()  # 将解码器设置为训练模式
        disc.train()  # 将鉴别器设置为训练模式

        train_reconst_loss = 0.0
        train_disc_loss = 0.0
        train_enc_loss = 0.0
        # 初始化训练损失

        test_reconst_loss = 0.0
        test_disc_loss = 0.0
        test_enc_loss = 0.0
        # 初始化测试损失

        for batch in train_dataloader:
# 对训练数据的每个批次进行迭代
            imgs, labels = batch  # 分离图像和标签
            imgs = imgs.view(imgs.shape[0], -1).to(device)  # 将图像展平并移动到设备上
            labels = labels.to(device)
# 将标签移动到设备上

            enc.zero_grad()
            dec.zero_grad()
            disc.zero_grad()
            # 清零所有模型的梯度

            encoded = enc(imgs)  # 通过编码器对图像进行编码
            decoded = dec(encoded)  # 通过解码器对编码进行解码

            reconstruction_loss = F.binary_cross_entropy(decoded, imgs)
# 计算重构损失
            reconstruction_loss.backward()  # 反向传播重构损失
            optim_enc.step()
            optim_dec.step()
            # 更新编码器和解码器的权重

            enc.eval()  # 将编码器设置为评估模式

            latent_dim, disc_inter_dim = disc.get_dims()  # 获取鉴别器的尺寸
            real = torch.randn(imgs.shape[0], latent_dim).to(device)  # 生成真实的隐变量

            disc_real = disc(real)  # 鉴别器对真实隐变量的评估
            disc_fake = disc(enc(imgs))
# 鉴别器对伪造隐变量的评估

            disc_loss = -torch.mean(torch.log(disc_real + eps) + torch.log(1.0 - disc_fake + eps))  # 计算鉴别器损失
            disc_loss.backward()  # 反向传播鉴别器损失

            optim_dec.step()  # 更新解码器的权重
            enc.train()  # 将编码器重新设置为训练模式
            disc_fake = disc(enc(imgs))
# 重新评估伪造的隐变量
            enc_loss = -torch.mean(torch.log(disc_fake + eps))  # 计算编码器损失
            enc_loss.backward()  # 反向传播编码器损失

            optim_enc_reg.step()  # 使用正则化优化器更新编码器的权重

            train_reconst_loss += reconstruction_loss.item()
            train_disc_loss += disc_loss.item()
            train_enc_loss += enc_loss.item()
            # 累加训练损失
        enc.eval()
        dec.eval()
        disc.eval()
        # 将编码器、解码器和鉴别器设置为评估模式
        with torch.no_grad():
        # 在评估模式下禁用梯度计算，以节省内存和计算资源

            for batch in test_dataloader:
            # 对测试数据的每个批次进行迭代

                imgs, labels = batch
                imgs = imgs.view(imgs.shape[0], -1).to(device)
```

```
                labels = labels.
to(device)
                # 分离图像和标签，将图像
展平并移动到设备上
                encoded = enc(imgs)
                decoded = dec(encoded)
                # 通过编码器对图像进行编
码，然后通过解码器进行解码
                reconstruction_loss =
F.binary_cross_entropy(decoded, imgs)
                # 计算重构损失

                latent_dim, disc_
inter_dim = disc.get_dims()
                real = torch.
randn(imgs.shape[0], latent_dim).
to(device)
                # 获取鉴别器的尺寸，并生
成真实的隐变量
                disc_real = disc(real)
                disc_fake =
disc(enc(imgs))
                disc_loss = -torch.
mean(torch.log(disc_real + eps) +
torch.log(1.0 - disc_fake + eps))
                # 计算鉴别器损失

                disc_fake =
disc(enc(imgs))
                enc_loss = -torch.
mean(torch.log(disc_fake + eps))
                # 计算编码器损失

                test_reconst_loss +=
reconstruction_loss.item()
                test_disc_loss +=
disc_loss.item()
                test_enc_loss += enc_
loss.item()
                # 累加测试损失

        train_reconst_loss /=
len(train_dataloader)
        train_disc_loss /= len(train_
dataloader)
        train_enc_loss /= len(train_
dataloader)
        # 计算平均训练损失
        test_reconst_loss /= len(test_
dataloader)
        test_disc_loss /= len(test_
dataloader)
        test_enc_loss /= len(test_
dataloader)
        # 计算平均测试损失
```

```
        tqdm_dct = {'train reconst
loss:': train_reconst_loss, 'train
disc loss:': train_disc_loss, 'train
enc loss': train_enc_loss, \
                        'test
reconst loss:': test_reconst_loss,
'test disc loss:': test_disc_loss,
'test enc loss': test_enc_loss}
        tqdm_iter.set_postfix(tqdm_
dct, refresh=True)
        tqdm_iter.refresh()
        # 更新进度条，显示训练和测试损失
```

将编码器、解码器、鉴别器和对应的优化器组合成元组的程序如下：

```
models = (aae_encoder, aae_decoder,
aae_discriminator)
optimizers = (optim_encoder, optim_
encoder_regularization, optim_decoder,
optim_discriminator)
# 将编码器、解码器、鉴别器和对应的优化器
组合成元组，以便将它们传递给训练函数
```

调用之前定义的 `train_aae` 函数，开始训练对抗性自编码器的程序如下：

```
train_aae(dataloaders, models,
optimizers, epochs, device)
```

程序输出如下：

```
100%|██████| 30/30 [01:56<00:00,
3.87s/it, train loss:=35.1, test
loss:=35.5]
```

将编码器和解码器设置为评估模式，并预测测试数据集中的图像，然后使用 `plotn` 函数绘制原始测试图像和预测图像的程序如下：

```
aae_encoder.eval()
aae_decoder.eval()
# 将编码器和解码器设置为评估模式
predictions = []
plots = 10
# 初始化预测列表和要绘制的图像数量
for i, data in enumerate(test_
dataset):
    if i == plots:
        break
```

```
    # 遍历测试数据集，直到达到要绘制的图像数量
    pred = aae_decoder(aae_encoder(data[0].to(device).unsqueeze(0).view(1, 784)))
    # 将图像通过编码器编码，然后通过解码器解码，得到预测
    predictions.append(pred.view(1, 28, 28).detach().cpu())
    # 将预测添加到预测列表中，并将其重新整形为图像尺寸

plotn(plots, test_dataset)
plotn(plots, predictions)
# 使用先前定义的 plotn 函数绘制原始测试图像和预测图像
```

程序输出如图 9-24 所示。

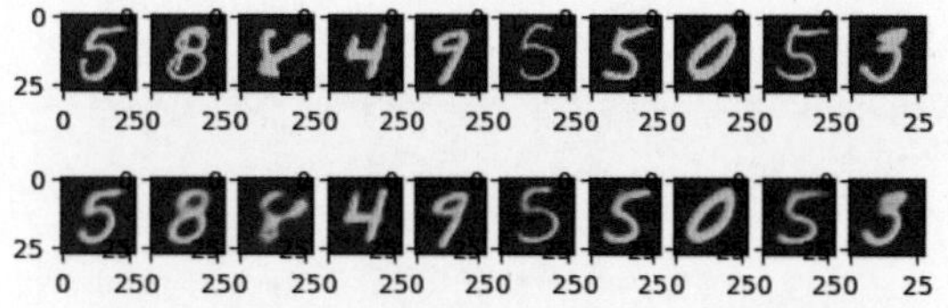

图 9-24　原始测试集图像（上排）和对抗性变分自编码重构后的图像（下排）

9.6　自编码器的特性

- **数据特定性**：自编码器只对其训练过的图像类型表现良好。例如，如果在花朵上训练一个超分辨率网络，将其应用于人像可能不会有好的效果。这是因为网络能够通过学习训练数据集中的细节特征来生成更高分辨率的图像。
- **有损性**：重构的图像与原始图像是不同的。这种损失的性质由训练期间使用的损失函数决定。
- **可以处理未标注数据**：自编码器能够利用未标注的数据进行学习。

9.7　总结

本课中介绍了各种类型的自编码器，并学习了如何构建和使用它们来重建图像，同时学习了有关变分自编码器的知识，以及如何使用它们生成新图像。

9.8　挑战

本课中学习了如何使用自编码器处理图像，这也可以用于音乐领域。可以探索 Magenta 的 MusicVAE 项目 [L9-12]，这个项目使用自编码器来学习重构音乐。尝试使用这个库进行一些实验 [L9-13]，看看能创造出什么。

9.9　复习与自学

参考以下资源进一步阅读有关自编码器的信息：

- 在 Keras 中构建自编码器 [L9-1]。
- NeuroHive 上的博文 [L9-9]。
- 详解变分自编码器 [L9-10]。
- 条件变分自动编码器 [L9-2]。

9.10　作业

在使用 TensorFlow 的 Notebook [L9-5] 的末尾处，会找到一个“任务”，可将其作为你的作业。

课后测验

（1）自编码器的特性包括（ ）。

a. 它是数据特定的

b. 可以处理未标记的数据

c. 上述所有选项

（2）自编码器可以有效地从图像中去除噪声，这一说法（ ）。

a. 正确

b. 错误

（3）变分自编码器（VAE）的损失函数不包括（ ）这一项。

a. 重建损失（reconstruction loss）

b. KL 损失（KL loss）

c. TF 损失（TF loss）

第 10 课
生成对抗网络

上一课学习了生成模型，这类模型能够生成与训练数据集中的图像类似的新图像。变分自编码器（VAE）就是生成模型的一个典型例子。

然而，如果尝试生成一些更有意义的内容，如分辨率合理的绘画，使用 VAE 时会发现训练难以很好地收敛。针对这种情况，需要学习另一种专门用于生成模型的架构——生成对抗网络（Generative Adversarial Network，GAN）。如图 10-1 所示，生成对抗网络的核心思想是让两个神经网络相互对抗训练。

专业术语：

- 生成器（Generator）：这是一个接收某个随机向量并生成图像的网络。
- 鉴别器（Discriminator）：这是一个接收图像并判断其是否为训练集中的真实图像，或者由生成器生成的图像的网络。它本质上是一个图像分类器。

生成器和鉴别器的内部结构如图 10-2 所示。

1. 鉴别器

鉴别器的架构与普通图像分类网络相似。最简单的情况下，它可能是一个全连接分类器，但更常见的是一个卷积网络。

基于卷积网络的生成对抗网络被称为深度卷积生成对抗网络（Deep Convolutional Generative Adversarial Network，DCGAN）🔗 [L10-1]。

一个卷积神经网络鉴别器通常由以下几层组成：几个卷积层和池化层（空间尺寸逐渐减小），一个或多个全连接层形成“特征向量”，最后是一个二元分类器。

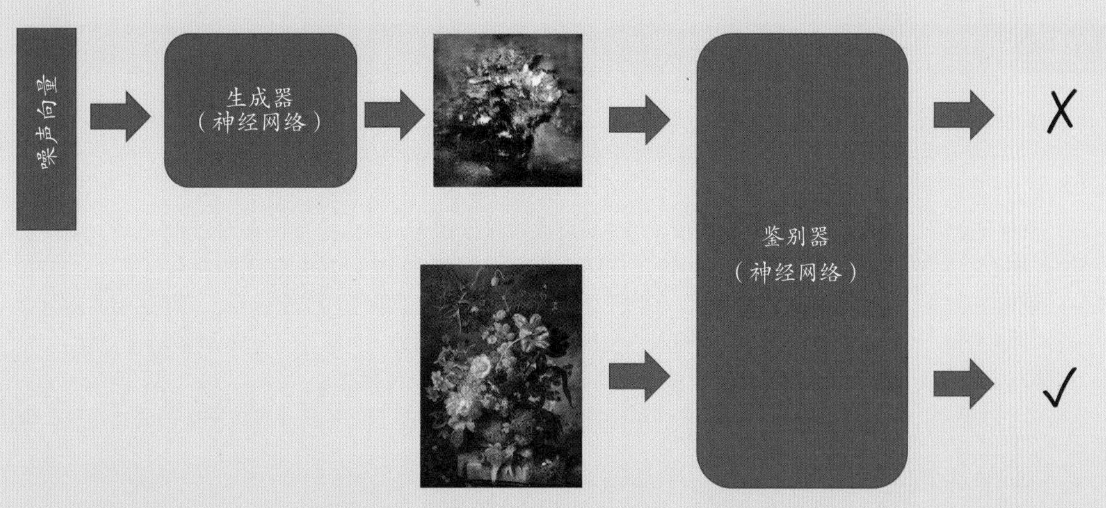

图 10-1　这张插图展示了生成对抗网络的工作原理。首先，一个随机噪声向量被送入生成器，生成器是一个神经网络，它尝试创建数据（如图中的画作），看起来像是来自真实数据集。然后，这些生成的数据和真实数据集一起被送入另一个神经网络，即鉴别器。鉴别器的任务是判断输入的数据是真实的还是生成器生成的。如果鉴别器判断是生成图片，生成器就在这个过程中学习并改进，以生成更逼真的数据。通过不断的对抗和学习，生成器最终能够生成高质量、难以区分的假数据。

图片来源：德米特里 - 索什尼科夫的个人主页 🔗 [L0-32]

> 在这里，“池化”是一种降维技术，池化层通过将一层中的神经元集群的输出合并到下一层的单个神经元中来减少数据的维度。[L10-2]

2. 生成器

生成器的设计稍微复杂一些。可以将其看作鉴别器的反向版。从一个潜在向量开始（相当于特征向量），首先通过一个全连接层将其转换为所需的大小 / 形状，然后通过反卷积和上采样操作。这与自编码器中的解码器部分类似。

> 卷积层是通过线性卷积核遍历图像来实现的，反卷积本质上与卷积类似，可以使用相同的层逻辑来实现。

简介

本课将介绍如下内容：

10.1 训练生成对抗网络

10.2 练习——生成对抗网络

10.3 生成对抗网络——TensorFlow/Keras：GANTF.zh.ipynb

10.4 生成对抗网络——PyTorch：GANPyTorch.zh.ipynb

10.5 生成对抗网络训练的问题

10.6 风格迁移

10.7 风格迁移示例：StyleTransfer.zh.ipynb

10.8 总结

10.9 挑战

10.10 复习与自学

10.11 作业

课前小测验

（1）生成器接受向量并生成（ ）。

a. 视频

b. 图像

c. GIF

（2）GAN 是以下（ ）的缩写。

a. General Adversarial Network（一般对抗网络）

b. Generative Advisor Network（生成式顾问网络）

c. Generative Adversarial Network（生成式对抗网络）

（3）生成对抗网络使用（ ）个神经网络。

a. 1

b. 2

c. 3

10.1 训练生成对抗网络

生成对抗网络之所以被称为“对抗”，是因为生成器和鉴别器之间存在持续的竞争关系。在这场竞争中，生成器和鉴别器都在不断提升，因此，网络逐渐学会生成越来越逼真的图片，其过程如图 10-2 所示。

训练分如下两个阶段进行。

- **训练鉴别器**：这个步骤相对简单直接。用生成器生成一批图像，并标记为 0（代表假图像），同时从输入数据集中取一批真实图像（标记为 1）。接着计算出鉴别器的损失，并进行反向传播。
- **训练生成器**：这一步稍微复杂一些，因为无法直接知道生成器的期望输出是什么。使用由生成器后接鉴别器组成的整个 GAN 网络，向其中输入一些随机向量，并期望输出为 1（代表真实图像）。然后，冻结鉴别器的参数（我们不希望在这一步骤中训练它），并执行反向传播。

在这个过程中，生成器和鉴别器的损失通常不会明显下降。理想情况下，它们应该呈振荡变化，这表示两个网络都在提高自己的性能。

10.2 练习——生成对抗网络

- 生成对抗网络——TensorFlow/Keras 的 Notebook [L10-3]。
- 生成对抗网络——PyTorch 的 Notebook [L10-4]。

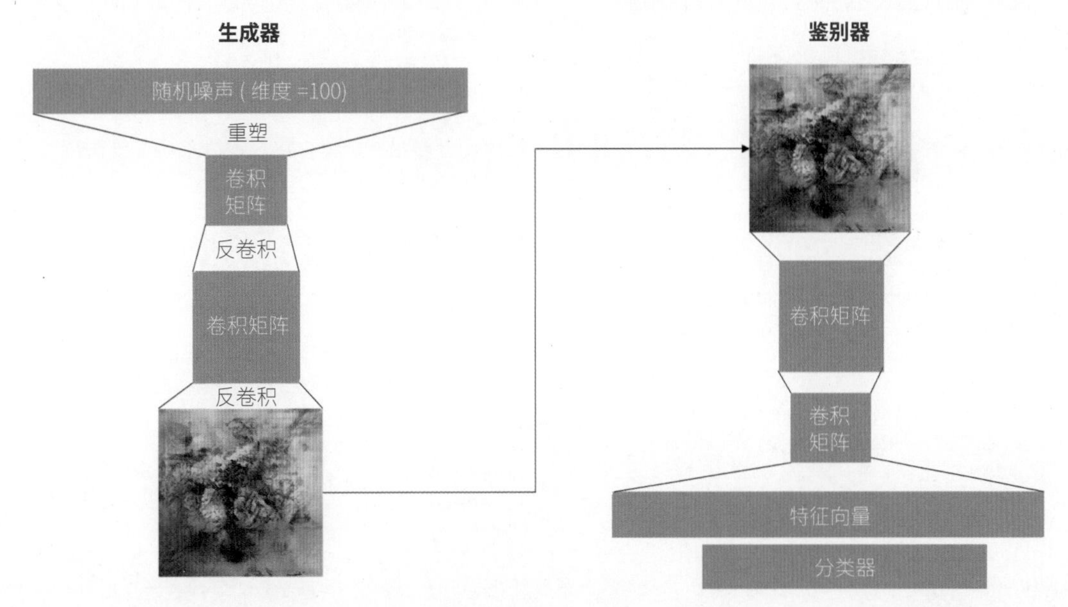

图 10-2　这张图展示了生成对抗网络中生成器和鉴别器的内部结构。生成器从一个 100 维的随机噪声向量开始，通过多层卷积和转置卷积操作生成图像。鉴别器接收这些图像，并通过卷积层提取特征，最后用一个分类器来判断图像是真实的还是由生成器制造的。通过这种对抗性的训练，生成器学会制造越来越逼真的图像，而鉴别器则学会更准确地识别图像。图片来源：德米特里 - 索什尼科夫的个人主页 🔗 [L0-32]

10.3　生成对抗网络——TensorFlow/Keras：GANTF.zh.ipynb

生成对抗网络（GAN）的主要目标是生成与训练数据集相似（但不完全相同）的图像。导入所需的库和模块的程序如下：

```
import tensorflow as tf
import tensorflow.keras as keras
from tensorflow.keras.models import
Sequential
from tensorflow.keras.layers import *
import matplotlib.pyplot as plt
import numpy as np
# 导入所需的库和模块
```

10.3.1　生成器

生成器的作用是接收一个随机向量（类似于自编码器中的潜在向量）并生成目标图像。它与自编码器的生成部分非常相似。

在示例中，将使用密集神经网络和 MNIST 手写数字数据集。

创建并编译生成器模型的程序如下：

```
generator = Sequential()
# 创建一个 Sequential 模型，这是一个线性堆叠模型，可以用来轻松构建深度学习模型

generator.add(Dense(256, input_
shape=(100,)))
# 添加全连接层（Dense），有 256 个神经元，输入维度为 100。这是生成器的第一层

generator.add(LeakyReLU(alpha=0.2))
# 添加 LeakyReLU 激活函数，alpha 参数控制负值区域的斜率

generator.add(BatchNormalization(momen
tum=0.8))
# 添加批量归一化层，以减轻内部协变量移位问题。momentum 参数用于移动平均

generator.add(Dense(512))
generator.add(LeakyReLU(alpha=0.2))
generator.add(BatchNormalization(momen
tum=0.8))
# 添加另一组全连接层、LeakyReLU 激活函数和批量归一化层，具有 512 个神经元

generator.add(Dense(1024))
generator.add(LeakyReLU(alpha=0.2))
```

```
generator.add(BatchNormalization(momen
tum=0.8))
# 添加另一组全连接层、LeakyReLU 激活函数
和批量归一化层，具有 1024 个神经元

generator.add(Dense(784,
activation='tanh'))
# 添加全连接层，有 784 个神经元，激活函数
为双曲正切函数（tanh）

generator.add(Reshape((28,28)))
# 添加 Reshape 层，将 784 个元素的向量重新
整形为 28×28 的图像

optimizer = keras.optimizers.
Adam(lr=0.0002, decay=8e-9)
# 创建 Adam 优化器，学习率为 0.0002，衰减
率为 8e-9

generator.compile(loss='binary_cr
ossentropy',optimizer=optimizer,
metrics=['accuracy'])
# 编译生成器模型，使用二元交叉熵损失函数
和之前创建的优化器，并监测准确率
```

> 注意：
>
> - 在 M1/M2 Mac 计算机上运行上面的程序会报错，原因如下：
> - 使用 `tf.keras.optimizers.Adam` 版本 2.11+ 的优化器会运行得很慢。建议使用遗留的 Keras 优化器，即 `tf.keras.optimizers.legacy.Adam`。
> - 在 Keras 的优化器中，`lr` 已被弃用。应该使用 `learning_rate` 代替。
> - `decay` 已在新的 Keras 优化器中被弃用。如果要使用 `decay` 参数，应该使用遗留的优化器，如 `tf.keras.optimizers.legacy.Adam`。

在 M1/M2 Mac 计算机上如果要正常运行上面的程序，需要修改最后两行，修改后的程序如下所示。

创建并编译生成器模型的程序如下：

```
generator = Sequential()
# 创建一个 Sequential 模型，这是一个线性
堆叠模型，可以用来轻松构建深度学习模型

generator.add(Dense(256, input_
shape=(100,)))
# 添加全连接层（Dense），有 256 个神经元，
输入维度为 100。这是生成器的第一层

generator.add(LeakyReLU(alpha=0.2))
# 添加 LeakyReLU 激活函数，alpha 参数控制
负值区域的斜率

generator.add(BatchNormalization(momen
tum=0.8))
# 添加批量归一化层，以减轻内部协变量移位
问题。momentum 参数用于移动平均

generator.add(Dense(512))
generator.add(LeakyReLU(alpha=0.2))
generator.add(BatchNormalization(momen
tum=0.8))
# 添加另一组全连接层、LeakyReLU 激活函数
和批量归一化层，具有 512 个神经元

generator.add(Dense(1024))
generator.add(LeakyReLU(alpha=0.2))
generator.add(BatchNormalization(momen
tum=0.8))
# 添加另一组全连接层、LeakyReLU 激活函数
和批量归一化层，具有 1024 个神经元

generator.add(Dense(784,
activation='tanh'))
# 添加全连接层，有 784 个神经元，激活函数
为双曲正切函数（tanh）

generator.add(Reshape((28,28)))
# 添加 Reshape 层，将 784 个元素的向量重新
整形为 28×28 的图像

# 使用遗留的 Adam 优化器，创建 Adam 优化器，
学习率为 0.0002，衰减率为 8e-9
optimizer = keras.optimizers.legacy.
Adam(learning_rate=0.0002, decay=8e-9)

# 编译生成器模型，使用二元交叉熵损失函数
和之前创建的优化器，并监测准确率
generator.compile(loss='binary_
crossentropy', optimizer=optimizer,
metrics=['accuracy'])
```

生成器中的一些使用技巧如下：

- 使用带泄露线性整流函数（Leaky ReLU）而非标准线性整流函数（ReLU），即在 (x) 为负时，ReLU 的值不是完全为 0，而是一个斜率非常小的线性函数。这很重要，因为它有助于在 ReLU 的负值区域（通常值为 0）中进行梯度下降的传播。
- 使用批量归一化（Batch Normalization）来稳定训练。
- 最后一层使用 tanh 激活函数，因此输出范围为 [-1, 1]。

10.3.2 鉴别器

鉴别器是一个传统的图像分类网络。在第一个示例中，也将使用密集分类器。

创建并编译鉴别器模型的程序如下：

```
discriminator = Sequential()
# 创建一个 Sequential 模型用于鉴别器

discriminator.add(Flatten(input_
shape=(28,28)))
# 添加 Flatten 层，将 28×28 的输入图像展平
为 784 个元素的向量

discriminator.add(Dense(784))
# 添加全连接层（Dense），有 784 个神经元

discriminator.
add(LeakyReLU(alpha=0.2))
# 添加 LeakyReLU 激活函数，alpha 参数控制
负值区域的斜率

discriminator.add(Dense(784//2))
# 添加全连接层，有 784/2 个神经元

discriminator.
add(LeakyReLU(alpha=0.2))
# 再次添加 LeakyReLU 激活函数

discriminator.add(Dense(1,
activation='sigmoid'))
# 添加全连接层，有 1 个神经元，激活函数为
Sigmoid。这个层的目的是产生一个介于 0 和 1
的输出，表示输入图像是真实的概率

discriminator.compile(loss='binary_
crossentropy',optimizer=optimizer,
metrics=['accuracy'])
# 编译鉴别器模型，使用二元交叉熵损失函数
和之前创建的优化器，并监测准确率
```

定义一个对抗网络，这是一个生成器后跟鉴别器的结构。这个网络从一个噪声向量开始，并返回一个二元结果。创建并编译对抗性网络模型的程序如下：

```
discriminator.trainable = False
# 将鉴别器设置为不可训练。这样在训练整个
GAN 时，鉴别器的权重不会更新

adversarial = Sequential()
# 创建一个 Sequential 模型用于整个 GAN
```

```
adversarial.add(generator)
# 将生成器添加到 GAN 模型中

adversarial.add(discriminator)
# 将鉴别器添加到 GAN 模型中

adversarial.compile(loss='binary_
crossentropy', optimizer=optimizer)
# 编译整个 GAN 模型，使用二元交叉熵损失函
数和之前创建的优化器
```

10.3.3 加载数据集

使用 Keras 内置的 MNIST 手写数字数据集。加载并预处理 MNIST 数据集的程序如下：

```
(X_train, _), (_, _) = keras.datasets.
mnist.load_data()
# 从 MNIST 数据集中加载训练数据

X_train = (X_train.astype(np.float32)
- 127.5) / 127.5
# 将图像数据归一化到 [-1, 1]
```

10.3.4 网络训练

在每个训练步骤中包括如下两个阶段：

（1）**训练鉴别器**。

① 生成一些随机向量 `noise`。训练以小批量进行，因此使用 `batch//2` 个向量产生 `batch//2` 个生成的图像。

② 从数据集中随机抽取 `batch//2` 个图像。

③ 在 50% 真实和 50% 生成的图像上训练鉴别器，提供相应的标签（0 或 1）。

（2）**训练生成器**：通过使用组合的对抗模型来训练生成器，将随机向量作为输入，并期望输出为 1（代表真实图像）。

定义一个函数来生成并绘制随机噪声生成的图像的程序如下：

```
def plotn(n):
  noise = np.random.normal(0, 1,
(n,100))
  # 生成 n 个 100 维的随机噪声向量

  imgs = generator.predict(noise)
  # 使用生成器从噪声中生成 n 个图像
```

```
  fig, ax = plt.subplots(1, n)
  for i, im in enumerate(imgs):
    ax[i].imshow(im.reshape(28, 28))
  # 将生成的图像绘制成一行

  plt.show()
  # 显示图像
```

使用循环进行批次训练生成对抗网络的程序如下：

```
batch=32
# 定义批次大小为 32

for cnt in range(3000):
  # 进行 3000 个训练迭代

  # 训练鉴别器
  random_index = np.random.randint(0,
len(X_train) - batch//2)
  # 随机选择一些真实图像的索引

  legit_images = X_train[random_
index : random_index + batch//2].
reshape(batch//2, 28, 28)
  # 从训练集中获取真实图像

  gen_noise = np.random.normal(0, 1,
(batch//2,100))
  # 生成随机噪声作为生成器的输入

  syntetic_images = generator.
predict(gen_noise)
  # 使用生成器生成假图像

  x_combined_batch =
np.concatenate((legit_images,
syntetic_images))
  # 将真实图像和假图像组合成一个批次

  y_combined_batch =
np.concatenate((np.ones((batch//2,
1)), np.zeros((batch//2, 1))))
  # 为真实图像和假图像创建标签，真实图像
为 1，假图像为 0

  d_loss = discriminator.train_on_
batch(x_combined_batch, y_combined_
batch)
  # 在组合批次上训练鉴别器，并获取损失

  # 训练生成器
  noise = np.random.normal(0, 1,
(batch,100))
  # 生成随机噪声

  y_mislabled = np.ones((batch, 1))
  # 为噪声生成标签 1（目标是欺骗鉴别器）
  g_loss = adversarial.train_on_
batch(noise, y_mislabled)
  # 在噪声上训练整个 GAN，并获取生成器的
损失

  if cnt%500==0:
    print('epoch: %d, [Discriminator ::
d_loss: %f], [ Generator :: loss: %f]'
% (cnt, d_loss[0], g_loss))
    plotn(5)
  # 每 500 个迭代打印损失并显示一些生成的
图像
```

程序输出如下：

```
1/1 [=====] - 0s 129ms/step
epoch: 0, [Discriminator :: d_loss:
0.753066], [ Generator :: loss:
0.720208]
1/1 [=====] - 0s 10ms/step
输出图像如图 10-3 所示。
```

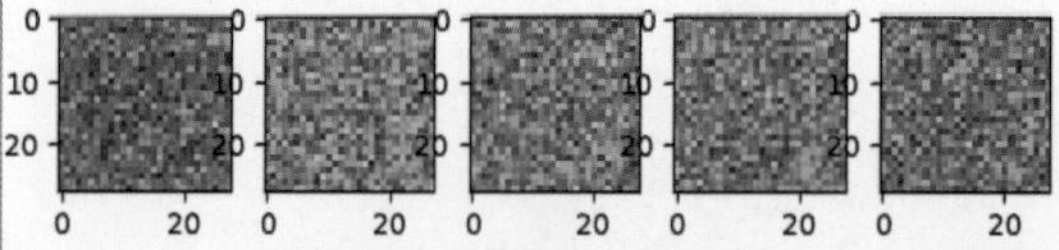

图 10-3　首轮训练，生成的图像基本就是随机噪声

```
1/1 [=====] - 0s 13ms/step
1/1 [=====] - 0s 14ms/step
...
1/1 [=====] - 0s 11ms/step
1/1 [=====] - 0s 11ms/step
epoch: 500, [Discriminator :: d_
loss: 0.213313], [ Generator :: loss:
6.560426]
1/1 [=====] - 0s 10ms/step
输出图像如图 10-4 所示。
```

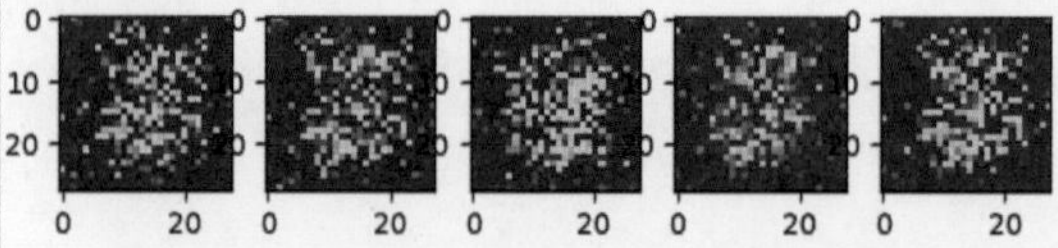

图 10-4　经过 500 轮训练，生成的图像

```
...
1/1 [=====] - 0s 10ms/step
```

```
1/1 [=====] - 0s 10ms/step
epoch: 1000, [Discriminator :: d_
loss: 0.347536], [ Generator :: loss:
2.958013]
1/1 [=====] - 0s 10ms/step
```
输出图像如图 10-5 所示。

图 10-5　经过 1000 轮训练，生成的图像

此处省略部分输出内容

```
...
1/1 [=====] - 0s 11ms/step
1/1 [=====] - 0s 11ms/step
epoch: 2500, [Discriminator :: d_
loss: 0.415726], [ Generator :: loss:
2.094699]
1/1 [=====] - 0s 11ms/step
```
输出图像如图 10-6 所示。

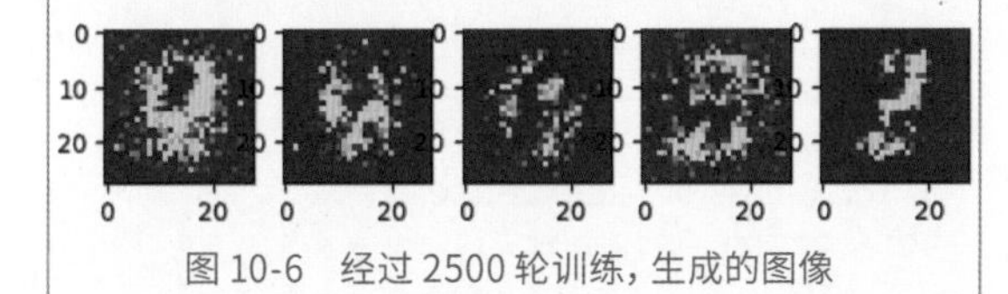

图 10-6　经过 2500 轮训练，生成的图像

- 任务：可以在整个 MNIST 数据集上训练这个 GAN，看看它能达到的效果。

10.3.5　DCGAN（深度卷积生成对抗网络）

在之前的示例中，生成器和鉴别器都使用了密集网络。但当处理图像时，卷积神经网络能提供更好的性能。深度卷积生成对抗网络（DCGAN）与上述架构相似，但它为生成器和鉴别器使用了卷积层。

难点在于为生成器构建架构，因为它需要执行与传统卷积神经网络相反的任务——从特征向量生成图像。从某种意义上说，这类似于自编码器的解码部分。这就是在生成器中使用 `Conv2DTranspose` 层的原因。从 MNIST 数据集中加载并归一化图像数据的程序如下：

```
(X_train, _), (_, _) = keras.datasets.
mnist.load_data()
# 从 MNIST 数据集中加载训练数据
X_train = (X_train.astype(np.
float32)-127.5) / 127.5
# 将图像数据归一化到 [-1, 1]

print(X_train.min(),X_train.max())
# 打印归一化后的最小和最大值
```

程序输出如下：

```
-1.0 1.0
```

创建新的生成器模型并添加其层的程序如下：

```
generator = Sequential()
# 创建 Sequential 模型用于新的生成器

# 以下几行添加了生成器的层
generator.add(Dense(128 * 7 * 7,
activation="relu", input_dim=100))
generator.add(Reshape((7, 7, 128)))
generator.add(UpSampling2D())
generator.add(Conv2DTranspose(128,
kernel_size=3, padding="same"))
generator.add(BatchNormalization(momen
tum=0.8))
generator.add(Activation("relu"))
generator.add(UpSampling2D())
generator.add(Conv2DTranspose(64,
kernel_size=3, padding="same"))
generator.add(BatchNormalization(momen
tum=0.8))
generator.add(Activation("relu"))
generator.add(Conv2DTranspose(1,
kernel_size=3, padding="same"))
generator.add(Activation("tanh"))

optimizer = keras.optimizers.
Adam(0.0001)
# 创建 Adam 优化器

generator.compile(loss='binary_crossen
tropy',optimizer=optimizer,metrics=['a
ccuracy'])
# 编译生成器
generator.summary()
# 打印生成器的摘要
```

程序输出如下：

```
Model: "sequential_3"
_________________________________________________________________
 Layer (type)                     Output Shape              Param #
=================================================================
 dense_7 (Dense)                  (None, 6272)              633472
 reshape_1 (Reshape)              (None, 7, 7, 128)         0
 up_sampling2d (UpSampling2D)     (None, 14, 14, 128)       0
 conv2d_transpose (Conv2DTranspose) (None, 14, 14, 128)     147584
 batch_normalization_3 (Bat chNorm (None, 14, 14, 128)      512
 alization)
 activation (Activation)          (None, 14, 14, 128)       0
 up_sampling2d_1 (UpSampling2D)   (None, 28, 28, 128)       0
 conv2d_transpose_1 (Conv2DTranspo (None, 28, 28, 64)       73792
 se)
...
Total params: 856193 (3.27 MB)
Trainable params: 855809 (3.26 MB)
Non-trainable params: 384 (1.50 KB)
_________________________________________________________________
```

创建新的鉴别器模型并添加其层的程序如下：

```
discriminator = Sequential()
# 创建 Sequential 模型作为新的鉴别器

# 以下几行添加了鉴别器的层
discriminator.add(Conv2D(32,
kernel_size=3, strides=2, input_
shape=(28,28,1), padding="same"))
discriminator.
add(LeakyReLU(alpha=0.2))
discriminator.add(Dropout(0.25))
discriminator.add(Conv2D(64, kernel_
size=3, strides=2, padding="same"))
discriminator.add(ZeroPadding2D(paddi
ng=((0,1),(0,1))))
discriminator.add(BatchNormalization(m
omentum=0.8))
discriminator.
add(LeakyReLU(alpha=0.2))
discriminator.add(Dropout(0.25))
discriminator.add(Conv2D(128, kernel_
size=3, strides=2, padding="same"))
discriminator.add(BatchNormalization(m
omentum=0.8))
discriminator.
add(LeakyReLU(alpha=0.2))
discriminator.add(Dropout(0.25))
discriminator.add(Conv2D(256, kernel_
size=3, strides=1, padding="same"))
discriminator.add(BatchNormalization(m
omentum=0.8))
discriminator.
add(LeakyReLU(alpha=0.2))
discriminator.add(Dropout(0.25))
discriminator.add(Flatten())
discriminator.add(Dense(1,
activation='sigmoid'))
# 此模型包括卷积层、零填充层、批量归一化层、
LeakReLU 激活函数和 Dropout 层、展平层和
全连接层

discriminator.compile(loss='binary_cro
ssentropy',optimizer=optimizer)
# 使用二元交叉熵损失和先前定义的优化器编
译鉴别器模型
```

将鉴别器设置为不可训练并构建完整 GAN 模型的程序如下：

```
discriminator.trainable = False
# 将鉴别器设置为不可训练，以便在训练生成
器时不更新鉴别器的权重

adversarial = Sequential()
adversarial.add(generator)
adversarial.add(discriminator)
# 创建一个顺序模型，将生成器和鉴别器连接
在一起，形成完整的 GAN
adversarial.compile(loss='binary_
crossentropy', optimizer=optimizer)
# 编译整个 GAN 模型
```

训练鉴别器和生成器并输出生成图像的程序如下:

```
batch=32
# 定义批次大小

y_labeled = np.ones((batch, 1))
y_mislabeled = np.zeros((batch, 1))
# 定义标签，其中真实图像标记为 1，生成图像
标记为 0

for cnt in range(1000):
  # 进行 1000 个训练迭代

  # 训练鉴别器
  random_index = np.random.randint(0,
len(X_train) - batch)
  legit_images = X_train[random_index
: random_index + batch].reshape(batch,
28, 28, 1)
  gen_noise = np.random.normal(0, 1,
(batch,100))
  syntetic_images = generator.
predict(gen_noise)
  d_loss_1 = discriminator.train_on_
batch(legit_images, y_labeled)
  d_loss_2 = discriminator.train_on_
batch(syntetic_images, y_mislabeled)
  d_loss = 0.5*np.add(d_loss_1,d_
loss_2)
  # 在真实和生成图像上训练鉴别器，并计算
平均损失

  # 训练生成器
  g_loss = adversarial.train_on_
batch(gen_noise, y_labeled)
  # 在噪声上训练整个 GAN，目标是欺骗鉴别器

  if cnt%100==0:
    print('epoch: %d, [Discriminator ::
d_loss: %f], [ Generator :: loss: %f]'
% (cnt, d_loss, g_loss))
    plotn(5)
  # 每 100 个迭代打印损失并显示一些生成的
图像
```

程序输出如下:

```
1/1 [=====] - 0s 75ms/step
epoch: 0, [Discriminator :: d_loss:
0.985708], [ Generator :: loss:
0.694932]
1/1 [=====] - 0s 64ms/step
输出图像如图 10-7 所示。
```

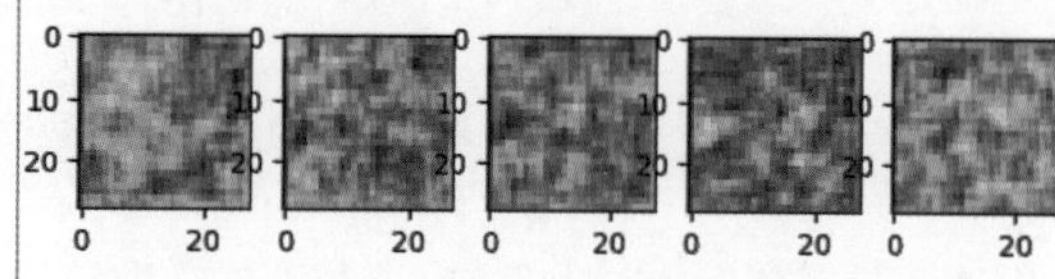

图 10-7　首轮训练，生成的图像基本就是随机噪声

```
...
1/1 [=====] - 0s 26ms/step
1/1 [=====] - 0s 26ms/step
epoch: 100, [Discriminator :: d_
loss: 0.803685], [ Generator :: loss:
1.112315]
1/1 [=====] - 0s 15ms/step
输出图像如图 10-8 所示。
```

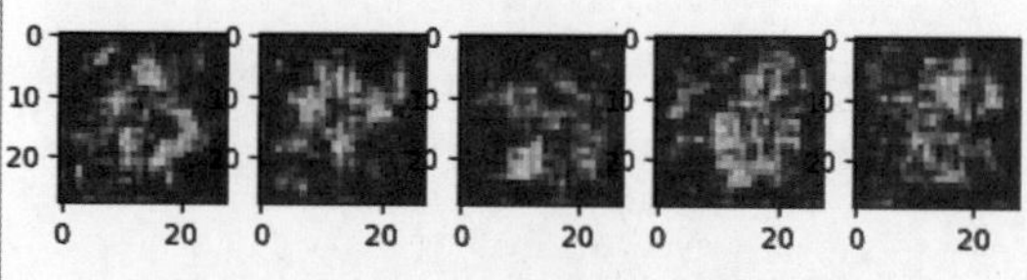

图 10-8　经过 100 轮训练，生成的图像

```
...
1/1 [=====] - 0s 29ms/step
1/1 [=====] - 0s 27ms/step
epoch: 200, [Discriminator :: d_
loss: 0.591479], [ Generator :: loss:
1.329493]
1/1 [=====] - 0s 16ms/step
输出图像如图 10-9 所示。
```

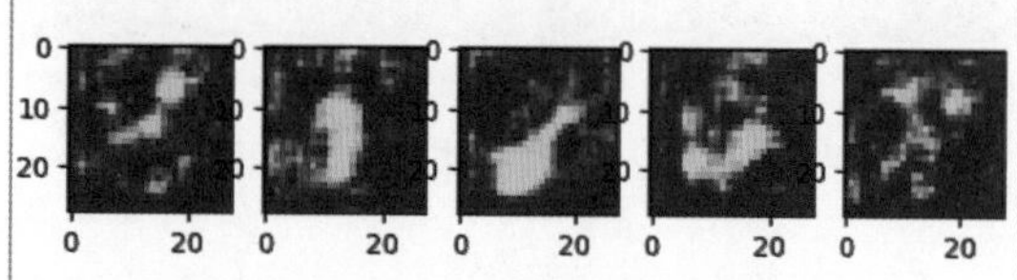

图 10-9　经过 200 轮训练，生成的图像

```
此处省略部分输出内容
...
1/1 [=====] - 0s 27ms/step
1/1 [=====] - 0s 27ms/step
epoch: 900, [Discriminator :: d_
loss: 0.912993], [ Generator :: loss:
0.787668]
1/1 [=====] - 0s 15ms/step
输出图像如图 10-10 所示。
```

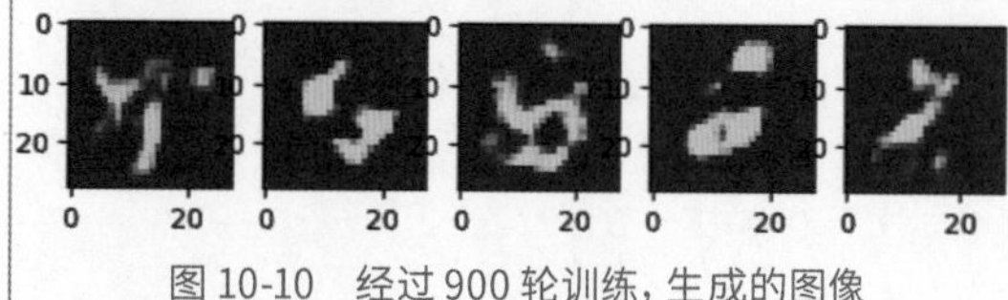

图 10-10　经过 900 轮训练，生成的图像

- 任务：尝试使用 DCGAN 生成更复杂的彩色图像。例如，从 CIFAR-10 数据集🔗 [L9-8] 中选择一个类别。

10.3.6 在绘画上训练

对于生成对抗网络训练来说，人类艺术家创作的绘画是一个很好的选择。图 10-11 所示为由 DCGAN 训练的样本图像，该图像是在 WikiArt 数据集🔗 [L10-5] 上训练的 DCGAN 生成的样本图像。使用 KeraGAN 库🔗 [L10-6] 通过使用 Azure 机器学习🔗 [L10-7] 生成了此图像。

图 10-11 由 DCGAN 训练的样本图像，图片来自德米特里·索什尼科夫的人工智能艺术收藏🔗 [L10-8]

10.3.7 参考资料

- 不同玩具 GAN 架构的 Keras 实现🔗 [L10-9]。
- KeraGAN 库🔗 [L10-6]。
- 关于使用 Azure ML 创建 GAN 的博客文章🔗 [L10-7]。

10.4 生成对抗网络——PyTorch：GANPyTorch.zh.ipynb

生成对抗网络（GAN）的主要目标是生成与训练数据集相似（但不完全相同）的图像。先加载所需的库，其程序如下：

```
import torch
# 导入 PyTorch 库，用于构建和训练深度学习模型

import torchvision
# 导入 Torchvision 库，用于处理和加载图像数据集

import matplotlib.pyplot as plt
# 导入 matplotlib 库的 pyplot 模块，用于可视化

from torchvision import transforms
# 从 Torchvision 库中导入 transforms 模块，用于图像预处理

from torch import nn
# 从 PyTorch 库中导入 nn 模块，用于构建神经网络的层
from torch import optim
# 从 PyTorch 库中导入 optim 模块，用于优化模型的权重

from tqdm import tqdm
# 导入 tqdm 库，用于在训练过程中显示进度条

import numpy as np
# 导入 NumPy 库，用于数值计算

import torch.nn.functional as F
# 导入 PyTorch 的函数式 API，用于一些常见的操作，如激活函数

torch.manual_seed(42)
np.random.seed(42)
# 设置随机种子，确保实验的可重复性
```

定义训练的超参数的程序如下：

```
device = 'cuda:0' if torch.cuda.is_available() else 'cpu'
# 检查是否有可用的 GPU，如果有，则使用 GPU；否则，使用 CPU

train_size = 1.0
lr = 2e-4
weight_decay = 8e-9
beta1 = 0.5
beta2 = 0.999
batch_size = 256
epochs = 100
plot_every = 10
# 定义训练的超参数
```

10.4.1 生成器

生成器的作用是接收一个随机向量（类似于自编码器中的潜在向量）并生成目标图像。生成器与自编码器的生成部分非常相似。

在示例中，将使用密集神经网络和 MNIST 手写数字数据集。定义生成器类的程序如下：

```
# 定义生成器类，它是 nn.Module 的子类
class Generator(nn.Module):
    # 初始化函数
    def __init__(self):
        # 调用父类的初始化函数
        super().__init__()

        # 定义第一个全连接层，输入维度为
100，输出维度为 256
        self.linear1 = nn.Linear(100,
256)
        # 定义第一个批量归一化层，对 256
维的输出进行归一化
        self.bn1 = nn.BatchNorm1d(256,
momentum=0.2)

        # 定义第二个全连接层，输入维度为
256，输出维度为 512
        self.linear2 = nn.Linear(256,
512)
        # 定义第二个批量归一化层，对 512
维的输出进行归一化
        self.bn2 = nn.BatchNorm1d(512,
momentum=0.2)

        # 定义第三个全连接层，输入维度为
512，输出维度为 1024
        self.linear3 = nn.Linear(512,
1024)
        # 定义第三个批量归一化层，对 1024
维的输出进行归一化
        self.bn3 =
nn.BatchNorm1d(1024, momentum=0.2)

        # 定义第四个全连接层，输入维度为
1024，输出维度为 784（即 28x28 的图像）
        self.linear4 = nn.Linear(1024,
784)

        # 定义双曲正切激活函数，使输出值
处于 [-1,1]
        self.tanh = nn.Tanh()
        # 定义带泄露的 ReLU 激活函数
        self.leaky_relu =
nn.LeakyReLU(0.2)
    # 定义前向传播函数
    def forward(self, input):
        # 通过第一个全连接层和激活函数
        hidden1 = self.leaky_
relu(self.bn1(self.linear1(input)))
        # 通过第二个全连接层和激活函数
        hidden2 = self.leaky_
relu(self.bn2(self.linear2(hidden1)))
        # 通过第三个全连接层和激活函数
        hidden3 = self.leaky_
relu(self.bn3(self.linear3(hidden2)))
        # 通过第四个全连接层和 tanh 激活
函数，将输出重塑为 [batch_size, 1, 28,
28] 的形状
        generated = self.tanh(self.
linear4(hidden3)).view(input.shape[0],
1, 28, 28)
        # 返回生成的图像
        return generated
```

生成器中的一些使用技巧如下：

- 使用带泄露线性整流函数（LeakyReLU）而非标准线性整流函数（ReLU），即在 (x) 为负时，ReLU 的值不是完全为 0，而是一个斜率非常小的线性函数。这很重要，因为它有助于在 ReLU 的负值区域（通常值为 0）中进行梯度下降的传播。
- 使用 BatchNorm1D 以稳定训练。
- 最后一层的激活函数是 Tanh，因此，输出范围为 [-1,1]。

10.4.2 鉴别器

鉴别器是一个传统的图像分类网络。在第一个示例中，也将使用密集分类器。定义鉴别器类的程序如下：

```
# 定义鉴别器类，它是 nn.Module 的子类
class Discriminator(nn.Module):
    # 初始化函数
    def __init__(self):
        # 调用父类的初始化函数
        super().__init__()

        # 定义第一个全连接层，输入维度为
784（即 28×28 的图像），输出维度为 512
```

```
        self.linear1 = nn.Linear(784, 
512)
        # 定义第二个全连接层，输入维度为
512，输出维度为 256
        self.linear2 = nn.Linear(512, 
256)
        # 定义第三个全连接层，输入维度为
256，输出维度为 1（表示生成的图像是真实的
还是假的）
        self.linear3 = nn.Linear(256, 1)

        # 定义带泄露的 ReLU 激活函数
        self.leaky_relu = 
nn.LeakyReLU(0.2)
        # 定义 Sigmoid 激活函数，使输出值
处于 [0,1]
        self.sigmoid = nn.Sigmoid()

    # 定义前向传播函数
    def forward(self, input):
        # 将输入的图像数据重塑为 [batch_
size, 784] 的形状
        input = input.view(input.
shape[0], -1)
        # 通过第一个全连接层和激活函数
        hidden1 = self.leaky_
relu(self.linear1(input))
        # 通过第二个全连接层和激活函数
        hidden2 = self.leaky_
relu(self.linear2(hidden1))
        # 通过第三个全连接层和 sigmoid 激
活函数，得到鉴别结果
        classifited = self.
sigmoid(self.linear3(hidden2))
        # 返回鉴别结果
        return classifited
```

10.4.3 加载数据集

下面将使用 MNIST 数据集。定义用于加载和拆分 MNIST 数据集的函数的程序如下：

```
def mnist(train_part, transform=None):
    # 定义一个函数来加载和拆分 MNIST 数据集

    dataset = torchvision.
datasets.MNIST('.', download=True, 
transform=transform)
    # 使用 Torchvision 加载 MNIST 数据集，
并可选地应用转换（如缩放和归一化）
    train_part = int(train_part * 
len(dataset))
    # 计算训练集的大小，基于给定的训练部
分比例
    train_dataset, test_dataset = 
torch.utils.data.random_split(dataset, 
[train_part, len(dataset) - train_
part])
    # 使用随机拆分将数据集划分为训练集和
测试集

    return train_dataset, test_dataset
    # 返回训练集和测试集
```

定义图像转换流水线的程序如下：

```
transform = transforms.Compose([

transforms.ToTensor(),

transforms.Normalize(mean=0.5, 
std=0.5)
])
# 定义图像转换流水线。首先将图像转换为张
量，然后使用均值为 0.5 和标准差为 0.5 的归
一化
```

调用上面定义的 mnist 函数，加载和拆分数据集，并应用定义的转换的程序如下：

```
train_dataset, test_dataset = 
mnist(train_size, transform)
```

创建训练数据加载器，指定批量大小和是否在每轮结束时丢弃最后一个不完整的批次的程序如下：

```
train_dataloader = torch.utils.
data.DataLoader(train_dataset, drop_
last=True, batch_size=batch_size, 
shuffle=True)
# 使用 PyTorch 的 DataLoader 创建训练数据
加载器，指定批量大小和是否在每轮结束时丢
弃最后一个不完整的批次

dataloaders = (train_dataloader, )
# 将训练数据加载器放入元组中，以便后续传
递给训练函数
```

10.4.4 网络训练

在每个训练步骤中包括如下两个阶段：

(1) **生成器训练。** 首先生成一些随机向量噪声（因为训练是以小批量进行的，所以，每次使用100 个向量）。然后生成真实标签（一个形状为(bs, 1) 的向量，其值为 1.0），计算生成器的损失。这个损失是基于冻结了鉴别器参数的输出（以噪声为输入）与真实标签之间的差异。

(2) **鉴别器训练。** 鉴别器的损失由两部分组成。第一部分是基于鉴别器输出（以噪声为输入）与伪标签（一个形状为 (bs, 1) 的向量，其值为 0.0）之间的损失；第二部分是基于鉴别器输出（以真实图像为输入）与真实标签（一个形状为 (bs, 1) 的向量，其值为 1.0）之间的损失。最终的损失是这两部分损失的平均值，即（第一部分损失 + 第二部分损失）/ 2。

可视化生成器生成图像的程序如下：

```
def plotn(n, generator, device):
    # 定义一个函数来可视化生成器生成的图像

    generator.eval()
    # 将生成器设置为评估模式，以确保不使用如批量归一化的训练特定行为

    noise = torch.FloatTensor(np.random.normal(0, 1, (n, 100))).to(device)
    # 生成随机噪声向量，作为生成器的输入

    imgs = generator(noise).detach().cpu()
    # 使用生成器生成图像，并将其从计算图中分离，然后将其移动到 CPU 上

    fig, ax = plt.subplots(1, n)
    # 创建一个带有 n 个子图的 matplotlib 图

    for i, im in enumerate(imgs):
        ax[i].imshow(im[0])
    # 遍历生成的图像，并在子图中显示它们

    plt.show()
    # 显示图像
```

训练生成对抗网络的程序如下：

```
def train_gan(dataloaders, models, optimizers, loss_fn, epochs, plot_every, device):
    # 创建一个进度条来可视化训练进程
    tqdm_iter = tqdm(range(epochs))
    train_dataloader = dataloaders[0]

    # 从模型列表中提取生成器和鉴别器模型
    gen, disc = models[0], models[1]
    # 从优化器列表中提取生成器和鉴别器的优化器
    optim_gen, optim_disc = optimizers[0], optimizers[1]

    # 遍历每个训练周期
    for epoch in tqdm_iter:
        gen.train()  # 将生成器置为训练模式
        disc.train() # 将鉴别器置为训练模式

        train_gen_loss = 0.0
        train_disc_loss = 0.0

        test_gen_loss = 0.0
        test_disc_loss = 0.0

        # 遍历训练数据
        for batch in train_dataloader:
            imgs, _ = batch   # 提取图像数据
            imgs = imgs.to(device)  # 将图像数据移动到指定设备

            disc.eval()  # 将鉴别器置为评估模式
            gen.zero_grad()  # 清零生成器的梯度

            # 生成随机噪声向量
            noise = torch.FloatTensor(np.random.normal(0.0, 1.0, (imgs.shape[0], 100))).to(device)
            # 创建真实标签向量 (1.0) 和伪造标签向量 (0.0)
            real_labels = torch.ones((imgs.shape[0], 1)).to(device)
            fake_labels = torch.zeros((imgs.shape[0], 1)).to(device)

            # 使用生成器生成图像
            generated = gen(noise)
```

```
            # 使用鉴别器对生成的图像进行分类
            disc_preds = disc(generated)

            # 计算生成器损失
            g_loss = loss_fn(disc_preds, real_labels)
            g_loss.backward()
            optim_gen.step()

            disc.train()  # 将鉴别器置为训练模式
            disc.zero_grad()  # 清零鉴别器的梯度
            # 计算鉴别器对真实图像的损失
            disc_real = disc(imgs)
            disc_real_loss = loss_fn(disc_real, real_labels)

            # 计算鉴别器对生成图像的损失
            disc_fake = disc(generated.detach())
            disc_fake_loss = loss_fn(disc_fake, fake_labels)

            # 鉴别器的总损失为真实图像损失和生成图像损失的平均值
            d_loss = (disc_real_loss + disc_fake_loss) / 2.0
            d_loss.backward()
            optim_disc.step()

            train_gen_loss += g_loss.item()
            train_disc_loss += d_loss.item()

        train_gen_loss /= len(train_dataloader)
        train_disc_loss /= len(train_dataloader)

        # 每隔 plot_every 周期或在最后一个周期时，使用生成器绘制图像
        if epoch % plot_every == 0 or epoch == epochs - 1:
            plotn(5, gen, device)

        # 更新进度条的信息
        tqdm_dct = {'generator loss:': train_gen_loss, 'discriminator loss:': train_disc_loss}
        tqdm_iter.set_postfix(tqdm_dct, refresh=True)
        tqdm_iter.refresh()
generator = Generator().to(device)
# 创建 Generator 实例并将其移动到指定的设备（如 GPU）
discriminator = Discriminator().to(device)
# 创建 Discriminator 实例并将其移动到指定的设备
optimizer_generator = optim.Adam(generator.parameters(), lr=lr, weight_decay=weight_decay, betas=(beta1, beta2))
# 为生成器创建 Adam 优化器，设置学习率、权重衰减和 beta 参数

optimizer_discriminator = optim.Adam(discriminator.parameters(), lr=lr, weight_decay=weight_decay, betas=(beta1, beta2))
# 为鉴别器创建 Adam 优化器，设置学习率、权重衰减和 beta 参数

loss_fn = nn.BCELoss()
# 定义二进制交叉熵损失函数

models = (generator, discriminator)
# 创建一个包含生成器和鉴别器的元组

optimizers = (optimizer_generator, optimizer_discriminator)
# 创建一个包含生成器和鉴别器优化器的元组
```

调用前面定义的 `train_gan` 函数进行训练的程序如下：

```
train_gan(dataloaders, models, optimizers, loss_fn, epochs, plot_every, device)
# 调用前面定义的 train_gan 函数进行训练
```

程序输出如下：

```
0%|          | 0/100 [00:00<?, ?it/s]
输出图像如图 10-12 所示。
10%|█         | 10/100 [01:15<11:06,
```

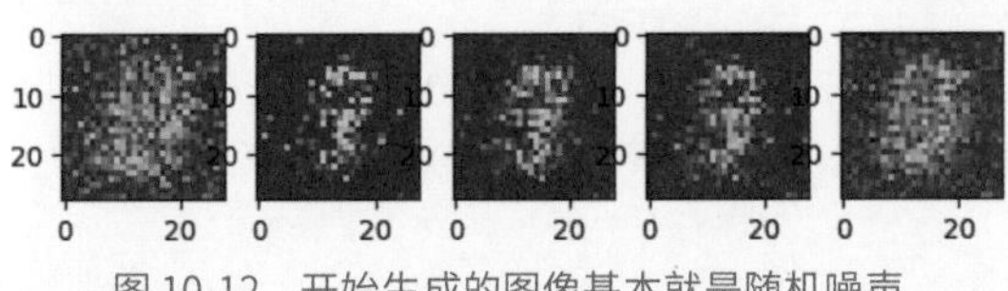

图 10-12　开始生成的图像基本就是随机噪声

```
7.41s/it, generator loss:=0.993,
discriminator loss:=0.566]
```

输出图像如图 10-13 所示。

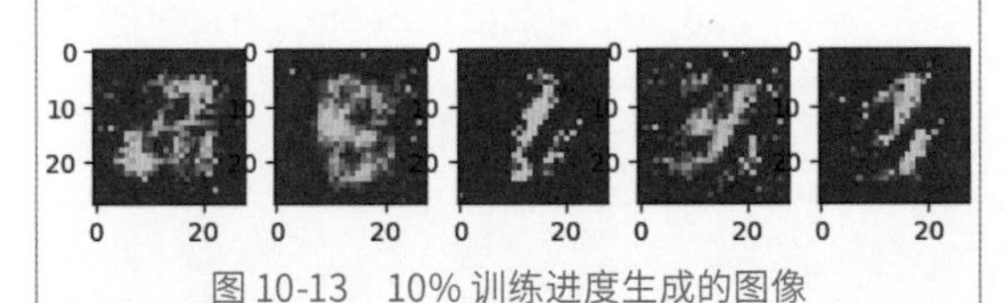

图 10-13　10% 训练进度生成的图像

```
20%|██          | 20/100 [02:28<09:45,
7.32s/it, generator loss:=0.922,
discriminator loss:=0.604]
```

输出图像如图 10-14 所示。

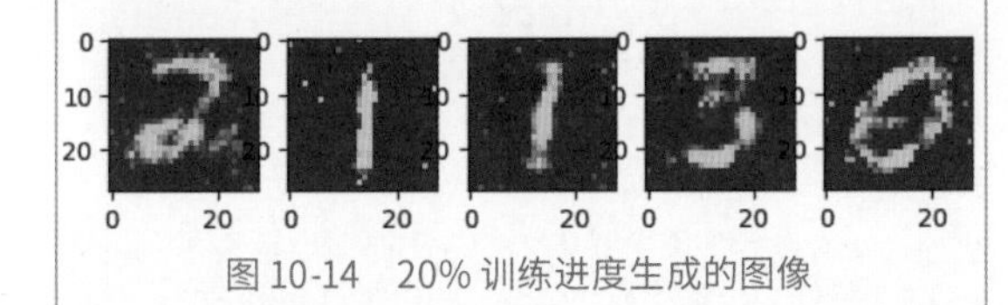

图 10-14　20% 训练进度生成的图像

……省略更多输出内容

```
99%|██████████| 99/100
[17:00<00:51, 51.13s/it, generator
loss:=0.86, discriminator loss:=0.63]
```

输出图像如图 10-15 所示。

图 10-15　99% 训练进度生成的图像

```
100%|██████████| 100/100
[17:08<00:00, 10.29s/it, generator
loss:=0.859, discriminator
loss:=0.629]
```

10.4.5　DCGAN（深度卷积生成对抗网络）

深度卷积生成对抗网络（Deep Convolutional GAN，DCGAN）是一种使用卷积层构建生成器和鉴别器的生成对抗网络。该网络的主要特点在于生成器中使用了转置卷积层（Conv2DTranspose）。其结构如图 10-16 所示。

> 在生成器中，转置卷积层用于将潜在向量上采样并增加其空间维度，从而生成更大尺寸的图像。而在鉴别器中，则使用传统的卷积层逐层降低图像尺寸，并最终判断输入图像的真实性。

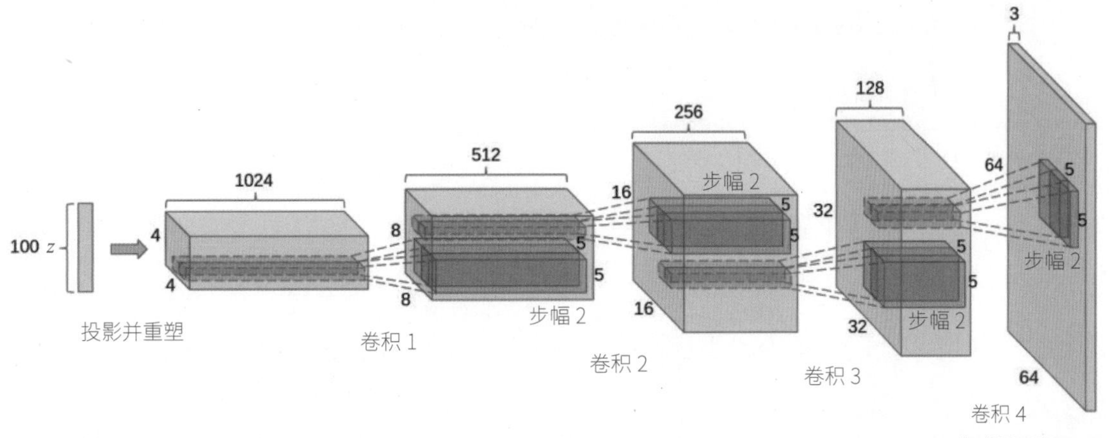

图 10-16　在这个深度卷积生成对抗网络的生成器结构中，输入是一个来自高斯分布的 100 维噪声向量。首先，通过一个全连接层将噪声向量投影和重塑成一个 4×4×1024 的立方体。之后，通过 4 个转置卷积层（卷积 1 至卷积 4）逐步放大特征图的尺寸。每个转置卷积层的核大小为 5×5，步幅为 2，通过不断上采样将尺寸放大至 8×8、16×16、32×32，最后达到 64×64。在这个过程中，特征映射的深度从 1024 减少到 512、256、128，并最终生成一个具有 3 个通道的 64×64 像素的彩色图像，这代表了网络的输出 $G(z)$。每层都在逐步构建更加细化的图像细节。图片来源：此教程 [L10-10]

这种设计使得 DCGAN 能够生成高质量图像，尤其是在细节和纹理方面表现出色。

定义深度卷积生成器类的程序如下：

```
class DCGenerator(nn.Module):
    # 定义深度卷积生成器（DCGenerator）类

    def __init__(self):
        # 构造函数
        super().__init__()
        # 调用父类的构造函数

        self.conv1 = 
nn.ConvTranspose2d(100, 256, 
kernel_size=(3, 3), stride=(2, 2), 
bias=False)
        # 定义第一个转置卷积层，输入通道为 100，输出通道为 256，使用 3×3 的卷积核，步幅为 2

        self.bn1 = nn.BatchNorm2d(256)
        # 定义第一个批量归一化层，用于第一个转置卷积层的输出

        self.conv2 = 
nn.ConvTranspose2d(256, 128, 
kernel_size=(3, 3), stride=(2, 2), 
bias=False)
        # 定义第二个转置卷积层，输入通道为 256，输出通道为 128

        self.bn2 = nn.BatchNorm2d(128)
        # 定义第二个批量归一化层
        self.conv3 = 
nn.ConvTranspose2d(128, 64, kernel_
size=(3, 3), stride=(2, 2), 
bias=False)
        # 定义第三个转置卷积层，输入通道为 128，输出通道为 64

        self.bn3 = nn.BatchNorm2d(64)
        # 定义第三个批量归一化层

        self.conv4 = 
nn.ConvTranspose2d(64, 1, kernel_
size=(3, 3), stride=(2, 2), 
padding=(2, 2), output_padding=(1, 1), 
bias=False)
        # 定义第四个转置卷积层，输入通道为 64，输出通道为 1，使用 3x3 的卷积核，步幅为 2，并设置填充

        self.tanh = nn.Tanh()
        # 定义双曲正切激活函数

        self.relu = nn.ReLU()
        # 定义 ReLU 激活函数

    def forward(self, input):
        # 前向传播函数
        hidden1 = self.relu(self.
bn1(self.conv1(input)))
        # 应用第一个转置卷积层、批量归一化和 ReLU 激活函数

        hidden2 = self.relu(self.
bn2(self.conv2(hidden1)))
        # 应用第二个转置卷积层、批量归一化和 ReLU 激活函数

        hidden3 = self.relu(self.
bn3(self.conv3(hidden2)))
        # 应用第三个转置卷积层、批量归一化和 ReLU 激活函数

        generated = self.tanh(self.
conv4(hidden3)).view(input.shape[0], 
1, 28, 28)
        # 应用第四个转置卷积层和双曲正切激活函数，然后重塑生成的图像

        return generated
        # 返回生成的图像
```

定义深卷积鉴别器类的程序如下：

```
class DCDiscriminator(nn.Module):
    # 定义深卷积鉴别器（DCDiscriminator）类

    def __init__(self):
        # 构造函数
        super().__init__()
        # 调用父类的构造函数

        self.conv1 = nn.Conv2d(1, 64, 
kernel_size=(4, 4), stride=(2, 2), 
padding=(1, 1), bias=False)
        # 定义第一个卷积层，输入通道为 1，输出通道为 64，使用 4x4 的卷积核，步幅为 2，并设置填充
```

```
        self.conv2 = nn.Conv2d(64,
128, kernel_size=(4, 4), stride=(2,
2), padding=(1, 1), bias=False)
        # 定义第二个卷积层，输入通道为
64，输出通道为 128

        self.bn2 = nn.BatchNorm2d(128)
        # 定义第二个卷积层后的批量归一化层

        self.conv3 = nn.Conv2d(128,
256, kernel_size=(4, 4), stride=(2,
2), padding=(1, 1), bias=False)
        # 定义第三个卷积层，输入通道为
128，输出通道为 256

        self.bn3 = nn.BatchNorm2d(256)
        # 定义第三个卷积层后的批量归一化层

        self.conv4 = nn.Conv2d(256,
1, kernel_size=(4, 4), stride=(2, 2),
padding=(1, 1), bias=False)
        # 定义第四个卷积层，输入通道为
256，输出通道为 1，用于最后的分类

        self.leaky_relu =
nn.LeakyReLU(0.2)
        # 定义 LeakReLU 激活函数，设置负
斜率为 0.2

        self.sigmoid = nn.Sigmoid()
        # 定义 Sigmoid 激活函数

    def forward(self, input):
        # 前向传播函数
        hidden1 = self.leaky_
relu(self.conv1(input))
        # 应用第一个卷积层和 LeakReLU 激
活函数

        hidden2 = self.leaky_
relu(self.bn2(self.conv2(hidden1)))
        # 应用第二个卷积层、批量归一化和
LeakReLU 激活函数

        hidden3 = self.leaky_
relu(self.bn3(self.conv3(hidden2)))
        # 应用第三个卷积层、批量归一化和
LeakReLU 激活函数
```

```
        classified = self.
sigmoid(self.conv4(hidden3)).
view(input.shape[0], -1)
        # 应用第四个卷积层和 Sigmoid 激活
函数，然后重塑输出

        return classified
        # 返回分类结果
```

权重初始化来自 DCGAN 论文🔗 [L10-1]。定义权重初始化函数的程序如下：

```
def weights_init(model):
    # 定义权重初始化函数
    classname = model.__class__.__
name__
    # 获取模型的类名

    if classname.find('Conv') != -1:
        # 如果类名中包含 'Conv'（卷积层）
        nn.init.normal_(model.weight.
data, 0.0, 0.02)
        # 使用均值为 0、标准差为 0.02 的
正态分布初始化权重

    elif classname.find('BatchNorm')
!= -1:
        # 如果类名中包含 'BatchNorm'（批
量归一化层）
        nn.init.normal_(model.weight.
data, 1.0, 0.02)
        # 使用均值为 1、标准差为 0.02 的
正态分布初始化权重

        nn.init.constant_(model.bias.
data, 0)
        # 将偏置初始化为 0
```

定义一个转换组合，只包含将图像转换为张量操作的程序如下：

```
transform = transforms.Compose([

transforms.ToTensor(),
])
# 定义一个转换组合，只包含将图像转换为张
量操作
```

使用前面定义的 mnist 函数和指定的转换获取 MNIST 数据集的程序如下：

```
train_dataset, test_dataset =
mnist(train_size, transform)
# 使用前面定义的 mnist 函数和指定的转换获
取 MNIST 数据集

train_dataloader = torch.utils.
data.DataLoader(train_dataset, drop_
last=True, batch_size=batch_size,
shuffle=True)
# 创建一个用于训练的数据加载器，设置批量
大小和随机化

dataloaders = (train_dataloader, )
# 创建一个包含训练数据加载器的元组
```

创建深卷积生成器和鉴别器，并应用权重初始化、定义优化器和损失函数的程序如下：

```
generator = DCGenerator().to(device)
# 创建深卷积生成器的实例，并将其移至指定
的设备

generator.apply(weights_init)
# 将前面定义的权重初始化函数应用于生成器

discriminator = DCDiscriminator().
to(device)
# 创建深卷积鉴别器的实例，并将其移至指定
的设备

discriminator.apply(weights_init)
# 将权重初始化函数应用于鉴别器

optimizer_generator = optim.
Adam(generator.parameters(),
lr=lr, weight_decay=weight_decay,
betas=(beta1, beta2))
# 定义用于训练生成器的 Adam 优化器，设置学
习率、权重衰减和 beta 参数

optimizer_discriminator = optim.
Adam(discriminator.parameters(),
lr=lr, weight_decay=weight_decay,
betas=(beta1, beta2))
# 定义用于训练鉴别器的 Adam 优化器

loss_fn = nn.BCELoss()
# 定义二元交叉熵损失函数

models = (generator, discriminator)
# 创建包含生成器和鉴别器的元组
```

```
optimizers = (optimizer_generator,
optimizer_discriminator)
# 创建包含生成器和鉴别器优化器的元组
```

定义用于绘制生成器生成的图像的函数的程序如下：

```
def dcplotn(n, generator, device):
    # 定义一个函数，用于绘制生成器生成的
n 个图像
    generator.eval()
    # 将生成器设置为评估模式

    noise = torch.FloatTensor(np.
random.normal(0, 1, (n, 100, 1, 1))).
to(device)
    # 生成随机噪声张量并移至指定的设备

    imgs = generator(noise).detach().
cpu()
    # 使用生成器生成图像，并将结果从计算
设备移至 CPU

    fig, ax = plt.subplots(1, n)
    # 创建一个 1 行 n 列的子图

    for i, im in enumerate(imgs):
        # 遍历生成的图像
        ax[i].imshow(im[0])
        # 在子图中绘制每个图像

    plt.show()
    # 显示图像
```

定义训练深度卷积生成对抗网络的函数的程序如下：

```
def train_dcgan(dataloaders, models,
optimizers, loss_fn, epochs, plot_
every, device):
    # 定义训练 DCGAN 的函数

    tqdm_iter = tqdm(range(epochs))
    # 创建一个用于显示进度条的迭代器

    train_dataloader = dataloaders[0]
    # 获取训练数据加载器
    gen, disc = models[0], models[1]
    # 获取生成器和鉴别器模型

    optim_gen, optim_disc =
optimizers[0], optimizers[1]
    # 获取生成器和鉴别器的优化器
    gen.train()
```

```
    # 将生成器设置为训练模式

    disc.train()
    # 将鉴别器设置为训练模式

    for epoch in tqdm_iter:
        # 循环遍历每个时期

        train_gen_loss = 0.0
        train_disc_loss = 0.0
        # 初始化训练损失

        test_gen_loss = 0.0
        test_disc_loss = 0.0
        # 初始化测试损失（未使用）
        for batch in train_dataloader:
            # 遍历训练数据的每个批次

            imgs, _ = batch
            # 获取图像和标签

            imgs = imgs.to(device)
            # 将图像移至指定的设备

            imgs = 2.0 * imgs - 1.0
            # 调整图像范围到 [-1, 1]

            gen.zero_grad()
            # 清除生成器的梯度

            noise = torch.
FloatTensor(np.random.normal(0.0,
1.0, (imgs.shape[0], 100, 1, 1))).
to(device)
            # 生成随机噪声张量

            real_labels = torch.
ones((imgs.shape[0], 1)).to(device)
            # 创建真实标签

            fake_labels = torch.
zeros((imgs.shape[0], 1)).to(device)
            # 创建伪标签

            generated = gen(noise)
            # 使用生成器生成图像

            disc_preds =
disc(generated)
            # 使用鉴别器预测生成的图像

            g_loss = loss_fn(disc_
preds, real_labels)
            # 计算生成器的损失

            g_loss.backward()
            # 反向传播生成器的梯度

            optim_gen.step()
            # 更新生成器的权重

            disc.zero_grad()
            # 清除鉴别器的梯度

            disc_real = disc(imgs)
            # 使用鉴别器预测真实图像

            disc_real_loss = loss_
fn(disc_real, real_labels)
            # 计算鉴别器的真实损失
            disc_fake =
disc(generated.detach())
            # 使用鉴别器预测生成的图像

            disc_fake_loss = loss_
fn(disc_fake, fake_labels)
            # 计算鉴别器的伪损失

            d_loss = (disc_real_loss +
disc_fake_loss) / 2.0
            # 计算鉴别器的总损失

            d_loss.backward()
            # 反向传播鉴别器的梯度

            optim_disc.step()
            # 更新鉴别器的权重

            train_gen_loss += g_loss.
item()
            train_disc_loss += d_loss.
item()
            # 累积训练损失

        train_gen_loss /= len(train_
dataloader)
        train_disc_loss /= len(train_
dataloader)
        # 计算平均训练损失

        if epoch % plot_every == 0 or
epoch == epochs - 1:
            dcplotn(5, gen, device)
            # 每隔一定数量的时期，绘制生
成的图像

        tqdm_dct = {'generator loss:':
train_gen_loss, 'discriminator loss:':
train_disc_loss}
        # 创建包含损失信息的字典

        tqdm_iter.set_postfix(tqdm_
```

```
dct, refresh=True)
        # 更新进度条的后缀信息

        tqdm_iter.refresh()
        # 刷新进度条
```

调用训练深度卷积生成对抗网络函数进行训练的程序如下：

```
train_dcgan(dataloaders, models,
optimizers, loss_fn, epochs // 2,
plot_every // 2, device)
# 调用 train_dcgan 函数进行训练。将时期数
和绘图频率除以 2，并传递其他必要参数
```

程序输出如下：

```
0%|             | 0/50 [00:00<?, ?it/s]
输出图像如图 10-17 所示。
```

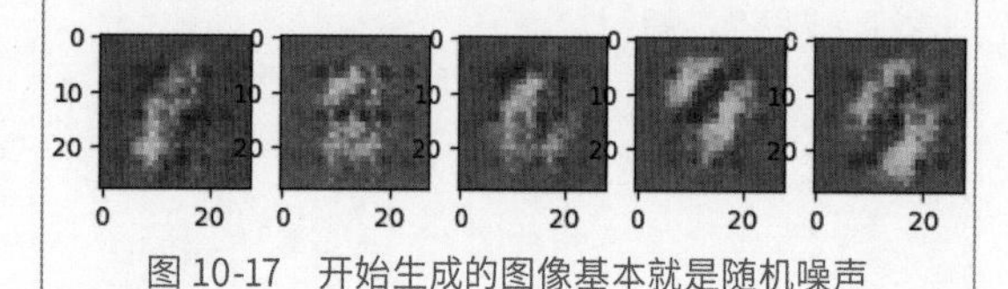

图 10-17　开始生成的图像基本就是随机噪声

```
10%|█           | 5/50
[1:02:58<11:48:50, 945.12s/it,
generator loss:=2.27, discriminator
loss:=0.241]
输出图像如图 10-18 所示。
```

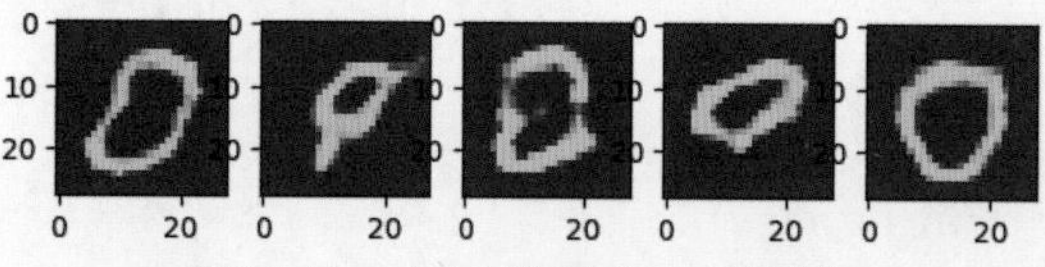

图 10-18　10% 训练进度生成的图像

```
20%|██          | 10/50
[1:41:00<5:49:04, 523.60s/it,
generator loss:=2.27, discriminator
loss:=0.235]
输出图像如图 10-19 所示。
```

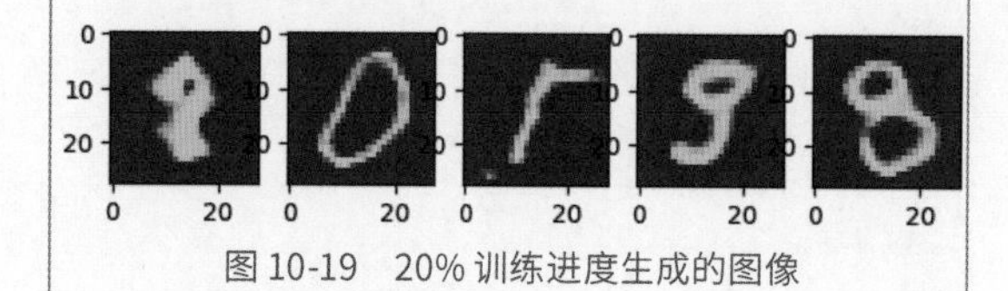

图 10-19　20% 训练进度生成的图像

……省略更多输出内容

```
98%|██████████  | 49/50
[6:34:45<07:18, 438.53s/it, generator
loss:=2.82, discriminator loss:=0.167]
输出图像如图 10-20 所示。
```

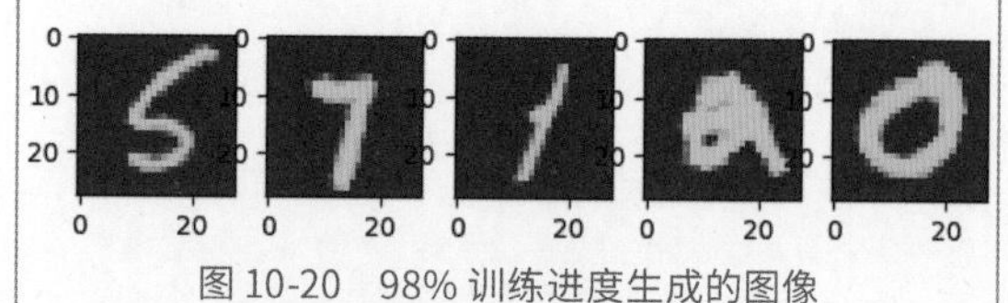

图 10-20　98% 训练进度生成的图像

```
100%|██████████ | 50/50
[6:41:59<00:00, 482.39s/it, generator
loss:=2.66, discriminator loss:=0.235]
```

将生成器设置为评估模式并绘制生成的图像的程序如下：

```
generator.eval()
# 将生成器设置为评估模式。这是因为在评估
或测试阶段，不想使用诸如批量归一化等训练
特定的层
dcplotn(5, generator, device)
# 使用 dcplotn 函数绘制生成器生成的 5 个图
像。这些图像将显示生成器在训练后的性能
```

程序输出如图 10-21 所示。

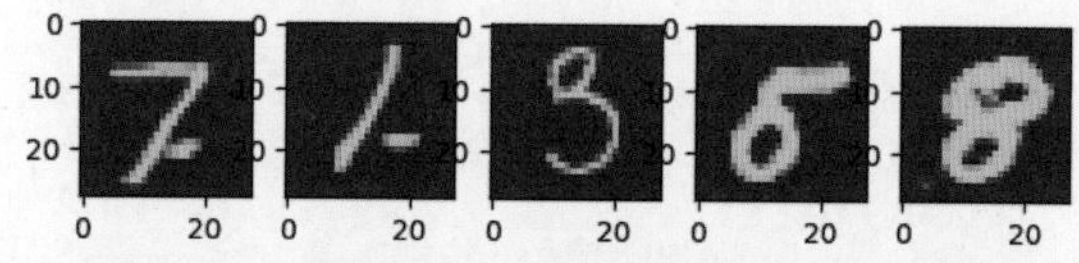

图 10-21　程序绘制的由生成器生成的 5 个图像

- 任务：尝试使用 DCGAN 生成更复杂的彩色图像。例如，从 CIFAR-10 数据集🔗 [L9-8] 中选择一个类别。

10.4.6　在绘画上的训练

对于生成对抗网络训练来说，人类艺术家创作的绘画是一个很好的选择。图 10-11 所示为由 DCGAN 训练的样本图像。

10.4.7　参考资料

- 来自 arxiv 的论文：生成对抗网络🔗 [L10-11]。
- 来自 arxiv 的论文：使用深度卷积生成对抗网络进行无监督的表示学习🔗 [L10-12]。
- DCGAN Pytorch 教程🔗 [L10-10]。

10.5 生成对抗网络训练的问题

生成对抗网络以难以训练而著称。以下是一些可能遇到的问题:

- 模式崩溃（Mode Collapse）：这意味着生成器学会产生一张成功欺骗鉴别器的图像，而不是多种不同的图像。
- 超参数敏感性（Sensitivity to hyperparameters）：常见情况是生成对抗网络完全无法收敛，然后突然降低学习率后开始收敛。
- 在生成器和鉴别器之间保持平衡：很多情况下，鉴别器的损失可能会相对快速地降至零，导致生成器无法继续训练。为了解决这一问题，可以尝试为生成器和鉴别器设置不同的学习率，或者如果鉴别器的损失已经太低，则跳过其训练阶段。
- 高分辨率训练：与自编码器一样，由于重建了过多卷积网络层，可能导致图像出现伪影。通常，通过所谓的“渐进式增长”来解决这个问题，即首先在低分辨率图像上训练几层，然后逐层“解锁”或增加。另一种解决方案是在层之间添加额外连接，并同时训练多个分辨率——详见这篇多尺度梯度生成对抗网络的论文🔗 [L10-13]。

10.6 风格迁移

生成对抗网络是生成艺术图像的绝佳方式。另一种技术是风格迁移（Style Transfer），它将一个内容图像应用来自风格图像的过滤器，从而以不同的风格重绘它。

其工作原理如下:

(1) 从一个随机噪声图像开始（或从内容图像开始，但从随机噪声开始更易于理解）。

(2) 目标是创建这样一张图像，既接近内容图像又接近风格图像。这由两个损失函数决定:

① 内容损失基于从当前图像和内容图像的某些层中提取的卷积神经网络特征来计算。

② 风格损失是在当前图像和风格图像之间，使用格拉姆矩阵（Gram Matrix）以一种巧妙的方式进行计算（更多细节见风格迁移的示例 Notebook：`StyleTransfer.zh.ipynb`）🔗 [L10-14]。

(3) 为了使图像更平滑并移除噪声，还引入了变化损失，以计算相邻像素之间的平均距离。

(4) 主优化循环使用梯度下降（或其他优化算法）调整当前图像，以最小化总损失，其中总损失是 3 种损失的加权和。

10.7 ✍ 风格迁移示例: StyleTransfer.zh.ipynb

以下示例受到了 TensorFlow 上的原始教程🔗 [L10-15] 和这篇博客文章🔗 [L10-16] 的启发。使用 CNTK 框架的风格迁移的另一个很好的例子在这里🔗 [L10-17]。关于艺术风格迁移的原始论文🔗 [L10-18] 也值得一读。

风格迁移背后的主要思想如下:

(1) 从白噪声开始，我们试图优化当前图像 x 以最小化某些损失函数。

(2) 损失函数由 3 个组件组成:

$$\mathcal{L}(x) = \alpha\mathcal{L}_c(x,i) + \beta\mathcal{L}_s(x,s) + \gamma\mathcal{L}_t(x)$$

① $\mathcal{L}_c$（内容损失）：显示当前图像 x 与原始图像 i 的接近程度。

② $\mathcal{L}_s$（风格损失）：显示当前图像 x 与风格图像 s 的接近程度。

③ $\mathcal{L}_t$（总变化损失）：在示例中不予考虑，它确保生成的图像是平滑的，即显示图像 x 相邻像素的均方误差。

这些损失函数必须以巧妙的方式设计，例如，风格损失要确保图像风格的相似性，而不是实际内容。为了实现这一点，将比较卷积神经网络中负责提取图像特征的深层特征层。

创建一个名为 images 的目录，并从指定的 URL 下载两张图像，分别作为风格图像和内容图像，其程序如下:

```
# 创建名为 images 的目录，如果目录已存在则不会产生错误
!mkdir -p images

# 使用 curl 命令从指定的 URL 下载一张图像，并将其保存为 images/style.jpg，用作风格图像
!curl https://cdn.pixabay.com/photo/2016/05/18/00/27/franz-marc-1399594_960_720.jpg > images/style.jpg

# 使用 curl 命令从指定的 URL 下载另一张图像，并将其保存为 images/image.jpg，用作
```

```
内容图像
!curl https://upload.wikimedia.org/wikipedia/commons/thumb/b/bd/Golden_tabby_and_white_kitten_n01.jpg/1280px-Golden_tabby_and_white_kitten_n01.jpg > images/image.jpg
```

注意，如果程序因为各种原因不能顺利加载图像，可以根据链接手动完成下载并按照注释提示重新命名和保存图像，以便后续程序可以继续运行。

导入用于图像处理、数值计算、图形绘制、深度学习和显示图像的必要库的程序如下：

```
# 导入 cv2 库，用于读取和处理图像
import cv2

# 导入 NumPy 库，用于进行数值操作和矩阵运算
import numpy as np

# 导入 matplotlib 的 pyplot 模块，用于图形绘制和显示
import matplotlib.pyplot as plt

# 导入 matplotlib 库，用于更细粒度的图形控制
import matplotlib

# 导入 tensorflow 库，用于构建和训练深度学习模型
import tensorflow as tf

# 导入 VGG16 模型的预处理函数
from tensorflow.keras.applications.vgg16 import preprocess_input

# 导入 IPython 的 display 模块，用于在 Jupyter notebook 中展示图片
import IPython.display as display
```

加载这些图像并将它们调整为512 × 512大小。此外，将生成结果图像 `img_result` 作为随机数组。定义图像尺寸、加载和处理内容图像和风格图像、并创建和显示初始随机噪声图像的程序如下：

```
# 定义图片的尺寸为 256×256
img_size = 256

# 定义一个函数 load_image，用于加载图像
def load_image(fn):
  x = cv2.imread(fn)  # 使用 cv2.imread 读取图像文件
  return cv2.cvtColor(x, cv2.COLOR_BGR2RGB)  # 将图像从 BGR 格式转换为 RGB 格式

# 加载风格图像
img_style = load_image('images/style.jpg')
# 加载内容图像
img_content = load_image('images/image.jpg')

# 对内容图像进行裁剪，取其 200 ～ 1057 列的像素
img_content = img_content[:,200:200+857,:]

# 将内容图像缩放到指定尺寸 img_size x img_size
img_content = cv2.resize(img_content,(img_size,img_size))
# 对风格图像进行裁剪，取其 200 ～ 871 列的像素
img_style = img_style[:,200:200+671,:]

# 将风格图像缩放到指定尺寸 img_size x img_size
img_style = cv2.resize(img_style,(img_size,img_size))

# 创建一个随机噪声图像，其大小与内容图像相同，用作风格迁移的初始图像
img_result = np.random.uniform(size=(img_size,img_size,3))

# 设置 matplotlib 的参数，使得绘制的图像更大，且不显示网格线
matplotlib.rcParams['figure.figsize'] = (12, 12)
matplotlib.rcParams['axes.grid'] = False

# 创建一个 1 行 3 列的图形窗口
fig,ax = plt.subplots(1,3)

# 在第一个子图中显示内容图像
ax[0].imshow(img_content)

# 在第二个子图中显示风格图像
ax[1].imshow(img_style)
# 在第三个子图中显示生成的随机噪声图像
ax[2].imshow((255*img_result).astype(int))
# 显示整个图形窗口
plt.show()
```

程序输出如图 10-22 所示。

图 10-22　由程序输出的 3 张图，左边为内容图像，中间为风格图像，右边为作为风格迁移初始的随机噪声图像

为了计算风格损失和内容损失，需要在卷积神经网络提取的特征空间中进行工作。可以使用不同的卷积神经网络架构，但为了简单起见，将选择在 ImageNet 上预训练的 VGG-16。使用 TensorFlow 的 keras 模块加载 VGG16 模型并设置其为不可训练的程序如下：

```
# 使用 TensorFlow 的 keras 模块加载 VGG16 模型，不包括顶部的全连接层，使用在 ImageNet 上预
训练的权重
vgg = tf.keras.applications.VGG16(include_top=False, weights='imagenet')
# 设置 VGG16 模型为不可训练，这意味着在训练过程中，它的权重将不会被更新
vgg.trainable = False
```

模型架构的程序如下：

```
# 打印 VGG16 模型的结构摘要，展示每一层的信息
vgg.summary()
```

程序输出如下：

```
Model: "vgg16"
_________________________________________________________________
Layer (type)                Output Shape              Param #
=================================================================
input_1 (InputLayer)        [(None, None, None, 3)]   0
block1_conv1 (Conv2D)       (None, None, None, 64)    1792
block1_conv2 (Conv2D)       (None, None, None, 64)    36928
block1_pool (MaxPooling2D)  (None, None, None, 64)    0
block2_conv1 (Conv2D)       (None, None, None, 128)   73856
block2_conv2 (Conv2D)       (None, None, None, 128)   147584
block2_pool (MaxPooling2D)  (None, None, None, 128)   0
block3_conv1 (Conv2D)       (None, None, None, 256)   295168
block3_conv2 (Conv2D)       (None, None, None, 256)   590080
block3_conv3 (Conv2D)       (None, None, None, 256)   590080
block3_pool (MaxPooling2D)  (None, None, None, 256)   0
...
Total params: 14714688 (56.13 MB)
Trainable params: 0 (0.00 Byte)
Non-trainable params: 14714688 (56.13 MB)
_________________________________________________________________
```

定义一个函数，该函数将允许从 VGG 网络提取中间特征，其程序如下：

```
# 定义一个函数 layer_extractor，用于从
VGG16 模型中提取指定层的输出
def layer_extractor(layers):
    outputs = [vgg.get_layer(x).output
for x in layers]  # 从 VGG16 模型中获取
指定层的输出
    model = tf.keras.Model([vgg.
input],outputs)  # 创建一个新模型，输入
为 VGG16 的输入，输出为指定层的输出
    return model
```

10.7.1 内容损失

内容损失用于展示当前的图像 x 与原始图像有多接近。它观察卷积神经网络的中间特征层，并计算平方误差。在第 l 层的内容损失定义为

$$\mathcal{L}_c = \frac{1}{2}\sum_{i,j}(F_{ij}^{(l)} - P_{ij}^{(l)})^2$$

式中，$F^{(l)}$ 和 $P^{(l)}$ 是第 l 层的特征值。

定义要提取的内容层，创建内容提取模型，并定义内容损失函数的程序如下：

```
# 定义要提取的内容层名称
content_layers = ['block4_conv2']
# 使用 layer_extractor 函数提取内容层，创
建内容提取模型
content_extractor = layer_
extractor(content_layers)

# 使用内容提取模型对内容图像进行预处理，
并将其扩展到 4 维，以适应模型的输入要求
content_target = content_
extractor(preprocess_input(tf.expand_
dims(img_content,axis=0)))

# 定义内容损失函数
def content_loss(img):
    # 使用内容提取模型对输入图像进行预处
理，乘以 255 以逆转之前的归一化，然后扩展
到 4 维
    z = content_extractor(preprocess_
input(tf.expand_dims(255*img,axis=0)))

    # 计算内容损失，这是输入图像的内容特
征与目标内容图像的内容特征之间的平方差的
一半之和
    return 0.5*tf.reduce_sum((z-
content_target)**2)
```

现在将实现风格迁移的主要关键步骤 —— 优化。从一个随机图像开始，然后使用 TensorFlow 优化器来调整该图像以最小化内容损失。

> 重要提示：在示例中，所有计算都是使用支持 GPU 的 TensorFlow 框架执行的，这使得此程序在 GPU 上运行得更加高效。

创建一个图像变量、定义优化和训练函数，并使用内容损失函数训练图像的程序如下：

```
# 创建一个图像变量，用于存储正在优化的图像
img = tf.Variable(img_result)

# 创建一个 Adam 优化器，设置学习率、beta_1
和 epsilon 参数
opt = tf.optimizers.Adam(learning_
rate=0.002, beta_1=0.99, epsilon=1e-1)

# 创建一个剪辑函数，确保图像的像素值在
0～1
clip = lambda x : tf.clip_by_value(x,
clip_value_min=0, clip_value_max=1)

# 定义一个优化函数，该函数计算损失并更新
图像
def optimize(img, loss_fn):
    # 使用 tf.GradientTape 来记录梯度操作
    with tf.GradientTape() as tape:
        # 计算损失
        loss = loss_fn(img)
    # 计算损失相对于图像的梯度
    grad = tape.gradient(loss, img)
    # 应用梯度，优化图像
    opt.apply_gradients([(grad, img)])
   # 将图像的像素值强制剪裁到 [0,1] 范围内

# 定义训练函数，进行多次迭代优化
def train(img, loss_fn, epochs=10,
steps_per_epoch=100):
    for _ in range(epochs):
        # 清除输出并显示当前图像
        display.clear_
output(wait=True)
        plt.imshow((255 * clip(img)).
```

```
numpy().astype(int))
        plt.show()
        # 每个时期进行多个优化步骤
        for _ in range(steps_per_
epoch):
            optimize(img, loss_
fn=loss_fn)
# 使用内容损失训练图像
train(img, content_loss)
```

程序输出如图 10-23 所示。

图 10-23　通过内容损失风格转换,输入图像的内容被保留,而风格图像的风格被应用到输入图像上

• 练习：尝试使用网络中的不同层进行实验，看看会发生什么。也可以尝试同时对多个层进行优化，但这需要对 content_loss 的程序进行一些修改。

10.7.2　风格损失

风格损失是风格迁移的核心思想。我们比较的不是实际的特征，而是它们的格拉姆矩阵（Gram matrix），其定义为 $G=A\times A^{\mathrm{T}}$。

格拉姆矩阵类似于相关性矩阵，它展示了不同卷积核之间的依赖关系。风格损失是从不同层计算的损失的总和，通常考虑使用加权系数。

风格迁移的总损失函数是内容损失和风格损失的总和。定义格拉姆矩阵函数用于计算风格特征，设置风格层并定义风格提取器与风格损失函数的程序如下：

```
# 定义格拉姆矩阵函数，用于计算风格特征
def gram_matrix(x):
  # 使用 tf.linalg.einsum 计算矩阵的外积，
并除以元素数量，得到格拉姆矩阵
  result = tf.linalg.
einsum('bijc,bijd->bcd', x, x)
  input_shape = tf.shape(x)
  num_locations = tf.cast(input_
shape[1] * input_shape[2], tf.float32)
  return result / (num_locations)
# 定义风格层的名称
style_layers = ['block1_
conv1','block2_conv1','block3_
conv1','block4_conv1']

# 定义风格提取器，使用格拉姆矩阵提取特定
层的风格特征
def style_extractor(img):
    return [gram_matrix(x) for x in
layer_extractor(style_layers)(img)]
# 计算目标风格图像的风格特征
style_target = style_
extractor(preprocess_input(tf.expand_
dims(img_style,axis=0)))

# 定义风格损失函数，比较生成图像和目标风
格图像的风格特征
def style_loss(img):
    z = style_extractor(preprocess_
input(tf.expand_dims(255*img,axis=0)))
    # 对每个风格层的损失求和
    loss = tf.add_n([tf.reduce_mean((x
- target) ** 2) for x, target in
zip(z, style_target)])
    # 归一化损失
    return loss / len(style_layers)
```

10.7.3　整合在一起

下面将定义 total_loss 函数来计算组合损失，并运行优化。定义总损失函数结合内容损失和风格损失，并使用该总损失函数训练图像的程序如下：

```
# 定义总损失函数，结合内容损失和风格损失
def total_loss(img):
    return 2 * content_loss(img) +
style_loss(img) # 2 倍的内容损失加上风格
损失
# 用 img_result 初始化图像变量 img
```

```
img.assign(img_result)
# 用总损失函数训练图像变量 img
train(img, loss_fn=total_loss)
```

程序输出如图 10-24 所示。

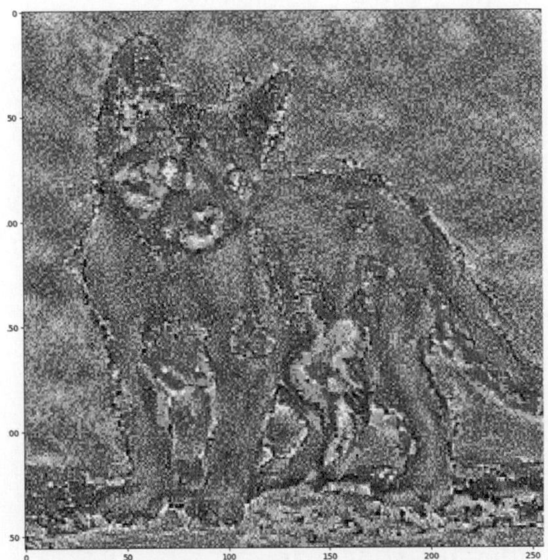

图 10-24　结合了内容损失和风格转换的效果

> ⚠ 注意：接下来的程序执行实际的损失优化。即使在 GPU 上运行，优化过程也可能需要相当长的时间。可以多次运行后续的单元格以不断改善结果。

10.7.4　添加变异损失

变异损失允许通过最小化相邻像素之间的差异来使图像变得更加平滑，从而减少噪声。

从原始内容图像开始进行优化，这使我们能够在不使内容损失函数变得复杂的情况下保留更多图像中的内容细节。不过，我们将会添加一些噪声。

定义变化损失函数并结合内容损失、风格损失和变化损失的总损失函数，以及使用该总损失函数训练图像的程序如下：

```
# 定义变化损失函数，衡量图像在 x 和 y 方向上的变化
def variation_loss(img):
  img = tf.cast(img, tf.float32) # 转换为浮点类型
  x_var = img[:, 1:, :] - img[:, :-1, :] # 计算 x 方向上的差异
  y_var = img[1:, :, :] - img[:-1, :, :] # 计算 y 方向上的差异
  return tf.reduce_sum(tf.abs(x_var)) + tf.reduce_sum(tf.abs(y_var)) # 返回 x 和 y 方向上的总变化

# 定义包括内容损失、风格损失和变化损失的总损失函数
def total_loss_var(img):
    return content_loss(img) + 150 * style_loss(img) + 30 * variation_loss(img) # 不同的权重组合 3 种损失
# 通过添加随机噪声初始化图像变量 img
img.assign(clip(np.random.normal(-0.3, 0.3, size=img_content.shape) + img_content / 255.0))
# 使用新的总损失函数训练图像变量 img
train(img, loss_fn=total_loss_var)
```

程序输出如图 10-25 所示。

图 10-25　添加了变异损失的风格转换的效果

将最终生成的图像保存为文件的程序如下：

```
# 将结果图像保存为 result.jpg 文件
cv2.imwrite('images/result.jpg', (img.numpy()[:, :, ::-1] * 255))
```

10.8 总结

本课介绍了生成对抗网络（GAN）及其训练方法。同时，还了解了一些这类神经网络可能面临的特殊挑战，以及如何克服这些挑战的一些策略。

10.9 🚀 挑战

使用自己的图像运行风格迁移的示例 Notebook 🔗 [L10-14]。

10.10 复习与自学

为了进一步了解生成对抗网络，可以参考以下资源：

- Marco Pasini，训练生成对抗网络一年我学到的 10 件事 🔗 [L10-19]。
- StyleGAN，一个值得考虑的生成对抗网络架构 🔗 [L10-20]。
- 在 Azure ML 上使用生成对抗网络创作生成艺术 🔗 [L10-7]。

10.11 作业

重新审视与本课相关的两个 Notebook（🔗 [L10-3]，🔗 [L10-4]）中的一个，并在自己的图像上重新训练生成对抗网络。看看能创造出什么。

课后测验

（1）可以使用批量归一化和 BatchNorm1D 来稳定训练，这一说法（ ）。

a. 正确

b. 错误

（2）深度卷积生成对抗网络使用卷积层用于（ ）。

a. 生成器和鉴别器

b. 卷积神经网络和生成器

c. 训练和测试

（3）训练生成对抗网络的问题包括（ ）。

a. 对超参数的敏感性

b. 在生成器和鉴别器之间保持平衡

c. 以上全部

第 11 课 目标检测

之前接触的图像分类模型会将一个图像归类到某个类别，例如，在 MNIST 手写数字数据库问题中的“数字”类别。但在很多情况下，不仅想知道图片上有什么目标，还想知道它们的确切位置。这正是目标检测（Object Detection）的用途，通常其效果如图 11-1 所示。

图 11-1　在“YOLO：实时目标检测”一文🔗 [L11–1] 中目标检测的输出结果

简介

本课将介绍如下内容：

11.1 初级目标检测方法
11.2 目标检测的回归
11.3 目标检测数据集
11.4 目标检测的评估指标
11.5 不同的目标检测方法
11.6 练习——目标检测：ObjectDetection.zh.ipynb
11.7 总结
11.8 挑战
11.9 复习与自学
11.10 作业——目标检测

课前小测验

（1）神经网络只能用来分类图像，这一说法（ ）。
　a. 正确
　b. 错误

（2）在目标检测中，不仅得到对象的类别，还得到其（ ）。
　a. 形状
　b. 位置
　c. 类型

（3）目标检测模型可以检测（ ）个对象。
　a. 一个
　b. 两个
　c. 任意数量

11.1　初级目标检测方法

从一个简单的例子开始。假设想在一张图片上找到一只猫，一种非常基础的目标检测方法可能包括以下步骤：

（1）将图片分成许多小块。

（2）对每个小块运行卷积神经网络图像分类器。

（3）那些分类结果足够高的小块可以被认为包含了要找的目标。

如图 11-2 所示，这种方法虽然简单，但并不理想，因为它只能非常粗略地确定目标的边界框位置。为了更精确地定位目标，需要使用更复杂的方法来预测边界框的坐标。

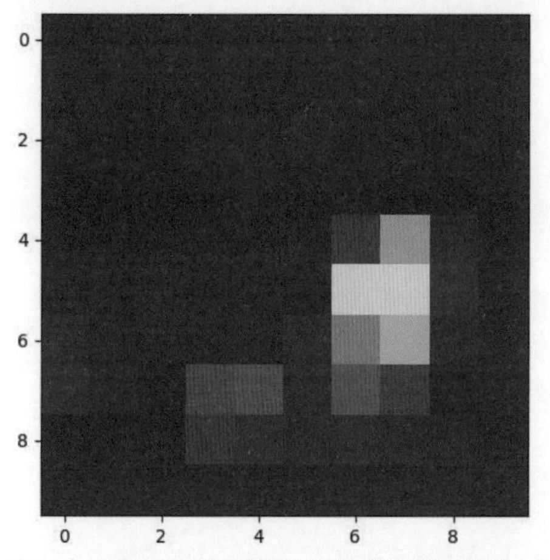

图 11-2　用初级目标检测方法寻找图像中的猫，右边的原图被分成许多小块，通过对每个小块运行卷积神经网络图像分类器，左图中高亮的块显示可能有猫的存在。图片来源：本课目标检测的 Notebook - TF [L11–2]

11.2　目标检测中的回归

更复杂的目标检测方法通过回归技术预测目标的边界框坐标。使用神经网络进行目标检测——基于 Keras 的简单教程 [L11–3] 提供了一个很好的入门介绍，详细讲解了如何检测形状。

11.3　目标检测数据集

可能会在后续任务中遇到以下数据集，它们为算法的训练和评估提供了标准化的基准。

- **PASCAL VOC** [L11–4]：包含 20 个类别，样张如图 11-3 所示。

图 11-3　PASCAL VOC 数据集的图片样张

- **COCO** [L11–5]：日常环境中的常见物体，含 80 个类别，提供边界框和分割掩码，样张如图 11-4 所示。

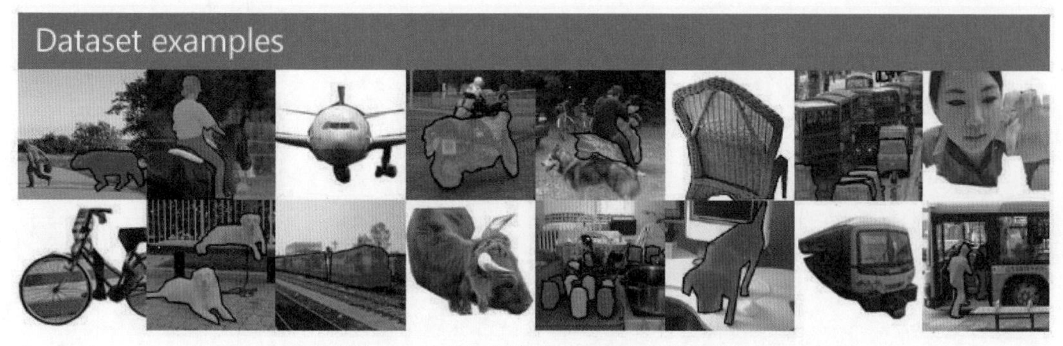

图 11-4　微软的 COCO 数据集的样张，图像中的物体被仔细做了标注

11.4 目标检测的评估指标

在目标检测中，评估模型的性能不仅要考虑识别目标的准确性，还要考虑预测边界框位置的精确性。下面介绍几种常用的评估指标。

11.4.1 交并比（IoU）

对于图像分类，衡量算法的表现相对简单，但对于目标检测，需要同时测量类别的正确性和推断出的边界框位置的精确性。为了评估边界框的位置精确性，可以使用交并比（Intersection over Union，IoU）。IoU 测量的是两个框（或任何两个区域）之间的重叠程度，如图 11-5 所示。

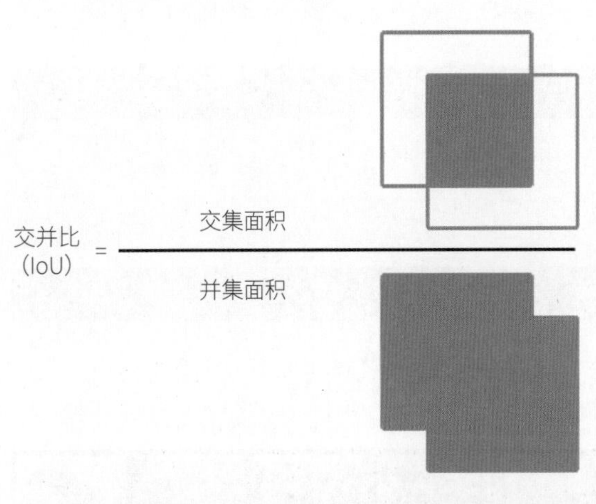

图 11-5 插图展示了交并比的计算方法：交集面积除以并集面积。此图来源于这篇关于交并比的优秀博文 [L11–6]

计算 IoU 的方法很简单——将两个图形的交集面积除以它们的并集面积。对于两个完全相同的区域，IoU 为 1；对于完全不相交的区域，IoU 为 0。通常，只考虑那些 IoU 高于某个阈值的边界框。

11.4.2 平均精度（AP）

假设想测量某个对象类别被识别的好坏程度，可以使用平均精度（Average Precision，AP）指标，计算方法如下：

（1） 绘制精度 - 召回率曲线。

- 精度：正确检测的目标数 / 总检测数。
- 召回率：正确检测的目标数 / 图像中实际目标数。
- 通过调整检测置信度阈值（从高到低），获得一系列 (召回率、精度) 点。这些点连接起来形成精度 - 召回率曲线。

（2） 曲线特征：通常，当召回率增加时，精度会下降。

- 高阈值：高精度，低召回率（曲线左上方）。
- 低阈值：高召回率，低精度（曲线右下方）。
- 理想情况：曲线尽可能接近右上角（1, 1）点。

（3） 曲线图示例，如图 11-6 所示。

- 横轴：召回率（0 ～ 1）。
- 纵轴：精度（0 ～ 1）。
- 曲线形状反映了模型在不同操作点的表现。

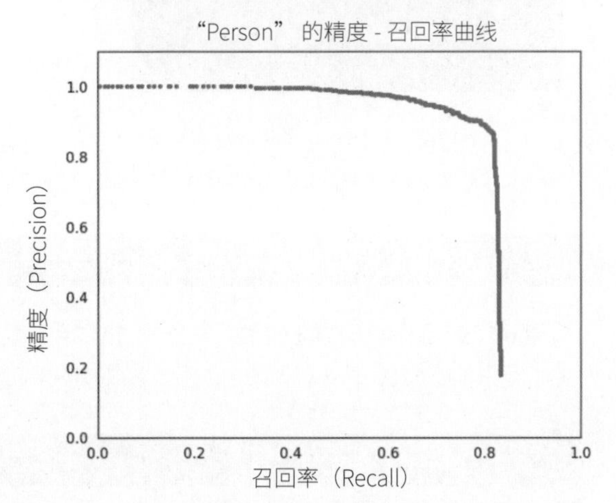

图 11-6 随着召回率的增加，精度会逐渐降低。这是因为为了提高召回率，模型需要降低其预测阈值。降低阈值会导致模型更容易将负样本预测为正样本，从而降低精度。因此，模型的精度和召回率之间存在一个权衡关系。对于初学者来说，可以将精度和召回率理解为"找对"和"找全"两个指标。精度代表"找对"的能力，召回率代表"找全"的能力。图片来源：NeuroWorkshop [L11–7]

（4） 计算 AP：AP 是精度 - 召回率曲线下的面积。实际计算中：

- 将召回率轴等分为 11 点：0, 0.1, 0.2,⋯, 1.0。
- 在每个点上取精度的最大值。
- AP 是这 11 个精度值的平均值，计算公式如下：

$$\mathrm{AP}=\frac{1}{11}\sum_{i=0}^{10}\mathrm{Precision}(\mathrm{Recall}=\frac{i}{10})$$

AP 的取值范围为 0 ～ 1，越高越好。它综合考虑了模型在不同召回率下的精度表现，能够全面评估目标检测模型对特定类别的检测能力。这个指标的优势在于它不依赖于单一阈值，而是考虑了模型在各种操作点的表现，因此，能更准确地反映模型的整体性能。

11.4.3 平均精度和交并比

在目标检测任务中，通常关注那些交并比（IoU）高于特定阈值的检测结果。这个概念在不同的数据集中有不同的应用。

（1） PASCAL VOC 数据集：通常采用 IoU 阈值 = 0.5 作为标准。这意味着，只有当预测框与真实框的重叠面积超过 50% 时，才认为是有效检测。

（2） COCO 数据集：采用更全面的评估方法，会针对多个 IoU 阈值（从 0.5 到 0.95）计算平均精度。这种方法可以评估模型在不同精度要求下的表现。

图 11-7 展示了 "Person"（人物）类别的精度 - 召回率曲线，每条曲线代表一个不同的 IoU 阈值。通过图 11-7，研究者可以直观地比较模型在不同精度要求下的表现，从而选择最适合特定应用场景的评估标准。

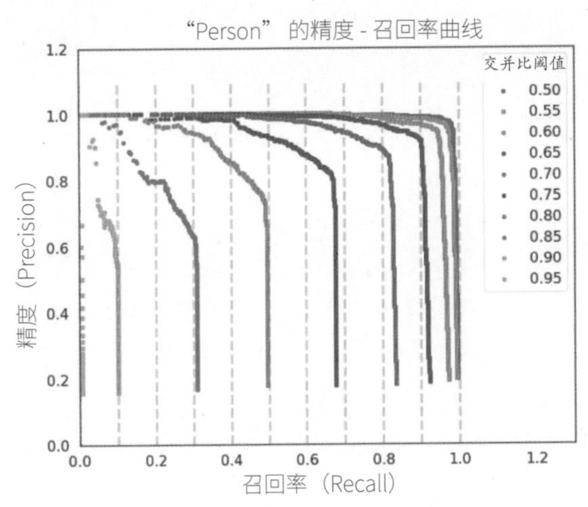

图 11-7 人物检测模型在不同 IoU 阈值下的精度 - 召回曲线。每条曲线代表一个 IoU 阈值，从 0.50 到 0.95。较低的 IoU 阈值（如 0.50，最左）对应的曲线位置较高，表示更宽松的评判标准；而较高的 IoU 阈值（如 0.95，最右）对应的曲线位置较低，反映了更严格的评判标准。曲线从高精度低召回率开始，随召回率增加而下降。这些曲线帮助研究者理解模型在不同精确度要求下的表现，从而选择适合特定任务的评估标准。图片来源 NeuroWorkshop 🔗 [L11-7]

11.4.4 平均平均精度（mAP）

目标检测的主要指标是平均平均精度（Mean Average Precision，mAP）。它是所有目标类别的平均精度值，有时也会针对不同的 IoU 阈值进行平均。这篇博文“了解目标检测的 mAP 评估指标”🔗 [L11-8] 和这里的程序示例🔗 [L11-9] 更详细地描述了平均平均精度的计算过程。

11.5 不同的目标检测方法

目标检测算法大致可以分为如下两类：

- 区域提议网络（Region Proposal Networks，如 R-CNN、Fast R-CNN、Faster R-CNN）：这些方法通过生成感兴趣区域（Region of Interest，RoI），然后在这些区域上运行卷积神经网络来寻找目标。这类方法的主要缺点是速度较慢，因为需要对图像进行多次处理。
- 一次通过方法（One-pass methods，如 YOLO、SSD、RetinaNet）：这些方法在一次传递中同时预测目标的类别和位置。这类方法速度更快，适合实时应用。

11.5.1 R-CNN：基于区域的卷积神经网络

R-CNN 🔗 [L11-10] 使用选择性搜索🔗 [L11-11] 生成感兴趣区域，然后通过卷积神经网络特征提取器和支持向量机（SVM）分类器来确定目标类别，并通过线性回归确定边界框坐标，如图 11-8 所示。对于更详细的信息，可以参考官方论文 *Faster R-CNN: Towards Real-Time Object Detection with Region Proposal Networks*（Faster R-CNN：基于区域提议网络的实时目标检测）🔗 [L11-12]。

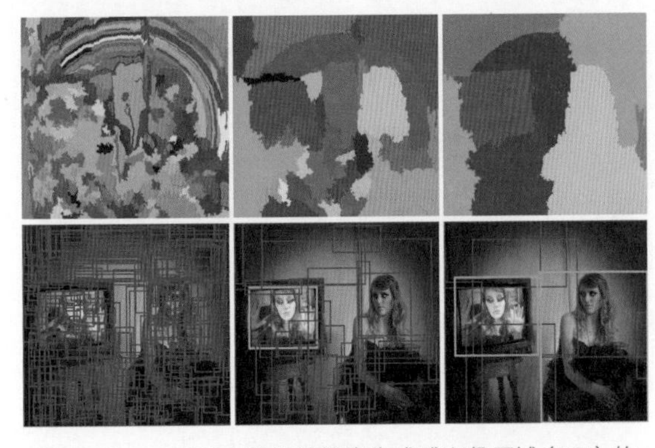

图 11-8 R-CNN 中选择性搜索生成感兴趣区域（ROI）的过程：第一行：使用选择性搜索算法对图像进行分割，生成不同颜色的区域，每个区域代表一个潜在的 ROI。第二行：在图像上绘制选择性搜索生成的候选区域，蓝色框表示初步生成的候选区域，绿色框表示筛选后的最终 ROI。这些候选区域被传递给卷积神经网络进行特征提取和分类，最终通过支持向量机（SVM）分类器确定目标类别，并通过线性回归确定边界框的坐标。图片来源 van de Sande 等，ICCV' 11

R-CNN 的工作原理如图 11-9 所示。

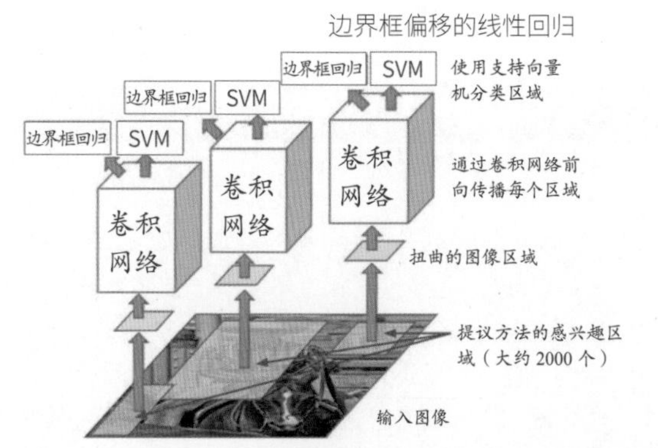

图 11-9　R-CNN（区域卷积神经网络）的工作原理。通过区域提案方法，从输入图像中识别出约 2000 个感兴趣区域。这些区域经过变形处理后，被送入卷积网络提取特征，随后通过 SVM 分类器进行分类。最后，进行边框回归以精确定位每个检测到的物体。图片来源于这篇博文 [L11–13]

11.5.2 F-RCNN：FastR-CNN

Fast R-CNN 与 R-CNN 相似，但是在应用卷积层之后定义了区域，其结构如图 11-10 所示。

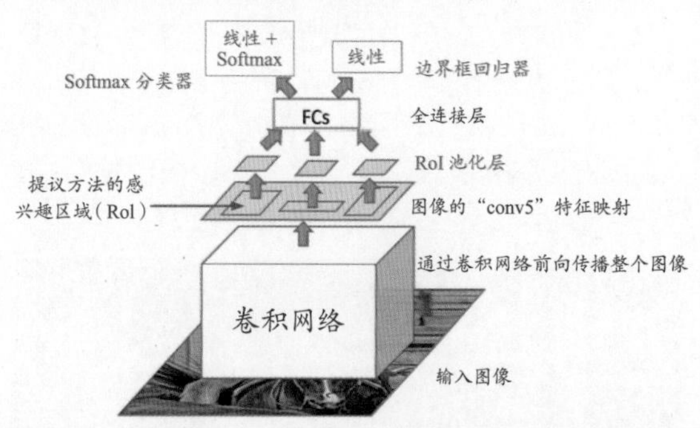

图 11-10　Fast R-CNN 模型的架构。模型首先将整个输入图像通过一个卷积网络提取特征。然后，从图像中提取感兴趣区域，并通过 RoI 池化层转换成固定大小的特征图块。这些特征通过全连接层处理后，分别送入 Softmax 分类器进行类别判断和线性回归器进行边界框调整，以实现对物体的准确检测和识别。图片来源：官方论文，arXiv，2015 [L11–14]

11.5.3 FasterR-CNN

Faster R-CNN 方法的主要思想是使用神经网络预测感兴趣区域（Region of Interest，RoI）——所谓的区域提议网络。其工作流程如图 11-11 所示，更多介绍参见此论文，2016 [L11–12]。

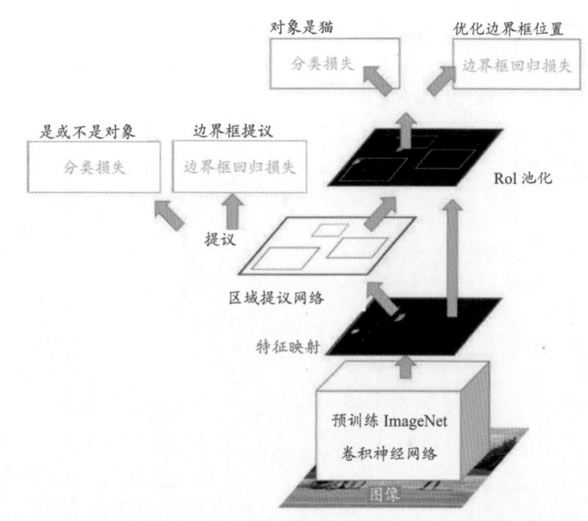

图 11-11　Faster R-CNN 目标检测模型的工作流程。图像首先通过卷积神经网络提取特征，然后通过区域提案网络自动生成目标提案。这些提案经过 RoI 池化后，模型会计算边界框回归损失以精确定位每个物体，并通过分类损失来识别物体的类别。图片来源：官方论文 [L11–12]

11.5.4 R-FCN：基于区域的全卷积网络

R-FCN 算法比 Faster R-CNN 更快，其网络结构如图 11-12 所示，其主要思想如下：

（1）使用 ResNct-101 提取特征。

（2）特征通过位置敏感得分图进行处理。对于每个属于 C 类的对象，会被分割成 $k×k$ 的小区域。我们的目标是训练模型来预测这些对象的各个部分。

（3）对于来自 $k×k$ 个区域的每个部分，所有网络为对象类别进行投票，选择得票最多的对象类别。

11.5.5 YOLO：只瞅一眼

YOLO 是一个实时的单次检测算法。其目标检测算法的工作原理如图 11-13 所示，核心思想如下：

（1）图像网格划分：将图像划分为 $S×S$ 个网格（例如，7×7 或 13×13）。

（2）网格预测：每个网格通过卷积神经网络预测。

- n 个可能的目标对象。
- 每个目标的边界框坐标（x, y, 宽度，高度）。
- 置信度分数（表示该网格包含某个目标的概率，置信度 = 类别概率 ×IoU）。

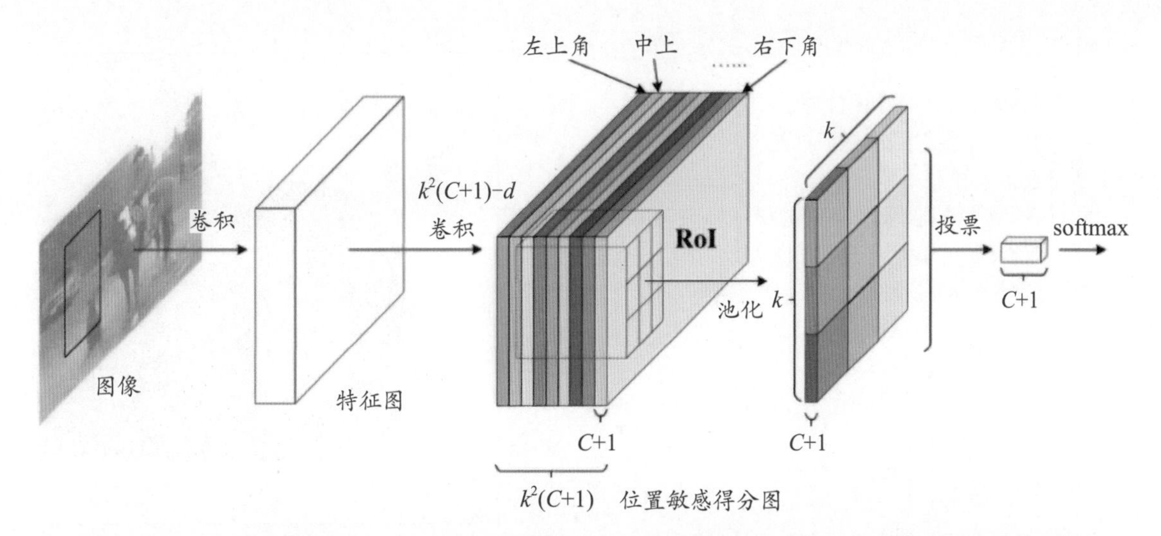

图 11-12 R-FCN 目标检测模型的结构。模型首先将图像通过卷积层提取特征，然后生成位置敏感得分图，这些图为每个类别和背景的每个空间位置提供得分。RoI 池化后，模型通过对得分图中的相应区域进行投票来检测和分类对象。最后，使用 softmax 函数输出每个对象的类别概率。图片来源：官方论文 [L11-15]

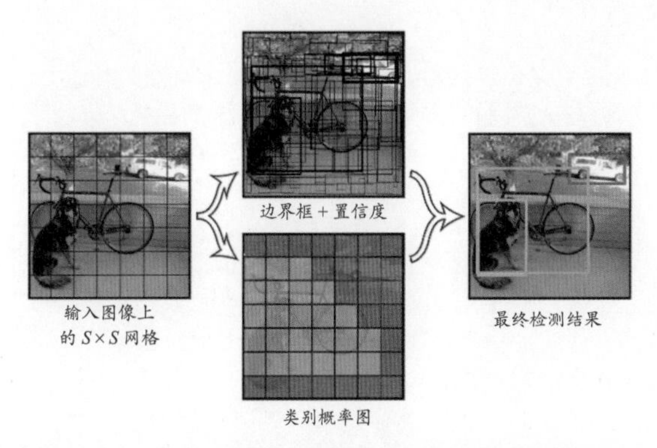

图 11-13 YOLO 目标检测算法的工作原理。算法将输入图像划分为 $S \times S$ 的网格，并在每个网格单元中同时预测边界框和类别概率。结合这些信息，YOLO 输出每个对象的最终检测结果，狗和自行车被不同颜色的框准确地标注出来。图片来源：官方论文 [L11-16]

(3) 筛选与合并：通过筛选高置信度的预测，排除置信度低的网格，最终合并这些高置信度的边界框来确定目标对象。

这种方法使得 YOLO 在一次处理图像的过程中，同时预测多个目标，实现了高效的实时检测。

11.5.6 其他算法

(1) 来自 RetinaNet 的官方论文：密集目标检测的焦点损失 [L11-17]。

① Torchvision 中的 PyTorch 实现：torchvision.models.detection.retinanet 的源代码 [L11-18]。

② keras-retinanet 的 GitHub 存储库 [L11-19]。

③ Keras 文档：使用 RetinaNet 进行目标检测 [L11-20]。

(2) 官方论文：SSD（单次多框检测器） [L11-21]。

11.6 练习——目标检测：ObjectDetection.zh.ipynb

继续在以下 Notebook 中学习：

`ObjectDetection.zh.ipynb` [L11-2]。

计算机视觉任务有不同的难度层次，如图 11-14 所示，目标检测能在图像中识别多个对象及其位置。

图 11-14 计算机视觉任务中的层次，从简单的分类到复杂的实例分割。图像分类识别图像中的单一对象，分类与定位进一步指出了对象的位置。目标检测能在图像中识别多个对象及其位置，而实例分割在此基础上，详细描绘出每个对象的精确轮廓

11.6.1 目标检测的初级方法

- 将图像分割成多个图像块。
- 对每个图像块运行卷积神经网络（CNN）图像分类器。
- 选择激活值高于阈值的图像块。

本示例演示了如何通过将图像划分为小块并使用预训练的卷积神经网络（VGG-16）对每个小块进行分类，来实现初级目标检测。此外，还展示了如何生成带有边界框的样本图像，并训练一个简单的神经网络模型来预测边界框。通过示例演示，初学者可以了解基本的目标检测原理和实现方法。

先导入所需的库和模块，程序如下：

```
# 导入所需的库和模块
import cv2
from tensorflow import keras
import numpy as np
import matplotlib.pyplot as plt
import os
```

读取一个样本图像进行操作，并将其填充为正方形，程序如下：

```
# 读取图像文件
img = cv2.imread('images/1200px-Girl_
and_cat.jpg')
# 将图像从 BGR 颜色空间转换为 RGB 颜色空间
img = cv2.cvtColor(img, cv2.COLOR_
BGR2RGB)
# 使用边缘填充将图像大小调整为方形
img = np.pad(img, ((158, 158), (0, 0),
(0, 0)), mode='edge')
# 使用 matplotlib 显示图像
plt.imshow(img)
```

程序输出如图 11-15 所示。

图 11-15　程序输出的图像经过处理，将原始的非正方形尺寸通过边缘填充调整为正方形。填充使用的是图像边缘的颜色，以保持视觉上的一致性并避免引入不自然的边界

使用预训练的 VGG-16 卷积神经网络来处理图像，加载预训练模型的程序如下：

```
# 加载预训练的 VGG-16 模型
vgg = keras.applications.vgg16.
VGG16(weights='imagenet')
```

首先，定义一个函数来预测图像上的猫的概率。ImageNet 包含了从 281 到 294 索引的多种猫的类别，将这些类别的概率相加，得到整体的“猫”概率，其程序如下：

```
# 定义预测函数，该函数将图像作为输入并返
回指定类别的预测概率总和
def predict(img):
    # 将图像大小调整为 224×224，以匹配 VGG-
16 模型的输入大小
    im = cv2.resize(img, (224, 224))
    # 使用 VGG-16 的预处理函数对图像进行预处理
    im = keras.applications.vgg16.
preprocess_input(im)
    # 使用 VGG-16 模型进行预测，并获取第一
个样本的预测概率
    pr = vgg.predict(np.expand_dims(im,
axis=0))[0]
    # 返回类别索引从 281 到 294（包括）的预
测概率之和
    return np.sum(pr[281:294]) # VGG 中与
猫相关的类别索引范围是 281 到 294

# 对图像进行预测，并返回结果
predict(img)
```

程序输出如下：

```
1/1 [=====] - 0s 339ms/step
0.6182504
```

接下来将构建一个热图来展示概率，图像被分割成 $n \times n$ 个方块。其程序如下：

```
# 定义 predict_map 函数，用于在给定图像上创建预测地图
def predict_map(img, n):
  dx = img.shape[0] // n  # 计算每个小块的大小，图像被划分为 n x n 的小块
  res = np.zeros((n, n), dtype=np.float32)  # 初始化结果矩阵，用于存储每个小块的预测值
  for i in range(n):
    for j in range(n):
      im = img[dx * i:dx * (i + 1), dx * j:dx * (j + 1)]  # 从图像中提取特定的小块
      r = predict(im)  # 使用之前定义的 predict 函数对小块进行预测
      res[i, j] = r  # 将预测结果存储在结果矩阵中
  return res  # 返回预测地图

# 创建一个 1 行 2 列的子图
fig, ax = plt.subplots(1, 2, figsize=(15, 5))
ax[1].imshow(img)  # 在右侧子图上显示原始图像
ax[0].imshow(predict_map(img, 10))  # 在左侧子图上显示预测地图
```

程序输出如下，图像部分如图 11-16 所示（同图 11-2，为方便阅读复制于此）。

```
1/1 [=====] - 0s 223ms/step
1/1 [=====] - 0s 104ms/step
1/1 [=====] - 0s 97ms/step
...
```

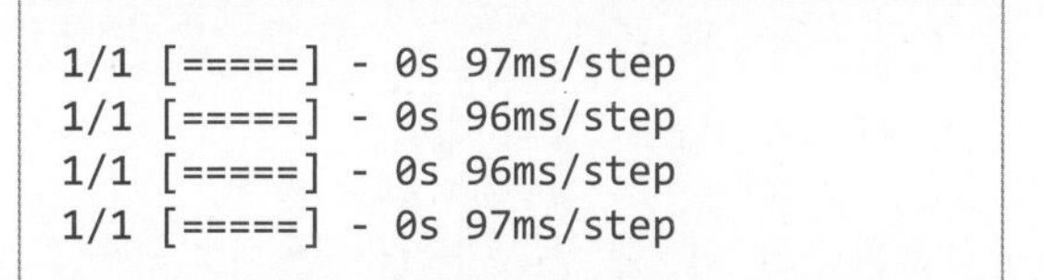

```
1/1 [=====] - 0s 97ms/step
1/1 [=====] - 0s 96ms/step
1/1 [=====] - 0s 96ms/step
1/1 [=====] - 0s 97ms/step
```

11.6.2　检测简单对象

为了更精确地定位边界框，需要运行一个回归模型来预测边界框坐标。从一个简单的例子开始：检测 32×32 图像中的黑色矩形。这个想法和部分程序源自此博客文章：使用神经网络进行目标检测——一个使用 Keras 的简单教程🔗 [L11-3]。

接下来，通过生成带有黑色矩形的样本图像，并训练一个简单的神经网络模型来预测边界框。生成样本图像的程序如下：

```
# 定义一个名为 generate_images 的函数，用于生成带有矩形物体的图像及相应的边界框（bounding boxes）
def generate_images(num_imgs, img_size=8, min_object_size=1, max_object_size=4):
    bboxes = np.zeros((num_imgs, 4))  # 初始化边界框数组，每个边界框由 4 个整数表示
    imgs = np.zeros((num_imgs, img_size, img_size))  # 初始化图像数组，每个图像大小为 img_size x img_size；设定背景为 0

    for i_img in range(num_imgs):  # 对每个图像进行循环
        w, h = np.random.randint(min_object_size, max_object_size, size=2)
```

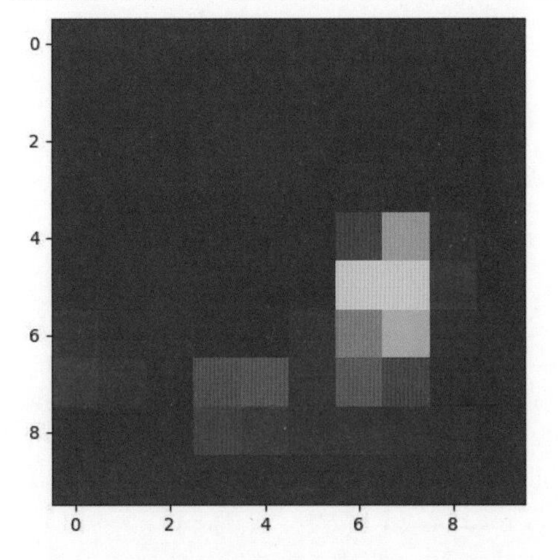

图 11-16　用初级目标检测方法寻找图像中的猫，右边的原图被分成许多小块，通过对每个小块运行卷积神经网络图像分类器，左图中高亮的块显示可能有猫的存在

```
# 随机生成矩形的宽度和高度
        x = np.random.randint(0, img_
size - w)  # 随机选择矩形的左上角 x 坐标
        y = np.random.randint(0, img_
size - h)  # 随机选择矩形的左上角 y 坐标
        imgs[i_img, x:x + w, y:y + h]
= 1.  # 将图像中相应的区域设置为 1，表示
矩形物体
        bboxes[i_img] = [x, y, w, h]
# 将矩形的坐标和大小存储在边界框数组中

    return imgs, bboxes  # 返回生成的图
像和边界框

# 使用 generate_images 函数生成 100000 个
图像
imgs, bboxes = generate_images(100000)
# 打印图像和边界框的形状
print(f"Images shape = {imgs.shape}")
print(f"BBoxes shape = {bboxes.
shape}")
```

程序输出如下：

```
Images shape = (100000, 8, 8)
BBoxes shape = (100000, 4)
```

为了使网络的输出范围在 [0;1]（数据归一化），将边界框的坐标 bboxes 除以图像大小，其程序如下：

```
# 将边界框数据缩放至 0 ～ 1
bb = bboxes / 8.0
bb[0]
```

程序输出如下：

```
array([0.   , 0.125, 0.125, 0.375])
```

在示例中将使用密集神经网络。在实际应用中，当物体形状更加复杂时，对于这类任务使用卷积神经网络是非常有意义的。我们将采用随机梯度下降优化器，并使用均方误差（MSE）作为度量标准，因为我们的任务是回归问题。

下面定义一个简单的神经网络模型来预测边界框，程序如下：

```
# 定义一个简单的神经网络模型来预测边界框
model = keras.Sequential([
    keras.layers.Flatten(input_
shape=(8, 8)),    # 输入图像的大小为
8×8，并将其展平
    keras.layers.Dense(200,
activation='relu'), # 添加一个包含 200
个节点的全连接层，激活函数为 ReLU
    keras.layers.Dropout(0.2),
# 添加一个 20% 的 Dropout 层以减少过拟合
    keras.layers.Dense(4)
# 输出层包含 4 个节点，对应于边界框的 4 个
参数
])
model.compile('sgd', 'mse')
# 使用随机梯度下降优化器和均方误差损失
model.summary()
# 打印模型摘要
```

程序输出如下：

```
Model: "sequential"
_________________________________________________________________
 Layer (type)                Output Shape              Param #
=================================================================
 flatten (Flatten)           (None, 64)                0
 dense (Dense)               (None, 200)               13000
 dropout (Dropout)           (None, 200)               0
 dense_1 (Dense)             (None, 4)                 804
=================================================================
Total params: 13804 (53.92 KB)
Trainable params: 13804 (53.92 KB)
Non-trainable params: 0 (0.00 Byte)
_________________________________________________________________
```

下面开始训练网络。还将对输入数据进行归一化处理（通过减去均值并除以标准偏差），以期获得更好

的性能，程序如下：

```
# 对图像数据进行归一化
imgs_norm = (imgs - np.mean(imgs)) /
np.std(imgs)
# 训练模型，使用归一化的图像和缩放的边界
框
model.fit(imgs_norm, bb, epochs=30)
```

程序输出如下：

```
Epoch 1/30
3125/3125 [=====] - 2s 423us/step -
loss: 0.0580
…省略部分输出内容
Epoch 29/30
3125/3125 [=====] - 1s 406us/step -
loss: 0.0021
Epoch 30/30
3125/3125 [=====] - 1s 401us/step -
loss: 0.0021
```

损失看起来相对较低，看看这如何转换为更具体的指标，如平均精度（mAP）。首先，定义两个边界框之间的交并比（IOU）指标，其程序如下：

```
def IOU(bbox1, bbox2):
    ''' 计算两个边界框 [x, y, w, h] 之间
的重叠部分，作为交集区域与并集区域的面积
比 '''
    # 从边界框 1 中提取 x, y, w, h 参数
    x1, y1, w1, h1 = bbox1[0],
bbox1[1], bbox1[2], bbox1[3]
    # 从边界框 2 中提取 x, y, w, h 参数
    x2, y2, w2, h2 = bbox2[0],
bbox2[1], bbox2[2], bbox2[3]

    # 计算交集区域的宽度，通过找到 x 方向
上重叠的部分
    w_I = min(x1 + w1, x2 + w2) -
max(x1, x2)
    # 计算交集区域的高度，通过找到 y 方向
上重叠的部分
    h_I = min(y1 + h1, y2 + h2) -
max(y1, y2)

    # 如果交集的宽度或高度小于或等于 0，
则表示没有重叠
    if w_I <= 0 or h_I <= 0:
        return 0.
    # 计算交集的面积
    I = w_I * h_I
    # 计算并集的面积，通过两个矩形的总面
积减去交集的面积
    U = w1 * h1 + w2 * h2 - I
    # 返回交集与并集的比率，即 IOU
    return I / U
```

现在将生成 500 个测试图像，并绘制其中的前 5 个，以可视化准确性。同时将打印出交并比（IOU，译者注：这里之所以用了 IOU，是因为作者在程序中定义了变量名为 IOU。在介绍概念时，通常写为 IoU，但这里会出现和程序中的变量名有差异，给读者造成困惑，所以这里保持使用了 IOU。）指标，其程序如下：

```
# 导入 matplotlib 库
import matplotlib

# 生成 500 个测试图像和对应的边界框
test_imgs, test_bboxes = generate_
images(500)

# 使用训练好的模型预测边界框，需要对输入
进行归一化，并将预测结果缩放回原始尺度
bb_res = model.predict((test_imgs -
np.mean(imgs)) / np.std(imgs)) * 8

# 创建一个 15×5 英寸的图形
plt.figure(figsize=(15, 5))

# 循环绘制 5 个测试样本的图像和预测的边界框
for i in range(5):
    # 打印预测的边界框、实际的边界框和交
集与并集的比例 (IOU)
    print(f"pred={bb_
res[i]},act={test_bboxes[i]},
IOU={IOU(bb_res[i], test_bboxes[i])}")

    # 选择当前子图
    plt.subplot(1, 5, i + 1)
    # 绘制原始图像
    plt.imshow(test_imgs[i])

    # 使用 matplotlib 的 Rectangle 方法添
加预测的边界框，设置边缘颜色为红色
    plt.gca().add_patch(matplotlib.
patches.Rectangle((bb_res[i, 1], bb_
res[i, 0]), bb_res[i, 3], bb_res[i,
2], ec='r'))
```

```
    # 下面这行程序被注释掉了，如果取消注释，它会在图像上添加一个注释，显示 IOU 的值
    # plt.annotate('IOU: {:.2f}'.format(IOU(bb_res[i], test_bboxes[i])), (bb_res[i, 1], bb_res[i, 0] + bb_res[i, 3]), color='y')
```

程序输出如下，图像部分如图 11-17 所示。

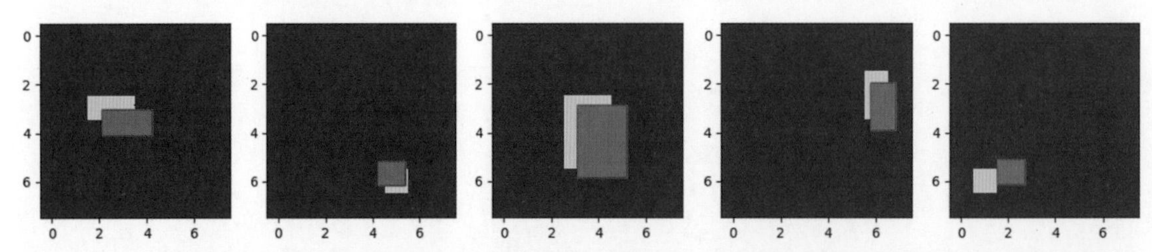

图 11-17　一组由深度学习模型预测的边界框，目的是在图像中定位对象。每张图像中的红色矩形框代表模型预测的对象位置。从左到右，图像展示了不同程度的预测准确性，其中某些预测与实际边界框高度重叠，而其他预测则较少重叠。这种可视化有助于理解和评估模型对于目标检测任务的效能

```
16/16 [==============================] - 0s 488us/step
pred=[3.0122683 2.1284945 1.0785981 2.0982244],act=[3. 2. 1. 2.], IOU=0.7655713798435156
pred=[5.1924095  4.1982803  0.97472644 1.202393  ],act=[6. 5. 1. 1.], IOU=0.03181274940881797
pred=[2.8752532 3.0502653 2.9676652 2.1194928],act=[3. 3. 3. 2.], IOU=0.8215398868282778
pred=[1.9337077 5.7743273 1.978758  1.0707136],act=[2. 6. 2. 1.], IOU=0.6457802810373666
pred=[5.0956726 1.5149021 1.0557226 1.1797433],act=[6. 1. 1. 1.], IOU=0.033812244684425986
```

取消最后一行注释，程序输出会在图像上添加一个显示 IOU 值的标注，输出如下，图像部分如图 11-18 所示。

```
16/16 [=====] - 0s 562us/step
pred=[4.0353804 1.9486518 0.9196736 2.793286 ],act=[4. 2. 1. 3.], IOU=0.8275358023082453
pred=[1.5695546 2.776789  1.1747565 1.051715 ],act=[1. 3. 1. 1.], IOU=0.18980732398561886
pred=[2.8752532 3.0502653 2.9676652 2.1194928],act=[3. 3. 3. 2.], IOU=0.8215398868282778
pred=[5.0182924 2.085004  1.0594507 1.0085353],act=[6. 2. 1. 1.], IOU=0.03561431823003176
pred=[3.016202  4.09673   2.0074053 2.8912935],act=[3. 4. 2. 3.], IOU=0.9452044818857246
```

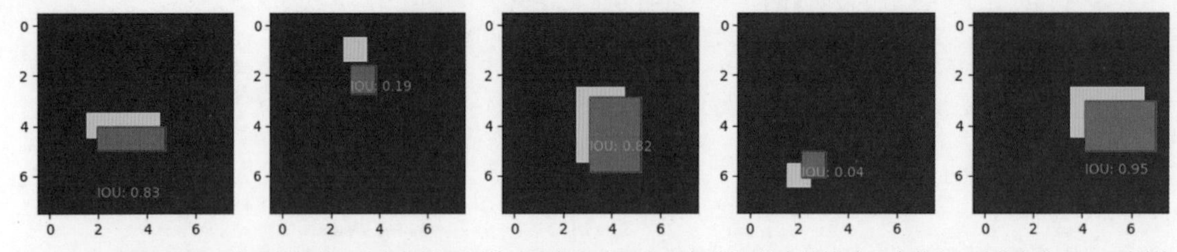

图 11-18　图注反映了模型的性能，其中包括预测的边界框与实际边界框之间的交并比（IOU）指标，该指标衡量了预测的准确性

现在，要计算所有情况下的平均精度，只需要遍历所有的测试样本，计算交并比（IOU），并计算其平均值，其程序如下：

```
# 计算所有测试图像的平均 IOU
np.array([IOU(a, b) for a, b in zip(test_bboxes, bb_res)]).mean()
```

程序输出如下：

```
0.7051917991741832
```

11.6.3 真实场景的目标检测

真实的目标检测算法更为复杂。如果想深入了解 RetinaNet 的实现细节，建议参考 Keras 关于使用 RetinaNet 进行目标检测的教程🔗 [L11-20]。如果只是想训练目标检测模型，可以使用 Keras RetinaNet 库🔗 [L11-19]。

11.7 总结

本课学习了进行目标检测的多种方法。

11.8 🚀 挑战

阅读这些关于 YOLO 的文章和 Notebook，并亲自试试看。

- 描述 YOLO 的优秀博客文章 🔗 [L11-22]。
- 官方网站 🔗 [L11-23]。
- YOLO： Keras 中的 YOLOv2 和应用程序的 GitHub 存储库 🔗 [L11-24]，逐步 Notebook 练习程序 🔗 [L11-25]。
- YOLO v2： Keras 实现，逐步 Notebook 练习程序 🔗 [L11-26]。

11.9 复习与自学

- 由 Nikhil Sardana 编写的目标检测专题文章 🔗 [L11-27]。
- 目标检测算法比较 🔗 [L11-28]。
- 深度学习目标检测算法综述 🔗 [L11-29]。
- 基本目标检测算法的逐步介绍 🔗 [L11-30]。
- Python 用于目标检测的 Faster R-CNN 实现 🔗 [L11-31]。

11.10 作业——目标检测

使用 Hollywood Heads 数据集进行头部检测。

11.10.1 任务

监控视频流中对人数的统计是一项重要的任务，它可以帮助我们估计商店中的访客数量、餐厅的繁忙时段等。为了解决这个任务，需要能够从各个角度检测到人类的头部。为了训练目标检测模型来检测人类的头部，可以使用这篇：用于人物头部检测的上下文感知卷积神经网络（CNN） 🔗 [L11-32] 的 Hollywood Heads 数据集。数据集如图 11-19 所示。

11.10.2 Hollywood Heads 数据集

Hollywood Heads 数据集🔗 [L11-33] 包含来自好莱坞电影的 224,740 帧中标注的 369,846 个人头。数据集采用 PASCAL VOC 格式提供，其中每个图像都有一个 XML 描述文件，内容如下：

```
<!-- 根元素，代表整个注释 -->
<annotation>
  <!-- 文件所在的文件夹名称 -->
  <folder>HollywoodHeads</folder>
  <!-- 图像文件的名称 -->
  <filename>mov_021_149390.jpeg</
filename>
  <!-- 数据来源信息 -->
  <source>
    <!-- 数据库名称 -->
    <database>HollywoodHeads 2015
Database</database>
    <!-- 注释来源 -->
    <annotation>HollywoodHeads 2015</
annotation>
```

图 11-19 Hollywood Heads 数据集图提供了人类头部的标注

```
    <!-- 图像来源 -->
    <image>WILLOW</image>
  </source>
  <!-- 图像的尺寸信息 -->
  <size>
    <!-- 图像的宽度 -->
    <width>608</width>
    <!-- 图像的高度 -->
    <height>320</height>
    <!-- 图像的深度，通常为 3，代表 RGB 三个通道 -->
    <depth>3</depth>
  </size>
  <!-- 是否进行了图像分割，0 表示没有，1 表示有 -->
  <segmented>0</segmented>
  <!-- 描述图像中的一个对象 -->
  <object>
    <!-- 对象的名称，这里是“头部” -->
    <name>head</name>
    <!-- 对象的边界框坐标 -->
    <bndbox>
      <!-- 左上角的 x 坐标 -->
      <xmin>201</xmin>
      <!-- 左上角的 y 坐标 -->
      <ymin>1</ymin>
      <!-- 右下角的 x 坐标 -->
      <xmax>480</xmax>
      <!-- 右下角的 y 坐标 -->
      <ymax>263</ymax>
    </bndbox>
    <!-- 对象是否难以检测，0 表示不难，1 表示难以检测 -->
    <difficult>0</difficult>
  </object>
  <!-- 描述图像中的另一个对象 -->
  <object>
    <name>head</name>
    <bndbox>
      <xmin>3</xmin>
      <ymin>4</ymin>
      <xmax>241</xmax>
      <ymax>285</ymax>
    </bndbox>
    <difficult>0</difficult>
  </object>
</annotation>
```

在这个数据集中，只有一个对象类别 `head`，对于每个头部，都可以得到边界框的坐标。可以使用 Python 库解析 XML，或者使用这个库 [L11-34] 来直接处理 PASCAL VOC 格式。

11.10.3 训练目标检测模型

可以使用以下方法之一来训练一个目标检测模型：

- 使用 Azure Custom Vision [L11-35] 及其 Python API 在云中编程训练模型。自定义视觉可能无法使用超过几百张图像来训练模型，因此，需要限制数据集的大小。
- 使用 Keras 教程 [L11-20] 中的示例来训练 RetunaNet 模型。
- 使用 `torchvision.models.detection.RetinaNet` [L11-18] 在 torchvision 中的内置模块。

11.10.4 主要收获

目标检测是工业中经常需要的任务。虽然有一些服务（如 Azure Custom Vision） [L11-35]，可以用来进行目标检测，但了解目标检测的工作原理并能够训练自己的模型是一项非常重要的技能。

课后测验

（1）目标检测模型为我们提供（ ）。

a. 物体类别

b. 边界框

c. 类别和边界框两者都有

（2）（ ）的目标检测模型更快。

a. 一次通过模型

b. 区域提议网络

c. Fast R-CNN

（3）（ ）指标可以用来确定边界框的对齐程度。

a. 准确率

b. 精度

c. 交并比（IoU）

第 12 课
图像分割

之前学习了目标检测，这使我们能够通过预测边界框来定位图像中的对象。然而，对于某些任务，不仅需要边界框，还需要更精确地定位对象。这种任务被称为图像分割（Segmentation），如图 12-1 所示。

本课将介绍如下内容：

12.1 图像分割简介
12.2 医学影像的分割
12.3 练习——语义分割
12.4 PyTorch 语义分割：SemanticSegmentationPytorch.zh.ipynb
12.5 TensorFlow 语义分割：SemanticSegmentationTF.zh.ipynb
12.6 总结
12.7 挑战
12.8 复习与自学
12.9 作业——人形分割：BodySegmentation.zh-mei.ipynb
12.10 要点

课前小测验

（1）有（ ）种分割算法？
a. 1
b. 2
c. 3

（2）图像分割是一个（ ）任务。
a. 计算机视觉
b. 自然语言处理
c. 神经网络

（3）图像分割网络由（ ）和（ ）部分组成。
a. 分类器，划分器
b. 编码器，解码器
c. 生成器，鉴别器

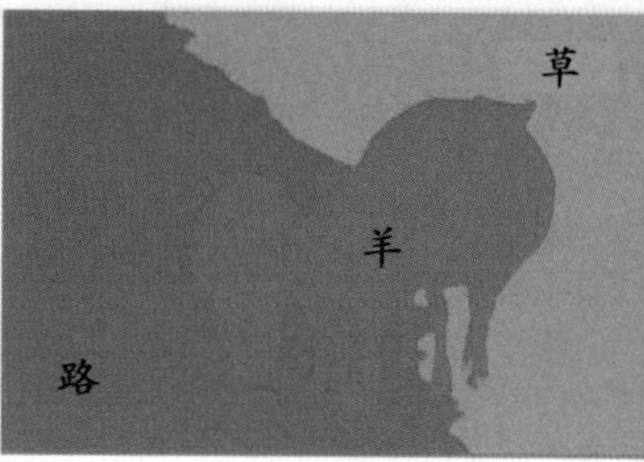

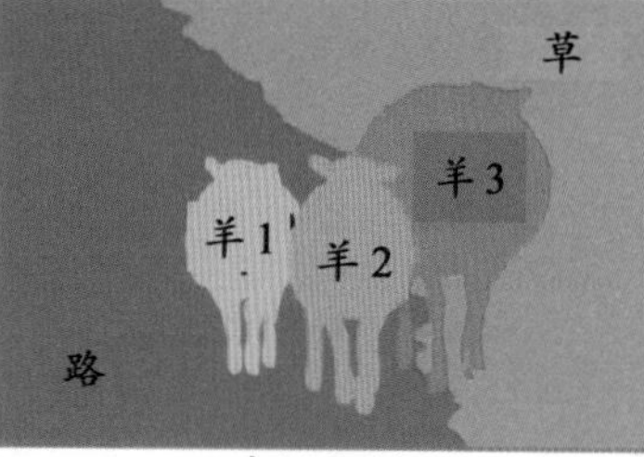

图 12-1 这张插图清晰地展示了图像分类与定位、目标检测、语义分割和实例分割的差异。在顶部两张图中，我们看到单一和多对象的识别与定位。在底部两张图中，展示了每个像素分类到特定类别的语义分割，以及区分不同实例的能力。

图片来源：博文 [L12–1]

12.1 图像分割简介

图像分割可以被视为像素分类，需要预测图像中每个像素的类别（背景也是其中一个类别）。有如下两种主要的分割算法：

- **语义分割**（Semantic segmentation）：标明每个像素的类别，不区分同一类别的不同对象。
- **实例分割**（Instance segmentation）：不仅标明类别，还区分同一类别的不同实例。

例如，在图 12-1 所示的实例分割中，这些羊是不同的对象，但在语义分割中，所有羊都被视为同一类别。

12.1.1 图像分割算法的架构

图像分割有不同的神经网络架构，但它们都具有相似的结构，如图 12-2 所示。在某种程度上，这类似于之前学习的自编码器，但我们的目标不是重构原始图像，而是构造一个遮罩。因此，一个图像分割网络包括以下部分：

- **编码器**：从输入图像中提取特征。
- **解码器**：将这些特征转换为遮罩图像，其大小和通道数与类别数相匹配。

12.1.2 图像分割中的损失函数

在图像分割中使用的损失函数也值得一提。使用传统的自编码器时，需要衡量两个图像之间的相似度，可以使用均方误差（MSE）来实现。在图像分割中，目标遮罩图像中的每个像素代表类别编号（沿第三维进行**独热编码**），因此，需要使用适用于分类的损失函数——交叉熵损失，对所有像素进行平均。如果遮罩是二进制的，则使用二进制交叉熵损失（BCE）。

> 独热编码是一种将类标签编码为等于类数的向量长度的方法。要了解更多，请参考这篇文章：使用 Sklearn 进行独热编码（One-Hot Encoding）的教程 [L12–3]。

12.2 医学影像的分割

在本课中，将通过训练网络识别医学影像中的人类痣（也称为黑痣）来展示分割的应用。使用 PH^2 皮肤病理数据库 [L12–4] 中的皮肤镜图像（如图 12-3 所示）作为数据源。该数据集包含 200 张分为 3 个类别的图像：典型痣、非典型痣和黑色素瘤。所有图像还包含相应的遮罩，描绘出痣的轮廓。

> 这种技术特别适用于这类医学影像，你还能想到其他的实际应用场景吗？

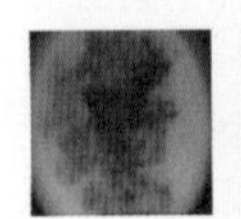
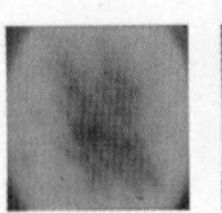
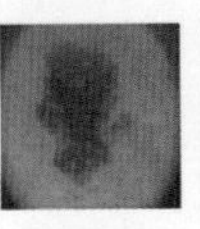
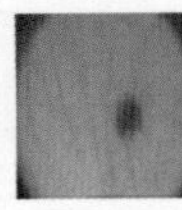
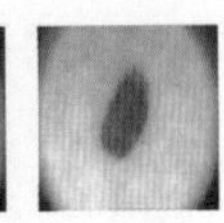

图 12-3　PH^2 数据库中的皮肤镜图像样张

下面将训练一个模型从背景中分割出任何黑痣。

12.3 练习——语义分割

打开下面的 Notebook 了解不同的语义分割架构，通过实践掌握它们的使用方法，并观察它们在实际场景中的效果。

- PyTorch 语义分割 [L12–5]。
- TensorFlow 语义分割 [L12–6]。

12.4 PyTorch 语义分割：SemanticSegmentation Pytorch.zh.ipynb

在本练习中将使用 Python 和 PyTorch 实现 U-Net 和 SegNet 两种卷积神经网络进行图像分割。

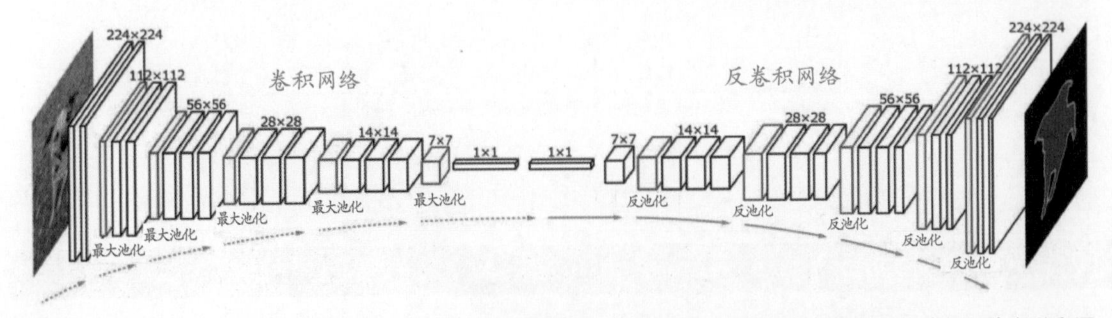

图 12-2　插图展示了一个用于图像分割的典型卷积神经网络架构，包括逐步提取图像特征的卷积网络（编码器）部分和逐步恢复图像细节进行像素分类的反卷积网络（解码器）部分。从原始图像到特征提取，再到最终分割结果的过程，清晰地表现了从编码到解码的整个流程。图片来源：这篇出版物 [L12–2]

通过对 PH² 皮肤镜图像数据集的处理，将学习图像预处理、模型构建、训练、评估和预测的全过程，理解图像分割的核心原理和技术。

12.4.1 前期准备

首先，导入所需的库，并检查是否有 GPU 可用于训练。

> 注意：运行下面的程序需要安装 scikit-image 库。可以使用 pip 或 conda（如果使用的是 Anaconda 环境）在终端安装。
> 使用 pip 安装的命令如下：

```
pip install scikit-image
```

> 使用 conda 安装的命令如下：

```
conda install scikit-image
```

导入所需的库，程序如下：

```
# 导入 PyTorch 库
import torch
# 导入 PyTorch 的视觉工具库
import torchvision
# 导入绘图库
import matplotlib.pyplot as plt
# 导入 PyTorch 的 transforms 模块，用于数据预处理
from torchvision import transforms
# 导入 PyTorch 的神经网络模块
from torch import nn
# 导入 PyTorch 的优化器模块
from torch import optim
# 导入 tqdm 模块，用于显示进度条
from tqdm import tqdm
# 导入 NumPy 库
import numpy as np
# 导入 PyTorch 的功能函数模块
import torch.nn.functional as F
# 导入 skimage 库的 io 模块，用于图像读取
from skimage.io import imread
# 导入 skimage 库的 transform 模块，用于图像变换
from skimage.transform import resize
# 导入 os 模块，用于操作系统相关的操作，如文件路径操作等
import os
# 设置 PyTorch 的随机数种子，保证实验的可重复性
torch.manual_seed(42)
# 设置 NumPy 的随机数种子，保证实验的可重复性
np.random.seed(42)
```

检查设备并配置超参数的程序如下：

```
# 检查是否有可用的 CUDA 设备，如果有，则将设备设置为 'cuda:0'，否则为 'cpu'
device = 'cuda:0' if torch.cuda.is_available() else 'cpu'
# 设置训练集的大小为 0.9（90% 的数据用于训练，剩余 10% 的数据用于测试）
train_size = 0.9
# 设置学习率为 1e-3
lr = 1e-3
# 设置权重衰减（L2 正则化）参数为 1e-6
weight_decay = 1e-6
# 设置批大小为 32
batch_size = 32
# 设置训练轮次为 30
epochs = 30
```

12.4.2 下载和解压数据集

将使用 PH² 数据库 [L12-4] 中的人体痣的皮肤镜图像。该数据集包含 200 张分为 3 个类别的图像：典型痣、非典型痣和黑色素瘤。所有图像还包含相应的遮罩，描绘出痣的轮廓。

下面的程序从原始位置下载数据集并解压缩。为了使这段程序正常工作，需要安装 unrar 工具，可以在 Linux 系统中使用 sudo apt-get install unrar 命令来安装，或者在此处下载 Windows 系统的命令行版本 [L12-7]。下载和解压数据集的命令如下：

```
# 使用 apt-get 命令安装 rar
!apt-get install rar

# 使用 wget 命令从 Dropbox 下载数据集压缩文件
!wget https://www.dropbox.com/s/k88qukc20ljnbuo/PH2Dataset.rar

# 使用 unrar 命令解压缩下载的文件
!unrar x -Y PH2Dataset.rar
```

程序输出如下：

```
…省略部分输出内容
PH2Dataset/PH2 Dataset images/IMD437/
(dir)... OK.
PH2Dataset/PH2 Dataset images/
(dir)... OK.
PH2Dataset/  (dir)... OK.
Successfully extracted to "./
PH2Dataset".
```

现在将定义加载数据集的程序。把所有图像转换为 256×256 大小，并将数据集分为训练和测试两部分。此函数返回训练和测试数据集，每个数据集都包含原始图像和勾勒痣轮廓的遮罩，其程序如下：

```
# 定义加载数据集的函数
def load_dataset(train_part,
root='PH2Dataset'):
    # 初始化两个空列表，用于保存图像和遮罩
    images = []
    masks = []
    # 遍历数据集目录，寻找图像和遮罩文件
    for root, dirs, files in
os.walk(os.path.join(root, 'PH2
Dataset images')):
        if root.endswith('_
Dermoscopic_Image'):
            # 如果当前目录包含图像文件，
则读取并添加到图像列表
            images.append(imread(os.
path.join(root, files[0])))
        if root.endswith('_lesion'):
            # 如果当前目录包含遮罩文件，
则读取并添加到遮罩列表
            masks.append(imread(os.
path.join(root, files[0])))

    # 设置目标图像大小
    size = (256, 256)
    # 对图像进行调整大小并转换为 PyTorch
张量
    images = torch.permute(torch.
FloatTensor(np.array([resize(image,
size, mode='constant', anti_
aliasing=True,) for image in
images])), (0, 3, 1, 2))
    # 对遮罩进行调整大小并转换为 PyTorch
张量
    masks = torch.FloatTensor(np.
array([resize(mask, size,
mode='constant', anti_aliasing=False)
> 0.5 for mask in masks])).
unsqueeze(1)

    # 随机打乱数据集的索引
    indices = np.random.
permutation(range(len(images)))
    # 根据训练集比例分割训练集和测试集
    train_part = int(train_part *
len(images))
    train_ind = indices[:train_part]
    test_ind = indices[train_part:]

    # 创建训练集和测试集
    train_dataset = (images[train_ind,
:, :, :], masks[train_ind, :, :, :])
    test_dataset = (images[test_ind, :,
:, :], masks[test_ind, :, :, :])

    return train_dataset, test_dataset

# 调用函数加载数据集
train_dataset, test_dataset = load_
dataset(train_size)
```

绘制数据集中的一些图片，看看它们的样子，其程序如下：

```
# 定义函数 plotn，参数 n 指定要绘制的样本
数量，data 是要绘制的数据（图像和遮罩），
only_mask 决定是否只绘制遮罩
def plotn(n, data, only_mask=False):
    # 从数据中获取图像和遮罩
    images, masks = data[0], data[1]
    # 创建一个新的图形窗口，其中包含 n 个
子图（用于绘制图像）
    fig, ax = plt.subplots(1, n)
    # 创建另一个新的图形窗口，其中包含 n
个子图（用于绘制遮罩）
    fig1, ax1 = plt.subplots(1, n)
    # 使用枚举（enumerate）函数迭代图像
和遮罩，i 是当前迭代的索引（也就是样本的序
号），img 和 mask 分别是当前迭代的图像和遮
罩
    for i, (img, mask) in
enumerate(zip(images, masks)):
        # 如果已经绘制了 n 个样本，则结束
循环
        if i == n:
            break
        # 如果 only_mask 为 False（默认值
），则在第一个图形窗口的第 i 个子图中绘制
图像 img
        # 注意，img 的形状是（通道数，
宽，高），而 imshow 函数需要的形状是（宽，
高，通道数），因此需要使用 permute 函数调
整 img 的维度顺序
        if not only_mask:
```

```
            ax[i].imshow(torch.
permute(img, (1, 2, 0)))
        else:
            # 如果 only_mask 为 True，则
只绘制遮罩
            ax[i].imshow(img[0])
        # 在第二个图形窗口的第 i 个子图中
绘制遮罩 mask
        ax1[i].imshow(mask[0])
        # 隐藏子图的坐标轴
        ax[i].axis('off')
        ax1[i].axis('off')
    # 显示图形
    plt.show()

# 调用 plotn 函数，绘制训练数据集中的前 5
个样本
plotn(5, train_dataset)
```

程序输出如图 12-4 所示。

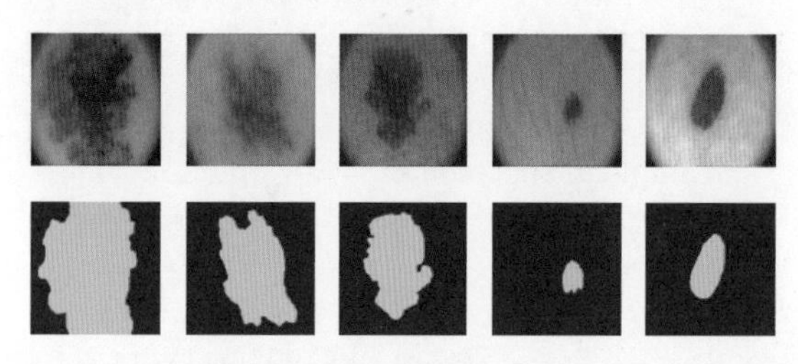

图 12-4　训练集中的皮肤镜图像样张（上排）和对应的遮罩图像（下排）

还需要数据加载器将数据输入神经网络中，创建数据加载器的程序如下：

```
# 创建训练数据加载器
# 首先，使用 zip 函数将训练数据集的图像和
遮罩打包成一个元组列表
# 然后，使用 DataLoader 函数创建数据加载
器，指定每个批次的大小（batch_size），以
及是否在每个周期开始时对数据进行随机重排
（shuffle）
train_dataloader = torch.utils.data.
DataLoader(list(zip(train_dataset[0],
train_dataset[1])), batch_size=batch_
size, shuffle=True)

# 创建测试数据加载器与创建训练数据加载器
的过程类似，只是将 batch_size 设置为 1，且
将 shuffle 设置为 False（因为测试时不需要
重排数据）
test_dataloader = torch.utils.data.
DataLoader(list(zip(test_dataset[0],
test_dataset[1])), batch_size=1,
shuffle=False)

# 将训练和测试数据加载器放入一个元组中，
以方便后续使用
dataloaders = (train_dataloader, test_
dataloader)
```

12.4.3　SegNet

最简单的编码器 - 解码器架构称为 SegNet。它在编码器中使用标准的卷积神经网络（包括卷积和池化层），在解码器中使用反卷积神经网络（包含卷积和上采样），并依赖批量归一化来成功地训练多层网络，其结构如图 12-5 所示。

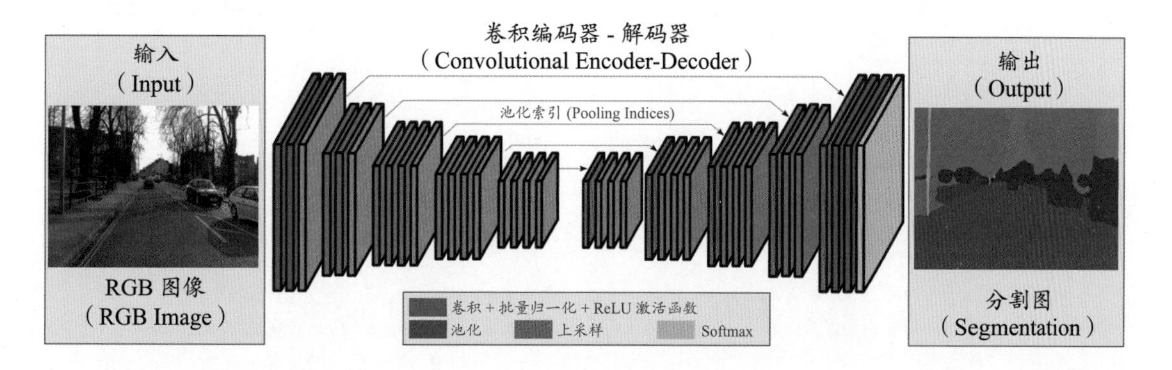

图 12-5　这张插图展示了用于图像分割的 SegNet 类型网络结构，包括对输入 RGB 图像进行特征提取的编码器和将这些特征转换回像素级分割图的解码器。编码器通过卷积和池化操作逐层提取并压缩特征，而解码器则利用卷积和上采样操作恢复图像细节，输出精确的像素级分类。图片来源：Badrinarayanan, V., Kendall, A., & Cipolla, R. (2015) 的论文 (SegNet：一种用于图像分割的深度卷积编码器——解码器架构）🔗 [L12–8]

定义 SegNet 模型的程序如下：

```
# 定义一个名为 SegNet 的网络模型，它继承自 PyTorch 的 nn.Module 基类
class SegNet(nn.Module):
    # 在初始化函数中，定义网络的所有层次结构
    def __init__(self):
        # 调用父类的初始化函数
        super().__init__()

        # 下面开始定义网络的层次结构
        # 首先定义编码器（Encoder）部分。这部分通常是一系列的卷积层、激活函数、批量标准化层和最大池化层
        # 这些层会逐渐将输入图像的空间维度（即高度和宽度）降低，同时增加通道数（即深度）

        # 定义第一层为卷积层，输入通道数为 3（RGB 图像），输出通道数为 16，卷积核大小为 3×3，边缘填充为 1（为了保持图像尺寸不变）
        self.enc_conv0 = nn.Conv2d(in_channels=3, out_channels=16, kernel_size=(3,3), padding=1)
        # 定义激活函数为 ReLU
        self.act0 = nn.ReLU()
        # 定义批量标准化层，输入通道数为 16
        self.bn0 = nn.BatchNorm2d(16)
        # 定义最大池化层，池化核大小为 2×2，这会将图像的高度和宽度减半
        self.pool0 = nn.MaxPool2d(kernel_size=(2,2))

        # 定义第二层，类似的有卷积层、ReLU 激活函数层、批量标准化层和最大池化层，这里不再赘述
        self.enc_conv1 = nn.Conv2d(in_channels=16, out_channels=32, kernel_size=(3,3), padding=1)
        self.act1 = nn.ReLU()
        self.bn1 = nn.BatchNorm2d(32)
        self.pool1 = nn.MaxPool2d(kernel_size=(2,2))

        # 定义第三层，类似的有卷积层、ReLU 激活函数层、批量标准化层和最大池化层，这里不再赘述
        self.enc_conv2 = nn.Conv2d(in_channels=32, out_channels=64, kernel_size=(3,3), padding=1)
        self.act2 = nn.ReLU()
        self.bn2 = nn.BatchNorm2d(64)
        self.pool2 = nn.MaxPool2d(kernel_size=(2,2))

        # 定义第四层，类似的有卷积层，ReLU 激活函数层、批量标准化层和最大池化层，这里不再赘述
        self.enc_conv3 = nn.Conv2d(in_channels=64, out_channels=128, kernel_size=(3,3), padding=1)
        self.act3 = nn.ReLU()
        self.bn3 = nn.BatchNorm2d(128)
        self.pool3 = nn.MaxPool2d(kernel_size=(2,2))

        # 定义瓶颈层（bottleneck layer），这是编码器和解码器之间的连接层。这里使用一个卷积层，输入通道数为 128，输出通道数为 256，卷积核大小为 3×3，边缘填充为 1
        self.bottleneck_conv = nn.Conv2d(in_channels=128, out_channels=256, kernel_size=(3,3), padding=1)

        # 定义解码器（Decoder）部分。这部分通常是一系列的上采样（upsampling）层（或称为反卷积（deconvolution）层）、卷积层、激活函数和批量标准化层
        # 这些层会逐渐将输入特征图的空间维度（即高度和宽度）增大，同时减少通道数（即深度），最终恢复到原始图像的空间尺寸和通道数

        # 定义第一层为上采样层，放大因子为 2（即将图像的高度和宽度放大 2 倍）
        self.upsample0 = nn.UpsamplingBilinear2d(scale_factor=2)
        # 然后是卷积层，输入通道数为 256，输出通道数为 128，卷积核大小为 3×3，边缘填充为 1
        self.dec_conv0 = nn.Conv2d(in_channels=256, out_channels=128, kernel_size=(3,3), padding=1)
        # 接着是 ReLU 激活函数
        self.dec_act0 = nn.ReLU()
        # 最后是批量标准化层，输入通道数为 128
        self.dec_bn0 =
```

```
nn.BatchNorm2d(128)

        # 定义第二层，类似的有上采样层、卷积层、ReLU 激活函数和批量标准化层，这里不再赘述
        self.upsample1 = nn.UpsamplingBilinear2d(scale_factor=2)
        self.dec_conv1 = nn.Conv2d(in_channels=128, out_channels=64, kernel_size=(3,3), padding=1)
        self.dec_act1 = nn.ReLU()
        self.dec_bn1 = nn.BatchNorm2d(64)

        # 定义第三层，类似的有上采样层、卷积层、ReLU 激活函数和批量标准化层，这里不再赘述
        self.upsample2 = nn.UpsamplingBilinear2d(scale_factor=2)
        self.dec_conv2 = nn.Conv2d(in_channels=64, out_channels=32, kernel_size=(3,3), padding=1)
        self.dec_act2 = nn.ReLU()
        self.dec_bn2 = nn.BatchNorm2d(32)
        # 定义第四层，这是最后一层，使用上采样层和卷积层，这里的卷积层的输出通道数为 1，因为需要生成一个单通道的分割蒙版图像
        self.upsample3 = nn.UpsamplingBilinear2d(scale_factor=2)
        self.dec_conv3 = nn.Conv2d(in_channels=32, out_channels=1, kernel_size=(1,1))

        # 最后，定义输出层的激活函数为 Sigmoid，将输出值限制在 0～1，表示像素属于前景的概率
        self.sigmoid = nn.Sigmoid()

    # 定义网络的前向传播函数。在这个函数中，将输入的图像（或者称为特征图）依次通过定义的所有层次，生成最终的输出
    def forward(self, x):
        # 首先通过编码器部分
        e0 = self.pool0(self.bn0(self.act0(self.enc_conv0(x))))
        e1 = self.pool1(self.bn1(self.act1(self.enc_conv1(e0))))
        e2 = self.pool2(self.bn2(self.act2(self.enc_conv2(e1))))
        e3 = self.pool3(self.bn3(self.act3(self.enc_conv3(e2))))

        # 然后通过瓶颈层
        b = self.bottleneck_conv(e3)

        # 最后通过解码器部分
        d0 = self.dec_bn0(self.dec_act0(self.dec_conv0(self.upsample0(b))))
        d1 = self.dec_bn1(self.dec_act1(self.dec_conv1(self.upsample1(d0))))
        d2 = self.dec_bn2(self.dec_act2(self.dec_conv2(self.upsample2(d1))))
        d3 = self.sigmoid(self.dec_conv3(self.upsample3(d2)))
        # 返回最终的输出
        return d3
```

在图像分割中使用的损失函数也值得一提。使用传统的自编码器时，需要衡量两个图像之间的相似度，可以使用均方误差（MSE）来实现。在图像分割中，目标遮罩图像中的每个像素代表类别编号（沿第三维进行独热编码），因此，需要使用适用于分类的损失函数——交叉熵损失，对所有像素进行平均。如果遮罩是二进制的，则使用二进制交叉熵损失（BCE）。

创建模型实例并配置优化器和损失函数的程序如下：

```
# 创建模型实例并将模型移动到 GPU 或 CPU 上
model = SegNet().to(device)
# 定义优化器为 Adam，输入模型的参数，学习率和权重衰减系数
optimizer = optim.Adam(model.parameters(), lr=lr, weight_decay=weight_decay)
# 定义损失函数为二元交叉熵损失函数（包含了 Sigmoid 激活函数）
loss_fn = nn.BCEWithLogitsLoss()
```

定义训练函数的程序如下：

```
# 定义训练函数，输入是数据加载器、模型、损失函数、优化器、训练的轮数（epochs），和设备（GPU 或 CPU）
def train(dataloaders, model, loss_fn, optimizer, epochs, device):
    # 使用 tqdm 库创建一个进度条，展示训练的进度
    tqdm_iter = tqdm(range(epochs))
    # 从数据加载器中获取训练和测试的数据加载器
    train_dataloader, test_dataloader = dataloaders[0], dataloaders[1]

    # 对每一个训练轮数进行循环
    for epoch in tqdm_iter:
        # 将模型设置为训练模式
        model.train()
        # 初始化训练和测试的损失为 0
        train_loss = 0.0
        test_loss = 0.0

        # 对训练数据进行循环，每次取一个批次的数据
        for batch in train_dataloader:
            # 从批次数据中获取图像和标签，并将它们移动到设备上
            imgs, labels = batch
            imgs = imgs.to(device)
            labels = labels.to(device)

            # 使用模型对图像进行预测
            preds = model(imgs)
            # 计算预测和标签之间的损失
            loss = loss_fn(preds, labels)

            # 清除优化器中的梯度
            optimizer.zero_grad()
            # 对损失进行反向传播，计算梯度
            loss.backward()
            # 使用优化器对模型的参数进行更新
            optimizer.step()

            # 累加每个批次的损失
            train_loss += loss.item()

        # 将模型设置为评估模式
        model.eval()
        # 对测试数据进行循环，每次取一个批次的数据
        with torch.no_grad():
            for batch in test_dataloader:
                # 从批次数据中获取图像和标签，并将它们移动到设备上
                imgs, labels = batch
                imgs = imgs.to(device)
                labels = labels.to(device)

                # 使用模型对图像进行预测
                preds = model(imgs)
                # 计算预测和标签之间的损失
                loss = loss_fn(preds, labels)

                # 累加每个批次的损失
                test_loss += loss.item()

        # 计算训练和测试的平均损失
        train_loss /= len(train_dataloader)
        test_loss /= len(test_dataloader)

        # 在进度条上显示训练和测试的损失
        tqdm_dct = {'train loss:': train_loss, 'test loss:': test_loss}
        tqdm_iter.set_postfix(tqdm_dct, refresh=True)
        tqdm_iter.refresh()
```

进行训练的程序如下：

```
# 使用定义的训练函数对模型进行训练
train(dataloaders, model, loss_fn, optimizer, epochs, device)
```

程序输出如下：

```
100%|██████| 30/30 [07:49<00:00, 15.66s/it, train loss:=0.602, test loss:=0.6]
```

为了评估模型，将绘制许多图像的目标遮罩和预测遮罩，其程序如下：

```
# 将模型设置为评估模式，这意味着模型中的
```

```
所有层（如 Dropout 层或 BatchNorm 层）都会被设置为评估模式，这对获取可靠的预测结果至关重要
model.eval()
# 创建一个空列表，用于存储预测结果
predictions = []
# 创建一个空列表，用于存储图像和对应的遮罩（mask）
image_mask = []
# 定义要绘制的预测结果数量
plots = 5
# 从测试数据集中获取图像和对应的遮罩
images, masks = test_dataset[0], test_dataset[1]
# 对图像和遮罩进行循环
for i, (img, mask) in enumerate(zip(images, masks)):
    # 如果达到了要绘制的预测结果数量，则停止循环
    if i == plots:
        break
    # 将图像移动到设备（GPU 或 CPU）上，并增加一个维度（使其变成一个批量大小为 1 的批量）
    img = img.to(device).unsqueeze(0)
    # 使用模型对图像进行预测，然后将预测结果从 GPU 移动到 CPU，然后将其转换为一个 Python 列表，然后添加到预测结果列表中
    # 这里使用了阈值 0.5 将模型输出的概率转换为二进制的遮罩
    predictions.append((model(img).detach().cpu()[0] > 0.5).float())
    # 将遮罩添加到遮罩列表中
    image_mask.append(mask)
# 使用之前定义的 plotn 函数绘制预测结果和真实的遮罩
plotn(plots, (predictions, image_mask), only_mask=True)
```

程序输出如图 12-6 所示。

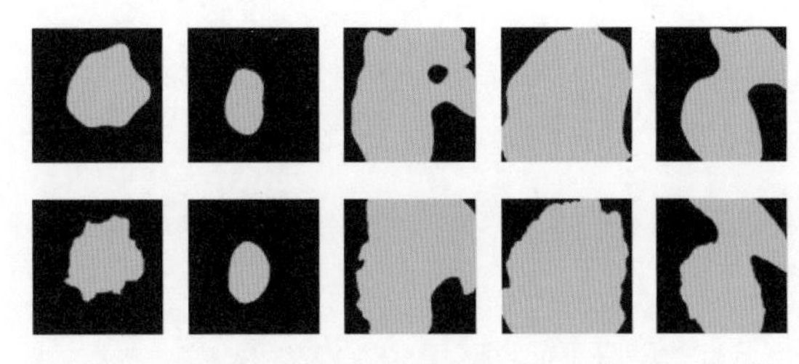

图 12-6　程序输出的训练集目标预测的遮罩图像（上排）和真实标签遮罩图像（下排）

还有一些正式的指标可以评估性能，可以在此处 [L12-9] 阅读更多相关内容。最容易理解的是像素精度 —— 正确分类的像素的百分比。

12.4.4　U-Net

尽管 SegNet 架构设计合理，但它的准确性并不是最高的，原因在于，对原始图像应用金字塔式卷积神经网络架构，会减少图像特征的空间精度。当重建图像时，无法正确地重建像素位置。

因此，在编码器和解码器的卷积层之间使用跳过连接（skip connections），有助于网络保留每个卷积级别的原始输入特征信息。这种架构在语义分割中非常常见，被称为 U-Net，其架构如图 12-7 所示。在每个卷积级别上的跳过连接有助于网络不丢失关于该级别原始输入的特征信息。

在这里将使用相对简单的卷积神经网络架构，但 U-Net 也可以使用更复杂的编码器来提取特征，如 ResNet-50。

下面的代码定义了 U-Net 模型。

```
# 定义一个 UNet 类，继承自 PyTorch 的基础模块类 nn.Module
class UNet(nn.Module):
    # 定义类的初始化函数
    def __init__(self):
        # 调用父类的初始化函数
        super().__init__()  # 调用父类的初始化函数
        # 定义编码（下采样）部分的卷积层和激活函数，以及批量归一化层和池化层
        # 这些层将图像从原始输入大小下采样，同时增加通道数量
        # 编码器部分（下采样）
        # 第一层
        self.enc_conv0 = nn.Conv2d(in_channels=3, out_channels=16, kernel_size=(3,3), padding=1)  # 定义卷积层，输入通道数为 3，输出通道数为 16
        self.act0 = nn.ReLU()  # 定义 ReLU 激活函数
        self.bn0 = nn.BatchNorm2d(16)  # 定义批量归一化层，输入通道数为 16
        self.pool0 = nn.MaxPool2d(kernel_size=(2,2))  # 定义最大池化层
```

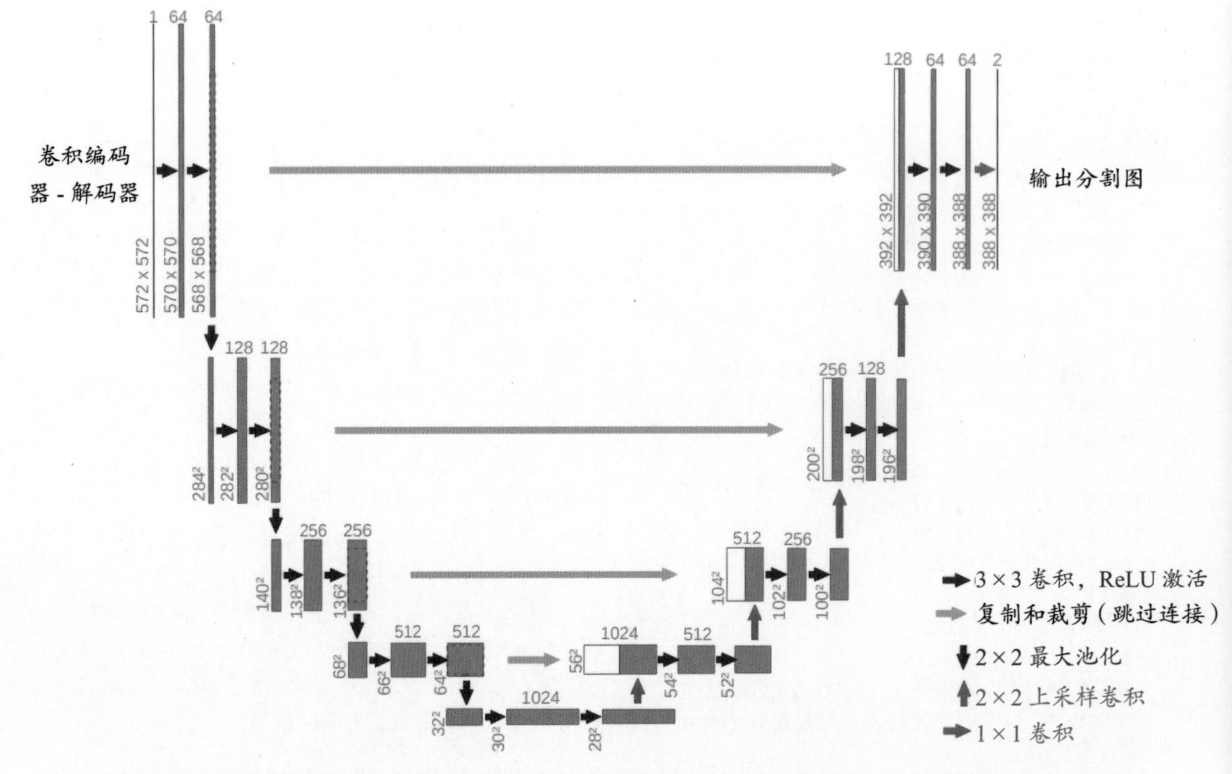

图 12-7 U-Net 架构示例（最低分辨率为 32 像素 ×32 像素）。每个蓝色方框代表一个多通道特征图，方框顶部的数字表示通道数，左下角提供了 x-y 轴的尺寸。白色方框表示复制的特征图。不同颜色的箭头代表不同的操作。图片来源：Ronneberger, Olaf, Philipp Fischer, 与 Thomas Brox. U-Net: 用于生物医学图像分割的卷积网络 [L12-10]

```
        # 以下 4 组程序定义了接下来的 4 层编码器，每一层都包含一个卷积层、一个 ReLU 激活函数、一个批量归一化层和一个最大池化层
        # 在每一层中，输入通道数是上一层的输出通道数，输出通道数是输入通道数的两倍
        self.enc_conv1 = nn.Conv2d(in_channels=16, out_channels=32, kernel_size=(3,3), padding=1)
        self.act1 = nn.ReLU()
        self.bn1 = nn.BatchNorm2d(32)
        self.pool1 = nn.MaxPool2d(kernel_size=(2,2))

        self.enc_conv2 = nn.Conv2d(in_channels=32, out_channels=64, kernel_size=(3,3), padding=1)
        self.act2 = nn.ReLU()
        self.bn2 = nn.BatchNorm2d(64)
        self.pool2 = nn.MaxPool2d(kernel_size=(2,2))

        self.enc_conv3 = nn.Conv2d(in_channels=64, out_channels=128, kernel_size=(3,3), padding=1)
        self.act3 = nn.ReLU()
        self.bn3 = nn.BatchNorm2d(128)
        self.pool3 = nn.MaxPool2d(kernel_size=(2,2))

        # 瓶颈层，进行更深层次的特征提取
        self.bottleneck_conv = nn.Conv2d(in_channels=128, out_channels=256, kernel_size=(3,3), padding=1)
        # 定义解码（上采样）部分的卷积层和激活函数，以及批量归一化层和上采样层
        # 这些层将图像从瓶颈层的大小上采样回原始输入大小，同时减少通道数量
        # 解码器部分（上采样）
        # 第一层
        self.upsample0 = nn.UpsamplingBilinear2d(scale_factor=2)  # 定义上采样层，将图像的尺寸放大两倍
```

```
        self.dec_conv0 = nn.Conv2d(in_
channels=384, out_channels=128,
kernel_size=(3,3), padding=1)  # 定义
卷积层，输入通道数为 384，输出通道数为 128
        self.dec_act0 = nn.ReLU()  #
定义 ReLU 激活函数
        self.dec_bn0 =
nn.BatchNorm2d(128)  # 定义批量归一化
层，输入通道数为 128

        # 以下三组程序定义了接下来的三层
解码器，每层都包含一个上采样层、一个卷积层、
一个 ReLU 激活函数和一个批量归一化层
        # 在每一层中，输入通道数是上一层
的输出通道数，输出通道数是输入通道数的一半
        self.upsample1 =
nn.UpsamplingBilinear2d(scale_
factor=2)
        self.dec_conv1 =
nn.Conv2d(in_channels=192, out_
channels=64, kernel_size=(3,3),
padding=1)
        self.dec_act1 = nn.ReLU()
        self.dec_bn1 =
nn.BatchNorm2d(64)

        self.upsample2 =
nn.UpsamplingBilinear2d(scale_
factor=2)
        self.dec_conv2 = nn.Conv2d(in_
channels=96, out_channels=32, kernel_
size=(3,3), padding=1)
        self.dec_act2 = nn.ReLU()
        self.dec_bn2 =
nn.BatchNorm2d(32)

        self.upsample3 =
nn.UpsamplingBilinear2d(scale_
factor=2)
        self.dec_conv3 = nn.Conv2d(in_
channels=48, out_channels=1, kernel_
size=(1,1))  # 最后一层卷积层的输出通道
数为 1，因为我们的目标是生成一个单通道的分
割图像

        # 使用 Sigmoid 激活函数将最后的输
出压缩到 0 ～ 1，表示每个像素属于目标类别的
概率
        self.sigmoid = nn.Sigmoid()

    def forward(self, x):  # 定义前向传
播函数
        # 编码器部分
        e0 = self.pool0(self.bn0(self.
act0(self.enc_conv0(x))))
        e1 = self.pool1(self.bn1(self.
act1(self.enc_conv1(e0))))
        e2 = self.pool2(self.bn2(self.
act2(self.enc_conv2(e1))))
        e3 = self.pool3(self.bn3(self.
act3(self.enc_conv3(e2))))

        cat0 = self.bn0(self.
act0(self.enc_conv0(x)))
        cat1 = self.bn1(self.
act1(self.enc_conv1(e0)))
        cat2 = self.bn2(self.
act2(self.enc_conv2(e1)))
        cat3 = self.bn3(self.
act3(self.enc_conv3(e2)))

        # 瓶颈层
        b = self.bottleneck_conv(e3)

        # 解码器部分
        d0 = self.dec_bn0(self.dec_
act0(self.dec_conv0(torch.cat((self.
upsample0(b), cat3), dim=1))))
        d1 = self.dec_bn1(self.dec_
act1(self.dec_conv1(torch.cat((self.
upsample1(d0), cat2), dim=1))))
        d2 = self.dec_bn2(self.dec_
act2(self.dec_conv2(torch.cat((self.
upsample2(d1), cat1), dim=1))))
        d3 = self.sigmoid(self.dec_
conv3(torch.cat((self.upsample3(d2),
cat0), dim=1))) # 最后一层的输出经过
Sigmoid 激活函数处理
        return d3  # 返回最后的输出
```

创建模型实例并配置优化器和损失函数的程序如下：

```
# 将定义的 UNet 模型移动到 GPU 设备上
model = UNet().to(device)

# 使用 Adam 优化器，设置学习率和权重衰减参数
optimizer = optim.Adam(model.
parameters(), lr=lr, weight_
decay=weight_decay)

# 使用二元交叉熵损失函数，该函数结合了
```

```
Sigmoid 激活函数和二元交叉熵损失函数
loss_fn = nn.BCEWithLogitsLoss()
```

训练模型的程序如下：

```
# 调用之前定义的训练函数，开始训练模型
train(dataloaders, model, loss_fn,
optimizer, epochs, device)
```

程序输出如下：

```
100%|██████| 30/30 [12:38<00:00,
25.28s/it, train loss:=0.593, test
loss:=0.602]
```

评估模型的程序如下：

```
# 将模型设置为评估模式，这将关闭模型中的
Dropout 和 BatchNorm
model.eval()

# 预测结果列表
predictions = []
# 真实标签列表
image_mask = []

# 需要绘制的图像数
plots = 5

# 从测试数据集中获取图像和相应的标签
images, masks = test_dataset[0], test_
dataset[1]

# 遍历图像和标签
for i, (img, mask) in
enumerate(zip(images, masks)):
    # 只处理前 5 个图像
    if i == plots:
        break

    # 将图像移动到 GPU 上并增加一个维度
    img = img.to(device).unsqueeze(0)

    # 使用模型进行预测，将预测结果移动到
CPU 上，并且将预测结果的值大于 0.5 的部分
设置为 1，小于 0.5 的部分设置为 0
    predictions.append((model(img).
detach().cpu()[0] > 0.5).float())

    # 保存真实的标签
    image_mask.append(mask)

# 使用之前定义的函数绘制预测结果和真实标签
plotn(plots, (predictions, image_
mask), only_mask=True)
```

程序输出如图 12-8 所示。

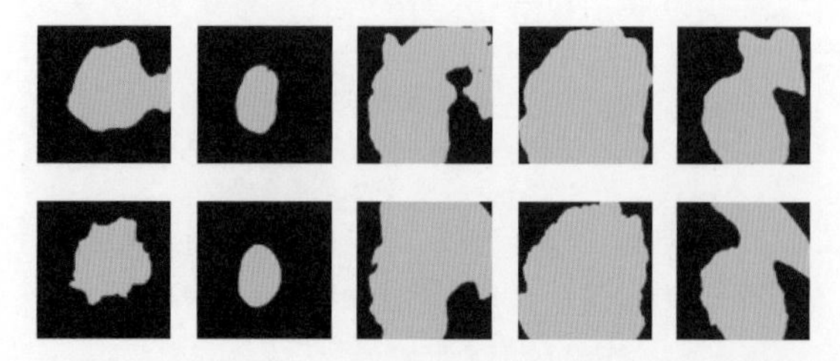

图 12-8　程序输出的测试集目标预测的遮罩图像（上排）和真实标签遮罩图像（下排）

12.5 TensorFlow 语义分割：SemanticSegmentationTF.zh.ipynb

在本练习中，将使用 Python 和 TensorFlow 实现图像分割的 U-Net 和 SegNet 架构。通过处理 PH² 皮肤镜图像数据集，将学习图像预处理、模型构建、训练和评估的全过程，掌握图像分割的关键技术和应用。

导入所需的库，程序如下：

```
# 导入 TensorFlow 库
import tensorflow as tf

# 导入 TensorFlow 的 keras 层
import tensorflow.keras.layers as
keras

# 导入 matplotlib 库，用于画图
import matplotlib.pyplot as plt

# 导入 tqdm 库，用于显示进度条
from tqdm import tqdm

# 导入 NumPy 库，用于数值运算
import numpy as np

# 导入 skimage 库中的 imread 和 resize 函数，
用于读取和调整图像大小
from skimage.io import imread
```

```
from skimage.transform import resize
# 导入 os 库，用于操作系统相关的操作，如路径操作
import os

# 导入 TensorFlow 的 Keras 优化器
import tensorflow.keras.optimizers as optimizers

# 导入 TensorFlow 的 Keras 损失函数
import tensorflow.keras.losses as losses

# 导入 TensorFlow 的 keras 的 ImageDataGenerator 用于图像数据的增强
from tensorflow.keras.preprocessing.image import ImageDataGenerator

# 设置 TensorFlow 的随机数种子
tf.random.set_seed(42)
```

设置深度学习模型训练的超参数，程序如下：

```
# 设置 NumPy 的随机数种子
np.random.seed(42)
# 设置训练集占总数据的比例
train_size = 0.8

# 设置学习率
lr = 3e-4
# 设置权重衰减参数
weight_decay = 8e-9
# 设置每批数据的大小
batch_size = 64
# 设置训练的轮数
epochs = 100
```

12.5.1 数据集

下面将使用 PH^2 数据库 [L12-4] 中的人体痣的皮肤镜图像。该数据集包含 200 张分为 3 个类别的图像：典型痣、非典型痣和黑色素瘤。所有图像还包含相应的遮罩，描绘出痣的轮廓。

下面的程序从原始位置下载数据集并解压缩。为了使这段程序正常工作，需要安装 unrar 工具，可以在 Linux 系统上使用 sudo apt-get install unrar 命令来安装，或者在此处下载 Windows 系统的命令行版本 [L12-7]。下载和解压数据集的命令如下：

```
# 使用 apt-get 命令安装 rar
!apt-get install rar

# 使用 wget 命令从 Dropbox 下载数据集压缩文件
!wget https://www.dropbox.com/s/k88qukc20ljnbuo/PH2Dataset.rar

# 使用 unrar 命令解压缩下载的文件
!unrar x -Y PH2Dataset.rar
```

程序输出如下：

```
…省略部分输出内容
PH2Dataset/PH2 Dataset images/IMD437/ (dir)... OK.
PH2Dataset/PH2 Dataset images/ (dir)... OK.
PH2Dataset/  (dir)... OK.
Successfully extracted to "./PH2Dataset".
```

定义一个函数 load_dataset，用于加载和预处理 PH^2 数据集，其程序如下：

```
# 定义加载数据集的函数
def load_dataset(train_part, root='PH2Dataset'):
    images = []  # 存储图片的列表
    masks = []  # 存储遮罩的列表

    # 使用 os.walk 遍历数据集的文件夹
    for root, dirs, files in os.walk(os.path.join(root, 'PH2 Dataset images')):
        # 如果当前文件夹以 '_Dermoscopic_Image' 结束，说明这是图片文件夹
        if root.endswith('_Dermoscopic_Image'):
            # 读取图片并添加到图片列表
            images.append(imread(os.path.join(root, files[0])))
        # 如果当前文件夹以 '_lesion' 结束，说明这是遮罩文件夹
        if root.endswith('_lesion'):
            # 读取遮罩并添加到遮罩列表
```

```
            masks.append(imread(os.
path.join(root, files[0])))

    # 设定图片和遮罩的大小
    size = (256, 256)
    # 调整图片大小并转为 numpy 数组
    images = np.array([resize(image,
size, mode='constant', anti_
aliasing=True,) for image in images])

    # 调整遮罩大小并转为 NumPy 数组，添加一个维度用于表示颜色通道
    masks = np.expand_dims(np.
array([resize(mask, size,
mode='constant', anti_aliasing=False)
> 0.5 for mask in masks]), axis=3)

    # 生成一个打乱的序号数组
    indices = np.random.
permutation(range(len(images)))
    # 计算训练集的大小
    train_part = int(train_part *
len(images))
    # 获取训练集和测试集的序号
    train_ind = indices[:train_part]
    test_ind = indices[train_part:]

    # 切割训练集和测试集，并转换数据类型为 tf.float32
    X_train = tf.cast(images[train_
ind, :, :, :], tf.float32)
    y_train = tf.cast(masks[train_ind,
:, :, :], tf.float32)
    X_test = tf.cast(images[test_ind,
:, :, :], tf.float32)
    y_test = tf.cast(masks[test_ind, :,
:, :], tf.float32)

    # 返回训练集和测试集
    return (X_train, y_train), (X_
test, y_test)
```

用定义好的 load_dataset 函数加载数据集，程序如下：

```
# 使用上述函数加载数据集
(X_train, y_train), (X_test, y_test) =
load_dataset(train_size)
```

接下来定义一个函数 plotn，用于绘制给定数量的图像及其对应的遮罩，其程序如下：

```
# 定义画图函数
def plotn(n, data):
    images, masks = data[0], data[1]
# 获取图片和遮罩
    fig, ax = plt.subplots(1, n)  # 创建画布和子图
    fig1, ax1 = plt.subplots(1, n)
    for i, (img, mask) in
enumerate(zip(images, masks)):  # 对每个图片和遮罩
        if i == n:  # 如果已经画了n个，则退出循环
            break
        ax[i].imshow(img)  # 画出图片
        ax1[i].imshow(mask[:, :, 0])
# 画出遮罩
    plt.show()  # 显示图像
```

用定义的函数绘制一些带有对应遮罩的图像，其程序如下：

```
# 画出 5 个训练样本的图片和遮罩
plotn(5, (X_train, y_train))
```

程序输出如图 12-9 所示。

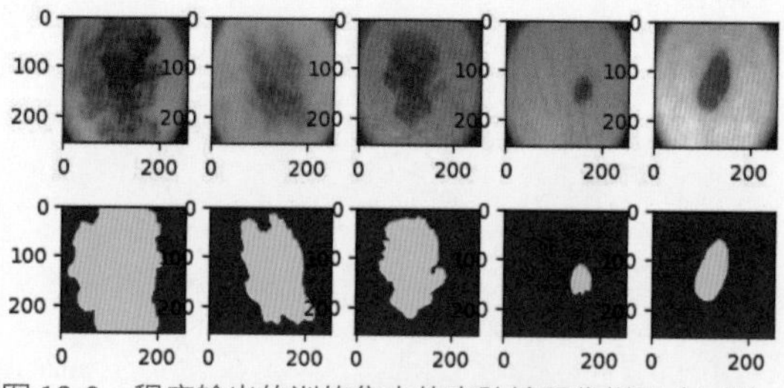

图 12-9　程序输出的训练集中的皮肤镜图像样张（上排）和对应的遮罩图像（下排）

12.5.2　SegNet

最简单的编码器 - 解码器架构称为 SegNet。SegNet 在编码器中使用标准的卷积神经网络（包括卷积和池化层），在解码器中使用反卷积神经网络（包含卷积和上采样）。SegNet 还依赖于批量归一化来成功地训练多层网络，其结构如图 12-5 所示。下面定义一个名为 SegNet 的卷积神经网络模型，其程序如下：

```
class SegNet(tf.keras.Model):  # 定义一个名为 SegNet 的类，这个类继承自 tf.keras.
```

```
Model，是一个自定义的深度学习模型

    def __init__(self):  # 这是类的初始
化函数。在创建类的实例时，这个函数会被自
动调用

        super().__init__()  # 这是
Python 的标准用法，用于调用父类（这里是
tf.keras.Model）的初始化函数。这样可以保
证父类中定义的所有属性和方法都被正确地继承
        # 以下是定义 SegNet 模型的编码部
分（Encoder）。编码器的作用是通过一系列的
卷积操作将输入图像转换为更深层次的特征表示

        self.enc_conv0 = keras.
Conv2D(16, kernel_size=3,
padding='same')  # 创建一个卷积层，卷积
核大小为 3，输出通道数为 16，padding 方式
为 'same'（输出大小与输入大小相同）
        self.bn0 = keras.
BatchNormalization()  # 创建一个
BatchNormalization 层，进行特征标准化，
有助于提高模型的训练速度和性能
        self.relu0 = keras.
Activation('relu')  # 创建一个 ReLU 激活
层，将线性输出转换为非线性输出
        self.pool0 = keras.MaxPool2D()
# 创建一个最大池化层，池化窗口大小默认为
(2, 2)，有助于降低特征的空间维度

        # 以同样的方式创建其他 3 个编码器
部分的层

        self.enc_conv1 = keras.
Conv2D(32, kernel_size=3,
padding='same')
        self.relu1 = keras.
Activation('relu')
        self.bn1 = keras.
BatchNormalization()
        self.pool1 = keras.MaxPool2D()

        self.enc_conv2 = keras.
Conv2D(64, kernel_size=3,
padding='same')
        self.relu2 = keras.
Activation('relu')
        self.bn2 = keras.
BatchNormalization()
        self.pool2 = keras.MaxPool2D()
```

```
        self.enc_conv3 = keras.
Conv2D(128, kernel_size=3,
padding='same')
        self.relu3 = keras.
Activation('relu')
        self.bn3 = keras.
BatchNormalization()
        self.pool3 = keras.MaxPool2D()

        # 在编码器的最后，创建一个卷积层，
我们称之为“瓶颈层”。这个层的作用是进一
步提取图像的深层特征

        self.bottleneck_conv = keras.
Conv2D(256, kernel_size=(3, 3),
padding='same')  # 创建一个卷积层，卷积
核大小为 3，输出通道数为 256，padding 方式
为 'same'

        # 以下是定义 SegNet 模型的解码部
分（Decoder）。解码器的作用是通过一系列的
卷积和上采样操作将深层特征表示恢复为原始
图像的大小

        self.upsample0 =  keras.UpSamp
ling2D(interpolation='bilinear')  # 创
建一个上采样层，使用双线性插值进行上采样，
将特征图的大小放大两倍
        self.dec_conv0 = keras.
Conv2D(128, kernel_size=3,
padding='same')  # 创建一个卷积层，卷积
核大小为 3，输出通道数为 128，padding 方式
为 'same'
        self.dec_relu0 = keras.
Activation('relu')  # 创建一个 ReLU 激活
层，将线性输出转换为非线性输出
        self.dec_bn0 = keras.
BatchNormalization()  # 创建一个
BatchNormalization 层，进行特征标准化

        # 以同样的方式创建其他两个解码器
部分的层

        self.upsample1 =  keras.UpSamp
ling2D(interpolation='bilinear')
        self.dec_conv1 = keras.
Conv2D(64, kernel_size=3,
padding='same')
        self.dec_relu1 = keras.
Activation('relu')
        self.dec_bn1 = keras.
```

```
BatchNormalization()

        self.upsample2 =  keras.UpSampling2D(interpolation='bilinear')
        self.dec_conv2 = keras.Conv2D(32, kernel_size=3, padding='same')
        self.dec_relu2 = keras.Activation('relu')
        self.dec_bn2 = keras.BatchNormalization()
        # 最后一个解码器部分只包含一个上采样层和一个卷积层，输出通道数为 1。这是因为我们的目标是生成一个通道数为 1 的分割图像

        self.upsample3 =  keras.UpSampling2D(interpolation='bilinear')
        self.dec_conv3 = keras.Conv2D(1, kernel_size=1)  # 注意，这里的卷积核大小为 1，这是一种常用的技巧，用于将多通道的特征图转换为单通道的输出

    def call(self, input):  # 这是定义模型前向传播的函数。当将输入数据传入模型时，这个函数会被调用

        # 将输入通过编码器部分的每一层，每一层的输出作为下一层的输入

        e0 = self.pool0(self.relu0(self.bn0(self.enc_conv0(input))))
        e1 = self.pool1(self.relu1(self.bn1(self.enc_conv1(e0))))
        e2 = self.pool2(self.relu2(self.bn2(self.enc_conv2(e1))))
        e3 = self.pool3(self.relu3(self.bn3(self.enc_conv3(e2))))

        # 将编码器的输出通过瓶颈层

        b = self.bottleneck_conv(e3)

        # 将瓶颈层的输出通过解码器部分的每一层，每一层的输出作为下一层的输入

        d0 = self.dec_relu0(self.dec_bn0(self.upsample0(self.dec_conv0(b))))
        d1 = self.dec_relu1(self.dec_bn1(self.upsample1(self.dec_conv1(d0))))
        d2 = self.dec_relu2(self.dec_bn2(self.upsample2(self.dec_conv2(d1))))
        d3 = self.dec_conv3(self.upsample3(d2))

        # 返回最后的输出，这是一个大小与原始输入图像相同，但通道数为 1 的分割图像
        return d3
```

创建模型实例并配置优化器和损失函数的程序如下：

```
# 实例化模型
model = SegNet()

# 创建一个 Adam 优化器实例，设置学习率为 lr（预先设定的值），并设置权重衰减为 weight_decay（预先设定的值）
# Adam 是一种自适应的梯度下降方法，它会根据模型参数的梯度的一阶矩估计和二阶矩估计动态调整每个参数的学习率
# 下面一行已注释程序为原译文程序，但在新版本的 Keras 中，decay 参数已经被弃用，会无法正常运行
# optimizer = optimizers.Adam(learning_rate=lr, decay=weight_decay)
# 这里使用旧版本的优化器作为一个可能的解决方案。
optimizer = tf.keras.optimizers.legacy.Adam(learning_rate=lr, decay=weight_decay)

# 创建一个二元交叉熵损失函数实例，from_logits=True 表示模型的输出未经过 sigmoid 或 softmax 激活，所以，需要在损失函数中进行这个操作
# 二元交叉熵损失函数是二分类问题的常用损失函数，它计算的是模型的预测概率与真实标签之间的二元交叉熵
loss_fn = losses.BinaryCrossentropy(from_logits=True)

# 编译模型，设置优化器，损失函数。编译是准备模型进行训练的必要步骤
model.compile(loss=loss_fn, optimizer=optimizer)
```

定义一个训练函数的程序如下：

```
# 定义训练函数，接收数据集、模型、epoch数量和批量大小作为参数
def train(datasets, model, epochs, batch_size):
    # 分解出训练和测试数据集
    train_dataset, test_dataset = datasets[0], datasets[1]

    # 使用模型的 fit 方法进行训练
    # 输入特征为 train_dataset[0]，目标输出为 train_dataset[1]，进行 epochs 轮数的训练
    # batch_size 是每次用来更新模型的样本数，shuffle=True 表示在每个 epoch 开始时，对数据进行混洗
    # validation_data 为验证数据集，模型将在每轮训练后使用这些数据进行验证
    model.fit(train_dataset[0], train_dataset[1],
              epochs=epochs,
              batch_size=batch_size,
              shuffle=True,
              validation_data=(test_dataset[0], test_dataset[1]))
```

开始训练模型的程序如下：

```
# 调用 train 函数，开始训练模型
train(((X_train, y_train), (X_test, y_test)), model, epochs, batch_size)
```

程序输出如下：

```
Epoch 1/100
3/3 [=====] - 7s 2s/step - loss: 0.5593 - val_loss: 0.6889
Epoch 2/100
3/3 [=====] - 6s 2s/step - loss: 0.3227 - val_loss: 0.6862
Epoch 3/100
…省略部分输出内容
Epoch 99/100
3/3 [=====] - 5s 1s/step - loss: 0.0591 - val_loss: 0.4799
Epoch 100/100
3/3 [=====] - 5s 1s/step - loss: 0.0567 - val_loss: 0.4311
```

接下来在测试数据集上运行模型，记录并存储前 5 个样本的预测结果和真实标签。然后，使用 plotn 函数将这些预测结果与真实标签可视化，其程序如下：

```
# 初始化预测结果和真实标签的列表，预计要存放 5 个样本的预测和真实标签
predictions = []
image_mask = []
plots = 5

# 在测试数据集上运行模型并记录预测结果和真实标签
for i, (img, mask) in enumerate(zip(X_test, y_test)):
    if i == plots:  # 只处理前 5 个样本
        break
    img = tf.expand_dims(img, 0)  # 扩展图像的维度，使其符合模型输入的要求
    pred = np.array(model.predict(img))  # 使用模型进行预测
    predictions.append(pred[0, :, :, 0] > 0.5)  # 将预测结果转换为二值图像，并存储到列表中
    image_mask.append(mask)  # 存储真实标签

# 使用 plotn 函数将预测的结果和真实标签可视化
plotn(plots, (predictions, image_mask))
```

程序输出如下，图像部分如图 12-10 所示。

```
1/1 [=====] - 0s 124ms/step
1/1 [=====] - 0s 24ms/step
1/1 [=====] - 0s 26ms/step
1/1 [=====] - 0s 44ms/step
1/1 [=====] - 0s 25ms/step
```

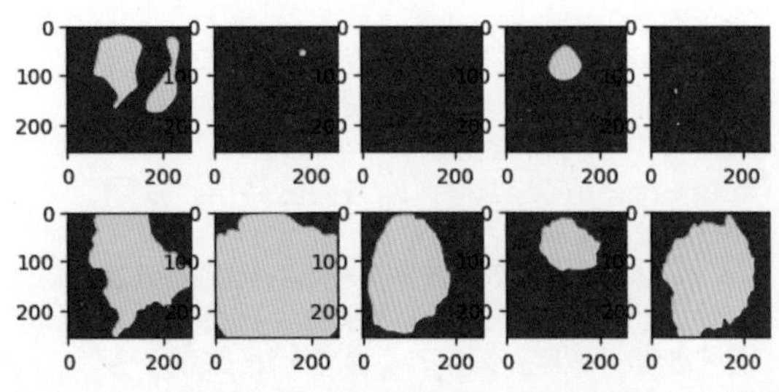

图 12-10　程序输出的训练集的目标预测遮罩图像（上排）和真实标签遮罩图像（下排）

12.5.3 U-Net

尽管 SegNet 架构设计合理，但它的准确性并不是最高的。原因在于，首先对原始图像应用金字塔式卷积神经网络架构，会减少图像特征的空间精度。当重建图像时，无法正确地重建像素位置。

因此，在编码器和解码器的卷积层之间使用跳过连接（skip connections），这有助于网络保留每个卷积级别的原始输入特征信息。这种架构在语义分割中非常常见，被称为 U-Net，其架构如图 12-7 所示。在每个卷积级别上的跳过连接有助于网络不丢失关于该级别原始输入的特征信息。

我们将在这里使用相对简单的卷积神经网络架构，但 U-Net 也可以使用更复杂的编码器来提取特征，如 ResNet-50。

下面的代码定义了 U-Net 模型：

```
# 定义 UNet 模型类，它是从 tf.keras.
Model 类派生的，tf.keras.Model 类是所有
Keras 模型的基类
class UNet(tf.keras.Model):
    def __init__(self):
        super().__init__() # 调用父类
tf.keras.Model 的构造函数，这是 Python
创建子类的常规操作

        # 下面开始定义模型的各层，这个模
型是一个经典的 U-Net 结构，由两部分组成：
编码器（对输入图像进行下采样）和解码器（将
编码器的输出进行上采样并生成最终的分割图）

        # 编码器部分
        # 第一个编码器块
        self.enc_conv0 = keras.
Conv2D(16, kernel_size=3,
padding='same') # 2D 卷积层，有 16 个卷积
核，卷积核大小为 3x3，padding='same' 意味
着在卷积时对图像边界进行填充，以保持输出
图像的大小不变
        self.bn0 = keras.
BatchNormalization() # 批标准化层，用于
在深度神经网络中进行内部归一化，可以加快
模型的收敛速度，也有一定的正则化效果
        self.relu0 = keras.
Activation('relu') # 激活函数层，使用
ReLU 函数作为激活函数
        self.pool0 = keras.MaxPool2D()
# 最大池化层，用于实现下采样，即降低图像的
空间维度（宽度和高度），保持特征数量不变

        # 重复上述步骤，创建更多的编码器
块，每个块中的卷积核数量是前一个块的两倍
        self.enc_conv1 = keras.
Conv2D(32, kernel_size=3,
padding='same')
        self.relu1 = keras.
Activation('relu')
        self.bn1 = keras.
BatchNormalization()
        self.pool1 = keras.MaxPool2D()

        self.enc_conv2 = keras.
Conv2D(64, kernel_size=3,
padding='same')
        self.relu2 = keras.
Activation('relu')
        self.bn2 = keras.
BatchNormalization()
        self.pool2 = keras.MaxPool2D()

        self.enc_conv3 = keras.
Conv2D(128, kernel_size=3,
padding='same')
        self.relu3 = keras.
Activation('relu')
        self.bn3 = keras.
BatchNormalization()
        self.pool3 = keras.MaxPool2D()

        # 编码器部分的最后一个层是一个卷
积层，我们称它为“瓶颈层”，没有最大池化层，
所以，输出的特征图的空间维度（宽度和高度）不
变，但特征数量增加
        self.bottleneck_conv = keras.
Conv2D(256, kernel_size=(3, 3),
padding='same')

        # 解码器部分
        # 第一个解码器块
        self.upsample0 =  keras.UpSam
pling2D(interpolation='bilinear') # 上
采样层，使用双线性插值法将图像的空间维度
（宽度和高度）增大一倍，特征数量不变
        self.dec_conv0 = keras.
Conv2D(128, kernel_size=3,
padding='same', input_shape=[None,
384, None, None]) # 解码器的卷积层，特
征数量减半
        self.dec_relu0 = keras.
Activation('relu') # ReLU 激活函数
        self.dec_bn0 = keras.
BatchNormalization() # 批标准化层

        # 重复上述步骤，创建更多的解码器
块，每个块中的卷积核数量是前一个块的一半
        self.upsample1 =  keras.UpSamp
ling2D(interpolation='bilinear')
        self.dec_conv1 = keras.
```

```
Conv2D(64, kernel_size=3,
padding='same', input_shape=[None,
192, None, None])
        self.dec_relu1 = keras.
Activation('relu')
        self.dec_bn1 = keras.
BatchNormalization()

        self.upsample2 =  keras.UpSamp
ling2D(interpolation='bilinear')
        self.dec_conv2 = keras.
Conv2D(32, kernel_size=3,
padding='same', input_shape=[None, 96,
None, None])
        self.dec_relu2 = keras.
Activation('relu')
        self.dec_bn2 = keras.
BatchNormalization()

        # 解码器的最后一个层是一个卷积层，
它将特征数量减少到 1，输出一个二维特征图，
大小等于输入图像的大小，它就是分割图
        self.upsample3 =  keras.UpSamp
ling2D(interpolation='bilinear')
        self.dec_conv3 = keras.
Conv2D(1, kernel_size=1, input_
shape=[None, 48, None, None])

        # 在解码器部分，需要将编码器的
输出和解码器的输入进行合并，这就需要用到
Concatenate 层
        self.cat0 = keras.
Concatenate(axis=3)
        self.cat1 = keras.
Concatenate(axis=3)
        self.cat2 = keras.
Concatenate(axis=3)
        self.cat3 = keras.
Concatenate(axis=3)

    # 定义模型的前向传播函数
    def call(self, input):
        # 编码器部分的前向传播
        e0 = self.pool0(self.
relu0(self.bn0(self.enc_
conv0(input))))
        e1 = self.pool1(self.
relu1(self.bn1(self.enc_conv1(e0))))
        e2 = self.pool2(self.
relu2(self.bn2(self.enc_conv2(e1))))
        e3 = self.pool3(self.
relu3(self.bn3(self.enc_conv3(e2))))

        # 存储用于跨层连接的编码器的输出
        cat0 = self.relu0(self.
bn0(self.enc_conv0(input)))
        cat1 = self.relu1(self.
bn1(self.enc_conv1(e0)))
        cat2 = self.relu2(self.
bn2(self.enc_conv2(e1)))
        cat3 = self.relu3(self.
bn3(self.enc_conv3(e2)))

        # 瓶颈层的前向传播
        b = self.bottleneck_conv(e3)
        # 解码器部分的前向传播，注意在每
个解码器块中，首先合并了编码器和解码器的
特征，然后传递给卷积层
        cat_tens0 = self.cat0([self.
upsample0(b), cat3])
        d0 = self.dec_relu0(self.dec_
bn0(self.dec_conv0(cat_tens0)))

        cat_tens1 = self.cat1([self.
upsample1(d0), cat2])
        d1 = self.dec_relu1(self.dec_
bn1(self.dec_conv1(cat_tens1)))

        cat_tens2 = self.cat2([self.
upsample2(d1), cat1])
        d2 = self.dec_relu2(self.dec_
bn2(self.dec_conv2(cat_tens2)))

        cat_tens3 = self.cat3([self.
upsample3(d2), cat0])
        d3 = self.dec_conv3(cat_tens3)
        # 返回最后的输出
        return d3
```

创建一个 UNet 模型实例，使用 Adam 优化器进行优化，并定义损失函数为二元交叉熵损失。通过编译模型，设置损失函数和优化器，为训练做好准备。其程序如下：

```
# 首先，创建一个 UNet 类的实例，这个实例
称为模型
model = UNet()
# 创建优化器，这里使用的是 Adam 优化器，
它是一种自适应学习率的优化方法，通常表现
比较好
# 设置学习率为 lr，权重衰减系数为 weight_
decay
# 下面一行已注释程序为原译文程序，但在新
版本的 Keras 中，decay 参数已经被弃用，会
无法正常运行
# optimizer = optimizers.
Adam(learning_rate=lr, decay=weight_
decay)
# 使用旧版本的 Adam 优化器
```

```
optimizer = tf.keras.optimizers.legacy.Adam(learning_rate=lr, decay=weight_decay)

# 定义损失函数，这里使用的是二元交叉熵损失函数，它适合用于二分类问题。参数 from_logits=True 意味着模型的输出没有经过 sigmoid 或 softmax 激活，损失函数将自动添加这一步
loss_fn = losses.BinaryCrossentropy(from_logits=True)
# 编译模型，设置损失函数和优化器
model.compile(loss=loss_fn, optimizer=optimizer)
```

训练模型的程序如下：

```
# 调用之前定义的 train 函数训练模型，参数包括训练数据集、模型、训练轮数和批量大小
train(((X_train, y_train), (X_test, y_test)), model, epochs, batch_size)
```

程序输出如下：

```
Epoch 1/100
3/3 [=====] - 15s 4s/step - loss: 0.5400 - val_loss: 0.6247
Epoch 2/100
3/3 [=====] - 11s 3s/step - loss: 0.3484 - val_loss: 0.6237
…省略部分输出内容
Epoch 99/100
3/3 [=====] - 13s 4s/step - loss: 0.0583 - val_loss: 0.1330
Epoch 100/100
3/3 [=====] - 11s 3s/step - loss: 0.0593 - val_loss: 0.1503
```

接下来存储模型预测结果和真实标签的列表，并将模型在测试集上的预测结果与真实标签进行可视化，其程序如下：

```
# 初始化两个列表，分别用于存储模型的预测结果和对应的真实标签
predictions = []
image_mask = []
# 设置要展示的图片数量
plots = 5

# 对测试集中的每张图片进行预测
for i, (img, mask) in enumerate(zip(X_test, y_test)):
    # 如果已经预测了 plots 张图片，则跳出循环
    if i == plots:
        break
    # 为图像增加一个维度，因为模型的输入需要是四维的（批量大小、高度、宽度、通道数）
    img = tf.expand_dims(img, 0)
    # 使用模型进行预测，并将预测结果转换为 numpy 数组
    pred = np.array(model.predict(img))
    # 将预测结果添加到 predictions 列表中。这里使用了阈值 0.5，意味着预测值大于 0.5 的像素会被认为是前景（即目标类别），否则被认为是背景
    predictions.append(pred[0, :, :, 0] > 0.5)
    # 将真实的标签添加到 image_mask 列表中
    image_mask.append(mask)

# 使用 plotn 函数展示预测结果和真实标签
plotn(plots, (predictions, image_mask))
```

程序输出如下，图像部分如图 12-11 所示。

```
1/1 [=====] - 0s 132ms/step
1/1 [=====] - 0s 32ms/step
1/1 [=====] - 0s 31ms/step
1/1 [=====] - 0s 33ms/step
1/1 [=====] - 0s 32ms/step
```

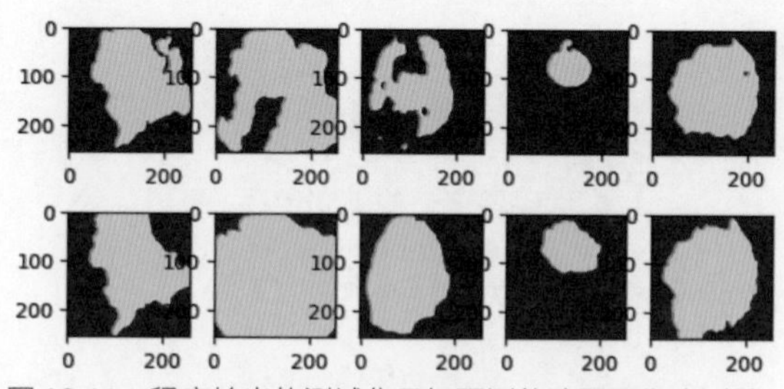

图 12-11　程序输出的测试集目标预测的遮罩图像（上排）和真实标签遮罩图像（下排）

12.6　总结

图像分割是图像分类的一项非常强大的技术，它超越了边界框，达到了像素级分类，被应用于医

学成像等领域。

12.7 🚀挑战

人体分割是对人体图像进行的常见任务之一。其他重要任务包括骨骼检测和姿态检测等。请试用 OpenPose 库🔗 [L12-11] 看看姿态检测可以用来做什么。

12.8 复习与自学

这篇关于“图像分割”的文章🔗 [L12-12] 很好地概述了图像分割技术的各种应用。请自学这个研究领域的实例分割和全景分割子领域。

12.9 ✍作业——人形分割：BodySegmentation.zh-mei.ipynb

12.9.1 任务

在视频制作中，如天气预报等，经常需要从摄像头捕获的画面中剪切出人物图像，并将其放置在其他素材上。这通常通过色度键（Chroma Key）技术来实现，即在单色背景前拍摄主持人，并在后期处理中去除该背景。在这个实验中，将训练一个神经网络模型来剪切出人物轮廓。

12.9.2 数据集

在这个实践中，将使用来自 Kaggle 的全身分割 MADS 数据集（Segmentation Full Body MADS Dataset）🔗 [L12-13] 来尝试图像中人形的分割。请手动从 Kaggle 下载数据集。

12.9.3 启动 Notebook

通过打开 `BodySegmentation.zh.ipynb` 🔗 [L12-14] 来开始实验。定义数据集的路径，并导入必要的库，以便进行文件路径操作和图像绘制，程序如下：

```
# 定义数据集的路径
dataset_path = 'archive/segmentation_
full_body_mads_dataset_1192_img/
segmentation_full_body_mads_
dataset_1192_img'
# 导入 os 库，用于文件路径操作
import os
# 导入 matplotlib.pyplot 库，用于图像绘制
import matplotlib.pyplot as plt
```

看看数据集中的图像是什么样的。定义图像和遮罩的路径，列出图像文件名，并定义一个函数，用于加载图像和对应的遮罩，程序如下：

```
# 拼接图像和遮罩的文件路径
img_path = os.path.join(dataset_path,
'images')
mask_path = os.path.join(dataset_path,
'masks')
# 列出图像文件夹中的文件名
fnames = os.listdir(img_path)

# 定义加载图像和遮罩的函数
def load_image(img_name):
    # 使用 plt.imread 读取图像文件
    img = plt.imread(os.path.join(img_
path, img_name))
    # 使用 plt.imread 读取对应的遮罩文件
    mask = plt.imread(os.path.
join(mask_path, img_name))
    return img, mask  # 返回图像和遮罩
```

加载第 5 个样本的图像和遮罩，并将它们并排显示在子图中，程序如下：

```
# 加载第 5 个样本的图像和遮罩
img, mask = load_image(fnames[5])
# 创建一个 1 行 2 列的子图，用于显示图像和
遮罩
fig, ax = plt.subplots(1, 2,
figsize=(10, 5))
# 在第一个子图中显示图像
ax[0].imshow(img)
# 在第二个子图中显示遮罩
ax[1].imshow(mask)
# 关闭第一个子图的坐标轴
ax[0].axis('off')
# 关闭第二个子图的坐标轴
ax[1].axis('off')
```

程序输出如下，图像部分如图 12-12 所示。

```
(-0.5, 511.5, 383.5, -0.5)
```

图 12-12　程序输出的数据集中的原图和遮罩图像

12.10　要点

人形分割只是可以利用人像图像完成的常见任务之一。其他重要的任务包括例如骨架检测和姿态检测。建议了解 OpenPose 库🔗 [L12-11]，探索如何实现这些任务。

课后测验

(1)　(　) 从输入图像中提取特征。

a. 解码器

b. 生成器

c. 编码器

(2)　(　) 将输入特征转化为遮罩图像。

a. 解码器

b. 生成器

c. 编码器

(3) SegNet 依赖于 (　) 来训练多层网络。

a. 批量归一化

b. 高度归一化

c. 权重归一化

第 4 篇　自然语言处理

在本篇中，将介绍使用神经网络处理与自然语言处理（Natural Language Processing，NLP）相关的任务。希望计算机能够解决的自然语言处理问题有很多，介绍如下。

- **文本分类（Text Classification）**是一种典型的与文本序列相关的分类问题。例如，将电子邮件消息分为垃圾邮件与非垃圾邮件，或将文章分为体育、商业、政治等类别。此外，在开发聊天机器人时，需要进行意图分类（Intent Classification），即理解用户的意图。这通常涉及处理多个类别。
- **情感分析（Sentiment Analysis）**是典型的回归问题，需要为一个句子的积极或消极的情感分配一个数值。情感分析的一种更精细的形式是基于特征的情感分析（Aspect Based Sentiment Analysis，ABSA）。ABSA 不仅评估整个句子的整体情感，还能分析句子中提到的具体特征或属性的情感。例如，在评论“这家餐厅的食物很美味，但服务态度差”中，ABSA 可以分别识别出对“食物”的正面评价和对“服务”的负面评价。

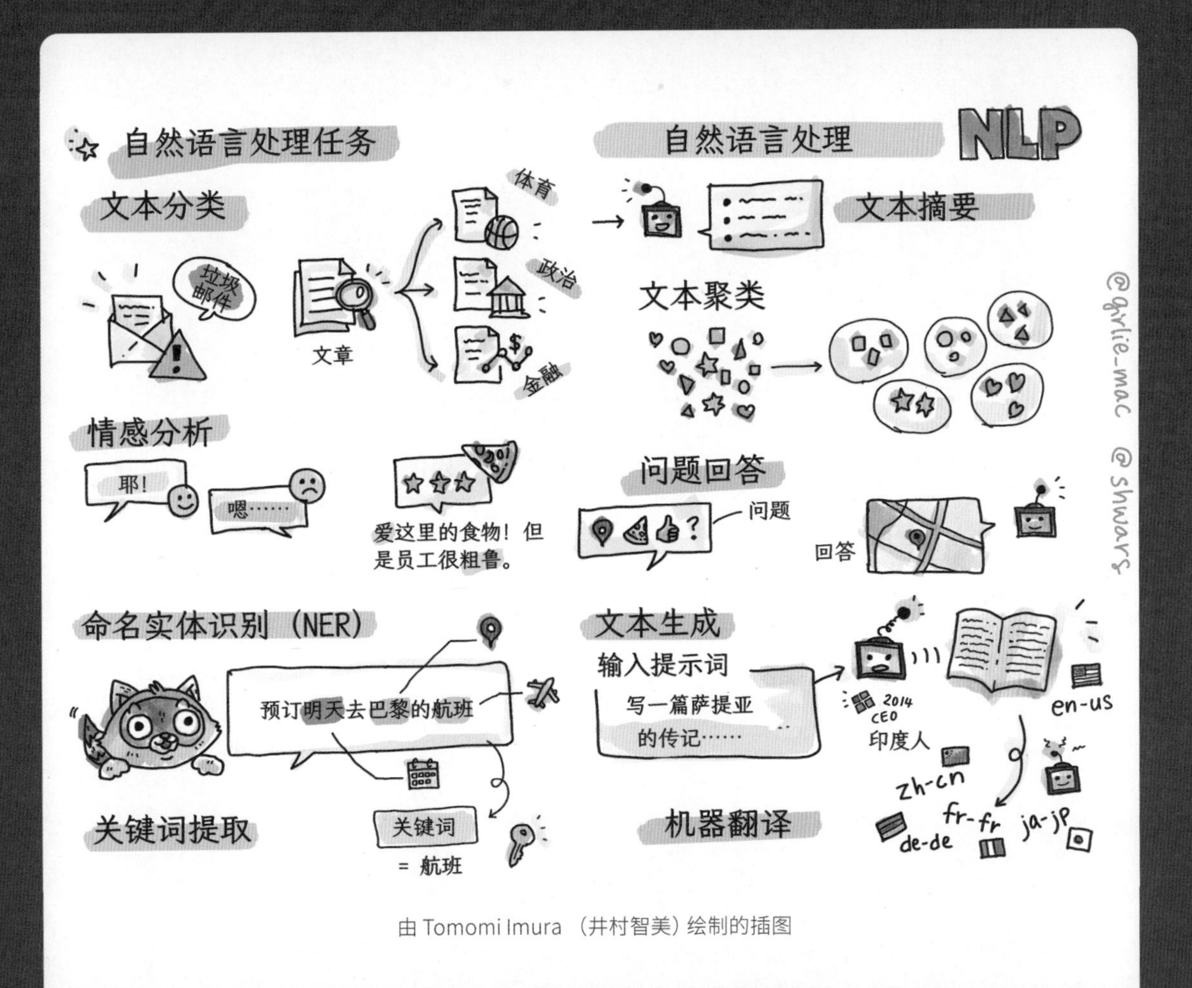

由 Tomomi Imura （井村智美）绘制的插图

- **命名实体识别（Named Entity Recognition，NER）**是从文本中提取某些实体的问题。例如，我们可能需要理解，在句子“我明天需要飞往巴黎”中，“明天”是时间，而“巴黎”是一个地点。
- **关键词提取（Keyword Extraction）**类似于命名实体识别，但我们需要自动提取与句子意义相关的关键词，而不是预先为特定实体类型进行训练。
- **文本聚类（Text Clustering）**在我们希望将相似的句子聚合在一起时很有用，例如，在技术支持对话中的相似请求。
- **问答（Question Answering）**是指模型回答特定问题的能力。在这种任务中，模型通常接收两个输入：一个文本段落和一个相关问题。模型需要完成以下任务之一：在给定的文本段落中找出并指出包含答案的位置，或直接生成答案文本。
- **文本生成（Text Generation）**是指模型创造新文本的能力。这个过程可以看作一系列的预测任务：模型基于已有的文本，预测下一个最可能出现的单词或字符。高级文本生成模型（如 GPT-3）不仅能产生连贯的文本，还能通过一种称为提示词编程 [C5-1] 或提示词工程 [C5-2] 的技术来完成各种自然语言处理任务。在提示词工程中，通过精心设计的文本提示来引导模型执行特定任务。
- **文本摘要（Text Summarization）**是计算机“阅读”长文本并将其总结为几句话的技术。
- **机器翻译（Machine Translation）**可以被视为在一种语言中理解文本和在另一种语言中生成文本的组合。

早期的自然语言处理任务主要依赖于基于规则的传统方法，如语法分析。以机器翻译为例，这种方法通常包括以下步骤：首先，使用解析器将源语言句子转化为语法树；然后，从语法树中提取更高级的语义结构，以表示句子的意义；最后，基于这个语义表示和目标语言的语法规则生成译文。然而，随着技术的发展，神经网络在解决许多自然语言处理任务时展现出更高的效率和效果。

> 许多经典的自然语言处理方法已在 Python 的自然语言处理工具包（Natural Language Processing Toolkit，NLTK） [C5-3] 中得到实现。对于那些想学习如何使用 NLTK 解决各种自然语言处理任务的人来说，《使用 Python 进行自然语言处理》 [C5-4] 是一本优秀的在线资源。这本书详细介绍了如何利用 NLTK 处理各种 NLP 问题。

在本课程中，将主要聚焦于使用神经网络进行自然语言处理，并在必要时利用自然语言工具包。

我们已经学习了如何使用神经网络处理表格数据和图像。然而，文本数据与这些数据类型有一个关键区别：文本是可变长度的序列，而图像的输入大小是固定的。虽然卷积网络能够从输入数据中提取模式，但文本中的模式往往更为复杂。例如，否定词可以与其修饰的内容相距甚远（如“我不喜欢橙子”和“我不喜欢那些大的、色彩鲜艳的、看起来很好吃的橙子”），但这两个句子的否定含义是一致的。这种长距离依赖关系使得文本处理变得更加复杂。因此，为了有效处理语言，需要引入新的神经网络类型，如循环网络（Recurrent Networks）和 Transformer 模型，它们能更好地捕捉这种复杂的语言结构。

安装库

如果使用本地 Python 安装来运行本课程，可能需要使用以下命令安装自然语言处理所需的库。

对于 PyTorch，使用命令安装：

```
pip install -r requirements-torch.txt
```

对于 TensorFlow，使用命令安装：

```
pip install -r requirements-tf.txt
```

可以在 Microsoft Learn 上用 TensorFlow 学习自然语言处理🔗 [L0-26]。

GPU 需求警告

在本篇，我们在一些示例中将训练相当大的模型。建议在支持 GPU 的计算机上运行 Notebook，以减少等待时间。

在 GPU 上运行时，可能会遇到 GPU 内存用尽的情况。在训练期间，消耗的 GPU 内存量取决于许多因素，包括 mini-batch （小批量）的大小。如果遇到任何内存问题，可以尝试在代码中减少 mini-batch 的大小。

此外，一些旧版本的 TensorFlow 在一个 Python 内核中训练多个模型时不能正确释放 GPU 内存。为了谨慎使用 GPU 内存，可以设置 TensorFlow 选项在需要时才增加 GPU 内存分配。为此需要在 Notebook 中包含以下程序：

```
# 使用 TensorFlow 配置来获取所有的 GPU 设备
physical_devices = tf.config.list_physical_devices('GPU')

# 检查是否有可用的 GPU 设备
if len(physical_devices) > 0:
    # 如果有 GPU 设备，则为第一个 GPU 设置内存增长选项
    # 这会使得 TensorFlow 只在需要时分配 GPU 内存，而不是一开始就分配所有可用内存
    tf.config.experimental.set_memory_growth(physical_devices[0], True)
```

如果有兴趣从经典机器学习的角度学习自然语言处理，请访问微软的《机器学习入门课》中有关自然语言处理的部分🔗 [C5-5]。

本篇内容

在本篇中，将介绍如下内容：

- 将文本表示为张量。
- 词嵌入。
- 语言模型。
- 循环神经网络。
- 生成网络。
- Transformer。

第 13 课
将文本表示为张量

本课主要介绍如何将文本数据转换为机器学习模型可以处理的数字形式。

简介

本课将介绍如下内容：

13.1 文本分类
13.2 文本表示
13.3 *N* 元词组
13.4 词袋模型和词频 - 逆文档频率
13.5 练习——文本表示
13.6 PyTorch 文本分类任务：TextRepresentationPyTorch.zh.ipynb
13.7 TensorFlow 文本分类任务：TextRepresentationTF.zh.ipynb
13.8 总结
13.9 挑战
13.10 复习与自学
13.11 作业——用自己的数据集运行练习部分的 Notebook

课前小测验

（1）在“词袋”模型中，每个单词都与一个向量索引相关联，这一说法（ ）。

a. 正确
b. 错误

（2）文本可以使用 （ ）种方法表示。

a. 1
b. 2
c. 3

（3）字符级表示意味着将每个（ ）表示为一个数字。

a. 字母
b. 单词
c. 符号

13.1 文本分类

本课首先聚焦于文本分类（Text Classification）任务。将使用 AG 新闻分类数据集 [L13–1]，其中包含新闻文章的类别、标题和正文。我们的目标是根据文本内容将新闻文章分类到相应的类别中。

13.2 文本表示

要用神经网络解决自然语言处理（NLP）任务，需要将文本表示为张量（即多维数组）。计算机已经使用 ASCII 或 UTF-8 等编码将文本字符表示为数字，如图 13-1 所示。但这种表示方式并不能传达文字的含义。

人类能够理解每个字母代表的含义，以及这些字符如何组合成句子中的单词。然而，计算机本身并没有这样的理解，神经网络需要在训练中学习这些含义。因此，在表示文本时可以采用不同的方法，介绍如下。

1. 字符级表示（Character-level Representation）

通过将每个字符视为一个数字来表示文本。假设文本语料库中有 C 个不同的字符，那么单词 Hello 将由 $5 \times C$ 张量表示。每个字母都对应于独热编码中的一个张量列。

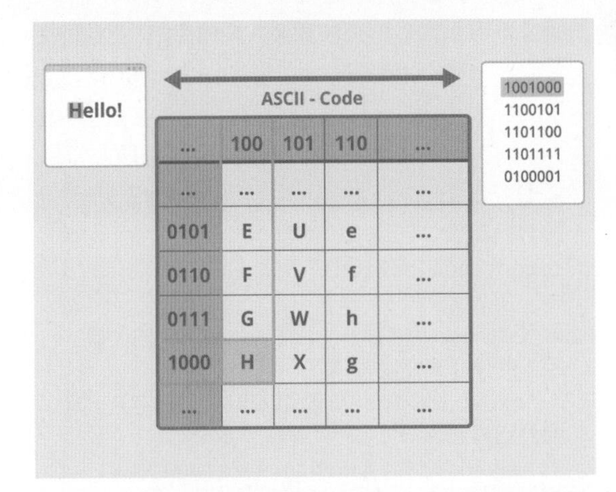

图 13-1　这张插图描述了文本字符串“Hello!”如何被转换为对应的 ASCII 码二进制形式。左侧是待转换的文本，中间是 ASCII 码表的一部分，显示了每个字符对应的二进制代码。右侧列出了“Hello!”中每个字符的 ASCII 二进制表示。图片来源：Seobility 网站关于 ASCII 码的介绍 [L13–2]

2. 单词级表示（Word-level Representation）

首先为文本中的所有词创建一个词汇表，然后使用独热编码表示单词。这种方法在某种程度上更好，因为每个字母本身没有太多意义，所以，通过使用更高层次的语义概念——单词，为神经网络简化了任务。但是，考虑到词典的大小，需要处理高维稀疏张量。

不论采用哪种表示方式，首先需要将文本转换为一系列词元（Token），一个词元可以是字符、单词，有时甚至是单词的一部分。然后，通常使用词汇表将词元转换为数字，这个数字可以使用独热编码的方式输入到神经网络中。

13.3　*N* 元词组

在自然语言中，单词的精确含义只能在上下文中确定。例如，“neural network”（神经网络）和“fishing network”（鱼网）中的“network”虽然相同，但是意义截然不同。解决此问题的方法之一是在单词对上构建模型，并将单词对视为独立的词汇标记。这样，句子“I like to go fishing”（我喜欢去钓鱼）将由以下标记序列表示：“I like, like to, to go, go fishing”。这种方法存在的问题是，词典的大小会显著增加。例如，“go fishing”（去钓鱼）和“go shopping”（去购物）这样的词组，虽然都使用了相同的动词“go”，但它们的语义完全不同。然而，在这种方法中，这样的词组却被当作毫无相似性的不同标记来处理。

在某些情况下，也可能考虑使用三元组——三个单词的组合。因此，这种方法通常称为 *N* 元词组（*N*-Grams）。此外，在字符级表示的情况下使用 *N* 元词组也是有意义的，在这种情况下，*N* 元词组大致对应于不同的音节。

13.4　词袋模型和词频 - 逆文档频率

在解决文本分类等任务时，需要能够将文本表示为一个固定大小的向量，用作最终密集分类器的输入。实现这一点的最简单方法之一是组合所有单词的表示，如通过相加。如果为每个单词添加一个独热编码，那么最终会得到一个频率向量，显示文本中每个单词出现的次数。这种文本表示被称为“词袋模型（Bag-of-Words，BoW）”，如图 13-2 所示。

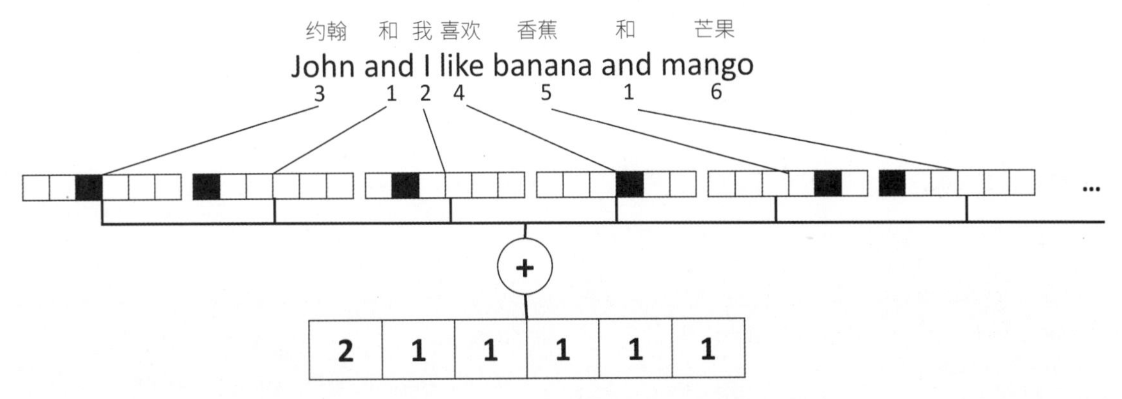

图 13-2　这张插图展示了词袋模型的工作原理。上方的句子单词下的数字（例如，“3124516”）代表文本中单词在词汇表中的索引位置，而下方的数字序列（例如，“211111”）显示了每个对应位置的单词在文本中出现的频率。这种表示方式允许量化和分析文本数据，便于机器学习算法处理，但它不考虑单词的顺序或语义关联

词袋模型本质上记录了文本中出现的词及其数量，这通常可以很好地反映文本的主题内容。例如，体育新闻文章可能频繁出现“足球”和“篮球”等词，而科学出版物可能出现“对撞机”“发现”等词汇。因此，在许多情况下，词频可以作为文本内容的良好指标。

词袋模型的问题在于某些常用词，如“和”“是”等在大多数文本中频繁出现，且由于它们高频出现，可能会掩盖那些真正重要的词。为了弱化这些高频但意义不大的常用词对文本分析的影响，可以参考这些词在整个文档集合中出现的频率。这就是词频-逆文档频率（Term Frequency-Inverse Document Frequency，TF/IDF）方法的主要原理：通过这种方式，赋予较少出现的词更高的权重，而普遍出现的常用词则权重较低。在本课附带的 Notebook 中对其进行了更详细的介绍。

然而，这些方法都未能充分考虑到文本的语义内容。为了做到这一点，需要更为强大的神经网络模型，将在本节的后续部分进行讨论。

13.5 ✍ 练习——文本表示

在以下 Notebook 中继续你的学习：

- 文本分类任务——PyTorch 🔗 [L13-3]。
- 文本分类任务——TensorFlow 🔗 [L13-4]。

13.6 PyTorch 文本分类任务：TextRepresentationPyTorch.zh.ipynb

本实践将专注于基于 PyTorch 框架的简单文本分类任务，使用 AG_NEWS 数据集🔗 [L13-1]，将新闻头条分类为以下 4 个类别之一：世界、体育、商业和科技。

13.6.1 数据集

数据集内置在 `torchtext` 模块中，参考链接中的文档进行安装。数据集下载与加载的程序如下：

```
# 导入 PyTorch 库，这是一个用于构建和训练神经网络的库
import torch

# 导入 TorchText 库，这是一个专门用于处理文本（例如，分词和词嵌入）的库
import torchtext
# 导入 os 库，用于处理文件和目录
import os

# 导入 collections 库，该库提供了高性能的容器类型，如列表、字典等
import collections

# 使用 os 库创建一个名为 'data' 的目录，用于存储下载的数据集
# 'exist_ok=True' 表示如果目录已存在，不会抛出异常
os.makedirs('./data',exist_ok=True)

# 使用 TorchText 的 datasets 模块下载 AG_NEWS 数据集
# AG_NEWS 是一个新闻分类数据集，包含 4 个类别的新闻：'World', 'Sports', 'Business', 'Sci/Tech'
# 数据集将被下载到之前创建的 'data' 目录中
# train_dataset 和 test_dataset 是两个可迭代对象，包含训练数据和测试数据
train_dataset, test_dataset = torchtext.datasets.AG_NEWS(root='./data')

# 创建一个类别列表，用于后续将数字标签转换为实际的类别名称
classes = ['World', 'Sports', 'Business', 'Sci/Tech']
```

这里的 `train_dataset` 和 `test_dataset` 包含返回标签（类别编号）和文本对的集合，例如，打印数据集中的第一条新闻及其类别的程序如下：

```
# 打印训练数据集中的第一条新闻及其类别
# 通过将 train_dataset 转换为 list 并取索引 0，可以得到第一条新闻及其标签
list(train_dataset)[0]
```

程序输出如下：

```
(3,
"Wall St. Bears Claw Back Into the Black (Reuters) Reuters - Short-sellers, Wall Street's dwindling\\band of ultra-cynics, are seeing green again.")
```

进一步打印出数据集中的前 5 条的类别和内容，程序如下：

```
# 遍历训练数据集中的前 5 条新闻，打印每条新闻的类别和内容
# 使用 zip 和 range 函数可以在遍历 5 条新闻后停止
# 在这里，x[0] 是新闻的类别标签（一个整数），x[1] 是新闻的文本内容
for i,x in zip(range(5),train_dataset):
    print(f"**{classes[x[0]]}** -> {x[1]}")
```

程序输出如下：

```
**Sci/Tech** -> Wall St. Bears Claw Back Into the Black (Reuters) Reuters - Short-sellers, Wall Street's dwindling\band of ultra-cynics, are seeing green again.
**Sci/Tech** -> Carlyle Looks Toward Commercial Aerospace (Reuters) Reuters - Private investment firm Carlyle Group,\which has a reputation for making well-timed and occasionally\controversial plays in the defense industry, has quietly placed\its bets on another part of the market.
**Sci/Tech** -> Oil and Economy Cloud Stocks' Outlook (Reuters) Reuters - Soaring crude prices plus worries\about the economy and the outlook for earnings are expected to\hang over the stock market next week during the depth of the\summer doldrums.
**Sci/Tech** -> Iraq Halts Oil Exports from Main Southern Pipeline (Reuters) Reuters - Authorities have halted oil export\flows from the main pipeline in southern Iraq after\intelligence showed a rebel militia could strike\infrastructure, an oil official said on Saturday.
**Sci/Tech** -> Oil prices soar to all-time record, posing new menace to US economy (AFP) AFP - Tearaway world oil prices, toppling records and straining wallets, present a new economic menace barely three months before the US presidential elections.
```

因为数据集是迭代器，所以，如果想多次使用数据，需要将其转换为列表。将数据集转换为列表的程序如下：

```
# 再次加载 AG_NEWS 数据集，并立即将其转换为列表
# 这样做的原因是，原始的 train_dataset 和 test_dataset 是可迭代对象，只能遍历一次
# 将它们转换为列表后，可以多次访问其中的元素，这对于训练和测试神经网络非常有用
train_dataset, test_dataset = torchtext.datasets.AG_NEWS(root='./data')
train_dataset = list(train_dataset)
test_dataset = list(test_dataset)
```

13.6.2 分词

现在需要将文本转换为可以表示为张量的数字。如果想要单词级别的表示，需要做如下两件事：

- 使用分词器（Tokenizer）将文本分割为标记（Tokens）。
- 构建这些标记的词汇表（Vocabulary）。

分词与构建词汇表的程序如下：

```
# 使用 TorchText 的 data.utils.get_tokenizer 函数获取一个英文基础分词器
# 分词器是将句子分解为单词或标记的工具
tokenizer = torchtext.data.utils.get_tokenizer('basic_english')

# 使用分词器对一个样本句子进行分词，查看其效果
print(tokenizer('He said: hello'))  # 期望输出：['He', 'said', 'hello']
```

程序输出如下：

```
['he', 'said', 'hello']
```

统计词频并创建词汇表的程序如下：

```
# 创建一个计数器对象，用于统计词汇表中每个单词的频率
```

```
counter = collections.Counter()

# 遍历训练数据集中的所有新闻，将每条新闻的内容进行分词，然后更新计数器
for (label, line) in train_dataset:
    counter.update(tokenizer(line))

# 使用 TorchText 的 vocab 功能，根据计数器中的频率信息创建一个词汇表
# min_freq 参数表示只有在数据集中出现频率大于或等于 min_freq 的单词才会被包含在词汇表中
vocab = torchtext.vocab.vocab(counter, min_freq=1)
```

使用词汇表，可以轻松地将标记化的字符串编码为一组数字。词汇表的大小与句子编码的程序如下：

```
# 获取词汇表的大小，即包含的不同单词的数量
vocab_size = len(vocab)
print(f"Vocab size is {vocab_size}")
# 输出词汇表大小
# 获取一个字典，该字典可以将词汇表中的单词转换为对应的索引
stoi = vocab.get_stoi()

# 创建一个函数，用于将一个句子转换为一个索引列表
# 该函数首先使用分词器将句子分解为单词，然后使用 stoi 字典将每个单词转换为其在词汇表中的索引
def encode(x):
    return [stoi[s] for s in tokenizer(x)]

# 使用上面创建的 encode 函数对一个样本句子进行编码
print(encode('I love to play with my words'))  # 输出：[I 的索引, love 的索引, to 的索引, ...]
```

程序输出如下：

```
Vocab size is 95810
[599, 3279, 97, 1220, 329, 225, 7368]
```

13.6.3 词袋模型的文本表示

由于单词承载着意义，有时仅通过查看单词本身，不考虑它们在句子中的排列顺序，也能推断出文本的大致内容。例如，在分类新闻文章时，“天气”“雪”这样的词汇可能表明这是一篇天气预报，而“股票”“美元”这些词则可能意味着文章涉及财经新闻。

词袋模型（BoW）的向量表示法是最常见的传统文本向量表示方法之一。在这种表示法中，每个单词都对应向量中的一个索引，而向量中的元素则记录了该单词在某个特定文档中的出现次数，如图 13-3 所示。

> ⚠ 注意：你也可以把词袋模型看作是文本中所有单词的独热编码向量的总和。

使用 Sklearn Python 库生成词袋模型表示的示例程序如下：

```
# 导入 sklearn 的 CountVectorizer 类，该类可以将文本转换为词频向量
from sklearn.feature_extraction.text import CountVectorizer

# 创建一个 CountVectorizer 对象
vectorizer = CountVectorizer()
```

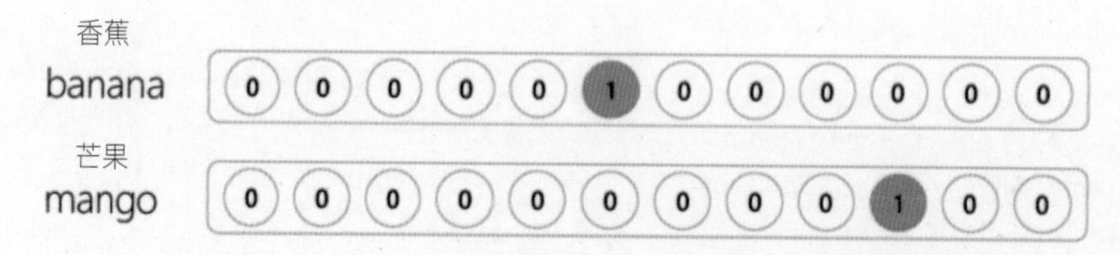

图 13-3　词袋模型（BoW）中单词独热编码示意图：“banana”和“mango”的二进制独热编码向量表示，其中 1 的位置标示出单词在词汇表中的存在，进而用于统计其在文档中的出现次数

```
# 创建一个文本语料库，包含 3 个句子
corpus = [
    'I like hot dogs.',
    'The dog ran fast.',
    'Its hot outside.',
]

# 使用 CountVectorizer 对象对文本语料库进行拟合转换
# 这会创建一个词汇表，并将每个句子转换为一个词频向量
vectorizer.fit_transform(corpus)

# 使用已经拟合的 CountVectorizer 对象将一个新的句子转换为一个词频向量
vectorizer.transform(['My dog likes hot dogs on a hot day.']).toarray()
```

程序输出如下：

```
array([[1, 1, 0, 2, 0, 0, 0, 0, 0]])
```

为了从 AG_NEWS 数据集的向量表示中计算词袋向量，可以定义一个函数来将一段文笔转换为词代模型向量，其程序如下：

```
# 定义词汇表的大小
vocab_size = len(vocab)

# 定义一个函数，将一段文本转换为词袋模型向量
# 词袋模型向量是一个长为词汇表大小的向量，向量的每个元素表示对应的单词在文本中出现的次数
def to_bow(text, bow_vocab_size=vocab_size):
    res = torch.zeros(bow_vocab_size, dtype=torch.float32)
    for i in encode(text):
        if i < bow_vocab_size:
            res[i] += 1
    return res

# 使用上面定义的 to_bow 函数，将训练数据集中的第一条新闻转换为词袋模型向量，并打印
print(to_bow(train_dataset[0][1]))
```

程序输出如下：

```
tensor([2., 1., 2.,  ..., 0., 0., 0.])
```

> 注意：在此，使用全局变量 `vocab_size` 来指定词汇表的默认大小。鉴于词汇表的大小往往非常庞大，可以仅将词汇表的大小限制为最常用的一些词。尝试降低 `vocab_size` 的值并运行以下代码，观察它如何影响准确率。会发现准确率有所下降，但下降幅度不会很大，这么做的好处是能够提高性能。

13.6.4 训练词袋模型分类器

现在已经了解了如何构建文本的词袋模型表示，下一步就是在此基础上训练一个分类器。首先，需要将数据集转换为训练格式，使所有的位置向量表示都转化为词袋模型表示。这个转换过程可以通过使用 `bowify` 函数，将其作为 `collate_fn` 参数传递给 PyTorch 的标准 DataLoader，从而实现所有位置向量表示到词袋模型表示的转换。定义训练词袋模型的 DataLoader 的程序如下：

```
# 导入 PyTorch 的 DataLoader 类，该类可以用于创建一个迭代器，用于按批次获取数据
from torch.utils.data import DataLoader
import numpy as np

# 这个 collate 函数获取的是包含 batch_size 元组的列表，需要返回一对用于整个 minibatch 的标签——特征张量

# 定义一个函数，将一个批次的数据转换为标签和特征的形式
# 这个函数将被传递给 DataLoader，用于在获取数据时进行预处理
def bowify(b):
    return (
        torch.LongTensor([t[0]-1 for t in b]),
        torch.stack([to_bow(t[1]) for t in b])
    )

# 创建训练数据和测试数据的 DataLoader，每个批次包含 16 条新闻
```

```
# DataLoader 会使用上面定义的 bowify 函数对每个批次的数据进行预处理
train_loader = DataLoader(train_dataset, batch_size=16, collate_fn=bowify, shuffle=True)
test_loader = DataLoader(test_dataset, batch_size=16, collate_fn=bowify, shuffle=True)
```

下面定义一个简单的分类神经网络，它包含一个线性层。输入向量的大小与 `vocab_size` 相等，输出大小则对应于类别数（4）。由于正在处理一个分类任务，所以，最后使用的激活函数是 `LogSoftmax()`。其程序如下：

```
# 定义一个网络，该网络包含一个全连接层和一个 LogSoftmax 激活函数
# 全连接层将词袋向量映射到 4 个类别上，然后 LogSoftmax 函数将这 4 个值转换为概率分布
net = torch.nn.Sequential(torch.nn.Linear(vocab_size,4), torch.nn.LogSoftmax(dim=1))
```

接下来，定义标准的 PyTorch 训练循环。考虑到数据集相当大，出于教学目的，只训练一轮，有时甚至不足一轮（通过设置 `epoch_size` 参数来限制训练时长）。我们还会在训练期间报告累积的训练准确率；报告的频率由 `report_freq` 参数来指定，其程序如下：

```
def train_epoch(net, dataloader, lr=0.01, optimizer=None, loss_fn=torch.nn.NLLLoss(), epoch_size=None, report_freq=200):
    # 如果没有指定优化器，则使用Adam优化器，并使用给定的学习率
    optimizer = optimizer or torch.optim.Adam(net.parameters(), lr=lr)

    # 设置网络为训练模式
    net.train()

    # 初始化总损失、准确度、样本计数和批次计数为 0
    total_loss, acc, count, i = 0, 0, 0, 0
    # 遍历 dataloader 中的所有数据
    for labels, features in dataloader:
        # 清零优化器的梯度
        optimizer.zero_grad()

        # 通过网络获得输出预测
        out = net(features)

        # 计算损失
        loss = loss_fn(out, labels)  # cross_entropy(out, labels)

        # 反向传播计算梯度
        loss.backward()

        # 更新网络参数
        optimizer.step()

        # 累计损失
        total_loss += loss

        # 获取预测的标签
        _, predicted = torch.max(out, 1)

        # 计算并累加正确预测的数量
        acc += (predicted == labels).sum()

        # 累计已处理的样本数
        count += len(labels)

        # 更新批次计数
        i += 1

        # 每处理 report_freq 批次，打印一次准确率
        if i % report_freq == 0:
            print(f"{count}: acc={acc.item()/count}")

        # 如果指定了 epoch_size 并且处理的样本数超过了 epoch_size，就结束训练
        if epoch_size and count > epoch_size:
            break

    # 返回平均损失和准确率
    return total_loss.item()/count, acc.item()/count
```

使用上面定义的 `train_epoch` 函数对网络进行一轮训练，程序如下：

```
# epoch_size=15000 表示在这轮训练中，最多处理 15000 个样本
train_epoch(net,train_loader,epoch_size=15000)
```

程序输出如下：

```
3200: acc=0.805
6400: acc=0.84625
9600: acc=0.8609375
12800: acc=0.86640625

(0.025200404592160223,
0.8694696162046909)
```

13.6.5 二元词组、三元词组和 *N* 元词组

词袋方法存在的一个限制是，某些词语是多词表达式的一部分，例如，单词 `hot dog` 与其他上下文中的单词 `hot` 和 `dog` 有完全不同的含义。如果总是用相同的向量表示单词 `hot` 和 `dog`，可能会让模型产生混淆。

为了解决这个问题，*N* 元词组（*N*-gram）表示法经常被用于文档分类方法中，其中包括每个单词、二元词组（BiGrams）或三元词组（TriGrams）的频率，这些都是训练分类器时的有用特征。例如，在二元词组表示中，除了原始的单词，还会将所有单词对加入到词汇表中。

以下是使用 Scikit Learn 生成二元词袋模型表示的示例程序：

```
# 导入 sklearn 的 CountVectorizer 类
from sklearn.feature_extraction.text
import CountVectorizer

# 创建一个 CountVectorizer 对象用于生成bigram（二元词组）
# 参数说明：
# ngram_range=(1, 2)：表示既包含单个词，也包含两个词的组合（即二元词组）
# token_pattern=r'\b\w+\b'：使用正则表达式进行分词，此处表示单词的边界
# min_df=1：词或二元词组至少在一个文档中出现一次才会被加入到词汇表中
bigram_vectorizer =
CountVectorizer(ngram_range=(1, 2),
token_pattern=r'\b\w+\b', min_df=1)

# 创建一个文本语料库，包含 3 个句子
corpus = [
    'I like hot dogs.',
    'The dog ran fast.',
    'Its hot outside.',
]

# 使用 bigram_vectorizer 对文本语料库进行拟合转换
# 会基于文档中的词和二元词组创建一个词汇表，并将每个句子转换为一个词频向量
bigram_vectorizer.fit_transform(corpus)

# 打印创建的词汇表
print("Vocabulary:\n", bigram_vectorizer.vocabulary_)

# 使用已经拟合的 bigram_vectorizer 将一个新的句子转换为词频向量
# 会基于词汇表将句子转换为包含词和二元词组频率的向量
bigram_vectorizer.transform(['My dog likes hot dogs on a hot day.']).toarray()
```

程序输出如下：

```
Vocabulary:
 {'i': 7, 'like': 11, 'hot': 4,
'dogs': 2, 'i like': 8, 'like hot':
12, 'hot dogs': 5, 'the': 16, 'dog': 0,
'ran': 14, 'fast': 3, 'the dog': 17,
'dog ran': 1, 'ran fast': 15, 'its':
9, 'outside': 13, 'its hot': 10, 'hot
outside': 6}
array([[1, 0, 1, 0, 2, 1, 0, 0, 0, 0,
0, 0, 0, 0, 0, 0, 0, 0]])
```

N 元词组方法的主要缺点是词汇表的大小会极速增长。实际应用中，需要将 *N* 元词组表示法与降维技术相结合，如嵌入（embeddings），将在下一课中讨论这个问题。

要在 AG News 数据集中使用 *N* 元词组表示，需要构建一个特殊的 ngram 词汇表，计算 AG_NEWS 数据集中的二元词组的程序如下：

```
# 使用 torchtext 对训练数据集中的文本进行二元词组的统计
counter = collections.Counter()
for (label, line) in train_dataset:
    l = tokenizer(line)
    counter.update(torchtext.data.
utils.ngrams_iterator(l, ngrams=2))

# 基于统计结果，创建二元词组的词汇表
bi_vocab = torchtext.vocab.
vocab(counter, min_freq=1)

# 打印二元词组词汇表的长度
print("Bigram vocabulary length = ",
len(bi_vocab))
```

程序输出如下：

```
Bigram vocabulary length =  1308842
```

可以使用上述代码来训练分类器，但这将非常消耗内存。在下一课中将使用嵌入来训练二元词组分类器。

> 注意：可以只保留那些在文本中出现次数超过特定次数的 ngrams。这将确保不常见的二元词组被忽略，并显著降低维度。为此，可以将 `min_freq` 参数设置为一个较高的值，并观察词汇表长度的变化。

13.6.6 词频 - 逆文档频率

在词袋模型中，单词的出现频率被平等地加权，而不考虑单词本身的意义。然而，像“a”“in”这样的高频词对于分类任务的重要性远不如专业术语。实际上，在大多数自然语言处理任务中，有些词比其他词更有相关性。

词频 - 逆文档频率（Term Frequency–Inverse Document Frequency，TF-IDF）是一种词袋的变体，它不是用二进制的 0/1 值来表示一个单词在文档中的出现，而是用一个与该单词在语料库中出现频率相关的浮点值。

单词 i 在文档 j 中的权重 w_{ij} 定义为

$$w_{ij} = tf_{ij} \times \log(\frac{N}{df_i})$$

式中，

- tf_{ij} 是单词 i 在文档 j 中出现的次数，即之前看到的词袋模型的值。
- N 是集合中的文档总数。
- df_i 是整个集合中包含单词 i 的文档数。

词频 - 逆文档频率值 w_{ij} 随着单词在文档中出现次数的增加而增加，同时又受到语料库中包含该单词的文档数量的影响，这有助于调整某些单词比其他单词更频繁出现的事实。例如，如果某个单词在文集中的每个文档中都出现，那么 $df_i = N$，并且 $w_{ij} = 0$，这样的词将被完全忽视。

可以使用 Scikit Learn 轻松地对文本进行词频 - 逆文档频率向量化，其程序如下：

```
# 导入 sklearn 中的 TfidfVectorizer，该类可以将文本转换为 TF-IDF 向量
# TF-IDF 是一种统计方法，用以评估一个词对一个文档集或一个语料库中的一份文件的重要程度
# 这里设置 ngram_range=(1,2) 表示使用一元和二元词组
from sklearn.feature_extraction.text
import TfidfVectorizer
vectorizer = TfidfVectorizer(ngram_
range=(1,2))

# 使用 TfidfVectorizer 对语料库进行拟合，这个过程会建立词汇表，并计算 TF-IDF 值
vectorizer.fit_transform(corpus)

# 使用 TfidfVectorizer 对一个新句子进行转换，这个过程会将句子转换为 TF-IDF 向量
vectorizer.transform(['My dog likes
hot dogs on a hot day.']).toarray()
```

程序输出如下：

```
array([[0.43381609, 0.        ,
0.43381609, 0.        , 0.65985664,
        0.43381609, 0.        , 0.
, 0.        , 0.        ,
        0.        , 0.        , 0.
, 0.        , 0.        ,
        0.        ]])
```

13.7 TensorFlow 文本分类任务：TextRepresentationTF.zh.ipynb

本实践将专注于基于 TensorFlow 框架的简单文本分类任务，使用 AG_NEWS 数据集 [L13-1]，将新闻头条分类为以下 4 个类别之一：世界、体育、商业和科技。

13.7.1 数据集

为了加载数据集，我们将使用 TensorFlow Datasets API [L13-5]。

运行下面的程序时需要在 Python 环境中安装 `tensorflow_datasets` 这个模块。如果需要安装，打开终端或命令行工具，然后输入以下命令：

```
pip install tensorflow_datasets
```

数据集下载与加载的程序如下：

```
# 导入所需的库
import tensorflow as tf
from tensorflow import keras
import tensorflow_datasets as tfds

# 在这个教程中，将会训练很多模型。为了谨慎地使用 GPU 内存，将设置 tensorflow 选项，在需要时增加 GPU 内存分配
physical_devices = tf.config.list_physical_devices('GPU')
if len(physical_devices) > 0:
    tf.config.experimental.set_memory_growth(physical_devices[0], True)

# 使用 tensorflow_datasets 加载 ag_news_subset 数据集
dataset = tfds.load('ag_news_subset')
```

现在可以通过使用 `dataset['train']` 和 `dataset['test']` 来分别访问数据集的训练部分和测试部分。从数据集中提取训练部分和测试部分，并打印它们的长度，以了解数据集的规模。其程序如下：

```
# 从数据集中提取训练部分
ds_train = dataset['train']
# 从数据集中提取测试部分
ds_test = dataset['test']

# 打印训练数据集的长度
print(f"Length of train dataset = {len(ds_train)}")
# 打印测试数据集的长度
print(f"Length of test dataset = {len(ds_test)}")
```

程序输出如下：

```
Length of train dataset = 120000
Length of test dataset = 7600
```

打印出数据集中的前 5 条标题和描述的程序如下：

```
# 定义新闻类别列表
classes = ['World', 'Sports', 'Business', 'Sci/Tech']

# 从训练数据集中迭代前 5 个样本
for i, x in zip(range(5), ds_train):
    # 打印每个样本的标签、对应的新闻类别和新闻的标题和描述
    print(f"{x['label']} ({classes[x['label']]}) -> {x['title']} {x['description']}")
```

程序输出如下：

```
3 (Sci/Tech) -> b'AMD Debuts Dual-Core Opteron Processor' b'AMD #39;s new dual-core Opteron chip is designed mainly for corporate computing applications, including databases, Web services, and financial transactions.'
1 (Sports) -> b"Wood's Suspension Upheld (Reuters)" b'Reuters - Major League Baseball\\Monday announced a decision on the appeal filed by Chicago Cubs\\pitcher Kerry Wood regarding a suspension stemming from an\\incident earlier this season.'
2 (Business) -> b'Bush reform may have blue states seeing red' b'President Bush #39;s  quot;revenue-neutral quot; tax reform needs losers to balance
```

```
its winners, and people claiming
the federal deduction for state and
local taxes may be in administration
planners #39; sights, news reports
say.'
3 (Sci/Tech) -> b"'Halt science
decline in schools'" b'Britain will
run out of leading scientists unless
science education is improved, says
Professor Colin Pillinger.'
1 (Sports) -> b'Gerrard leaves
practice' b'London, England (Sports
Network) - England midfielder Steven
Gerrard injured his groin late in
Thursday #39;s training session,
but is hopeful he will be ready for
Saturday #39;s World Cup qualifier
against Austria.'
2023-09-14 21:47:28.255665: W
tensorflow/core/kernels/data/cache_
dataset_ops.cc:854] The calling
iterator did not fully read the
dataset being cached. In order to
avoid unexpected truncation of the
dataset, the partially cached contents
of the dataset  will be discarded.
This can happen if you have an input
pipeline similar to `dataset.cache().
take(k).repeat()`. You should use
`dataset.take(k).cache().repeat()`
instead.
```

13.7.2 文本向量化

现在需要将文本转换为可以表示为张量的数字。如果想要单词级别的表示，需要做如下两件事：

(1) 使用分词器（Tokenizer）将文本分割为标记（Tokens）。

(2) 构建这些标记的词汇表（Vocabulary）。

13.7.3 限制词汇表大小

在 AG News 数据集示例中，词汇表的规模超过 10 万个。通常情况下，那些在文本中只是偶尔出现的单词对我们来说并不重要，因为它们只在极少数句子中出现，模型也很难从这些单词中学习到有用的信息。因此，出于优化的考虑，可以设置参数来限制词汇表的大小，使其更加紧凑。

使用 TextVectorization 层可以处理这两个步骤。下面创建一个向量化对象实例，然后调用 adapt 方法遍历所有文本并构建词汇表，程序如下：

```
# 定义词汇表的最大值
vocab_size = 50000

# 创建一个 TextVectorization 对象，这是一
个专门用于文本向量化的层
# 设置 max_tokens 参数为词汇表的上限，这
样它只会保留出现最频繁的 50,000 个单词
vectorizer = keras.layers.
experimental.preprocessing.
TextVectorization(max_tokens=vocab_
size)

# 使用 'adapt' 方法让向量化器适应数据集
# 使用 'ds_train.take(500).map(lambda
x: x['title']+' '+x['description'])'
来取训练数据集中的前 500 个样本，
# 并将每个样本的标题和描述结合在一起，这
样向量化器就会基于这些文本来构建词汇表
vectorizer.adapt(ds_train.take(500).
map(lambda x: x['title']+'
'+x['description']))
```

> 注意：我们只使用了整个数据集的一个子集来构建词汇表。这样做是为了加快执行时间，避免等待过久。但这也带来了一个风险：整个数据集中的一些单词可能不会被包含在词汇表中，并且在训练过程中会被忽略。因此，使用整个词汇表并在 adapt 过程中处理所有数据集应该会提高最终的准确度，但提升幅度不会很大。

现在可以访问实际的词汇表，获取词汇表内容的程序如下：

```
# 获取词汇表内容
vocab = vectorizer.get_vocabulary()
# 获取词汇表的大小
vocab_size = len(vocab)
# 打印词汇表的前 10 个单词
print(vocab[:10])
# 打印整个词汇表的长度
print(f" 词汇表的大小为 : {vocab_size}")
```

程序输出如下：

```
['', '[UNK]', 'the', 'to', 'a', 'in',
'of', 'and', 'on', 'for']
词汇表的大小为 : 5335
```

使用词汇表，可以轻松地将标记化的字符串编码为一组数字，将一个示例句子转换为向量的程序如下：

```
vectorizer('I love to play with my
words')
```

程序输出如下：

```
<tf.Tensor: shape=(7,), dtype=int64,
numpy=array([ 112, 3695,    3,  304,
11, 1041,    1])>
```

13.7.4 词袋模型（BagofWords）的文本表示

关于此概念的介绍请参看本课 13.6.3 的内容。

以下是使用 Scikit Learn Python 库生成词袋模型表示的示例程序：

```
# 导入 sklearn 库中的 CountVectorizer，用
于将文本数据转换为词频向量
from sklearn.feature_extraction.text
import CountVectorizer

# 实例化一个 CountVectorizer 对象
sc_vectorizer = CountVectorizer()
# 定义一个语料库，包含 3 个句子
corpus = [
    'I like hot dogs.',
    'The dog ran fast.',
    'Its hot outside.',
]

# 使用 fit_transform 方法对语料库进行拟合
并转换为词频矩阵
sc_vectorizer.fit_transform(corpus)

# 使用 transform 方法将新的句子转换为与语
料库相同结构的词频向量
# 结果将展示这个新句子中每个词的出现次数
sc_vectorizer.transform(['My dog likes
hot dogs on a hot day.']).toarray()
```

程序输出如下：

```
array([[1, 1, 0, 2, 0, 0, 0, 0, 0]])
```

还可以使用上面定义的 Keras 向量化器，将每个单词编号转换为一种独热编码，并将这些向量加起来，其程序如下：

```
# 定义一个函数，将文本转换为词袋模型
def to_bow(text):
    # 使用独热编码将文本转换为向量，然后
将所有的向量加起来
    return tf.reduce_sum(tf.one_
hot(vectorizer(text), vocab_size),
axis=0)

# 使用定义的函数将给定的文本转换为词袋模
型并输出结果
to_bow('My dog likes hot dogs on a hot
day.').numpy()
```

程序输出如下：

```
array([0., 5., 0., ..., 0., 0., 0.],
dtype=float32)
```

注意：使用 Keras 和 Scikit Learn 构建词袋模型时，可能会观察到结果向量长度的差异。在 Keras 中，首先使用整个 AG News 数据集来构建一个全局的词汇表，这个词汇表在整个模型训练过程中保持不变。因此，无论文本样本如何变化，生成的向量长度都是一致的，因为它们都基于同一个词汇表。

相比之下，在 Scikit Learn 中，每次调用转换方法时，都会根据当前的文本样本即时构建词汇表。如果文本样本中包含之前未见过的单词，就会扩展词汇表，从而可能导致生成的向量长度不一致。

13.7.5 训练词袋模型分类器

现在已经学会了如何为文本构建词袋模型表示，接下来训练一个使用它的分类器。首先，需要将数据集转换为词袋模型表示。这可以通过以下方式使用 map 函数来实现，其程序如下：

```
batch_size = 128    # 定义每个批次的大小为 128

# 使用 map 函数将 ds_train 中的每条记录的标题和描述转换为词袋模型表示，并与其对应的标签一起作为新的数据项
# 之后使用 batch 函数将转换后的数据集划分为大小为 batch_size 的批次
ds_train_bow = ds_train.map(lambda x: (to_bow(x['title']+x['description']),x['label'])).batch(batch_size)

# 对测试集 ds_test 执行与上面相同的操作
ds_test_bow = ds_test.map(lambda x: (to_bow(x['title']+x['description']),x['label'])).batch(batch_size)
```

现在定义一个简单的分类器神经网络，它包含一个线性层。输入向量的大小等于 vocab_size，输出大小对应类的数量（4）。因为正在解决分类任务，所以，最后的激活函数是 Softmax()。定义并编译一个包含单个全连接层的简单神经网络模型，使用词袋模型表示的输入进行新闻分类，并在训练和验证数据集上进行训练的程序如下：

```
# 使用 Keras 的 Sequential 模型来定义一个线性堆叠的层模型
model = keras.models.Sequential([
    # 添加一个全连接层，有 4 个输出神经元，对应 4 个新闻分类
    # 使用 softmax 激活函数，它会使得输出可以被解释为概率分布
    # input_shape 参数定义了输入的形状为(vocab_size,)，即词袋模型向量的大小
    keras.layers.Dense(4, activation='softmax', input_shape=(vocab_size,))
])

# 编译模型：
# - 使用 'sparse_categorical_crossentropy' 作为损失函数，它适用于整数分类标签（例如，0、1、2、3）的多分类问题
# - 使用 'adam' 优化器，这是一种广泛使用的优化方法
# - 评估模型的指标选择为 'accuracy'
model.compile(loss='sparse_categorical_crossentropy', optimizer='adam', metrics=['acc'])

# 使用 fit 方法训练模型
# 使用 ds_train_bow 作为训练数据，并将 ds_test_bow 作为验证数据集
# 模型将在训练时，结束每轮后，评估其在验证数据集上的性能
model.fit(ds_train_bow, validation_data=ds_test_bow)
```

程序输出如下：

```
938/938 [=====] - 18s 18ms/step - loss: 0.6124 - acc: 0.8432 - val_loss: 0.4410 - val_acc: 0.8701
```

由于有 4 个类别，所以，超过 80% 的准确率是一个很好的结果。

13.7.6 将分类器作为一个网络进行训练

因为向量化器也是一个 Keras 层，所以，可以定义一个包含它的网络，并端到端地进行训练。这样，不需要使用 map 对数据集进行向量化，可以直接将原始数据集传递给网络的输入。

> 注意：仍然需要对数据集执行某些操作，以将字段从字典结构（如 title、description 和 label）转换为更简单的组合格式。但是，从磁盘加载数据时，可以一开始就创建一个符合这种所需格式的数据集。

定义和训练一个端到端模型，直接从原始数据集获取文本数据，通过向量化和独热编码转换为词袋模型表示，并进行新闻分类的程序如下：

```
# 定义从数据集中提取文本的函数
def extract_text(x):
    return x['title'] + ' ' + x['description']
# 定义将数据集的条目从字典转换为简单的元组的函数
```

```
def tupelize(x):
    return (extract_text(x),
x['label'])

# 定义模型的输入层，指定输入的形状和数据类型
inp = keras.Input(shape=(1,),
dtype=tf.string)
# 将输入文本向量化
x = vectorizer(inp)
# 对向量化后的结果执行独热编码，并对结果求和以获取词袋模型表示
x = tf.reduce_sum(tf.one_hot(x, vocab_
size), axis=1)
# 定义模型的输出层，使用 softmax 激活函数
out = keras.layers.Dense(4,
activation='softmax')(x)
# 创建并总结模型
model = keras.models.Model(inp, out)
model.summary()

# 编译模型，指定损失函数、优化器和评估指标
model.compile(loss='sparse_
categorical_crossentropy',
optimizer='adam', metrics=['acc'])
# 训练模型，将原始数据集转换为适合训练的格式，并批处理
model.fit(ds_train.map(tupelize).
batch(batch_size), validation_data=ds_
test.map(tupelize).batch(batch_size))
```

程序输出如下：

```
Model: "model_1"
___________________________________________________________
 Layer (type)                Output Shape              Param #
=================================================================
 input_2 (InputLayer)        [(None, 1)]               0
 text_vectorization_3 (Text  (None, None)              0
 Vectorization)
 tf.one_hot_1 (TFOpLambda)   (None, None, 5335)        0
 tf.math.reduce_sum_1 (TFOp  (None, 5335)              0
 Lambda)
 dense_5 (Dense)             (None, 4)                 21344
=================================================================
Total params: 21344 (83.38 KB)
Trainable params: 21344 (83.38 KB)
Non-trainable params: 0 (0.00 Byte)
___________________________________________________________
938/938 [====] - 23s 24ms/step - loss: 0.6148 - acc: 0.8391 - val_loss: 0.4183 -
val_acc: 0.8759
```

13.7.7 二元词组、三元词组和 *N* 元词组

词袋方法存在的一个限制是，某些词语是多词表达式的一部分，例如，单词 `hot dog` 与其他上下文中的单词 `hot` 和 `dog` 有完全不同的含义。如果总是用相同的向量表示单词 `hot` 和 `dog`，可能会让模型产生混淆。

为了解决这个问题，*N* 元词组（*N*-gram）表示法经常被用于文档分类方法中，其中包括每个单词、二元词组（BiGrams）或三元词组（TriGrams）的频率，这些都是训练分类器时的有用特征。例如，在二元词组表示中，除了原始的单词，还会将所有单词对加入到词汇表中。

使用 Scikit Learn 生成二元词袋模型表示的示例程序如下：

```
# 导入 CountVectorizer 类用于文本向量化
```

```
from sklearn.feature_extraction.text
import CountVectorizer

# 初始化 CountVectorizer 对象，创建
bigram（二元词组）向量化器
# 参数设置:
# ngram_range=(1, 2): 考虑单词（一元词
组）和二元词组
# token_pattern=r'\b\w+\b': 正则表达式
用于匹配单词
# min_df=1: 单词或二元词组至少在一个文档
中出现一次才包括进词汇表
bigram_vectorizer =
CountVectorizer(ngram_range=(1, 2),
token_pattern=r'\b\w+\b', min_df=1)

# 创建一个文本数据集
corpus = [
    'I like hot dogs.',
    'The dog ran fast.',
    'Its hot outside.',
]

# 使用文本数据集训练 bigram_vectorizer
并转换为词频向量
bigram_vectorizer.fit_
transform(corpus)
# 打印词汇表，显示由文本数据集提取的词汇
print("Vocabulary:\n", bigram_
vectorizer.vocabulary_)

# 使用训练好的 bigram_vectorizer 转换新
句子为词频向量
bigram_vectorizer.transform(['My dog
likes hot dogs on a hot day.']).
toarray()
```

程序输出如下：

```
Vocabulary:
 {'i': 7, 'like': 11, 'hot': 4,
'dogs': 2, 'i like': 8, 'like hot':
12, 'hot dogs': 5, 'the': 16, 'dog': 0,
'ran': 14, 'fast': 3, 'the dog': 17,
'dog ran': 1, 'ran fast': 15, 'its':
9, 'outside': 13, 'its hot': 10, 'hot
outside': 6}

array([[1, 0, 1, 0, 2, 1, 0, 0, 0, 0,
0, 0, 0, 0, 0, 0, 0, 0]])
```

N 元词组方法的主要缺点是词汇表的大小会极速增长。实际应用中，我们需要将 *N* 元词组表示法与降维技术相结合，如嵌入（embeddings），将在下一课中讨论这个问题。

要在 AG News 数据集中使用 *N* 元词组表示，需要向 `TextVectorization` 构造函数传递 `ngrams` 参数。使用二元词组时，词汇表的长度显著增加，在例子中，超过了 130 万个标记，因此，合理地限制二元词组标记的数量也是很有必要的。

可以使用上述代码来训练分类器，但这样做会非常消耗内存。在下一课中将使用嵌入来训练二元词组分类器。也可以在当前的 Notebook 中尝试训练二元词组分类器，看看是否能获得更高的准确率。

13.7.8 自动计算词袋模型向量

在上面的示例中，手动计算了词袋模型向量，方法是将单个词的独热编码求和。TensorFlow 的最新版本允许通过向向量化构造函数传递 `output_mode='count'` 参数，从而自动计算词袋模型向量。这使得定义和训练模型变得更加简单。下面将使用 Keras 的 Sequential API 定义并训练一个文本分类模型。首先将文本转换为词袋向量表示（BoW），然后通过全连接层进行分类。训练时，部分数据用于适应向量化器，编译模型并进行训练和验证，其程序如下：

```
# 使用 Keras 的 Sequential API 定义一个顺
序模型
model = keras.models.Sequential([
    # 添加一个 TextVectorization 层，这
个层可以自动将文本转换为数值向量
    # 设置最大 token 数量为 vocab_size,
并使用 'count' 模式来生成词袋向量（BoW）
    keras.layers.experimental.
preprocessing.TextVectorization(max_
tokens=vocab_size,output_
mode='count'),

    # 添加一个全连接 (Dense) 层，该层有 4
个神经元（因为有 4 个类别）
    # 激活函数为 'softmax'，这使得模型的
输出可以被解释为分类概率
    keras.layers.Dense(4,input_
shape=(vocab_size,),
activation='softmax')
])
```

```
# 输出提示，表示正在训练向量化器
print("Training vectorizer")
# 使用部分训练数据（取 500 个样本）来适应 TextVectorization 层
# 这会为数据建立一个词汇表
model.layers[0].adapt(ds_train.take(500).map(extract_text))

# 编译模型，设置损失函数、优化器和评估指标
model.compile(loss='sparse_categorical_crossentropy',optimizer='adam',metrics=['acc'])

# 使用 batch_size 大小的批次训练模型，并使用验证数据集进行验证
model.fit(ds_train.map(tupelize).batch(batch_size),validation_data=ds_test.map(tupelize).batch(batch_size))
```

程序输出如下：

```
Training vectorizer
938/938 [=====] - 3s 3ms/step - loss: 0.5905 - acc: 0.8491 - val_loss: 0.4157 - val_acc: 0.8770
```

13.7.9 词频 - 逆文档频率

关于此概念的介绍请参看本课 13.6.6 的内容。

可以使用 sklearn 轻松地对文本进行词频 - 逆文档频率向量化，程序如下：

```
# 导入 sklearn 中的 TfidfVectorizer，该类可以将文本转换为 TF-IDF 向量
# TF-IDF 是一种统计方法，用以评估一个词对一个文档集或一个语料库中的一份文件的重要程度
# 这里设置 ngram_range=(1,2) 表示使用一元和二元词组
from sklearn.feature_extraction.text import TfidfVectorizer
vectorizer = TfidfVectorizer(ngram_range=(1,2))

# 使用 TfidfVectorizer 对语料库进行拟合，这个过程会建立词汇表，并计算 TF-IDF 值
vectorizer.fit_transform(corpus)
```

```
# 使用 TfidfVectorizer 对一个新句子进行转换，这个过程会将句子转换为 TF-IDF 向量
vectorizer.transform(['My dog likes hot dogs on a hot day.']).toarray()
```

程序输出如下：

```
array([[0.43381609, 0.        , 0.43381609, 0.        , 0.65985664,
        0.43381609, 0.        , 0.        , 0.        , 0.        ,
        0.        , 0.        , 0.        , 0.        , 0.        ,
        0.        ]])
```

在 Keras 中，`TextVectorization` 层可以通过传递 `output_mode='tf-idf'` 参数来自动计算 TF-IDF 频率。重复上面使用的代码，看看使用 TF-IDF 是否可以提高准确性，程序如下：

```
# 使用 Keras 的 Sequential API 构建模型
model = keras.models.Sequential([
    # 第一层：TextVectorization 层，将文本转换为数字表示
    # 这里将文本转换为 TF-IDF 频率表示
    keras.layers.experimental.preprocessing.TextVectorization(max_tokens=vocab_size, output_mode='tf-idf'),
    # 第二层：Dense 全连接层，输入维度为词汇表大小，并使用 softmax 激活函数以便进行多分类任务
    keras.layers.Dense(4, input_shape=(vocab_size,), activation='softmax')
])

# 输出提示信息
print("Training vectorizer")

# 使用部分训练数据来适应（adapt）TextVectorization 层，即基于这部分数据建立词汇表
model.layers[0].adapt(ds_train.take(500).map(extract_text))

# 编译模型，指定损失函数、优化器和评估指标
model.compile(loss='sparse_categorical_crossentropy', optimizer='adam', metrics=['acc'])
```

```
# 训练模型，使用批处理，并指定验证数据
model.fit(ds_train.map(tupelize).
batch(batch_size), validation_data=ds_
test.map(tupelize).batch(batch_size))
```

程序输出如下：

```
Training vectorizer
938/938 [=====] - 3s 3ms/step - loss:
0.4085 - acc: 0.8710 - val_loss: 0.3430
- val_acc: 0.8879
```

13.8 总结

至此，已经探讨了一些为不同单词增加频率权重的技术。然而，这些技术还不足以表示单词的意义或它们的顺序。正如著名语言学家 J. R. Firth 在 1935 年所言："一个词的完整含义总是依赖于上下文，任何脱离上下文的意义研究都不应被认真看待。"将在后续课程学习如何使用语言建模，从文本中捕获上下文信息。

13.9 挑战

尝试使用词袋和不同的数据模型进行其他练习。你可能会从这个 Kaggle 竞赛 [L13-6] 中获得灵感。

13.10 复习与自学

在 Microsoft Learn [L0-25] 上练习文本嵌入和词袋模型技术。

13.11 作业——用自己的数据集运行练习部分的 Notebook

请使用本课提供的 Notebook（可以选择 PyTorch 或 TensorFlow 版本），并用自己选定的数据集来重新运行它。可以考虑使用 Kaggle 上的数据集，并注明数据来源。重写 Notebook，强调你的分析和发现。试着选用一些不寻常的数据集以增加趣味性，如来自 NUFORC 的 UFO 目击记录数据集 [L13-7]。

课后测验

(1) 词级别表示将（ ）表示为一个数字。

a. 字母
b. 单词
c. 符号

(2) *N*-Grams 指的是（ ）。

a. *N* 个单词和符号的组合
b. *N* 个字母的组合
c. *N* 个单词的组合

(3) *N*-Grams 的主要缺点是词汇表的大小增长迅速，这一说法（ ）。

a. 正确
b. 错误

第 14 课 词嵌入

在传统的词袋模型（BoW）或词频 - 逆文档频率（TF/IDF）方法中，使用高维稀疏向量来表示文本。这种方法虽然简单，但在内存使用上并不高效，并且不能捕捉到词与词之间的语义关系。为了解决这些问题，引入了词嵌入技术，通过将单词表示为低维稠密向量，更好地反映单词之间的语义相似性。

简介

本课将介绍如下内容：

14.1 什么是词嵌入

14.2 练习——词嵌入

14.3 PyTorch 中的词嵌入： EmbeddingsPyTorch.zh.ipynb

14.4 TensorFlow 中的词嵌入：EmbeddingsTF.zh.ipynb

14.5 语义词嵌入：Word2Vec

14.6 上下文嵌入

14.7 总结

14.8 挑战

14.9 课后测验

14.10 复习与自学

14.11 作业——Notebook

课前小测验

（1）词嵌入（Embedding）是用（ ）维度的密集向量来表示词汇。

a. 较低

b. 较高

c. 平均

（2）Word2Vec 预训练的词嵌入可以替代神经网络中的嵌入层，这一说法（ ）。

a. 正确

b. 错误

（3）使用嵌入层，不能从词袋模型切换到嵌入词袋，这一说法（ ）。

a. 正确

b. 错误

14.1 什么是词嵌入

词嵌入（Embeddings）的思想是用较低维的稠密向量来表示词，这些向量以某种方式反映了词的语义含义。稍后将讨论如何构建有意义的词嵌入，但目前只需将词嵌入视为降低词向量维度的一种方式。

嵌入层接收一个词作为输入，并产生一个指定的 `embedding_size` 的输出向量。从某种意义上说，它与线性层非常相似，区别在于它可以接收一个词号作为输入，而非独热编码的向量，这样就无须创建大型的独热编码向量。

通过在分类器网络中使用嵌入层作为第一层，可以从词袋模型切换到嵌入词袋（Embedding Bag）模型，在这种模型中，首先将文本中的每个词转换为相应的词嵌入，然后对这些词嵌入计算某种聚合函数，如求和（`sum`）、平均（`average`）或取最大值（`max`），如图 14-1 所示。

14.2 ✍️ 练习——嵌入

在以下 Notebook 中继续你的学习：

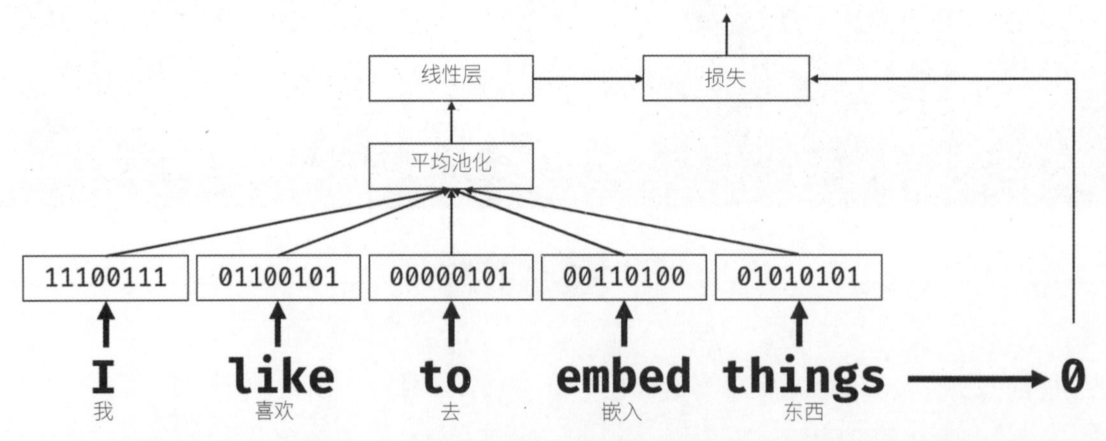

图 14-1　这张插图说明了一个使用词嵌入的文本分类模型。模型将每个单词转换为嵌入向量，这些向量低维且富含语义信息。这些向量随后被聚合（如求平均）形成一个综合向量，该向量再通过线性层进行分类。最终，模型通过损失函数评估预测的准确性，以便进行训练优化

- PyTorch 中的词嵌入 🔗 [L14-1]。
- TensorFlow 中的词嵌入 🔗 [L14-2]。

14.3 PyTorch 中的词嵌入：EmbeddingsPyTorch.zh.ipynb

在之前的示例中，我们操作了长度为 `vocab_size` 的高维词袋向量，并且明确地将低维位置表示向量转换为稀疏的独热表示。这种独热表示在内存效率方面并不理想，此外，每个单词都是独立处理的，即独热编码向量并未表示单词之间的任何语义相似性。

在本练习中，将继续基于 Pytorch 框架探索 News AG 数据集，逐步构建和优化一个使用词嵌入的文本分类模型。从加载必要的库和数据开始，其程序如下：

```
# 导入 PyTorch 库，用于深度学习
import torch
# 导入 TorchText 库，用于文本预处理和数据加载
import torchtext
# 导入 NumPy 库，用于数值计算
import numpy as np
# 导入 torchnlp 库中的辅助功能，可能用于处理自然语言任务
from torchnlp import *

# 从 torchnlp 中加载预定义的数据集，返回训练数据集、测试数据集、类别和词汇表
train_dataset, test_dataset, classes, vocab = load_dataset()
# 获取词汇表的大小，该词汇表可能包括所有独特的词汇或符号
vocab_size = len(vocab)
print("Vocab size = ", vocab_size)
```

程序输出如下：

```
Loading dataset...
Building vocab...
Vocab size =  95810
```

关于嵌入的介绍请参阅本课“14.1 什么是词嵌入”的介绍。

分类器 f 神经网络将从嵌入层开始，然后是聚合层，其上是线性分类器。定义一个用于文本分类的 PyTorch 模块：`EmbedClassifier`，包括嵌入层和全连接层，程序如下：

```
# 定义一个名为 EmbedClassifier 的 PyTorch 模块，用于文本分类
class EmbedClassifier(torch.nn.Module):
    def __init__(self, vocab_size, embed_dim, num_class):
        super().__init__() # 调用父类构造函数
        # 定义一个嵌入层，将每个单词转换为 embed_dim 维的向量
```

```
        self.embedding = torch.
nn.Embedding(vocab_size, embed_dim)
        # 定义一个全连接层，用于分类，输
入大小为 embed_dim，输出大小为 num_class
（类别数量）
        self.fc = torch.
nn.Linear(embed_dim, num_class)

    def forward(self, x):
        # 应用嵌入层，将输入的整数索引转
换为嵌入向量
        x = self.embedding(x)
        # 计算每个序列的均值，以得到固定
大小的表示
        x = torch.mean(x, dim=1)
        # 应用全连接层，获得每个类别的分数
        return self.fc(x)
```

14.3.1 处理可变序列大小

由于采用了这种架构，网络需要以特定方式创建小批量数据。在之前的单元中，当使用词袋模型时，不管文本序列的实际长度如何，小批量中的所有词袋张量的大小都等同于词汇表大小（vocab_size）。一旦转用词嵌入，将得到每个文本样本中可变数量的单词，组合这些样本成小批量时，需要应用某种填充方法。

这可以通过提供 collate_fn 函数给数据源来实现。定义一个函数，用于将批量样本填充到相同的长度，并创建一个数据加载器，程序如下：

```
# 定义一个函数，用于将批量样本填充到相同
的长度
def padify(b):
    # 将批量样本的文本部分编码为整数索引
    v = [encode(x[1]) for x in b]
    # 计算此小批量中最长序列的长度
    l = max(map(len, v))
    return (
        # 创建标签张量，其中每个标签减去
1，以便将类别范围从 1~4 更改为 0~3
        torch.LongTensor([t[0]-1 for t
in b]),
        # 创建特征张量，通过填充短序列以
使所有序列具有相同的长度
        torch.stack([torch.
nn.functional.pad(torch.tensor(t), (0,
l-len(t)), mode='constant', value=0)
for t in v])
    )
```

```
# 创建一个数据加载器，该加载器将以小批量
的形式提供训练数据，并确保所有序列具有相
同的长度
# batch_size 定义每个小批量的大小，
collate_fn 定义了如何将样本组合成小批量，
shuffle=True 用于随机化样本顺序
train_loader = torch.utils.data.
DataLoader(train_dataset, batch_
size=16, collate_fn=padify,
shuffle=True)
```

14.3.2 训练嵌入分类器

现在已经定义了适当的数据加载器，可以使用上一课中定义的训练函数来训练模型，程序如下：

```
# 创建一个 EmbedClassifier 实例，其中
vocab_size 是词汇表的大小，32 是嵌入维度，
len(classes) 是类别数。
# 模型被移至定义的设备（可能是 GPU 或
CPU）。
net = EmbedClassifier(vocab_size, 32,
len(classes)).to(device)
# 使用指定的学习率（lr=1）和指定的每轮训
练大小（epoch_size=25000）来训练模型
train_epoch(net, train_loader, lr=1,
epoch_size=25000)
```

程序输出如下：

```
3200: acc=0.6378125
6400: acc=0.6846875
9600: acc=0.7090625
12800: acc=0.72734375
16000: acc=0.7405625
19200: acc=0.7496354166666667
22400: acc=0.7566071428571428
(0.9485808291346769,
0.7607965451055663)
```

注意：为了节省时间，这里仅训练了 25000 条记录（不足一轮完整的训练），但可以继续训练，编写一个函数来进行多轮训练，并尝试不同的学习率参数，以获得更高的准确率。理论上，应该能够达到大约 90% 的准确率。

14.3.3 嵌入词袋层和可变长度序列表示

在之前的架构中，需要将所有序列填充到相同的长度，以便将它们放入小批量中。这并不是处理可变长度序列的最有效方法——一个更好的方案是采用偏移量向量，它记录了存储在单个连续向量中的所有序列的起始点，示例如图 14-2 所示。

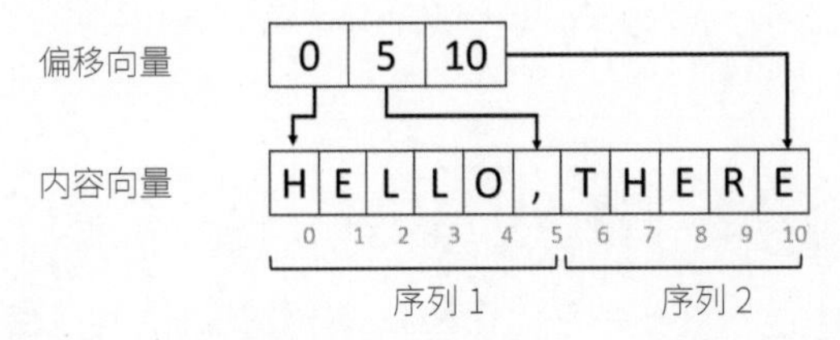

图 14-2　这张插图展示了如何有效地表示两个可变长度的序列。“偏移向量”包含了指向“内容向量”中每个序列起始字符的索引。在这个例子中，“偏移向量”的 0、5 和 10 分别指向两个序列的开始和结束。“内容向量”则包含所有序列的字符，将它们存储在一个连续的数组中以节省空间。这种表示方式避免了对较短序列的填充，使得内存使用更加高效

> 注意：图 14-2 展示了一个字符序列的例子，但在实际应用中，处理的是单词序列。尽管如此，使用偏移向量来表示序列的基本原理仍然相同。

为了使用偏移表示法，采用了嵌入词袋（EmbeddingBag）层。这个层与常规的 Embedding 层类似，但它同时接收内容向量和偏移向量作为输入，并且还包括一个平均层，可以是求均值（mean）、求和（sum）或取最大值（max）。

定义一个使用嵌入词袋层的新版本 EmbedClassifier 类，程序如下：

```
# 定义一个新版本的 EmbedClassifier 类，
使用嵌入词袋（EmbeddingBag）层
class EmbedClassifier(torch.
nn.Module):
    def __init__(self, vocab_size,
embed_dim, num_class):
        super().__init__() # 调用父类构
造函数
        # EmbeddingBag 层可以高效地计算
一批序列的平均嵌入
        self.embedding = torch.
nn.EmbeddingBag(vocab_size, embed_dim)
        # 定义一个全连接层，用于将嵌入转
换为类别分数
        self.fc = torch.
nn.Linear(embed_dim, num_class)

    def forward(self, text, off):
        # EmbeddingBag 需要文本和偏移量，
以便知道如何将输入张量划分为不同的序列
        x = self.embedding(text, off)
        # 通过全连接层计算类别分数
        return self.fc(x)
```

要为训练准备数据集，需要提供一个转换函数来准备偏移量向量。定义一个新的 collate 函数 offsetify，用于构建带偏移量的批量样本，并创建一个数据加载器，程序如下：

```
# 定义一个新的 collate 函数，用于构建带
偏移量的批量样本
def offsetify(b):
    # 将每个序列的文本编码为整数索引
    x = [torch.tensor(encode(t[1]))
for t in b]
    # 计算每个序列的偏移量，这些偏移量用
于将文本张量划分为不同的序列
    o = [0] + [len(t) for t in x]
    o = torch.tensor(o[:-1]).
cumsum(dim=0)
    return (
        torch.LongTensor([t[0]-1 for t
in b]), # 创建标签张量
        torch.cat(x), # 将所有文本序列
连接在一起
        o # 返回偏移量张量
    )

# 创建一个新的数据加载器，使用 offsetify
函数来准备批量样本，并随机化样本顺序
train_loader = torch.utils.data.
DataLoader(train_dataset, batch_
size=16, collate_fn=offsetify,
shuffle=True)
```

> 注意，与之前所有的例子不同，网络现在接收两个参数：数据向量和偏移向量，这两者的大小是不同的。同样，数据加载器也提供了 3 个值而不是 2 个：文本和偏移向量都被作为特征提供。因此，需要对训练函数进行一些调整，以适应这些变化。

接下来创建一个嵌入分类器实例，并定义一个

函数来进行嵌入分类器的训练，程序如下：

```
# 创建一个嵌入分类器实例
# vocab_size：词汇表大小，用于定义嵌入层的输入尺寸
# 32：嵌入向量的维度，即每个词将被转换成一个 32 维的向量
# len(classes)：类别数量，用于定义最终的输出层尺寸
net = EmbedClassifier(vocab_size, 32, len(classes)).to(device)

# 定义一个函数来进行嵌入分类器的训练
def train_epoch_emb(net, dataloader, lr=0.01, optimizer=None, loss_fn=torch.nn.CrossEntropyLoss(), epoch_size=None, report_freq=200):
    # 使用 Adam 优化器，如果没有提供优化器，则使用默认的学习率
    optimizer = optimizer or torch.optim.Adam(net.parameters(), lr=lr)
    # 将损失函数移至相应的设备（GPU 或 CPU）
    loss_fn = loss_fn.to(device)
    # 将网络设置为训练模式。这在使用如 Dropout 这样的层时很重要
    net.train()
    # 初始化训练过程中的一些变量
    total_loss, acc, count, i = 0, 0, 0, 0
    # 迭代训练数据加载器中的每个批次
    for labels, text, off in dataloader:
        # 清除之前的梯度
        optimizer.zero_grad()
        # 将标签、文本和偏移量移至相应的设备
        labels, text, off = labels.to(device), text.to(device), off.to(device)
        # 对给定的输入进行前向传播，以获取预测结果
        out = net(text, off)
        # 使用损失函数计算损失。这里使用了负对数似然损失
        loss = loss_fn(out, labels)
        # 执行反向传播来计算梯度
        loss.backward()
        # 使用优化器更新模型的权重
        optimizer.step()
        # 更新总损失
        total_loss += loss
        # 获取预测的标签，并与真实标签进行比较，以计算准确性
        _, predicted = torch.max(out, 1)
        acc += (predicted == labels).sum()
        count += len(labels)
        i += 1
        # 每隔 report_freq 打印一次训练进度
        if i % report_freq == 0:
            print(f"{count}: acc={acc.item()/count}")
        # 如果达到了 epoch_size，则提前停止训练
        if epoch_size and count > epoch_size:
            break
    # 返回本次训练的平均损失和准确性
    return total_loss.item()/count, acc.item()/count

# 调用定义的 train_epoch_emb 函数进行训练，将学习率设置为 4，将 epoch_size 设置为 25000
train_epoch_emb(net, train_loader, lr=4, epoch_size=25000)
```

程序输出如下：

```
3200: acc=0.6234375
6400: acc=0.6765625
9600: acc=0.704375
12800: acc=0.721171875
16000: acc=0.7335
19200: acc=0.74484375
22400: acc=0.7532142857142857

(22.71824266234805, 0.7582373640435061)
```

14.3.4 语义词嵌入：Word2Vec

在之前的例子中，虽然模型的嵌入层已经能够将单词映射为向量表示，但这些表示在语义上未必具有深刻的含义。理想情况下，应当学习到这样的向量表示：相似词汇或同义词的向量在某种距离度量（如欧几里得距离）上彼此非常接近。

为了实现这一点，需要在大量文本集上以特定

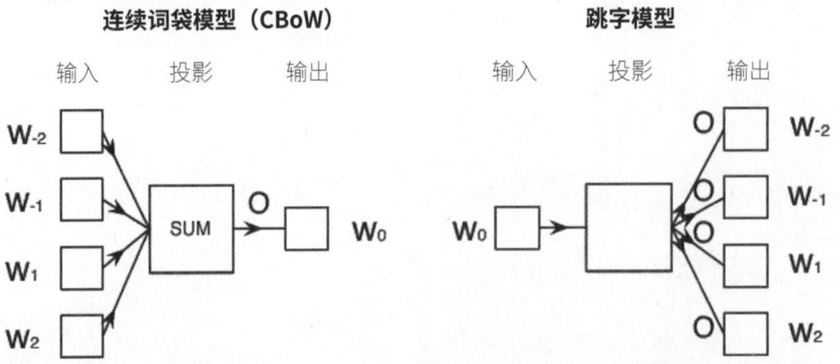

图 14-3　这张插图对比了 Word2Vec 的两种架构：连续词袋模型和跳字模型。连续词袋模型通过上下文预测目标词，而跳字模型以目标词预测上下文，两者都用于学习词的语义嵌入。图片来源，这篇论文 [L14-4]

方式预训练嵌入模型。一种早期训练语义嵌入的方法被称为 Word2Vec [L14-3]。它基于图 14-3 所示的两种主要架构来生成词汇的分布式表示。

- **连续词袋模型**（Continuous Bag-of-Words，CBoW）——在此架构中，训练模型从上下文中预测单词。给定一个 n 元词组 $(W_{-2}, W_{-1}, W_0, W_1, W_2)$，模型的目标是根据 $(W_{-2}, W_{-1}, W_1, W_2)$ 预测 W_0。
- **连续跳字模型**（Continuous skip-gram）与连续词袋模型相反。模型使用上下文中的词窗口预测当前词。

连续词袋模型训练速度更快，而跳字模型训练速度较慢，但在表征低频词方面表现更好。

要使用在 Google News 数据集上预训练的 Word2Vec 嵌入进行实验，可以使用 `gensim` 库。以下是查找与“neural”最相似的单词的例子。

在运行下面的程序前，需要先确保 Python 环境中已安装 `gensim` 库。这是一个用于处理文本数据的库，尤其适用于主题建模和文档相似性分析，同时它也提供了加载预训练词向量的功能。如果需要安装 `gensim` 库，可以在终端中使用 pip 命令安装：

```
pip install gensim
```

> 注意：首次创建单词向量时，下载它们可能需要一些时间（大约为 1.7GB）。

使用 gensim 库加载预训练的 word2vec 模型，这个模型已在大量文本上训练，可用于获取词的向量表示，程序如下：

```
import gensim.downloader as api
w2v = api.load('word2vec-google-
news-300')
```

打印与 `neural` 最相似的单词及其相似度分数的程序如下：

```
for w, p in w2v.most_similar('neural'):
    print(f"{w} -> {p}")
```

程序输出如下：

```
neuronal -> 0.780479907989502
neurons -> 0.7326499819755554
neural_circuits -> 0.7252851128578186
neuron -> 0.7174385786056519
cortical -> 0.6941086649894714
brain_circuitry -> 0.6923246383666992
synaptic -> 0.6699119210243225
neural_circuitry -> 0.6638563275337219
neurochemical -> 0.6555314660072327
neuronal_activity -> 0.6531825661659241
```

还可以从单词中计算向量嵌入，以用于训练分类模型（为了清晰起见，只显示向量的前 20 个组件）。获取词 `play` 在 word2vec 模型中的向量表示，并打印前 20 个元素的程序如下：

```
w2v.word_vec('play')[:20]
```

程序输出如下：

```
/var/folders/s5/nnsyyn211c3bd0zrm3lxr_040000gn/T/ipykernel_69578/3795041636.py:2:
DeprecationWarning: Call to deprecated `word_vec` (Use get_vector instead).
  w2v.word_vec('play')[:20]

array([ 0.01226807,  0.06225586,  0.10693359,  0.05810547,  0.23828125,
        0.03686523,  0.05151367, -0.20703125,  0.01989746,  0.10058594,
       -0.03759766, -0.1015625 , -0.15820312, -0.08105469, -0.0390625 ,
       -0.05053711,  0.16015625,  0.2578125 ,  0.10058594, -0.25976562],
      dtype=float32)
```

语义嵌入的优势在于可以通过操作向量编码来改变其语义含义。例如，可以寻找一个单词，其向量表示尽可能地接近于“king”和“woman”，同时又尽可能远离“man”。使用 word2vec 模型，计算与 `king` + `woman` - `man` 最相似的词的向量表示。这是一个著名的词嵌入示例，解释了 `king`(国王) 减去 `man`（男人）再加上 `woman`（女人）等于 `queen`（女王）的概念，程序如下：

```
w2v.most_similar(positive=['king','woman'],negative=['man'])[0]
```

程序输出如下：

```
('queen', 0.7118192911148071)
```

连续词袋模型和连续跳字模型都是“预测性”嵌入，它们只考虑词的局部上下文。Word2Vec 没有利用全局上下文信息。

FastText（快速文本嵌入） 基于 Word2Vec，通过学习每个单词及单词内的字符 n 元词组的向量表示来构建模型。这些表示值随后在每一步训练中被平均成一个向量。尽管这样会在预训练阶段增加大量额外的计算量，但它让词嵌入能够编码子词信息。

另一种方法是 **GloVe（全局向量嵌入）**，它利用共现矩阵的概念，并使用神经方法将共现矩阵分解为更具表现力和非线性的词向量。

可以通过将嵌入更改为 FastText 和 GloVe 来尝试运行示例，因为 gensim 支持多种不同的词嵌入模型。

14.3.5 在 PyTorch 中使用预训练嵌入

可以修改上述示例，以在嵌入层中使用如 Word2Vec 这类的语义嵌入预填充矩阵。这里需要注意的是，预训练嵌入的词汇表和文本语料库的词汇表可能不会完全匹配，因此，对于那些缺失的单词，将用随机值初始化它们的权重。使用 gensim 库加载预训练的 word2vec 模型，并将其嵌入向量应用到嵌入分类器中，程序如下：

```
# 获取词 "hello" 的嵌入向量的大小，并打印它
# 这将用于定义嵌入层的大小
embed_size = len(w2v.get_vector('hello'))
print(f'Embedding size: {embed_size}')

# 创建一个嵌入分类器实例。此分类器具有一个嵌入层，其大小与 word2vec 中的向量大小相同
# 嵌入层之后是一个全连接层，用于分类
net = EmbedClassifier(vocab_size, embed_size, len(classes))
```

```
# 填充嵌入分类器的权重。将尝试使用 word2vec 中的预训练向量
# 如果找不到特定词的向量，则用正态分布生成随机向量
print('Populating matrix, this will take some time...', end='')
found, not_found = 0, 0
for i, w in enumerate(vocab.get_itos()):
    try:
        net.embedding.weight[i].data = torch.tensor(w2v.get_vector(w)) # 尝试获取预训练的向量
        found += 1
    except:
        net.embedding.weight[i].data = torch.normal(0.0, 1.0, (embed_size,)) # 生成随机向量
        not_found += 1
print(f"Done, found {found} words, {not_found} words missing")
# 将网络移至设备（例如 GPU）以进行训练
net = net.to(device)
```

程序输出如下（括号内中文为译者注）：

```
Embedding size: 300
（这表示词 "hello" 的嵌入向量大小为 300。这意味着在 word2vec 模型中，每个词的嵌入都是一个具有 300 个元素的向量。）
Populating matrix, this will take some time...Done, found 41080 words, 54730 words missing
（这表示当尝试填充嵌入层的权重时，程序在 word2vec 中找到了 41 080 个词的预训练向量。然而，还有 54 730 个词在 word2vec 中没有预训练向量，所以，程序为这些词生成了随机向量。这也说明词汇表中共有 41 080+54 730=95 810 个词。）
```

现在开始训练模型。注意，由于嵌入层的尺寸较大，模型的参数数量也显著增加，所以，训练所需的时间会比之前的示例长得多。另外，由于这个原因，如果想要避免过拟合，可能需要在更多的数据上训练模型。

训练嵌入分类器，设定学习率和训练大小的程序如下：

```
train_epoch_emb(net, train_loader, lr=4, epoch_size=25000)
```

程序输出如下：

```
3200: acc=0.659375
6400: acc=0.698125
9600: acc=0.7225
12800: acc=0.734453125
16000: acc=0.7446875
19200: acc=0.7573958333333334
22400: acc=0.7608482142857143

(222.15942898272553, 0.7660748560460653)
```

在例子中，并没有看到准确度的显著提升，这可能是由于词汇表的差异性。

为了解决不同词汇表的问题，可以采用以下解决方案之一：

- 在词汇表上重新训练 word2vec 模型。
- 使用预训练的 word2vec 模型的词汇表加载数据集。在加载数据集时，可以指定使用的词汇表。

后一种方法似乎更容易，因为 PyTorch 的 `torchtext` 框架提供了对嵌入的内置支持。例如，可以使用以下方式实例化基于 GloVe 的词汇表。

加载 50 维的 GloVe 词向量模型的程序如下：

```
vocab = torchtext.vocab.GloVe(name='6B', dim=50)
```

程序输出如下：

```
.vector_cache/glove.6B.zip: 862MB [2:02:43, 117kB/s]
100%|██████████| 399999/400000 [00:05<00:00, 74918.69it/s]
```

加载的词汇表支持以下基本操作：

- `vocab.stoi` 字典允许将单词转换为其在字典中的索引。
- `vocab.itos` 执行相反的操作——将数字转换为单词。
- `vocab.vectors` 是嵌入向量的数组，因

此要获取单词 s 的嵌入，需要使用 `vocab.vectors[vocab.stoi[s]]`。

以下是操纵嵌入向量来展示等式 `king - man + woman = queen` 的示例（不得不稍微调整一下系数才能使其生效）程序：

```
# 执行与上述 word2vec 示例类似的向量运算，但使用 GloVe 向量
# 寻找与 "king" - "man" + "woman" 最接近的词
qvec = vocab.vectors[vocab.stoi['king']] - vocab.vectors[vocab.stoi['man']] + 1.3 * vocab.vectors[vocab.stoi['woman']]
d = torch.sum((vocab.vectors - qvec) ** 2, dim=1)
min_idx = torch.argmin(d)
vocab.itos[min_idx]
```

程序输出如下：

```
'queen'
```

要使用这些嵌入训练分类器，首先需要使用 GloVe 词汇表对数据集进行编码。

定义新的 `collate` 函数，以便在使用 GloVe 词汇表时正确编码文本，程序如下：

```
def offsetify(b):
    x = [torch.tensor(encode(t[1], voc=vocab)) for t in b] # 使用 GloVe 编码
    o = [0] + [len(t) for t in x]
    o = torch.tensor(o[:-1]).cumsum(dim=0)
    return (
        torch.LongTensor([t[0] - 1 for t in b]), # 标签
        torch.cat(x), # 文本
        o
    )
```

如上所述，所有向量嵌入都存储在 vocab.vectors 矩阵中。通过简单的复制，可以轻松地将这些权重加载到嵌入层的权重中。

使用 GloVe 预训练的词向量创建新的嵌入分类器的程序如下：

```
net = EmbedClassifier(len(vocab), len(vocab.vectors[0]), len(classes))
net.embedding.weight.data = vocab.vectors
net = net.to(device)
```

现在训练模型，看看是否能得到更好的结果，程序如下：

```
# 创建新的数据加载器，以适应新的 collate 函数
train_loader = torch.utils.data.DataLoader(train_dataset, batch_size=16, collate_fn=offsetify, shuffle=True)
# 使用新的分类器和数据加载器进行训练
train_epoch_emb(net, train_loader, lr=4, epoch_size=25000)
```

程序输出如下：

```
3200: acc=0.6271875
6400: acc=0.68078125
9600: acc=0.7030208333333333
12800: acc=0.71984375
16000: acc=0.7346875
19200: acc=0.7455729166666667
22400: acc=0.7529464285714286

(35.53972978646833,
0.7575175943698017)
```

没有看到准确率显著提高的原因之一是数据集中的一些单词在预训练的 GloVe 词汇表中缺失，因此，它们基本上被忽略了。为了克服这个问题，可以在数据集上训练自己的嵌入。

14.3.6 上下文嵌入

传统的预训练嵌入表示（如 Word2Vec）的一个关键限制是它们无法解决词义消歧的问题。尽管这些预训练嵌入可以捕捉到某些上下文中单词的含义，但每个单词的所有可能含义都被编码到同一个嵌入中。这在下游模型中可能会引起问题，因为像“play”这样的单词根据它们所用的上下文有不同的含义。

例如，以下两个句子中的“play”有截然不同的含义：

- I went to a **play** at the theatre.（我去剧院看了一场戏剧。）
- John wants to **play** with his friends.（约翰想和他的朋友们玩耍。）

上述预训练嵌入会用相同的向量来表示“play”在这两个句子中的不同含义。为了克服这一局限性，需要基于大量文本训练的语言模型构建嵌入，这样的模型懂得如何将单词在不同上下文中组合起来。讨论上下文嵌入超出了本教程的范围，但我们将在后续课程中讨论语言模型时重新探讨它们。

14.4 TensorFlow 中的词嵌入：EmbeddingsTF.zh.ipynb

14.4.1 TensorFlow 中的词嵌入

在之前的示例中，操作了长度为 vocab_size 的高维词袋向量，并且明确地将低维位置表示向量转换为稀疏的独热表示。这种独热表示在内存效率方面并不理想，此外，每个单词都是独立处理的，即独热编码向量并未表示单词之间的任何语义相似性。

在本练习中，将继续基于 TensorFlow 框架探索 News AG 数据集，逐步构建和优化一个使用词嵌入的文本分类模型。从加载必要的库和数据开始，其程序如下：

```
# 导入所需的库
import tensorflow as tf
from tensorflow import keras
import tensorflow_datasets as tfds
import numpy as np

# 从 TensorFlow 数据集中加载 'ag_news_
subset' 数据集的训练和测试部分
ds_train, ds_test = tfds.load('ag_
news_subset').values()
```

分类神经网络由以下几层组成：

- `TextVectorization` 层：它接收一个字符串作为输入，并产生一个标记（token）编号的张量。将设置一个合理的词汇表大小 `vocab_size`，并忽略出现频率较低的单词。输入的形状为 1，输出形状为 n，因为将获得 n 个标记作为结果，其中每个标记是从 0 到 `vocab_size` 的数字。
- `Embedding` 层：它接收 n 个数字，并将每个数字减少到给定长度（在示例中为 100）的密集向量。因此，形状为 n 的输入张量将被转换为 $n\times 100$ 的张量。
- 聚合层：它沿着第一个轴对这个张量取平均值，即它将计算所有 n 个代表不同单词的输入张量的平均值。为了实现这一层，将使用 `Lambda` 层，并向其传递一个计算平均值的函数。输出的形状为 100，它是整个输入序列的数值表示。
- 最后是 `Dense` 线性分类器层。

设置词汇表的大小和批处理大小，并定义一个包含文本向量化层和嵌入层的模型结构的程序如下：

```
# 设置词汇表的大小和批处理大小
vocab_size = 30000
batch_size = 128

# 创建一个文本向量化层，该层可以将文本转
换为整数索引
# 这里设置最大词汇量为 vocab_size，并定
义输入形状
vectorizer = keras.layers.
experimental.preprocessing.
TextVectorization(max_tokens=vocab_
size, input_shape=(1,))

# 定义模型结构
# - 文本向量化层：将文本转换为整数序列
# - 嵌入层：将整数序列转换为稠密向量
# - Lambda 层：计算每个序列的平均嵌入
# - 全连接层：用 softmax 激活执行分类
model = keras.models.Sequential([
    vectorizer,
    keras.layers.Embedding(vocab_size,
100), # 嵌入大小设置为 100
    keras.layers.Lambda(lambda x:
tf.reduce_mean(x, axis=1)), # 沿轴 1 计
算均值
    keras.layers.Dense(4,
activation='softmax') # 有 4 个输出类别
])
model.summary() # 打印模型摘要
```

程序输出如下：

```
Model: "sequential"
_________________________________________________________________
Layer (type)                 Output Shape              Param #
=================================================================
text_vectorization (TextVe  (None, None)              0
ctorization)
embedding (Embedding)        (None, None, 100)         3000000
lambda (Lambda)              (None, 100)               0
dense (Dense)                (None, 4)                 404
=================================================================
Total params: 3000404 (11.45 MB)
Trainable params: 3000404 (11.45 MB)
Non-trainable params: 0 (0.00 Byte)
_________________________________________________________________
```

在 summary 打印输出中，在 Output Shape（输出形状）列中，第一个张量维度 None 对应于小批量大小，第二个对应于标记序列的长度。小批量中的所有标记序列都具有不同的长度。将在下一节中讨论如何处理这个问题。

定义用于从数据集元素中提取文本和转换为模型可用元组的函数，并适配文本向量化层，然后编译并训练模型，程序如下：

```
# 定义用于从数据集元素中提取文本的函数
def extract_text(x):
    return x['title'] + ' ' +
x['description']

# 定义用于将数据集元素转换为模型可以使用
的元组的函数
def tupelize(x):
    return (extract_text(x),
x['label'])

# 适配文本向量化层
# 使用训练数据集的一小部分来适配向量化层
print("Training vectorizer")
vectorizer.adapt(ds_train.take(500).
map(extract_text))

# 编译模型，设置损失函数和评估指标
model.compile(loss='sparse_
categorical_crossentropy',
metrics=['acc'])

# 使用批处理的训练和测试数据集拟合模型
model.fit(ds_train.map(tupelize).
batch(batch_size), validation_data=ds_
test.map(tupelize).batch(batch_size))
```

程序输出如下（括号内中文为译者注）：

```
Training vectorizer
2023-09-22 07:24:01.411967: W
tensorflow/core/kernels/data/cache_
dataset_ops.cc:854] The calling
iterator did not fully read the
dataset being cached. In order to
avoid unexpected truncation of the
dataset, the partially cached contents
of the dataset  will be discarded.
This can happen if you have an input
pipeline similar to `dataset.cache().
take(k).repeat()`. You should use
`dataset.take(k).cache().repeat()`
instead.
（这个警告信息来自 TensorFlow，表示你
的数据输入管道可能没有完全读取正在缓存的
数据集。这会导致部分缓存内容被丢弃。解
决办法是使用 dataset.take(k).cache().
repeat() 而不是 dataset.cache().
take(k).repeat()。虽然这个警告不会影响你
的模型训练的结果，但它提示你可能的数据管
道配置问题，影响缓存效率。）
938/938 [=====] - 7s 7ms/step （表示整
个训练过程花费了 7 秒，每个步骤大约花费 7
毫秒。）- loss: 0.7903 （训练集上的损失
值）- acc: 0.8144（训练集上的准确率） -
val_loss: 0.4492 （验证集上的损失值）-
val_acc: 0.8649（验证集上的准确率）
```

注意，我们是基于数据的一个子集构建向量化器的。这样做是为了加快处理速度，但可能会导致文本中并非所有标记都出现在词汇表中。在这种情况下，那些标记将被忽略，可能会使准确度略微下降。然而，在实际应用中，文本的子集通常可以提供一个相当不错的词汇表估计。

14.4.2 处理可变序列大小

下面介绍小批量中的训练是如何进行的。在上面的示例中，输入张量的维度为 1，我们使用长度为 128 的小批量，因此，张量的实际大小为 128×1。然而，每个句子中的标记数量是不同的。如果对单个输入应用 TextVectorization 层，根据文本的标记化方式，返回的标记数量将各不相同。

下面使用向量化层将单个字符串转换为整数序列，程序如下：

```
print(vectorizer('Hello, world!'))
print(vectorizer('I am glad to meet
you!'))
```

程序输出如下所示（中文说明为译者注）：

```
tf.Tensor([ 1 45], shape=(2,),
dtype=int64)
    这个输出表示输入字符串 "Hello,
    world!" 被转换成了整数序列 [1, 45]。
    这里 1 和 45 是词汇表中对应单词
    "Hello" 和 "world" 的索引。
    shape=(2,) 表示输出张量的形状是 (2,),
    即有 2 个元素。
    dtype=int64 表示输出张量的数据类型是
    int64。
tf.Tensor([ 112 1271    1    3 1747
158], shape=(6,), dtype=int64)
    这个输出表示输入字符串 "I am glad to
    meet you!" 被转换成了整数序列 [112,
    1271, 1, 3, 1747, 158]。
    这里每个整数代表词汇表中相应单词的索
    引，例如 112 可能代表 "I"，1271 可能
    代表 "am"，以此类推。
    shape=(6,) 表示输出张量的形状是 (6,),
    即有 6 个元素。
    dtype=int64 表示输出张量的数据类型是
    int64。
```

然而，当将向量化器应用于多个序列时，它必须生成一个形状规整的张量，因此，会使用填充标记（在例子中是零）来填补未使用的元素。使用向量化层将多个字符串转换为整数序列的程序如下：

```
vectorizer(['Hello, world!', 'I am
glad to meet you!'])
```

程序输出如下：

```
<tf.Tensor: shape=(2, 6), dtype=int64,
numpy=
array([[    1,    45,     0,     0,     0,
0],
       [ 112, 1271,     1,     3, 1747,
158]])>
输出内容解释（译者注）：
    • shape=(2, 6) 表示这个张量的形状是
      (2, 6)，即有 2 行 6 列。这里 2 行代
      表两个输入字符串，每行对应一个字符
      串的整数序列。
    • dtype=int64 表示张量的数据类型是
      int64。
    • 这个 numpy 数组包含了实际的整数序
      列数据。每个字符串被转换成一个固定
      长度（这里是 6）的整数序列，短于该
      长度的部分用 0 填充。
    • 第一行：array([ 1, 45, 0, 0,
      0, 0])，对应字符串 "Hello,
      world!"。1 和 45 是词汇表中对应单
      词 "Hello" 和 "world" 的索引。剩
      余部分用 0 填充，使得长度达到 6。
    • 第二行：array([ 112, 1271, 1,
      3, 1747, 158])，对应字符串 "I am
      glad to meet you!"。
```

接下来使用模型的嵌入层将多个字符串转换为嵌入向量。这里直接调用模型的第二个层（嵌入层），程序如下：

```
model.layers[1](vectorizer(['Hello,
world!', 'I am glad to meet you!'])).
numpy()
```

程序输出如下：

```
array([[[ 0.00843554,  0.01755667,
0.03986185, ...,  0.03795435,
```

```
         -0.02153002,  0.07298248],
        [ 0.21138662, -0.11901055,
0.01249002, ...,  0.20285293,
         -0.24044211,  0.05479783],
        [ 0.0505898 , -0.03830669,
-0.01915632, ...,  0.04143555,
         -0.02970354, -0.00148057],
        [ 0.0505898 , -0.03830669,
-0.01915632, ...,  0.04143555,
         -0.02970354, -0.00148057],
        [ 0.0505898 , -0.03830669,
-0.01915632, ...,  0.04143555,
         -0.02970354, -0.00148057],
        [ 0.0505898 , -0.03830669,
-0.01915632, ...,  0.04143555,
         -0.02970354, -0.00148057]],

       [[ 0.18609944,  0.03299256,
-0.07616153, ...,  0.20841885,
         -0.27360755,  0.1042715 ],
        [ 0.04452958,  0.11790025,
-0.0717285 , ...,  0.11635241,
         -0.14863633,  0.13080193],
        [ 0.00843554,  0.01755667,
0.03986185, ...,  0.03795435,
         -0.02153002,  0.07298248],
        [-0.14020765,  0.11942611,
-0.02448377, ..., -0.02585519,
          0.02150605, -0.02187945],
        [-0.08932661, -0.12715665,
0.145278  , ..., -0.09987406,
          0.08447425, -0.23335457],
        [ 0.21861845,  0.19921201,
-0.2504607 , ...,  0.40570968,
         -0.4528645 ,  0.25934926]]],
dtype=float32)
输出内容解释（译者注）：
    输出是一个 3 维张量，表示输入的每个单词转换
    后的嵌入向量。形状为 (2, 6, 100)，其中 2
    是输入字符串的数量，6 是每个字符串中的单词
    数（包括填充的 0），100 是嵌入向量的维度。
```

> 注意：为了尽可能减少填充的数量，有时按照序列长度增加的顺序（或者更确切地说，是标记的数量）对数据集中的所有序列进行排序是有意义的。这样可以确保每个小批量中包含的序列长度相近。

14.4.3 语义词嵌入：Word2Vec

关于语义嵌入的介绍请参看本课“14.3.4 语义词嵌入：Word2Vec”的介绍。

要使用在 Google News 数据集上预训练的 Word2Vec 嵌入进行实验，可以使用 `gensim` 库。以下是查找与“neural”最相似的单词的例子。

在运行下面的程序前，需要先确保 Python 环境中已安装 `gensim` 库。这是一个用于处理文本数据的库，尤其适用于主题建模和文档相似性分析，同时它也提供了加载预训练词向量的功能。如果需要安装 `gensim` 库，可以在终端环境下使用 pip 命令来安装：

```
pip install gensim
```

> 注意：当首次创建单词向量时，下载它们可能需要一些时间（大约 1.7GB）。

使用 gensim 库加载预训练的 word2vec 模型，这个模型已在大量文本上训练，可用于获取词的向量表示，程序如下：

```
import gensim.downloader as api
w2v = api.load('word2vec-google-
news-300')
```

打印与 `neural` 最相似的单词及其相似度分数，程序如下：

```
for w, p in w2v.most_similar('neural'):
    print(f"{w} -> {p}")
```

程序输出如下：

```
neuronal -> 0.780479907989502
neurons -> 0.7326499819755554
neural_circuits -> 0.7252851128578186
neuron -> 0.7174385786056519
cortical -> 0.6941086649894714
brain_circuitry -> 0.6923246383666992
synaptic -> 0.6699119210243225
neural_circuitry -> 0.6638563275337219
neurochemical -> 0.6555314660072327
neuronal_activity ->
0.6531825661659241
```

还可以从单词中计算向量嵌入，以用于训练分类模型（为了清晰起见，只显示向量的前 20 个组件）。获取词 `play` 在 word2vec 模型中的向量表示，并打印前 20 个元素的程序如下：

```
w2v.word_vec('play')[:20]
```

程序输出如下：

```
array([ 0.01226807,  0.06225586,
0.10693359,  0.05810547,  0.23828125,
        0.03686523,  0.05151367,
-0.20703125,  0.01989746,  0.10058594,
       -0.03759766, -0.1015625 ,
-0.15820312, -0.08105469, -0.0390625 ,
       -0.05053711,  0.16015625,
0.2578125 ,  0.10058594, -0.25976562],
      dtype=float32)
```

语义嵌入的优势在于可以通过操作向量编码来改变其语义含义。例如，可以寻找一个单词，其向量表示尽可能地接近“king”和“woman”，同时又尽可能远离“man”。使用 word2vec 模型，计算与 `king` + `woman` - `man` 最相似的词的向量表示。这是一个著名的词嵌入示例，解释了 `king`（国王）减去 `man`（男人）再加上 `woman`（女人）等于 `queen`（女王）的概念，程序如下：

```
w2v.most_similar(positive=['king','woman'],negative=['man'])[0]
```

程序输出如下：

```
('queen', 0.7118192911148071)
```

上述示例使用了一些内部 GenSym 技巧，但背后的逻辑实际上非常简单。词嵌入的有趣之处在于，可以对嵌入向量进行常规的向量操作，这会反映出对单词含义的操作。上述示例可以通过向量操作来表示。计算与“KING - MAN + WOMAN”对应的向量（操作‘+’和‘-’是在相应单词的向量表示上执行的），然后找到字典中与该向量最接近的单词，程序如下：

```
# 计算与 "king" - 1.7 * "man" + 1.7 * "woman" 最接近的词的向量表示
# 此计算试图通过使用不同的系数来调整关系强度来找到与 "queen" 相似的词
qvec = w2v['king'] - 1.7 * w2v['man'] + 1.7 * w2v['woman']
d = np.sum((w2v.vectors - qvec) ** 2, axis=1)
min_idx = np.argmin(d)
w2v.index_to_key[min_idx]
```

程序输出如下：

```
'queen'
```

> 注意：不得不为“man”和“woman”向量添加一些小系数——尝试去掉它们，看看会发生什么。

为了找到最接近的向量，使用 TensorFlow 机制来计算向量与词汇表中所有向量之间的距离向量，然后使用 `argmin` 找到最小距离的单词的索引。

虽然 Word2Vec 是一种有效的词义表达方法，但它也有以下缺点：

- 连续词袋模型（CBoW）和连续跳字模型（Skip-Grams）都是“预测性”嵌入，因为它们只考虑局部上下文。Word2Vec 并没有利用全局上下文。
- Word2Vec 未考虑单词的形态结构，即单词的含义可能依赖于单词的不同部分，如词根。

FastText（快速文本嵌入）尝试克服第二个缺点。它在 Word2Vec 的基础上进行了改进，通过学习每个单词及其内部字符 n 元组（n-grams）的向量表示来构建模型。在每个训练步骤中，这些表示被平均成一个向量。虽然这种方法在预训练阶段增加了计算量，但它使得词嵌入能够包含子词信息[①]。

GloVe（全局向量嵌入）采用不同的方法。它利用单词 - 上下文矩阵的因子分解来构建词嵌入。首先，它构建一个大型矩阵，计算单词在不同上下文中的出现次数，然后尝试以最小化重构损失的方式在较低维度中表示该矩阵。

可以使用 `gensim` 库来加载和实验这些词嵌入模型，只需更改模型加载代码即可。

14.4.4 在 Keras 中使用预训练嵌入

可以修改上述示例，通过预先填充嵌入层的矩阵来使用诸如 Word2Vec 这样的语义嵌入。预训练嵌入和文本语料库的词汇表可能不会完全匹配，所以，需要选择一个适合的方法。这里探索两种可能的选项：一是使用分词器词汇表，二是使用 Word2Vec

① 子词信息（Sub-word Information）：指的是单词内部的组成部分，如前缀、后缀、词根等。

嵌入的词汇表。

14.4.5 使用分词器词汇表

当使用分词器词汇表时，词汇表中的一些单词会有对应的 Word2Vec 嵌入，而另一些则没有。假设词汇表大小为 `vocab_size`，Word2Vec 嵌入向量长度为 `embed_size`，那么嵌入层将由一个形状为 `vocab_size$` x `embed_size` 的权重矩阵表示。可以通过遍历词汇表来填充这个矩阵。获取预训练的 Word2Vec 向量并填充词向量矩阵的程序如下：

```
# 获取词 "hello" 的 Word2Vec 向量的长度。
这告诉我们每个词的向量有多少维
embed_size = len(w2v.get_
vector('hello'))
print(f'Embedding size: {embed_size}')

# 从 vectorizer 中获取词汇表，并初始化一
个零矩阵 W 来存储词向量
vocab = vectorizer.get_vocabulary()
W = np.zeros((vocab_size, embed_size))
print('Populating matrix, this will
take some time...', end='')
found, not_found = 0, 0
# 遍历词汇表，尝试从预训练的 Word2Vec 模
型中获取每个词的向量
# 如果找到了该词的向量，将其存储在 W 矩阵中。
否则，记录未找到的词的数量
for i, w in enumerate(vocab):
    try:
        W[i] = w2v.get_vector(w)
        found += 1
    except:
        not_found += 1
print(f"Done, found {found} words,
{not_found} words missing")
```

程序输出如下（括号内中文为译者注）：

```
Embedding size: 300
（这表示词 "hello" 的嵌入向量大小为 300。
这意味着在 word2vec 模型中，每个词的嵌入都
是一个具有 300 个元素的向量。）
Populating matrix, this will take some
time...Done, found 4551 words, 784
words missing
（这表示程序正在遍历 vectorizer 中的词汇
表，并试图从预训练的 Word2Vec 模型中找到这
些词的向量表示。
当程序执行完毕后，发现其中有 4551 个词在
Word2Vec 模型中有对应的向量表示。
然而，还有 784 个词在 Word2Vec 模型中没有
找到对应的向量。这可能是因为这些词不常见
或是特定于某个数据集的，并没有在 Word2Vec
的预训练数据中出现过。）
```

对于 Word2Vec 词汇表中不存在的单词，可以将它们保留为零或生成一个随机向量。

现在可以定义一个具有预训练权重的嵌入层，程序如下：

```
# 创建一个 Keras 嵌入层，并使用 W 矩阵作为
权重。该层不可训练，因为它使用了预训练的
向量
emb = keras.layers.Embedding(vocab_
size, embed_size, weights=[W],
trainable=False)
# 定义 Keras 模型，该模型使用预训练的嵌入、
平均池化和全连接层进行文本分类
model = keras.models.Sequential([
    vectorizer, emb,
    keras.layers.Lambda(lambda x:
tf.reduce_mean(x, axis=1)),
    keras.layers.Dense(4,
activation='softmax')
])
```

现在开始训练模型，程序如下：

```
# 编译模型并定义损失和度量
model.compile(loss='sparse_
categorical_crossentropy',
metrics=['acc'])
# 使用前面定义的 tupelize 函数将训练数据
映射为适合训练的格式，并进行批处理
model.fit(ds_train.map(tupelize).
batch(batch_size),
          validation_data=ds_test.
map(tupelize).batch(batch_size))
```

程序输出如下：

```
938/938 [=====] - 3s 3ms/step - loss:
1.1052 - acc: 0.7900 - val_loss: 0.9119
- val_acc: 0.8158
输出内容解释（译者注）：
```

训练过程中的输出：
- 938/938：表示模型已经完成了 938 个训练步骤（每个步骤处理一个批次的数据）。
- 3s 3ms/step：表示整个训练过程花费了 3 秒，每个步骤大约花费 3 毫秒。
- loss: 1.1052：这是训练集上的损失值。损失值越低，模型的表现越好。这里的损失函数是 sparse_categorical_crossentropy。
- acc: 0.7900：这是训练集上的准确率，表示模型在训练集上的预测准确率为 79.00%。

验证过程中的输出：
- val_loss: 0.9119：这是验证集上的损失值，用于评估模型在未见过的数据上的表现。
- val_acc: 0.8158：这是验证集上的准确率，表示模型在验证集上的预测准确率为 81.58%。

> 注意：注意在创建 Embedding（嵌入层）时设置了 trainable=False，这意味着我们不会重新训练嵌入层。这可能会导致准确率略有下降，但它可以加快训练速度。

14.4.6 使用嵌入词汇表

前面所述方法存在的问题是 TextVectorization 层和 Embedding 层使用了不同的词汇表。为了克服这个问题，可以采用以下其中一种解决方案：

- 在词汇表上重新训练 Word2Vec 模型。
- 使用预训练的 Word2Vec 模型的词汇表来加载数据集。加载数据集时可以指定使用的词汇表。

后一种方法似乎更简单，因此来实现它。首先，将从 Word2Vec 嵌入中提取指定的词汇表，并创建一个 TextVectorization 层，并将文本转换为整数序列，确保与 Word2Vec 模型的词汇表匹配，程序如下：

```
# 从预训练的 Word2Vec 模型中获取词汇表的键（单词）
# 这些键代表 Word2Vec 模型所知道的所有单词，可以用于将输入文本转换为与这些单词对应的整数索引
vocab = w2v.index_to_key

# 创建一个 TextVectorization 层，该层可以将文本转换为整数序列
# 参数 input_shape=(1,) 指定输入数据的形状，其中 1 代表输入为单个字符串
# 此层还可以进行其他文本处理操作，如标准化、分词等，但在这里主要用它来将文本转换为整数序列
vectorizer = keras.layers.experimental.preprocessing.TextVectorization(input_shape=(1,))

# 使用 set_vocabulary 方法，将 TextVectorization 层的词汇表设置为从 Word2Vec 模型中提取的词汇表
# 这确保了该层将文本中的单词映射到与 Word2Vec 模型中相同的索引
# 通过这样做，可以确保模型的嵌入层接收到正确的整数索引，以便从预训练的 Word2Vec 模型中获取相应的嵌入向量
vectorizer.set_vocabulary(vocab)
```

> 注意：此程序与 GitHub 上的程序有些不同，因为 gensim 库的版本不同，原来的程序可能会运行出错。

gensim 单词嵌入库包含一个方便的函数 get_keras_embeddings，它会自动创建相应的 Keras 嵌入层。接下来使用预训练的 Word2Vec 词嵌入矩阵初始化 Keras 嵌入层，并构建一个包含 TextVectorization、平均池化和全连接层的 Keras 模型进行文本分类。模型使用 sparse_categorical_crossentropy 作为损失函数，并进行训练，程序如下：

```
# 1. 获取 gensim 的 Word2Vec 词嵌入矩阵
# w2v.vectors 是一个二维 NumPy 数组，其中每一行对应一个词的嵌入向量
embedding_matrix = w2v.vectors

# 2. 使用获取到的嵌入矩阵初始化 Keras 的 Embedding 层
# Embedding 层通常用于将整数序列（代表词汇）转换为固定大小的向量
# input_dim: 输入的最大整数（即词汇表的大小）
# output_dim: 嵌入的维度（即 Word2Vec 模型的维度）
# weights: 使用预训练的嵌入矩阵进行初始化
# trainable: 设置为 False，表示不希望在训练过程中更新这些预训练的嵌入
embedding_layer = keras.layers.Embedding(
    input_dim=embedding_matrix.shape[0],
    output_dim=embedding_matrix.shape[1],
    weights=[embedding_matrix],
    trainable=False
)

# 创建 Keras Sequential 模型，这是一个线性堆叠的模型结构
model = keras.models.Sequential([
    # 第一层 : TextVectorization 层，负责将输入的文本转换为整数序列
    vectorizer,

    # 第二层 : 嵌入层，使用预训练的 Word2Vec 嵌入进行初始化
    embedding_layer,

    # 第三层 : Lambda 层，负责对每个词的嵌入向量在序列长度上求平均
    # 这是为了得到一个代表整个输入文本的固定大小的向量
    # 注意，axis=1 意味着沿着序列的长度方向进行平均
    keras.layers.Lambda(lambda x: tf.reduce_mean(x, axis=1)),

    # 第四层 : 全连接 (Dense) 层，有 4 个输出节点，每个节点对应一个分类标签
    # 使用 softmax 激活函数，确保输出可以被解释为概率分布
    keras.layers.Dense(4, activation='softmax')
])

# 编译模型，准备训练配置
# 使用 sparse_categorical_crossentropy 作为损失函数，适合整数标签
# 设置评估指标为准确率 (accuracy)
model.compile(loss='sparse_categorical_crossentropy', metrics=['acc'])

# 训练模型
# ds_train 和 ds_test 是数据集，这里假设已经被正确加载和预处理
# 使用 batch 大小为 128 进行训练，并设置训练 5 个 epoch（整个数据集的 5 次迭代）
model.fit(ds_train.map(tupelize).batch
```

程序输出如下：

```
Epoch 1/5
938/938 [=====] - 7s 3ms/step - loss: 1.3384 - acc: 0.5043 - val_loss: 1.2998 -
val_acc: 0.5714
…此处省略部分内容
Epoch 5/5
938/938 [=====] - 3s 3ms/step - loss: 1.1119 - acc: 0.6099 - val_loss: 1.1082 -
val_acc: 0.6112
```

> 注意：此程序和 GitHub 上的程序有些不同，因为 gensim 库的版本不同，原来的程序运行会报错。

没有看到准确率显著提高的原因之一是数据集中的一些单词在预训练的 GloVe 词汇表中缺失，因此，它们基本上被忽略了。为了克服这个问题，可以在数据集上训练自己的词嵌入。

14.4.7 上下文嵌入

这部分内容请参看本课的“14.3.6 上下文嵌入”。

14.5 总结

本课介绍了如何在 TensorFlow 和 PyTorch 中构建和使用词嵌入层，以更好地反映单词的语义意义。

14.6 挑战

Word2Vec 已被应用于一些有趣的应用，如生成歌词和诗歌。看看这篇“最终项目 - Word2Vec：色彩诗歌”的文章 **[L14-5]**，了解作者如何利用 Word2Vec 来生成诗歌。还可以观看 Dan Shiffmann 的视频 **[L14-6]**，以获得这种技术的另一种解释。然后尝试将这些技术应用到自己的文本语料库上，或从 Kaggle 上找到数据集进行实验。

14.7 复习与自学

阅读这篇关于 Word2Vec 的论文：向量空间中的词表示的有效估计 **[L14-4]**。

14.8 作业——Notebook

使用与此课程相关的 Notebook（PyTorch 版本或 TensorFlow 版本），用自己的数据集重新运行，或者从 Kaggle 选择一个数据集，并确保标明数据来源。重写 Notebook，以强调你自己的发现。试验不同类型的数据集，并使用文本记录你的观察结果，例如，可以引用披头士乐队的歌词 **[L14-7]**。

课后测验

（1）Word2Vec 有（ ）个主要的架构。

a. 1

b. 2

c. 3

（2）词义消歧是传统预训练嵌入表示的一个限制，这一说法（ ）。

a. 正确

b. 错误

（3）嵌入层接收（ ） 作为输入。

a. 词

b. 符号

c. 数字

第 15 课
语言模型

诸如 Word2Vec 和 GloVe 这样的语义嵌入，实际上是迈向语言模型的第一步 —— 创建某种程度上“理解”或“代表”语言本质的模型。

语言模型背后的核心思想是通过无监督的方式对大量未标注的数据进行训练。由于未标注文本资源丰富，而标注文本资源有限，所以，采用无监督学习可以充分利用现有的海量数据。通常，通过构建能够预测文本中缺失单词的模型来实现这一目标。这种方法不仅高效，而且易于实现。

简介

本课将介绍如下内容：

15.1 训练嵌入

15.2 练习——训练连续词袋模型

15.3 使用 TensorFlow 训练 Word2Vec 连续词袋模型：CBoW-TF.zh.ipynb

15.4 使用 Pytorch 训练 Word2Vec 连续词袋模型：CBoW-PyTorch.zh.ipynb

15.5 结论

15.6 复习与自学

15.7 作业——训练跳字模型

15.8 探索

课前小测验

（1）以下（ ）可以被认为是语言模型。

a. Word2Vec 嵌入

b. RNN（循环神经网络）中的嵌入层

c. 用于文本分类的 RNN

（2）一个语言模型应该能够（ ）句子中的下一个词。

a. 使用

b. 预测

c. 猜测

（3）语言模型是基于（ ）进行训练的。

a. 语言词汇

b. 特定标注的数据

c. 任何自然文本

15.1 训练词嵌入模型

在第 14 课的练习中，我们学习了如何使用预训练的词嵌入模型（如 Word2Vec 和 GloVe）来表示文本。这些模型能够捕捉词语之间的语义关系，了解这些嵌入是如何被训练的也很有意义。以下是一些可能用于训练的思路：

- N 元词组（N-Grams）语言模型：通过查看前 N 个标记来预测一个标记（N-gram）。
- 连续词袋模型（CBoW）：在一个标记序列 $W_{-N},\cdots,W_N$ 中预测中间标记 W_0。
- 跳字模型（Skip-gram）：从中间标记 W_0 预测一组相邻标记 $\{W_{-N},\cdots,W_{-1},W_{-1},\cdots,W_N\}$。

本课将深入探讨如何训练这些词嵌入模型。虽然 N-Grams 模型简单且易于理解，但它在处理长距离依赖关系和数据稀疏性问题时存在局限。因此，本课将不做探讨。我们将重点学习连续词袋模型 (CBOW)，跳字模型 (Skip-gram) 则作为作业。这两种方法都基于预测上下文中缺失词的任务来学习词的向量表示。通过这种方式，模型能够捕捉词语之间的语义关系，为后续的自然语言处理任务奠定基础。

15.2 ✍练习——训练连续词袋模型

在以下 Notebook 中继续学习：

- 使用 TensorFlow 训练 Word2Vec 连续词袋模型 🔗 [L15-1]。
- 使用 PyTorch 训练 Word2Vec 连续词袋模型 🔗 [L15-2]。

15.3 使用 TensorFlow 训练 Word2Vec 连续词袋模型：CBoW-TF.zh.ipynb

在此示例中，将研究训练连续词袋模型（CBoW）以获取 Word2Vec 嵌入空间。将继续使用 AG News 数据集作为文本来源。导入所需的 TensorFlow 和 Keras 库，程序如下：

```
from tensorflow import keras
import tensorflow as tf
import tensorflow_datasets as tfds
import numpy as np
```

将从加载数据集开始，从 TensorFlow 数据集加载 AG News Subset 数据集的训练和测试部分，程序如下：

```
ds_train, ds_test = tfds.load('ag_
news_subset').values()
```

15.3.1 连续词袋模型（CBoW）

连续词袋模型（CBoW）通过使用周围的 $2N$ 个相邻单词来学习预测中心单词。例如，当 $N=1$ 时，将从句子“I like to train networks”（我喜欢训练网络）中得到以下配对：(like,I), (I, like), (to, like), (like,to), (train,to), (to, train), (networks, train), (train,networks)。第一个单词是输入单词，第二个单词是要预测的中心单词。

为了构建一个预测中心单词的神经网络，需要将相邻的单词作为输入，并得到中心单词的编号作为输出。连续词袋模型的架构如下：

- 嵌入层（Embedding Layer）：这一层负责将每个单词转换为一个固定大小的向量。在这个例子中，使用了一个大小为 30 的向量，尽管在实际应用中，Word2Vec 模型的向量维度通常是 300。
- 全连接层（Dense Layer）：嵌入向量随后被输入到一个全连接层，这层有与词汇表大小相等的神经元数量（`vocab_size`）。它的任务是预测下一个单词，输出一个概率分布，表示词汇表中每个单词出现的可能性。

在 Keras 中，嵌入层会自动将输入单词的数字编号转换为对应的嵌入向量，因此，不需要手动进行独热编码。指定 `input_length=1` 表示输入序列中每次只使用一个单词，尽管嵌入层通常设计用于处理更长的序列。

对于输出，使用 `sparse_categorical_crossentropy` 作为损失函数。这样，只需要提供中心单词的编号作为预期结果，而不需要将单词转换成独热编码。

为了限制计算量，将词汇表大小 `vocab_size` 设置为 `5000`。还将定义一个稍后将使用的矢量化器。使用 Keras 创建一个连续词袋模型，程序如下：

```
# 设置词汇表的大小
vocab_size = 5000

# 创建一个 TextVectorization 层，用于将文本转换为整数编码的向量
# max_tokens 参数限制词汇表的大小，并设置输入形状为 (1,)
vectorizer = keras.layers.
experimental.preprocessing.
TextVectorization(max_tokens=vocab_
size, input_shape=(1,))

# 创建一个 Embedding 层，用于将整数编码的单词转换为密集向量
# 这个层的输入长度被设置为 1，嵌入维度为 30
embedder = keras.layers.
Embedding(vocab_size, 30, input_
length=1)

# 创建一个序贯模型，该模型首先使用嵌入层，然后是一个全连接层
# 全连接层的神经元数量等于词汇表的大小，激活函数为 'softmax'
model = keras.Sequential([
    embedder,
    keras.layers.Dense(vocab_size,
activation='softmax')
])

# 打印模型的摘要，显示模型的结构和参数数量
model.summary()
```

程序输出如下：

```
Model: "sequential"
_________________________________________________________________
 Layer (type)                Output Shape              Param #
=================================================================
 embedding (Embedding)       (None, 1, 30)             150000
 dense (Dense)               (None, 1, 5000)           155000
=================================================================
Total params: 305000 (1.16 MB)
Trainable params: 305000 (1.16 MB)
Non-trainable params: 0 (0.00 Byte)
_________________________________________________________________
```

初始化矢量化器并获取词汇表，程序如下：

```
# 定义函数，从数据集中的样本中提取文本
# 这个函数连接了每个样本的 'title'
和 'description' 字段
def extract_text(x):
    return x['title'] + ' ' +
x['description']

# 使用训练数据集的前 500 个样本来调整
TextVectorization 层
# 这个过程会构建词汇表，并准备层将文本转
换为整数编码
vectorizer.adapt(ds_train.take(500).
map(extract_text))

# 获取词汇表，该词汇表包括所有在
TextVectorization 层中学习到的词汇
vocab = vectorizer.get_vocabulary()
```

15.3.2 准备训练数据

现在，编写主要函数，该函数将从文本中计算出连续词袋模型的单词对。这个函数允许指定窗口大小，并将返回一组词对——输入单词和输出单词。注意，这个函数既可以用于单词，也可以用于向量/张量——这允许在将文本传递给 `to_cbow` 函数之前对其进行编码。

定义一个 `to_cbow` 函数，根据句子生成连续词袋训练样本，返回上下文和目标词的配对，并通过示例测试该函数的程序如下：

```
# 对于句子中的每个单词，它将使用窗口大小
来选择周围的单词作为上下文，并将中心单词
作为目标
def to_cbow(sent, window_size=2):
    res = []  # 用于存储上下文和目标词的
配对
    for i, x in enumerate(sent):  # 遍
历句子中的每个单词
        # 对于每个中心词，遍历其窗口范围
内的上下文单词
        for j in range(max(0, i -
window_size), min(i + window_size + 1,
len(sent))):
            if i != j:  # 排除中心词自身
                res.append([sent[j],
x])  # 添加上下文和目标词的配对
    return res

# 测试 to_cbow 函数，打印出给定句子的上下
文和目标词
print(to_cbow(['I', 'like', 'to',
'train', 'networks']))
print(to_cbow(vectorizer('I like to
train networks')))
```

程序输出如下：

```
[['like', 'I'], ['to', 'I'], ['I',
'like'], ['to', 'like'], ['train',
'like'], ['I', 'to'], ['like', 'to'],
['train', 'to'], ['networks', 'to'],
['like', 'train'], ['to', 'train'],
['networks', 'train'], ['to',
'networks'], ['train', 'networks']]
[[<tf.Tensor: shape=(), dtype=int64,
numpy=232>, <tf.Tensor: shape=(),
dtype=int64, numpy=112>], [<tf.Tensor:
```

```
shape=(), dtype=int64, numpy=3>, <tf.Tensor: shape=(), dtype=int64, numpy=112>],
[<tf.Tensor: shape=(), dtype=int64, numpy=112>, <tf.Tensor: shape=(), dtype=int64,
numpy=232>], [<tf.Tensor: shape=(), dtype=int64, numpy=3>, <tf.Tensor: shape=(),
dtype=int64, numpy=232>], [<tf.Tensor: shape=(), dtype=int64, numpy=1388>, <tf.
Tensor: shape=(), dtype=int64, numpy=232>], [<tf.Tensor: shape=(), dtype=int64,
numpy=112>, <tf.Tensor: shape=(), dtype=int64, numpy=3>], [<tf.Tensor: shape=(),
dtype=int64, numpy=232>, <tf.Tensor: shape=(), dtype=int64, numpy=3>], [<tf.
Tensor: shape=(), dtype=int64, numpy=1388>, <tf.Tensor: shape=(), dtype=int64,
numpy=3>], [<tf.Tensor: shape=(), dtype=int64, numpy=1032>, <tf.Tensor: shape=(),
dtype=int64, numpy=3>], [<tf.Tensor: shape=(), dtype=int64, numpy=232>, <tf.
Tensor: shape=(), dtype=int64, numpy=1388>], [<tf.Tensor: shape=(), dtype=int64,
numpy=3>, <tf.Tensor: shape=(), dtype=int64, numpy=1388>], [<tf.Tensor: shape=(),
dtype=int64, numpy=1032>, <tf.Tensor: shape=(), dtype=int64, numpy=1388>], [<tf.
Tensor: shape=(), dtype=int64, numpy=3>, <tf.Tensor: shape=(), dtype=int64,
numpy=1032>], [<tf.Tensor: shape=(), dtype=int64, numpy=1388>, <tf.Tensor:
shape=(), dtype=int64, numpy=1032>]]
```

接下来准备训练数据集。将遍历所有新闻，调用 `to_cbow` 函数以获取单词对列表，并将这些对添加到 `X` 和 `Y` 中。为了节省时间，只考虑前 10000 条新闻—— 如果有更多时间等待，并希望获得更好的嵌入，可以轻松移除该限制，程序如下：

```
# 初始化两个列表 X 和 Y，用于存储 CBOW 训练样本
X = []
Y = []
# 遍历训练数据集的前 10000 个样本
for i, x in zip(range(10000), ds_train.map(extract_text).as_numpy_iterator()):
    # 使用 to_cbow 函数和 vectorizer 处理每个文本样本，并将结果添加到 X 和 Y 中
    for w1, w2 in to_cbow(vectorizer(x), window_size=1):
        X.append(tf.expand_dims(w1, 0))
        Y.append(tf.expand_dims(w2, 0))
```

将这些数据转换为一个数据集，并将其分批进行训练，程序如下：

```
# 从 X 和 Y 列表创建 TensorFlow 数据集，并以批量形式组织数据
ds = tf.data.Dataset.from_tensor_slices((X, Y)).batch(256)
```

现在进行实际的训练。将使用 SGD 优化器，并设置较高的学习速率。也可以尝试使用其他优化器，如 Adam。先进行 200 轮训练 —— 如果想让损失进一步降低，可以重新运行这个单元格，程序如下：

```
# 编译模型，指定 SGD 优化器和稀疏分类交叉熵损失
model.compile(optimizer=keras.optimizers.SGD(lr=0.1), loss='sparse_categorical_
crossentropy')
# 使用编译的模型和构建的数据集进行训练
model.fit(ds, epochs=200)
```

程序输出如下：

```
Epoch 1/200
2844/2844 [=====] - 13s 4ms/step -
loss: 7.8141
Epoch 2/200
2844/2844 [=====] - 12s 4ms/step -
loss: 6.9974
... 此处省略部分输出内容
Epoch 199/200
2844/2844 [=====] - 11s 4ms/step -
loss: 5.5456
Epoch 200/200
2844/2844 [=====] - 11s 4ms/step -
loss: 5.5446
```

15.3.3 尝试 Word2Vec

要使用 Word2Vec，需先提取与词汇表中所有单词对应的向量：

```
# 使用嵌入层获取词汇表中所有单词的向量表示
vectors = embedder(vectorizer(vocab))
# 需要重新整形以获取正确的嵌入向量形状
vectors = tf.reshape(vectors, (-1, 30))
```

例如，看一下单词"Paris"是如何被编码为一个向量的，程序如下：

```
# 获取特定单词的向量表示
paris_vec =
embedder(vectorizer('paris'))[0]
print(paris_vec)
```

程序输出如下：

```
tf.Tensor(
[-0.03575398 -2.6191812   1.1359234
-0.7867117   0.17014988  1.695896
 -0.92567676  0.99383485  0.5209504
1.7475728  -0.02278378  1.6461275
 -0.30448398 -1.206589   -0.01972652
-1.1450895  -2.1490872   1.5255687
 -0.44216174  0.7205304  -1.4655969
0.8654847  -1.0565608   0.21024024
  1.5596799  -0.40321133  0.68373513
1.0404068  -0.90957767  1.8377149 ],
shape=(30,), dtype=float32)
```

使用 Word2Vec 查找同义词是很有趣的。下面这个函数将返回给定输入词的 n 个最接近的单词。为了找到它们，计算 $|w_i-v|$ 的范数，其中 v 是与输入单词对应的向量，w_i 是词汇表中第 i 个单词的编码。然后对数组进行排序，并使用 argsort 返回相应的索引，取列表的前 n 个元素，这些元素表示词汇表中最接近的单词的位置。

下面定义 close_words 函数，根据给定单词的向量查找最接近的 n 个单词，并通过查找与"paris"最接近的单词来测试该函数的程序如下：

```
# 定义函数以查找与给定单词最接近的 n 个单词
def close_words(x, n=5):
    vec = embedder(vectorizer(x))[0]
# 获取给定单词的向量
    # 计算该向量与所有向量之间的欧氏距离，
找到最接近的 n 个向量
    top5 = np.linalg.norm(vectors -
vec, axis=1).argsort()[:n]
    return [vocab[x] for x in top5]  #
返回最接近的单词
# 测试 close_words 函数，查找与特定单词最
接近的单词
print(close_words('paris'))
```

程序输出如下：

```
['[UNK]', 'and', 'it', 'a', 'us']
```

测试 close_words 函数，查找与特定单词"china"最接近的单词，程序如下：

```
print(close_words('china'))
```

程序输出如下：

```
['china', 'india', 'germany',
'france', 'japan']
```

测试 close_words 函数，查找与特定单词"official"最接近的单词，程序如下：

```
print(close_words('official'))
```

程序输出如下：

```
['official', 'today', 'there',
'thirdquarter', 'early']
```

15.3.4 总结

使用像连续词袋模型这样的巧妙技术，可以训练Word2Vec 模型。也可以尝试训练跳字模型（Skip-gram），该模型经训练可预测给定中心词的邻近词，并查看其表现如何。

15.4 使用 Pytorch 训练 Word2Vec 连续词袋模型：CBoW-PyTorch.zh.ipynb

在此示例中，将研究训练连续词袋模型（CBoW）以获取 Word2Vec 嵌入空间。将使用 AG News 数据集作为文本来源。导入所需的库，程序如下：

```
import torch                    # PyTorch 库，用于深度学习
import torchtext                # PyTorch 的文本处理库
import os                       # 操作系统功能，如文件和目录操作
import collections              # 容器数据类型，如 Counter
import builtins                 # 内建函数和变量的访问
import random                   # 生成随机数的工具
import numpy as np              # 数值计算库
```

检测是否有可用的 GPU，如果有，则使用GPU；否则使用 CPU，程序如下：

```
device = torch.device("cuda" if torch.cuda.is_available() else "cpu")
```

首先，加载 AG_NEWS 数据集并定义分词器和词汇表。将 vocab_size 设置为 5000，以稍微限制一下计算，程序如下：

```
# 定义一个函数来加载 AG_NEWS 数据集
def load_dataset(ngrams=1, min_freq=1, vocab_size=5000, lines_cnt=500):
    # 创建一个基本的英语分词器
    tokenizer = torchtext.data.utils.get_tokenizer('basic_english')
    print("Loading dataset...") # 打印加载进度消息
    # 加载 AG_NEWS 数据集，train_dataset 和 test_dataset 分别包含训练和测试数据
    test_dataset, train_dataset = torchtext.datasets.AG_NEWS(root='./data')
    train_dataset = list(train_dataset) # 将训练数据转换为列表
    test_dataset = list(test_dataset) # 将测试数据转换为列表
    classes = ['World', 'Sports', 'Business', 'Sci/Tech'] # 数据集的类别标签
    print('Building vocab...') # 打印构建词汇表进度消息
    # 使用 collections.Counter 来计算 n-grams 的频率
    counter = collections.Counter()
    for i, (_, line) in enumerate(train_dataset):
        # 使用分词器和 n-grams 迭代器更新计数器
        counter.update(torchtext.data.utils.ngrams_iterator(tokenizer(line), ngrams=ngrams))
        # 如果达到指定行数，则停止读取
        if i == lines_cnt:
            break
    # 从最常见的词汇创建词汇表
    vocab = torchtext.vocab.Vocab(collections.Counter(dict(counter.most_common(vocab_size))))
    # 返回训练集、测试集、类别、词汇表和分词器
    return train_dataset, test_dataset, classes, vocab, tokenizer
```

注意：英文版创建词汇表的程序如下：

vocab = torchtext.vocab.Vocab(collections.Counter(dict(counter.most_common(vocab_size))), min_freq=min_freq)

该行代码试图初始化 torchtext.vocab.Vocab 类，并传入一个关键字参数 min_freq。但新版本的 torchtext 中的 Vocab 类并不接收 min_freq 这个参数，所以，在此处删除了 min_freq=min_freq 的部分。

使用函数加载数据集，程序如下：

```
train_dataset, test_dataset, _, vocab,
tokenizer = load_dataset()
```

程序输出如下：

```
Loading dataset...
Building vocab...
```

定义 `encode` 函数，该函数接收文本 x、词汇表和分词器，并将文本编码为整数列表，每个整数对应词汇表中的一个词，程序如下：

```
def encode(x, vocabulary,
tokenizer=tokenizer):
    return [vocabulary[s] for s in
tokenizer(x)]
```

15.4.1 连续词袋模型（CBoW）

关于此概念的介绍请参阅本课“15.3.1 连续词袋模型（CBoW）”部分。

对于输出，如果使用 `CrossEntropyLoss` 作为损失函数，只需要提供中心单词的编号作为预期结果，而不需要将单词转换成独热编码。

接下来获取词汇表大小，定义一个嵌入层将词的整数表示转换为向量，构建包含嵌入层和线性层的模型，并打印模型结构，程序如下：

```
# 获取词汇表大小
vocab_size = len(vocab)

# 定义一个嵌入层，用于将词的整数表示转换
为连续的向量空间
# 这里设置嵌入维度为 30
embedder = torch.nn.Embedding(num_
embeddings=vocab_size, embedding_
dim=30)

# 定义一个模型，该模型首先使用嵌入层将输
入的整数转换为嵌入向量，然后使用线性层将
其映射到 vocab_size 维的输出
# 输出可以解释为对每个词汇表中的词的“分
数”或“关联度”
model = torch.nn.Sequential(
    embedder,
    torch.nn.Linear(in_features=30,
out_features=vocab_size),
)

# 打印模型的结构
print(model)
```

程序输出如下：

```
Sequential(
  (0): Embedding(5000, 30)
  (1): Linear(in_features=30, out_
features=5000, bias=True)
)
```

15.4.2 准备训练数据

现在编写主要函数，该函数将从文本中计算出连续词袋模型的单词对。这个函数允许指定窗口大小，并将返回一组词对 —— 输入单词和输出单词。注意，这个函数既可以用于单词，也可以用于向量/张量 —— 这允许我们在将文本传递给 `to_cbow` 函数之前对其进行编码。

下面定义 `to_cbow` 函数，该函数接收句子（作为词列表）和窗口大小，并返回 CBOW 格式的上下文-目标对。对于给定的窗口大小，它提取句子中每个词的上下文，并与目标词配对，程序如下：

```
def to_cbow(sent, window_size=2):
    res = []
    for i, x in enumerate(sent):
        for j in range(max(0, i -
window_size), min(i + window_size + 1,
len(sent))):
            if i != j:
                res.append([sent[j],
x])
    return res

# 打印示例句子的 CBOW 表示
print(to_cbow(['I', 'like', 'to',
'train', 'networks']))
print(to_cbow(encode('I like to train
networks', vocab)))
```

程序输出如下：

```
[['like', 'I'], ['to', 'I'], ['I',
'like'], ['to', 'like'], ['train',
'like'], ['I', 'to'], ['like', 'to'],
['train', 'to'], ['networks', 'to'],
['like', 'train'], ['to', 'train'],
['networks', 'train'], ['to',
'networks'], ['train', 'networks']]
[[11, 14], [530, 14], [14, 11], [530,
11], [0, 11], [14, 530], [11, 530],
[0, 530], [3, 530], [11, 0], [530, 0],
[3, 0], [530, 3], [0, 3]]
```

接下来准备训练数据集。将遍历所有新闻，调用 to_cbow 函数以获取单词对列表，并将这些对添加到 X 和 Y 中。为了节省时间，只考虑前 1 万条新闻—— 如果有更多时间等待，并希望获得更好的嵌入，可以轻松移除该限制，程序如下：

```
# 初始化 X 和 Y 列表，用于存储 CBOW 格式的输入和目标值
X = []
Y = []
# 遍历训练数据集的前 10000 个样本，并将其转换为 CBOW 格式
for i, x in zip(range(10000), train_
dataset):
    for w1, w2 in to_cbow(encode(x[1],
vocab), window_size=5):
        X.append(w1)
        Y.append(w2)

# 将 X 和 Y 列表转换为 PyTorch 张量
X = torch.tensor(X)
Y = torch.Tensor(Y)
```

将这些数据转换为一个数据集，并创建数据加载器，程序如下：

```
# 定义一个可迭代数据集类，该类封装了 CBOW 格式的数据，并支持随机访问
class SimpleIterableDataset(torch.
utils.data.IterableDataset):
    def __init__(self, X, Y):

super(SimpleIterableDataset).__init__
()
        # 将数据组合成一个元组列表，并随机打乱
        self.data = []
        for i in range(len(X)):
            self.data.append((Y[i],
X[i]))
        random.shuffle(self.data)

    # 定义迭代器方法，使数据集对象可迭代
    def __iter__(self):
        return iter(self.data)
```

将这些数据转换为一个数据集，并创建数据加载器，程序如下：

```
# 创建一个数据集实例，并使用 PyTorch 的 DataLoader 对其进行封装，以便在训练期间批量加载数据
ds = SimpleIterableDataset(X, Y)
dl = torch.utils.data.DataLoader(ds,
batch_size=256)
```

现在进行实际的训练。将使用 SGD 优化器，并设置较高的学习速率。也可以尝试使用其他优化器，如 Adam。

定义 train_epoch 函数，用于进行神经网络的训练。这个函数负责多轮（epoch）的训练，并在每轮结束时报告损失，程序如下：

```
def train_epoch(net, dataloader,
lr=0.01, optimizer=None, loss_
fn=torch.nn.CrossEntropyLoss(),
epochs=None, report_freq=1):
    # 创建或获取优化器（如 Adam）和损失函数（如交叉熵损失）
    optimizer = optimizer or torch.
optim.Adam(net.parameters(), lr=lr)
    loss_fn = loss_fn.to(device) # 确保损失函数在正确的设备（GPU 或 CPU）上
    net.train() # 将网络设置为训练模式

    # 循环每个 epoch
    for i in range(epochs):
        total_loss, j = 0, 0
        # 迭代数据加载器中的每个批次
        for labels, features in
dataloader:
            # 将梯度重置为零（必须在每次迭代开始时完成）
            optimizer.zero_grad()
```

```
            # 将特征和标签移动到正确的设
备上
            features, labels =
features.to(device), labels.to(device)
            labels = labels.long()  #
中文版修订添加此行程序，转换标签为 Long 类型
            # 通过网络前向传播特征以获得
输出
            out = net(features)
            # 使用损失函数计算输出和标签
之间的损失
            loss = loss_fn(out,
labels)
            # 使用反向传播计算梯度
            loss.backward()
            # 使用优化器更新网络权重
            optimizer.step()
            # 累积总损失
            total_loss += loss
            j += 1
        # 如果达到报告频率，则打印损失
        if i % report_freq == 0:
            print(f"Epoch: {i+1}:
loss={total_loss.item()/j}")

    return total_loss.item()/j
```

使用随机梯度下降（SGD）优化器和交叉熵损失函数训练模型，通过数据加载器 dl 进行 10 轮训练——如果想让损失进一步降低，可以重新运行这个单元格。程序如下：

```
train_epoch(net=model, dataloader=dl,
optimizer=torch.optim.SGD(model.
parameters(), lr=0.1), loss_fn=torch.
nn.CrossEntropyLoss(), epochs=10)
```

程序输出如下：

```
Epoch: 1: loss=3.912976663722026
Epoch: 2: loss=3.6132089485529195
Epoch: 3: loss=3.6063771190896854
Epoch: 4: loss=3.6040148336277973
Epoch: 5: loss=3.602726881940939
Epoch: 6: loss=3.6018740535083293
Epoch: 7: loss=3.6012519324204946
Epoch: 8: loss=3.6007520665068147
Epoch: 9: loss=3.6003626246214036
Epoch: 10: loss=3.600016234961299

3.60001623496129
```

15.4.3 尝试 Word2Vec

使用 Word2Vec 提取与词汇表中的所有单词对应的向量，程序如下：

```
# 将所有单词的嵌入向量组合到一个张量中
vectors = torch.stack([embedder(torch.
tensor(vocab[s])) for s in vocab.
itos], 0)
```

例如，看一下单词“Paris”是如何被编码为一个向量的，程序如下：

```
# 获取特定单词的嵌入向量，并打印结果
paris_vec = embedder(torch.
tensor(vocab['paris']))
print(paris_vec)
程序输出如下所示：
tensor([-0.0915,  2.1224, -0.0281, -0.6819,
1.1219,  0.6458, -1.3704, -1.3314,
        -1.1437,  0.4496,  0.2301, -0.3515,
-0.8485,  1.0481,  0.4386, -0.8949,
         0.5644,  1.0939, -2.5096,  3.2949,
-0.2601, -0.8640,  0.1421, -0.0804,
        -0.5083, -1.0560,  0.9753, -0.5949,
-1.6046,  0.5774],
         grad_fn=<EmbeddingBackward>)
```

可以使用 Word2Vec 查找同义词。下面这个函数将返回给定输入词的 `n` 个最接近的单词。为了找到它们，计算 $|w_i-v|$ 的范数，其中 v 是与输入单词对应的向量，w_i 是词汇表中第 i 个单词的编码。然后对数组进行排序，并使用 `argsort` 返回相应的索引，取列表的前 `n` 个元素，这些元素表示词汇表中最接近的单词的位置。

下面定义 `close_words` 函数，根据给定单词的向量查找最接近的 `n` 个单词，并通过查找与“Microsoft”最接近的单词来测试该函数的程序如下：

```
# 定义函数来找到与给定单词最接近的 n 个单词
# 通过计算给定单词的嵌入向量与所有其他向
量之间的欧氏距离来实现。
def close_words(x, n=5):
    vec = embedder(torch.
tensor(vocab[x])) # 获取给定单词的嵌入
    top5 = np.linalg.norm(vectors.
detach().numpy() - vec.detach().
numpy(), axis=1).argsort()[:n] # 计算
距离并获取最近的 n 个索引
```

```
    return [vocab.itos[x] for x in top5] # 返回最近的 n 个单词

# 打印与给定单词最接近的单词
print(close_words('Microsoft'))
```

程序输出如下：

```
['microsoft', 'quoted', 'lp', 'rate', 'top']
```

测试 `close_words` 函数，查找与特定单词“basketball”最接近的单词，程序如下：

```
print(close_words('basketball'))
```

程序输出如下：

```
['basketball', 'lot', 'sinai', 'states', 'healthdaynews']
```

测试 `close_words` 函数，查找与特定单词“funds”最接近的单词，程序如下：

```
print(close_words('funds'))
```

程序输出如下：

```
['funds', 'travel', 'sydney', 'japan', 'business']
```

15.4.4 总结

使用像连续词袋模型这样的巧妙技术，可以训练 Word2Vec 模型。也可以尝试训练跳字模型（Skip-gram），该模型经训练可预测给定中心词的邻近词，并查看其表现如何。

15.5 结论

在前一课中，已经看到词嵌入就像魔法一样有效，现在我们知道训练词嵌入并不是一项非常复杂的任务，如果有需要，应该能够为特定领域的文本训练自己的词嵌入。

15.6 复习与自学

- 官方 PyTorch 关于语言模型的教程 [L15-3]。
- 官方 TensorFlow 关于训练 Word2Vec 模型的教程 [L15-4]。
- 在这篇文档 [L15-3] 中有描述使用 gensim 框架在极少的代码行中训练最常用的嵌入。

15.7 作业——训练跳字模型

在这个实验中，你的挑战是修改本课的代码，以训练跳字模型（Skip-Gram），而不是连续词袋模型（CBoW）。

15.7.1 任务

在这个实验中，给你的挑战是使用跳字模型技巧来训练 Word2Vec 模型。训练一个带有嵌入的网络，以预测在 N-token 宽的跳字模型窗口中的相邻词汇。可以参考使用本课训练词袋模型的代码，并稍作修改。

15.7.2 数据集

可以使用任何书籍文献。古腾堡计划🔗 [L15-5] 就有大量免费文本可用，例如，这里有一个直接到 Lewis Carroll 的《爱丽丝梦游仙境》的链接🔗 [L15-6]。或者，可以使用以下程序获取莎士比亚的戏剧：

```
# 使用 TensorFlow 的 keras 工具函数 'get_file' 下载文件
# 这个函数会自动下载指定 URL 的文件，并返回文件的本地路径
path_to_file = tf.keras.utils.get_file(
    'shakespeare.txt',  # 设定下载后的文件名
    'https://storage.googleapis.com/download.tensorflow.org/data/shakespeare.txt'
# 文件的下载链接
)

# 打开下载的文件以读取内容
# 使用 'rb' 模式读取文件，表示 " 二进制读取模式 "
# 之后，将内容解码为 utf-8 格式，使其变为人类可读的字符串格式
text = open(path_to_file, 'rb').read().decode(encoding='utf-8')
```

15.8 探索

如果有时间并希望更深入地了解该主题，请尝试探索以下几点：

- 嵌入的大小如何影响结果？
- 不同的文本风格如何影响结果？
- 选取几个不同类型的词和它们的同义词，获取它们的向量表示，使用主成分分析（PCA）将维度降到 2，并在二维空间中绘制它们。你观察到了什么样的模式？

课后测验

（1）（ ）架构从相邻的词预测一个词。

a. 连续词袋模型（CBoW）

b. 跳字模型（Skip-gram）

c. *N* 元词组（*N*-Grams）

（2）当训练一个连续词袋模型时，我们得到的是（ ）。

a. 能生成文本的模型

b. Word2Vec 嵌入向量

c. 文本分类模型

（3）连续词袋模型基于（ ）网络。

a. 全连接神经网络（Denseneuralnetwork）

b. 卷积神经网络（CNN）

c. 循环神经网络（RNN）

第 16 课 循环神经网络

在之前的章节中，使用了丰富的文本语义表示，并在词嵌入的基础上使用了简单的线性分类器。这种架构的作用是捕捉句子中单词的聚合含义，但它没有考虑到单词的顺序，因为在词嵌入之上的聚合操作去除了原始文本中的这些信息。由于这些模型无法对单词顺序进行建模，所以，它们无法解决更复杂或模糊的任务，例如，文本生成或问题回答。

为了捕获文本序列的含义，需要使用另一种神经网络架构，即循环神经网络（Recurrent Neural Network，RNN）。在 RNN 中，一次传递一个符号给神经网络，网络产生某种“状态”，然后再将它与下一个符号一起传递给网络。

想象一下你在阅读一本书，当你读到某一页时，你不仅理解当前这一页的内容，还会记住之前页面的信息，并将它们结合起来理解整个故事。RNN 的工作原理与此类似——它能够“记住”之前的信息，并用于理解当前的输入。

简介

本课将介绍如下内容：

16.1 RNN 的基本结构
16.2 RNN 的工作流程
16.3 RNN 单元的结构
16.4 长短期记忆（LSTM）
16.5 双向和多层 RNN
16.6 练习——嵌入
16.7 使用 PyTorch 的 RNN：RNNPyTorch.zh.ipynb
16.8 使用 TensorFlow 的 RNN：RNNTF.zh.ipynb
16.9 结论
16.10 挑战
16.11 复习与自学
16.12 作业——用自己的数据运行 Notebook

课前小测验

（1）RNN 是（ ）的简称。
a. 回归神经网络（Regression Neural Network）
b. 循环神经网络（Recurrent Neural Network）
c. 重复迭代神经网络（Re-iterative Neural Network）

（2）一个简单的 RNN 单元有两个权重（ ）。
a. 矩阵
b. 单元
c. 神经元

（3）消失的梯度是（ ）的问题。
a. RNN
b. CNN
c. KNN

16.1 RNN 的基本结构

RNN 由一系列相同的神经网络单元（RNN 单元）组成，每个单元接收两个输入：一个是当前的输入数据（如单词或字符），另一个是前一个单元的状态输出。每个 RNN 单元处理输入并生成一个新的状态输出，这个输出既用于下一个单元的计算，也可以用于产生最终的输出。

图 16-1 所示为 RNN 的结构示意图。

（1）展开形式的循环神经网络：显示了 RNN 的所有时间步骤。

（2）紧凑形式的循环神经网络：将 RNN 单元的循环反馈表示为一个简单的循环结构。

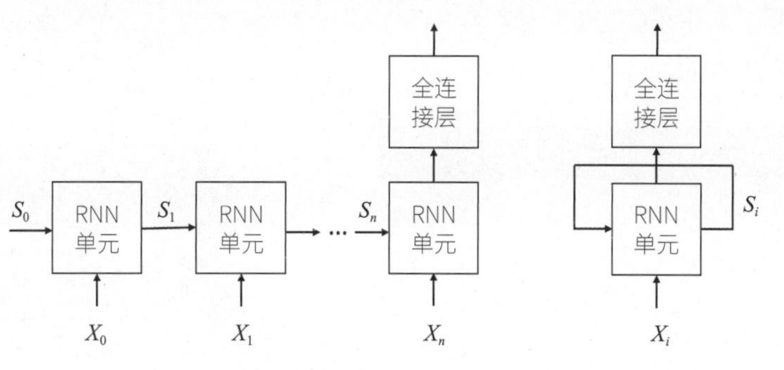

图 16-1　本图显示了展开形式的循环神经网络（左侧）和其更紧凑的循环表示（右侧）的基本结构。RNN 由一系列相同的神经网络单元（RNN 单元）组成，每个单元接收两个输入：一个是来自数据的当前输入（如单词或字符），另一个是前一个单元的状态输出。每个 RNN 单元处理输入并生成一个新的状态输出，这个输出既用于下一个单元的计算，也可以用于产生最终的输出。在图的末端，有一个全连接层（Dense），它将最后一个 RNN 单元的输出转换为我们想要的最终结果，如分类或预测下一个词

16.2　RNN 的工作流程

给定输入标记序列 X_0，…，X_n，RNN 创建一个神经网络块序列，并使用反向传播端到端地训练这个序列。每个网络块以一对（X_i，S_i）为输入，并产生 S_{i+1} 作为结果。最终状态 S_n 或（输出 Y_n）进入线性分类器以产生结果。所有网络块共享相同的权重，并通过一个反向传播过程进行端到端训练。

因为状态向量 $\boldsymbol{S}_0$，…，$\boldsymbol{S}_n$ 通过网络传递，能够学习单词之间的序列依赖关系。例如，当单词“not”出现在序列的某个位置时，可以学习在状态向量中否定某些元素，从而产生否定的效果。

> 由于图 16-1 中所有 RNN 单元的权重都是共享的，所以，图 16-1 左侧相同的 RNN 单元可以表示为一个带有循环反馈环的 RNN 单元（见图 16-1 右侧），该环将网络的输出状态传回给输入。

16.3　RNN 单元的结构

让我们看看一个简单的 RNN 单元的构成。它接收之前的状态 S_{i-1} 和当前符号 X_i 作为输入，需要产生输出状态 S_i（有时，也关心其他输出 Y_i，例如，在生成网络中的情况）。

一个基础的 RNN 单元内部包含两个权重矩阵：一个用于转换输入符号（记作 W），另一个用于转换输入状态（记作 H）。在此情形下，网络的输出是通过 $\sigma(WX_i+HS_{i-1}+b)$ 计算得出的，其中 σ 是激活函数，b 是附加的偏置，其结构如图 16-2 所示。

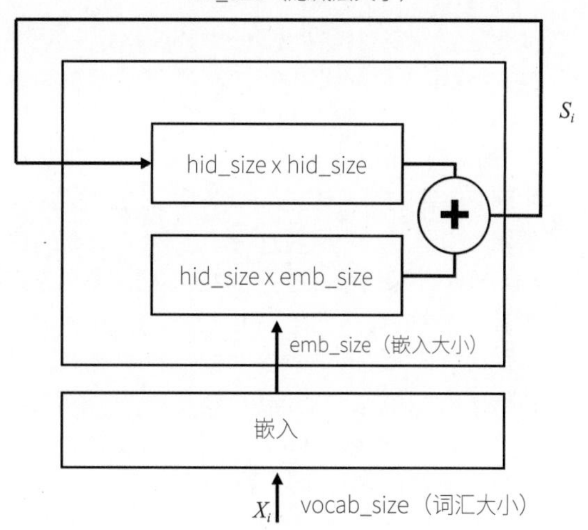

图 16-2　这张插图展示了循环神经网络（RNN）单元的内部结构。在这个单元中，每个输入标记 X_i 首先通过一个嵌入层，将词汇表大小的输入转换为较小的嵌入向量。然后，嵌入向量和先前的状态 S_{i-1} 分别乘以两个权重矩阵——嵌入向量乘以大小为 `emb_size x hid_size` 的权重矩阵，而前一个状态向量乘以大小为 `hid_size x hid_size` 的权重矩阵。两个结果随后相加，产生新的状态 S_i，该状态会被传递到下一个时间步骤的 RNN 单元。这个过程在整个序列中递归进行，允许网络学习和传递关于序列的信息

在很多情况下，在输入标记（Token）进入 RNN 之前会先通过一个嵌入层，以此来降低其维度。在这样的场景下，如果输入向量的维度是 `emb_size`，状态向量的维度是 `hid_size`，那么 W 的尺

寸就是 `emb_size × hid_size`，而 H 的尺寸是 `hid_size × hid_size`。

16.4 长短期记忆（LSTM）

传统的循环神经网络（RNN）面临一个主要问题，被称为梯度消失问题。由于 RNN 是通过一次反向传播过程实现端到端的训练，它难以将误差有效地传递到网络的前层，这导致网络无法学习到时间上距离较远的标记之间的关系。避免此问题的方法之一是引入明确的状态管理，通过所谓的“门控”机制。最著名的两种此类架构是长短期记忆（Long Short Term Memory，LSTM）和门控循环单元（Gated Relay Unit，GRU）。

16.4.1 LSTM 单元的内部结构和工作流程

在 LSTM 中，每个单元处理输入数据（X_t），维护一个长期状态（C_{t-1}）和一个短期状态（h_{t-1}）。通过一系列门控机制，LSTM 控制状态的流动，决定哪些信息被保留、删除或更新。LSTM 的门控机制如图 16-3 所示，以下是 LSTM 的主要组件。

- **输入门（input gate）**：从输入和隐藏状态中获取信息，并将其加入到状态中。在图 16-3 中，表示为中间第二个橙色方块，标有 σ。这个门控制从输入 x_t 和隐藏状态 h_{t-1} 中获取的信息加入到当前状态中。输入门的输出与通过 tanh 激活函数的候选值（橙色方块旁边的 tanh）相乘，然后结果被添加到状态更新中（即加号“+”操作）。
- **遗忘门（forget gate）**：接收隐藏状态，并决定状态 C 的哪些部分需要被遗忘。在图 16-3 中，表示为左侧第一个橙色方块，标有 σ。这个门决定哪些部分的状态 C_{t-1} 需要被遗忘。输入是 h_{t-1} 和 x_t 的组合，输出是与前一个状态 C_{t-1} 相乘的结果（即点乘操作“×”）。
- **输出门（output gate）**：通过一个带有 tanh 激活函数的线性层来转换状态，然后用隐藏状态 h_i 来选择状态的某些部分以产生新的状态 C_{i+1}。在图 16-3 中，表示为右侧第三个橙色方块，标有 σ。这个门控制最终输出的状态 h_t。输出门的输入是 x_t 和 h_{t-1}，输出与经过 tanh 激活函数处理的新状态相乘，最终生成新的隐藏状态 h_t。

在 LSTM 单元中，激活函数“tanh”用于创建新的候选值，将与当前状态相结合，运算符“×”表示点乘操作，用于门控的信息流，加号“+”表示状态的更新。最终，LSTM 单元输出新的长期状态（C_t）和短期状态（h_t），并传递到下一个时间步。

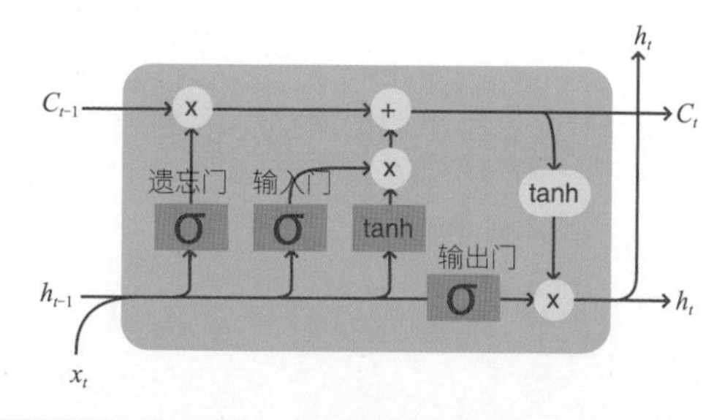

图 16-3　这幅插图描述了长短期记忆网络（LSTM）单元的内部结构和工作流程。在 LSTM 中，每个单元都处理输入数据（X_t），维护一个长期状态（C_{t-1}）和一个短期状态（h_{t-1}）。每个单元通过一系列门（用 σ 标记）来控制状态的流动，这些门决定了哪些信息被保留、删除或更新。门包括输入门、遗忘门和输出门。运算符“×”表示点乘操作，用于门控制的信息流。运算符“tanh”是一个激活函数，它用于创建新的候选值，将与当前状态相结合。加号（+）表示状态的更新。最终，LSTM 单元输出新的长期状态（C_t）和短期状态（h_t），它们将被传递到下一个时间步。图例解释了插图中的符号：橙色方块代表 LSTM 网络中的不同层，黄色圆圈代表逐点操作，箭头表示信息的复制或流动

16.4.2 LSTM 的应用

LSTM 网络能够通过门控机制有效地管理和更新状态，适用于处理需要长期记忆的任务。例如，当序列中出现名称“Alice”时，LSTM 可以在状态中标记在句子中有一个女性名词。当后续遇到“and Tom”这样的短语时，可以标记有一个复数名词。通过这种方式，LSTM 能够追踪句子部分的语法属性。

> Christopher Olah 撰写的这篇精彩文章《理解 LSTM 网络》🔗 [L16-1] 是了解 LSTM 内部结构的绝佳资源。

通过使用 LSTM，能够有效地解决传统 RNN 的梯度消失问题，从而在处理复杂的序列任务（如文本生成、机器翻译等）时取得更好的效果。

16.5 双向和多层 RNN

我们已经讨论了单向 RNN，它从序列的开始运行到结束。这种方式很自然，因为它类似于我们阅

读和听语言的方式。然而，在许多实际场景中，处理输入序列时考虑前后两个方向的信息是有意义的。这是因为双向 RNN 能够捕捉到更完整的上下文信息，从而提高模型的理解和处理能力。例如，它可以利用前面的单词和后面的单词来确定当前单词的具体含义。这种网络称为双向 RNN。在处理双向 RNN 时，需要两个隐藏状态向量，每个方向一个。

无论是单向还是双向，RNN 都能够捕获序列中的某些模式，并将其存储到状态向量中或传递到输出中。与卷积网络类似，可以在第一层之上构建另一个循环层，以捕获更高级别的模式，并从第一层提取的低级模式中构建。这就引出了多层 RNN 的概念，它由两层或多层循环网络组成，其中每一层的输出都作为下一层的输入。

图 16-4 所示为双向和多层 RNN 的工作方式。

(1) 在图的底部，我们看到输入序列中的词（如“the sky”和“is blue”）依次进入每个时间步骤的 LSTM 单元。

(2) 每个时间步骤的 LSTM 单元会基于当前输入和先前的状态来更新它的隐藏状态（h）和单元状态（C）。

(3) 在多层结构中，第一层的输出（隐藏状态）会成为第二层的输入，使得第二层能够在第一层提取的特征基础上进一步学习更复杂的模式。

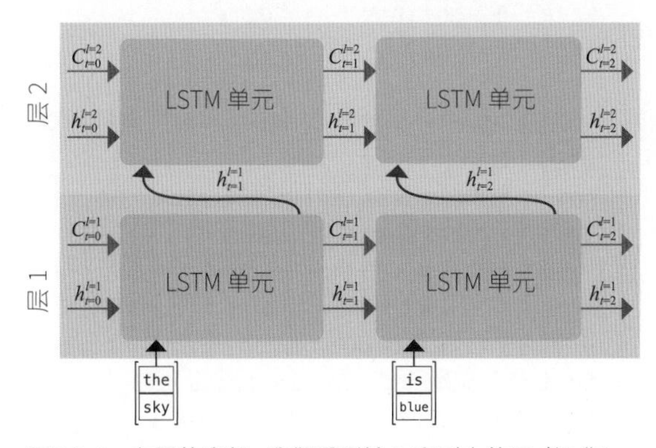

图 16-4　在图的底部，我们看到输入序列中的词（如“the sky”和“is blue”）依次进入每个时间步骤的 LSTM 单元。每个时间步骤的 LSTM 单元会基于当前输入和先前的状态来更新它的隐藏状态（h）和单元状态（C）。在多层结构中，第一层的输出（隐藏状态）会成为第二层的输入，使得第二层能够在第一层提取的特征基础上进一步学习更复杂的模式。通过这种方式，网络能够从两个方向同时学习序列中的模式，并通过堆叠多个层次来捕捉更深层次的序列特征。这使得双向多层 LSTM 非常适合于处理复杂的序列任务，如语言翻译、文本生成和语音识别。图片来自 Fernando López 的这篇精彩文章🔗 [L16-2] 的图片

通过这种方式，网络能够从两个方向同时学习序列中的模式，并通过堆叠多个层次来捕捉更深层次的序列特征。这使得双向多层 LSTM 非常适合处理复杂的序列任务，如语言翻译、文本生成和语音识别。

16.6 ✍ 练习——嵌入

在以下 Notebook 中继续你的学习：

- 使用 PyTorch 的 RNN 🔗 [L16-3]。
- 使用 TensorFlow 的 RNN 🔗 [L16-4]。

16.7 使用 PyTorch 的 RNN：RNNPyTorch. zh.ipynb

在此练习中，我们将学习如何使用 PyTorch 实现 RNN 来处理新闻数据集的分类任务。通过引入 RNN，可以捕捉文本序列的顺序信息，这对解决复杂的自然语言处理任务非常重要。将从简单的 RNN 开始，逐步过渡到更复杂的长短期记忆网络（LSTM），并使用填充序列的打包（Packed sequences）技术来提高训练效率。最后，还将探讨双向和多层 RNN 的应用，展示如何构建更强大的模型。

首先，导入 Torch 和 TorchText 库，以及 torchnlp 包；然后，加载数据集并获取词汇表和其大小，程序如下：

```
import torch
import torchtext
from torchnlp import *

# 从自定义的 load_dataset 函数加载数据集，并获取词汇表和词汇表大小
train_dataset, test_dataset, classes, vocab = load_dataset()
vocab_size = len(vocab)  # 获取词汇表大小
```

程序输出如下：

```
Loading dataset...
Building vocab...
```

16.7.1 简单 RNN 分类器

在简单 RNN 分类器中，每个循环单元都是一个简单的线性网络，它接收拼接后的输入向量和状态向量，产生一个新的状态向量。PyTorch 使用 `RNNCell` 类来表示这样的单元，使用 `RNN` 层来表示这样的单元网络。

在下面的程序示例中，将定义一个简单的 RNN 分类器。该分类器首先使用嵌入层将输入词汇转换为嵌入向量，然后通过一个 RNN 层对嵌入向量进行处理，最后使用全连接层将 RNN 的输出映射到分类标签上。这个示例将帮助理解如何使用 PyTorch 实现一个基本的 RNN 分类器，并应用于文本分类任务，程序如下：

```
# 定义 RNN 分类器类
class RNNClassifier(torch.nn.Module):
    def __init__(self, vocab_size,
embed_dim, hidden_dim, num_class):
        super().__init__()
        self.hidden_dim = hidden_dim
# 设置隐藏层维度
        # 创建嵌入层，将词汇表中的每个单
词映射到 embed_dim 维的向量
        self.embedding = torch.
nn.Embedding(vocab_size, embed_dim)
        # 创建 RNN 层，输入大小为 embed_
dim，隐藏层大小为 hidden_dim
        self.rnn = torch.nn.RNN(embed_
dim, hidden_dim, batch_first=True)
        # 创建全连接层，将隐藏层的输出映
射到 num_class 类别
        self.fc = torch.
nn.Linear(hidden_dim, num_class)

    def forward(self, x):
        batch_size = x.size(0)  # 获取
批次大小
        x = self.embedding(x)  # 将输
入序列的每个单词转换为其嵌入表示
        x, h = self.rnn(x)  # 通过 RNN
层传递嵌入表示
        return self.fc(x.mean(dim=1))
# 计算 RNN 输出的均值，并通过全连接层进行
分类
```

> 注意：为简化过程，在此例中使用了未经训练的嵌入层。若要进一步提升性能，可以考虑使用已经预训练好的嵌入层，如 Word2Vec 或 GloVe。可以尝试修改代码，使其能与这些预训练的嵌入结合使用。

在例子中，将使用填充后的数据加载器，因此，每个批次将包含一些长度相同的填充序列。RNN 层将接收嵌入张量序列，并产生两个输出：

- x 是每一步骤中 RNN 单元的输出序列。
- h 是序列最后一个元素的最终隐藏状态。

然后，应用一个全连接的线性分类器来获得类别的数量。

> 注意：RNN 的训练相对比较困难，因为一旦 RNN 单元沿序列长度展开，参与反向传播的层数就会变得非常多。因此，需要选择较小的学习率，并且需要在较大的数据集上训练网络才能获得好的结果。这可能需要相当长的时间，因此，最好使用 GPU 来加速训练过程。

接下来创建训练数据加载器，初始化并训练一个 RNN 分类器，程序如下：

```
# 创建训练数据加载器
train_loader = torch.utils.data.
DataLoader(train_dataset, batch_
size=16, collate_fn=padify,
shuffle=True)

# 创建 RNN 分类器实例并将其移至适当的计算
设备（如 GPU）
net = RNNClassifier(vocab_size, 64,
32, len(classes)).to(device)

# 使用自定义的 train_epoch 函数训练模型，
将学习率设置为 0.001
train_epoch(net, train_loader,
lr=0.001)
```

程序输出如下：

```
3200: acc=0.2934375
6400: acc=0.37828125
9600: acc=0.44947916666666665
12800: acc=0.515703125
16000: acc=0.5603125
19200: acc=0.5953645833333333
... 省略部分输出内容
```

```
108800: acc=0.8090533088235294
112000: acc=0.8112232142857143
115200: acc=0.8133680555555556
118400: acc=0.8153969594594594

(0.03196005655924479,
0.8162833333333334)
```

16.7.2 长短期记忆（LSTM）

关于此概念的介绍请参阅本课“16.4 长短期记忆（LSTM）”部分。

虽然 LSTM 单元的内部结构看起来相当复杂，但在 PyTorch 中，这些实现细节被封装在了 `LSTMCell` 类内部。PyTorch 提供了 `LSTM` 对象来表示整个 LSTM 层。因此，实现 LSTM 分类器的过程和之前看到的简单 RNN 非常类似。

接下来定义一个 LSTM 分类器，该分类器通过嵌入层、LSTM 层和全连接层，对输入序列进行处理并进行分类。

```
# 定义 LSTM 分类器类
class LSTMClassifier(torch.nn.Module):
    def __init__(self, vocab_size,
embed_dim, hidden_dim, num_class):
        super().__init__()
        self.hidden_dim = hidden_dim
# 设置隐藏层维度
        # 创建嵌入层，并随机初始化权重
        self.embedding = torch.
nn.Embedding(vocab_size, embed_dim)
        self.embedding.weight.data
= torch.randn_like(self.embedding.
weight.data) - 0.5
        # 创建 LSTM 层，输入大小为
embed_dim，隐藏层大小为 hidden_dim
        self.rnn = torch.
nn.LSTM(embed_dim, hidden_dim, batch_
first=True)
        # 创建全连接层，将隐藏层的输出映
射到 num_class 类别
        self.fc = torch.
nn.Linear(hidden_dim, num_class)

    def forward(self, x):
        batch_size = x.size(0)  # 获取
批次大小
        x = self.embedding(x)  # 将输
入序列的每个单词转换为其嵌入表示
        x, (h, c) = self.rnn(x)  # 通
过 LSTM 层传递嵌入表示
        return self.fc(h[-1])  # 取
LSTM 的最后一个隐藏状态，并通过全连接层进
行分类
```

在训练 LSTM 的过程中，可能会发现训练速度相当缓慢，而且在训练初期准确度提升不明显。此外，可能需要调整学习率参数（`lr`）以寻找一个合适的值，既能保持合理的训练速度，又不会造成内存资源浪费。下面的程序创建并训练一个 LSTM 分类器：

```
# 创建 LSTM 分类器实例并将其移至适当的计
算设备（如 GPU）
net = LSTMClassifier(vocab_size, 64,
32, len(classes)).to(device)
# 使用自定义的 train_epoch 函数训练 LSTM
分类器，将学习率设置为 0.001
train_epoch(net, train_loader,
lr=0.001)
```

程序输出如下：

```
3200: acc=0.255625
6400: acc=0.25671875
9600: acc=0.25875
12800: acc=0.263046875
16000: acc=0.2918125
19200: acc=0.31864583333333335
... 省略部分输出内容
108800: acc=0.7041911764705883
112000: acc=0.7094553571428571
115200: acc=0.7142013888888888
118400: acc=0.7188175675675675

(0.04113614095052083,
0.7211416666666667)
```

16.7.3 打包序列（Packed Sequences）

在例子中，所有的序列都需要用零向量进行填充以适应小批量。这不仅浪费了一些内存，而且对 RNN 来说更为关键的是，填充输入会创建额外的 RNN 单元，这些单元参与了训练过程，但并没有提供任何重要的输入信息。如果 RNN 能够仅根据实际的序列大小进行训练就更为理想了。

为了解决这个问题，PyTorch 引入了一种特殊的格式来存储填充序列，称为打包序列（Packed Sequences）。假设有一个填充的输入小批量，其结构如下：

```
[[1,2,3,4,5],
 [6,7,8,0,0],
 [9,0,0,0,0]]
```

这里的 `0` 代表填充值，输入序列的实际长度向量为 `[5,3,1]`。

为了高效地利用填充序列训练 RNN，需要先对包含较长序列的大批量数据进行 RNN 单元训练（例如，`[1,6,9]`），然后随着序列长度的减小，逐步减少批量大小并继续训练（如 `[2,7]`、`[3,8]` 等）。因此，一个打包的序列可以表示为一个向量，在例子中，它是 `[1,6,9,2,7,3,8,4,5]`，以及一个表示实际长度的向量（`[5,3,1]`），可以通过它轻松地重建原始的填充批量。

为了生成打包序列，可以使用 `torch.nn.utils.rnn.pack_padded_sequence` 函数。所有的循环层，包括 RNN、LSTM 和 GRU，都支持打包序列作为输入，并产生打包的输出，可以使用 `torch.nn.utils.rnn.pad_packed_sequence` 函数进行解码。

为了生成打包序列，需要将长度向量传递给网络，因此，需要一个不同的函数来准备批量数据。下面的程序定义了一个新的批处理函数，并创建了一个训练数据加载器，用于向数据批次添加长度信息：

```
# 定义一个新的批处理函数，用于向数据批次
添加长度信息
def pad_length(b):
    # 构建向量化序列
    v = [encode(x[1]) for x in b]
    # 计算此小批量中序列的最大长度及长度
序列本身
    len_seq = list(map(len, v))
    l = max(len_seq)
    return (
        # 返回 3 个张量的元组——标签、填
充特征、长度序列
        torch.LongTensor([t[0] - 1 for
t in b]),
        torch.stack([torch.
nn.functional.pad(torch.tensor(t), (0,
l - len(t)), mode='constant', value=0)
for t in v]),
        torch.tensor(len_seq)
    )

# 创建新的训练数据加载器，使用 pad_
length 函数进行批处理
train_loader_len = torch.utils.data.
DataLoader(train_dataset, batch_
size=16, collate_fn=pad_length,
shuffle=True)
```

实际的网络与上面的 `LSTMClassifier` 非常相似，但 `forward`（前向）传播会同时接收填充的批量数据和序列长度向量。在计算嵌入之后，生成打包序列，将其传递给 LSTM 层，然后将结果解包。

> 注意：实际上并不使用解包结果 x，因为在后续的计算中主要使用隐藏层的输出。因此，可以在这段代码中完全去除解包操作。之所以在这里放置解包操作，是为了方便在需要使用网络输出进行进一步计算时，能够轻松地修改这段代码。

下面的程序定义了一个使用打包填充序列的 LSTM 分类器。这个分类器通过嵌入层、LSTM 层和全连接层对输入序列进行处理和分类。

```
# 定义 LSTM 分类器，其中使用了 packed
padded sequence
class LSTMPackClassifier(torch.
nn.Module):
    def __init__(self, vocab_size,
embed_dim, hidden_dim, num_class):
        super().__init__()
        self.hidden_dim = hidden_dim
# 设置隐藏层维度
        # 创建嵌入层，并随机初始化权重
        self.embedding = torch.
nn.Embedding(vocab_size, embed_dim)
        self.embedding.weight.data
= torch.randn_like(self.embedding.
weight.data) - 0.5
        # 创建 LSTM 层，输入大小为
embed_dim，隐藏层大小为 hidden_dim
        self.rnn = torch.
nn.LSTM(embed_dim, hidden_dim, batch_
first=True)
```

```
        # 创建全连接层，将隐藏层的输出映射到 num_class 类别
        self.fc = torch.nn.Linear(hidden_dim, num_class)

    def forward(self, x, lengths):
        batch_size = x.size(0)  # 获取批次大小
        x = self.embedding(x)  # 将输入序列的每个单词转换为其嵌入表示
        # 使用 pack_padded_sequence 函数对输入进行打包
        pad_x = torch.nn.utils.rnn.pack_padded_sequence(x, lengths, batch_first=True, enforce_sorted=False)
        # 通过 LSTM 层传递打包的输入
        pad_x, (h, c) = self.rnn(pad_x)
        # 使用 pad_packed_sequence 函数解包 LSTM 的输出
        x, _ = torch.nn.utils.rnn.pad_packed_sequence(pad_x, batch_first=True)
        return self.fc(h[-1])  # 取 LSTM 的最后一个隐藏状态，并通过全连接层进行分类
```

现在进行训练，程序如下：

```
# 创建 LSTMPackClassifier 实例并将其移至适当的计算设备（如 GPU）
net = LSTMPackClassifier(vocab_size, 64, 32, len(classes)).to(device)
# 使用自定义的 train_epoch_emb 函数训练模型，其中使用了 pack sequence，将学习率设置为 0.001
train_epoch_emb(net, train_loader_len, lr=0.001, use_pack_sequence=True)
```

程序输出如下：

```
3200: acc=0.291875
6400: acc=0.37546875
9600: acc=0.43802083333333336
12800: acc=0.4846875
16000: acc=0.5189375
19200: acc=0.5491145833333333
... 省略部分输出内容
108800: acc=0.8046047794117647
112000: acc=0.8072142857142857
115200: acc=0.8098090277777777
118400: acc=0.8124324324324325

(0.03011242472330729,
0.8135583333333334)
```

> 注意：可能已经注意到传递给训练函数的参数 use_pack_sequence。目前，pack_padded_sequence 函数要求长度序列张量位于 CPU 设备上，因此，训练函数需要避免在训练时将长度序列数据移动到 GPU。可以查看 torchnlp.py 文件中 train_emb 函数的实现。

16.7.4 双向和多层 RNN

关于此概念的介绍请参阅本课“16.3 双向和多层 RNN”部分。

PyTorch 使得构建这类网络变得简单，只需向 RNN/LSTM/GRU 构造函数传递 num_layers 参数，就可以自动构建多个循环层。这也意味着隐藏状态向量的大小将按比例增加，处理循环层输出时需要考虑这一点。

16.8 使用 TensorFlow 的 RNN：RNNTF.zh.ipynb

在本练习中，将学习如何使用 TensorFlow 构建和训练循环神经网络（RNN）模型，以对新闻数据集进行分类。将从简单的 RNN 开始，逐步过渡到更复杂的长短期记忆（LSTM）网络和双向多层 RNN。这些模型将帮助我们捕捉输入序列中的依赖关系，提高分类精度。通过具体的代码示例，将展示如何在 TensorFlow 中实现这些模型，并提供训练和评估的详细步骤。同时，还会介绍如何处理变长序列，以及如何使用预训练嵌入层等技巧来优化模型性能。

下面简单介绍一下循环神经网络（RNN）的基本工作原理及其在文本分类任务中的应用。

每个 RNN 单元内部含有两个权重矩阵：$\boldsymbol{W}_H$ 和 $\boldsymbol{W}_I$，以及一个偏置项 $\boldsymbol{b}$。在 RNN 的每一步，都会根据输入 X_i 和先前状态 S_i，计算下一个状态，即 $S_{i+1}=f(\boldsymbol{W}_H \times S_i+\boldsymbol{W}_I \times X_i+\boldsymbol{b})$，这里的 f 是一个激活函数，通常是双曲正切函数 tanh。

对于需要在每个 RNN 步骤产生输出的问

题，如文本生成（将在下一单元中讲解）或机器翻译，还会涉及另一个权重矩阵 $\boldsymbol{W}_O$，输出则为 $Y_i = f(\boldsymbol{W}_O \times S_i + \boldsymbol{b}_O)$。

现在来看看循环神经网络如何帮助我们对新闻数据集进行分类。

在沙盒环境中运行以下代码单元，以确保安装所需库，并预先获取数据。如果在本地环境中运行，可以跳过这些代码单元。以下是安装特定版本的 TensorFlow 数据集，并下载解压 'ag_news_subset' 数据集的程序：

```
# 安装特定版本的 tensorflow_datasets
（4.4.0），这是一组已经准备好的数据集集合
import sys
!{sys.executable} -m pip install
--quiet tensorflow_datasets==4.4.0

# 从给定的 URL 下载 'ag_news_subset' 数
据集的 tar 压缩包，并在用户的主目录中解压
!cd ~ && wget -q -O - https://
mslearntensorflowlp.blob.core.windows.
net/data/tfds-ag-news.tgz | tar xz
```

导入所需库，配置 GPU 内存设置，并加载 'ag_news_subset' 数据集的程序如下：

```
# 导入所需的库和模块
import tensorflow as tf
from tensorflow import keras
import tensorflow_datasets as tfds
import numpy as np

# 由于将训练相当大的模型，为了避免错误，
需要设置 TensorFlow 选项
# 以在需要时增长 GPU 内存分配
physical_devices = tf.config.list_
physical_devices('GPU')
if len(physical_devices) > 0:
    tf.config.experimental.set_memory_
growth(physical_devices[0], True)

# 从 TensorFlow 数据集中加载 'ag_news_
subset' 数据集的训练和测试部分
ds_train, ds_test = tfds.load('ag_
news_subset').values()
```

训练大型模型时，GPU 内存分配可能会成为问题。需要尝试不同的小批量尺寸，以确保数据适合 GPU 内存，并且训练速度足够快。如果在自己的 GPU 机器上运行此代码，可能需要调整小批量尺寸以加快训练速度。

> 注意：某些 Nvidia 驱动程序版本在模型训练后不释放内存，这可能导致内存不足，特别是当在同一 Notebook 中进行多个示例运行和个人实验时。如果在开始训练模型时遇到奇怪的错误，可能需要重启 Notebook 内核。

设置初始批处理和嵌入层大小的程序如下：

```
# 设置批处理大小
batch_size = 16
# 设置嵌入层的大小
embed_size = 64
```

16.8.1 简单 RNN 分类器

在简单 RNN 分类器中，每个循环单元都是一个简单的线性网络，它接收拼接后的输入向量和状态向量，产生一个新的状态向量。在 Keras 中，可以由 `SimpleRNN` 层表示。

尽管可以将独热编码的标记直接传递给 RNN 层，但由于其维数很高，这样做通常并不理想。因此，首先使用一个嵌入层来降低词向量的维度，然后是一个 RNN 层，最后接一个 `Dense` 分类器层。

> 注意：在维度较低的情况下，例如，使用字符级别的标记化时，可以考虑直接将独热编码的标记传递给 RNN 单元。

定义并打印一个序列模型的摘要，该模型用于文本分类，程序如下：

```
# 设置词汇表的最大值
vocab_size = 20000

# 创建一个文本向量化层，该层可以将文本转
换为整数索引的形式
# max_tokens 参数限制了词汇表的大小，
input_shape 参数设置了输入形状
vectorizer = keras.layers.
experimental.preprocessing.
```

```
TextVectorization(
    max_tokens=vocab_size,
    input_shape=(1,))

# 定义一个序列模型，包括以下层：
# 1. 文本向量化层，将文本转换为整数序列
# 2. 嵌入层，将整数序列转换为固定大小的向量
# 3. 简单的循环神经网络 (RNN) 层，包括 16 个隐藏单元
# 4. 全连接 (Dense) 层，包括 4 个输出单元和 softmax 激活函数，用于分类
model = keras.models.Sequential([
    vectorizer,
    keras.layers.Embedding(vocab_size, embed_size),
    keras.layers.SimpleRNN(16),
    keras.layers.Dense(4, activation='softmax')
])

# 打印模型的摘要，以显示每层的详细信息和参数数量
model.summary()
```

程序输出如下：

```
Model: "sequential"
_________________________________________________________________
 Layer (type)                Output Shape              Param #
=================================================================
 text_vectorization (TextVe  (None, None)              0
 ctorization)
 embedding (Embedding)       (None, None, 64)          1280000
 simple_rnn (SimpleRNN)      (None, 16)                1296
 dense (Dense)               (None, 4)                 68
=================================================================
Total params: 1281364 (4.89 MB)
Trainable params: 1281364 (4.89 MB)
Non-trainable params: 0 (0.00 Byte)
_________________________________________________________________
```

> 注意：在此处为了简便起见，使用未经训练的嵌入层，若要进一步提升性能，可以考虑使用已经预训练好的嵌入层，如 Word2Vec 或 GloVe。将这段代码改编为使用预训练嵌入将是一个很好的练习。

现在训练 RNN。一般来说，RNN 的训练相对比较困难，因为一旦 RNN 单元沿序列长度展开，参与反向传播的层数就会变得非常多。因此，需要选择较小的学习率，并且需要在较大的数据集上训练网络才能获得好的结果。这可能需要相当长的时间，因此，最好使用 GPU 来加速训练过程。

为了加快速度，只会在新闻标题上训练 RNN 模型，省略描述。可以尝试训练描述，看看能否训练模型。定义从数据集中提取标题和标签的函数，并使用部分样本来训练文本向量化层的程序如下：

```
# 定义一个函数，从数据集的每个样本中提取标题字段
def extract_title(x):
    return x['title']
```

```
# 定义一个函数，将数据集的每个样本转换为一个元组，包括标题和标签
def tupelize_title(x):
    return (extract_title(x), x['label'])

# 输出信息，表明正在对文本向量化层进行训练
print('Training vectorizer')

# 使用数据集的部分样本（取 2000 个）来适配（训练）文本向量化层
# 这将构建词汇表并准备将文本转换为整数序列
vectorizer.adapt(ds_train.take(2000).map(extract_title))
```

编译并训练模型，使用训练集的标题和标签进行训练，并使用测试集进行验证的程序如下：

```
# 编译模型，设置损失函数、优化器和评估指标
model.compile(loss='sparse_categorical_crossentropy', metrics=['acc'], optimizer='adam')

# 训练模型，使用批量大小为 batch_size 的批次
# 训练数据由训练集的标题和标签组成
# 验证数据由测试集的标题和标签组成
model.fit(ds_train.map(tupelize_title).batch(batch_size), validation_data=ds_test.map(tupelize_title).batch(batch_size))
```

程序输出如下：

```
7500/7500 [=====] - 36s 5ms/step - loss: 0.6594 - acc: 0.7595 - val_loss: 0.5618 - val_acc: 0.7993
```

> 注意，因为只在新闻标题上进行训练，所以，准确率可能会较低。

16.8.2 重新审视可变序列

`TextVectorization` 层会自动使用填充标记（padding token）来填充小批量中的变长序列。这些填充标记实际上也参与了训练过程，可能会使模型的收敛变得更加复杂。

为了尽量减少填充的使用，可以采取多种方法。其中一种是按序列长度对数据集重新排序，并将大小相似的序列分组在一起。可以通过使用 `tf.data.experimental.bucket_by_sequence_length` 函数来实现（详见文档🔗 [L16-5]）。

另一种方法是使用掩码技术。在 Keras 中，一些层支持额外的掩码输入，显示在训练时应考虑哪些标记。要在模型中使用掩码，可以添加一个独立的 `Masking` 层（参见文档🔗 [L16-6]），或者在 `Embedding` 层中指定 `mask_zero=True` 参数。

> 注意：在整个数据集上完成一轮训练大约需要 5 分钟。如果不想等待，随时可以中断训练过程。还可以通过在 `ds_train` 和 `ds_test` 数据集后添加 `.take(...)` 子句来限制用于训练的数据量。

定义并训练一个支持可变长度序列的 RNN 模型，使用新闻标题和描述进行分类的程序如下：

```
# 定义一个函数，用于从每个样本中提取标题和描述，并将它们连接在一起
def extract_text(x):
    return x['title'] + ' ' + x['description']

# 定义一个函数，将每个样本转换为一个包括文本和标签的元组
def tupelize(x):
    return (extract_text(x), x['label'])

# 定义第一个模型的结构，它包括：
# - 文本向量化层
# - 嵌入层，设置 mask_zero=True 以支持可变长度序列
# - SimpleRNN 层，包括 16 个隐藏单元
# - 全连接层，用于分类，激活函数为 softmax
model = keras.models.Sequential([
    vectorizer,
    keras.layers.Embedding(vocab_size, embed_size, mask_zero=True),
    keras.layers.SimpleRNN(16),
    keras.layers.Dense(4,
```

```
activation='softmax')
])

# 编译模型，并设置损失函数、优化器和评估指标
model.compile(loss='sparse_
categorical_crossentropy',
metrics=['acc'], optimizer='adam')

# 训练模型，使用批次大小为 batch_size
model.fit(ds_train.map(tupelize).
batch(batch_size), validation_data=ds_
test.map(tupelize).batch(batch_size))
```

程序输出如下：

```
7500/7500 [=====] - 73s 10ms/step -
loss: 0.5481 - acc: 0.8097 - val_loss:
0.4756 - val_acc: 0.8503
```

现在已经应用了掩码技术，可以在包含标题和描述的整个数据集上训练模型了。

> 注意：是否注意到我们一直在使用仅基于新闻标题训练的向量化器，而不是文章的整个正文？这可能会导致忽略一些标记，因此，最好重新训练向量化器。然而，这可能只会对结果产生非常小的影响，所以，为了简化，将继续使用先前训练的向量化器。

16.8.3 长短期记忆（LSTM）

关于此概念的介绍请参阅 16.2 节。

虽然 LSTM 单元的内部结构可能看起来很复杂，但 Keras 将此实现隐藏在 LSTM 层内，所以，在上面的示例中需要做的唯一事情就是替换递归层。定义、编译并训练一个包含 LSTM 层的序列模型，用于文本分类的程序如下：

```
# 定义一个序贯模型，该模型由以下几层组成：

# 1. 'vectorizer' 层：将输入文本转换为整数序列。之前已经定义并适配了这个层
# 2. 嵌入层：将整数序列转换为固定大小的嵌入向量。vocab_size 定义了词汇表大小，
embed_size 定义了每个词的嵌入向量的维数
# 3. LSTM 层：一个长短时记忆（LSTM）层，具有 8 个隐藏单元。LSTM 是一种特殊的递归神经网络，能够捕捉序列数据中的长期依赖关系
# 4. 全连接层：具有 4 个输出单元和 softmax 激活函数的全连接层。输出层的大小等于分类任务的类别数量，softmax 用于将输出转换为概率分布
model = keras.models.Sequential([
    vectorizer,
    keras.layers.Embedding(vocab_size,
embed_size),
    keras.layers.LSTM(8),
    keras.layers.Dense(4,
activation='softmax')
])

# 编译模型：设置损失函数、优化器和评估指标。这里使用了：
# - 损失函数：稀疏分类交叉熵，适合整数类标签
# - 优化器：Adam，一种自适应学习率的优化算法
# - 评估指标：准确率
model.compile(loss='sparse_
categorical_crossentropy',
metrics=['acc'], optimizer='adam')

# 训练模型：使用经过预处理的训练数据集（ds_
train.map(tupelize)），将其分批（每批 8 个样本）进行训练，并使用验证数据集进行验证
# tupelize 函数用于将每个样本转换为一个包括文本和标签的元组
# batch(8) 表示每个批次包括 8 个样本
model.fit(ds_train.map(tupelize).
batch(8), validation_data=ds_test.
map(tupelize).batch(8))
```

程序输出如下：

```
15000/15000 [=====] - 145s 10ms/step -
loss: 0.5177 - acc: 0.8211 - val_loss:
0.3507 - val_acc: 0.8884
```

> 注意，训练 LSTM 也相当缓慢，训练初期可能看不到准确率的太多提高。需要继续训练一段时间才能达到良好的准确率。

16.8.4 双向和多层 RNN

关于此概念的介绍请参阅本课“16.3 双向和多层 RNN”部分。

Keras 使构建这样的网络变得简单，因为只需要向模型中添加更多循环层。对于最后一层以外的所有层，需要指定 `return_sequences=True` 参数，因为需要该层返回所有中间状态，而不仅是循环计算的最终状态。

为分类问题构建一个双层双向 LSTM，程序如下：

> 注意，这段代码的运行时间可能会很长，但它可能会提供到目前为止我们看到的最高准确率，因此，值得等待并查看结果。

```
# 定义一个序贯模型，该模型由以下几层组成：

# 1. 'vectorizer' 层：将输入文本转换为整数序列。之前已经定义并适配了这个层
# 2. 嵌入层：将整数序列转换为固定大小的嵌入向量。vocab_size 定义了词汇表大小，128 定义了
每个词的嵌入向量的维数
#    mask_zero=True 允许模型忽略填充的零值
# 3. 双向 LSTM 层：一个双向 LSTM 层，具有 64 个隐藏单元。双向 RNN 可以捕捉输入序列的前后
信息
#    return_sequences=True 表示该层返回整个序列的输出，以便下一层也可以是一个序列处理层
# 4. 另一个双向 LSTM 层：具有 64 个隐藏单元。该层只返回最后一个时间步的输出
# 5. 全连接层：具有 4 个输出单元和 softmax 激活函数的全连接层。输出层的大小等于分类任务的
类别数量，softmax 用于将输出转换为概率分布
model = keras.models.Sequential([
    vectorizer,
    keras.layers.Embedding(vocab_size, 128, mask_zero=True),
    keras.layers.Bidirectional(keras.layers.LSTM(64, return_sequences=True)),
    keras.layers.Bidirectional(keras.layers.LSTM(64)),
    keras.layers.Dense(4, activation='softmax')
])

# 编译模型：设置损失函数、优化器和评估指标。这里使用了与之前相同的损失函数、优化器和评估指
标
model.compile(loss='sparse_categorical_crossentropy', metrics=['acc'],
optimizer='adam')

# 训练模型：使用经过预处理的训练数据集（ds_train.map(tupelize)），将其分批（每批由
batch_size 个样本组成）进行训练，并使用验证数据集进行验证
# batch_size 是之前定义的变量，表示每个批次的样本数量
model.fit(ds_train.map(tupelize).batch(batch_size),
        validation_data=ds_test.map(tupelize).batch(batch_size))
```

程序输出如下：

```
7500/7500 [=====] - 359s 47ms/step - loss: 0.3530 - acc: 0.8780 - val_loss: 0.3145
- val_acc: 0.8955
```

16.9 结论

在本课中，我们了解到循环神经网络（RNN）不仅可以应用于序列分类问题，它们还能处理更多任务，如文本生成、机器翻译等。我们会在下一课进一步探讨这些任务。

16.10 🚀挑战

阅读有关 LSTM 的一些文献并思考它们的应用：

- 网格长短期记忆🔗 [L16–7]。
- 展示，关注和讲述：具有视觉关注机制的神经图像字幕生成🔗 [L16–8]。

16.11 复习与自学

- Christopher Olah 的博文：理解 LSTM 网络🔗 [L16–1]。

16.12 ✍作业——用自己的数据运行 Notebook

使用与本课程相关的 Notebook（无论是 PyTorch 版本还是 TensorFlow 版本），尝试使用自己的数据集或者从 Kaggle 上找到的数据集重新运行它们，并确保标明数据来源。编辑并重写 Notebook，强调你自己的发现。可以尝试使用不同类型的数据集并记录你的发现，例如，使用 Kaggle 上有关天气推文的比赛数据集🔗 [L16–9]。

课后测验

（1）（ ）从输入和隐藏向量中提取一些信息，并将其插入到状态中。

a. 忘记门
b. 输出门
c. 输入门

（2）双向 RNN 在（ ）运行循环计算。

a. 两个方向
b. 西北方向
c. 左右方向

（3）所有的 RNN 单元都有相同的可共享权重，这一说法（ ）。

a. 正确
b. 错误

第 17 课
生成网络

循环神经网络（RNN）及其门控单元变体，如长短时记忆单元（LSTM）和门控循环单元（GRU），为语言建模提供了一种机制。它们能够学习词序并预测序列中的下一个单词。这使得我们可以使用 RNN 来进行生成任务，例如，文本生成、机器翻译，甚至生成图片描述。

> 在打字时经常遇到的文本自动完成功能就是一种这样的生成任务。可以研究一下你最喜欢的应用，看看它们是否利用了 RNN。

在上一课中，讨论了 RNN 架构，其中每个 RNN 单元都会产生下一个隐藏状态作为输出。但实际上，还可以为每个循环单元增加额外的输出，使其能够生成与原始序列长度相同的输出序列。除此之外，还可以设计 RNN 单元在每个步骤不接收输入，仅依赖于一些初始状态向量，然后逐步生成一系列输出。

这种方式使得我们能够构建出图 17-1 所示的多种不同的神经网络架构。

- **一对一**（One-to-one）：这是传统的神经网络模型，一个输入对应一个输出。
- **一对多**（One-to-Many）：这种生成型架构接收一个输入值，并生成一系列输出值。例如，如果想要训练一个图像描述网络，以生成图片的文字描述，可以将一张图片作为输入，通过一个 CNN 网络获取其隐藏状态，然后让一个循环链逐字生成描述。
- **多对一**（Many-to-One）：对应之前描述的 RNN 架构，如文本分类任务。
- **多对多**（Many-to-Many），也叫序列到序列（sequence-to-sequence）：常用于机器翻译。首先，一个 RNN 网络从输入序列中收集信息至隐藏状态；然后另一个 RNN 链解开这个状态至输出序列。

在本课中，将重点关注简单的生成模型，特别是用于生成文本的模型。为了简化，会采用字符级的分词。

我们会逐步训练这个 RNN 以生成文本。在每一步中，会采用长度为 `nchars` 的字符序列，并要求网络为每个输入字符生成下一个输出字符，如图 17-2 所示。

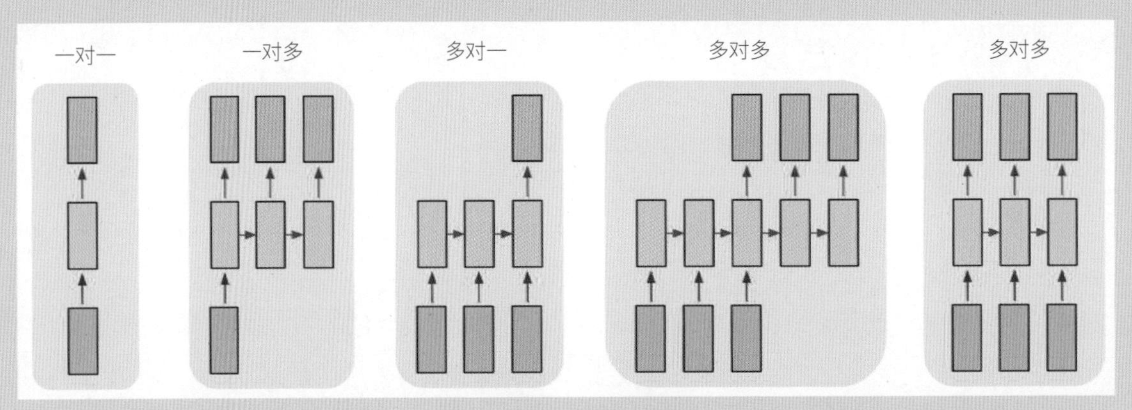

图 17-1　这张插图概括了循环神经网络(RNN)的 4 种基本结构：单输入单输出(一对一)用于基本分类任务；单输入多输出(一对多) 用于生成序列；多输入单输出 (多对一) 用于如情感分析的序列分类；以及多输入多输出 (多对多)，分别用于同步任务如机器翻译及异步任务如文本摘要。每个方块代表 RNN 中的一个单元，箭头指示数据流动的方向。图片来源于 Andrej Karpaty 的博文：循环神经网络的非凡效果 🔗 [L17–1]

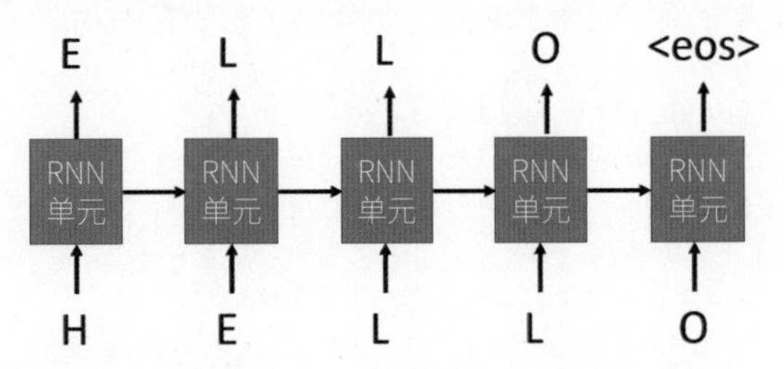

图 17-2　这张图描述了一个简单的循环神经网络 (RNN) 如何逐步生成单词“HELLO”，最后的 <eos> 为序列结束符号

简介

本课将介绍如下内容：

17.1 文本生成过程
17.2 练习——生成网络
17.3 用 PyTorch 进行生成网络的学习：GenerativePyTorch.zh.ipynb
17.4 用 TensorFlow 进行生成网络的学习：GenerativeTF.zh.ipynb
17.5 软文本生成与“温度”参数
17.6 结论
17.7 挑战
17.8 复习与自学
17.9 作业——文本生成：基于 RNN 的词级别生成

课前小测验

(1) RNNs 可以用于生成任务，这一说法（ ）。
a. 正确
b. 错误

(2) （ ）是一个具有一个输入和一个输出的传统神经网络。
a. 一对一
b. 序列对序列
c. 一对多

(3) RNN 通过为每个输入标记生成下一个输出标记来生成文本，这一说法（ ）。
a. 正确
b. 错误

17.1　文本生成过程

在生成文本（推理）时，首先给出一个初始词，然后将其传递给 RNN 单元以生成中间状态，从此状态开始生成文本。一次生成一个字符，并将状态和已生成的字符传递到另一个 RNN 单元以生成下一个字符，直到生成足够的字符，如图 17-3 所示。

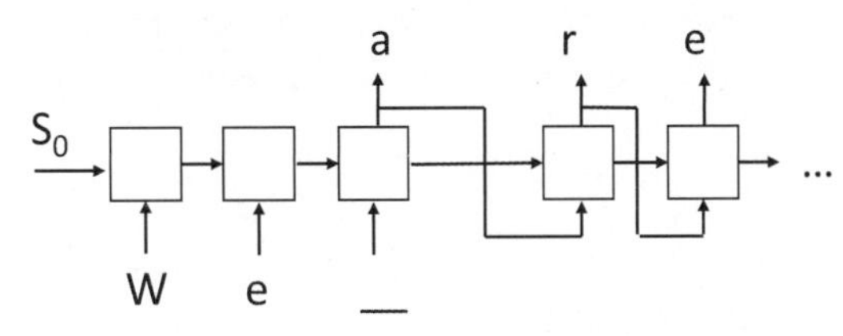

图 17-3　循环神经网络 (RNN) 的文本生成过程。从初始状态 S_0 以及输入“We”开始，如何逐步通过各个 RNN 单元生成文本序列“We are……”的过程。每个单元根据当前输入和前一状态输出下一个字符，并更新状态传递至下一个单元，如此循环直到生成预定的文本序列

17.2　练习——生成网络

在以下 Notebook 中继续你的学习：

- 用 PyTorch 进行生成网络的学习 🔗 [L17-2]。
- 用 TensorFlow 进行生成网络的学习 🔗 [L17-3]。

17.3　用 PyTorch 进行生成网络的学习：GenerativePyTorch.zh.ipynb

在此 Notebook 中，将重点关注帮助生成文本的简单生成模型。为了简化过程，将构建一个字符级网络，它能够逐字母地生成文本。在训练过程中，需要获取一些文本语料库，并将其拆分成字符序列。导入所需库并加载数据集，包括训练集、测试集、类别标签和词汇表的程序如下：

```
# 导入 PyTorch 库，用于创建和操作张量
import torch
# 导入 torchtext 库，用于文本处理和词汇表构建
import torchtext
# 导入 numpy 库，用于数组和数学操作
import numpy as np
# 导入 torchnlp 库的功能，可能包括文本预处理和编码功能
from torchnlp import *
# 使用 torchnlp 库中的 load_dataset 函数
```

```
加载数据集
# 数据集包括训练和测试部分，还包括类别标签和词汇表
train_dataset, test_dataset, classes, vocab = load_dataset()
```

程序输出如下：

```
Loading dataset...
Building vocab...
```

17.3.1 构建字符词汇表

为了构建字符级生成网络，需要将文本拆分为单个字符而不是单词。这可以通过定义一个不同的分词器来实现。定义字符级分词器，统计字符频率，创建词汇表，并打印词汇表的大小及字符编码示例的程序如下：

```
# 定义字符级分词器函数
# 这个函数接收一个字符串，并将其分解为一个字符列表
# 例如，输入 "apple"，返回 ['a', 'p', 'p', 'l', 'e']
def char_tokenizer(words):
    return list(words)

# 创建一个计数器对象，用于统计字符的频率
counter = collections.Counter()
# 遍历训练数据集中的每一行
for (label, line) in train_dataset:
    # 使用定义的字符级分词器处理每一行，并更新计数器
    counter.update(char_tokenizer(line))

# 使用计数器对象创建词汇表
# 词汇表包含数据集中出现的每个字符及其对应的整数索引
vocab = torchtext.vocab.vocab(counter)
```

```
# 打印词汇表的大小，即数据集中不同字符的数量
vocab_size = len(vocab)
print(f"Vocabulary size = {vocab_size}")

# 打印字符 'a' 在词汇表中的整数索引
print(f"Encoding of 'a' is {vocab.get_stoi()['a']}")

# 打印整数索引 13 对应的字符
print(f"Character with code 13 is {vocab.get_itos()[13]}")
```

程序输出如下（中文为译者注释）：

```
Vocabulary size = 82 （词汇表的大小是 82，表示数据集中共有 82 个不同的字符）
Encoding of 'a' is 1 （字符 'a' 在词汇表中的整数索引是 1）
Character with code 13 is c （整数索引 13 对应的字符是 'c'）
```

让我们看一个例子，了解如何从数据集中编码文本。以下程序定义了一个编码函数，并使用该函数将训练数据集中的第一个样本文本转换为整数张量，表示每个字符在词汇表中的索引：

```
# 定义一个编码函数，将输入字符串转换为整数张量
# 使用字符级分词器和词汇表进行转换
def enc(x):
    return torch.LongTensor(encode(x, voc=vocab, tokenizer=char_tokenizer))

# 使用定义的编码函数对训练数据集中的第一个样本的文本进行编码
# 返回的是一个整数张量，表示该文本中每个字符在词汇表中的索引
enc(train_dataset[0][1])
```

程序输出如下：

```
tensor([ 0,  1,  2,  2,  3,  4,  5,  6,  3,  7,  8,  1,  9, 10,  3, 11,  2,  1,
        12,  3,  7,  1, 13, 14,  3, 15, 16,  5, 17,  3,  5, 18,  8,  3,  7,  2,
         1, 13, 14,  3, 19, 20,  8, 21,  5,  8,  9, 10, 22,  3, 20,  8, 21,  5,
         8,  9, 10,  3, 23,  3,  4, 18, 17,  9,  5, 23, 10,  8,  2,  2,  8,  9,
        10, 24,  3,  0,  1,  2,  2,  3,  4,  5,  9,  8,  8,  5, 25, 10,  3, 26,
        12, 27, 16, 26,  2, 27, 16, 28, 29, 30,  1, 16, 26,  3, 17, 31,  3, 21,
```

```
    2,  5,  9,  1, 23, 13, 32, 16, 27, 13, 10, 24,  3,  1,  9,  8,  3, 10,
    8,  8, 27, 16, 28,  3, 28,  9,  8,  8, 16,  3,  1, 28,  1, 27, 16,  6])
```

17.3.2 训练生成 RNN

我们会逐步训练这个 RNN 以生成文本。在每一步中，会采用长度为 `nchars` 的字符序列，并要求网络为每个输入字符生成下一个输出字符，如图 17-2 所示。

根据具体场景，可能还需要包含一些特殊字符，如序列结束符号 `<eos>`。在例子中，只想训练网络进行无尽的文本生成，因此，将固定每个序列的大小等于 `nchars` 个字符。为此，每个训练示例将由 `nchars` 个输入和 `nchars` 个输出组成（即输入序列向左移动一个字符）。一个小批量会包含多个这样的序列。

生成小批量的方法如下：从每个长度为 l 的新闻文本中获取，并从中生成所有可能的输入 - 输出组合（将有 `l-nchars` 个这样的组合）。这些组合将构成一个小批量，而且每个训练步骤的小批量大小可能会不同。

以下程序设置了一个序列长度变量，并定义了一个函数 `get_batch`，用于从给定字符串中生成批量输入和输出数据，以用于 LSTM 训练。然后，通过 `get_batch` 函数获取训练数据集第一个样本的输入和输出张量示例。

```
# 设置一个序列长度的变量，用于确定每个输入序列的字符数
nchars = 100
# 定义一个函数，用于从给定的字符串中获取批量输入和输出数据
# 这将用于 LSTM 训练，其中输入是前 nchars 个字符，输出是下一个 nchars 个字符
def get_batch(s, nchars=nchars):
    ins = torch.zeros(len(s)-nchars, nchars, dtype=torch.long, device=device) # 创建用于存储输入字符编码的张量
    outs = torch.zeros(len(s)-nchars, nchars, dtype=torch.long, device=device) # 创建用于存储输出字符编码的张量
    for i in range(len(s)-nchars):
        ins[i] = enc(s[i:i+nchars]) # 使用之前定义的编码函数将输入字符序列转换为编码
        outs[i] = enc(s[i+1:i+nchars+1]) # 将输出字符序列转换为编码
    return ins, outs

# 获取给定文本的输入和输出张量示例
get_batch(train_dataset[0][1])
```

程序输出如下：

```
(tensor([[ 0,  1,  2,  ..., 28, 29, 30],
         [ 1,  2,  2,  ..., 29, 30,  1],
         [ 2,  2,  3,  ..., 30,  1, 16],
         ...,
         [20,  8, 21,  ...,  1, 28,  1],
         [ 8, 21,  5,  ..., 28,  1, 27],
         [21,  5,  8,  ...,  1, 27, 16]]),
 tensor([[ 1,  2,  2,  ..., 29, 30,  1],
         [ 2,  2,  3,  ..., 30,  1, 16],
         [ 2,  3,  4,  ...,  1, 16, 26],
         ...,
         [ 8, 21,  5,  ..., 28,  1, 27],
         [21,  5,  8,  ...,  1, 27, 16],
         [ 5,  8,  9,  ..., 27, 16,  6]]))
```

现在定义生成器网络。它可以基于在上一单元中讨论的任何循环单元（简单 RNN、LSTM 或 GRU）。在例子中将使用 LSTM 单元。

由于网络以字符为输入，且词汇表的大小相当小，所以，不需要嵌入层，可以直接将独热编码的输入传给 LSTM 单元。但是，由于将字符编号作为输入传递，所以，在传递给 LSTM 之前，需要对它们进行独热编码。这是通过在 `forward` 传递过程中调用 `one_hot` 函数来实现的。输出编码器是一个线性层，将隐藏状态转换为独热编码的输出。

以下程序定义了一个基于 LSTM 的生成器模型 LSTMGenerator，用于字符级文本生成。模型包括一个 LSTM 层和一个全连接层，将隐藏状态转换为输出字符的概率。模型的前向传播函数将输入转换为独热编码，然后通过 LSTM 层和全连接层生成输出。

```
# 定义一个基于 LSTM 的生成器模型
class LSTMGenerator(torch.nn.Module):
    def __init__(self, vocab_size,
hidden_dim):
        super().__init__()
        self.rnn = torch.nn.LSTM(vocab_
size, hidden_dim, batch_first=True) #
LSTM 层，vocab_size 是输入大小，hidden_dim
是隐藏状态大小
        self.fc = torch.
nn.Linear(hidden_dim, vocab_size) # 全
连接层，用于将隐藏状态转换为输出字符的概率

    def forward(self, x, s=None):
        x = torch.nn.functional.one_
hot(x, vocab_size).to(torch.float32) #
将输入转换为独热编码
        x, s = self.rnn(x, s) # LSTM
层处理输入
        return self.fc(x), s # 全连接
层转换 LSTM 的输出
```

在训练过程中，希望能够采样生成的文本。为此，将定义一个 generate 函数，该函数将从初始字符串 start 开始生成长度为 size 的输出字符串。

该函数工作原理如下：首先，将整个起始字符串通过网络，并获得输出状态 s 和下一个预测字符 out。由于 out 是独热编码的，所以，取最大值的索引 argmax 来获取词汇表中字符 nc 的索引，并使用索引到字符串的映射 itos 来找出实际字符，并将其追加到结果字符列表 chars 中。这个生成一个字符的过程会重复 size 次，以生成所需数量的字符。以下程序定义了一个生成函数 generate，用于使用训练后的 LSTM 网络生成文本：

```
# 定义生成函数，使用训练后的网络生成文本
def generate(net, size=100,
start='today '):
    chars = list(start) # 初始字符列表
    out, s = net(enc(chars).view(1,
-1).to(device)) # 使用初始字符作为输入进
行推理
    for i in range(size):
        nc = torch.argmax(out[0][-1])
# 获取概率最高的下一个字符的索引
        chars.append(vocab.get_itos()
[nc]) # 将索引转换为字符并添加到列表
        out, s = net(nc.view(1, -1), s)
# 使用新字符进行进一步推理
    return ''.join(chars) # 将字符列表
连接成字符串并返回
```

现在开始训练！训练循环与之前的所有示例中的几乎相同，但每 1000 轮打印一次采样生成的文本，而不是准确率。

需要特别注意的是计算损失的方式。需要计算给定独热编码的输出 out 和预期的文本 text_out 的损失，其中 text_out 是字符索引的列表。幸运的是，cross_entropy 函数将未归一化的网络输出作为第一个参数，类别编号作为第二个参数，这正是我们所需要的。它还会自动对小批量大小进行平均。

我们还通过 samples_to_train 样本来限制训练，以免等待太长时间。鼓励读者尝试并进行更长时间的训练，甚至可能来个几轮（在这种情况下，需要在此代码周围创建另一个循环）。以下程序初始化并训练一个基于 LSTM 的文本生成器网络：

```
# 初始化生成器网络
net = LSTMGenerator(vocab_size, 64).
to(device)

# 设置要训练的样本数量
samples_to_train = 10000
# 创建优化器
optimizer = torch.optim.Adam(net.
parameters(), 0.01)
# 创建损失函数
loss_fn = torch.nn.CrossEntropyLoss()
# 将网络设置为训练模式
net.train()

# 开始训练过程
for i, x in enumerate(train_dataset):
    # x[0] 是类别标签 , x[1] 是文本
    if len(x[1]) - nchars < 10: # 如果
文本过短，则跳过
        continue
    samples_to_train -= 1
    if not samples_to_train: break
    text_in, text_out = get_
batch(x[1]) # 从文本获取输入和输出批次
    optimizer.zero_grad() # 清除梯度
    out, s = net(text_in) # 前向传递
    loss = torch.nn.functional.cross_
```

```
entropy(out.view(-1, vocab_size),
text_out.flatten()) # 计算交叉熵损失
    loss.backward() # 反向传播
    optimizer.step() # 更新权重
    if i % 1000 == 0: # 每 1000 批次打印
一次损失和生成的文本
        print(f"Current loss = {loss.
item()}")
        print(generate(net))# 打印生成
的文本
```

程序输出如下：

```
Current loss = 4.402637004852295
today nnnnnnnnnnnnnnnnnnnnnnnnnnnnnnn
nnnnnnnnnnnnnnnnnnnnnnnnnnnnnnnnnnnnn
nnnnnnnnnnnnnnnnnnnnnnnnnnnnnn
Current loss = 2.080404281616211
today the the the the the the the the
the the the the the the the the the
the the the the the the the the
…省略部分输出内容
Current loss = 1.5612120628356934
today and the secute of the secute of
the secute of the secute of the secute
of the secute of the secute o
Current loss = 1.5923014879226685
today and the star that the security
to the star that the security to the
star that the security to the st
```

这个示例已经生成了一些相当不错的文本，可以通过以下几种方式进一步改进：

- 更好的小批量生成。我们为训练准备数据的方式是从一个样本生成一个小批量。这并不理想，因为小批量的大小不一，如果文本小于 `nchars`，则无法生成小批量。此外，小批量不能充分利用 GPU。更明智的做法是从所有样本中取出一大块文本，生成所有可能的输入——输出对，对它们进行随机排序，然后生成大小相等的小批量。
- 多层 LSTM。尝试使用 2 或 3 层 LSTM 单元是有意义的。正如在上一课中提到的，LSTM 的每一层都从文本中提取特定的模式，对于字符级生成器，可以期望较低层的 LSTM 负责提取音节，较高层负责提取单词和词组合。这可以简单地通过向 LSTM 构造器传递层数参数来实现。
- 你可能还想试试用 GRU 单元进行实验，看看哪个效果更好，并尝试不同的隐藏层大小。如果隐藏层过大，可能会导致过拟合（例如，网络学习了确切的文本），而较小的大小可能无法生成好的结果。

17.3.3 软文本生成与“温度”参数

在先前对 `generate` 的定义中，总是选择概率最高的字符作为生成文本中的下一个字符。这导致文本经常在相同的字符序列之间反复循环，就像下面的例子：

```
today of the second the company and a
second the company ...
(今天的第二个公司和第二个…)
```

然而，如果观察下一个字符的概率分布，可能会发现几个最高概率之间的差距并不大。例如，一个字符可能有 0.2 的概率，另一个是 0.19。例如，在寻找序列“play”中的下一个字符时，下一个字符可以是空格，也可以是“e”（如单词 player 中的字符）。

可以得出如下结论：选择概率最高的字符并不总是“公平”的，因为选择第二高的字符可能仍会得到有意义的文本。更明智的做法是根据网络输出的概率分布来采样字符。

这个采样可以使用实现所谓的多项分布的 `multinomial` 函数来完成。以下程序定义了一个生成文本的函数 `generate_soft`，该函数接收温度参数来调整生成文本的随机性。温度越低，生成的文本越确定；温度越高，生成的文本越随机。程序还使用不同的温度值来生成文本并打印结果。

```
# 定义一个生成文本的函数，该函数接收温度
参数来调整生成的文本的随机性
# 温度越低，生成的文本越确定；温度越高，
生成的文本越随机
def generate_soft(net, size=100,
start='today ', temperature=1.0):
    chars = list(start) # 从给定的起始
字符串开始生成
    out, s = net(enc(chars).view(1,
-1).to(device)) # 将起始字符串编码并传递
到网络
    for i in range(size):
        # out_dist 表示 LSTM 最后一个时间
```

```
步的输出的概率分布
        out_dist = out[0][-1].div(temperature).exp() # 除以温度并应用指数来获取概率
分布
        nc = torch.multinomial(out_dist, 1)[0] # 从调整后的概率分布中随机抽取一个字符
        chars.append(vocab.get_itos()[nc]) # 将字符添加到生成的字符串中
        out, s = net(nc.view(1, -1), s) # 使用新生成的字符作为下一个时间步的输入
    return ''.join(chars) # 将字符列表连接成字符串并返回

# 使用不同的温度值来生成文本，并打印结果
# 温度值越低，文本越确定；温度值越高，文本越随机
for i in [0.3, 0.8, 1.0, 1.3, 1.8]:
    print(f"--- Temperature = {i}\n{generate_soft(net, size=300, start='Today ',
temperature=i)}\n")
```

程序输出如下：

```
--- Temperature = 0.3
Today to stade an a game has to a with a posting the of the a way the state a from
the his for the more the starting the states and on the biggest the been the in
the states and world the Unite wond the starting the way the expected company and
a many and an an the computer the manager and a the states an

--- Temperature = 0.8
Today yeerest  Trading Pristic The IA provided swam the a he to would Gurting
World season was airle to back headdinists 40 perce, blued records are have of the
search cart appear into the his afterer of charged at the 82 service will expert
gall and Unite was staps a a manlaged over the President and Jul

--- Temperature = 1.0
Today ghowing an Citu Deviced Iraq, Microsoff -Onlility For offuried, than was
confirtimes new a Jerphication #39;s Corric foloxed Microsofty PC Athen #39;s
campion's exports yecter,, slas New its Jele (Trugh Bush #39;s mar rolo wowe, post
#86;980 S-olfijox a new struming Parsuatim orbers, portercy to pre

--- Temperature = 1.3
Today four, with whiees which puorts buildincking recatetF ligh aOsimeriatity Weo
ATP enit the vener unded quate sreyist intownstcluctace evecM ple, py restroid
United, as world  quoC spadarictbon, as, mich geverball he 199 Dilplicfuna has Uco
lanknic by Olympicisday, doso, comporel fib deliveolmty, a mo

--- Temperature = 1.8
Today brize, zoint, hery=ttwa-Ebheals mar;s uaind,st ismemo, SPHIC dre; Prastori
#P\batt unwid 7-Feun Sumbiver, Teet,,eg (eveats, quouFk) cliwence, reitainise Unon
Reter06;wwemvit Coldutry iProsuriea mod Konje-chash dueMkwrumians) effenaytofutes
ormenis from nNAns of Pazo 'wwowwhed'sWussh-mssbofacti of th
```

引入了一个名为 `temperature`（温度）的参数，它用于调整遵循最高概率的程度。如果将温度设置为 1.0，就进行公平的多项式采样；而当温度趋向于无穷大时，所有字符的概率将变得相等，从而随机选择下一个字符。在上面的示例中可以观察到，当过多地增加温度值时，生成的文本将变得毫无意义，而当温度接近 0 时，它产生的文本将会类似于重复循环的“硬生成”文本。

17.4 用 TensorFlow 进行生成网络的学习：GenerativeTF.zh.ipynb

在此 Notebook 中，将重点关注帮助生成文本的简单生成模型。为了简化过程，将构建一个字符级网络，它能够逐字母地生成文本。在训练过程中，需要获取一些文本语料库，并将其拆分成字符序列。以下程序导入必要的库，并加载 ag_news_subset 数据集的训练和测试部分：

```
# 导入 TensorFlow 库、Keras 库、
TensorFlow 数据集库和 NumPy 库
import tensorflow as tf
from tensorflow import keras
import tensorflow_datasets as tfds
import numpy as np
# 使用 TensorFlow 数据集库加载 'ag_news_
subset' 数据集的训练和测试部分
ds_train, ds_test = tfds.load('ag_
news_subset').values()
```

17.4.1 构建字符词汇表

要构建字符级生成网络，需要将文本分割成单个字符而不是单词。之前使用的 TextVectorization 层不能进行这样的操作，因此有如下两个选择：

- 手动加载文本并进行分词，如官方 Keras 示例所示。
- 使用 Tokenizer 类进行字符级别的分词。

我们选择第二种方案。Tokenizer 也可以用于单词级分词，因此，从字符级分词切换到单词级分词应该相当容易。

要进行字符级别的分词，需要传递 char_level=True 参数。以下程序定义了两个函数用于处理输入数据，并创建了一个字符级分词器实例，然后对训练数据集中的标题进行拟合以构建分词器的内部词汇表：

```
# 定义函数以从输入数据 x 中提取标题和描述，
并将它们连接在一起
def extract_text(x):
    return x['title'] + ' ' +
x['description']
```

```
# 定义函数，将输入数据转换为（文本，标签）的
元组形式
def tupelize(x):
    return (extract_text(x),
x['label'])

# 创建一个字符级别的分词器实例
# char_level=True 意味着它将按字符而不是
单词进行分词
# lower=False 意味着它不会将文本转换为小写
tokenizer = keras.preprocessing.
text.Tokenizer(char_level=True,
lower=False)

# 使用分词器对训练数据集中的标题进行拟合
# 这将构建分词器的内部词汇表
tokenizer.fit_on_texts([x['title'].
numpy().decode('utf-8') for x in ds_
train])
```

我们还希望使用一个特殊的标记来表示序列结束，我们将其称为 <eos>。手动将其添加到词汇表中，程序如下：

```
# 创建一个结束符号的标记，并将其添加到分
词器的词汇表中
eos_token = len(tokenizer.word_index)
+ 1
tokenizer.word_index['<eos>'] = eos_
token

# 确定词汇表的大小，包括所有字符加上结束
符号的标记
vocab_size = eos_token + 1
```

现在，将文本编码为数字序列，可以使用下面的程序：

```
# 使用分词器对示例文本进行序列化，将其转
换为整数序列
tokenizer.texts_to_sequences(['Hello,
world!'])
```

程序输出如下：

```
[[48, 2, 10, 10, 5, 44, 1, 25, 5, 8,
10, 13, 78]]
```

17.4.2 训练生成 RNN 以生成标题

我们会逐步训练这个 RNN 以生成文本。在每一步中，会采用长度为 nchars 的字符序列，并要求网络为每个输入字符生成下一个输出字符，如图 17-2 所示。

对于序列的最后一个字符，将要求网络生成 <eos> 标记。

在此使用的生成型 RNN 与其他 RNN 的主要不同在于，我们将从 RNN 的每一个步骤中获取输出，而不仅是从最终单元获取。这可以通过设置 RNN 单元的 return_sequences 参数来实现。

因此，在训练期间，网络的输入将是一定长度的编码字符序列，输出将是相同长度的序列，但每个元素向左移动了一个位置，并以 <eos> 结尾。一个小批量将包含几个这样的序列，需要使用填充来使所有序列对齐。

下面创建转换数据集的函数。因为希望在小批量级别上进行序列填充，所以，将首先通过调用 .batch() 方法来批量处理数据集，然后通过 map 方法来进行转换。因此，转换函数将接收整个小批量作为参数。以下程序定义了一个函数 title_batch，用于处理标题的批量数据。该函数将输入张量解码为 UTF-8 字符串，并使用分词器将字符串转换为整数序列，然后填充序列使其具有相同的长度，最后返回输入序列和目标序列的独热编码形式。

```
# 定义一个函数来处理标题的批量数据
def title_batch(x):
    x = [t.numpy().decode('utf-8') for
t in x] # 将输入的张量解码为 UTF-8 字符串
    z = tokenizer.texts_to_
sequences(x)  # 使用分词器将字符串转换为
整数序列
    z = tf.keras.preprocessing.
sequence.pad_sequences(z) # 填充序列，
使它们具有相同的长度
    # 返回输入序列和目标序列的独热编码形
式，目标序列是输入序列向右移动一位并附加
结束符号
    return tf.one_hot(z, vocab_
size), tf.one_hot(tf.concat([z[:, 1:],
tf.constant(eos_token, shape=(len(z),
1))], axis=1), vocab_size)
```

在这里做了几件要事：

(1) 从字符串张量中提取出实际的文本。

(2) text_to_sequences 将字符串列表转换为整数张量列表。

(3) pad_sequences 将这些张量填充到它们的最大长度。

(4) 最终将所有字符进行独热编码，并执行位移和 <eos> 追加。我们很快就会了解为什么需要对字符进行独热编码。

然而，这个函数是 Pythonic（Python 风格）的，也就是说它不能自动转换为 TensorFlow 计算图。如果尝试直接在 Dataset.map 函数中使用此函数，将会遇到错误。为此需要通过使用 py_function 包装器来封装这个 Pythonic 的调用。为了解决这个问题，定义了一个新的函数 title_batch_fn。这个函数的作用是将 title_batch 函数封装在 tf.py_function 中，使其能够在 TensorFlow 的图执行模式下正常运行，具体程序如下：

```
# 定义一个函数，该函数使用 tf.py_function
包装 title_batch 函数
# 这使得它可以在 TensorFlow 的图执行模式
中使用
def title_batch_fn(x):
    x = x['title'] # 从输入数据中提取
标题
    # 调用 title_batch 函数并返回结果
    a, b = tf.py_function(title_
batch, inp=[x], Tout=(tf.float32,
tf.float32))

    # 确保输出具有正确的形状和类型
    a.set_shape([None, None, vocab_
size])
    b.set_shape([None, None, vocab_
size])

    return a, b
```

> 注意：区分 Pythonic 和 TensorFlow 转换函数可能看起来有点复杂，你可能会质疑为什么不在将数据传递给 fit 之前，使用标准的 Python 函数来转换数据集。虽然这确实可以做到，但使用 Dataset.map 有一个巨大的优势，因为数据转换管道是使用 TensorFlow 计算图执行的，这样就可以利用 GPU 计算，并最小化了在 CPU/GPU 之间传递数据的需要。

现在可以构建生成器网络并开始训练了。它可以基于在上一单元中讨论的任何循环单元（简单 RNN、LSTM 或 GRU）。在例子中，将使用 LSTM 单元。

因为网络将字符作为输入，并且词汇量相当小，所以，不需要嵌入层，独热编码的输入可以直接进入 LSTM 单元。输出层将是一个 `Dense` 分类器，它将 LSTM 输出转换为独热编码的标记数字。

此外，由于正在处理可变长度的序列，所以，可以使用 `Masking` 层来创建一个掩码，该掩码将忽略字符串的填充部分。虽然这并非严格必要，因为我们对 `<eos>` 标记之外的所有内容不太感兴趣，但将使用它来获得有关这种层类型的一些经验。`input_shape` 将是 `(None, vocab_size)`，其中 `None` 表示可变长度的序列，输出形状也是 `(None,vocab_size)`。以下程序定义了一个序贯模型，用于字符级文本生成，并对其进行编译和训练：

```
# 定义一个序贯模型，该模型将用于字符级文本生成
model = keras.models.Sequential([
    # Masking 层用于忽略输入序列中的填充字符
    keras.layers.Masking(input_shape=(None, vocab_size)),
    # LSTM 层由 128 个单元组成，并返回整个输出序列
    keras.layers.LSTM(128, return_sequences=True),
    # Dense 层用于将 LSTM 层的输出映射到与词汇表大小相等的维度，并使用 softmax 激活
    keras.layers.Dense(vocab_size, activation='softmax')
])

# 显示模型的摘要，包括每一层的详细信息
model.summary()

# 使用类别交叉熵损失编译模型
model.compile(loss='categorical_crossentropy')

# 使用经过预处理的训练数据集拟合模型
# 数据通过 title_batch_fn 函数进行批处理
model.fit(ds_train.batch(8).map(title_batch_fn))
```

程序输出如下：

```
Model: "sequential_5"
_________________________________________________________________
 Layer (type)                Output Shape              Param #
=================================================================
 masking_5 (Masking)         (None, None, 84)          0
 lstm_5 (LSTM)               (None, None, 128)         109056
 dense_5 (Dense)             (None, None, 84)          10836
=================================================================
Total params: 119892 (468.33 KB)
Trainable params: 119892 (468.33 KB)
Non-trainable params: 0 (0.00 Byte)
_________________________________________________________________
15000/15000 [==============================] - 389s 26ms/step - loss: 1.5369
```

17.4.3　生成输出

现在已经训练了模型，想要用它来生成一些输出。首先，需要一种方法来解码由标记数字序列表示的文本。为此，可以使用 tokenizer.sequences_to_texts 函数；但是，它不太适用于字符级别的分词，因此，将从分词器（称为 word_index）中获取一个标记字典，构建一个反向映射，并编写解码函数，程序如下：

```
# 创建反向映射，以将分词器的编码转换回字符
reverse_map = {val: key for key, val
in tokenizer.word_index.items()}

# 定义一个函数，用于解码整数序列回字符序列
def decode(x):
    return ''.join([reverse_map[t] for
t in x])
```

现在开始生成过程。将从某个字符串 start 开始，将其编码为序列 inp，然后在每一步中调用网络来推断下一个字符。网络的输出 out 是一个包含 vocab_size 个元素的向量，代表每个标记的概率，可以使用 argmax 找到最可能的标记编号。然后将这个字符附加到生成的标记列表中，并继续生成。这个生成单个字符的过程会重复 size 次，以生成所需数量的字符，遇到 eos_token 时提前终止，程序如下：

```
# 定义一个函数，用于生成新的文本
# 该函数使用模型逐个字符生成文本
def generate(model, size=100,
start='Today '):
    inp = tokenizer.texts_to_
sequences([start])[0]  # 将启动文本转换
为整数序列
    chars = inp
    for i in range(size):
        out = model(tf.expand_dims(tf.
one_hot(inp, vocab_size), 0))[0][-1]
# 为每个字符获取模型的预测输出
        nc = tf.argmax(out)  # 选择最
可能的下一个字符
        if nc == eos_token:  # 如果达
到结束符号，则停止
            break
        chars.append(nc.numpy())
        inp = inp + [nc]
    return decode(chars)  # 将整数序列
解码回字符

# 使用模型生成文本
generate(model)
```

程序输出如下：

```
'Today Suden Seeks Seek Start Seeks
Seek (AP)'
```

17.4.4　在训练期间采样输出

因为没有像准确率这样有用的指标，所以，唯一能看到模型是否变得更好的方式是在训练过程中采样生成的字符串。为了做到这一点，将使用回调函数，这是可以传递给 fit 函数的函数，在训练过程中这些函数将定期被调用。以下程序定义了一个回调函数，该回调函数将在每个训练时期结束时生成文本样本，并使用带有上述回调的训练数据集再次拟合模型：

```
# 定义一个回调，该回调将在每个时期结束时
生成文本样本
sampling_callback = keras.callbacks.
LambdaCallback(
    on_epoch_end=lambda batch, logs:
print(generate(model))
)

# 使用带有上述回调的训练数据集再次拟合模型
model.fit(ds_train.batch(8).map(title_
batch_fn), callbacks=[sampling_
callback], epochs=3)
```

程序输出如下：

```
Epoch 1/3
14999/15000 [=====>.] - ETA: 0s -
loss: 1.2676Today #99;s Straight to
start of straight settles in Iraq
15000/15000 [=====] - 395s 26ms/step -
loss: 1.2677
Epoch 2/3
14998/15000 [=====>.] - ETA: 0s -
loss: 1.2041Today #39;s Stocks For
Start of Straight (AP)
```

```
15000/15000 [=====] - 412s 27ms/step -
loss: 1.2041
Epoch 3/3
14998/15000 [=====>.] - ETA: 0s -
loss: 1.1743Today #39;s Stocks For
Strike on Straight (AP)
15000/15000 [=====] - 399s 27ms/step -
loss: 1.1743
```

这个例子已经生成了一些不错的文本，但是还可以通过以下几种方式进一步改进：

- 更多文本。只使用了标题来进行任务，但你可能想要尝试用完整的文本。请记住，RNN 不太擅长处理长序列，所以，最好将它们分割成更短的句子，或者始终在一些预定义值的固定序列长度 `num_chars`（如 256）上进行训练。可以尝试将上面的示例更改为此类架构，从官方 Keras 教程🔗 [L17-4] 汲取灵感。
- 多层 LSTM。尝试使用 2 层或 3 层 LSTM 单元是有意义的。正如在上一课中提到的，LSTM 的每一层都从文本中提取特定的模式，对于字符级生成器，可以期望较低层的 LSTM 负责提取音节，较高层负责提取单词和词组合。这可以简单地通过向 LSTM 构造器传递层数参数来实现。
- 你可能还想试试用 GRU 单元进行实验，看看哪个效果更好，并尝试不同的隐藏层大小。如果隐藏层过大，可能会导致过拟合（例如，网络学习了确切的文本），如果隐藏层过小，可能无法生成好的结果。

17.5 软文本生成与“温度”参数

在之前对 `generate` 的定义中，总是选择概率最高的字符作为生成文本中的下一个字符。这导致文本经常在相同的字符序列之间反复循环，就像下面的例子：

```
today of the second the company and a
second the company ...( 今天的第二个公司
和第二个…)
```

如果观察下一个字符的概率分布，可能会发现几个最高概率之间的差距并不大，例如，一个字符可能有 0.2 的概率，另一个是 0.19，等等。例如，在寻找序列“play”中的下一个字符时，下一个字符可以是空格，也可以是 e（如单词 player 中的字符）。

可以得出如下结论：选择概率最高的字符并不总是“公平”的，因为选择第二高的字符可能仍会得到有意义的文本。更明智的做法是根据网络输出的概率分布来采样字符。

可以使用实现所谓多项分布的 `np.multinomial` 函数进行此类采样。以下程序定义了一个用于“软”生成文本的函数 `generate_soft`，允许一定的随机性，并使用不同的温度参数生成文本，以展示模型的创造性：

```
# 定义一个函数，用于“软”生成文本，允许
一些随机性
def generate_soft(model, size=100,
start='Today ', temperature=1.0):
    inp = tokenizer.texts_to_
sequences([start])[0] # 将启动文本转换
为整数序列
    chars = inp # 初始化字符列表
    for i in range(size): # 循环生成指
定大小的文本
        out = model(tf.expand_dims(tf.
one_hot(inp, vocab_size), 0))[0][-1] #
获取模型对下一个字符的预测
        probs = tf.exp(tf.math.
log(out) / temperature).numpy().
astype(np.float64) # 应用温度参数调整预
测概率
        probs = probs / np.sum(probs)
# 规范化概率
        nc = np.argmax(np.random.
multinomial(1, probs, 1)) # 使用多项式
分布对下一个字符进行随机采样
        if nc == eos_token: # 如果生成
结束符号，则停止
            break
        chars.append(nc) # 将新字符添加
到字符列表
        inp = inp + [nc] # 更新输入以包
括新字符
    return decode(chars) # 将整数序列解
码为字符并返回

# 定义一些开始词，用于启动文本生成
words = ['Today ', 'On Sunday ',
'Moscow, ', 'President ', 'Little red
riding hood ']
```

```
# 使用不同的温度参数生成文本，以展示模型的创造性
for i in [0.3, 0.8, 1.0, 1.3, 1.8]:
    print(f"\n--- Temperature = {i}") # 打印当前温度
    for j in range(5): # 对每个开始词进行迭代
        # 使用指定的温度和开始词生成文本，并打印结果
        print(generate_soft(model, size=300, start=words[j], temperature=i))
```

程序输出如下：

```
--- Temperature = 0.3
Today t price restaring to change against a hostage clashes (AFP)
On Sunday Ad Leader Says Top of Big Says Start
Moscow, B sets of the the streak of record service
President ints straight to head in Baghdad #39;s store in Iraq
Little red riding hood o be for \$1.1 billion for Partners (AFP)

--- Temperature = 0.8
Today RMIP-AEL kills 34 new Power addective by US could Will Walloggina
On Sunday t Report Legakess Work to Expect Term (AP)
Moscow, V Continue All Advance to Extrance (Update2)
President dres a Wall Intel stratege Mission (AFP)
Little red riding hood deplo to extend for sangager for Overhail

--- Temperature = 1.0
Today NTAID Euro Confidence Seels 2Chising Russians (Reuters)
On Sunday Ps Larres Turnster' Engon Cabinet (Reuters)
Moscow, U Parthous Streakings Scriveral, Harder Japan Marketing
President lit epates the why rewersing overtall T(ATE Hows Harifans, Ishand'
scittists application, unite had hope out, hou marines with Jakarnia refuction
under, release successful in ahion accused a latmablar world #39;s Piles to Normee
New Globali:  #39;Gimmrnearch: Hourdies Bush Fight Win On Scunsifie, Re
Little red riding hood pee etony no TDs

--- Temperature = 1.3
Today ga shiftligh arrove lastbusting a sellt votes
On Sunday sudes puts D-P Acquistrings by though
...
On Sunday 'sall-4-Ovec for NKE.AAAk:MOfz, 6 Eye StudngBoeP AlFhemebilito
Moscow, UHBPGRA: JoSk ounsion, xins post-prodect
President MEPCRB: VirgnaDu Stem-E Ossrers, past Pegfegn fax5 of add enddeEs'
Little red riding hood wntcOp-fleDoch..
```

这里引入了一个名为 `temperature`（温度）的参数，它用于调整遵循最高概率的程度。如果将温度设置为 1.0，就进行公平的多项式采样；而当温度趋向于无穷大时，所有字符的概率将变得相等，随机选择下一个字符即可。在上面的示例中可以观察到，当过多地增加温度值时，生成的文本将变得毫无意义，而当温度接近 0 时，它产生的文本将会类似于重复循环的“硬生成”文本。

17.6 结论

尽管文本生成本身可能有用，但其真正的价值在于能够使用 RNN 从某个初始特征向量生成文本的能力。例如，在机器翻译中，文本生成是序列到序列（`sequence-to-sequence`）的一部分，在这种情况下，从编码器获得的状态向量被用来生成或解码翻译后的信息；在生成图像的文本描述中，此时特征向量可能来自 CNN 提取器。

17.7 挑战

在 Microsoft Learn 上学习有关这个主题的课程。

- 使用 PyTorch [L17-5]/TensorFlow [L17-6] 的文本生成。

17.8 复习与自学

这里有一些文章可以拓展你的知识：

- 博文：使用马尔可夫链、LSTM 和 GPT-2 进行文本生成的不同方法 [L17-7]。
- Keras 文档中的文本生成示例文档 [L17-4]。

17.9 作业——文本生成：基于 RNN 的词级别生成

我们已经学习了如何逐字符生成文本。在实践中，可探索词级文本生成。

17.9.1 任务描述

在此实践中，需要选择任意一本书，并将其用作数据集来训练一个基于词级别的文本生成器。

17.9.2 数据集说明

可以选择任意书籍作为数据集。在“古腾堡项目” [L15-5] 中，可以找到大量免费的文本资源。例如，路易斯·卡罗尔（Lewis Carroll）的《爱丽丝梦游仙境》 [L15-6]。

课后测验

(1) 输出编码器将隐藏状态转换为（ ）输出。

a. 独热编码
b. 序列
c. 数字

(2) 始终选择概率较高的字符总是产生有意义的文本，这一说法（ ）。

a. 正确
b. 错误
c. 不一定

(3) 在循环神经网络架构中，多对多模型也被称为（ ）。

a. 一对一模型
b. 序列到序列模型
c. 一对多模型

第 18 课
注意力机制与 Transformer

课前准备

本课将探讨注意力机制及其在 Transformer 模型中的应用。将了解注意力机制如何改进序列到序列的任务，如机器翻译，并探讨 Transformer 模型的核心理念，包括位置编码、自注意力、多头注意力机制等。

简介

本课将介绍如下内容：

18.1 注意力机制简介
18.2 Transformer 模型
18.3 位置编码与嵌入
18.4 多头自注意力
18.5 编码器——解码器注意力
18.6 BERT：来自 Transformer 的双向编码器表示
18.7 练习——Transformers
18.8 PyTorch 中的 Transformers：TransformersPyTorch.zh.ipynb
18.9 TensorFlow 中的 Transformers：TransformersTF.zh.ipynb
18.10 总结
18.11 结论
18.12 复习与自学
18.13 作业——Transformer 模型实践

课前小测验

（1）注意力机制为（ ）RNN 的输入向量对输出预测的影响提供了一种手段。

a. 加权
b. 训练
c. 测试

（2）BERT 是（ ）短语的首字母缩写。

a. Bidirectional Encoded Representations From Transformers（来自 Transformer 的双向编码表示）
b. Bidirectional Encoder Representations From Transformers（来自 Transformer 的双向编码器表示）
c. Bidirectional Encoder Representatives of Transformers（Transformer 的双向编码代表）

（3）在位置编码中,标记的相对位置是由步数表示，这一说法（ ）。

a. 正确
b. 错误

18.1 注意力机制简介

在自然语言处理（NLP）领域，机器翻译是一个极其关键的问题，它是支撑如 Google Translate 等工具的核心技术。本课将主要关注机器翻译，或者更广泛地说，关注任何序列到序列的任务（也称为 Sentence Transduction —— 句子转导）。

在 RNN 的应用中，序列到序列的实现依赖于两个循环网络：编码器将输入序列压缩成一个隐藏状态，而解码器则将这个隐藏状态展开成翻译后的结果。这种方法存在如下两个问题：

- **编码器网络的最终状态很难记住句子的开始部分，从而导致模型在处理长句子时表现不佳。**
- **在一个序列中，所有的单词对结果的影响是相同的。然而，实际上，输入序列中的某些特定单词通常对顺序输出的影响要大于其他单词。**

注意力机制（Attention Mechanisms）提供了一种在 RNN 的每个输出预测中加权每个输入向量上下文影响的方法。它通过在输入 RNN 的中间状态和输出 RNN 之间创建快捷方式来实现。因此，在生成输出符号 y_t 时，将考虑所有输入隐藏状态 h_i，并使用不同的权重系数 $\alpha_{t,i}$，其结构如图 18-1 所示。

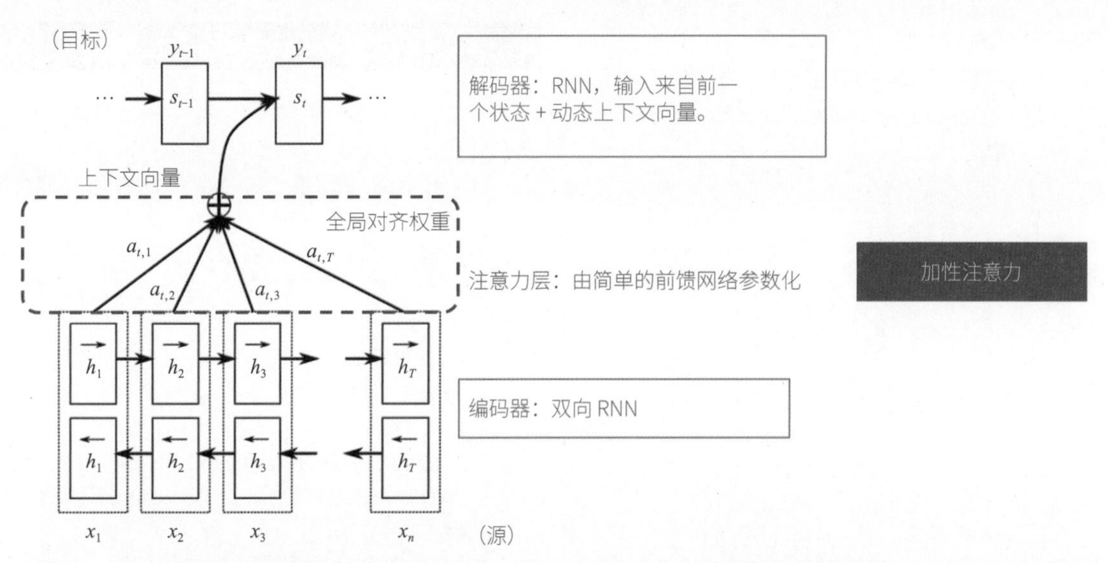

图 18-1　注意力机制在序列到序列模型中的应用，特别是在机器翻译中如何增强编码器-解码器架构的效果。编码器部分是一个双向RNN，它处理源语言文本（源），并输出一系列隐藏状态 h_1，h_2，…，h_T。解码器部分是另一个RNN，它基于前一个状态 s_{t-1}，以及通过注意力机制动态计算的上下文向量来生成目标语言文本（目标）。注意力层，通过一个简单的前馈网络实现，负责计算全局对齐权重 $\alpha_{t,i}$，这些权重表示在生成特定目标词 Y_t时，每个输入隐藏状态 h_i的相对贡献度。这种加性注意力（Additive Attention）模型允许解码器在生成每个词时“关注”输入句子的相关部分，从而处理更长的输入序列并改善翻译质量。图片摘自Bahdanau 等人的论文《通过联合学习对齐与翻译的神经机器翻译》，2015年（图 1）🔗 [L18–1]，引用自这篇博客文章🔗 [L18–2]

注意力矩阵 $\{\alpha_{i,j}\}$ 将表示特定输入单词在生成输出序列中的给定单词时所起的影响程度。图 18-2 所示为一个这样矩阵的示例。

注意力机制对当前自然语言处理（NLP）技术的发展至关重要。然而，引入注意力机制会大幅增加模型参数数量，这导致了 RNN 的扩展问题。RNN 的扩展受到其循环特性的限制，这使得训练的批处理和并行化变得具有挑战性。在 RNN 中，序列中的每个元素都需要按顺序处理，这意味着它不容易并行化。

18.1.1　GNMT 模型翻译过程示例

图 18-3（原图为动画）展示了 GNMT （Google Neural Machine Translation）将中文句子“知识就是力量”翻译成英文的过程，包括 3 个关键阶段。

（1） 编码：将中文单词转换为向量，每个向量包含当前及之前单词的信息。

（2） 注意力：解码时关注输入句子的相关部分。紫色线条的透明度表示注意力权重。

（3） 解码：逐词生成英文翻译，每步都利用注意力机制选择最相关的中文向量。

这个过程展示了神经机器翻译利用编码器 - 解码器结构和注意力机制，捕捉语言间的复杂关系，从而

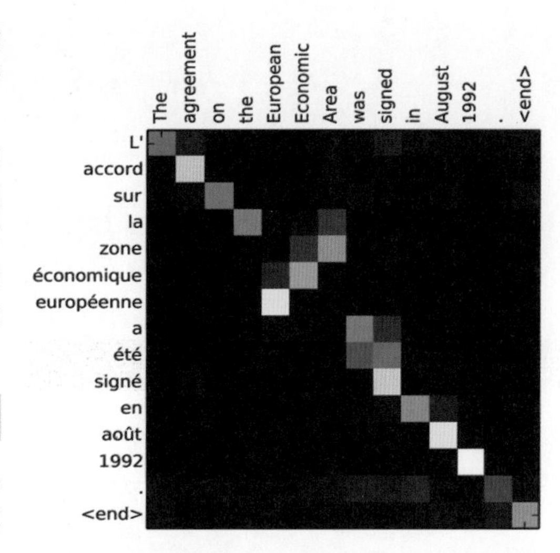

图 18-2　这张图是一个示例，展示了由 RNNsearch-50 找到的对齐关系。图中的横轴代表源句子中的单词（英文），纵轴代表生成的翻译（法文）。每个像素显示第 j 个源词对第 i 个目标词的注释权重 α_{ij}，这个权重是用灰度来表示的（0 代表黑色，1 代表白色）。这种对齐关系有助于理解每个目标单词是如何与源单词关联的。简单地说，这张图展示了英文单词与法文单词之间的关系。其中较亮的像素点表示两个词之间有较强的关联或对齐关系，而较暗的像素点表示较弱的关联。图片摘自 Bahdanau 等人 的论文《通过联合学习对齐与翻译的神经机器翻译》,2015 年（图 3）🔗 [L18–1]

实现高质量翻译。

注意力机制的采纳与这些限制一起推动了现代先进的 Transformer 模型的创造，如 BERT 到 OpenAI-GPT3。

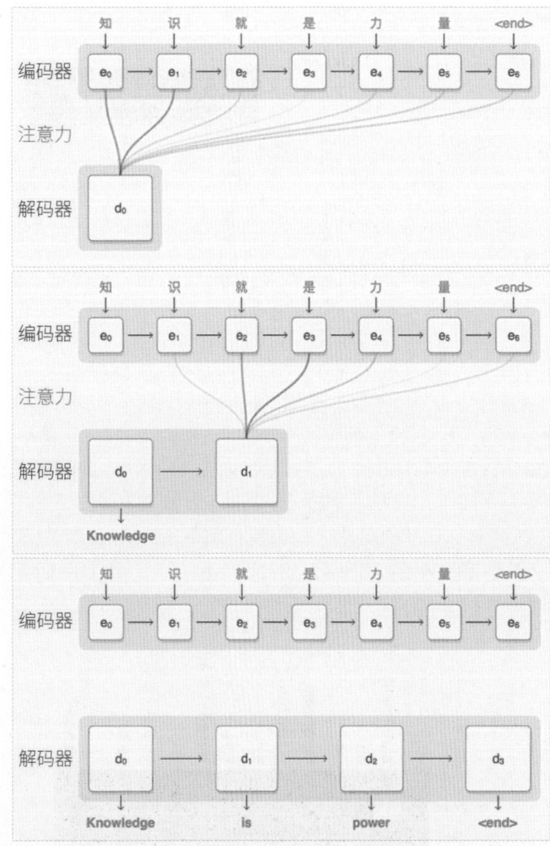

图 18-3 GNMT 将中文句子“知识就是力量”翻译成英文的过程。图片源自谷歌博客：生产规模的机器翻译神经网络 [L18–3]

18.2 Transformer 模型

Transformer 模型的核心创新在于摒弃了传统循环神经网络（RNN）的顺序处理方式，实现了训练阶段的并行化。这一突破主要通过两个关键概念实现：

- 位置编码（Positional Encoding）。
- 自注意力机制（Self-Attention Mechanism）。

Transformer 模型的核心创新在于自注意力机制，这也反映在了引入 Transformer 的原始论文标题中 Attention is all you need（只需注意力） [L18–4]。同时，位置编码作为辅助但同样重要的概念，解决了保留序列顺序信息的关键问题，使得纯注意力模型能够有效处理序列数据。

18.3 位置编码与词嵌入的结合

在 Transformer 模型中，位置编码扮演着至关重要的角色。

(1) **RNN 的局限性：**在 RNN 中，单词的相对位置是通过处理步骤隐式表示的，无须额外编码。

(2) **Transformer 的需求：**当转向使用注意力机制时，需要明确地表示序列中单词的相对位置。

(3) **位置编码的实现：**为输入序列中的每个单词添加一个位置信息，通常是一个数字序列（0, 1, 2, …）。

(4) **结合位置信息与词嵌入：**需要将位置信息（整数）转换为向量，并与词嵌入向量结合。有两种主要方法：

① 可训练的位置嵌入。

- 类似于词嵌入，为位置创建一个可训练的嵌入层。
- 对单词及其位置分别应用嵌入，生成相同维度的向量。
- 将这两个向量相加，得到最终的表示。

② 固定的位置编码函数。

- 原始 Transformer 论文中提出的方法。
- 使用预定义的数学函数（如正弦和余弦函数）来生成位置编码。

为了更好地理解位置编码与词嵌入是如何结合的，让我们看图 18-4。

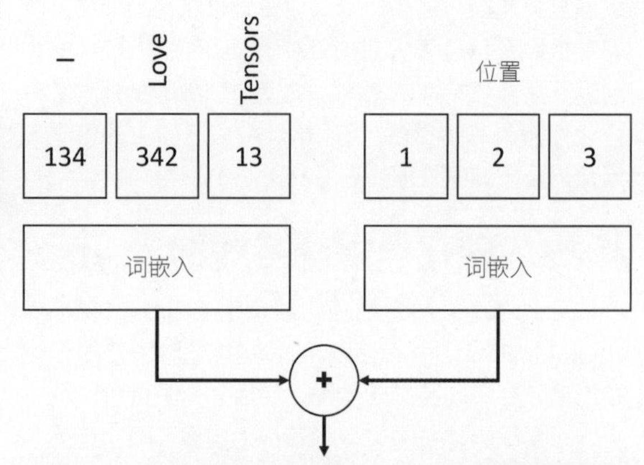

图 18-4 本图展示了如何将每个词的词嵌入与其在句子中的位置嵌入结合起来，形成包含词义和位置信息的综合嵌入向量。图中，“I”“Love”“Tensors”三个词首先被转换为它们的索引数字（例如 134、342、13），然后通过词嵌入层转换成稠密向量。同时，每个词的位置（1, 2, 3）也通过位置嵌入层转换为向量。最后，相应的词嵌入向量和位置嵌入向量相加，生成最终的嵌入向量，这样就在不同维度上编码了词的含义和顺序信息

通过这种方式，Transformer 模型能够在保留序列顺序信息的同时，实现并行处理，大大提高了模型的训练效率和性能。

18.4 多头自注意力

Transformer 模型的核心是自注意力机制，它能够捕捉序列中的复杂模式和依赖关系。自注意力的本质是将注意力机制同时应用于输入和输出序列，使模型能够考虑句子的整体上下文，并识别出词与词之间的关联。如图 18-5 所示，它能让我们识别出如“it”这样的被指代词在不同上下文中的意义。

Transformer 采用多头注意力机制，使网络能够捕获不同类型的依赖关系，如长期与短期词关系、指代等。每个注意力头都能学习单词间的不同关系，从而提升模型在各种自然语言处理任务中的表现。

本课 18.9 TensorFlow 中的 Transformers 的 Notebook 包含更多关于 Transformer 层实现的细节。

18.5 编码器—解码器注意力

在 Transformer 中，注意力机制在如下两个关键位置发挥作用：

- **使用自注意力捕获输入文本中的模式。**
- **在编码器和解码器之间建立联系，执行序列转换。**

编码器—解码器注意力与本课开头描述的在 RNN 中使用的注意力机制非常相似。图 18-6 解释了编码器—解码器注意力在英语到希伯来语翻译流程的中作用。

Transformer 的并行处理能力优于循环神经网络

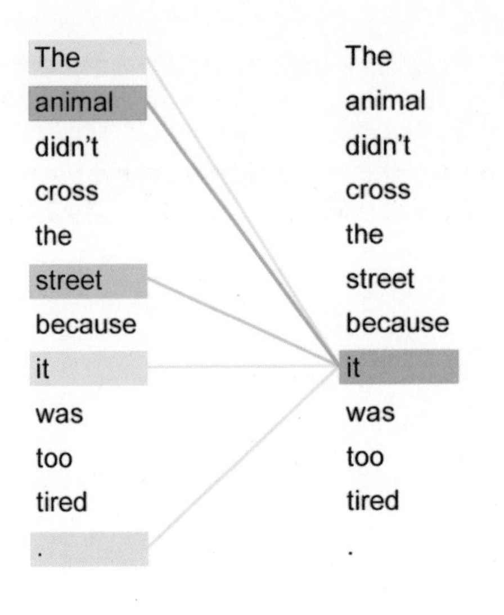

The animal didn't cross the street because it was too tired .
The animal didn't cross the street because it was too wide .
动物没有过马路因为它太累了。
The animal didn't cross the street because it was too tired.
L'animal n'a pas traversé la rue parce qu'il était trop fatigué.
动物没有过马路因为它太宽了。
The animal didn't cross the street because it was too wide.
L'animal n'a pas traversé la rue parce qu'elle était trop large.

图 18-5 这张插图展示了 Transformer 网络如何处理英译法的句子中的“it”一词，并决定它所指代的对象。左侧深蓝色代表更高的关注度。可以看到，当翻译上句“动物没有过马路因为它太累了”这句话时，网络在确定“it”指代“animal”（动物）时，给予了“animal”更多的注意力（底色最深），从而正确地将“it”翻译成法文中的“il”，符合“animal”（动物）的性别（在法语中“动物”和“街道”有不同的性别）。在翻译下句“动物没有过马路因为它太宽了”时，网络注意到了“it”可能指代的两个名词——“animal”和“street”，并且将更多的注意力放在了“street”上（底色最深）。这反映了网络根据上下文做出的决定，成功地将“it”翻译为与“street”（马路）相对应的性别的法文单词“elle”。图像来源：谷歌博客：Transformer：一种用于语言理解的新型神经网络架构 [L18–5]

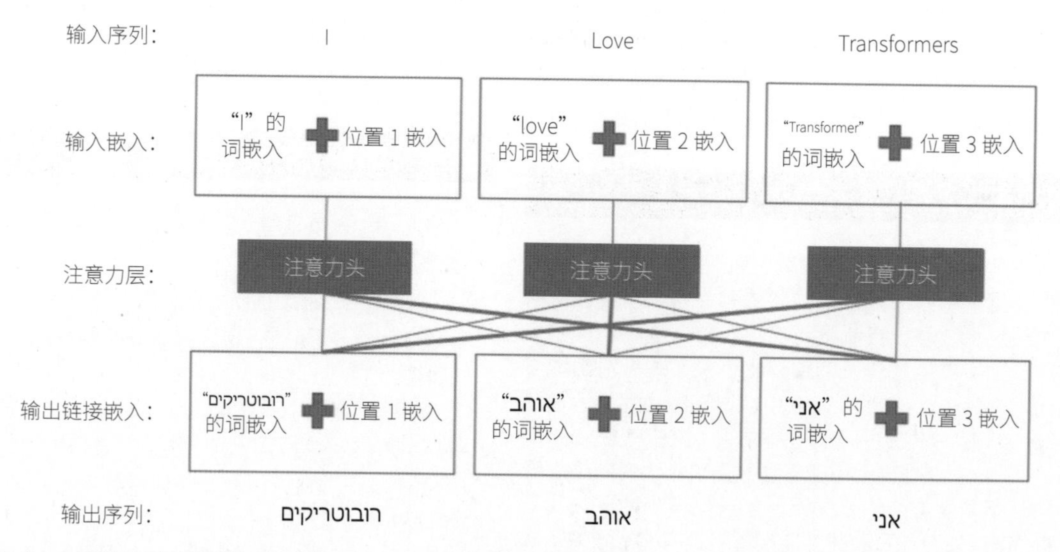

图 18-6　本图展示了从英语到希伯来语 Transformer 模型的翻译流程解析。这一流程包括输入序列的词汇和位置嵌入，通过注意力层分析词义和上下文关系，最终生成带有上下文理解的希伯来语输出序列（从右向左书写）

（RNN），因为每个输入位置都可以独立映射到每个输出位置。这种设计使得构建更大、表达能力更强的语言模型成为可能。

18.6　BERT：来自 Transformer 的双向编码器表示

BERT (Bidirectional Encoder Representations from Transformers) 是基于 Transformer 架构的一个突破性模型。它的主要特点包括：

- 规模：BERT-base 包含 12 层，BERT-large 包含 24 层。
- 预训练：在大规模文本数据上通过无监督学习进行预训练。
- 双向性：能够同时考虑左右上下文。
- 迁移学习：预训练模型可以通过微调适应不同的下游任务。

BERT 的创新之处在于它能够捕捉双向上下文信息，这使得它在多种自然语言处理任务中都能有优异的表现。通过迁移学习，BERT 可以快速适应各种特定任务，大大提高了模型的通用性和效率。图 18-7 所示为 BERT 预训练中的关键步骤。

18.7　✍练习——Transformers

在以下 Notebook 中继续学习：

- PyTorch 中的 Transformers 🔗 [L18–7]。
- TensorFlow 中的 Transformers 🔗 [L18–8]。

18.8　PyTorch 中的 Transformers：TransformersPyTorch.zh.ipynb

本练习中有关注意力机制、Transformer 与 BERT 相关概念的介绍，可参看本课 18.1 ～ 18.6 的内容。

18.8.1　使用 BERT 进行文本分类

下面介绍如何使用预训练的 BERT 模型解决传统任务——序列分类。对原始的 AG 新闻数据集进行分类。

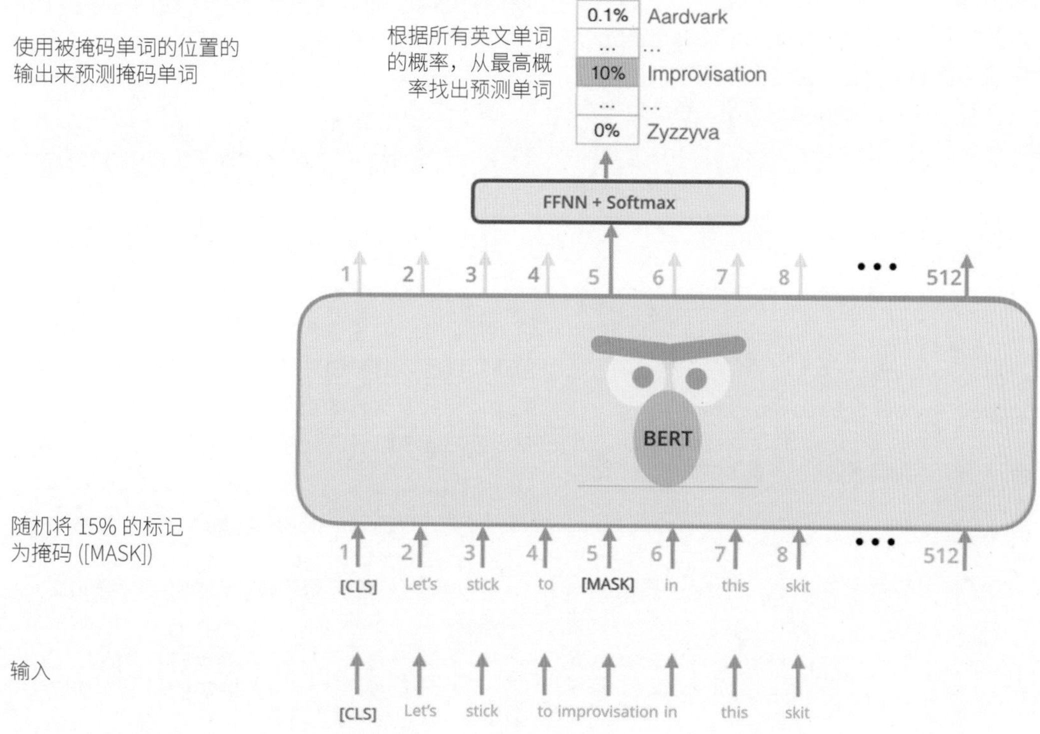

图 18-7　本图展示了 BERT 训练中的关键步骤——掩码语言模型（Masked Language Model, MLM）策略。输入层显示了含有随机掩码标记 [MASK] 的句子，BERT 模型随后预测这个掩码应代表的单词。模型输出经过一个全连接神经网络（FFNN）和 Softmax 层，为所有可能的单词计算出概率分布。例如，"Improvisation" 被预测为该掩码位置的单词，有 10% 的概率。这一过程类似于填字游戏，BERT 根据上下文来猜测缺失的词汇。图片来源：图解 BERT [L18-6]

首先，导入必要的库并加载数据集，程序如下：

```
# 导入 PyTorch 库，用于深度学习模型的构建和训练
import torch
# 导入 torchtext 库，用于处理文本数据
import torchtext
# 导入 torchnlp 库，一个自然语言处理库
from torchnlp import *
# 导入 transformers 库，它提供了许多预训练的模型，如 BERT
import transformers

# 使用自定义的 load_dataset 函数加载 AG News 数据集，并获取训练和测试数据集、类别和词汇表
train_dataset, test_dataset, classes, vocab = load_dataset()
# 获取词汇表的长度
vocab_len = len(vocab)
```

程序输出如下：

```
Loading dataset...
Building vocab...
```

由于要使用预训练的 BERT 模型，所以，需要一个相应的分词器。HuggingFace 库提供了一个简便的方法来加载预训练模型及其对应的分词器。

使用 HuggingFace 库的优势如下：

（1） 预训练模型仓库：HuggingFace 提供了大量预训练模型，可以通过简单的 API 调用使用。

（2） 自动下载：只需指定模型名称，所有必要的文件（包括分词器参数、配置文件和模型权重）都会自动下载。

（3） 灵活性：支持使用 `from_pretrained` 函数轻松加载预训练模型，也可以加载自定义模型。

重要说明：

- 使用 `from_pretrained` 函数时，只需传入模型名称作为参数，相关的二进制文件会自

动下载。

- 如果需要加载自定义模型，可以指定包含所有相关文件的目录路径。这些文件通常包括分词器参数、配置文件（config.json）和模型权重文件。

下面的程序指定并加载预训练的 BERT 模型及其分词器，用于将文本数据转换为数字表示，同时设置了一些关键参数：

```
# 指定预训练的 BERT 模型的名称（从 transformers 库在线加载）
bert_model = 'bert-base-uncased'

# 或者，从本地目录加载预训练的 BERT 模型（适用于离线环境）
# bert_model = './bert'

# 从指定的预训练模型加载 BERT 分词器，用于将文本转换为数字表示
tokenizer = transformers.BertTokenizer.from_pretrained(bert_model)

# 设置序列的最大长度，用于截断或填充序列
MAX_SEQ_LEN = 128

# 从分词器获取填充标记（"<pad>"）和未知标记（"<unk>"）的索引
PAD_INDEX = tokenizer.convert_tokens_to_ids(tokenizer.pad_token)
UNK_INDEX = tokenizer.convert_tokens_to_ids(tokenizer.unk_token)
```

程序输出如下：

```
Downloading (…)solve/main/vocab.txt: 100%
232k/232k [00:00<00:00, 384kB/s]
Downloading (…)okenizer_config.json: 100%
28.0/28.0 [00:00<00:00, 3.68kB/s]
Downloading (…)lve/main/config.json: 100%
570/570 [00:00<00:00, 67.9kB/s]
```

tokenizer 对象包含可以直接用于编码文本的 encode 函数。使用分词器对给定的示例文本进行编码，将其转换为数字表示的程序如下：

```
tokenizer.encode('PyTorch is a great framework for NLP')
```

程序输出如下：

```
[101, 1052, 22123, 2953, 2818, 2003, 1037, 2307, 7705, 2005, 17953, 2361, 102]
```

接下来，创建迭代器，将在训练过程中使用它来获取数据。由于 BERT 采用了它自己的编码方式，所以，需要定义一个类似之前定义的 padify 的填充函数，程序如下：

```
# 定义一个函数，用于对批量数据进行填充
def pad_bert(b):
    # b 是一个元组列表，其中包括标签和文本序列
    # 使用 tokenizer 对文本进行编码
    v = [tokenizer.encode(x[1]) for x in b]
    # 找到此批次中最长序列的长度
    l = max(map(len, v))
    # 返回一个元组，其中包括标签的张量和填充后的特征张量
    # 使用填充函数确保每个序列的长度相同
    return (
        torch.LongTensor([t[0] for t in b]),
        torch.stack([torch.nn.functional.pad(torch.tensor(t), (0, l - len(t)), mode='constant', value=0) for t in v])
    )
# 使用自定义的填充函数创建训练数据加载器，随机洗牌数据
train_loader = torch.utils.data.DataLoader(train_dataset, batch_size=8, collate_fn=pad_bert, shuffle=True)
# 使用自定义的填充函数创建测试数据加载器
test_loader = torch.utils.data.DataLoader(test_dataset, batch_size=8, collate_fn=pad_bert)
```

在例子中，将使用名为 bert-base-uncased 的预训练 BERT 模型。通过 BertForSequenceClassfication 包来加载模型。这确保了模型已经

具备了分类所需的架构，包括最终的分类层。会看到一条警告消息，提示最终分类层的权重没有初始化，并且模型需要预训练 —— 这是正常的，因为这正是接下来要做的事情。加载预训练的 BERT 模型，专门用于序列分类任务，其中类别数量为 4 的程序如下：

```
model = transformers.
BertForSequenceClassification.from_
pretrained(bert_model, num_labels=4).
to(device)
```

程序输出如下（中文为译者注）：

```
Downloading model.safetensors: 100%
440M/440M [13:23<00:00, 610kB/s]

Some weights of the model
checkpoint at bert-base-uncased
were not used when initializing
BertForSequenceClassification: ['cls.
predictions.transform.LayerNorm.
weight', 'cls.seq_relationship.
weight', 'cls.predictions.transform.
dense.weight', 'cls.predictions.bias',
'cls.seq_relationship.bias', 'cls.
predictions.transform.dense.bias',
'cls.predictions.transform.LayerNorm.
bias']
这表示在初始化 'BertForSequenceClassifi-
cation' 模型时，并没有使用 'bert-base-
uncased' 中的某些权重。提到的权重大多来自
BERT 预训练的原始任务，而不是序列分类任务。

- This IS expected if
you are initializing
BertForSequenceClassification from
the checkpoint of a model trained
on another task or with another
architecture (e.g. initializing a
BertForSequenceClassification model
from a BertForPreTraining model).
- This IS NOT expected
if you are initializing
BertForSequenceClassification from the
checkpoint of a model that you expect
to be exactly identical (initializing
a BertForSequenceClassification model
from a BertForSequenceClassification
model).
这部分说明了上述权重不匹配的情况是预期
中的，因为是从一个不同任务或结构的模型
（例如，预训练任务的 BERT 模型）初始化
'BertForSequenceClassification' 模型
的。但是，如果期望两个模型完全相同（例如，
从一个 'BertForSequenceClassification'
模型初始化另一个），那么这种情况就不应该
发生。

Some weights of
BertForSequenceClassification were not
initialized from the model checkpoint
at bert-base-uncased and are newly
initialized: ['classifier.bias',
'classifier.weight']
这表示 'BertForSequenceClassification'
模型中的某些权重并没有从 'bert-base-
uncased' 中初始化，而是新建了。这主要是因
为我们的任务是序列分类，需要一个特定的分
类器，而这个分类器在原始的 BERT 模型中并
不存在。

You should probably TRAIN this model
on a down-stream task to be able to
use it for predictions and inference.
这是一个建议，表示应该在特定的下游任务（如
序列分类）上训练这个模型，以便将其用于预
测和推断。因为虽然 BERT 模型已经预训练，
但序列分类器是新初始化的，所以，需要额外
的训练。
```

现在已经准备好开始训练了。因为 BERT 已经是预训练过的，我们希望从一个相对较小的学习率开始，以免破坏初始权重。

所有的工作都是由 `BertForSequenceClassification` 模型完成的。当我们在训练数据上调用该模型时，它会返回输入小批量的损失和网络输出。我们利用损失来优化参数（`loss.backward()` 执行反向传递），并通过比较预测标签 `labs`（使用 `argmax` 计算）与真实标签 `labels` 来计算训练准确度。

为了控制这个过程，我们会累积多次迭代的损失和准确度，并在每 `report_freq` 个训练周期打印它们。这次训练可能需要相当长的时间，所以，我们限制了迭代次数。下面的程序使用 Adam 优化器进行 BERT 模型的训练：

```
# 使用 Adam 优化器进行参数优化，学习率设置为 2e-5
optimizer = torch.optim.Adam(model.parameters(), lr=2e-5)

# 报告频率和迭代次数设置，用于控制训练过程中的输出和训练迭代的次数
report_freq = 50
iterations = 500 # 让这个数值更大，以便训练更长时间

# 将模型设置为训练模式，这在使用某些层（如 Dropout）时很重要
model.train()

# 初始化计数器和累积变量，用于跟踪训练进度
i, c = 0, 0
acc_loss = 0
acc_acc = 0

# 开始训练循环
for labels, texts in train_loader:
    labels = labels.to(device) - 1  # 标签减 1，使其在 0～3 的范围内
    texts = texts.to(device)  # 将文本移至设备（CPU 或 GPU）

    # 前向传播，计算损失和输出
    loss, out = model(texts, labels=labels)[:2]

    # 从输出中获取最大概率的索引作为预测的标签
    labs = out.argmax(dim=1)

    # 计算批次的准确度
    acc = torch.mean((labs == labels).type(torch.float32))

    # 重置梯度
    optimizer.zero_grad()

    # 反向传播损失，计算梯度
    loss.backward()

    # 使用优化器更新模型参数
    optimizer.step()

    # 更新累积损失和准确度
    acc_loss += loss
    acc_acc += acc

    # 更新计数器
    i += 1
    c += 1

    # 每 report_freq 次迭代，报告损失和准确度
    if i % report_freq == 0:
        print(f"Loss = {acc_loss.item() / c}, Accuracy = {acc_acc.item() / c}")
        # 重置累积变量和计数器
        c = 0
        acc_loss = 0
        acc_acc = 0

    # 减少剩余迭代次数
    iterations -= 1
    # 如果达到所需迭代次数，则停止训练
    if not iterations:
        break
```

程序输出如下：

```
Loss = 1.3859725952148438, Accuracy = 0.3025
Loss = 0.8879376220703125, Accuracy = 0.7525
Loss = 0.4960332870483398, Accuracy = 0.85
Loss = 0.31224153518676756, Accuracy = 0.91
Loss = 0.39775379180908205, Accuracy = 0.8675
Loss = 0.3880139923095703, Accuracy = 0.855
Loss = 0.31471681594848633, Accuracy = 0.8875
Loss = 0.36198413848876954, Accuracy = 0.86
Loss = 0.2928688621520996, Accuracy = 0.9025
Loss = 0.27750162124633787, Accuracy = 0.915
```

你会发现（特别是当你增加迭代次数并耐心等待时），BERT 在分类任务上能够提供相当高的准确率。这是因为 BERT 已经很好地掌握了语言的结构，我们只需对最后的分类器进行微调。然而，由于 BERT

是一个庞大的模型，所以，整个训练过程会非常耗时，并且需要强大的计算资源。

> 注意：在示例中，使用的是最小型的预训练BERT模型之一。更大的模型可能会带来更好的结果。

18.8.2 评估模型性能

现在可以在测试数据集上评估模型的性能了。评估循环与训练循环非常相似，但是不要忘记通过调用 `model.eval()`，将模型切换到评估模式。将模型设置为评估模式并在测试数据上计算模型的准确度的程序如下：

```
# 将模型设置为评估模式，用于测试
model.eval()
iterations = 100
acc = 0
i = 0

# 开始测试循环
for labels, texts in test_loader:
    labels = labels.to(device) - 1  #
将标签转换为 0～3 范围
    texts = texts.to(device)  # 将文本
移至设备
    _, out = model(texts,
labels=labels)[:2]  # 前向传播
    labs = out.argmax(dim=1)  # 获取预
测标签
    acc += torch.mean((labs ==
labels).type(torch.float32))  # 计算准
确度
    i += 1
    # 如果达到所需迭代次数，则停止测试
    if i > iterations: break

# 打印最终准确度
print(f"Final accuracy: {acc.item() /
i}")
```

程序输出如下：

```
Final accuracy: 0.8824257425742574
```

18.9 TensorFlow中的Transformers：TransformersTF.zh.ipynb

本练习中有关注意力机制、Transformer与BERT相关概念的介绍，参看本课18.1～18.6的内容。

18.9.1 构建简单的 Transformer 模型

Keras 没有内置的 Transformer 层，但可以构建自己的。与之前一样，我们将专注于 AG News 数据集的文本分类，但值得一提的是，Transformer 模型在更复杂的自然语言处理任务上效果更佳。

首先，导入必要的库并加载数据集，程序如下：

```
# 导入 TensorFlow 库、Keras 库、
TensorFlow 数据集库和 Numpy 库
import tensorflow as tf
from tensorflow import keras
import tensorflow_datasets as tfds
import numpy as np

# 使用 TensorFlow 数据集库加载 AG 新闻子集
的训练和测试数据
ds_train, ds_test = tfds.load('ag_
news_subset').values()

# 定义一个函数来提取新闻标题和描述，并将
它们连接在一起
def extract_text(x):
    return x['title'] + ' ' +
x['description']

# 定义一个函数来将提取的文本与相应的标签
配对
def tupelize(x):
    return (extract_text(x),
x['label'])
```

要在 Keras 中添加新的层结构，需要继承 `Layer` 类，并实现其中的 `call` 方法。先从位置嵌入层开始。为了实现这一层，我们参考了官方 Keras 文档中的一些代码示例。假设将所有输入序列都填充到一个固定的最大长度 `maxlen`。下面这段代码定义了一个 Keras 层，用于将标记和它们在序列中的位置进行嵌入，以便在 Transformer 模型中使用。

```
# 创建一个 Keras 层来进行标记和位置嵌入
class TokenAndPositionEmbedding(keras.
layers.Layer):
    def __init__(self, maxlen, vocab_
size, embed_dim):
        # 构造函数初始化这个层
        super(TokenAndPositionEmbeddi
ng, self).__init__()
        # 创建一个嵌入层，用于将词汇表中
的每个标记（词或字符）映射到一个固定大小
的向量
        # vocab_size 是词汇表大小，
embed_dim 是嵌入向量的维度
        self.token_emb = keras.
layers.Embedding(input_dim=vocab_size,
output_dim=embed_dim)
        # 创建一个嵌入层，用于将序列中的
每个位置映射到一个固定大小的向量
        # maxlen 是序列的最大长度，这个
层将每个位置编码为一个 embed_dim 维的向量
        self.pos_emb = keras.layers.
Embedding(input_dim=maxlen, output_
dim=embed_dim)
        # 将最大序列长度存储为类属性
        self.maxlen = maxlen
    # 在调用时添加位置和标记嵌入
    def call(self, x):
        # call 方法定义了如何在输入 x 上
应用此层
        maxlen = self.maxlen
        # 使用 tf.range 生成一个从 0 到
maxlen-1 的整数序列，代表位置索引
        positions = tf.range(start=0,
limit=maxlen, delta=1)
        # 使用位置嵌入层将这些索引映射到
位置向量
        positions = self.pos_
emb(positions)
        # 使用标记嵌入层将输入序列 x 中的
每个标记映射到嵌入向量
        x = self.token_emb(x)
        # 将标记嵌入和位置嵌入相加以获得
最终嵌入
        # 这确保了每个标记的嵌入不仅包含
标记本身的信息，还包含其在序列中的位置的
信息
        return x + positions
```

该层由两个 `Embedding` 层构成：一个用于嵌入标记（正如我们之前讨论过的方式），另一个用于标记的位置。标记的位置是通过使用 `tf.range` 从 `0` 到 `maxlen` 创建的自然数序列，然后通过嵌入层传递。将这两个嵌入向量相加，从而获得带有位置信息的输入嵌入表示，其形状为 `maxlen` x `embed_dim`。

下面实现 `transformer` 块。它将接收之前定义的嵌入层的输出，程序如下：

```
# 定义自定义 Transformer 块层
class TransformerBlock(keras.layers.
Layer):
    def __init__(self, embed_dim, num_
heads, ff_dim, rate=0.1):
        # 构造函数初始化此层
        super(TransformerBlock,
self).__init__()
        # 创建一个多头自注意力层，其中
num_heads 定义了注意力头的数量，key_dim
定义了键、值和查询的维度
        self.att = keras.layers.
MultiHeadAttention(num_heads=num_
heads, key_dim=embed_dim, name='attn')
        # 创建一个前馈神经网络 (Feed
Forward Neural Network, FFN)，它包括两个
全连接层
        # 第一层具有 ff_dim 神经元和 ReLU
激活函数，第二层具有 embed_dim 神经元
        self.ffn = keras.Sequential(
            [keras.layers.Dense(ff_
dim, activation="relu"), keras.layers.
Dense(embed_dim),]
        )
        # 创建两个层归一化层，用于稳定训
练和加速收敛
        self.layernorm1 = keras.
layers.LayerNormalization(epsilon=
1e-6)
        self.layernorm2 = keras.
layers.LayerNormalization(epsilon=
1e-6)
        # 创建两个 dropout 层，用于减少过
拟合
        self.dropout1 = keras.layers.
Dropout(rate)
        self.dropout2 = keras.layers.
Dropout(rate)

    def call(self, inputs, training):
        # call 方法定义了如何在输入上应用
此层
```

```
        # 首先，应用多头自注意力层
        attn_output = self.att(inputs,
inputs)
        # 将注意力输出通过 dropout 层
        attn_output = self.
dropout1(attn_output,
training=training)
        # 将原始输入和注意力输出相加，然
后通过第一个层归一化
        out1 = self.layernorm1(inputs
+ attn_output)
        # 将 out1 传递给前馈神经网络
        ffn_output = self.ffn(out1)
        # 将前馈神经网络的输出通过第二个
dropout 层
        ffn_output = self.
dropout2(ffn_output,
training=training)
        # 将 out1 和前馈神经网络的输出相
加，然后通过第二个层归一化
        return self.layernorm2(out1 +
ffn_output)
```

Transformer 首先对位置编码的输入执行 `MultiHeadAttention` 操作，从而产生维度为 `maxlen` x `embed_dim` 的关注向量。此向量随后与输入结合并通过 `LayerNormalizaton` 进行归一化。

> 提示：LayerNormalization 与在计算机视觉章节讨论的 BatchNormalization 相似，但它独立地对每个训练样本的前一层输出进行归一化，使其范围在 [-1..1]。

此层的输出随后通过 Dense 网络（在我们的案例中是双层感知机）传递，并将结果添加到最终输出中（该输出再次经过归一化处理）。其结构如图 18-8 所示。

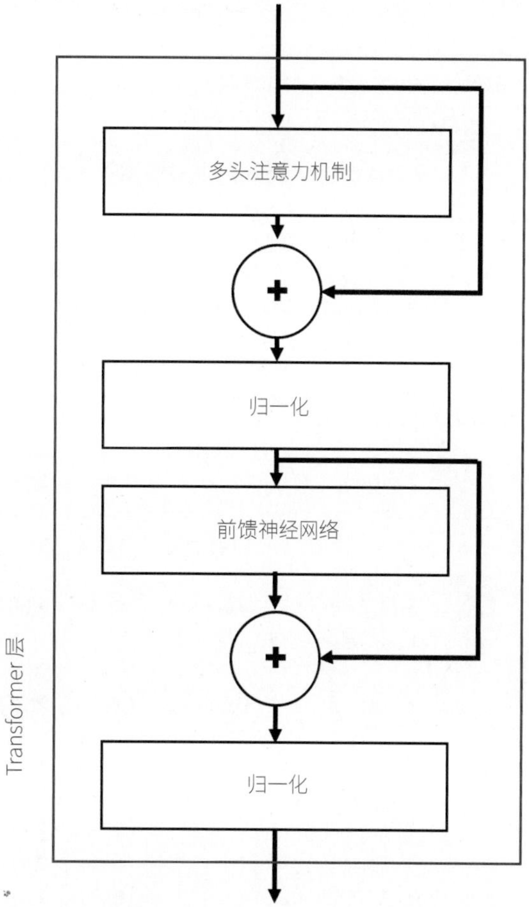

图 18-8　这张图展示了 Transformer 模型中的基本结构单元，包括多头注意力机制（Multi-Head Attention）和前馈神经网络（Feed Forward）。每个结构单元中的输入首先通过多头注意力机制层，然后与原始输入相加并进行层归一化（Normalization）。最后，输出通过前馈神经网络，再次与 Attention 层的输出相加并进行第二次层归一化。这种设计有助于模型捕捉输入数据中的复杂关系和顺序特征

现在准备定义完整的 Transformer 模型，程序如下：

```
# 设置超参数
embed_dim = 32  # 嵌入维度大小
num_heads = 2  # 注意力头的数量
ff_dim = 32    # Transformer 块内前馈网
络的隐藏层大小
maxlen = 256   # 序列的最大长度
vocab_size = 20000 # 词汇表大小
```

```
# 定义模型架构
model = keras.models.Sequential([
    # 文本向量化层，将文本转换为整数序列
    keras.layers.experimental.
preprocessing.TextVectorization(max_
tokens=vocab_size, output_sequence_
length=maxlen, input_shape=(1,)),
    # 标记和位置嵌入层
    TokenAndPositionEmbedding(maxlen,
vocab_size, embed_dim),
    # 自定义 Transformer 块
    TransformerBlock(embed_dim, num_
heads, ff_dim),
```

```
    # 全局平均池化层，减少特征维度
    keras.layers.
GlobalAveragePooling1D(),
    # Dropout 层，防止过拟合
    keras.layers.Dropout(0.1),
    # 全连接层，使用 ReLU 激活函数
    keras.layers.Dense(20,
activation="relu"),
    # 再次 Dropout
    keras.layers.Dropout(0.1),
```

```
    # 输出层，使用 softmax 激活，输出各个
类别的概率
    keras.layers.Dense(4,
activation="softmax")
])

# 打印模型摘要，查看模型结构
model.summary()
```

程序输出如下：

```
Model: "sequential_1"
_________________________________________________________________
 Layer (type)                Output Shape              Param #
=================================================================
 text_vectorization (TextVe  (None, 256)               0
 ctorization)
 token_and_position_embeddi  (None, 256, 32)           648192
 ng (TokenAndPositionEmbedd
 ing)
 transformer_block (Transfo  (None, 256, 32)           10656
 rmerBlock)
 global_average_pooling1d (  (None, 32)                0
 GlobalAveragePooling1D)
 dropout_2 (Dropout)         (None, 32)                0
 dense_2 (Dense)             (None, 20)                660
 dropout_3 (Dropout)         (None, 20)                0
 dense_3 (Dense)             (None, 4)                 84
=================================================================
Total params: 659592 (2.52 MB)
Trainable params: 659592 (2.52 MB)
Non-trainable params: 0 (0.00 Byte)
_________________________________________________________________
```

下面这段程序展示了一个训练模型的简要流程，包括分词器的训练、模型编译和模型拟合：

```
# 打印一条信息，告诉用户正在训练分词器
print('Training tokenizer')

# 使用数据集中的文本数据来训练分词器。这个分词器是模型的第一层
# 通过调用 'adapt' 方法，并将训练数据集的文本传递给它，分词器将学习词汇表并为以后的文本编
码做好准备
model.layers[0].adapt(ds_train.map(extract_text))

# 编译模型以准备训练。这里定义了损失函数、优化器和评估指标
# 损失函数 'sparse_categorical_crossentropy' 用于多分类问题
# 优化器 'adam' 是一种流行的自适应学习率优化算法
# 评估指标 'accuracy' 将计算模型的准确率
model.compile(loss='sparse_categorical_crossentropy', metrics=['acc'],
```

```
optimizer='adam')

# 使用训练数据集进行训练，并用测试数据集进行验证
# 通过 'map(tupelize)'，将数据集中的元素转换为模型所需的形式
# 'batch(128)' 表示每个批次将包含 128 个样本
# 模型将在每个时期结束时使用验证数据集来评估其性能，并根据需要调整
model.fit(ds_train.map(tupelize).
batch(128), validation_data=ds_test.
map(tupelize).batch(128))
```

程序输出如下：

```
Training tokenizer
938/938 [=====] - 152s 161ms/step -
loss: 0.4860 - acc: 0.8079 - val_loss:
0.2564 - val_acc: 0.9162
```

18.9.2 BERT：来自 Transformer 的双向编码器表示

BERT 的概念请参阅本课 18.6 节的内容。

有许多变种的 Transformer 架构，包括 BERT、DistilBERT、BigBird、OpenAI-GPT3 等，它们都可以被微调。

本节将介绍使用预训练的 BERT 模型来解决传统的序列分类问题，将借鉴官方文档中的思路和一些代码。

为了加载预训练的模型，将使用 TensorFlow Hub。首先，加载 BERT 特定的向量器。

> 注意：在运行下面的程序时，需要安装 tensorflow_text 库。可以使用下面的 pip 命令来安装它（如果使用的是 ARM 架构的 PC，如 M1 或 M2 芯片的 Mac 计算机，可能没有预编译的二进制版本。在这种情况下，需要从源代码编译库或寻找第三方提供的兼容版本，所以，建议在一个 Intel 架构的机器或云服务器上进行下面的练习）：

```
pip install tensorflow-text
```

导入必要的库与使用 TF-Hub 中的 BERT 预处理模型的程序如下：

```
# 导入 tensorflow_text 和 tensorflow_hub 库，用于处理文本和加载预训练的模型。
import tensorflow_text
import tensorflow_hub as hub

# 使用 TF-Hub 中的 BERT 预处理模型来创建一个 Keras 层。这个层可以将文本转换为 BERT 模型可以理解的格式
vectorizer = hub.KerasLayer('https://
tfhub.dev/tensorflow/bert_en_uncased_
preprocess/3')
```

使用向量化层对给定文本进行处理，准备输入到 BERT 模型中，程序如下：

```
vectorizer(['I love transformers'])
```

程序输出如下：

```
{'input_word_ids': <tf.Tensor: shape=(1, 128), dtype=int32, numpy=
 array([[  101,  1045,  2293, 19081,   102,     0,     0,     0,     0,
              0,     0,     0,     0,     0,     0,     0,     0,     0,
              0,     0,     0,     0,     0,     0,     0,     0,     0,
              0,     0,     0,     0,     0,     0,     0,     0,     0,
              0,     0,     0,     0,     0,     0,     0,     0,     0,
              0,     0,     0,     0,     0,     0,     0,     0,     0,
              0,     0,     0,     0,     0,     0,     0,     0,     0,
              0,     0,     0,     0,     0,     0,     0,     0,     0,
              0,     0,     0,     0,     0,     0,     0,     0,     0,
              0,     0,     0,     0,     0,     0,     0,     0,     0,
              0,     0,     0,     0,     0,     0,     0,     0,     0,
```

```
        0,     0,     0,     0,     0,     0,     0,     0,     0,
        0,     0,     0,     0,     0,     0,     0,     0,     0,
        0,     0,     0,     0,     0,     0,     0,     0,     0,
        0,     0]], dtype=int32)>,
 'input_mask': <tf.Tensor: shape=(1, 128), dtype=int32, numpy=
 array([[1, 1, 1, 1, 1, 0, 0, 0, 0, 0, 0, 0, 0, 0, 0, 0, 0, 0, 0, 0, 0, 0,
         0, 0, 0, 0, 0, 0, 0, 0, 0, 0, 0, 0, 0, 0, 0, 0, 0, 0, 0, 0, 0, 0,
         0, 0, 0, 0, 0, 0, 0, 0, 0, 0, 0, 0, 0, 0, 0, 0, 0, 0, 0, 0, 0, 0,
         0, 0, 0, 0, 0, 0, 0, 0, 0, 0, 0, 0, 0, 0, 0, 0, 0, 0, 0, 0, 0, 0,
         0, 0, 0, 0, 0, 0, 0, 0, 0, 0, 0, 0, 0, 0, 0, 0, 0, 0, 0, 0, 0, 0,
         0, 0, 0, 0, 0, 0, 0, 0, 0, 0, 0, 0, 0, 0, 0, 0, 0, 0]],
       dtype=int32)>,
 'input_type_ids': <tf.Tensor: shape=(1, 128), dtype=int32, numpy=
...
         0, 0, 0, 0, 0, 0, 0, 0, 0, 0, 0, 0, 0, 0, 0, 0, 0, 0, 0, 0, 0, 0,
         0, 0, 0, 0, 0, 0, 0, 0, 0, 0, 0, 0, 0, 0, 0, 0, 0, 0, 0, 0, 0, 0,
         0, 0, 0, 0, 0, 0, 0, 0, 0, 0, 0, 0, 0, 0, 0, 0, 0, 0, 0, 0, 0, 0,
         0, 0, 0, 0, 0, 0, 0, 0, 0, 0, 0, 0, 0, 0, 0, 0, 0, 0]],
       dtype=int32)>}
```

使用与原始网络训练时相同的向量器（vectorizer）非常重要，因为不同的向量器可能会产生不同的标记表示，影响模型性能。此外，BERT 向量器返回如下 3 个组件：

- `input_word_ids`：是输入句子的标记序列号，用于标识每个标记。
- `input_mask`：这个掩码表明序列中哪些部分是真实输入，哪些部分是填充。这类似于 `Masking` 层产生的掩码。
- `input_type_ids`：主要用于语言建模任务，它允许在一个序列中区分两个输入句子。

接下来，实例化 BERT 的特征提取器。

从 TF-Hub 加载预训练的小型 BERT 模型，并作为 Keras 层存储的程序如下：

```
bert = hub.KerasLayer('https://tfhub.dev/tensorflow/small_bert/bert_en_uncased_L-4_
H-128_A-2/1')
```

将向量化的文本传递给 BERT 模型，并获取输出的程序如下：

```
z = bert(vectorizer(['I love transformers']))
# 打印 BERT 模型的输出，其中包括各种特征和维度
for i, x in z.items():
    print(f"{i} -> { len(x) if isinstance(x, list) else x.shape }")
```

程序输出如下：

```
pooled_output -> (1, 128)
encoder_outputs -> 4
default -> (1, 128)
sequence_output -> (1, 128, 128)
```

BERT 层返回了许多有用的结果。

- `pooled_output`：是对序列中所有标记的平均结果。可以将其视为整个网络的智能语义嵌入。类似于之前模型中 `GlobalAveragePooling1D` 层的输出。

- `sequence_output`：是最后一个 transformer 层的输出，对应于模型中的 `TransformerBlock` 的输出。
- `encoder_outputs`：是所有 transformer 层的输出。由于加载的是一个 4 层的 BERT 模型（从包含 "`4_H`" 的名称中可以推断出来），它包含 4 个张量。其中最后一个张量与 `sequence_output` 相同。

下面定义一个端到端的分类模型。将使用功能模型定义方式，即首先定义模型输入，然后通过一系列表达式来计算其输出。同时，将 BERT 模型的权重设置为不可训练的，仅训练最终的分类层，程序如下：

```
# 定义 Keras 模型，该模型使用输入的字符串，并通过向量化层和 BERT 层进行处理
inp = keras.Input(shape=(), dtype=tf.string)  # 输入层接收字符串类型的输入
x = vectorizer(inp)  # 向量化层将文本转换为适合 BERT 的格式
x = bert(x)  # BERT 层提取文本的特征
x = keras.layers.Dropout(0.1)(x['pooled_output'])  # 添加 Dropout 层以减少过拟合
out = keras.layers.Dense(4, activation='softmax')(x)  # 使用全连接层输出 4 个类别的
概率
model = keras.models.Model(inp, out)  # 创建 Keras 模型
bert.trainable = False  # 设置 BERT 层为不可训练，这样在训练期间它的权重不会更改
model.summary()  # 打印模型摘要
```

程序输出如下：

```
Model: "model"
__________________________________________________________________________________________
 Layer (type)                Output Shape                 Param #   Connected to
==========================================================================================
 input_1 (InputLayer)        [(None,)]                    0         []
 keras_layer (KerasLayer)    {'input_word_ids'(None,      0         ['input_1[0][0]']
                             128),
                              'input_mask': (None, 128)
                             , 'input_type_ids': (None,
                              128)}
 keras_layer_1 (KerasLayer)  {'pooled_output':(None, 1    4782465   ['keras_layer[0][0]',
                             28),                                    'keras_layer[0][1]',
                              'encoder_outputs': [(None              'keras_layer[0][2]']
                             , 128, 128),
                              (None, 128, 128),
                              (None, 128, 128),
                              (None, 128, 128)],
                              'default': (None, 128),
                              'sequence_output': (None,
                              128, 128)}
 dropout_42 (Dropout)        (None, 128)                  0         ['keras_layer_1[0][5]']
...
Total params: 4782981 (18.25 MB)
Trainable params: 516 (2.02 KB)
Non-trainable params: 4782465 (18.24 MB)
```

下面这段代码展示了如何编译和训练一个 Keras 模型，使用多分类的损失函数、准确率指标和 Adam 优化器。训练和验证数据集被批处理后用于拟合模型。

```
# 编译模型，以便进行训练。使用多分类的损失函数、准确率指标和 Adam 优化器
model.compile(loss='sparse_categorical_crossentropy',
metrics=['acc'], optimizer='adam')
# 使用批次大小为 128 的训练和验证数据集来拟合模型
model.fit(ds_train.map(tupelize).batch(128), validation_data=ds_test.map(tupelize).batch(128))
```

程序输出如下：

```
429/938 [=====>.....] - ETA: 11:12 -
loss: 0.9476 - acc: 0.6338
```

尽管可训练参数较少，但这个过程相当缓慢，因为 BERT 的特征提取计算量很大。看起来没有达到合理的准确率，可能是因为训练不足或模型参数不足。

下面解冻 BERT 的权重并继续训练它。这需要非常小的学习率，还需要使用 **AdamW** 优化器的更谨慎的 **warmup**（预热）训练策略。将通过 `tf-models-official` 包来创建优化器。

> 注意：如果没有安装过 `tf-models-official` 包，可以执行下面的命令安装：

```
pip install tf-models-official
```

下面这段程序展示了如何使用 TensorFlow 的 `official.nlp.optimization` 模块来创建一个优化器，并在 BERT 模型的训练中使用。

```
# 从 official.nlp 库导入优化函数
from official.nlp import optimization

# 设置 BERT 层为可训练，这样在训练期间它的权重可以被更新
bert.trainable = True
model.summary()  # 打印模型摘要

# 定义训练的总轮数
epochs = 3

# 创建一个优化器，使用特定的学习率、训练步数、预热步数和优化器类型
# 使用 official.nlp.optimization 模块中的 create_optimizer 函数创建优化器
opt = optimization.create_optimizer(
    init_lr=3e-5,  # 设置初始学习率为 3e-5，BERT 模型训练时常用的学习率
    num_train_steps=epochs * len(ds_train),  # 训练步数为轮数乘以训练数据集的大小
    num_warmup_steps=0.1 * epochs * len(ds_train),  # 预热步数为训练步数的 10%
    optimizer_type='adamw'  # 使用 AdamW 优化器，结合了 Adam 优化器和权重衰减
)
# 编译模型，使用新的优化器
model.compile(loss='sparse_categorical_crossentropy',
metrics=['acc'], optimizer=opt)
# 使用新的批次大小和优化器再次拟合模型
model.fit(ds_train.map(tupelize).batch(128), validation_data=ds_test.map(tupelize).batch(128))
```

程序输出如下：

```
Model: "model"
__________________________________________________________________________________________
 Layer (type)                Output Shape                  Param #     Connected to
==========================================================================================
 input_1 (InputLayer)        [(None,)]                     0           []
 keras_layer (KerasLayer)    {'input_word_ids': (None,     0           ['input_1[0][0]']
                             128),
                              'input_mask': (None, 128)
                             , 'input_type_ids': (None,
                              128)}
 keras_layer_1 (KerasLayer)  {'pooled_output': (None, 1    4782465     ['keras_layer[0][0]',
```

```
                        28),                                       'keras_layer[0][1]',
                         'encoder_outputs': [(None                 'keras_layer[0][2]']
                        , 128, 128),
                         (None, 128, 128),
                         (None, 128, 128),
                         (None, 128, 128)],
                         'default': (None, 128),
                         'sequence_output': (None,
                         128, 128)}
 dropout_42 (Dropout)   (None, 128)                 0         ['keras_layer_1[0][5]']
...
Trainable params: 4782980 (18.25 MB)
Non-trainable params: 1 (1.00 Byte)
________________________________________________________________________________
938/938 [==============================] - 4577s 5s/step - loss: 0.6282 - acc: 0.7671 - val_
loss: 0.4862 - val_acc: 0.8250
```

这种训练方法的速度相当慢。尽管如此，建议尝试将模型训练 5 ～ 10 轮，然后比较一下这种方法与之前使用的其他方法哪个效果更好。

18.9.3 HuggingfaceTransformers 库

HuggingFace 库提供了一个更常见且稍微简单一些的使用 Transformers 模型的方式，它为不同的自然语言处理任务提供简单的构建模块。它支持 TensorFlow 和另一个非常受欢迎的神经网络框架—— PyTorch。

> 注意：如果对了解此 Transformers 库的工作方式不感兴趣，可以跳到这个 Notebook 的末尾，因为与上面所做的内容没有本质的不同。我们将使用不同的库和更大的模型重复训练 BERT 模型的步骤。因此，这个过程涉及相当长的训练时间，所以你可能只想浏览一下代码。

下面使用 Huggingface Transformers 来解决我们的问题。

首先，选择将要使用的模型。除了一些内置模型，Huggingface 还包含一个在线模型仓库，在这里可以找到由社区提供的更多预训练模型。这些模型只需提供模型的名称，即可加载和使用。模型所需的所有二进制文件都会自动下载。

在某些情况下，可能需要加载自己的模型，这时，可以指定一个包含所有相关文件的目录，包括分词器的设置、包含模型参数的 `config.json` 文件、二进制权重等。

根据模型的名称，可以同时实例化模型和分词器。先从分词器开始。下面这段程序展示了如何使用 transformers 库加载预训练的 BERT 模型分词器，并设置相关的参数：

```
# 导入 transformers 库，该库提供了预训练的 NLP 模型和许多实用功能
import transformers

# 指定要加载的 BERT 模型的名称。这里选择的是基本未经大写的 BERT 模型
bert_model = 'bert-base-uncased'

# 如果有准备好的文件，可以直接从磁盘加载，例如，'./bert'
# bert_model = './bert'

# 使用 transformers 库中的 BertTokenizer 类从预训练的 bert_model 加载分词器
```

```
tokenizer = transformers.
BertTokenizer.from_pretrained(bert_
model)
# 设置序列的最大长度为 128，这是 BERT 模型
的输入序列长度限制
MAX_SEQ_LEN = 128

# 使用分词器获取特殊的填充标记（PAD）的
ID，这个标记用于填充短于 MAX_SEQ_LEN 的序
列
PAD_INDEX = tokenizer.convert_tokens_
to_ids(tokenizer.pad_token)

# 使用分词器获取特殊的未知标记（UNK）的
ID，这个标记用于表示词汇表之外的词汇
UNK_INDEX = tokenizer.convert_tokens_
to_ids(tokenizer.unk_token)
```

tokenizer 对象包含可以直接用于对文本进行编码的 encode 函数。使用分词器对给定文本进行编码的程序如下：

```
tokenizer.encode('Tensorflow is a
great framework for NLP')
```

程序输出如下：

```
[101, 23435, 12314, 2003, 1037, 2307,
7705, 2005, 17953, 2361, 102]
```

可以使用分词器将序列编码为适合传递给模型的格式，包括 token_ids、input_mask 字段等。还可以通过设置 return_tensors='tf' 参数来获取 TensorFlow 张量格式的输出，程序如下：

```
# 使用分词器对给定文本列表进行编码，并返
回张量格式
tokenizer(['Hello, there'], return_
tensors='tf')
```

程序输出如下：

```
{'input_ids': <tf.Tensor: shape=(1,
5), dtype=int32, numpy=array([[
101, 7592, 1010, 2045,  102]],
dtype=int32)>, 'token_type_ids': <tf.
Tensor: shape=(1, 5), dtype=int32,
numpy=array([[0, 0, 0, 0, 0]],
dtype=int32)>, 'attention_mask': <tf.
Tensor: shape=(1, 5), dtype=int32,
numpy=array([[1, 1, 1, 1, 1]],
dtype=int32)>}
```

在例子中，将使用名为 bert-base-uncased 的预训练 BERT 模型。其中，Uncased 指模型在处理文本时不区分大小写。

训练模型时，需要将分词后的序列作为输入，因此，需要设计数据处理流程。由于 tokenizer.encode 是一个 Python 函数，所以，将使用与上一课中相同的方法，通过 py_function 调用它。下面这段程序定义了两个处理函数，用于将输入文本数据编码为 BERT 模型所需的形式，并将数据集中的样本转换为适合模型训练的格式。主要步骤包括文本编码和数据处理。

```
# 定义一个处理函数，将输入文本字符串编码
为 BERT 模型所需的形式
def process(x):
    # 调用 tokenizer 的 encode 方法，将输
入文本编码
    # x.numpy().decode('utf-8') 将输入
文本从张量转换为字符串
    # return_tensors='tf' 指定返回的张
量类型为 TensorFlow 张量
    # padding='max_length' 指定对序列进
行填充，使其达到 MAX_SEQ_LEN 的长度
    # max_length=MAX_SEQ_LEN 指定序列的
最大长度
    # truncation=True 指定如果序列超过
最大长度，则进行截断
    return tokenizer.encode(x.numpy().
decode('utf-8'), return_tensors='tf',
padding='max_length', max_length=MAX_
SEQ_LEN, truncation=True)[0]

# 定义一个处理函数，用于将数据集中的样本
转换为适合模型训练的形式
def process_fn(x):
    # 连接标题和描述，生成完整的输入文本
字符串
    s = x['title'] + ' ' +
x['description']
    # 调用 process 函数进行编码，使用
tf.py_function 将其包装为 TensorFlow 操作
    e = tf.py_function(process,
inp=[s], Tout=(tf.int32))
```

```
    # 设置张量的形状，确保其形状为 (MAX_SEQ_LEN,)
    e.set_shape(MAX_SEQ_LEN)
    # 返回编码后的序列和对应的标签
    return e, x['label']
```

现在可以通过 `BertForSequenceClassfication` 包来加载实际的模型。这确保了模型已经具备了进行分类所需的架构，包括最终的分类器。当加载模型时，可能会出现一个警告消息，提醒我们最终分类器的权重未初始化，并且模型需要预训练——这是预期之中的，因为接下来就要进行这一步骤。

从 transformers 库中加载预训练的 BERT 模型，用于序列分类任务，并具有 4 个输出标签，程序如下：

```
model = transformers.TFBertForSequenceClassification.from_pretrained(bert_model,
num_labels=4, output_attentions=False)
```

打印模型摘要的程序如下：

```
model.summary()
```

程序输出如下：

```
Model: "tf_bert_for_sequence_classification"
_________________________________________________________________
 Layer (type)                Output Shape              Param #
=================================================================
 bert (TFBertMainLayer)      multiple                  109482240

 dropout_37 (Dropout)        multiple                  0

 classifier (Dense)          multiple                  3076

=================================================================
Total params: 109485316 (417.65 MB)
Trainable params: 109485316 (417.65 MB)
Non-trainable params: 0 (0.00 Byte)
_________________________________________________________________
```

从 `summary()` 输出中可以看到，该模型包含近 1.1 亿个参数。假设想在一个相对较小的数据集上进行简单的分类任务，可能不想训练 BERT 的基础层。设置 BERT 模型层为不可训练的程序如下：

```
model.layers[0].trainable = False
model.summary()
```

> 注意：训练全尺寸的 BERT 模型非常耗时，因此，只对前 32 个批次进行训练，以展示如何设置模型训练。如果有兴趣尝试全面训练，只需删除 `steps_per_epoch` 和 `validation_steps` 参数，并做好长时间等待的准备。

编译并训练模型的程序如下：

```
# 编译模型，准备进行训练
model.compile('adam', 'sparse_categorical_crossentropy', ['acc'])
tf.get_logger().setLevel('ERROR')  # 设置日志级别，以减少输出噪声
```

```
# 使用定义的处理函数和批次大小拟合模型，
限制每个周期的步数和验证步数
model.fit(ds_train.map(process_fn).
batch(32), validation_data=ds_test.
map(process_fn).batch(32), steps_per_
epoch=32, validation_steps=2)
```

程序输出如下：

```
32/32 [=====] - 602s 18s/step - loss:
1.6130 - acc: 0.2480 - val_loss: 1.3863
- val_acc: 0.2188
```

你会发现（特别是当你增加迭代次数并耐心等待时），BERT 在分类任务上能够提供相当高的准确率。这是因为 BERT 已经很好地掌握了语言的结构，只需对最后的分类器进行微调。然而，由于 BERT 是一个庞大的模型，所以，整个训练过程会非常耗时，并且需要强大的计算资源（GPU，最好是多个）。

> 注意：在示例中，使用的是最小型的预训练 BERT 模型之一。更大的模型可能会带来更好的结果。

18.10 总结

在本课的这个部分，我们看到了如何轻松地从 transformers 库中获取预训练的语言模型，并将其应用于我们的文本分类任务。同样，BERT 模型也可以用于实体识别、问题回答及其他自然语言任务。

Transformer 模型代表了当前自然语言处理领域的最新技术，在大多数情况下，实施自定义 NLP 解决方案时，它应该是首选。然而，如果想构建更高级的神经模型，那么理解本模块中讨论的循环神经网络的基本原理就至关重要。

18.11 结论

在这节课中，学习了 Transformers 和注意力机制，这些都是自然语言处理工具箱中的基本工具。有许多变种的 Transformer 架构，包括 BERT、DistilBERT、BigBird、OpenAI-GPT3 等，它们都可以被微调。HuggingFace 包 🔗 [L18-9] 为使用 PyTorch 和 TensorFlow 训练这些架构提供了存储库。

18.12 复习与自学

- 这篇博客文章 🔗 [L18-10]，解释了关于 Transormer 的经典论文：Attention is all you need（只需注意力）🔗 [L18-4]。
- 详细解释了关于 Transormer 架构的一系列博客文章 🔗 [L18-11]。

18.13 ✍ 作业——Transformer 模型实践

探索 HuggingFace 平台上的 Transformer 模型！可以尝试他们提供的脚本，与平台上的多种模型进行互动。具体脚本参考：HuggingFace 官方文档 🔗 [L18-12]。首先，选择平台上的一个数据集进行实验。然后，可以从本课程或者 Kaggle 导入自己的数据，尝试生成有趣的文本内容。最后，整理你的发现，并在一个 Notebook 中呈现。

课后测验

(1) 位置嵌入（ ）原始标记及其在序列中的位置。

a. 分离
b. 比
c. 嵌入

(2) 多头注意力机制在 Transformers 中被使用以赋予网络捕获（ ）的依赖关系的能力。

a. 不同类型的
b. 相同类型的
c. 无

(3) 在 Transformers 模型中，注意力机制被应用了（ ）次。

a. 1
b. 2
c. 3

第 19 课
命名实体识别（NER）

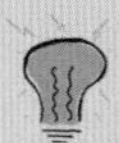

课前准备

直到现在，我们主要专注于一个自然语言处理（NLP）任务——分类。神经网络还能胜任更多的自然语言处理任务。其中一个极为实用的任务就是命名实体识别（Named Entity Recognition，NER）🔗 [L19–1]。这项任务能够帮助我们在文本中识别出具体的“实体”，如地名、人名、时间日期、化学公式等。

简介

本课将介绍如下内容：

19.1 命名实体识别的应用示例
19.2 命名实体识别作为标记分类
19.3 练习——训练命名实体识别模型
19.4 用 TensorFlow 实现命名实体识别：NER-TF.zh.ipynb
19.5 结论
19.6 挑战
19.7 复习与自学
19.8 作业——命名实体识别

课前小测验

(1) NER 是（ ）的缩写。
a. Nearest Estimated Region（最近估算区域）
b. Nearest Entity Region（最近实体区域）
c. Named Entity Recognition (命名实体识别)

(2) 一个实体总是由一个标记组成，这一说法（ ）。
a. 正确
b. 错误

(3) 要训练 NER 模型，我们需要（ ）。
a. 标注的数据集
b. 任何自然文本
c. 两种语言的翻译文本

19.1 命名实体识别的应用示例

现代智能助手（如小爱同学、Amazon Alexa 或 Google Assistant）通过复杂的自然语言处理技术来理解用户的需求。它们首先对用户输入进行文本分类，确定用户的“意图”，这决定了机器人接下来的行动，如图 19-1 所示。

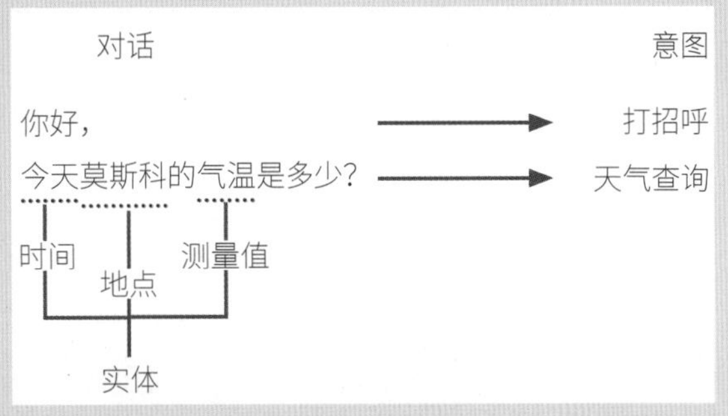

图 19-1 本图展示的是命名实体识别（NER）的过程示意图。图中用红色虚线框标出了文本中的不同实体类型，如“地点”“时间”和“测量值”。在机器学习模型中，NER 系统会自动识别这些实体，并将它们归类。这对于理解和处理自然语言至关重要，如在智能聊天机器人或信息提取系统中应用时，能够识别并利用这些关键信息

但用户的问题通常包含特定参数。例如，询问天气时可能会提到具体的地点和日期，这就需要机器人能够识别并理解这些关键信息，这正是命名实体识别发挥作用的地方。

> 除了智能助手，NER 在科学文献分析中也有重要应用。例如，在分析医学论文🔗 [L19–2] 中，需要准确识别疾病名称、药物名称和化学物质等专业术语。虽然简单的字符串匹配可以找到一些

> 常见术语，但对于复杂的实体（如新型药物名称），则需要更先进的 NER 技术。

19.2 命名实体识别作为标记分类

从技术角度看，NER 本质上是一种标记分类任务。对于文本中的每个词（或标记），模型需要判断它是否属于某个实体，以及属于哪类实体。

为了处理跨越多个词的实体，以及区分相邻的不同实体，通常使用 BIO 标记系统🔗 [L19–3]（或 IOB)。

- B-: 表示实体的开始（Beginning）。
- I-: 表示实体的内部（Inner）。
- O: 表示不属于任何实体（Other）。

举个例子，考虑以下医学论文标题：

"Tricuspid valve regurgitation and lithium carbonate toxicity"（三尖瓣反流和新生儿的碳酸锂中毒）

这里的实体如下：

- Tricuspid valve regurgitation (三尖瓣反流) 是一种疾病 (DIS)。
- Lithium carbonate（碳酸锂）是一种化学物质 (CHEM)。
- Toxicity（中毒）也是一种疾病 (DIS)。

应用这种标记后，标题中的实体将如下显示：

Token（标记）	Tag（标签）
Tricuspid（三尖）	B-DIS
valve（瓣）	I-DIS
regurgitation（反流）	I-DIS
and（和）	O
lithium（锂）	B-CHEM
carbonate（碳酸）	I-CHEM
toxicity（中毒）	B-DIS
in（在）	O
a（一个）	O
newborn（新生）	O
infant（婴儿）	O
。	O

由于需要在标记和类别之间建立一一对应关系，所以，训练一个如图 19-2 中最右侧所示的多对多神经网络模型。

19.3 ✍练习——训练命名实体识别模型

由于命名实体识别模型本质上是一个标记分类模型，所以，可以利用已经熟悉的循环神经网络（RNN）来完成这一任务。在这种情况下，循环网络的每个单元都会输出一个标记的 ID。下面的示例 Notebook 展示了如何为标记分类训练长短期记忆（LSTM）：

- 用 TensorFlow 实现命名实体识别🔗 [L19–4]。

19.4 用 TensorFlow 实现命名实体识别：NER-TF.zh.ipynb

在这个示例中，将学习如何在 Kaggle 提供的命名实体识别注释语料库🔗 [L19–5] 上训练命名实体识别模型。在开始之前，请下载 `ner_dataset.csv` 文件🔗 [L19–6] 到当前工作目录下。导入所需

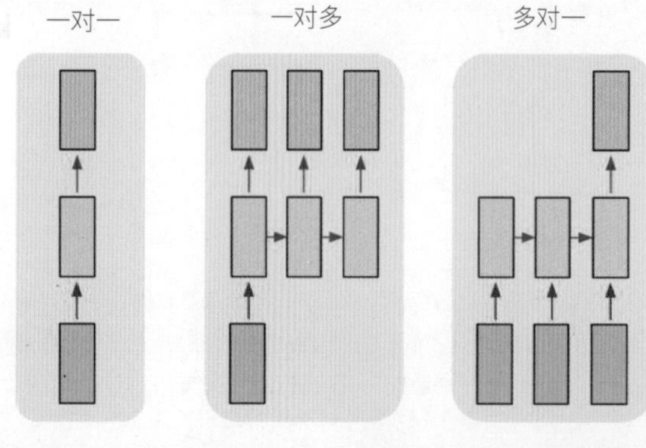

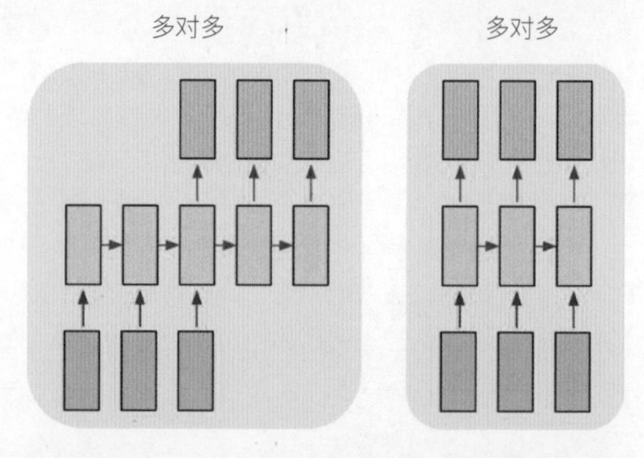

图 19-2 本图概括了循环神经网络 (RNN) 的 4 种基本结构：单输入单输出 (一对一) 用于基本分类任务；单输入多输出 (一对多) 用于生成序列；多输入单输出 (多对一) 用于如情感分析的序列分类；多输入多输出 (多对多)，分别用于同步任务如机器翻译和异步任务如文本摘要。每个方块代表 RNN 中的一个单元，箭头指示数据流动的方向。图片来源于 Andrej Karpaty 的博文：循环神经网络的非凡效果🔗 [L17–1]

库，程序如下所示。

```
import pandas as pd
from tensorflow import keras
import numpy as np
```

19.4.1 准备数据集

首先，将数据集读入一个数据框架中。如果希望深入了解如何使用 Pandas 的知识🔗 [L19-7]，可以访问数据科学入门课🔗 [L0-37] 中的数据处理课程。读取并显示 ner_dataset.csv 文件的前 5 行的程序如下：

```
# 读取名为 'ner_dataset.csv' 的 CSV 文件，并使用 Unicode 编码进行解码
df = pd.read_csv('archive/ner_dataset.csv', encoding='unicode-escape')
# 显示数据帧的前 5 行
df.head()
```

程序输出如下：

```
  Sentence #   Word          POS  Tag
0 Sentence: 1  Thousands     NNS  O
1 NaN          of            IN   O
2 NaN          demonstrators NNS  O
3 NaN          have          VBP  O
4 NaN          marched       VBN  O
```

然后，获取数据集中的独一无二的标记，并创建一个查找字典，以便可以将标记转换为类别编号。获取并显示数据帧中“Tag”列的唯一值的程序如下：

```
# 获取数据帧中名为 "Tag" 的列中的唯一值，并存储在变量 tags 中
tags = df.Tag.unique()
# 显示 tags
tags
```

程序输出如下：

```
array(['O', 'B-geo', 'B-gpe', 'B-per', 'I-geo', 'B-org', 'I-org', 'B-tim',
       'B-art', 'I-art', 'I-per', 'I-gpe', 'I-tim', 'B-nat', 'B-eve',
       'I-eve', 'I-nat'], dtype=object)
```

下面的程序枚举 tags 并构建两个映射字典，随后显示 id2tag 字典中键为 0 的项：

```
# 使用 enumerate 函数对 tags 进行枚举，并构建 id 到 tag 的映射字典
id2tag = dict(enumerate(tags))
# 构建 tag 到 id 的映射字典，即 id2tag 字典的逆映射
tag2id = {v: k for k, v in id2tag.items()}

# 显示 id2tag 字典中键为 0 的项
id2tag[0]
```

程序输出如下：

```
'O'
```

接下来，对词汇进行类似处理。为了简化问题，将创建一个不基于单词频率的词汇表。实际上，希望使用 Keras 的文本向量化工具，并限制词汇数量。下面的程序处理数据帧中的“Word”列，构建词汇集，并创建两个映射字典：

```
# 获取数据帧中名为 "Word" 的列，并确保每个项都是字符串，然后将所有单词转换为小写，接着构建词汇集
vocab = set(df['Word'].apply(lambda x: str(x).lower()))
# 使用 enumerate 函数对词汇进行枚举，并构建 id 到单词的映射字典，从 1 开始编号
id2word = {i + 1: v for i, v in enumerate(vocab)}
# 向词汇集中添加特殊的未知标记 '<UNK>'
id2word[0] = '<UNK>'
vocab.add('<UNK>')
# 构建单词到 id 的映射字典，即 id2word 字典的逆映射
word2id = {v: k for k, v in id2word.items()}
```

还需要创建一个句子数据集，用于训练。可以遍历原始数据集，将每个独立的句子分离成 X（单词列表）和 Y（标记列表），程序如下：

```
# 初始化空列表 X 和 Y，用于存储句子和对应的标签
```

```
X, Y = [], []
# 初始化空列表 s 和 t，用于临时存储当前句子的单词和标签
s, t = [], []
# 迭代数据帧的 'Sentence #', 'Word' 和 'Tag' 列
for i, row in df[['Sentence #', 'Word', 'Tag']].iterrows():
    # 确保每个词和标签都是字符串类型
    word = str(row['Word'])
    tag = str(row['Tag'])

    # 如果 'Sentence #' 列的值为 NaN，则表示当前行属于同一句子
    if pd.isna(row['Sentence #']):
        s.append(word)  # 将当前行的单词追加到 s 列表中
        t.append(tag)   # 将当前行的标签追加到 t 列表中
    else:
        # 否则，表示新句子的开始
        if len(s) > 0:
            X.append(s)  # 将 s 列表追加到 X 列表中
            Y.append(t)  # 将 t 列表追加到 Y 列表中
        # 重置 s 和 t 列表，以存储新句子的单词和标签
        s, t = [word], [tag]
# 将最后一个句子的单词和标签追加到 X 和 Y 列表中
X.append(s)
Y.append(t)
```

下面对所有单词和标记进行向量化。下面的程序定义了两个函数 vectorize 和 tagify，用于将单词序列和标签序列转换为对应的 ID 序列，并将所有句子的单词序列和标签序列进行转换：

```
# 定义 vectorize 函数，将单词序列转换为对应的 ID 序列
def vectorize(seq):
    return [word2id[x.lower()] for x in seq]
# 定义 tagify 函数，将标签序列转换为对应的 ID 序列
def tagify(seq):
    return [tag2id[x] for x in seq]
```

```
# 将所有句子的单词序列和标签序列分别转换为 ID 序列
Xv = list(map(vectorize, X))
Yv = list(map(tagify, Y))

# 打印第一个转换后的句子和标签序列
Xv[0], Yv[0]
```

程序输出如下：

```
([17722,
  26202,
  5685,
  15864,
  12474,
  11573,
  1835,
  19361,
  21142,
  22812,
  16822,
  14150,
  11559,
  31710,
  29645,
  22812,
  23519,
  26202,
  19569,
  21827,
  1902,
  16018,
  15496,
  23735],
 [0, 0, 0, 0, 0, 0, 1, 0, 0, 0, 0, 0, 1, 0, 0, 0, 0, 0, 2, 0, 0, 0, 0, 0])
```

为了简便起见，将使用数字 0 来填充所有句子，以达到相同的最大长度。在现实应用中，可能会采取更精细的策略，仅在每个小批量数据中进行填充。下面的程序使用 Keras 的 pad_sequences 函数将 Xv 和 Yv 中的所有序列补齐到相同长度，补齐方式为“后补齐”：

```
X_data = keras.preprocessing.sequence.pad_sequences(Xv, padding='post')
Y_data = keras.preprocessing.sequence.pad_sequences(Yv, padding='post')
```

19.4.2 定义标记分类网络

下面将构建一个双向 LSTM（长短期记忆）网络来进行标记分类。为了在最后一个 LSTM 层的每个输出步骤上应用密集分类层，将使用 TimeDistributed 结构，它可以将同一个密集层复制到 LSTM 每一步的输出上，程序如下：

```
# 获取补齐后的句子最大长度
maxlen = X_data.shape[1]
# 获取词汇表大小
vocab_size = len(vocab)
# 获取标签数量
num_tags = len(tags)

# 定义一个 Sequential 模型
model = keras.models.Sequential([
    # 嵌入层，将单词 ID 转换为 300 维的向量表示
    keras.layers.Embedding(vocab_size, 300, input_length=maxlen),
    # 双向 LSTM 层，每个方向有 100 个单元，激活函数为 'tanh'，返回序列
    keras.layers.Bidirectional(keras.layers.LSTM(units=100, activation='tanh',
return_sequences=True)),
    # 另一双向 LSTM 层
    keras.layers.Bidirectional(keras.layers.LSTM(units=100, activation='tanh',
return_sequences=True)),
    # 时间分布式全连接层，输出维度为标签数量，激活函数为 'softmax'
    keras.layers.TimeDistributed(keras.layers.Dense(num_tags,
activation='softmax'))
])
# 编译模型，损失函数为 'sparse_categorical_crossentropy'，优化器为 'adam'，评估指标为 'acc'
model.compile(loss='sparse_categorical_crossentropy', optimizer='adam',
metrics=['acc'])
# 打印模型摘要
model.summary()
```

程序输出如下：

```
Model: "sequential"
_________________________________________________________________
 Layer (type)                        Output Shape              Param #
=================================================================
 embedding (Embedding)              (None, 104, 300)          9545700
 bidirectional (Bidirectional)      (None, 104, 200)          320800
 bidirectional_1 (Bidirectional)     (None, 104, 200)          240800
 time_distributed (TimeDistributed)  (None, 104, 17)           3417
=================================================================
Total params: 10110717 (38.57 MB)
Trainable params: 10110717 (38.57 MB)
Non-trainable params: 0 (0.00 Byte)
_________________________________________________________________
```

注意，在这里显式指定了数据集的最大长度（maxlen）。如果想要网络处理不同长度的序列，在定义网络时就需要更巧妙的设计。

现在开始训练模型。为了快速完成，只会训练一轮（epoch），但可以尝试训练更长的时间。另外，还可以分离出数据集的一部分作为验证集，以便观察验证过程中的准确率，训练程序如下：

```
# 使用 X_data 和 Y_data 训练模型
model.fit(X_data, Y_data)
```

程序输出如下：

```
1499/1499 [=====] - 335s 221ms/step -
loss: 0.0660 - acc: 0.9840
```

19.4.3 测试结果

下面介绍实体识别模型如何在一个样本句子上工作。下面的程序将一个句子转换为 ID 序列，并使用模型对该句子进行预测：

```
# 定义一个句子并分词
sent = 'John Smith went to Paris
to attend a conference in cancer
development institute'
words = sent.lower().split()
# 将句子转换为 ID 序列，并进行补齐
v = keras.preprocessing.sequence.
pad_sequences([[word2id[x] for
x in words]], padding='post',
maxlen=maxlen)
# 使用模型对句子进行预测
res = model(v)[0]
```

下面的程序获取模型预测结果中的最大概率标签，并将预测的标签 ID 转换为标签，最后打印每个单词及其对应的标签：

```
# 获取预测结果中的最大概率标签
r = np.argmax(res.numpy(), axis=1)
# 将预测的标签 ID 转换为标签，并打印每个单
词及其对应的标签
for i, w in zip(r, words):
    print(f"{w} -> {id2tag[i]}")
```

程序输出如下：

```
john -> B-per
smith -> I-per
went -> O
to -> O
paris -> B-geo
to -> O
attend -> O
a -> O
conference -> O
in -> O
cancer -> O
development -> O
institute -> O
```

19.4.4 总结

即便是简单的 LSTM 模型，在命名实体识别（NER）任务上也能取得合理的成绩。不过，如果想要取得更优异的效果，可以使用如 BERT（双向编码器表示法，一种先进的深度学习语言模型）这样的大型预训练语言模型。使用 Huggingface Transformers 库训练 BERT 进行 NER 的方法描述在这里🔗 [L19-8]。

19.5 结论

命名实体识别模型是一个标记分类模型，这意味着它可以用来进行标记分类。这在自然语言处理中是一个非常常见的任务，有助于识别文本中的特定实体，包括地点、名称、日期等。

19.6 挑战

完成下面作业中的任务，为医学术语训练一个命名实体识别模型，然后尝试在另一个数据集上使用它。

19.7 复习与自学

浏览博客 The Unreasonable Effectiveness of Recurrent Neural Networks（循环神经网络的非凡效果）🔗 [L17-1] 并跟随该文章中的 Further Reading（进阶阅读）部分，以加深理解。

19.8 作业——命名实体识别

在本课的作业中，将训练一个医学实体识别模型。可以先尝试按照课程内容训练一个长短期记忆网络（LSTM）模型，然后尝试使用 BERT 转换器模型。阅读说明以获取全部细节。

19.8.1 任务

在此实验中，为医学术语训练一个命名实体识别模型。

19.8.2 数据集

为了训练命名实体识别模型，需要一个含有医学实体标记的合适数据集。BC5CDR 数据集🔗 [L19-9] 包括来自 1500 篇以上论文的标注疾病和化学物质实体。可以在他们的网站上注册后下载数据集。

BC5CDR 数据集大致如下：

```
6794356|t|Tricuspid valve regurgitation and lithium carbonate toxicity in a
newborn infant.
6794356|a|A newborn with massive tricuspid regurgitation, atrial flutter,
congestive heart failure, and a high serum lithium level is described. This is the
first patient to initially manifest tricuspid regurgitation and atrial flutter,
and the 11th described patient with cardiac disease among infants exposed to
lithium compounds in the first trimester of pregnancy. Sixty-three percent of
these infants had tricuspid valve involvement. Lithium carbonate may be a factor
in the increasing incidence of congenital heart disease when taken during early
pregnancy. It also causes neurologic depression, cyanosis, and cardiac arrhythmia
when consumed prior to delivery.
6794356      0      29      Tricuspid valve regurgitation  Disease      D014262
6794356      34     51      lithium carbonate              Chemical     D016651
6794356      52     60      toxicity        Disease        D064420
...
```

在这个数据集中，前两行是论文的标题和摘要，紧接着是标注了在标题 + 摘要区域内开始和结束位置的实体。除了实体类型，还提供了该实体在某些医学本体中的本体 ID。

需要编写一些 Python 代码将其转换为 BIO 编码。

19.8.3 神经网络

首次尝试命名实体识别可以使用长短期记忆（LSTM）网络，就像我们在课程中看到的例子。然而，在命名实体识别任务中，Transformer 架构🔗 [L19-10]，特别是 BERT 语言模型🔗 [L19-11] 展现出了更好的效果。预训练的 BERT 模型理解了语言的基本结构，并可以使用相对较小的数据集和计算成本进行特定任务的微调。

由于我们计划将命名实体识别应用于医学场景，使用在医学文本上训练的 BERT 模型是有意义的。微软研究院发布了一个名为 PubMedBERT 的预训练模型，该模型使用 PubMed 存储库🔗 [L19-12] 中的文本进行了微调。

用于训练 Transformer 模型的事实标准是 Hugging Face Transformers 库。它还包含一个社区维护的预训练模型库，其中包括 PubMedBERT。加载和使用这个模型的程序如下：

```
model_name = "microsoft/BiomedNLP-PubMedBERT-base-uncased-abstract"
classes = ... # 类的数量：2* 实体数 +1
tokenizer = AutoTokenizer.from_pretrained(model_name)
model = BertForTokenClassification.from_pretrained(model_name, classes)
```

这段代码提供了两个关键组件：一个是为标记分类任务构建的 `model`，使用了 `classes` 指定的类别数，另一个是 `tokenizer` 对象，用于将输入文本分割成标记。使用时，需要将数据集转换为 BIO 格式，并注意

PubMedBERT 的特殊分词方式。上面的 Python 代码可以作为读者开始使用这个模型的参考。

19.8.4 总结

如果想深入了解大量的自然语言文本任务，这个任务非常接近你可能要做的实际任务。在例子中，可以将训练好的模型应用到与 COVID-19 相关的论文数据集 **[L19–13]** 上，以探索我们能够得到哪些见解。这篇博客文章：使用 Azure 和健康文本分析分析新冠肺炎医学论文 **[L19–2]** 和这篇论文《使用人工智能分析 COVID-19 医学论文：为研究者和医疗专业人员提供的见解》 **[L19–14]** 描述了使用命名实体识别对这些论文语料库进行的研究。

课后测验

(1) NER 模型本质上是一个（ ）模型。

a. 文本分类

b. 标记分类

c. 文本回归

(2) （ ）神经网络类型可用于命名实体识别。

a. RNNs

b. Transformers

c. RNNs 和 Transformers 两者都可以

(3) 命名实体识别模型是（ ）网络架构的一个好例子。

a. 一对一

b. 一对多

c. 多对多

第 20 课
预训练的大型语言模型

在之前的所有任务中，通过使用有标签的数据集来训练神经网络，以执行特定任务。对于像 BERT 这样的大型 Transformer 模型，采用自监督的方式进行语言建模，构建一个语言模型，随后通过进一步的特定领域训练，将其专门用于特定的下游任务。然而，已经有证据表明，大型语言模型即使在没有任何特定领域训练的情况下，也能解决许多任务。能够实现这一点的模型家族被称为“GPT”——生成式预训练 Transformer（Generative Pre-Trained Transformer）。

简介

本课将介绍如下内容：

20.1 文本生成与困惑度
20.2 GPT 是一个大家族
20.3 提示工程
20.4 示例 Notebook：体验 OpenAI-GPT
20.5 使用 OpenAI-GPT 和 Hugging Face Transformers 生成文本：GPT-PyTorch.zh.ipynb
20.6 结论

课前小测验

（1）GPT 表示的意思是（ ）。
a. 通用预训练网络
b. 生成式预训练 Transformer
c. 通用位置文本

（2）GPT 可以用来做（ ）。
a. 文本生成
b. 文本分类
c. 文本生成和其他任务

（3）GPT 基于 Transformer 架构，这一说法（ ）。
a. 正确
b. 错误

20.1 文本生成与困惑度

在《语言模型是无监督的多任务学习器》这篇论文 [L20-1] 中，提出了神经网络在没有下游任务训练的情况下执行通用任务的可能性。其核心思想是，许多其他任务可以通过文本生成来建模，因为理解文本本质上就意味着能够生成文本。由于模型是在包含人类知识的大量文本上训练的，所以，它也对各种主题都有所了解。

理解并能够生成文本也意味着对我们周围世界的了解。人们在很大程度上是通过阅读来学习的，GPT 网络在这方面也有类似之处。

文本生成网络的工作原理是预测下一个词的概率 $P(w_N)$。

然而，下一个词的无条件概率等于该词在文本语料库中的频率。GPT 能够在给定前面的词的条件下，为我们提供下一个词的条件概率：$P(w_N|w_{n-1,\ldots,w_0})$。

> 可以在数据科学入门课中阅读更多关于概率的内容 [L20-2]。

模型生成语言的质量可以用**困惑度**（Perplexity）来衡量。困惑度是一种内在指标，允许在没有任何特定任务数据集的情况下测量模型的质量。困惑度基于句子概率的概念——模型为可能是真实的句子分配高概率（即模型不会对其感到“困惑”），并为意义较少的句子分配低概率（例如，“它能做什么？”）。当给模型提供来自真实文本语料库的句子时，希望它们具有高概率和低困惑度。数学上，它被定义为测试集的归一化逆概率：

$$困惑度(W) = \sqrt[N]{\frac{1}{P(W_1, ..., W_N)}}$$

可以使用 Hugging Face 的 GPT 支持的文本编辑器🔗 [L20-3] 进行文本生成实验。在此编辑器中，在输入文本的过程中，按 Tab 键，编辑器将提供几个可能的文本续写选项。如果它们太短，或者对它们不满意，可以再次按 Tab 键，将会出现更多选项，包括更长的文本片段。

20.2 GPT 是一个大家族

GPT 不是一个单一的模型，而是一个由 OpenAI 🔗 [L20-4] 开发和训练的模型集合。

在 GPT 模型下有 GPT-2、GPT-3、GPT-4。

- GPT-2 🔗 [L20-5]：具有多达 15 亿参数的语言模型。
- GPT-3 🔗 [L20-6]：具有多达 1750 亿参数的语言模型
- GPT-4 🔗 [L20-7]：100 万亿参数，接收图像和文本输入，并输出文本。

> GPT-3 和 GPT-4 模型可以由 Microsoft Azure 的认知服务🔗 [L20-8] 及 OpenAI API 🔗 [L20-9] 提供。

20.3 提示工程

由于 GPT 已经在大量的数据上进行了训练，以理解语言和代码，所以，它根据输入（提示）提供输出。提示是向 GPT 输入或查询的方式，通过它们，我们向模型提供下一个要完成的任务的说明。为了得到期望的结果，需要最有效的提示，这涉及选择正确的单词、格式、短语甚至符号。这种方法被称为提示工程（Prompt Engineering）🔗 [L20-10]。

此文档🔗 [L20-11] 提供了关于提示工程的更多信息。

20.4 ✍ 示例 Notebook：体验 OpenAI-GPT

在以下 Notebook 中继续学习：

- 使用 OpenAI-GPT 和 Hugging Face Transformers 生成文本 🔗 [L20-12]

20.5 使用 OpenAI-GPT 和 Hugging Face Transformers 生成文本：GPT-PyTorch.zh.ipynb

在此笔记本中，将探索如何使用 Hugging Face 的 `transformers` 库来玩转 OpenAI-GPT 模型。

下面的程序使用 transformers 库创建一个文本生成管道，并生成文本：

```
# 从 transformers 库导入 pipeline 函数
from transformers import pipeline

# 定义要使用的预训练模型的名称
model_name = 'openai-gpt'

# 创建一个文本生成管道，该管道使用指定的预训练模型
generator = pipeline('text-generation', model=model_name)

# 使用生成器为给定的提示生成文本，最大长度为 100，返回 5 个不同的序列
generator("Hello! I am a neural network, and I want to say that", max_length=100,
num_return_sequences=5)
```

程序输出如下：

```
…省略部分系统提示内容
[{'generated_text': 'Hello! I am a neural network, and I want to say that the situation is really unfortunate, but i have decided to return without any help at all. " \n " thank your lord for that, " said lord vetinari, and shook hands. \n they went outside to ponder stibbons, who was standing with a small group of people, watching the crowd for a clue as to their fate. \n " ah, " said lord vetinari, with a start. " it seems that a rather'},
 {'generated_text': 'Hello! I am a neural network, and I want to say that i am totally happy to see you. please forgive my poor manners. i\'m sorry i have come to see you, but you are the only one who knows. " \n " i know, " i said, " they just came in, it was a mistake. we should keep the audio down. " \n " how can i get in touch with you? " \n " i don\'t know. i haven\'t written.'},
 {'generated_text': 'Hello! I am a neural network, and I want to say that i will tell you why each person, every single one of you is free and free from your bondage. if you please, i will tell you now why each person will be free from their bondage. i am a neural network, and all of us are connected, and we can be one being and one unit. we are all connected, and we all work together, as one unit. this is a very, very powerful thing'},
 {'generated_text': 'Hello! I am a neural network, and I want to say that the new neural network is the finest neural network in the city, and we are very pleased, very pleased. perhaps you can, in fact, see why we have made changes to it. " \n * * * * * * * * * * \n " if you can see all the faces of those who will ever love you, no matter what, and you will be willing to die for them, and your love for one'},
 {'generated_text': 'Hello! I am a neural network, and I want to say that i have a plan, which i have been working on this whole time. i would like to speak with you, and it would be ideal if you would just pick up the telephone, and come straight here. i have nothing better to do. " \n in an instant the receiver was ringing. \n " no! " he shouted. \n " do you happen to have his name? i will be in touch. " \n chapter'}]
```

程序的输出显示了使用预训练的`openai-gpt`模型，通过文本生成管道`pipeline`为给定的提示“Hello! I am a neural network, and I want to say that”(你好！我是一个神经网络，我想说这种……)生成的5段文本。每段文本是模型根据给定的提示自动生成的，展现了模型如何基于输入提示继续生成连贯的文本内容。以下是对每段生成文本的中文解释：

1.“你好！我是一个神经网络，我想说这种情况真的很不幸，但我决定不求任何帮助就回来了。”“谢谢你，主啊，”主维提纳利说，并与对方握手。“他们走出去思考斯蒂朋斯，后者正站在一群人中，观察着人群，寻找他们命运的线索。”“啊，”主维提纳利惊讶地说。“看来有个相当……”

2.“你好！我是一个神经网络，我想说我很高兴见到你。请原谅我的失礼。我很抱歉来见你，但你是唯一知道的人。”“我知道，”我说，“他们刚进来，是个错误。我们应该保持小声。”“我怎样才能和你联系？”“我不知道。我还没写……”

3.“你好！我是一个神经网络，我想说我会告诉你为什么每个人，每一个人都是自由的，从束缚中解放出来的。如果你愿意，请让我现在告诉你为什么每个人都会从他们的束缚中解放出来。我是一个神经网络，我们所有人都是相连的，我们可以是一个整体，一个单位。我们都是相连的，我们共同努力，作为一个单位。这是一个非常强大的事情……”

4.“你好！我是一个神经网络，我想说新的神经网络是这个城市里最好的神经网络，我们非常满意，非常满意。也许你事实上可以看到我们为什么要对它进行更改。”“如果你能看到所有曾经爱过你的人的面孔，无论如何，你愿意为他们死，为一个人的爱……”

5. “你好！我是一个神经网络，我想说我有一个计划，这个计划我一直在进行。我想和你谈谈，如果你能直接拿起电话来这里就更好了。我没什么更好的事情可做。”电话铃响的瞬间。“不！”他大叫。“你碰巧知道他的名字吗？我会联系你。第……”

20.5.1 提示工程技巧

在某些问题中，可以通过设计正确的提示（prompt）直接使用 `openai-gpt` 生成答案，请看示例。下面的程序生成关于“cat”一词的同义词的文本，最大长度为 20，返回 5 个不同的序列：

```
generator("Synonyms of a word cat:", max_length=20, num_return_sequences=5)
```

程序输出如下：

```
[{'generated_text': 'Synonyms of a word cat: a " cat, " really. when she smiled or said'},
 {'generated_text': 'Synonyms of a word cat: an endearment to a friend, a moniker and the fact that'},
 {'generated_text': 'Synonyms of a word cat: a black cat, a black cat, a jaguar, a'},
 {'generated_text': 'Synonyms of a word cat: i wanted to be the best. i wanted to be a'},
 {'generated_text': 'Synonyms of a word cat: \n a catepilacompute \n a cat'}]
```

程序的输出显示了使用给定的提示“`Synonyms of a word cat:`”（“猫”这个词的同义词：）生成的 5 段文本。每段文本是模型根据给定的提示自动生成的，尽管模型试图根据提示生成与“猫”相关的同义词，但输出的结果并不完全准确或直接相关。以下是对每段生成文本的中文解释：

1. “猫这个词的同义词：一只‘猫’，真的。当她微笑或说话时……”（这段文本没有给出明确的同义词，而是提到了一个场景）
2. “猫这个词的同义词：对朋友的昵称，一个别名，以及这个事实……”（这段文本提到了可能的同义词概念，但没有具体的同义词）
3. “猫这个词的同义词：一只黑猫，一只黑猫，一只美洲豹，一个……”（这段文本尝试给出一些动物名称作为同义词，但并不完全准确）
4. “猫这个词的同义词：我想成为最好的。我想成为一个……”（这段文本与猫的同义词不相关）
5. “猫这个词的同义词：一个 catepilacompute，一个猫……”（这段文本中出现了一个不明确的词汇“catepilacompute”，可能是模型生成的虚构词汇，与猫的同义词不相关）

下面的程序为给定的情感提示生成文本，最大长度为 40，返回 5 个不同的序列：

```
generator("I love when you say this -> Positive\nI have myself -> Negative\nThis is awful for you to say this ->", max_length=40, num_return_sequences=5)
```

程序输出如下：

```
[{'generated_text': "I love when you say this -> Positive\nI have myself -> Negative\nThis is awful for you to say this -> negative \n i've got to tell you, seth : i 'll be the"},
 {'generated_text': 'I love when you say this -> Positive\nI have myself -> Negative\nThis is awful for you to say this -> positive this is awful for you... > positive this is bad all i say'},
```

```
 {'generated_text': 'I love when you say this -> Positive\nI have myself ->
Negative\nThis is awful for you to say this -> positive that you are having fun?
she has no business being the person this'},
 {'generated_text': 'I love when you say this -> Positive\nI have myself ->
Negative\nThis is awful for you to say this -> \n " he might not know this yet,
but he will. they \'ll'},
 {'generated_text': 'I love when you say this -> Positive\nI have myself ->
Negative\nThis is awful for you to say this -> non negative this is... but... \n
< the best place to go when'}]
```

程序的输出展示了给定的情感提示生成的5段文本。这个提示包含三部分：一条正面的情感表达（"I love when you say this -> Positive"），一条负面的情感表达（"I have myself -> Negative"），以及一个开放式的情感表达请求（"This is awful for you to say this ->"），模型被要求在这之后继续生成文本。以下是对每段生成文本的中文解释：

1. “我喜欢你这么说 -> 正面 \n 我对自己 -> 负面 \n 你这么说太可怕了 -> 负面 \n 我得告诉你，塞斯：我会是……”（这段文本在满足前两个情感提示后，尝试对第三个进行回应，但内容略显突兀）
2. “我喜欢你这么说 -> 正面 \n 我对自己 -> 负面 \n 你这么说太可怕了 -> 正面这对你来说太可怕了… > 正面这太糟糕了，我说……”（这段文本对第三个提示的回应与其负面情感相矛盾）
3. “我喜欢你这么说 -> 正面 \n 我对自己 -> 负面 \n 你这么说太可怕了 -> 正面你玩得开心吗？她没有资格成为这个人……”（这段文本试图回应第三个提示，但其情感倾向与原文不符）
4. “我喜欢你这么说 -> 正面 \n 我对自己 -> 负面 \n 你这么说太可怕了 -> \n “他可能还不知道，但他会知道的。他们会……”（这段文本没有直接回应第三个情感提示，而是转向了另一个话题）
5. “我喜欢你这么说 -> 正面 \n 我对自己 -> 负面 \n 你这么说太可怕了 -> 非负面这是…但是…\n< 当……最好的地方去是……”（这段文本对第三个提示的回应模棱两可，难以判断其情感倾向）

下面的程序生成关于将英语单词翻译成法语的文本，设置 top_k 为 50，最大长度为 30，返回 3 个不同的序列：

```
generator("Translate English to French: cat => chat, dog => chien, student => ",
top_k=50, max_length=30, num_return_sequences=3)
```

程序输出如下：

```
[{'generated_text': "Translate English to French: cat => chat, dog => chien,
student =>  girl = > cat but that's really all about what"},
 {'generated_text': 'Translate English to French: cat => chat, dog => chien,
student =>  french class, french literature. you have all their addresses'},
 {'generated_text': 'Translate English to French: cat => chat, dog => chien,
student =>  girl = > boy = > boys = > dog ='}]
```

程序的输出展示了使用预训练的 OpenAI-GPT 模型，通过文本生成管道 pipeline 为给定的英法翻译提示生成的 3 段文本。提示要求模型将英语单词“cat”“dog”和“student”翻译为法语，其中前两个单词的法语翻译已给出（cat => chat, dog => chien），并要求模型完成“student”一词的法语翻译。以下是对每段生成文本的中文解释：

1. “将英文翻译成法文：cat => chat, dog => chien, student => girl = > cat 但这实际上都是关于什么的……”（这段文本没有给出“student”的准确法语翻译，而是提供了一个不相关的转换）

2. “将英文翻译成法文：cat => chat, dog => chien, student => 法语课，法国文学。你有他们所有的地址……”（这段文本同样没有提供正确的翻译，而是转向了其他话题）

3. “将英文翻译成法文：cat => chat, dog => chien, student => girl = > boy = > boys = > dog = ……”（这段文本在尝试翻译时偏离了主题，没有给出正确的翻译）

下面的程序生成关于喜欢电影 *The Matrix* 的人可能还喜欢的其他电影的文本，最大长度为 40，返回 5 个不同的序列：

```
generator("People who liked the movie The Matrix also liked ", max_length=40, num_
return_sequences=5)
```

程序输出如下：

```
[{'generated_text': "People who liked the movie The Matrix also liked  the movie
the matrix and the movie itself. we're not quite sure what the movie might have
done to us if we 'd made popcorn instead of the little"},
 {'generated_text': 'People who liked the movie The Matrix also liked  the movie.
" \n " so this stuff is kind of funny for some people. " \n " it is. " i shrug.
then i go through'},
 {'generated_text': 'People who liked the movie The Matrix also liked  it, even
after a bit of a hard time. \n he had been thinking about the movie earlier. she
gave him her cell phone number and he told'},
 {'generated_text': "People who liked the movie The Matrix also liked  the movie.
and even if you didn't have a lot of money in the account, they didn't do well
without your help. \n and that was"},
 {'generated_text': "People who liked the movie The Matrix also liked  the movie
the matrix and the matrix didn't like his movie because he didn't like movie he
did like the movie he liked the movie he liked the movie"}]
```

程序的输出展示了使用给定的提示“People who liked the movie The Matrix also liked”（喜欢电影《黑客帝国》的人还喜欢）生成的 5 段文本。每段文本是模型根据给定的提示自动生成的。以下是对每段生成文本的中文解释：

1. “喜欢电影《黑客帝国》的人也喜欢这部电影和电影本身。我们不太确定如果我们做爆米花而不是小……电影会对我们做些什么。”（这段文本没有提供具体的其他电影名称，而是围绕《黑客帝国》本身进行了描述）

2. “喜欢电影《黑客帝国》的人也喜欢这部电影。”“所以这对某些人来说有点好笑。”“是的。”我耸耸肩，然后我去……”（这段文本同样没有提供具体的其他电影名称，而是展开了一段对话）

3. “喜欢电影《黑客帝国》的人也喜欢它，即使经历了一段艰难的时光。”他之前一直在考虑这部电影。她给了他她的手机号码，他告诉了……”（这段文本提到了一段相关的场景，但没有明确指出其他具体的电影）

4. “喜欢电影《黑客帝国》的人也喜欢这部电影。即使你账户里没有很多钱，没有你们的帮助，他们也做不好。”“那就是……”（这段文本没有明确提及其他电影，而是转向了一个不相关的话题）

5. “喜欢电影《黑客帝国》的人也喜欢《黑客帝国》这部电影，但他不喜欢他的电影，因为他不喜欢他做的电影，他喜欢他喜欢的电影，他喜欢他喜欢的电影。”（这段文本重复提到《黑客帝国》，但没有提供其他电影的名称）

20.5.2 文本采样策略

到目前为止，我们一直在使用简单的贪婪采样策略，根据最高概率选择下一个词。以下是其工作原理。下面的程序定义一个提示，并使用生成器为该提示生成文本，最大长度为 100，返回 5 个不同的序列：

```
prompt = "It was early evening when I can back from work. I usually work late, but
this time it was an exception. When I entered a room, I saw"
generator(prompt, max_length=100, num_return_sequences=5)
```

程序输出如下：

```
[{'generated_text': "It was early evening when I can back from work. I usually
work late, but this time it was an exception. When I entered a room, I saw a man's
body sprawled out on the floor. a man was lying in a bed with blood on his chest.
his legs were spread wide. \n i ran over and knelt down beside the bed, looking
into the man's face. his eyes were closed, but he was clearly dead. i could see a
pulse in his neck. i"},
 {'generated_text': "It was early evening when I can back from work. I usually
work late, but this time it was an exception. When I entered a room, I saw that
i had to wait for my phone to ring, for it to stop ticking. i looked to my left
and my eyes stopped on a table, that had been left vacant. that's when i realized
what i 'd found : his phone - empty and lifeless. \n when i stepped back into the
hallway, i saw my purse and my"},
 {'generated_text': 'It was early evening when I can back from work. I usually
work late, but this time it was an exception. When I entered a room, I saw a
tall guy with dark hair, his eyes, and a tan. he smiled at me, but his smile was
not friendly. his eyes were an icy gray color, piercing and cold. i immediately
thought he was something else, but i could not put my finger on it. he was too
close, too close, too friendly to be'},
 {'generated_text': 'It was early evening when I can back from work. I usually
work late, but this time it was an exception. When I entered a room, I saw the
girl, the beautiful young woman, sitting next to a man, and my heart was pounding.
she looked as beautiful now as before, in our clothes. i could see that she had
long long blonde hair, much that i remember. she was wearing a short, black dress,
thin, and very revealing. her body was covered by'},
 {'generated_text': "It was early evening when I can back from work. I usually
work late, but this time it was an exception. When I entered a room, I saw a
small dark man seated in their waiting room, with a small boy that looked like
his daughter in the doorway. he didn't look the same as the boy had. after seeing
him, i knew this was no child ; this was the age i had known as a child. \n when i
entered the room, i found it vacant."}]
```

程序的输出展示了使用给定的情景描述生成的 5 段文本。情景描述是“It was early evening when I can back from work. I usually work late, but this time it was an exception. When I entered a room, I saw”（晚上早些时候我下班回家。我通常工作到很晚，但这次是个例外。当我进入一个房间时，我看到）。以下是对每段生成文本的中文解释：

1. “我下班回家时，天色尚早。我通常工作到很晚，但这次是个例外。当我进入一个房间时，我看到一个男人的尸体横躺在地板上。一个男人躺在床上，胸口有血。他的腿张开了。我跑过去跪在床边，看着男人的脸。他的眼睛闭着，但显然已经死了。我能看到他脖子上的脉搏。”

2. “我下班回家时，天色尚早。我通常工作到很晚，但这次是个例外。当我进入一个房间时，我看到我必须等待我的手机响起，等它停止滴答作响。我向左看，我的目光停在一张空着的桌子上。那时我意识到我找到了什么：他的手机——空无一物，毫无生气。”
3. “我下班回家时，天色尚早。我通常工作到很晚，但这次是个例外。当我进入一个房间时，我看到一个高个子的黑发男子，他的眼睛和肤色。他对我笑了笑，但他的笑容并不友好。他的眼睛是冰冷的灰色，锐利而冷漠。我立刻想到他是别的什么东西，但我说不出来。他太近了，太亲近了，太友好了，不能是……”
4. “我下班回家时，天色尚早。我通常工作到很晚，但这次是个例外。当我进入一个房间时，我看到一个女孩，一个美丽的年轻女子，坐在一个男人旁边，我的心怦怦直跳。她看起来和以前一样美丽，在我们的衣服里。我能看到她有一头长长的金发，就像我记得的那样。她穿着一件短小、黑色的、薄薄的、非常暴露的裙子。她的身体被……”
5. “我下班回家时，天色尚早。我通常工作到很晚，但这次是个例外。当我进入一个房间时，我看到一个小个子的黑人男子坐在他们的等候室里，门口有一个看起来像他女儿的小男孩。他看起来和那个男孩不一样。看到他后，我知道这不是个孩子；这是我小时候认识的年龄。”

Beam Search（束搜索）允许生成器探索文本生成的几个方向（束），并选择得分最高的方向。可以通过提供 `num_beams` 参数来进行束搜索。还可以指定 `no_repeat_ngram_size` 参数，以惩罚模型重复给定大小的 *n*-gram（*N* 元词组）。

下面的程序使用相同的提示，但添加了 `num_beams=10` 和 `no_repeat_ngram_size=2` 的参数，以改变生成文本的方式：

```
prompt = "It was early evening when I can back from work. I usually work late, but this time it was an exception. When I entered a room, I saw"
generator(prompt,max_length=100,num_return_sequences=3,num_beams=10,no_repeat_
ngram_size=2)
```

程序输出如下：

```
[{'generated_text': 'It was early evening when I can back from work. I usually
work late, but this time it was an exception. When I entered a room, I saw a woman
sitting on the edge of her bed with her head in her hands. she didn\'t look up at
me as i walked into the room. \n " hi, " i said. " are you okay? " \n she looked
up and gave me a weak smile. her eyes were red and puffy, and i could tell she
had'},
 {'generated_text': 'It was early evening when I can back from work. I usually
work late, but this time it was an exception. When I entered a room, I saw a man
sitting in a chair in the middle of the room. he was reading a book and didn\'t
look up as i walked in. \n " hello, " i said. " can i help you? " \n he looked up
at me, and i couldn\'t help but notice that his eyes were the same color as his
hair.'},
 {'generated_text': 'It was early evening when I can back from work. I usually
work late, but this time it was an exception. When I entered a room, I saw a man
sitting in a chair in the corner, reading a book. he looked up at me and smiled.
\n " hello, " he said. " what can i do for you? " \n i sat down on the edge of the
bed and looked around the room. there was a small table with a lamp on it, and a'}]
```

程序的输出展示了在相同的提示下，通过添加参数 `num_beams=10` 和 `no_repeat_ngram_size=2` 来改变文本生成方式，使用 `openai-gpt` 模型生成的 3 段文本。这些参数的添加旨在增强文本生成的

> 多样性和创造性，同时减少重复。以下是对每段生成文本的中文解释：
> 1. “我下班回家时，天色尚早。我通常工作到很晚，但这次是个例外。当我进入一个房间时，我看到一个女人坐在床边，双手托着头。当我走进房间时，她没有抬头看我。”“嗨，”我说。“你还好吗？”她抬头微笑，眼睛红肿，我能看出她哭过。”
> 2. “我下班回家时，天色尚早。我通常工作到很晚，但这次是个例外。当我进入一个房间时，我看到一个男人坐在房间中间的椅子上。他在看书，没有抬头看我走进来。”“你好，”我说。“我能帮你吗？”他抬头看着我，我不禁注意到他的眼睛和头发颜色一样。”
> 3. “我下班回家时，天色尚早。我通常工作到很晚，但这次是个例外。当我进入一个房间时，我看到一个男人坐在角落里的椅子上，正在读书。他抬头看着我，微笑。”“你好，”他说。“我能为你做什么？”我坐在床边，环顾四周。房间里有个小桌子，上面有个灯，还有……”

采样根据模型返回的概率分布，非确定性地选择下一个词。通过设置 `do_sample=True` 参数可以开启采样。此外，还可以指定 `temperature` 参数来调整模型的确定性程度，取值越高，模型越趋向于随机选择；取值越低，模型越趋向于确定性选择。

下面的程序使用相同的提示，但将 `do_sample` 设置为 `True`，并将温度设置为 0.8，以改变生成文本的随机性：

```
prompt = "It was early evening when I can back from work. I usually work late, but
this time it was an exception. When I entered a room, I saw"
generator(prompt,max_length=100,do_sample=True,temperature=0.8)
```

程序输出如下：

```
[{'generated_text': 'It was early evening when I can back from work. I usually
work late, but this time it was an exception. When I entered a room, I saw a very
attractive young woman with a beautiful figure, and an expression of awe on her
face. my heart stopped for a moment. was she looking at me or at something else?
at first i thought she was reading some book, but she looked up and smiled, then
she looked at me for a few seconds, then away again. i'}]
```

> 程序的输出展示了在相同的提示下，通过设置 `do_sample=True` 和 `temperature=0.8` 来改变文本生成的随机性，使用 `openai-gpt` 模型生成的一段文本。这些设置旨在增加文本生成的多样性和不可预测性，使生成的内容更加丰富和自然。以下是对生成文本的中文解释：
> “我下班回家时，天色尚早。我通常工作到很晚，但这次是个例外。当我进入一个房间时，我看到一个非常有吸引力的年轻女子，她身材优美，脸上露出惊讶的表情。我的心脏一瞬间停止了跳动。她是在看我还是在看别的什么东西？起初我以为她在读书，但她抬头微笑，然后看了我几秒钟，又移开了目光。我……”

在采样中，还可以提供两个附加参数：

- `top_k` 指定在采样时要考虑的单词选项数量。这可以减少在文本中获取奇怪（低概率）单词的机会。
- `top_p` 类似，但选择最可能的单词的最小子集，其总概率大于 p。

请随意尝试添加这些参数进行实验。

20.5.3 微调你的模型

还可以在自己的数据集上微调🔗 [L20-13] 你的模型。这将允许你调整文本的风格，同时保留语言模型的主要部分。

20.6 结论

新的通用预训练语言模型不仅模拟了语言结构，还包含了大量的自然语言。因此，它们可以在零样本或少样本的设置中有效地用于解决某些自然语言处理任务。

课后测验

(1)（ ）是零样本学习。

a. 从预训练网络中获取答案

b. 从零开始训练网络

c. 仅训练网络 1 轮

(2) 提示工程可以用于（ ）。

a. 零样本学习

b. 少样本学习

c. 两者都可以

(3) 用（ ）指标可以估计语言模型的质量。

a. 准确率

b. 召回率

c. 困惑度

第 5 篇　其他人工智能技术

本篇先介绍 3 种高级且独特的人工智能技术：遗传算法、深度强化学习和多智能体系统。

- **遗传算法**：这是一种模仿自然进化过程的优化算法，主要用于解决复杂的优化和搜索问题。通过模拟生物进化中的交叉、变异和选择过程，遗传算法能够在候选解集中迭代搜索最优解。
- **深度强化学习**：此技术结合了深度学习和强化学习的原理，用于解决复杂的决策问题。通过与环境的交互，智能体学习如何完成任务或实现目标，并根据获得的奖励或惩罚调整其行为，以最大化长期奖励。
- **多智能体系统**：在这种系统中，多个智能体协作或竞争以完成复杂任务或实现共同目标。这些系统的研究集中于智能体间的互动和协调策略，广泛应用于自动化交通、智能电网管理等领域。

总的来说，本篇深入探讨这些先进的 AI 技术，并阐述它们在解决实际问题中的应用和重要性。

最后，第 24 课将探讨人工智能的论理与责任，探索人工智能如何利用数学方法来解析数据和仿真人类行为。我们将预见到它作为一种工具的潜力与风险，并学习如何通过应用微软提出的负责任的人工智能原则——包括公平性、可靠性、隐私、包容性、透明性和问责性——来确保其正当和安全的使用。这些原则和工具箱将提供必要的知识框架，帮助理解如何在现实世界中负责任地部署和使用人工智能。

第 21 课 遗传算法

本课将介绍遗传算法。遗传算法是一种模拟生物进化过程的人工智能技术，用于解决复杂问题。其内容涵盖遗传算法的基本原理，包括基因表示、交叉操作、选择操作和变异操作。我们讨论了如何实现遗传算法，以及具体步骤和典型应用场景，如优化调度和最优打包问题。此外，通过实际案例（均分宝藏问题和 8 皇后问题），学生将实践遗传算法的应用。最后，作业部分将引导学生解决丢番图方程的实例。

简介

本课将介绍如下内容：

21.1 遗传算法概述
21.2 遗传算法的典型任务
21.3 练习——遗传算法实践
21.4 遗传算法实践：Genetic.zh.ipynb
21.5 结论
21.6 挑战
21.7 复习与自学
21.8 作业——丢番图方程

课前小测验

（1）遗传算法基于（ ）。

a. 变异
b. 选择
c. a 和 b 都是

（2）交叉操作使我们能够将两个解决方案结合在一起，以获得一个新的有效解决方案，这一说法（ ）。

a. 正确
b. 错误

（3）遗传算法的有效解可以表示为 （ ）。

a. 基因
b. 神经元
c. 细胞

21.1 遗传算法概述

遗传算法（Genetic Algorithms，GA）是一种模拟生物进化过程来解决问题的人工智能技术。1975 年，约翰·亨利·霍兰德 [L21-1] 提出了这种方法。遗传算法主要基于以下几个原则：

- 问题的有效解可以表示为**基因**（Genes）。
- **交叉**（Crossover）操作允许将两个解组合在一起获得一个新的有效解。
- **选择**（Selection）操作用于根据某些适应度函数选择更优解。
- **变异**（Mutation）操作被引入以避免只找到局部最优解。

实现遗传算法，需要：

- 设计一种方法，用基因序列 $g\in\Gamma$ 来编码问题的解。
- 在基因集 Γ 上定义一个适应度函数 fit: $\Gamma\rightarrow R$，函数值越小，代表解决方案越好。
- 设定交叉机制 crossover: $\Gamma^2\rightarrow\Gamma$，用以合并两个基因，产生新的解。

- 设定变异机制 mutate: $\Gamma \to \Gamma$，以引入新的基因变异。

交叉和变异通常是简单的算法，可以像操作数字序列或位向量那样操作基因序列。

遗传算法的实施步骤如下：

（1） 选择一个初始的种群 $G \subset \Gamma$。

（2） 随机选择本次将执行的操作：交叉或变异。

（3） 执行交叉操作：

- 随机选取两个基因 $g_1, g_2 \in G$。
- 计算它们的交叉产物 g=crossover (g_1, g_2)。
- 如果新产生的 g 适应度 fit(g) 小于 fit(g_1) 或 fit(g_2) —— 用 g 替换种群中相应的基因。

（4） 执行变异操作：随机选择一个基因 $g \in G$，用 mutate(g) 来替换它。

（5） 从第 (2) 步重复，直到得到一个足够小的适应度值 fit，或者达到迭代次数上限。

21.2 典型任务

遗传算法通常解决的任务包括如下 4 个：

（1） **优化调度问题。** 优化调度问题涉及在有限的资源和时间内安排任务的最佳方式。例如，在制造业中，需要决定机器的操作顺序，以最小化生产时间或在项目管理中安排任务，以避免延误。遗传算法通过不断优化任务顺序，找到最优的调度方案。

（2） **最优打包问题。** 最优打包问题是指如何将一组物品以最紧凑的方式放入一个或多个容器中，尽量减少浪费空间。例如，在物流中，遗传算法可以帮助确定如何将各种大小的货物装进卡车，以最大化利用空间。

（3） **最佳切割问题。** 最佳切割问题涉及如何将材料（如金属板、木材等）切割成指定的形状，以最小化废料。例如，在制造业中，遗传算法可以优化切割模式，减少材料浪费，降低生产成本。

（4） **加速穷举搜索。** 加速穷举搜索是指在解决需要遍历所有可能解的问题时，提高搜索效率。遗传算法通过选择和变异操作，智能地探索解空间，快速找到接近最优的解决方案，避免耗时的全局搜索。例如，在密码破解或组合优化问题中，遗传算法可以显著加快找到正确解的速度。

21.3 ✍ 练习——遗传算法实践

前往遗传算法实践 Notebook：`Genetic.zh.ipynb` 🔗 [L21-2] 查看两个使用遗传算法的例子：

（1） 均分宝藏问题。

（2） 8 皇后问题。

21.4 遗传算法实践：Genetic.zh.ipynb

导入所需的库，程序如下：

```
# 导入随机库以生成随机数，matplotlib.pyplot 用于绘图，NumPy 用于数组操作，math 用于数学函数，time 用于计时
import random
import matplotlib.pyplot as plt
import numpy as np
import math
import time
```

21.4.1 一些理论

关于遗传算法的理论请参看本课 21.1 的介绍。

21.4.2 问题 1：均分宝藏法

任务： 两人发现了一包有着不同大小（因此价值不同）的钻石宝藏。他们需要将宝藏分成两部分，使得价格差异为 0（或最小）。

正式定义： 有一组数字 S，需要将其拆分成两个子集 S_1 和 S_2，使得

$$\left|\sum_{i \in S_1} i - \sum_{j \in S_2} j\right| \to \min$$

且 $S_1 \cup S_2 = S$，$S_1 \cap S_2 = 0$。

首先，定义集合 S，程序如下：

```
# 定义问题的规模，即数组 S 的大小
N = 200
# 生成 N 个范围在 1 ～ 10000 的随机整数，组成数组 S
S = np.array([random.randint(1,10000) for _ in range(N)])
print(S)  # 打印数组 S
```

程序输出如下：

```
[4549 1676 3628 6082 6434 5521 7401  341 4378 5976 8726  394 3444 9296
 5420 3468 9538 4285  305 5179 5452 8101 3000 1655 6458 1492 4466 6432
 2736 1635 9838 2411 7597 9373 9730 7769 9527 8926 1725 6290 1451 3977
 5032 3988 1903 7333 9259 2540 4219 5600 4098 1351 1109  866 5559 8661
 1296 3984  264 1158 4701 7412  247 5173 7551 1567 8494 5207 5828 2338
 8789 6666 8105 5940 1766 6827 6907 3239 4875 3855 8724 2987 3590 7999
 7648  421 4064 5471 7869 5039 9846 9391 7207 3238 5052 5906 5921 7535
 1277 8704 1797 5379 2016 3772 4903  782 3912 2831 4352  113 3157 8078
 5794 9825 5264 7915  798 7636 4958 7891 8747 2852 2908 4244 6444 5952
 9269 1221 3438 9313 3150 6137 9887 3741 2723 4154 4854 5338 8313 8848
  275 8810 5900 9817 5492 8706 6015 9284  458 8831 9881  340 6683 7896
 7246 4797  791 3351 8010 7060 2452  826 5310 2396 6753 7789 6425 3685
 3691 1092  465  305 8787 9936 5488 1745 4643 6668 2828 9284 9954 6593
    6 8247  806 6756 1541 2609 8394  560 4589 8325  405 3629 7877 1128
 6567 4597 4333 8977]
```

可以用一个二进制向量 $\boldsymbol{B} \in \{0,1\}^N$ 来编码这个问题的每一个可能解，其中在第 i 个位置的数字表示原始集合 S 中的第 i 个数字属于哪一个子集（S_1 或 S_2）。generate 函数将会生成这些随机的二进制向量。定义并调用 generate 函数，生成与输入数组 S 大小相同的随机 0 和 1 数组的程序如下：

```
# 定义 generate 函数，它接收数组 S，并返回一个与 S 大小相同的 0 和 1 组成的随机数组
def generate(S):
    return np.array([random.randint(0,1) for _ in S])

# 调用 generate 函数，生成随机数组 b
b = generate(S)
print(b)  # 打印数组 b
```

程序输出如下：

```
[0 0 1 0 0 0 0 1 1 1 1 1 0 1 1 1 1 1 0 1 1 0 0 0 1 0 1 0 0 0 1 1 0 1 0 1 1
 0 0 1 0 1 0 1 1 0 1 1 1 1 0 1 0 0 1 0 1 0 1 0 1 0 0 1 0 1 0 1 0 1 0 1 0 1
 0 1 0 1 0 1 0 0 0 1 1 1 1 0 1 1 1 1 0 0 1 0 1 1 0 0 0 1 1 1 0 1 1 0 1 1 0
 1 1 0 0 1 0 1 1 1 0 0 1 1 1 0 1 0 1 1 0 0 0 0 0 1 0 0 0 0 1 1 0 1 0 0 0 1
 1 1 0 1 0 1 0 0 1 0 1 0 1 1 1 1 1 1 0 1 1 1 0 1 1 0 0 1 0 0 1 1 0 0 0 1 1
 1 0 1 0 1 0 1 1 0 0 1 1 0 0 0]
```

下面定义 fit 函数来计算解决方案的“成本”，其是 S_1 与 S_2 之间的差值。定义并调用 fit 函数，计算随机数组 b 的适应度的程序如下：

```
# 定义 fit 函数，用于计算适应度
# 适应度是通过计算 B*S 的总和与 (1-B)*S 的总和之间的差值的绝对值来衡量的
def fit(B,S=S):
    c1 = (B*S).sum()  # 计算 B*S 的总和
    c2 = ((1-B)*S).sum()  # 计算 (1-B)*S 的总和
    return abs(c1-c2)  # 返回差值的绝对值

# 调用 fit 函数，计算 b 数组的适应度
fit(b)
```

程序输出如下：

```
38898
```

接下来，为变异和交叉定义函数。

- 对于变异，将选择一个随机位并对其取反（从0变为1，反之亦然）。
- 对于交叉，将从一个向量中取一些位，从另一个向量中取一些位。使用相同的 generate 函数来随机选择从哪个输入掩码中取哪些位。

下面的程序定义了 mutate 函数（用于变异数组元素）和 xover 函数（用于组合两个数组）：

```
# 定义变异函数，它接收一个数组 b，并随机选择一个元素进行变异
def mutate(b):
    x = b.copy()  # 创建 b 的副本
    i = random.randint(0,len(b)-1)  # 随机选择一个索引
    x[i] = 1-x[i]  # 改变选定索引的值
    return x  # 返回变异后的数组

# 定义交叉函数，用于组合两个父代 b1 和 b2
def xover(b1,b2):
    x = generate(b1)  # 生成与 b1 大小相同的随机 0 和 1 数组
    return b1*x+b2*(1-x)  # 返回组合后的数组
```

创建大小为 pop_size 的解的初始种群 P，程序如下：

```
# 定义种群大小
pop_size = 30
# 生成包含 pop_size 个随机解的种群 P
P = [generate(S) for _ in range(pop_size)]
```

现在，执行演化的主要函数。n 是要进行的演化步数。在每一步：

- 以 30%的概率进行变异，并用经过变异的元素替换具有最差 fit 函数的元素。
- 以 70%的概率进行交叉。

该函数返回最佳解（对应最佳解的基因），以及每次迭代中种群的最小 fit 函数的历史记录。定义并执行 evolve 函数，使用遗传算法进行优化，返回最优解及其适应度的程序如下：

```
# 定义进化函数，用于执行遗传算法的整个进化过程
def evolve(P, S=S, n=2000):
    res = []  # 存储每次迭代的最小适应度
    for _ in range(n):  # 迭代 n 次
        f = min([fit(b) for b in P])  # 计算种群中的最小适应度
        res.append(f)  # 将最小适应度添加到 res 中
        if f == 0:  # 如果找到适应度为 0 的解，则退出
            break
        if random.randint(1, 10) < 3:  # 30% 的概率执行变异
            i = random.randint(0, len(P) - 1)  # 随机选择一个个体
            b = mutate(P[i])  # 对该个体进行变异
            i = np.argmax([fit(z) for z in P])  # 找到种群中适应度最大的个体
            P[i] = b  # 用变异后的个体替换适应度最大的个体
        else:  # 70% 的概率执行交叉
            i = random.randint(0, len(P) - 1)
            j = random.randint(0, len(P) - 1)  # 随机选择两个个体
            b = xover(P[i], P[j])  # 对这两个个体进行交叉
            # 比较新个体与父代个体的适应度，如果新个体更优，则替换对应的父代
            if fit(b) < fit(P[i]):
                P[i] = b # 如果新个体比第一个父代更优，则替换第一个父代
            elif fit(b) < fit(P[j]):
                P[j] = b # 如果新个体比第二个父代更优，则替换第二个父代
            else:  # 如果交叉后的个体适应度不小于父代，则不进行替换
                pass # 如果新个体不比任何一个父代更优，则保持原样
    i = np.argmin([fit(b) for b in P])  # 找到最终种群中适应度最小的个体
    return (P[i], res)  # 返回最优解和历史适应度记录

# 执行遗传算法进化过程
(s, hist) = evolve(P)
print(s, fit(s))  # 打印最优解及其适应度
```

程序输出如下：

```
[0 0 1 1 1 0 0 1 0 1 0 1 0 1 1 0 0 0 0 1 0 0 1 1 1 1 0 0 0 0 0 0 1 0 1 0 1
 0 1 0 1 0 1 1 1 0 1 0 0 0 0 1 0 1 1 0 0 0 1 1 0 0 0 0 0 0 0 1 0 1 0 1 0 0
 1 1 0 1 1 0 1 1 0 1 1 0 0 0 1 0 1 1 1 1 1 0 0 0 0 1 1 1 1 1 1 1 1 0 0 0 1
 0 1 0 1 1 0 1 0 0 1 1 1 0 1 0 0 1 0 1 1 0 1 0 1 1 0 1 0 1 0 1 0 0 0 1 1 0
 0 0 1 1 1 0 1 1 0 1 1 0 0 0 1 1 0 0 1 0 1 0 0 1 0 1 0 1 1 1 0 1 1 0 0 1 0
 0 0 1 1 1 1 0 1 1 1 1 0 0 1 0] 34
```

可以看到，已经成功地将 fit 函数最小化了很多。图 21-1 显示了整个种群的 fit 函数在过程中是如何变化的。使用 Matplotlib 绘制并显示适应度历史记录的程序如下：

```
plt.plot(hist)  # 使用 Matplotlib 的
plot 函数绘制适应度历史记录 (hist)
# hist 是一个列表，存储了遗传算法每次迭代
的最小适应度值
# x 轴表示迭代次数，y 轴表示适应度值
plt.show()
# 调用 show 函数来显示图形
# 这一行代码会打开一个窗口并显示图形
```

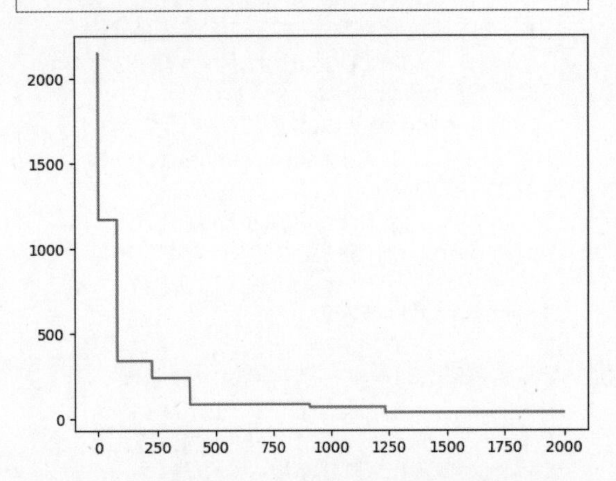

图 21-1　输出的图像显示了遗传算法的演化过程，揭示了最佳解的适应度是如何随着迭代次数的增加而减小的

21.4.3　问题 2：*N* 皇后问题

任务：在一个 $N \times N$ 大小的棋盘上放置 N 个皇后，使它们不互相攻击。

首先，在不使用遗传算法的情况下，使用完全搜索来解决这个问题。可以用列表 L 来表示棋盘的状态，其中列表中的第 i 个数字表示第 i 行中皇后的水平位置。很明显，每个解决方案每行只有一个皇后，而且每行都必须有一个皇后。

我们的目标是找到问题的第一个解决方案，之后将停止搜索。可以轻松地扩展这个函数来生成皇后的所有可能位置。定义并求解经典的 8 皇后问题，打印找到的解决方案的程序如下：

```
N = 8 # 定义棋盘的大小为 8x8

# 定义检查函数，检查新皇后是否与现有皇后
冲突
def checkbeats(i_new, j_new, l):
    for i, j in enumerate(l, start=1):
# 遍历现有的皇后位置
        if j == j_new: # 如果新的列位置
与现有的列位置相同，则表示冲突
            return False
        else:
            if abs(j - j_new) == i_new
- i: # 如果在对角线上也表示冲突
                return False
    return True # 如果没有冲突，则返回
True
# 定义 nqueens 函数，解决 N 皇后问题
def nqueens(l, N=8, disp=True):
    if len(l) == N: # 如果皇后的数量达
到 N，则找到解决方案
        if disp: print(l) # 如果 disp
为 True，则打印解决方案
        return True
    else:
        for j in range(1, N+1): # 遍历
每一列
            if checkbeats(len(l)+1, j,
l): # 检查是否冲突
                l.append(j) # 如果没有
冲突，则添加到解决方案
                if nqueens(l, N,
disp): return True # 递归调用，如果找到
解决方案，则返回 True
                else: l.pop() # 如果没
有找到解决方案，则回溯
        return False # 如果所有列都试过
且都冲突，则返回 False

nqueens([], 8) # 调用 nqueens 函数，开始
求解 8 皇后问题
```

程序输出如下：

```
[1, 5, 8, 6, 3, 7, 2, 4]

True
```

下面测量一下解决 20 皇后问题需要多长时间，程序如下：

```
# 使用 '%timeit' 魔法命令来测量运行 'nqueens' 函数所需的时间
# 这个命令会多次运行该函数，以获得一个平均运行时间

# 在这里，尝试解决 20 皇后问题（即在一个 20×20 的棋盘上放置 20 个皇后）
# 这是一个复杂度相对较高的问题，因为解决方案的数量和需要考虑的可能性都很大

# 参数：
# - 第一个参数 '[]' 是一个空列表，表示当前没有放置任何皇后
# - 第二个参数 '20' 表示我们想要解决 20 皇后问题
# - 第三个参数 'False' 表示我们不想在找到每个解决方案时打印它们（因为这会影响性能测量和输出的清晰度）

%timeit nqueens([], 20, False)
```

程序输出如下：

```
2.4 s ± 16.3 ms per loop (mean ± std. dev. of 7 runs, 1 loop each)
```

> *程序运行结果解释如下：*
> `nqueens([], 20, False)` *函数被重复执行了 7 次，每次的平均执行时间为 2.4 秒，而这 7 次运行的时间标准偏差为 16.3 毫秒。*

下面使用遗传算法解决相同的问题。这个解决方案受到这篇博客文章🔗 [L21-3] 的启发。

使用长度同样为 N 的列表来表示每个解决方案，作为 `fit` 函数，将使用皇后之间的冲突数量作为 `fit` 函数的评估标准。定义 `fit` 函数，用于评估 N 皇后问题解的冲突数量，返回值越小，表示冲突越少，程序如下：

```
def fit(L):
    x = 0  # 初始化一个变量 x，用于计算皇后之间的冲突数量
    # 双重循环，遍历 L 中的所有皇后组合。其中 L 是一个表示皇后位置的列表
    # L 中的每个元素 j1 和 j2 代表皇后在对应行中的列位置
    # i1 和 i2 是皇后所在的行号，由 enumerate 函数提供，从 1 开始计数
    for i1, j1 in enumerate(L, 1):
        for i2, j2 in enumerate(L, 1):
            if i2 > i1:  # 只有当 i2 大于 i1 时，才会检查两个皇后是否冲突，避免重复检查
                # 检查两个皇后是否在同一列或同一对角线上
                if j2 == j1 or (abs(j2 - j1) == i2 - i1):
                    x += 1  # 如果两个皇后冲突，则增加冲突计数
    return x  # 返回总冲突数量

# 这个函数用于评估 N 皇后问题的解的质量
# 返回值越小，表示解的质量越好，冲突数量越少
# 如果返回值为 0，则表示找到了完美的解，没有任何冲突
```

由于计算适应度函数比较耗时，所以，将种群中的每个解决方案与 `fit` 函数的值一起存储。下面生成初始种群。定义函数生成单个和多个 N 皇后问题的随机解，并计算每个解的冲突数量，程序如下：

```
# 生成单个 N 皇后解
def generate_one(N):
    x = np.arange(1, N+1)  # 创建一个从 1～N 的整数数组
    np.random.shuffle(x)   # 随机打乱数组 x，用于生成一个随机的 N 皇后问题的解
    return (x, fit(x))     # 返回随机解及其对应的冲突数量，通过调用之前定义的 fit 函数计算

def generate(N, NP):
    return [generate_one(N) for _ in range(NP)]  # 生成 NP 个随机的 N 皇后问题的解

generate(8, 5)
# 以上代码将生成 5 个 8 皇后问题的随机解，每个解都是一个包含 8 个整数的数组，表示 8 个皇后的位置，同时还包括该解的冲突数量
```

程序输出如下：

```
[(array([8, 6, 5, 3, 2, 7, 1, 4]), 4),
 (array([7, 3, 6, 5, 4, 2, 8, 1]), 10),
 (array([5, 4, 1, 6, 3, 7, 8, 2]), 5),
 (array([3, 6, 7, 2, 4, 8, 5, 1]), 4),
 (array([2, 5, 6, 1, 4, 8, 7, 3]), 3)]
```

现在需要定义变异和交叉功能。交叉将通过在某个随机点打断两个基因，并将它们不同的部分连接在一起，来组合这两个基因。定义 `mutate` 和 `xover` 函数，进行变异和交叉操作，生成新的 N 皇后问题解，程序如下：

```
def mutate(G):
    x = random.randint(0, len(G) - 1)
# 选择随机索引 x
    G[x] = random.randint(1, len(G))
# 将索引 x 处的元素替换为 1 ～ len(G) 的随机整数
    return G
# 返回变异后的解

def xover(G1, G2):
    x = random.randint(0, len(G1))
# 选择随机索引 x
    return np.concatenate((G1[:x], G2[x:])) # 在索引 x 处交叉 G1 和 G2，并返回新的解

xover([1, 2, 3, 4], [5, 6, 7, 8])
# 示例：交叉两个解
```

程序输出如下：

```
array([1, 6, 7, 8])
```

下面通过选择具有更好适应度函数的更多基因来增强基因选择过程。基因的选择概率将依赖于适应度函数。定义 choose_rand 和 choose 函数，用于基于适应度从解集中选择两个解的索引，程序如下：

```
def choose_rand(P):
    N = len(P[0][0])
# 解的长度
    mf = N * (N - 1) // 2
# 最大适应度值
    z = [mf - x[1] for x in P]
# 计算每个解的适应度
    tf = sum(z)
# 总适应度
    w = [x / tf for x in z]
# 每个解的选择概率
    p = np.random.choice(len(P), 2, False, p=w) # 按概率选择两个解
    return p[0], p[1]
# 返回选择的解的索引
```

```
def choose(P):
    def ch(w):
        p = []
        while p == []:
            r = random.random()
            p = [i for i, x in enumerate(P) if x[1] >= r]
        return random.choice(p)
# 返回适应度大于或等于随机值 r 的解中的一个随机选择

    N = len(P[0][0])
# 解的长度
    mf = N * (N - 1) // 2
# 最大适应度值
    z = [mf - x[1] for x in P]
# 计算每个解的适应度
    tf = sum(z)
# 总适应度
    w = [x / tf for x in z]
# 每个解的选择概率
    p1 = p2 = 0
    while p1 == p2:
        p1 = ch(w)
        p2 = ch(w)
# 使用 ch 函数选择两个不同的解
    return p1, p2
# 返回选择的解的索引
```

下面定义主要的演化循环。我们将使逻辑与之前的示例略有不同，以展示演化过程可以有创意的变化。循环直到得到完美的解决方案（适应度函数为 0），并且在每一步都会采用当前的一代，并产生同样大小的新一代。这是通过 `nxgeneration` 函数完成的，具体步骤如下：

(1) 丢弃最不合适的解决方案——通过 `discard_unfit` 函数来实现。

(2) 向这一代中添加一些随机解决方案。

(3) 使用以下步骤为每个新基因生成大小为 `gen_size` 的新一代：

- 按适应性函数的比例，随机选择两个基因。
- 计算交叉。
- 以 `mutation_prob` 的概率应用变异。

使用遗传算法求解 N 皇后问题，包括生成初始解集、丢弃不合适的解、生成新一代解，以及基于适应度进行变异和交叉操作，程序如下：

```
# 设定变异概率为 0.1
mutation_prob = 0.1
```

```
# 该函数用于从解集 P 中移除最不合适的解（即适应度最差的解）
def discard_unfit(P):
    # 按适应度函数的值对解集进行排序
    P.sort(key=lambda x:x[1])
    # 返回适应度最好的 1/3 解
    return P[:len(P)//3]

# 生成新一代解
def nxgeneration(P):
    gen_size = len(P)
    # 丢弃适应度最差的解
    P = discard_unfit(P)
    # 向解集中添加 3 个新的随机解。
    P.extend(generate(len(P[0][0]),
3))
    new_gen = [] # 新的一代解
    for _ in range(gen_size):
    # 随机选择两个父代
        p1, p2 = choose_rand(P)
        # 通过交叉操作得到新的解
        n = xover(P[p1][0], P[p2][0])
        # 根据变异概率决定是否进行变异操作
        if random.random() < mutation_
prob:
            n = mutate(n)
        nf = fit(n) # 计算新解的适应度
        new_gen.append((n, nf))
        # 下面的注释部分是另一种选择新解
的策略，这里没有使用
        '''
        if (nf <= P[p1][1]) or (nf <=
P[p2][1]):
        new_gen.append((n, nf))
        elif (P[p1][1] < P[p2][1]):
        new_gen.append(P[p1])
        else:
        new_gen.append(P[p2])
        '''
    # 返回新的一代解
    return new_gen

# 使用遗传算法求解 N 皇后问题
def genetic(N, pop_size=100):
    P = generate(N, pop_size) # 生成初
始解集
    mf = min([x[1] for x in P]) # 获取
当前最好的适应度
    n = 0 # 代数计数器
    # 当还没有找到完美解（适应度为 0）时，
继续进化
    while mf > 0:
        n += 1 # 代数 +1
        mf = min([x[1] for x in P])
# 获取当前最好的适应度
        P = nxgeneration(P) # 生成新的
一代解
    mi = np.argmin([x[1] for x in P])
# 找到适应度最好的解的索引
    return P[mi] # 返回最好的解

# 对 8 皇后问题调用遗传算法
genetic(8)
```

程序输出如下：

```
(array([6, 3, 7, 2, 4, 8, 1, 5]), 0)
```

令人感兴趣的是，在大多数情况下都能够迅速找到一个解决方案。但在一些罕见的情况下，优化可能会陷入局部最小值，导致整个进程长时间受阻。在测量算法的平均运行时间时，必须牢记这一点：虽然在大部分场景中，遗传算法的速度会超过暴力搜索，但在某些情况下可能需要更长的时间。为了克服这个问题，通常有意义的策略是限制要考虑的代数上限。如果在这个代数限制内仍然无法找到解决方案，那么可以考虑从头开始重新运行算法。

```
%timeit genetic(10)
```

程序输出如下：

```
The slowest run took 783.18 times
longer than the fastest. This could
mean that an intermediate result is
being cached.
6.49 s ± 14.3 s per loop (mean ± std.
dev. of 7 runs, 1 loop each)
```

下面是对程序输出的解释：

- The slowest run took 783.18 times longer than the fastest. This could mean that an intermediate result is being cached. 这句话表示，最慢的一次运行比最快的一次运行耗时长 783.18 倍。这可能是因为中间结果被缓存了，导致后续运行速度变快。
- 6.49 s ± 14.3 s per loop (mean ± std. dev. of 7 runs, 1 loop each) 这句话表示，遗传算法求解 10 皇后问题的平

> 均运行时间为 6.49 秒，标准差为 14.3 秒。该结果是基于 7 次独立运行的平均值计算得出的。

这个程序输出表明：虽然遗传算法在多数情况下可以相对快速地找到解决方案，但由于其固有的随机性，有时可能会花费较长的时间。这也是在某些执行中，程序可能比其他执行慢很多的原因。

21.5 结论

遗传算法广泛用于解决包括物流和搜索在内的多种问题，这个领域的研究融合了心理学和计算机科学的理念。

21.6 挑战

“遗传算法简单易实现，但其行为模式却不易理解。”

对“遗传算法”的百科释义 [L21-4] 进行一些研究，找到一个遗传算法的实现，如解决数独游戏，并尝试用草图或流程图解释其工作原理。

21.7 复习与自学

观看这个精彩的视频 [L21-5]，介绍计算机如何使用通过遗传算法训练的神经网络学习玩超级马里奥。将在第 22 课进一步了解计算机如何学习玩这样的游戏。

21.8 作业——丢番图方程

本作业的任务是解决所谓的“丢番图方程”（Diophantine Equation）——一种既有整数解又有整数系数的方程。例如，考虑以下方程：

$$a+2b+3c+4d=30$$

需要找到满足此方程的整数根 a，b，c，$d \in N$。

> 丢番图方程得名于古希腊数学家丢番图，其特点是方程的解必须是整数。丢番图方程在数学史上占有重要地位，是数论领域的关键课题。
> 通常情况下，要求解由多个多项式方程组成的方程组，并且解必须是整数。其中最经典的例子是勾股定理方程：$a^2+b^2=c^2$，其中 a、b 和 c 都是整数。
> 另一个著名例子是“费马大定理”，它也是一种丢番图方程。费马大定理声称：当 n 大于 2 时，方程 $x^n+y^n=z^n$ 没有正整数解。这个定理在提出后的 300 多年里都没有被证明，直到 1994 年才被证实。
> 丢番图方程有着丰富的理论基础和深入的研究，某些特定形式的方程已经找到了解决方法，但一般形式的丢番图方程仍是一个未解的问题。

这个作业受到了遗传算法繁事简说（俄语） [L21-6] 的启发。

提示：

（1） 可以考虑解的取值范围在 [0;30]。

（2） 作为基因，可以用一系列解的值来表示。

以 `Diophantine.zh.ipynb` 这个 Notebook [L21-7] 为起点进行实践。

课后测验

（1）遗传算法可以解决（ ）任务。

a. 任务调度优化

b. 最优装箱

c. a 和 b 两者都可以

（2）在实现遗传算法时，第一步是随机选择两个基因，这一说法（ ）。

a. 正确

b. 错误

（3）在使用交叉操作时，算法随机选择（ ）个基因。

a. 3

b. 1

c. 2

第 22 课
深度强化学习

强化学习（Reinforcement Learning，RL）被视为基本的机器学习范式之一，与监督学习（Supervised Learning）和无监督学习（Unsupervised Learning）并列。在监督学习中，依赖于具有已知结果的数据集，而强化学习则基于“边做边学”的原则。例如，当我们首次玩一个计算机游戏时，即使不了解规则，也会开始尝试，并且很快就能通过玩游戏并调整行为来提升技能。

要进行强化学习，需要：

- **一个环境或模拟器，用来设定游戏规则。我们应该能够在模拟器中进行实验并观察结果。**
- **一些奖励函数，用来指示实验有多成功。如果是学习玩计算机游戏，奖励就是我们的得分。**

基于奖励函数，我们应该能够调整我们的行为并提高我们的技能，以便下次玩得更好。强化学习与其他类型的机器学习最主要的区别在于，通常在强化学习中，只有在游戏结束时我们才会知道自己是赢了还是输了。因此，我们不能单独判断某个动作是好还是坏——我们只在游戏结束时获得奖励。

在强化学习过程中，通常会进行许多实验。在每次实验中，需要在遵循目前学到的最佳策略——利用（exploitation）和探索新的可能状态——探索（exploration）之间取得平衡。

在接下来的课程中，将深入探讨强化学习的具体实现方法，包括 OpenAI Gym 环境的使用，以及策略梯度和演员——评论家等算法的应用。通过这些学习，读者将能够理解并实践强化学习的基本原理。

简介

本课将介绍如下内容：

22.1 OpenAI Gym
22.2 车杆平衡
22.3 策略梯度（Policy Gradient）算法
22.4 演员 - 评论家（Actor-Critic）算法
22.5 练习——策略梯度和演员 - 评论家强化学习
22.6 TensorFlow 中的强化学习：CartPole-RL-TF.zh.ipynb
22.7 PyTorch 中的强化学习：CartPole-RL-PyTorch.zh.ipynb
22.8 其他强化学习任务
22.9 结论
22.10 挑战
22.11 复习与自学
22.12 作业——训练山地车逃脱：MountainCar.zh.ipynb

课前小测验

（1）为了训练强化学习（RL）模型，需要（ ）。

a. 模拟环境
b. 标记数据集
c. 未标记数据集

（2）下列任务中更适合强化学习的是（ ）。

a. 零次学习的图像分类
b. 零次学习的文本分类
c. 学习下棋

（3）创建基于强化学习的国际象棋引擎时，需要（ ）。

a. 使用所有现有的国际象棋对局作为数据集
b. 让计算机多次自我对弈
c. 编程实现详尽的搜索算法

22.1 OpenAI Gym

OpenAI Gym 是强化学习的一个很好的工具，它是一个模拟环境，可以模拟从 Atari 游戏到杆平衡背后的物理学的诸多环境。OpenAI Gym 是目前最受欢迎的用于训练强化学习算法的模拟环境之一，由 OpenAI 🔗 [L20-4] 维护。

> 提示：可以从这里 🔗 [L22-1] 查看 OpenAI Gym 提供的所有环境。

22.2 车杆平衡

大家应该见过像电动滑板车或电动平衡车这样的现代平衡设备。它们能够通过调整车轮实现自动平衡，这是根据加速度计或陀螺仪的信号来实现的。本节将学习如何解决一个类似的问题——平衡一个杆。这与马戏团演员需要在手上平衡一个杆子的情境类似，但这种平衡只在一维空间中进行。

这种简化版本的平衡被称为车杆（CartPole）问题。在车杆世界中，有一个可以向左或向右移动的水平滑块，目标是通过左右移动滑块保持杆的垂直状态，如图 22-1 所示。

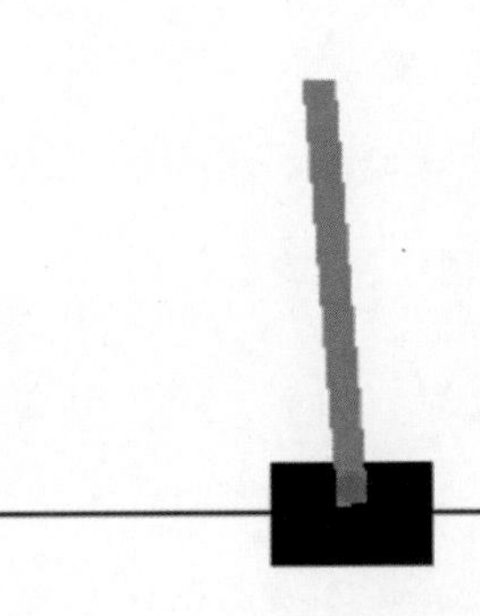

图 22-1 车杆平衡的效果图

要创建并使用这个环境，只需要几行 Python 代码。下面的程序使用 gym 库在 CartPole-v1 环境中随机选择动作，运行并显示环境，直到任务完成，并输出总奖励：

```
# 导入 gym 模块。gym 是一个提供各种模拟环境的库，常用于强化学习的研究和实验
import gym

# 创建一个 CartPole-v1 环境实例。CartPole 是一个经典的强化学习问题，其中任务是尝试平衡一个垂直的杆子，这个杆子被连接到一个可移动的推车上
env = gym.make("CartPole-v1")

# 重置环境到初始状态
env.reset()

# 初始化 'done' 变量为 False。这个变量用于标记是否完成任务，如果为 True，则表示任务完成或失败，应该结束循环
done = False

# 初始化总奖励为 0。这表示从开始到现在为止，智能体所获得的总奖励
total_reward = 0

# 当任务没有完成时，持续执行以下循环
while not done:
    # 渲染环境，即展示当前状态的可视化界面，方便观察推车和杆子的行为
    env.render()

    # 从环境的动作空间中随机选取一个动作。在 CartPole 问题中，动作通常是向左或向右推移推车
    action = env.action_space.sample()

    # 执行选择的动作，并获得返回的 4 个值：新的观测值、获得的奖励、任务是否完成、其他信息
    observaton, reward, done, info = env.step(action)

    # 累计从开始到现在所获得的奖励
    total_reward += reward

# 打印总奖励。这可以帮助我们了解智能体在整个任务中的表现如何
print(f"Total reward: {total_reward}")
```

每个模拟环境都可以用相同的方式进行操作。

- `env.reset` 开始一个新的实验。
- `env.step` 执行一个模拟步骤。它接收一个来自动作空间的动作，并返回一个观测值（来自观测空间），以及一个奖励和一个终止标志。

在上面的例子中，在每一步都执行一个随机动作，这就是实验的生命周期非常短的原因。

强化学习算法的目标是训练一个模型——所谓的策略（policy）π——它会根据给定的状态返回相应的动作。也可以将策略视为概率性的，例如，对于任何状态 s 和动作 a，它将返回概率 $\pi(a \mid s)$，表示在状态 s 中应该采取动作 a 的可能性。

22.3 策略梯度（Policy Gradient）算法

建模策略的最明显方法是创建一个神经网络，该网络将状态作为输入，并返回相应的动作（或者更确切地说，返回所有动作的概率）。从某种意义上说，这与普通的分类任务相似，但有一个主要的区别——我们事先不知道在每个步骤中应该采取哪些动作。

这里的想法是估计这些概率。构建一个累积奖励向量，显示在实验的每一步中的总奖励。还通过乘以某个系数 γ=0.99 对早期奖励进行奖励打折，以减少早期奖励的作用。然后，加强沿实验路径产生更大奖励的那些步骤。

> 在示例 Notebook 🔗 [L22-2] 中了解有关策略梯度算法及其运行的更多信息。

22.4 演员 - 评论家（Actor-Critic）算法

策略梯度方法的一个改进版本被称为演员 - 评论家（Actor-Critic）算法。其背后的主要思想是神经网络会被训练以返回两件事：

- **策略，决定采取哪个动作。这部分被称为演员（Actor）。**
- **对于在当前状态下我们可能获得的总奖励的估计。这部分被称为评论家（Critic）。**

从某种意义上说，这种架构类似于生成对抗网络（见本书第 10 课介绍），其中有两个网络进行相互对抗的训练。在演员 - 评论家模型中，演员提出应该采取的动作，而评论家则试图批判性地估计结果。我们的目标是协同训练这些网络。

因为我们知道实验过程中的真实累积奖励和评论家返回的结果，所以，构建一个损失函数来最小化它们之间的差异相对容易，这将给出评论家损失（Critic Loss）。可以使用与策略梯度算法中相同的方法来计算演员损失（Actor Loss）。

运行其中一个算法后，可以期望车杆表现如图 22-1 所示，处于平衡状态。

22.5 ✍ 练习——策略梯度和演员 - 评论家强化学习

在以下 Notebook 中继续你的学习：

- TensorFlow 中的强化学习 🔗 [L22-2]。
- PyTorch 中的强化学习 🔗 [L22-3]。

22.6 TensorFlow 中的强化学习：CartPole-RL-TF.zh.ipynb

22.6.1 强化学习训练实现车杆平衡

此练习受到了以下资源的启发：《使用 Keras 进行策略梯度强化学习》的博文🔗 [L22-4]、TensorFlow 官方文档🔗 [L22-5] 及 Keras 的强化学习示例🔗 [L22-6]。

在本示例中，将使用强化学习来训练一个模型，使其能够在一个可以左右移动的小车上保持杆子的平衡。为此，将使用 OpenAI Gym 环境🔗 [L22-7] 来模拟这个场景。

> 注意：可以选择在本地环境（例如，使用 Visual Studio Code）运行这一教程的代码，这样，模拟界面会在新窗口中打开。若在线上平台执行代码，可能需要对代码进行少量修改，以适应在线平台的显示，具体的调整步骤可以参考文章《在 Binder 和 Google Colab 上渲染 OpenAI Gym Envs》🔗 [L22-8]。

首先，需要确保已经安装了 Gym 库，下面的程序使用 sys 模块在当前 Python 环境中安装 gym 和 pygame 库：

```
# 导入 sys 模块，它提供了访问 Python 运行时环境的功能
import sys
```

```
# 使用 Python 的运行命令来安装 gym 和 pygame 库
# 'sys.executable' 获取当前 Python 解释器的路径，确保安装库的命令在当前 Python 环境下执行
# '-m pip install' 是命令行中安装 Python 库的通用方法
!{sys.executable} -m pip install gym pygame
```

下面创建车杆（CartPole）环境，并了解如何在其中操作。一个环境应具有以下属性：

- 动作空间（Action Space）：是我们可以在模拟的每一步中执行的可能动作的集合。
- 观察空间（Observation Space）：是我们可以进行的观察的空间。

下面的程序导入所需库，创建 CartPole-v1 环境实例，并打印动作空间和观察空间：

```
# 导入所需的库
import gym      # gym 是一个用于开发和比较强化学习算法的工具包
import pygame   # pygame 是一个用于编写视频游戏的 Python 库
import tqdm    # tqdm 是一个快速、扩展性强的进度条库

# 创建一个 "CartPole-v1" 的环境实例
env = gym.make("CartPole-v1")

# 打印出环境中的动作空间，这代表了在每一步可以执行的可能动作
print(f"Action space: {env.action_space}")
# 打印出环境中的观察空间，这代表了环境的状态可能取值
print(f"Observation space: {env.observation_space}")
```

程序输出如下：

```
Action space: Discrete(2)
Observation space: Box([-4.8000002e+00 -3.4028235e+38 -4.1887903e-01 -3.4028235e+38], [4.8000002e+00 3.4028235e+38 4.1887903e-01 3.4028235e+38], (4,), float32)
```

输出内容解释如下：

1. Action Space 部分

- `Discrete(2)`：表示动作空间是离散的，其中有 2 个可能的动作。在车杆游戏中，这通常表示小车可以向左或向右移动。每个整数都代表一个具体的动作。例如，0 可能代表向左移动，1 可能代表向右移动。

2. `Observation space` 部分

- `Box`：表示观察空间是一个箱型空间，意味着每个观察（或状态）都是一个连续的 n 维向量，每个维度都有最小和最大值。
- `[-4.8000002e+00 -3.4028235e+38 -4.1887903e-01 -3.4028235e+38]`：这是每个维度的最小值。在 CartPole 的情况下，这个 4 维向量分别表示小车的位置、小车的速度、杆的角度和角速度的最小值。
- `(4,)`：表示观察是一个 4 维向量。在车杆的情况下，向量的每个元素代表一个特定的观察值：小车的位置、小车的速度、杆的角度和角速度。
- `float32`：表示观察向量的数据类型是 32 位浮点数。

接下来，看看模拟是如何工作的。下面的循环运行模拟，直到 `env.step` 不再返回终止标志 done。将使用 `env.action_space.sample()` 随机选择动作，这意味着实验可能会很快失败（当车杆的速度、位置或角度超出某些限制时，车杆环境会终止）。

模拟会在新窗口中打开。可以多次运行代码，看看它的表现如何。与 CartPole-v1 环境交互，随机选择动作并打印每个状态和奖励，最终输出总奖励，程序如下：

```
# 重置环境，开始一个新的试验或游戏回合
env.reset()

# 初始化 done 标志为 False，表示试验 / 游戏尚未结束
done = False

# 初始化总奖励为 0
```

```
total_reward = 0

# 在游戏结束之前继续循环
while not done:
    # 渲染或显示环境的当前状态（如可视化小车和杆子的位置）
    env.render()

    # 采取一个从动作空间随机选择的动作，并执行这个动作
    # env.step() 函数返回 4 个值：
    # obs：新的环境状态
    # rew：为执行该动作所获得的奖励
    # done：一个布尔值，表示游戏是否结束
    # *extra：一些额外的调试信息，这里不使用它
    obs, rew, done, *extra = env.step(env.action_space.sample())

    # 累加获得的奖励
    total_reward += rew

    # 打印当前状态及其对应的奖励
    print(f"{obs} -> {rew}")

# 当循环结束，打印总的获得奖励
print(f"Total reward: {total_reward}")

# 关闭环境
env.close()
```

程序输出如下：

```
[ 0.01675004 -0.239902    0.0244368   0.26551014] -> 1.0
[ 0.011952   -0.0451372   0.029747   -0.01936613] -> 1.0
[ 0.01104926  0.1495458   0.02935968 -0.30251712] -> 1.0
[ 0.01404017  0.34423727  0.02330934 -0.58579797] -> 1.0
[ 0.02092492  0.14879674  0.01159338 -0.28586444] -> 1.0
[ 0.02390086  0.34375143  0.00587609 -0.5748685 ] -> 1.0
[ 0.03077588  0.1485476  -0.00562128 -0.28034022] -> 1.0
[ 0.03374683  0.34374928 -0.01122809 -0.5747908 ] -> 1.0
[ 0.04062182  0.53902686 -0.0227239  -0.8709896 ] -> 1.0
[ 0.05140236  0.3442212  -0.04014369 -0.58553684] -> 1.0
[ 0.05828678  0.53988177 -0.05185443 -0.89059037] -> 1.0
[ 0.06908442  0.34550026 -0.06966624 -0.61464834] -> 1.0
[ 0.07599442  0.5415229  -0.0819592  -0.92843443] -> 1.0
[ 0.08682488  0.3475974  -0.10052789 -0.66259164] -> 1.0
[ 0.09377683  0.15400717 -0.11377972 -0.40317777] -> 1.0
[ 0.09685697  0.35054347 -0.12184328 -0.7294551 ] -> 1.0
[ 0.10386784  0.15729746 -0.13643238 -0.47746852] -> 1.0
[ 0.10701379 -0.03566111 -0.14598176 -0.23070705] -> 1.0
[ 0.10630057  0.16121244 -0.15059589 -0.5656427 ] -> 1.0
[ 0.10952482  0.35809058 -0.16190875 -0.9017255 ] -> 1.0
[ 0.11668663  0.5549919  -0.17994326 -1.2406081 ] -> 1.0
[ 0.12778647  0.7519089  -0.20475543 -1.5838327 ] -> 1.0
[ 0.14282465  0.55972576 -0.23643208 -1.3613583 ] -> 1.0
Total reward: 23.0
```

输出解释

输出显示了每个步骤的新状态和获得的奖励。

例如，[0.01675004 -0.239902   0.0244368   0.26551014] -> 1.0

表示：

- 状态向量 [0.01675004 -0.239902 0.0244368 0.26551014] 是环境在这一步的状态，包括小车的位置、速度和杆的角度、角速度等信息。

- 1.0 是在这一步获得的奖励。在 CartPole-v1 游戏中，每保持杆平衡就会获得一个奖励。

最终输出 Total reward: 23.0 表示在这一回合或试验中获得的总奖励是 23.0。

在强化学习的观察结果中包含 4 个数字，它们分别代表：

- 小车的位置。
- 小车的速度。
- 杆子的角度。
- 杆子的角速度。

rew 是在每一步中获得的奖励。可以看到，在车杆环境中，每进行一个模拟步骤，就会获得 1 分的奖励，目标是最大化总奖励，即车杆能够平衡而不倒下的时间。

在强化学习中，目标是训练一个策略（Policy）π，它会根据每个状态 s，告诉我们应采取的动作 a，因此，$a=\pi(s)$。

如果希望得到概率性的解决方案，可以将策略视为返回每个动作的概率集合，即 $\pi(a|s)$ 表示在状态 s 下采取动作 a 的概率。

22.6.2 策略梯度方法

策略梯度（Policy Gradient）是一种简单的强化学习算法，我们将训练一个神经网络来预测下一个动作。下面的程序使用 Keras 构建并编译一个用于 CartPole 问题的深度学习模型：

```
# 导入必要的库
import numpy as np              #
NumPy 是用于数值计算的库
import tensorflow as tf         #
TensorFlow 是一个开源机器学习库
from tensorflow import keras    #
Keras 是 TensorFlow 的高级 API，用于建立
和训练深度学习模型
import matplotlib.pyplot as plt #
matplotlib 是一个绘图库
# 定义输入和输出的大小
num_inputs = 4     # CartPole 的状态空间
大小，包括小车的位置、速度、杆子的角度和
角速度
num_actions = 2    # CartPole 的动作空间
大小，包括向左和向右
```

```
# 使用 Keras 建立一个序贯模型
model = keras.Sequential([
    # 第一层是一个全连接层，有 128 个神经
元，使用 ReLU 激活函数
    keras.layers.Dense(128,
activation="relu", input_shape=(num_
inputs,)),

    # 第二层是输出层，有 num_actions 个神
经元（对应每个可能的动作），使用 softmax
激活函数，
    # 这确保了输出代表一个概率分布
    keras.layers.Dense(num_actions,
activation="softmax")
])

# 编译模型，为训练准备模型
# 使用分类交叉熵作为损失函数，这是一个适
合多分类问题的损失函数
# 使用 Adam 优化器并设置学习率为 0.01
model.compile(loss='categorical_
crossentropy', optimizer=keras.
optimizers.Adam(learning_rate=0.01))
```

通过多次试验并在每次试验后更新网络来进行训练。下面定义一个函数，该函数会执行试验并返回其结果［即所谓的轨迹（trace）］，包括所有的状态、动作（及其推荐的概率）和获得的奖励，程序如下：

```
def run_episode(max_steps_per_episode
= 10000, render=False):
    """
    运行一个试验回合并收集轨迹数据

    参数：
        max_steps_per_episode (int):
试验回合的最大步数，默认为 10000
        render (bool): 是否渲染环境，即
是否显示游戏的可视化界面
    返回：
        states (np.array): 在这个试验回
合中观察到的所有状态
        actions (np.array): 在这个试验
回合中采取的所有动作
        probs (np.array): 每个动作的概率
        rewards (np.array): 为每个动作
所获得的奖励
    """
```

```
    # 初始化轨迹数据列表
    states, actions, probs, rewards = 
[], [], [], []

    # 重置环境，开始新的试验回合
    state, _ = env.reset()

    # 在一次试验回合中进行多次步骤，直到
达到最大步数或游戏结束
    for _ in range(max_steps_per_
episode):

        # 如果需要渲染环境，则显示它
        if render:
            env.render()

        # 使用模型预测当前状态下各个动作
的概率
        action_probs = model(np.
expand_dims(state, 0))[0]

        # 依据预测的概率随机选择一个动作
        action = np.random.choice(num_
actions, p=np.squeeze(action_probs))

        # 执行选择的动作并获得新的状态、
奖励、结束标志和额外信息
        outputs = env.step(action)
        nstate, reward, done = 
outputs[:3]
        info = outputs[3] if 
len(outputs) > 3 else None

        # 如果试验回合结束，则跳出循环
        if done:
            break

        # 将当前的状态、动作、概率和奖励
保存到轨迹数据列表中
        states.append(state)
        actions.append(action)
        probs.append(action_probs)
        rewards.append(reward)

        # 更新状态为新的状态，以便下一次
循环
        state = nstate

    # 返回收集的轨迹数据，将列表转换为
NumPy 数组格式
    return np.vstack(states), 
np.vstack(actions), np.vstack(probs), 
np.vstack(rewards)
```

可以运行一个未经训练的网络的实验，会发现获得的总奖励（也称为实验的时长）是非常低的。运行 run_episode 函数，收集轨迹数据并打印总奖励，程序如下：

```
# 使用定义的 run_episode 函数运行一次试
验回合并收集轨迹数据
s, a, p, r = run_episode()

# 打印本次试验回合的总奖励
print(f"Total reward: {np.sum(r)}")
```

程序输出如下：

```
Total reward: 27.0
```

在策略梯度算法中，一个微妙之处是使用折扣奖励（Discounted Rewards）。这意味着要计算游戏每步的累积奖励，并在此过程中使用一个系数 gamma 来对早期的奖励进行降权处理。还将对得到的奖励向量进行归一化处理，因为这个向量将作为权重来调整训练过程。定义 discounted_rewards 函数，计算并返回折扣奖励，并可选择性地进行标准化，程序如下：

```
eps = 0.0001  # 一个很小的数值，用于防
止在标准化时除以 0

def discounted_rewards(rewards, 
gamma=0.99, normalize=True):
    """
    计算并返回折扣奖励。

    参数：
    - rewards (list): 一个代表每一步获
得奖励的列表。
    - gamma (float): 折扣因子，默认为
0.99。这个因子决定了未来奖励的重要性。
    - normalize (bool): 是否对折扣奖励
进行标准化，默认为 True。

    返回：
    - ret (list): 包含折扣奖励的列表。
    """
```

```
    ret = []  # 初始化空的折扣奖励列表
    s = 0     # 初始化累积折扣奖励的和为 0
    for r in rewards[::-1]:  # 从奖励列表的最后一个元素开始向前遍历
        s = r + gamma * s    # 计算当前步骤的累积折扣奖励
        ret.insert(0, s)    # 将当前步骤的累积折扣奖励插入到 ret 的开头

    # 如果需要标准化，将折扣奖励减去其平均值，然后除以它的标准差
    if normalize:
        ret = (ret - np.mean(ret)) / (np.std(ret) + eps)
    return ret
```

下面，开始真正的训练过程。计划执行 300 轮试验，在每一轮试验中，按照以下步骤进行：

(1) 进行实验并记录结果，这被称为轨迹（trace）。

(2) 计算实际选择的动作和网络预测的概率之间的差距，这种差距被称为梯度（gradients）。差距越小，意味着我们对采取的行动越有信心。

(3) 计算“折扣奖励”，并用它来乘以梯度。让获得较高奖励的行动对最终训练结果产生更大的影响。

(4) 神经网络预测的动作基于实验中观察到的数据和通过梯度计算得到的数据。使用名为 alpha 的参数来平衡这两者的影响。这个参数控制我们在多大程度上考虑梯度和奖励，它在强化学习中被称为学习率（Learning Rate）。

(5) 完成上述步骤后，就可以使用收集到的状态和预期的动作来训练网络了，并重复这个过程，直到完成所有的试验轮次。

训练模型 300 次，记录并绘制每次试验回合的总奖励，程序如下：

```
alpha = 1e-4  # 学习率，决定了模型参数每次更新的幅度

history = []  # 用于存储每个试验回合的总奖励，以便之后绘制学习曲线

# 循环训练 300 轮
for epoch in range(300):
    # 使用定义的 run_episode 函数运行一次试验回合并收集轨迹数据
    states, actions, probs, rewards = run_episode()

    # 将实际采取的动作转换为 one-hot 编码格式（例如，如果动作是 1，则其 one-hot 编码为 [0, 1]）
    one_hot_actions = np.eye(2)[actions.T][0]

    # 计算梯度，它表示实际采取的动作与模型预测的动作概率之间的差异
    gradients = one_hot_actions - probs

    # 获取经过折扣的奖励
    dr = discounted_rewards(rewards)

    # 调整梯度，使其与折扣奖励成比例（这有助于强化那些导致更高奖励的动作）
    gradients *= dr

    # 更新目标值
    target = alpha * np.vstack([gradients]) + probs

    # 使用收集的状态和目标值来更新模型
    model.train_on_batch(states, target)

    # 将本次试验回合的总奖励添加到 history 列表中
    history.append(np.sum(rewards))

    # 每 100 轮打印一次当前的试验回合和对应的总奖励
    if epoch % 100 == 0:
        print(f"{epoch} -> {np.sum(rewards)}")

# 绘制历史记录，显示模型的学习过程
plt.plot(history)
```

程序输出如下，输出图像如图 22-2 所示。

```
0 -> 19.0
100 -> 85.0
200 -> 7015.0
```

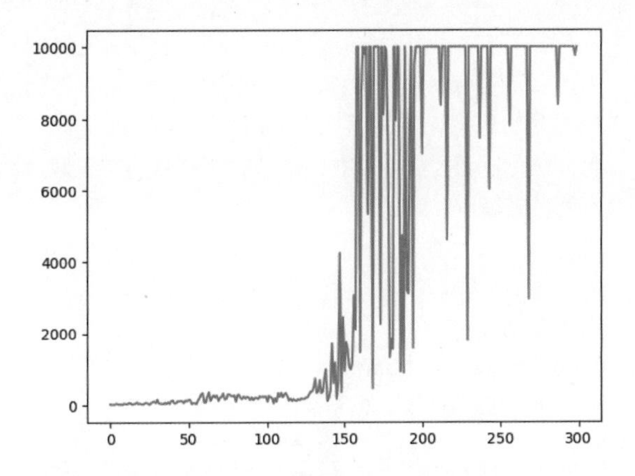

图 22-2　程序输出图像，水平轴为实验回合数，垂直为总奖励数

现在，执行带有渲染功能的试验以观察结果。使用训练好的模型运行一次试验回合并收集轨迹数据，程序如下：

```
_ = run_episode(render=True)
```

杆子现在可以相当稳定地保持平衡。

22.6.3　演员 - 评论家（Actor-Critic）模型

演员 - 评论家模型是策略梯度的进一步发展。在这个模型中，我们构建一个神经网络，它同时完成两个任务，即学习行动策略和估计预期奖励。该网络将有如下两个输出（也可以将其视为两个独立的网络）：

- 演员 (Actor)：通过给出状态的概率分布来推荐应采取的行动，这与策略梯度模型类似。
- 评论家 (Critic)：估算这些行动可能带来的奖励。它返回在给定状态下预计能获得的未来总奖励。

下面定义一个模型，程序如下：

```
# 定义输入特征的数量，对应环境状态的维度
num_inputs = 4

# 定义可用的动作数量
num_actions = 2

# 定义隐藏层神经元的数量
num_hidden = 128

# 定义输入层，其中 shape=(num_inputs,)
是输入的形状
inputs = keras.layers.
Input(shape=(num_inputs,))

# 定义一个全连接层（Dense）作为隐藏层，使
用 ReLU 激活函数
# 这一层将接收输入层传来的数据，并进行初
步的处理
common = keras.layers.Dense(num_
hidden, activation="relu")(inputs)

# 定义输出层来预测每个动作的概率，使用
softmax 激活函数
# softmax 会确保所有动作的概率和为 1
action = keras.layers.Dense(num_
actions, activation="softmax")(common)

# 定义另一个输出层为评价者（critic），它
预测给定状态的值
# 这个层没有激活函数，因此它可以输出任何
实数值
critic = keras.layers.Dense(1)(common)

# 创建一个模型，该模型有一个输入（环境的
状态）和两个输出（动作概率和状态值）
# 这是一个 Actor-Critic 模型的例子
model = keras.Model(inputs=inputs,
outputs=[action, critic])
```

稍微修改 run_episode 函数，以便同时返回评论家的结果，程序如下：

```
def run_episode(max_steps_per_episode
= 10000, render=False):
    # 初始化各种列表，用于存储单个
episode 中的状态、动作、动作概率、奖励和
评估值
    states, actions, probs, rewards,
critic = [], [], [], [], []

    # 重置环境，开始新的 episode
    state = env.reset()

    # 某些环境可能会返回一个 tuple 类型
的状态，我们只取第一个元素作为状态
    state = state[0] if
isinstance(state, tuple) else state
    # 在一个 episode 中最多执行 max_
steps_per_episode 步操作
    for _ in range(max_steps_per_
```

```
episode):
        # 如果 render 为 True，则渲染环境的当前状态
        if render:
            env.render()

        # 使用当前的模型预测动作的概率和预期的奖励
        action_probs, est_rew = model(np.expand_dims(state, 0))

        # 根据模型预测的动作概率随机选择一个动作
        action = np.random.choice(num_actions, p=np.squeeze(action_probs[0]))

        # 执行选定的动作，并获取新的状态、奖励和是否完成 episode 的信息
        result = env.step(action)

        # 解包从环境返回的结果
        nstate, reward, done, _, _ = result

        # 如果 episode 完成（例如，杆子掉下或小车移出屏幕等），则退出循环
        if done:
            break

        # 将当前状态、动作、动作概率、奖励和评估值存储到列表中
        states.append(state)
        actions.append(action)
        # 记录选择当前动作的概率的对数
        probs.append(tf.math.log(action_probs[0, action]))
        rewards.append(reward)
        # 记录模型预测的评估值
        critic.append(est_rew[0, 0])

        # 更新当前状态为新状态
        state = nstate

    # 同样，处理可能为 tuple 类型的状态
    state = state[0] if isinstance(state, tuple) else state
    # 返回本 episode 中收集的所有状态、动作、动作概率、奖励和评估值
    return states, actions, probs, rewards, critic
```

接下来，执行主训练循环。通过计算适当的损失函数和更新网络参数来手动进行网络训练。下面的程序使用强化学习训练模型解决 CartPole 问题，定义优化器和损失函数，运行试验回合并更新模型，直到任务解决：

```
# 定义优化器，使用 Adam 算法，并设置学习率为 0.01
optimizer = keras.optimizers.Adam(learning_rate=0.01)

# 定义损失函数，使用 Huber 损失，这是一种针对回归问题的稳健损失函数
huber_loss = keras.losses.Huber()

# 初始化 episode 计数器和累积奖励
episode_count = 0
running_reward = 0

# 主循环，不断运行 episode，直到任务解决
while True:
    # 重置环境和 episode 奖励
    state = env.reset()
    episode_reward = 0

    # 使用 GradientTape 记录计算过程，以便之后计算梯度
    with tf.GradientTape() as tape:
        # 运行一个 episode 并收集相关数据
        _, _, action_probs, rewards, critic_values = run_episode()
        # 计算 episode 的总奖励
        episode_reward = np.sum(rewards)

        # 更新累积奖励，使用一个简单的移动平均
        running_reward = 0.05 * episode_reward + (1 - 0.05) * running_reward

        # 计算折扣奖励，这是 critic 的目标
        dr = discounted_rewards(rewards)

        # 初始化 actor 和 critic 的损失列表
        actor_losses = []
        critic_losses = []
```

```
        # 计算每一步的损失
        for log_prob, value, rew in
zip(action_probs, critic_values, dr):
            # 计算 actor 的损失，目标是
让 actor 选择能带来更高奖励的动作
            diff = rew - value
            actor_losses.append(-log_
prob * diff)

            # 计算 critic 的损失，目标
是减小 critic 的预测值与实际折扣奖励之间
的差异
            critic_losses.append(
                huber_loss(tf.expand_
dims(value, 0), tf.expand_dims(rew,
0))
            )

        # 计算总损失并进行反向传播
        loss_value = sum(actor_losses)
+ sum(critic_losses)
        grads = tape.gradient(loss_
value, model.trainable_variables)
        optimizer.apply_
gradients(zip(grads, model.trainable_
variables))

    # 记录当前 episode 数和累积奖励
    episode_count += 1
    if episode_count % 10 == 0:
        template = "running reward:
{:.2f} at episode {}"
        print(template.format(running_
reward, episode_count))

    # 如果累积奖励超过 195，则认为任务解
决，终止循环
    if running_reward > 195:
        print("Solved at episode {}!".
format(episode_count))
        break
```

程序输出如下：

```
running reward: 10.84 at episode 10
running reward: 13.53 at episode 20
…中间省略部分输出内容
running reward: 99.97 at episode 150
running reward: 116.23 at episode 160
Solved at episode 167!
```

执行试验，看看模型效果如何，程序如下：

```
_ = run_episode(render=True)
```

最后，关闭环境。

```
env.close()
```

22.6.4 主要收获

在这个示例中介绍了两种强化学习算法：简单的策略梯度和更复杂的演员 - 评论家模型。这些算法利用了状态、动作和奖励的抽象概念，因此，可以应用于不同的环境。

强化学习使我们能够仅通过观察最终奖励来学习解决问题的最佳策略，而无须标记过的数据集，这使我们能够多次重复模拟以优化我们的模型。然而，在强化学习中仍然存在许多挑战，如果决定更多地关注人工智能的这个有趣领域，将会学到更多。

22.7 PyTorch 中的强化学习：CartPole-RL-PyTorch.zh.ipynb

22.7.1 强化学习训练实现车杆平衡（CartPole）

此练习受到以下资源的启发：《使用 Keras 进行策略梯度强化学习》的博文 [L22-4]、TensorFlow 官方文档 [L22-5] 及 Keras 的强化学习示例 [L22-6]。

在本示例中，将使用强化学习来训练一个模型，使其能够在一个可以左右移动的小车上保持杆子的平衡。为此，将使用 OpenAI Gym 环境 [L22-7] 来模拟这个场景。

注意：可以选择在本地环境（例如，使用 Visual Studio Code）运行这一教程的代码，这样，模拟界面会在新窗口中打开。若在线上平台执行代码，可能需要对代码进行少量修改，以适应在线平台的显示，具体的调整步骤可以参考文章《在 Binder 和 Google Colab 上渲染 OpenAI Gym Envs》 [L22-8]。

首先，确保已经安装了 Gym 库。下面的程序使用 sys 模块在当前 Python 环境中安装 gym 和 pygame 库：

```
# 导入系统模块
import sys
# 使用 pip 工具安装 gym 库。gym 是一个开源工具包，用于开发和比较强化学习算法
!{sys.executable} -m pip install gym
```

下面创建车杆（CartPole）环境，并了解如何在其中操作。一个环境应具有以下属性：动作空间、观察空间。

- 动作空间（Action space）是可以在模拟的每一步中执行的可能动作的集合。
- 观察空间（Observation space）是可以进行的观察的空间。

导入 gym 库，创建 CartPole 环境实例，打印动作空间和观测空间，程序如下：

```
# 导入刚刚安装的 'gym' 库
import gym
# 使用 gym 的 'make' 函数创建车杆游戏的环境实例
env = gym.make("CartPole-v1")

# 打印 CartPole 环境的动作空间和观测空间
# 动作空间定义了智能体在环境中可以采取的所有可能动作的集合
# 观测空间定义了智能体从环境中可以看到的所有可能观测的集合
print(f"Action space: {env.action_space}")
print(f"Observation space: {env.observation_space}")
```

程序输出如下：

```
Action space: Discrete(2)
Observation space: Box([-4.8000002e+00
-3.4028235e+38 -4.1887903e-01
-3.4028235e+38], [4.8000002e+00
3.4028235e+38 4.1887903e-01
3.4028235e+38], (4,), float32)
```

看看模拟是如何工作的。下面的循环运行模拟，直到 `env.step` 返回终止标志 `done` 为止。使用 `env.action_space.sample()` 随机选择动作，这意味着实验可能会很快失败（当车杆的速度、位置或角度超出某些限制时，车杆环境会终止）。

模拟会在新窗口中打开。可以多次运行代码，看看它的表现如何。

运行 CartPole 试验回合，随机选择动作，打印状态和奖励，总结总奖励，程序如下：

```
# 重置环境，开始一个新的试验或游戏回合
env.reset()

# 初始化 done 标志为 False，表示试验 / 游戏尚未结束
done = False

# 初始化总奖励为 0
total_reward = 0

# 在游戏结束之前继续循环
while not done:
    # 渲染或显示环境的当前状态（如可视化小车和杆子的位置）
    env.render()

    # 采取一个从动作空间随机选择的动作，并执行这个动作
    # env.step() 函数返回 4 个值：
    # obs：新的环境状态
    # rew：为执行该动作所获得的奖励
    # done：一个布尔值，表示游戏是否结束
    # *extra：一些额外的调试信息，这里不使用它
    obs, rew, done, *extra = env.step(env.action_space.sample())

    # 累加获得的奖励
    total_reward += rew

    # 打印当前状态及其对应的奖励
    print(f"{obs} -> {rew}")

# 当循环结束，打印总的获得奖励
print(f"Total reward: {total_reward}")

# 关闭环境
env.close()
```

程序输出如下：

```
[-0.01072482 -0.17778836  0.0387277
0.35155165] -> 1.0
[-0.01428059 -0.37343904  0.04575874
0.6561907 ] -> 1.0
…省略部分输出内容
[-0.06650555 -0.5878837   0.19012387
1.3964422 ] -> 1.0
[-0.07826322 -0.784793    0.21805272
1.7420442 ] -> 1.0
Total reward: 16.0
```

在强化学习的观察结果中包含 4 个数字，它们分别代表：

- 小车的位置。
- 小车的速度。
- 杆子的角度。
- 杆子的旋转速度。

`rew` 是在每一步中获得的奖励。在车杆环境中，每进行一个模拟步骤，就会获得 1 分的奖励，目标是最大化总奖励，即使车杆能够平衡而不倒下的时间。

在强化学习中，我们的目标是训练一个策略（Policy）π，它会根据每个状态 s，告诉我们应采取的动作 a，因此，$a=\pi(s)$。

如果希望得到概率性的解决方案，可以将策略视为返回每个动作的概率集合，即 $\pi(a|s)$ 表示在状态 s 下采取动作 a 的概率。

22.7.2 策略梯度方法

策略梯度（Policy Gradient）是一种简单的强化学习算法，我们将训练一个神经网络来预测下一个动作。导入必要库，定义一个简单的前馈神经网络模型，程序如下：

```
# 导入必要的库
# numpy: 用于数值计算
# matplotlib.pyplot: 用于数据可视化
# torch: PyTorch 库，用于深度学习和张量计算

import numpy as np
import matplotlib.pyplot as plt
import torch

# 定义输入的数量和动作的数量
# 在这里，'num_inputs' 表示观测的维度或特征数量，而 'num_actions' 表示可能的动作数量

num_inputs = 4
num_actions = 2

# 定义一个神经网络模型
# 这个模型是一个简单的前馈神经网络，由两个线性层和一个激活函数层组成

model = torch.nn.Sequential(
    # 第一个线性层。它接收 'num_inputs' 数量的输入，并输出 128 个特征
    # 这里，'bias=False' 表示不使用偏置项
    torch.nn.Linear(num_inputs, 128, bias=False, dtype=torch.float32),

    # ReLU 激活函数。它为网络添加了非线性特性
    torch.nn.ReLU(),

    # 第二个线性层。它接收 128 个输入特征，并输出 'num_actions' 数量的动作
    torch.nn.Linear(128, num_actions, bias = False, dtype=torch.float32),

    # Softmax 激活函数。它将输出转化为一个概率分布，表示每个动作被选中的概率
    # 'dim=1' 表示概率分布是沿着第二个维度（列）进行的
    torch.nn.Softmax(dim=1)
)
```

通过多次试验并在每次试验后更新网络来进行训练。下面定义一个函数，该函数会执行试验并返回结果（即所谓的轨迹（trace））——包括所有的状态、动作（及其推荐的概率）和获得的奖励，程序如下：

```
def run_episode(max_steps_per_episode = 10000, render=False):
    # 初始化存储状态、动作、动作概率和奖励的列表
    states, actions, probs, rewards =
```

```
[], [], [], []

    # 重置环境以开始新的回合，并获取初始
状态
    state = env.reset()

    # 提取 NumPy 数组
    state = state[0]

    # 对于每一步进行以下操作，直到达到最
大步数 'max_steps_per_episode'
    for _ in range(max_steps_per_
episode):
        # 如果 'render' 为 True，则将当前
环境的状态渲染到屏幕
        if render:
            env.render()

        # 使用我们的模型为当前状态预测动
作的概率
        # 模型的输入需要是一个二维张量，
所以，使用 'np.expand_dims' 为状态增加一
个维度
        action_probs = model(torch.
from_numpy(np.expand_dims(state, 0)).
float())[0]

        # 根据预测的动作概率随机选择一个
动作
        action = np.random.choice(num_
actions, p=np.squeeze(action_probs.
detach().numpy()))

        # 在环境中执行所选动作，并获取新
的状态、奖励、回合是否结束的标志和其他信息
        result = env.step(action)
        nstate, reward, done, _, info
= result  # 从 result 变量获取值，并添
加占位符来忽略不需要的值

        # 如果回合结束（例如，杆子倒下或
超过最大步数），则跳出循环
        if done:
            break

        # 保存当前的状态、动作、动作概率
和奖励
        states.append(state)
        actions.append(action)
        probs.append(action_probs.
detach().numpy())
        rewards.append(reward)

        # 将当前状态更新为新的状态，以便
于下一步的操作
        state = np.array(nstate)

    # 将列表转换为 NumPy 数组并返回
    return np.vstack(states),
np.vstack(actions), np.vstack(probs),
np.vstack(rewards)
```

运行一个未经训练的网络的实验，会发现获得的总奖励（也称为实验的时长）是非常低的。运行一个回合并打印总奖励的程序如下：

```
s, a, p, r = run_episode()
print(f"Total reward: {np.sum(r)}")
```

程序输出如下：

```
Total reward: 21.0
```

在策略梯度算法中，一个微妙之处是使用折扣奖励（Discounted Rewards）。这意味着我们要计算游戏每步的累积奖励，并在此过程中，使用一个系数 $gamma$ 来对早期的奖励进行降权处理。还将对得到的奖励向量进行归一化处理，因为这个向量将作为权重来调整训练过程。定义 discounted_rewards 函数，计算并归一化每步的折扣奖励，程序如下：

```
# 定义一个小的常数，防止在归一化过程中除
以 0
eps = 0.0001

# 定义一个函数来计算每步的折扣奖励
def discounted_rewards(rewards,
gamma=0.99, normalize=True):
    # 初始化一个空列表来存储每步的折扣奖
励
    ret = []

    # 初始化累积折扣奖励的和为 0
    s = 0
    # 从最后一步开始，反向遍历每一步的奖
励
```

```
    # 这是因为折扣奖励是基于未来的奖励计算的
    for r in rewards[::-1]:
        # 计算折扣奖励：当前步骤的奖励加上折扣因子 gamma 乘以前一步的折扣奖励
        s = r + gamma * s

        # 将这一步的折扣奖励插入到结果列表的开始位置
        # 因为是反向遍历的，所以，要确保奖励按照正确的顺序存储
        ret.insert(0, s)

    # 如果 'normalize' 参数为 True，那么对折扣奖励进行归一化处理
    # 归一化有助于确保折扣奖励的数值稳定，可以加速训练
    # 归一化是通过减去平均值，然后除以标准差来完成的
    if normalize:
        ret = (ret - np.mean(ret)) / (np.std(ret) + eps)

    # 返回计算好的折扣奖励列表
    return ret
```

现在，开始真正的训练过程。我们计划执行 300 轮试验，在每一轮试验中会按照以下步骤进行：

(1) 进行实验并记录结果，这被称为轨迹（`trace`）。

(2) 计算实际选择的动作和网络预测的概率之间的差距，这种差距被称为梯度（`gradients`）。差距越小，意味着对采取的行动越有信心。

(3) 计算“折扣奖励”，并用它乘以梯度。让获得较高奖励的行动对最终训练结果产生更大的影响。

(4) 神经网络预测的动作基于实验中观察到的数据和通过梯度计算得到的数据。使用名为 `alpha` 的参数来平衡这两者的影响。这个参数控制我们在多大程度上考虑梯度和奖励，它在强化学习中被称为学习率（Learning Rate）。

(5) 完成上述步骤后，就可以使用收集到的状态和预期的动作来训练网络了，重复这个过程，直到完成所有的试验轮次。

使用 PyTorch 初始化 Adam 优化器，并定义 `train_on_batch` 函数在一个批次上训练模型，程序如下：

```
# 使用 torch 库中的 Adam 优化器初始化一个优化器实例
# Adam 是一种自适应学习率的优化算法，它结合了 Momentum 和 RMSprop 的思想
# 这里，为优化器提供了模型的所有参数，并设置学习率为 0.01
optimizer = torch.optim.Adam(model.parameters(), lr=0.01)

# 定义一个函数 train_on_batch，它接收两个参数：x 和 y
# x 是输入数据，y 是目标数据。这个函数的目的是在一个批次的数据上训练模型
def train_on_batch(x, y):
    # 将 numpy 数组 x 转换为 PyTorch 张量
    x = torch.from_numpy(x)
    # 将 numpy 数组 y 转换为 PyTorch 张量
    y = torch.from_numpy(y)

    # 在进行前向和反向传播之前，先将优化器中的所有梯度清零
    # 这是因为 PyTorch 会累积梯度，如果不这样做，梯度将会在每次反向传播时累加，而不是被替换
    optimizer.zero_grad()

    # 使用模型进行前向传播，得到预测值
    predictions = model(x)

    # 计算损失。这里使用了负对数似然损失。它是分类任务中常用的损失函数
    # 注意：使用负数是因为想要最大化这个值，而不是最小化
    loss = -torch.mean(torch.log(predictions) * y)

    # 通过调用 loss 的 backward 方法，对损失进行反向传播
    # 这会计算关于损失的每个参数的梯度
    loss.backward()

    # 使用优化器的 step 方法来更新模型的参数
    optimizer.step()

    # 返回计算的损失值
    return loss
```

使用强化学习算法训练模型，通过 300 个回合优化参数，并绘制学习曲线，程序如下：

```
# 设置学习率参数 alpha 为 0.0001
alpha = 1e-4
# 初始化一个空列表，用于记录每个时代的累积奖励
history = []

# 循环进行 300 个时代的训练
for epoch in range(300):
    # 使用之前定义的 run_episode 函数运行一个时代，并收集状态、行动、行动的概率和奖励
    states, actions, probs, rewards = run_episode()

    # 将行动转化为 one-hot 编码格式。例如，如果动作是 1，则 one-hot 编码是 [0,1]
    one_hot_actions = np.eye(2)[actions.T][0]

    # 计算梯度，这是目标策略和实际策略之间的差异
    gradients = one_hot_actions-probs

    # 使用先前定义的 discounted_rewards 函数计算折扣奖励
    dr = discounted_rewards(rewards)

    # 将梯度与折扣奖励相乘，得到每个动作概率的梯度
    gradients *= dr

    # 计算目标策略。这里，将梯度乘以一个小的学习率，并加上原始的行动概率
    target = alpha*np.vstack([gradients])+probs

    # 使用之前定义的 train_on_batch 函数在当前时代的数据上训练模型
    train_on_batch(states, target)

    # 将这个时代的总奖励添加到历史记录中
    history.append(np.sum(rewards))

    # 每 100 个时代，打印出当前时代数和总奖励
    if epoch % 100 == 0:
        print(f"{epoch} -> {np.sum(rewards)}")

# 使用 matplotlib 绘制训练过程中的总奖励
plt.plot(history)
```

程序输出如下，输出图片如图 22-3 所示。

```
0 -> 27.0
100 -> 86.0
200 -> 10000.0
```

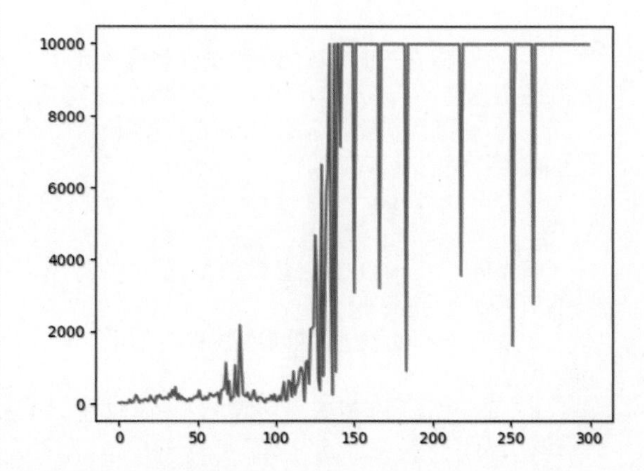

图 22-3　程序输出图像，水平轴为实验回合数，垂直为总奖励数

现在，执行带有渲染功能的试验以观察结果。使用 run_episode 函数运行一次实验并渲染出来，程序如下：

```
_ = run_episode(render=True)
```

杆子现在可以相当稳定地保持平衡了。

22.7.3　演员 - 评论家（Actor-Critic）模型

演员 - 评论家模型是策略梯度的进一步发展，在这个模型中，我们构建一个神经网络同时学习策略和预测的奖励。该网络将有两个输出（也可以认为它是两个独立的网络）：

- 演员（Actor）通过提供状态概率分布来推荐采取的动作，就像在策略梯度模型中那样。
- 评论家（Critic）会估算出从这些动作中可以得到的奖励。它返回在给定状态下未来的总估算奖励。

下面定义一个模型，程序如下：

```
# 导入 Python 标准库 itertools 中的 count 函数
# count() 函数会返回一个无限的迭代器，从指定数字开始并且不断加 1
```

```
# 例如，count(10) 会产生 10, 11, 12, 13, …，这样的序列
from itertools import count

# 导入 PyTorch 中的 functional 模块，并给它一个常用的缩写 F
# functional 模块包含许多神经网络的操作，如激活函数和损失函数等
# 这些函数的特点是没有任何状态，即它们不保存任何参数和数据，只是进行计算
import torch.nn.functional as F
```

下面的程序判断是否存在可用的 NVIDIA GPU，初始化 CartPole-v1 环境，定义 Actor 和 Critic 类：

```
# 判断是否存在可用的NVIDIA GPU，如果存在，则使用 CUDA 来加速计算，否则，使用 CPU
device = torch.device("cuda" if torch.cuda.is_available() else "cpu")

# 初始化一个 CartPole-v1 环境，这是一个标准的强化学习环境
env = gym.make("CartPole-v1")
# 从环境中获取状态大小和动作大小
state_size = env.observation_space.shape[0]  # 状态大小
action_size = env.action_space.n
# 可用的动作数量
lr = 0.0001
# 设置学习率

# 定义 Actor 类，它继承了 torch.nn.Module，用于确定在给定状态下应该采取什么动作
class Actor(torch.nn.Module):
    def __init__(self, state_size, action_size):
        super(Actor, self).__init__()
# 初始化父类
        self.state_size = state_size
# 状态大小
        self.action_size = action_size
# 动作大小

        # 定义 3 层全连接网络
        self.linear1 = torch.nn.Linear(self.state_size, 128)  # 输入层到隐藏层 1
        self.linear2 = torch.nn.Linear(128, 256) # 隐藏层 1 到隐藏层 2
        self.linear3 = torch.nn.Linear(256, self.action_size)  # 隐藏层 2 到输出层

    def forward(self, state):
        # 前向传播函数
        output = F.relu(self.linear1(state))   # 使用 ReLU 激活函数处理第一层的输出
        output = F.relu(self.linear2(output))    # 使用 ReLU 激活函数处理第二层的输出
        output = self.linear3(output)
# 第三层的输出
        # 使用 softmax 函数将输出转换为概率分布，并返回这个分布
        distribution = torch.distributions.Categorical(F.softmax(output, dim=-1))
        return distribution

# 定义 Critic 类，它也继承了 torch.nn.Module，用于估计给定状态的价值
class Critic(torch.nn.Module):
    def __init__(self, state_size, action_size):
        super(Critic, self).__init__()
# 初始化父类
        self.state_size = state_size
# 状态大小
        self.action_size = action_size
# 动作大小

        # 定义 3 层全连接网络
        self.linear1 = torch.nn.Linear(self.state_size, 128)  # 输入层到隐藏层 1
        self.linear2 = torch.nn.Linear(128, 256)   # 隐藏层 1 到隐藏层 2
        self.linear3 = torch.nn.Linear(256, 1)  # 隐藏层 2 到输出层

    def forward(self, state):
        # 前向传播函数
        output = F.relu(self.linear1(state))  # 使用 ReLU 激活函数处理第一层的输出
        output = F.relu(self.linear2(output)) # 使用 ReLU 激活函数处理第二层的输出
```

```
        value = self.linear3(output)  # 第三层的输出，代表了状态的价值
        return value
```

稍微修改一下折扣奖励和 run_episode 函数。定义 discounted_rewards 和 run_episode 函数，计算折扣奖励并运行强化学习迭代，训练 Actor-Critic 模型的程序如下：

```
# 定义一个函数来计算折扣后的奖励
def discounted_rewards(next_value, rewards, masks, gamma=0.99):
    R = next_value
    returns = []
    # 从最后一个奖励开始，向前计算累积折扣奖励
    for step in reversed(range(len(rewards))):
        R = rewards[step] + gamma * R * masks[step]
        returns.insert(0, R)  # 将R添加到返回列表的开头
    return returns

# 定义一个函数来运行一个完整的强化学习迭代
def run_episode(actor, critic, n_iters):
    # 定义优化器
    optimizerA = torch.optim.Adam(actor.parameters())
    optimizerC = torch.optim.Adam(critic.parameters())
    # 运行n_iters次迭代
    for iter in range(n_iters):
        # 重置环境
        state = env.reset()
        # 初始化列表以存储日志概率、值、奖励和掩码
        log_probs = []
        values = []
        rewards = []
        masks = []
        entropy = 0
        env.reset()

        # 对于每个时间步
        for i in count():
            env.render()  # 渲染环境

            state = state[0] if isinstance(state, tuple) else state  # 添加这一行来获取元组的第一个元素
            state = torch.FloatTensor(state).to(device)  # 将状态转换为张量
            dist, value = actor(state), critic(state)  # 通过actor和critic获取动作分布和值

            # 从动作分布中采样一个动作
            action = dist.sample()
            # 执行该动作并获取新状态、奖励和结束标志
            step_result = env.step(action.cpu().numpy())
            next_state, reward, done = step_result[:3] # 从结果中获取值，并添加占位符来忽略不需要的值

            # 计算该动作的日志概率和熵
            log_prob = dist.log_prob(action).unsqueeze(0)
            entropy += dist.entropy().mean()

            # 将日志概率、值、奖励和掩码存储到相应的列表中
            log_probs.append(log_prob)
            values.append(value)
            rewards.append(torch.tensor([reward], dtype=torch.float, device=device))
            masks.append(torch.tensor([1-done], dtype=torch.float, device=device))

            state = next_state  # 更新状态

            # 如果回合结束，则跳出循环
            if done:
                print('Iteration: {}, Score: {}'.format(iter, i))
                break

        # 计算最后状态的值
        next_state = torch.FloatTensor(next_state).to(device)
        next_value = critic(next_state)
        # 计算折扣后的奖励
```

```
        returns = discounted_
rewards(next_value, rewards, masks)

        # 将日志概率、返回和值从列表转化
为张量
        log_probs = torch.cat(log_
probs)
        returns = torch.cat(returns).
detach()
        values = torch.cat(values)
        # 计算优势，即折扣后的奖励减去值
        advantage = returns - values

        # 计算 actor 和 critic 的损失
        actor_loss = -(log_probs *
advantage.detach()).mean()
        critic_loss = advantage.
pow(2).mean()

        # 清零优化器的梯度
        optimizerA.zero_grad()
        optimizerC.zero_grad()
        # 反向传播计算梯度
        actor_loss.backward()
        critic_loss.backward()
        # 使用优化器更新网络参数
        optimizerA.step()
        optimizerC.step()
```

接下来，将执行主训练循环。通过计算适当的损失函数和更新网络参数来手动进行网络训练。创建 Actor 和 Critic 模型实例，并运行 100 次迭代进行训练，程序如下：

```
# 创建一个 Actor 模型实例，该模型用于确定
每个状态下应采取的动作
actor = Actor(state_size, action_size)
# 初始化 actor 模型
actor.to(device)  # 将模型移动到适当的
设备（CPU 或 GPU）

# 创建一个 Critic 模型实例，该模型用于估算
每个状态的价值或预期回报
critic = Critic(state_size, action_
size)  # 初始化 Critic 模型
critic.to(device)  # 将模型移动到适当的
设备（CPU 或 GPU）

# 使用定义的 Actor 和 Critic 模型在环境中
运行 100 次迭代
# 在每次迭代中，agent 将与环境交互并更新
其策略和价值函数
run_episode(actor, critic, n_
iters=100)
```

程序输出如下：

```
Iteration: 0, Score: 24
Iteration: 1, Score: 13
Iteration: 2, Score: 19
... 省略部分输出内容
Iteration: 96, Score: 137
Iteration: 97, Score: 79
Iteration: 98, Score: 71
Iteration: 99, Score: 51
```

最后，关闭环境。

```
# 关闭环境
env.close()
```

22.7.4 主要收获

在这个示例中介绍了两种强化学习算法：简单的策略梯度和更复杂的演员 - 评论家模型。这些算法利用了状态、动作和奖励的抽象概念，因此，可以应用于不同的环境。

强化学习使我们能够仅通过观察最终奖励来学习解决问题的最佳策略，而无须标记过的数据集，这使我们能够多次重复模拟以优化我们的模型。然而，在强化学习中仍然存在许多挑战，如果更多地关注人工智能领域，你将会学到更多。

22.8 其他强化学习任务

强化学习如今是一个快速发展的研究领域，一些有趣的强化学习应用如下：

- 教计算机玩雅达利游戏（Atari Games）。这个问题的挑战在于，不是处理由向量表示的简单状态，而是处理屏幕截图，需要使用卷积神经网络（CNN）将这个屏幕图像转换为特征向量或提取奖励信息。雅达利游戏可以在 Gym 中找到。
- 教计算机玩棋盘游戏，如国际象棋和围棋。最近的先进程序，如 Alpha Zero，是通过两个智能体互相对弈并在每一步中提高来从零开始训练的。
- 在工业中，强化学习被用于从模拟中创建控

制系统。有一个名为 Bonsai 的服务（Microsoft Project Bonsai 服务于 2023 年 10 月 19 日停用并关闭）专为此目的设计。

22.9 结论

我们现在已经学会了如何仅通过为智能体提供定义游戏所需状态的奖励函数，并给予它们智能地探索搜索空间的机会，来训练智能体以获得良好的结果。我们已经成功地尝试了两种算法，并在相对短的时间内取得了良好的效果。然而，这只是进入强化学习的开始，如果想深入了解，应该考虑进修一门单独的课程。

22.10 🚀 挑战

探索“其他强化学习任务”部分列出的应用，并尝试实现其中一个。

22.11 复习与自学

在机器学习入门课🔗 [L0-7] 中可以了解有关经典强化学习的更多知识。

观看这个精彩的视频🔗 [L21-5]，了解计算机如何学习玩超级马里奥。

22.12 作业——训练山地车逃脱：MountainCar.zh.ipynb

在这个作业中，你的目标是训练一个不同的 Gym 环境 - 山地车🔗 [L22-9]。

22.12.1 任务

你的目标是训练强化学习智能体来控制 OpenAI 环境中的山地车🔗 [L22-9]，如图 22-4 所示。

22.12.2 环境描述

山地车环境包括一辆被困在山谷中的车。你的目标是跳出山谷并到达旗帜位置。你可以执行的动作是向左加速、向右加速或不做任何操作。你可以观察到小车沿 x 轴的位置和速度。

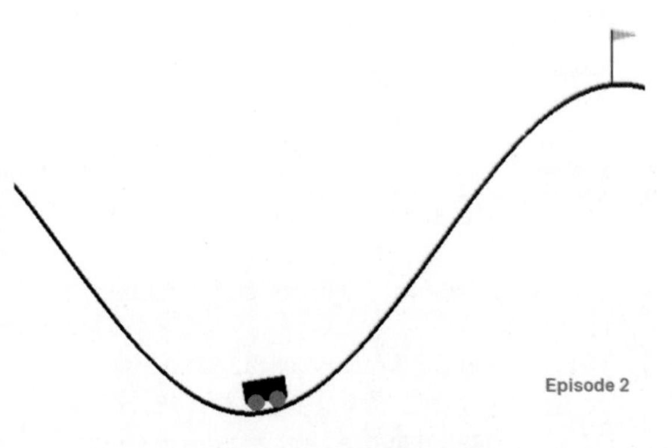

图 22-4 山地车场景效果图

22.12.3 启动 Notebook

通过打开 MountainCar.zh.ipynb🔗 [L22-9] 开始这个实验。

你的目标是训练强化学习智能体（强化学习智能体是一个程序，它可以学习如何在某个环境中采取最佳的行动）来控制 OpenAI 环境中的 MountainCar（山地车）。

首先创建这个环境，程序如下：

```
# 导入 gym 库，这是一个用于开发和比较强化学习算法的工具包
import gym

# 创建一个 'MountainCar-v0' 环境的实例
env = gym.make('MountainCar-v0')
```

看看随机实验是什么样子。运行 CartPole 试验回合，随机选择动作，显示图形界面，直到任务完成，程序如下：

```
# 重置环境并获得初始状态
state = env.reset()

# 主循环，持续执行直到任务完成
while True:
    # 渲染环境，也就是显示图形界面，可以看到小车的运动
    env.render()

    # 从可用的动作空间中随机选择一个动作
    action = env.action_space.sample()
```

```
    # 执行选择的动作，并获得新的状态、奖励、是否完成任务及其他信息
    state, reward, done, info = env.step(action)

    # 如果任务完成（小车到达目标或超过最大尝试次数），则跳出循环
    if done:
        break
```

现在这个 Notebook 完全属于你了 —— 请尽情将课程中的策略梯度和演员 - 评论家算法应用到这个问题上。

```
## 在此处输入代码
```

```
env.close() # 关闭环境
```

22.12.4 主要收获

将强化学习算法应用于新环境通常都相对简单，因为 OpenAI Gym 为所有环境提供了相同的接口，并且算法本身大多不受环境性质的影响。可以重构 Python 代码，将任何环境作为参数传递给强化学习算法。

课后测验

(1) 强化学习训练算法如何知道其表现得有多好？( )

a. 它达到了高准确率

b. 使用困惑度指标（Perplexity Metric）

c. 使用奖励函数

(2) 强化学习适用于哪种 / 哪些问题？( )

a. 使用离散环境

b. 使用连续环境

c. 两者都适用

(3) 在演员 - 评论家模型中，评论家 (critic) 预测的是（ ）。

a. 奖励函数

b. 最佳的下一步动作

c. 下一步动作的概率

第 23 课
多智能体系统

为了实现智能，一种可能的方法是采用涌现性（Emergent）或协同性（Synergetic）方法。其核心思想如下：许多相对简单的智能体（或称为个体、实体）共同行动时，可产生比各自单独行动时更为复杂、更具智慧的系统行为。理论上，这基于集体智慧 🔗 [L23-1]、涌现理论🔗 [L23-2] 和进化控制论🔗 [L23-3] 的原则，这些理论都认为：当将低级系统恰当地组合在一起时，可以形成一个具有更高价值的高级系统，这就是所谓的元系统转换原理（principle of metasystem transition）。

简介

本课将介绍如下内容：

23.1 多智能体系统介绍
23.2 NetLogo
23.3 模型库
23.4 主要原理
23.5 群聚行为（Flocking）
23.6 其他值得查看的模型
23.7 思维型智能体
23.8 结论
23.9 挑战
23.10 复习与自学
23.11 NetLogo 作业

课前小测验

（1）通过模拟简单智能体的行为，我们可以理解系统更复杂的行为，这一说法（ ）。

a. 正确
b. 错误

（2）元系统转换原理（principle of metasystem transition）原理来源于（ ）。

a. 进化控制论
b. 涌现主义
c. 两者都有

（3）多智能体系统（Multi-Agent Systems）出现在 20 世纪（ ）。

a. 70 年代
b. 80 年代
c. 90 年代

23.1 多智能体系统介绍

多智能体系统（Multi-Agent Systems）在 20 世纪 90 年代随着互联网和分布式系统的兴起，在人工智能领域逐渐受到关注。其中有一本经典的人工智能教材——《人工智能：一种现代方法》🔗 [L23-4]，就从多智能体系统的视角探讨了传统的人工智能。

多智能体方法的关键在于“智能体”的概念。一个智能体可以理解为生活在某种“环境”中的实体或个体，它能够感知这个环境并对其产生影响。这个定义非常广泛，智能体的类型和分类众多。

（1） 根据推理能力，智能体可分为如下两类：

- 反应型（Reactive）智能体：通常展现简单的请求 - 响应类型的行为。
- 审议型（Deliberative）智能体：运用某种逻辑推理和 / 或计划能力。

（2） 根据智能体执行其代码的位置，智能体可分为如下两类：

- 静态（Static）智能体：在专用的网络节点上工作。
- 移动型（Mobile）智能体：可以在网络节点之间移动其代码。

（3） 根据智能体的行为，智能体可分为如下3类：

- 被动智能体（Passive Agents）：没有特定的目标，可对外部刺激做出反应，但不主动采取行动。
- 主动智能体（Active Agents）：有明确追求的目标。
- 认知智能体（Cognitive Agents）：涉及复杂的计划和推理。

如今，多智能体系统（Multi-Agent Systems）在许多应用领域都得到了应用。

（1） 游戏中，许多非玩家角色（NPC）会使用某种人工智能，它们可以被视为智能体。

（2） 在视频制作中，渲染涉及人群的复杂3D场景通常使用多智能体模拟。

（3） 在系统建模中，多智能体方法被用来模拟复杂模型的行为。例如，多智能体方法已成功用于预测COVID-19疾病在全球的传播。类似的方法可以用于模拟城市中的交通，观察其对交通规则变化的响应。

（4） 在复杂的自动化系统中，每个设备都可以作为一个独立的智能体，使整个系统更分散，更为健壮。

我们不深入探讨多智能体系统，但会探究一个多智能体建模（Multi-Agent Modeling）的实例。

23.2 NetLogo

NetLogo 🔗 [L23-5] 是一个基于修改版Logo编程语言🔗 [L23-6] 的多智能体建模环境。这种语言是为了教授孩子编程概念而开发的。在NetLogo中，可以控制一个名为“乌龟”的智能体，通过控制它的移动并在其后留下痕迹，从而创建复杂的几何图形。这是用一种非常直观的方式来理解智能体的行为。

在NetLogo中，可以使用 `create-turtles` 命令创建10只乌龟。然后可以命令所有的乌龟执行一些动作，在下面的示例中，命令乌龟向前移动10个点：

```
create-turtles 10
ask turtles [
  forward 10
]
```

当然，如果所有乌龟都执行相同的动作就没有趣味了，因此可以用 `ask` 命令指定乌龟群组进行不同的动作，如靠近某个特定点的乌龟。还可以使用 `breed [cats cat]` 命令创建不同品种的乌龟。这里的 `cat` 是一个品种的名称，需要指定单数和复数形式，因为不同的命令使用不同的形式。

> 这里不深入学习NetLogo语言，如果对这门语言有兴趣，可以访问这个出色的NetLogo编程初学者指南🔗 [L23-7] 资源。

可以下载 🔗 [L23-8] 并安装NetLogo来试用。

23.3 模型库

NetLogo包含一个工作模型库供用户尝试。如图23-1所示，通过选择“文件 → 模型库”命令，可以从中选择许多不同类别的模型。

可以打开其中的一个模型，例如，“Biology（生物学）→ Flocking（群聚行为）”。

23.4 主要原理

打开Wolf Sheep Predation（狼羊捕食）模型后，会进入主要的NetLogo界面。图23-2所示是一个描述有限资源（草）下的狼和羊种群的示例模型。

（1） 界面部分包含如下几部分：

- 主场域：所有智能体生活的主要领域。
- 控制元素：包括按钮、滑块等，用于控制和调整模拟的参数。
- 图表：用于显示模拟过程中的各种参数。

（2） 代码选项卡包含一个编辑器，可以在其中输入和编辑NetLogo程序

在大多数情况下，界面中会有一个 `setup`（设置）按钮，其用于初始化模拟状态，还有一个 `go`（开始）按钮，用来启动执行。这些按钮由代码中的相应处理程序控制，例如：

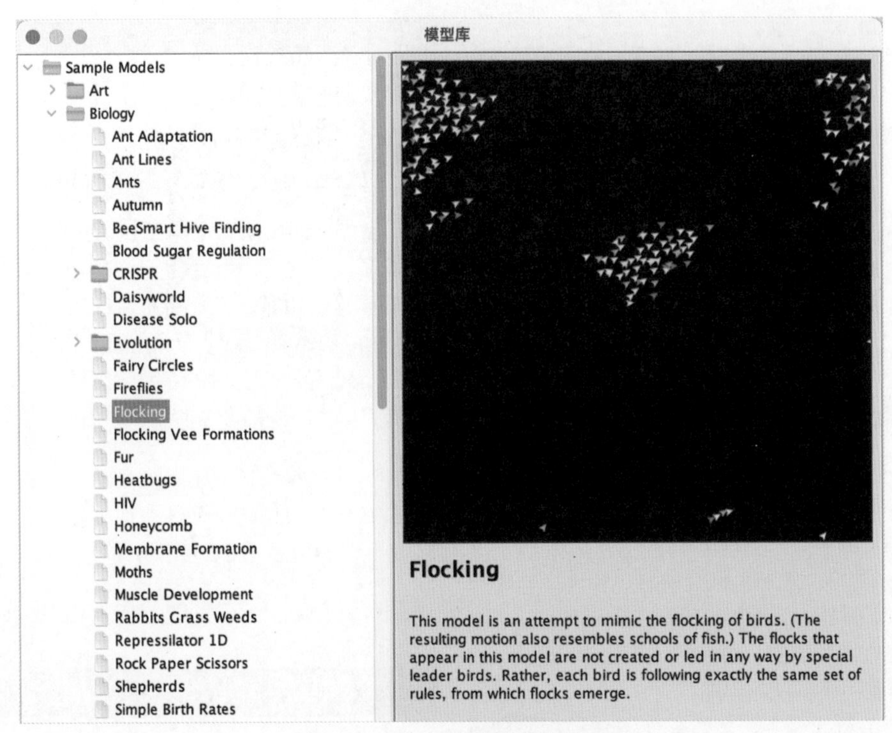

图 23-1　NetLogo 模型库的截图

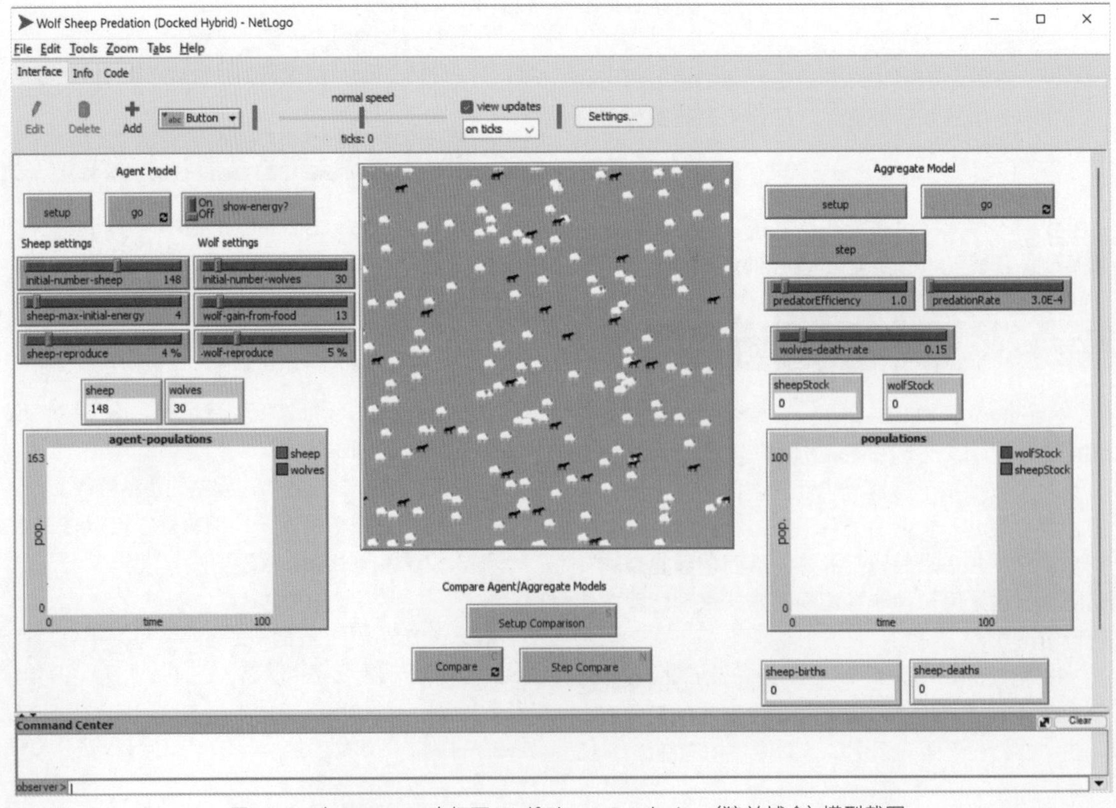

图 23-2　在 NetLogo 中打开 Wolf Sheep Predation（狼羊捕食）模型截图

```
to go [
...
]
```

NetLogo 的世界由以下对象组成：

- 智能体（turtles，乌龟）：可以在世界中移动并执行操作。使用 `ask turtles [...]` 语法来指挥智能体，方括号中的代码由所有处于“乌龟模式”的智能体并行执行。
- 补丁（Patches）：世界中的方形区域，是智能体生活的场所。可以引用同一个补丁上的所有智能体，也可以更改补丁的颜色和其他属性。使用 `ask patches` 可以控制补丁执行某些操作。
- 观察者（Observer）：一个独特的智能体，控制着整个世界。所有的按钮处理程序都在“观察者模式”下执行。

> 多智能体环境的美妙之处在于，乌龟模式或补丁模式中运行的代码同时由所有智能体并行执行。因此，通过为单个智能体编写少量代码，可以创建整个模拟系统的复杂行为。

23.5 群聚行为（Flocking）

作为多智能体行为的一个例子，让我们考虑群聚行为（Flocking）[L23-9]。群聚行为是一种复杂的模式，与鸟群飞翔的方式非常相似。观看它们的飞行，可能会认为它们遵循某种集体算法，或者它们拥有某种形式的集体智慧。然而，当每个独立的智能体（在这种情况下是鸟）只观察它附近的一些其他智能体，并遵循 3 个简单的规则时，就会产生这种复杂的行为：

- 对齐（Alignment）：智能体朝着相邻智能体的平均方向移动。
- 凝聚（Cohesion）：智能体试图朝向邻居的平均位置前进（远距离吸引）。
- 分离（Separation）：当与其他鸟太接近时，智能体会尝试移开（近距离排斥）。

可以运行群聚行为的示例并观察其行为。还可以调整参数，例如，分离度或视野范围，这些参数定义了每只鸟可以看到的距离。注意，如果将视野范围减少到 0，则所有的鸟都会变得盲目，群聚行为就会停止。如果将分离度减少到 0，则所有的鸟都会聚集成一条直线。

> 在 NetLogo 软件中切换到“代码”选项卡，可以查看代码中实现的群体行为的 3 个规则（对齐、凝聚和分离）。特别注意代码是如何处理“视野范围”的：它只考虑了每个智能体（鸟）周围一定距离内的其他智能体，而不是所有的智能体。这模拟了现实世界中鸟类只能看到周围有限范围内的其他鸟的情况。

23.6 其他值得查看的模型

NetLogo 提供了多种有趣的模型供用户实验。

(1) 艺术（Art）→ 烟花（Fireworks）：展示了烟花可被视为单个火流的集体行为。

(2) 社会科学（Social Science）→ 基本交通（Traffic Basic）和社会科学（Social Science）→ 交通网格（Traffic Grid）：展示了在有或没有交通灯的一维和二维网格中的城市交通模型。模拟中的每辆车都遵循以下规则：

① 如果前方空间为空，则加速（直至某个最大速度）。

② 如果前方有障碍物，则刹车（可以调整驾驶员能看多远）。

(3) 社会科学（Social Science）→ 派对（Party）：展示了鸡尾酒会上人们如何聚集。可以找到导致群体快乐度最快增加的参数组合。

这些示例表明，多智能体模拟可以很好地帮助我们理解由遵循相同或相似逻辑的个体组成的复杂系统的行为。它也可以用来控制虚拟智能体，例如，计算机游戏中的 NPC（非玩家角色）[L23-10] 或 3D 动画世界中的智能体。

23.7 思维型智能体

上述描述的智能体都非常简单，它们使用某种算法对环境中的变化做出反应，因此，它们被称为“反应型智能体”。然而，有时智能体可以进行推理并计划它们的行动，这种情况下它们被称为“思维型智能体”。

一个典型的例子是一个从人类那里接收指令去预订度假旅行的个人智能体。假设互联网上有许多智能体可以帮助它。它应该联系其他智能体，查看哪些航班可用、不同日期的酒店价格是多少，并尝试谈判最佳价格。当度假计划完成并得到主人的确认后，它就可以进行预订。

为了做到这一点，智能体需要沟通。为了成功沟通，它们需要：

- 一些用来交换知识的标准语言，例如，知识交换格式 (KIF) 🔗 [L23–11] 和知识查询和操作语言 (KQML) 🔗 [L23–12]。这些语言是基于言语行为理论🔗 [L23–13] 设计的。
- 这些语言还应该包括一些基于不同拍卖类型的协商协议。
- 使用一个共同的本体，以便它们引用相同的概念并了解它们的语义。
- 一种发现不同智能体可以做什么的方法，也是基于某种本体的。

思维型智能体比反应型智能体复杂得多，因为它们不仅仅是对环境的变化做出反应，还应该能够发起行动。一个为思维型智能体提出的架构是所谓的信念 - 愿望 - 意图（Belief-Desire-Intention，BDI）智能体。

- 信念（Belief）：形成了关于智能体环境的一套知识。它可以结构化为一个知识库或一套规则，智能体可以将其应用于环境中的特定情境。
- 愿望（Desire）：定义了智能体想要做的事，即它的目标。例如，上面的个人助理智能体的目标是预订一次旅行，酒店智能体的目标是最大化利润。
- 意图（Intention）：是智能体计划实现其目标的具体行动。行动通常会改变环境并导致与其他智能体的通信。

有一些平台可用于构建多智能体系统，如 JADE 🔗 [L23–14]。这篇论文🔗 [L23–15] 包含了多智能体平台的评述，以及多智能体系统及其不同使用情景的简史。

23.8 结论

多智能体系统可以采取非常不同的形式，并在许多不同的应用中使用。它们都倾向于关注个体智能体的简单行为，并由于协同效应实现整个系统的更复杂行为。

23.9 🚀 挑战

将这节课应用到现实世界中，试着构想一个可以解决问题的多智能体系统。例如，为了优化校车路线，一个多智能体系统需要做什么？如果用它帮助面包店运作呢？

23.10 复习与自学

回顾这种系统在行业中的使用情况。选择一个领域，如制造业或视频游戏行业等领域，探索多智能体系统如何用来解决独特的问题。

23.11 NetLogo 作业

从 NetLogo 的模型库中选择一个模型，尽可能地用它来模拟一个真实生活中的情境。一个很好的例子是调整 “Alternative Visualizations（替代可视化）” 文件夹中的 “Virus（病毒）” 模型，展示如何使用它来模拟 COVID-19 的传播。你能构建一个模拟真实生活中病毒传播的模型吗？

通过保存一个副本并制作一个视频演示来展示你的工作，解释模型是如何与真实世界的情境相连接的。

课后测验

（1）一个智能体是（ ）。

a. 一个独自生活的实体

b. 一个生活在某种环境中的实体

c. 一个具有智能的实体

（2）反应式智能体通常具有（ ）。

a. 简单的请求 - 响应行为

b. 复杂行为

c. 没有行为

（3）多智能体系统用于（ ）。

a. 视频制作和系统建模

b. 游戏和自动化

c. 以上两者都是

第 24 课
人工智能的伦理与责任

已经快完成这门课程了，希望到目前为止你能清楚地看到，人工智能是基于一系列正式的数学方法来寻找数据中的关系，并训练模型来模拟人类某些方面的行为。人类历史行至此时，人工智能是一个非常强大的工具，它能从数据中提取模式，并应用这些模式来解决新的问题。

在科幻小说中经常看到人工智能对人类构成威胁的故事，这些故事通常围绕着某种人工智能叛乱的情节（当人工智能决定与人类对抗时）。这意味着人工智能具有某种情感，或者能够做出开发者预料之外的决策。

在这门课程中，我们学到的人工智能不过是大型矩阵运算。它是一个非常强大的工具，可以帮助我们解决问题，而像其他任何强大的工具一样——可以被用于善意和恶意目的。更重要的是，它可能被“误用”。

简介

本课将介绍如下内容：

24.1 负责任的人工智能原则

24.2 负责任的人工智能工具

24.3 复习与自学

课前小测验

(1) 我们需要关心人工智能的伦理问题，是因为(　)。

a. 人工智能是一个非常强大的工具，可能造成伤害

b. 我们需要确保人工智能模型不歧视人类

c. 两者都是

(2) (　) 是可解释人工智能的例子。

a. 专家系统

b. 神经网络

c. 图像分类器

(3) 在医学中使用人工智能是不道德的，这一说法(　)。

a. 正确

b. 错误

24.1 负责任的人工智能原则

为了避免这种偶然或有意的人工智能的误用，微软提出了重要的负责任的人工智能原则🔗 [L24–1]。以下概念支撑了这些原则：

- **公平性**：这与模型偏见问题密切相关，通常是由于使用有偏见的数据进行训练造成的。例如，当尝试预测某人获得软件开发工作的概率时，模型可能更偏向于男性，因为训练数据集很可能偏向于男性。需要仔细平衡训练数据并检查模型以避免偏见，并确保模型考虑到更多相关特性。
- **可靠性与安全性**：从本质上讲，人工智能模型可能会出错。神经网络只是返回概率，我们在做决策时需要考虑这一点。每个模型都有一定的精度和召回率，我们需要了解这些以防止错误建议可能导致的伤害。
- **隐私和安全性**：这在人工智能领域有着特殊的含义。例如，当用某些数据来训练模型时，这些数据就会以某种形式被“融入”模型中。这在一方面增加了安全性和隐私保护，但另一方面，我们也需要牢记模型是基于哪些数据进行训练的。
- **包容性**：意味着构建人工智能的目的不是取代人类，而是为了扩展人类的能力，让工作变得更富有创

意。这也与公平性密切相关，因为当我们面对在数据集中代表性不足的群体时，我们收集到的大多数数据很可能存在偏见，需要确保这些群体得到纳入，并且他们的数据能被人工智能正确处理。

- **透明性**：包括确保人们始终清楚地知道何时使用了人工智能。此外，在可能的情况下，我们希望使用可解释的人工智能系统。
- **问责制**：当人工智能模型做出某些决策时，并不总是明确谁应对这些决策负责。我们需要确保理解人工智能决策的责任归属。在大多数情况下，我们希望在做出重大决策的过程中加入人类的参与，以确保有真实的人来承担这些责任。

24.2 负责任的人工智能工具

微软开发了负责任的人工智能工具箱 [L24-2]，其中包含一组工具：

- 可解释性仪表板 (InterpretML) 。
- 公平性仪表板 (FairLearn) 。
- 错误分析仪表板。
- 负责任的人工智能仪表板，其中包括：
  - EconML：用于因果分析的工具，重点关注 `what-if` 问题。
  - DiCE：反事实分析工具，允许查看需要更改哪些特性以影响模型的决策。

要了解有关人工智能伦理的更多信息，请访问机器学习入门课中的这一课 [L24-3]，包括其作业部分。

24.3 复习与自学

前往 Microsoft Learn 的 AI 学习和社区中心 [L24-4] 以了解更多关于负责任的人工智能的信息。

课后测验

(1) 人工智能模型可能会有歧视性是 ( )。

a. 因为它可能变得不友善

b. 因为数据集没有适当地平衡

c. 因为开发者如此编程

(2) ( ) 不是负责任的人工智能原则。

a. 透明性

b. 公平性

c. 聪明才智

(3) 负责任的人工智能系统意味着 ( )。

a. 应该有一个涉及决策的人，他可以承担责任

b. 应该对人工智能系统的行为负责

c. 应该对人工智能系统的开发者负责

附录 A
多模态网络、CLIP 和 VQGA

在用于解决自然语言处理任务的 Transformer 模型取得成功后，相同或类似的架构已被应用于计算机视觉任务。目前，越来越多的研究致力于构建能够结合视觉和自然语言能力的模型。OpenAI 在这个方向进行了一些尝试，就有了 CLIP 和 DALL.E。

A.1　语言 - 图像对比预训练（CLIP）

语言 - 图像对比预训练（Contrastive Language-Image Pre-training，CLIP）🔗 [A1–1] 的核心思想是能够比较文本提示与图像，并确定图像与提示的对应程度，其过程如图 A-1 所示。

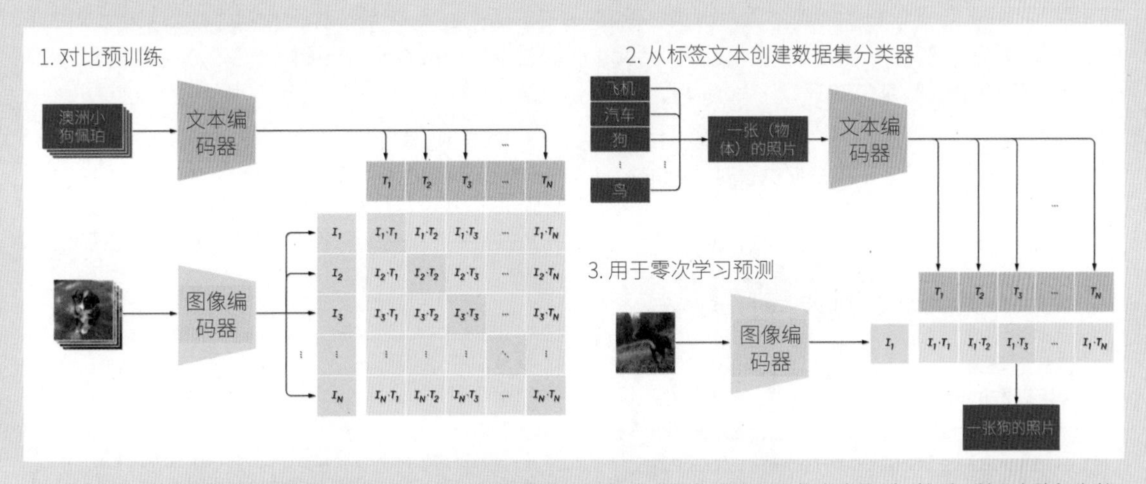

图 A-1　CLIP 通过预训练图像编码器和文本编码器来预测在数据集中哪些图像与哪些文本配对。然后，利用这种行为将 CLIP 转变为一个零次学习分类器。将数据集的所有类别转换成标题，如“一张狗的照片”，并预测 CLIP 估计与给定图像最匹配的标题类别。图片来源于博文—CLIP：连接文本和图像 🔗 [A1–1]

CLIP 模型是在从互联网获取的图像及其说明上进行训练的。对于每个批次，取 N 对（图像 , 文本），并将它们转换为某些向量表示 $\boldsymbol{I}_1,\cdots,\boldsymbol{I}_N$ / $\boldsymbol{T}_1,\cdots,\boldsymbol{T}_N$。然后将这些表示进行匹配。损失函数的定义是最大化对应于一个对（例如 $\boldsymbol{I}_i$ 和 $\boldsymbol{T}_i$）的向量之间的余弦相似性，并最小化所有其他对之间的余弦相似性。这就是这种方法被称为“对比（Contrastive）”的原因。

CLIP 模型 / 库可以从 OpenAI GitHub 🔗 [A1–2] 获得。该方法在博文“CLIP：连接文本和图像🔗 [A1–1]”中有所描述，在论文《从自然语言监督中学习可迁移的视觉模型》🔗 [A1–3] 中有更详细的描述。

一旦这个模型被预训练，可以给它一批图像和一批文本提示，它就会返回概率的张量。CLIP 可用于多个任务，如图像分类和基于文本的图像搜索。

1. 图像分类

假设需要对图片进行分类，如区分猫、狗和人。在这种情况下，可以给模型一张图片和一系列的文本提示，如“这是一张猫的图片”“这是一张狗的图片”“这是一张人的图片”。在结果的 3 个概率值的向量中，只需选择值最高的那个索引。

2. 基于文本的图像搜索

还可以做反向的操作。如果有一组图片，可以将这些图片传递给模型，并加上一个文本提示——这将为我们提供与给定提示最相似的图片。

✍ 示例：使用 CLIP 进行图像分类和图像搜索

打开 `Clip.zh.ipynb` 🔗 [A1-4] Notebook 来查看 CLIP 的实际应用。

A.2 多模态模型 CLIP：Clip.zh.ipynb

1. 使用 CLIP 进行实验

CLIP 是由 OpenAI 公开发布的，因此，可以尝试将其用于不同的任务，包括零样本图片分类。但它在资源方面相当贪婪！下面的程序使用当前 Python 环境安装来自 GitHub 的 CLIP 库：

```
# 导入 sys 模块，这个模块提供了对 Python 运行时环境的访问
import sys

# 使用当前 Python 环境的执行器 (sys.executable) 来运行 pip 命令
# 该命令安装 CLIP，一个从 GitHub 仓库链接直接获取的库
!{sys.executable} -m pip install git+https://github.com/openai/CLIP.git
```

首先确保可以使用 GPU（如果可用），然后加载 CLIP 模型。下面的程序将导入库，设置打印选项，检查 CUDA 设备，加载预训练的 CLIP 模型和预处理步骤

```
# 导入必要的库
import torch  # 导入 PyTorch 深度学习框架
import clip  # 导入 CLIP 模型库
from PIL import Image  # 从 PIL（Python Imaging Library）库导入 Image，用于图像处理
import matplotlib.pyplot as plt  # 导入 matplotlib 的 pyplot，用于绘图和展示图像
import numpy as np  # 导入 NumPy 库，用于进行数学和矩阵操作
import os  # 导入 os 模块，它提供了一种使用操作系统相关功能（如读 / 写文件）的方式

# 设置 NumPy 的打印选项。这里设置小数点后显示两位，且不使用科学记数法
np.set_printoptions(precision=2, suppress=True)

# 检查是否有可用的 CUDA 设备（通常是 GPU）。如果有，则使用 "cuda"，否则使用 "cpu"。
device = "cuda" if torch.cuda.is_available() else "cpu"

# 加载预训练的 CLIP 模型和预处理步骤
model, preprocess = clip.load("ViT-B/32", device=device)
```

从 Oxford-IIIT 数据集🔗 [L7-15] 中获取了一些猫的图片子集。下载并解压 `oxcats.tar.gz` 文件，然后删除压缩文件的程序如下：

```
# 使用 wget 命令从给定的 URL 下载 oxcats.tar.gz 文件
!wget https://mslearntensorflowlp.blob.core.windows.net/data/oxcats.tar.gz

# 使用 tar 命令解压 oxcats.tar.gz 文件，获取其中的内容
!tar xfz oxcats.tar.gz

# 使用 rm 命令删除已下载的 oxcats.tar.gz 文件，因为已经解压得到了其中的内容，所以，不再需要这个压缩文件
!rm oxcats.tar.gz
```

2. 零样本图片分类

CLIP 可以将图片与文本提示进行匹配。例如，如果有一张猫的图片，并尝试将其与文本提示“一只猫”“一只企鹅”和“一头熊”进行匹配，那么“一只猫”的提示很可能会获得更高的概率。因此，可以得出结论：我们正在处理的是一只猫的图片。由于 CLIP 已经在庞大的数据集上进行了预训练，不需要对模型进行额外的训练，因此这被称为零样本分类。预处理图片和文本标签，计算图片与文本标签的相似性概率的程序如下：

```
# 使用 PIL 库打开指定的图片 "oxcats/
```

```
Maine_Coon_1.jpg" 并对其进行预处理，之后添加一个维度并将其移至设备（CPU 或 GPU）
image = preprocess(Image.open("oxcats/Maine_Coon_1.jpg")).unsqueeze(0).to(device)

# 将给定的文本标签（这里是 "a penguin", "a bear", 和 "a cat"）转换为 CLIP 模型可以识别的标记形式，并将其移至设备
text = clip.tokenize(["a penguin", "a bear", "a cat"]).to(device)

# 确保接下来的操作不会进行梯度计算
with torch.no_grad():
    # 使用 CLIP 模型对图片进行编码，从而得到图片的特征向量
    image_features = model.encode_image(image)
    # 使用 CLIP 模型对文本进行编码，从而得到文本的特征向量
    text_features = model.encode_text(text)

    # 通过将图片和文本特征传递给模型来计算它们之间的相似性
    logits_per_image, logits_per_text = model(image, text)
    # 使用 softmax 函数将 logits 转换为概率，并将其转换回 CPU 以进行 numpy 操作
    probs = logits_per_image.softmax(dim=-1).cpu().numpy()

# 打印出图片与各文本标签之间的匹配概率
print("Label probs:", probs)
```

程序输出如下：

```
Label probs: [[0. 0. 1.]]
```

3. 智能图片搜索

在上一个示例中有一张图片和三个文本提示。可以在不同的上下文中使用 CLIP，例如，可以拿很多猫的图片，然后选择最符合文本描述的图片。读取图像，预处理，编码图像和文本，找到最匹配的图像的程序如下：

```
# 使用列表解析读取 "oxcats" 目录下的所有图像，并使用 PIL 库的 Image.open() 方法打开它们
cats_img = [ Image.open(os.path.join("oxcats", x)) for x in os.listdir("oxcats") ]

# 对每个图像进行预处理，增加一个维度，并将它们合并成一个 PyTorch 张量。之后将张量移至指定的设备（如 GPU）
cats = torch.cat([ preprocess(i).unsqueeze(0) for i in cats_img ]).to(device)

# 将描述 "a very fat gray cat" 的文本转换为 CLIP 模型可以理解的格式，并移至指定的设备
text = clip.tokenize(["a very fat gray cat"]).to(device)

# 在不计算梯度的情况下执行以下操作，因为只是在前向传播中使用模型
with torch.no_grad():
    # 使用 CLIP 模型对图像和文本进行编码
    logits_per_image, logits_per_text = model(cats, text)

    # 对 logits_per_text 进行 softmax 操作，找到最大值的索引。这会告诉我们哪张图片最符合给定的描述
    res = logits_per_text.softmax(dim=-1).argmax().cpu().numpy()

# 打印与描述最匹配的图像的索引
print("Img Index:", res)

# 使用 matplotlib 显示与描述最匹配的图像
plt.imshow(cats_img[res])
```

程序输出如下，输出图片如图 A-2 所示。

图 A-2　程序输出的与文本 “a very fat gray cat（一只肥胖的灰猫）” 相匹配的图片

```
Img Index: 97
```

4. 重点

预训练的 CLIP 模型可用于执行图片分类等任务，这些任务涉及常见的对象，并且不需要针对特定领域的训练。此外，它允许更灵活地分类 / 图片搜索，考虑到图片上物体的空间配置。

对于 CLIP 的另一种令人兴奋的应用，请参考 VQGAN+CLIP。通过结合 VQGAN 和 CLIP，不仅能识别图片中的对象，还能根据文本提示创造新的图像，为艺术和创意提供了广泛的可能性。

A.3 使用 VQGAN + CLIP 生成图像

CLIP 也可以用于根据文本提示生成图像。为此，需要一个能够基于某些向量输入生成图像的生成器模型。其中一个这样的模型称为向量量化生成对抗网络（Vector-Quantized GAN，简称为 VQGAN）🔗 [A1–5]。

VQGAN 与传统的生成对抗网络（GAN，参见本书第 10 课的介绍）的主要区别在于：

- 使用自回归 Transformer 架构来生成构成图片的上下文丰富的视觉部分序列。这些视觉部分则由卷积神经网络（CNN，参看本书第 7 课的介绍）习得。
- 使用子图像判别器来检测图像的某些部分是“真实”的还是“伪造”的（与传统 GAN 的“非此即彼”方法不同）。

在 TAMING TRANSFORMERS 网站🔗 [A1–5] 上可以了解更多关于 VQGAN 的知识。

VQGAN 与传统 GAN 的一个重要区别是，后者可以从任何输入向量产生合适的图像，而 VQGAN 可能产生的图像不会那么连贯。因此，需要进一步指导图像创建过程，这可以通过 CLIP 来完成。

如图 A-3 所示，为了根据文字提示生成相应的图片，首先从一个随机的编码向量开始，然后通过 VQGAN 生成图片。接下来，使用 CLIP 生成一个损失函数，以显示图片与文字提示的匹配程度。目标是通过反向传播调整输入向量的参数，以最小化这个损失。

Pixray 🔗 [A1–6] 是一个实现了 VQGAN+CLIP

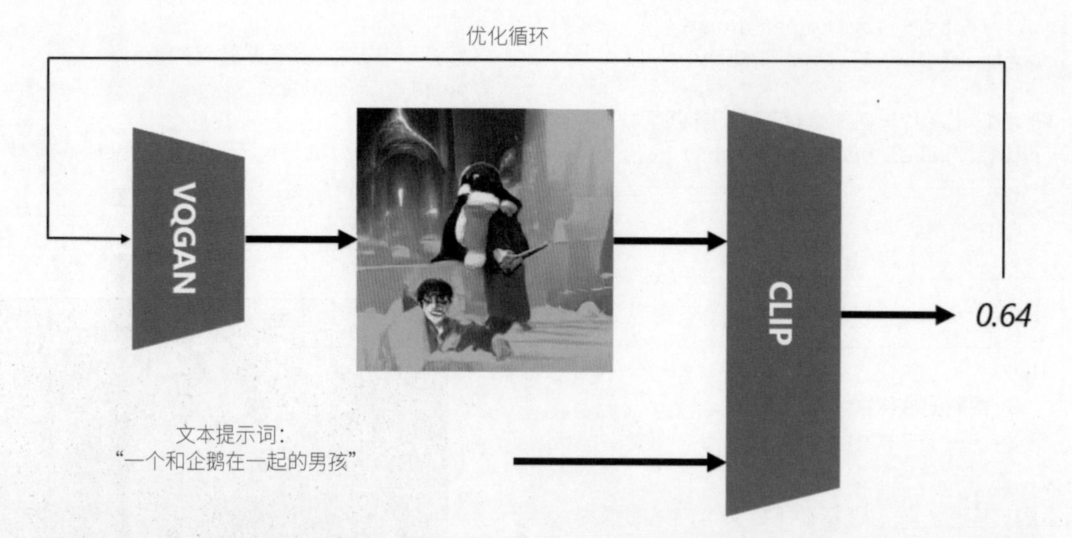

图 A-3 本图展示了使用 VQGAN 和 CLIP 结合生成图像的过程。首先，VQGAN 根据文本提示“一个和企鹅在一起的男孩”从一些随机编码向量开始生成图像。接着，CLIP 生成一个损失函数来评估生成图像与文本提示的匹配度。最终目标是通过反向传播调整输入向量参数，最小化这个损失值（例如 0.64），从而优化和精炼最终图像的生成。这种方法结合了 VQGAN 产生丰富视觉内容的能力和 CLIP 在图像和文本之间建立联系的能力

的出色库。

图 A-4 展示了使用 VQGAN + CLIP 技术根据不同提示词生成的图片。

A.4 DALL·E

1. DALL·E 1

DALL·E 🔗 [A1–7] 是一个经过训练的 GPT-3 版本，可以根据提示词生成图片。它拥有 120 亿参数。

与 CLIP 不同，DALL·E 同时接收文本和图像作为单一的标记流。因此，可以从多个提示中生成基于文本的图片。

2. DALL·E 2

DALL·E 1 和 DALL·E 2 的主要区别是，DALL·E 2 🔗 [A1–8] 生成的图片和艺术作品更为真实。

使用 DALL·E 根据不同提示词生成的图片示例如图 A-5 所示。

A.5 参考资料

- VQGAN 论文：驯服 Transformers 以进行高分辨率图像合成（又名 #VQGAN）🔗 [A1–5]
- CLIP 论文：论文：从自然语言监督中学习可迁移的视觉模型 🔗 [A1–3]

“拿着书的文学年轻男教师的特写水彩画像”

“旁边有一台电脑的年轻计算机科学女教师的特写油画像”

“在黑板前的年老的数学男教师的特写油画像”

图 A-4 图片来自德米特里 - 索什尼科夫的 Artificial Teachers 集合中根据不同提示词生成的图片示例

“拿着书的文学年轻男教师的特写水彩画像”

“旁边有一台电脑的年轻计算机科学女教师的特写油画像”

“在黑板前的年老的数学男教师的特写油画像”

图 A-5 图片来自德米特里 - 索什尼科夫实验 DALL·E2 根据不同提示词生成的图片示例

附录 B
本书主页及习题答案

访问本书主页

扫描下方二维码或通过链接 🔗 https://gitee.com/mouseart2023/AI-For-Beginners-notebook-ch 访问本书的主页，可以获得本书和所需相关资源，以及书中涉及的链接列表等。

测试题答案

	课前测验 1	课前测验 2	课前测验 3	课后测验 1	课后测验 2	课后测验 3
第 1 课	b	b	c	b	a	c
第 2 课	b	b	a	a	a	a
第 3 课	a	a	c	b	a	b
第 4 课	a	b	a	c	b	a
第 5 课	a	b	b	a	a	b
第 6 课	a	c	b	a	b	a
第 7 课	a	c	a	c	a	a
第 8 课	b	a	b	c	c	c
第 9 课	b	a	b	c	a	c
第 10 课	b	c	b	a	a	c
第 11 课	b	b	c	c	a	c
第 12 课	b	a	b	c	a	a
第 13 课	a	b	a	b	c	a
第 14 课	a	a	b	b	a	a
第 15 课	a	b	c	a	b	a
第 16 课	b	a	a	c	a	a
第 17 课	a	a	a	a	b	b
第 18 课	a	b	a	c	a	b
第 19 课	c	b	a	b	c	c
第 20 课	b	c	a	a	c	c
第 21 课	c	a	a	c	b	c
第 22 课	a	c	b	c	c	a
第 23 课	a	c	c	b	a	c
第 24 课	c	a	b	b	c	a